U0253322

内 容 提 要

本书集成了作者及其他学者从事黄河动床模型试验工作的主要研究成果,不仅从水力学基本理论、泥沙运动基本理论和实体模型相似到黄河实体模型的设计及制作等方面进行了探讨,而且还结合黄河动床模型试验的实例,详细介绍了黄河动床模型试验的方法和经验。

本书资料丰富,机理阐述清晰,浅显易懂,是一部涉及水力学、河流动力学、河流模拟方面的科技专著。本书可供广大治黄工作者、河流泥沙研究人员及大专院校有关师生参考。

图书在版编目(CIP)数据

模型黄河建设理论与方法/高航主编. —郑州:黄河水利出版社,2007.12
国家自然科学基金委员会、水利部黄河水利委员会黄河联合研究基金项目(50339020)
ISBN 978 - 7 - 80734 - 322 - 6

Ⅰ. 模…　Ⅱ. 高…　Ⅲ. 黄河 - 水工模型　Ⅳ. TV882.1

中国版本图书馆 CIP 数据核字(2007)第 187972 号

组稿编辑:岳德军　手机:13838122133　E-mail:dejunyue@163.com

出　版　社:黄河水利出版社
地址:河南省郑州市金水路 11 号　　邮政编码:450003
发行单位:黄河水利出版社
发行部电话:0371 — 66026940、66026550、66028024、66022620(传真)
E-mail:hhslcbs@126.com
承印单位:河南第二新华印刷厂
开本:787 mm×1 092 mm　1/16
印张:26.5
字数:610 千字　　　　　　　　　印数:1—1 000
版次:2007 年 12 月第 1 版　　　印次:2007 年 12 月第 1 次印刷

书号:ISBN 978 - 7 - 80734 - 322 - 6/TV·532　　　　定价:98.00 元

国家自然科学基金委员会、水利部黄河水利委员会黄河联合研究基金项目(50339020)

模型黄河建设理论与方法

高　航　主编

黄河水利出版社

《模型黄河建设理论与方法》
编委会

主　　编:高　航

副主编:江恩惠　张俊华　陈书奎　苏运启　李远发

审　　定:张俊华

编写人员:

李书霞　王大川　张林忠(第一章　黄河流域概况)

张林忠　王大川　王艳平(第二章　水力学基本理论)

赵连军　马怀宝(第三章　泥沙运动基本理论)

李书霞　石标钦(第四章　河工模型相似律)

刘　燕(第五章　实体模型设计)

王艳平　许　智(第六章　黄河基本概念及模型制作)

陈孝田(第七章　模型试验)

曹永涛　陈书奎(第八章　典型模型试验实例)

高　航(附录)

前　言

　　2001年11月7日,黄河水利委员会党组从黄河治理开发及国民经济发展的重大需求出发,提出了21世纪要加大治黄科技含量,着力建设"三条黄河",即建设"原型黄河"、"数字黄河"和"模型黄河"的科学治黄新理念。其中"模型黄河"工程建设是促进治黄科技水平不断提升的重要保障措施之一,也是建设其他两条"黄河"的科技支撑。"模型黄河"是对"原型黄河"所反映的自然现象进行反演、模拟和试验,从而揭示"原型黄河"内在的自然规律。建设"模型黄河"(主要包括黄土高原模型、水库模型、河道模型及河口模型),一方面直接为"原型黄河"提供治理开发方案,另一方面为"数字黄河"工程建设提供物理参数。通过"数字黄河"与"模型黄河"的联合运用,确保各种治理开发方案在"原型黄河"上实现技术先进、经济合理、安全有效的目标。为尽快实施"模型黄河"建设,作为"模型黄河"主要依托单位的黄河水利科学研究院编制完成了《"模型黄河"建设规划》,并于2003年8月25日在北京通过了水利部的审查。

　　几十年来,黄河水利科学研究院的科研工作者一直在从事黄河实体模型的研究工作,利用实体模型开展了大量泥沙学科的基础理论研究和治黄科研的应用研究。实体模型在水利工程规划与建设、河床演变与河道整治方面的基础研究、黄河下游洪水演进预报、黄河下游河道整治方案的论证、河道整治局部工程试验、河道整治工程新技术研究、挖河固堤试验研究、小浪底水库运用方式研究、黄河调水调沙试验以及数学模型研究等方面发挥了重要的作用。长期的研究,使黄河水利科学研究院在模型理论和模型建设方面积累了丰富的经验,造就了一大批实体模型试验专家。为更好地进行"模型黄河"建设,黄河水利科学研究院组织有关专家编写了本书。

　　全书共分八章。第一章简单介绍了黄河流域的基本情况;第二章至第四章分别从水力学基本理论、泥沙运动基本理论和河工模型相似律方面介绍了一般河工模型的建设理论;第五章详细介绍了黄河实体模型的设计方法;第六章重点介绍了黄河实体模型的制作方法;第七章介绍了黄河实体模型试验过程中的操作要点;第八章选取了一些典型实体模型设计、制作和试验的实例,以加深读者对本书内容的理解。全书由高航、江恩惠、张俊华、陈书奎、苏运启、李远发统稿。

　　本书为"模型黄河"建设人员的培训教材,也可供高等院校水利水电类专业师生和工程技术人员参考。限于作者水平,本书错误之处在所难免,热忱欢迎读者提出宝贵意见。

　　本书的出版,得到了水利部黄河泥沙重点实验室的大力资助;黄河水利科学研究院一些长期从事实体模型试验的老专家,从全书内容到表达方式,都提出了不少宝贵意见,在此谨致谢意。

作　者

2007年12月

目　录

第一章　黄河流域概况 ……………………………………………………… (1)

　第一节　自然环境 …………………………………………………………… (2)

　第二节　社会经济 …………………………………………………………… (4)

　第三节　河道特性 …………………………………………………………… (5)

　第四节　黄河防洪建设 ……………………………………………………… (7)

　第五节　黄河洪水 …………………………………………………………… (14)

　第六节　黄河设计洪水 ……………………………………………………… (39)

　第七节　黄河冰凌洪水 ……………………………………………………… (52)

　参考文献 …………………………………………………………………… (55)

第二章　水力学基本理论 …………………………………………………… (56)

　第一节　水流运动的基本概念 ……………………………………………… (56)

　第二节　水流运动基本方程 ………………………………………………… (57)

　第三节　液流型态 …………………………………………………………… (62)

　第四节　水流的流态 ………………………………………………………… (66)

　第五节　作用于流体的力 …………………………………………………… (67)

　参考文献 …………………………………………………………………… (69)

第三章　泥沙运动基本理论 ………………………………………………… (70)

　第一节　河流泥沙的来源及组成 …………………………………………… (70)

　第二节　泥沙的基本特性 …………………………………………………… (76)

　第三节　河流泥沙的运动形式与泥沙起动 ………………………………… (88)

　第四节　沙波运动与动床阻力 ……………………………………………… (96)

　第五节　推移质输沙率 ……………………………………………………… (102)

　第六节　悬移质运动基本概念及含沙量沿垂线分布 ……………………… (113)

　第七节　水流挟沙力 ………………………………………………………… (122)

　第八节　高含沙水流问题 …………………………………………………… (128)

　第九节　异重流 ……………………………………………………………… (147)

　参考文献 …………………………………………………………………… (160)

第四章　河工模型相似律 …………………………………………………… (163)

　第一节　基本相似准则 ……………………………………………………… (164)

　第二节　河工模型相似律研究 ……………………………………………… (169)

　第三节　黄河泥沙模型相似律 ……………………………………………… (195)

　参考文献 …………………………………………………………………… (204)

第五章　实体模型设计 ·· （205）

　　第一节　实体模型设计的前期工作 ································ （205）

　　第二节　实体模型设计资料的收集与选择 ······················ （219）

　　第三节　实体模型设计过程 ······································ （220）

　　第四节　实体模型设计实例 ······································ （227）

　　参考文献 ·· （242）

第六章　黄河基本概念及模型制作 ································ （243）

　　第一节　黄河基本概念 ·· （243）

　　第二节　模型制作前的准备 ······································ （261）

　　第三节　模型制作 ·· （263）

　　第四节　模型制作实例 ·· （281）

　　第五节　小　结 ·· （290）

　　参考文献 ·· （290）

第七章　模型试验 ·· （291）

　　第一节　模型试验概述 ·· （291）

　　第二节　模型的制作、验证和试验成果的整理 ··················· （294）

　　第三节　动床模型进出口控制条件及有关模拟操作技术问题 ······ （302）

　　第四节　动床模型的供水加沙设备和测试仪器 ··················· （313）

　　第五节　试验资料整理 ·· （317）

　　参考文献 ·· （329）

第八章　典型模型试验实例 ·· （331）

　　第一节　小浪底水库动床模型试验研究实例 ······················ （331）

　　第二节　小浪底至苏泗庄河段河道动床河工模型试验研究实例 ······ （371）

　　参考文献 ·· （406）

附　录 ·· （407）

　　附录Ⅰ　黄河泥沙实验室模型制作细则 ·························· （407）

　　附录Ⅱ　黄河泥沙实验室模型试验细则 ·························· （409）

　　附录Ⅲ　仪器设备的控制与管理程序 ···························· （410）

　　附录Ⅳ　试验工管理条例 ·· （413）

第一章　黄河流域概况

黄河是我国的第二大河,源远流长,历史悠久,千百年来,日夜不息地奔流在我国中部辽阔的大地上。

黄河从青藏高原巴颜喀拉山北麓海拔 4 500 m 的约古宗列盆地发源,出昆仑,穿峡谷,跃龙门,越平原,沿途汇纳百川,流经世界最大的黄土高原,挟带大量泥沙,集成滚滚洪流,一泻万里,东流入海 ,塑造了华北平原,又不间断地填海造陆,增加国土面积。

黄河流域土地广阔,地形复杂,气候变化较大。年降水量较少,大部分地区年平均降水量为 400 ~ 600 mm。流域分别属于半湿润、半干旱和干旱三个地带。黄河多年平均天然年径流量为 580 亿 m³,仅占全国河川年径流总量的 2.1%,流域人均水量 593 m³,约为全国人均水量的 23%,耕地亩❶均水量 324 m³,相当于全国亩均水量的 18%。

黄河中游流经著名的黄土高原,其土质疏松,地形破碎,沟壑纵横,每遇暴雨,水土流失严重,大量泥沙泻入黄河,使黄河年输沙量之多和含沙量之高,都居世界河流之首。黄河突出的特点是水少沙多、下游河道淤积严重,这是黄河洪水长期危害的主要根源。

黄河流域水旱灾害频繁,历史上曾经多次发生遍及数省,连续几年的严重旱灾,造成赤地千里,饿莩遍野。但更为严重的灾害还是水灾,主要表现为下游堤防决口所造成的洪水泛滥。黄河每次决口和改道,都给两岸人民的生命和财产造成巨大的损失,带来深重的灾难。

黄河流域自然资源丰富,大部分地区气候温和,光热充足,土地资源比较丰富,是我国农业经济开发最早的地区。流域中、下游盛产小麦、玉米、棉花、烟叶、油料及其他农产品,是我国主要粮棉产区之一。流域内矿产资源丰富,其中稀土、铌、石膏、铝土矿、煤、钼等具有全国性优势。黄河流域的能源资源在全国占有极其重要的地位,享有乌金之称的煤炭资源遍布流域境内,其中晋、蒙两省(区)的储量占全国总储量的 60% 以上,石油资源在沿黄的甘肃、河南、陕西、山东均有分布。黄河的水力资源蕴藏量在全国七大江河中仅次于长江,居第二位。

黄河是伟大祖国的母亲河,对中华民族的繁衍、成长、发展有过重大贡献。黄河流域在历史上的较长的时期内是我国政治、军事、经济、文化中心。但长期以来,由于自然和社会的原因,黄河的洪水灾害一直危害两岸人民,成为中华民族的心腹之患。新中国成立后,党和政府十分重视黄河的防洪工作,在黄河上、中、下游修建了大量的防洪工程,特别是对防洪问题突出的下游,投入了巨大的财力和人力,建成了比较完整的防洪工程体系和非工程措施,从而战胜了历年洪水和凌汛,基本上扭转了以往黄河经常决口的险恶局面,保卫了黄淮海平原人民财产的安全和社会主义建设的顺利进行,取得了巨大的社会效益和经济效益。

---

❶　1 亩 =1/15 hm²,下同。

第一节　自然环境

黄河发源于青藏高原巴颜喀拉山北麓海拔 4 500 m 的约古宗列盆地,流经青海、四川、甘肃、宁夏、内蒙古、山西、陕西、河南、山东等九省区,于山东垦利县注入渤海。干流河道全长 5 464 km,落差 4 480 m。黄河流域位于东经 96°~119°、北纬 32°~42°之间,东西长约 1 900 km,南北宽约 1 100 km,流域面积 79.5 万 km²(包括内流区 4.2 万 km²),加上下游受洪水影响的范围共约 91.5 万 km²。

一、地形地貌

黄河流域西起巴颜喀拉山,东临渤海,北抵阴山,南达秦岭。横跨青藏高原、内蒙古高原、黄土高原和华北平原等四个地貌单元。流域地势西高东低,大致分为三级阶梯。第一级阶梯是流域西部的青海高原,位于著名的世界屋脊——青藏高原的东北部,海拔3 000~5 000 m,有一系列的西北—东南向山脉,山顶常年积雪,冰川地貌发育。青海高原南沿的巴颜喀拉山绵延起伏,是黄河与长江的分水岭。祁连山脉横亘高原北缘,构成青海高原与内蒙古高原的分界。黄河河源区及其支流黑河、白河流域,地势平坦,多为草原、湖泊及沼泽。

第二级阶梯大致以太行山为东界,海拔 1 000~2 000 m。本区内白于山以北属内蒙古高原的一部分,包括黄河河套平原和鄂尔多斯高原,白于山以南为黄土塬、秦岭山地及太行山地。

河套平原西起宁夏下河沿,东至内蒙古托克托,长达 900 km,宽 30~50 km,海拔900~1 200 m。地势平坦,土地肥沃,灌溉发达,是宁夏和内蒙古自治区的主要农业生产基地。河套平原北部的阴山山脉和西部的贺兰山、狼山犹如一道屏障,阻挡着阿拉善高原的腾格里、乌兰布和、巴丹吉林等沙漠向黄河流域腹地的侵袭。

鄂尔多斯高原位于黄河河套以南,北、东、西三面为黄河环绕,南界长城,面积约为13 万 km²,海拔 1 000~1 400 m,是一块近似方形的台状干燥剥蚀高原。高原内风沙地貌发育,北缘为库布齐沙漠,南部为毛乌素沙地,河流稀少,盐碱湖众多。高原边缘地带是黄河粗泥沙的主要来源区之一。

黄土高原西起日月山,东至太行山,南靠秦岭,北抵鄂尔多斯高原,海拔 1 000~2 000 m,是世界上最大的黄土分布地区。地貌类型有黄土塬、梁、峁、沟等。地表起伏变化剧烈,相对高差大。黄土层深厚,组织疏松,地形破碎,植被稀少,水土流失严重,是黄河中游洪水和泥沙的主要来源地区。黄土高原中的汾渭盆地,是地堑式构造盆地,经黄土堆积与河流冲积而成。汾渭盆地地面平坦,土地肥沃,灌溉历史悠久,是晋、陕两省的富庶地区。

横亘黄土高原南部的秦岭山脉,是我国亚热带和暖温带的南北分界线,也是黄河与长江的分水岭。对于夏季来自南方的暖湿气流、冬季来自偏北方向的寒冷气流,均有巨大的障碍作用。耸立在黄土高原与华北平原之间的太行山,是黄河流域与海河流域的分水岭,也是华北地区一条重要的自然地理分界线。本区流域周界的伏牛山、外方山及太行山等高大山脉,是来自东南海洋暖湿气流深入黄河中上游地区的屏障,对黄河流域及我国西部的气候都有重要影响。由于这一地区的地形对水汽抬升有利,暴雨强度大,产汇流条件好,是黄河中游洪水主要来源之一。

第三级阶梯自太行山以东至滨海,由黄河下游冲积平原和鲁中丘陵组成。黄河下游冲积平原是华北平原的重要组成部分,面积达 25 万 km²,海拔多在 100 m 以下。本区以黄河河道为分水岭,黄河以北属海河流域,以南属淮河流域。区内地面坡度平缓,排水不畅,洪、涝、旱、碱灾害严重。鲁中丘陵由泰山、鲁山和沂蒙山组成。一般海拔在 200 ~ 500 m 之间,少数山地在 1 000 m 以上。

二、气候

黄河流域幅员辽阔,地形复杂,东临海洋,西居内陆高原,东西高差显著,流域内气候变化极为明显。从季风角度看,黄河上游兰州以上地区属青藏高原季风区,其余地区为温带和副热带季风区。从气候对农业生产影响的角度看,流域东南部基本属湿润气候,中部属半干旱气候,西北部属干旱气候。本流域冬季受蒙古高压控制,盛行偏北风,气候干燥严寒,降水稀少。夏季西太平洋副热带高压增强,暖湿的海洋气团进入流域境内,蒙古高压渐往北移,冷、暖气团相遇,多集中降水。

黄河流域的降水主要以降雨形式出现,降雪所占的比重不大。全流域多年平均年降水总量为 3 701 亿 m³,只占全国年平均降水总量的 6%,折合降水深为 465 mm(包括内流区)。年降水量地区分布的总趋势是由东南向西北递减。降水最多的地区为秦岭北坡,多年平均降水量为 800 mm 左右,局部地区可达 900 mm 以上。降水最少的地区为宁蒙河套地区,年降水量只有 200 ~ 300 mm,特别是内蒙古杭锦后旗至临河一带,年降水量不足 150 mm。流域的大部分地区年平均降水量为 400 ~ 600 mm。降水年内分配很不均匀,以夏季(6 ~ 8 月)降水最多,占全年的 54.1%,最大月份为 7 月,占全年的 22.1%;冬季(12 月 ~ 翌年 2 月)降水量最少,占全年的 3.1%,最小月份为 12 月,占全年的 0.6%。年降水量的变差系数(C_v 值),全流域在 0.15 ~ 0.40 之间。

黄河流域气温,东南部高于西北部,高山低于平原。多年平均气温,上游为 1 ~ 8 ℃,中游为 8 ~ 14 ℃,下游为 12 ~ 14 ℃。月平均气温,以 7 月为最高,大部分地区在 20 ~ 29 ℃之间,洛阳市极端最高气温达 44.3 ℃。1 月为最低,绝大部分地区都在 0 ℃ 以下,青海玛多极端最低气温 -48.1 ℃。气温日较差大部分地区为 10 ~ 15 ℃。

三、水资源

黄河多年平均天然径流量为 580 亿 m³,仅占全国河川径流总量的 2.1%,居全国七大江河的第四位。流域平均年径流深 77 mm,只相当于全国平均径流深 276 mm 的 28%,在全国七大江河中仅略高于辽河。流域人均水量 593 m³,约为全国人均水量的 23%。耕地亩均水量 324 m³,相当于全国亩均水量的 18%。

黄河天然径流量的地区分布很不均匀。兰州以上地区流域面积占全河的 29.6%,年径流量达 323 亿 m³,占全河的 55.7%,是黄河来水最为丰富的地区。兰州至河口镇区间流域面积虽然增加了 16.3 万 km²,占全河的 12.5%,但由于这一地区气候干燥,河道蒸发渗漏损失较大,河川径流量不但没有增大,反而减少了 10 亿 m³。河口镇至龙门区间流域面积占全河的 14.8%,来水 72.5 亿 m³,占全河的 12.5%。龙门至三门峡区间流域面积占全河的 25.4%,来水 113.3 亿 m³,占全河的 19.5%。三门峡至花园口区间流域面积仅占全河的 5.5%,但来水 60.8 亿 m³,占全河水量的 10.5%,是又一产流较多的地区。花园口至河口区间流域面积占全河的 3%,来水量为 21 亿 m³,占全河水量的 3.6%。黄河干流各站汛期(7~10 月)天然径流量约占全年的 60%,非汛期约占 40%,汛期洪水暴涨暴落,冬季流量很小,上游兰州站 1946 年汛期实测最大洪峰流量达 5 900 m³/s,而非汛期最小流量仅 335 m³/s,相差近 17 倍。中游陕县站 1933 年实测最大洪峰流量 22 000 m³/s,最小流量 240 m³/s,相差近 91 倍。

随着国民经济发展及黄河流域大量蓄水、引水、提水工程的修建,20 世纪 80 年代黄河河川径流年耗用量已达 280 亿~290 亿 m³,其中城市工业及农村人畜耗水约为 11 亿 m³,其余都为农业灌溉耗水。黄河径流的利用率约为 50%,与国内外大江大河比较,黄河水资源利用率已达到较高水平。同时,由于黄河上游龙羊峡水库的调节作用,黄河径流的年内、年际分配也有较大变化。

第二节　社会经济

黄河流域及下游防洪保护区共有人口 1.72 亿(流域内 9 780 万),占全国总人口的 15.1%,耕地面积约 2.8 亿亩(流域内 1.8 亿亩),占全国总耕地面积的 19.4%。黄河流域总土地面积 11.9 亿亩(含内流区),占全国国土面积的 8.3%,其中大部分为山区和丘陵,分别占流域面积的 40% 和 35%,平原区仅占 17%。流域内耕垦率为 15.1%,耕地共 1.8 亿亩,人均 1.83 亩,约为全国人均耕地的 1.5 倍,大部分地区光热资源充足,农业生产发展潜力很大。流域内有林地 1.53 亿亩,森林覆盖率为 12.9%。牧草地 4.19 亿亩,占流域面积的 35.2%。全流域还有宜于开垦的荒地约 3 000 万亩,主要分布在黑山峡至河口镇区间的沿黄台地和黄河河口三角洲地区,是我国开发条件较好的后备耕地资源。

黄河流域矿产资源十分丰富,1990 年探明的矿产有 114 种,在全国已探明的 45 种主要矿产中,黄河流域有 37 种。具有全国性优势(储量占全国储量的 32% 以上)的有稀土、铌、石膏、玻璃硅质原料、煤、铝土矿、钼、耐火黏土等 8 种;具有地区性优势(储量占全国总储量的 16%~32%)的有石油和芒硝两种;具有相对优势(储量占全国总储量的 10%~16%)的有天然碱、硫铁矿、水泥用灰岩、钨、铜、岩金等 6 种。黄河流域成矿条件多样,矿产资源既分布广泛又相对集中,为开发利用提供了有利条件。流域内有 11 个矿产集中区,可以形成各具特色和不同规模的生产基地,进行集约化开采利用。

黄河流域可开发的水电装机容量为 3 185 万 kW,年发电量 1 179 亿 kW·h,在全国江河中名列第二位。黄河流域的水电资源有91%分布在干流上,上游的龙羊峡至青铜峡河段和中游的北干流河段,梯级水电开发条件好,淹没损失小,技术经济指标优越,综合利用效益显著,分别是我国近期开发建设的 12 个水电基地的重要组成部分。

黄河流域大部分地区气候温和,光热充足,土地资源比较丰富,是我国农业经济开发最早的地区。上游宁蒙河套平原、中游关中平原、下游防洪保护区内的黄淮海平原,地形平坦,水源充足,灌溉方便,人口稠密,生产条件好,是我国主要农业生产基地,小麦、棉花、油料、烟叶等主要农产品在我国占有重要地位。1990 年全流域及下游防洪保护区农业产值共计 1 035 亿元,占全国的 13.7%,其中下游防洪区为 585 亿元,占全国的 7.6%;粮食总产量 6 335 万 t,占全国的 14.6%,其中下游防洪保护区为 3 324 万 t,占全国的 7.6%;棉花总产量为 176 万 t,占全国的 39%,其中下游防洪保护区为 154 万 t,占全国的 34%;油料总产量 239 万 t,占全国的 14.8%,其中下游防洪保护区为 100 万 t,占全国的 5.4%。

新中国建立以来,黄河流域及下游平原地区的工业取得了长足的进步,建立和发展了多种部门的现代化工业,特别是能源、冶金、机械制造和纺织工业发展较快,并出现了西宁、兰州、银川、包头、呼和浩特、太原、西安、洛阳、郑州和济南等一大批新兴工业城市。近年来,各地调整产业结构,长期未受重视的轻工业和乡镇企业迅速发展,工业产值增长速度加快。1990 年黄河流域及下游防洪保护区工业总产值达到 2 695 亿元,占全国当年工业总产值的 11.3%,其中下游防洪保护区为 1 100 亿元,占全国的 4.6%。黄河流域能源和矿产资源十分丰富,上游地区的水电,中游地区的煤炭和天然气,下游地区的中原油田和河口三角洲的胜利油田,沿黄地带的铝土、铅、锌、铜、铀、稀土等在全国都占有重要的地位。沿黄地带是我国近期开发生产力布局中三条主轴线(沿海地带、沿长江地带、沿黄河地带)之一,近期将重点开发建设以兰州为中心的水电及有色金属冶炼基地、以山西为中心能源重化工基地、以山东半岛及黄河河口地区为主的石油和海洋开发基地。随着新的欧亚大陆桥的打通和交通运输的建设,也将为流域经济发展创造更为有利的条件。沿黄经济带的发展,对黄河防洪和治理开发必将提出更高的要求。

第三节　河道特性

黄河水系的发育,在流域北部和南部主要受阴山—天山和秦岭—昆仑山两大纬向构造体系控制,西部位于青海高原罗字形构造体系首部,中部受祁(连山)、吕(梁山)、贺(兰山)山字形构造体系控制,东部受新华夏构造体系影响,黄河萦回其间,从而发展成为今日的水系。其特点是干流弯曲多变,支流分布不均,河床纵比降较大。根据水沙特性和地形、地质条件,黄河干流分为上、中、下游(黄河干流各河段的特征值见表1-1)。

表 1-1　黄河干流各河段特征值

河段	起始地点	流域面积（km²）	河长（km）	落差（m）	比降（‰）	汇入支流（条）
全河	河源—河口	752 443	5 463.6	4 480.0	8.2	76
上游	河源—河口镇	385 966	3 471.6	3 496.0	10.1	43
	1.河源—玛多	20 930	269.7	265.0	9.8	3
	2.玛多—龙羊峡	110 490	1 417.5	1 765.0	12.5	22
	3.龙羊峡—下河沿	122 722	793.9	1 220.0	15.4	8
	4.下河沿—河口镇	131 824	990.5	246.0	2.5	10
中游	河口镇—桃花峪	343 751	1 206.4	890.4	7.4	30
	1.河口镇—禹门口	111 591	725.1	607.3	8.4	21
	2.禹门口—三门峡	190 842	240.4	96.7	4.0	5
	3.三门峡—桃花峪	41 318	240.9	186.4	7.7	4
下游	桃花峪—河口	22 726	785.6	93.6	1.2	3
	1.桃花峪—高村	4 429	206.5	37.3	1.8	1
	2.高村—艾山	14 990	193.6	22.7	1.2	2
	3.艾山—利津	2 733	281.9	26.2	0.9	0
	4.利津—河口	574	103.6	7.4	0.7	0

注:1.汇入支流是指流域面积在 1 000 km² 以上的一级支流。

　　　2.落差从约古宗列盆地上口计算。

一、上游

　　内蒙古托克托县河口镇以上为黄河上游,河道长 3 472 km,水面落差 3 496 m,流域面积 42.8 万 km²(含内流区 4.2 万 km²),分别占全河的 63.5%、78% 和 53.8%。汇入的较大的支流(流域面积 1 000 km² 以上,下同)有 43 条。黄河干流青海省玛多以上属河源段,流经低山丘陵和湖盆草原地区,河段内的扎陵湖、鄂陵湖,水面面积分别为 526 km² 和 610 km²,平均水深分别为 9 m 和 17.6 m,蓄水量分别为 47 亿 m³ 和 108 亿 m³,是我国最大的高原淡水湖。玛多至玛曲河段,黄河穿行在巴颜喀拉山与积石山之间的古湖盆和低山丘陵地区,大部分河谷宽展,间有几段峡谷。玛曲至龙羊峡间,黄河流经高山峡谷,水流湍急,龙羊峡以上属高寒地区,人烟稀少,交通不便,经济尚待开发。龙羊峡至宁夏的下河沿,河长 794 km,河流川峡相间,水量丰沛,落差集中,是黄河水能资源开发的重点河段。下河沿至河口镇,黄河流经宁蒙平原,河道展宽平缓,两岸分布着大面积的引黄灌区,是宁夏、内蒙古自治区的经济发达地区。

二、中游

河口镇至河南郑州市附近的桃花峪为黄河中游。河道长 1 206 km,水面落差 890 m,区间流域面积 34.4 万 km²,分别占全河的 22.1%、19.9% 和 45.7%。汇入的较大支流有30 条。

河口镇至禹门口为峡谷河段,两岸支流众多,绝大部分来自水土流失严重的黄土丘陵沟壑区,支流呈羽毛状汇入黄河,产汇流条件好,是黄河洪水泥沙的主要来源地区之一,特别是粗泥沙($d > 0.05$ mm)的主要来源地区。禹门口至三门峡间,黄河流经汾渭地堑,河谷展宽,其中禹门口至潼关河段是宽、浅、散、乱的游荡型河道,并有汾河、渭河两大支流相继汇入。三门峡至小浪底是黄河干流的最后一个峡谷河段,小浪底以下是黄河由山区进入平原的过渡地段,有洛河和沁河汇入。黄河中游来沙量占全河总沙量的 90%,河口镇至龙门、龙门至三门峡、三门峡至桃花峪区间,是黄河下游大洪水的三个主要来源地区。

三、下游

黄河干流自桃花峪以下为下游。河道长 786 km,落差 94 m,流域面积 2.3 万 km²,较大的入黄支流有天然文岩渠、金堤河及大汶河三条。黄河下游河道是在长期排洪输沙的过程中淤积塑造形成的,河床普遍高出两岸地面,是海河流域与淮河流域的分水岭。两岸引黄区面积约 3 000 万亩,是我国目前最大的自流灌区。黄河下游洪水、沙量沿程减小,河道堤距及河槽形态具有上宽下窄的特点。桃花峪至高村河段长 206.5 km,是冲淤变化剧烈,水流宽、浅、散、乱的游荡性河段。本河段防洪保护面积广大,是黄河防洪的重要河段。高村至艾山河段长 194 km,堤距及河槽逐渐缩窄,是由游荡性向弯曲性过渡的河段。艾山至利津河段长 282 km,是河势比较规顺稳定的弯曲性河段,由于堤距及河槽较窄,比降平缓,河道排洪能力较小,防洪任务也很艰巨。同时,冬季凌期时有冰坝堵塞,易造成堤防决溢灾害,威胁也很严重。利津以下的黄河河口段,河长约 104 km。随着黄河入海口的淤积—延伸—摆动,入海流路相应改道变迁。目前,黄河河口入海流路是 1976 年人工改道后的新河道,河口位于渤海湾与莱州湾交汇处,是一个弱潮多沙、摆动频繁的陆相河口。近 40年间,黄河年平均输送到河口地区的泥沙约为 10 亿 t,滨海地区年均净陆面积 25 ~ 30 km²。

第四节　黄河防洪建设

一、下游防洪体系建设

下游防洪,一直是治黄的首要任务。新中国成立后 50 多年来,开展了大规模防洪工程建设。截至 1993 年,国家用于黄河下游防洪建设的投资达 47.6 亿元,共完成土方 10.1亿 m³、石方 1 210 万 m³,初步建成了"上拦下排、两岸分滞"的防洪工程体系。此外,对防洪非工程措施的建设也不断加强和完善,为战胜洪水奠定了可靠的基础。

(一)堤防工程

对黄河下游两岸 1 400 km 大堤,新中国成立以来先后进行了 3 次全面加高,东坝头以上堤防加高了 2 ~ 4 m,东坝头以下加高了 4 ~ 6 m。目前,堤防一般高 9 ~ 10 m,最高达到 14 m。堤防的设防标准为防御花园口站 22 000 m³/s 的洪水。考虑河道槽蓄削峰作用和堤距上宽下窄,下游各站设防流量渐次削减,艾山以下河段设防流量为 11 000 m³/s。

下游堤防为历代多次加修而成,基础条件复杂,隐患很多,新中国成立后,为了确保下游防洪安全,在三次加高的同时,还采取了一系列措施加固堤防。

主要措施一是采用"机械钻探,压力灌浆"的办法来探查和处理堤身裂缝、漏洞等隐患,这在黄河下游多年来一直反复进行,至 1992 年累计钻探灌浆 9 900 万眼。对巩固堤防起到了很好的作用。

二是根据黄河含沙量大的特点,利用黄河泥沙淤高大堤背河地面,解决堤基及堤身的渗透变形问题。放淤固堤(简称淤背固堤),20 世纪 60 年代以前,主要是结合灌溉引水自流沉沙或提水沉沙,淤高背河洼地。20 世纪 70 年代以后,开始采用简易吸(挖)泥船吸取河道泥沙,加宽堤身断面(堤后淤宽 50 ~ 100 m)。截至目前,在规定范围内淤背固堤的有效土方约 2 亿 m³,固堤长度 615 km。经过 1982 年大洪水考验,凡是背河淤高 3 m 以上的堤防,没有再发生渗水或管涌等情况。

此外,在部分堤段,还采用过修筑黏土斜墙,抽槽换土,砂石反滤,加筑前、后戗等办法加固大堤。

(二)河道整治工程

黄河下游主流游荡不定,常造成滩地坍塌,堤防生险,特别是洪峰落水期,河水归槽,坍塌坐弯,形成"横河"、"斜河",主溜直冲大堤,如抢护不及时,就有决口的危险。新中国成立以前,黄河下游没有进行有计划的河道整治,河势得不到控制,使防洪长期处于被动状态。为了使防洪主动,新中国成立以来,在险工全部石化的同时,大力开展河道整治,兴建控导工程,护滩保堤,稳定河势。至 1992 年先后改建和新建险工和控导护滩工程 317 处,长 623 km。目前,陶城铺以下弯曲性河段,河势已经得到控制;高村至陶城铺过渡性河段,河势基本得到控制;高村以上的游荡性河段,缩小了游荡范围。经过 1982 年大洪水的考验,显示了河道整治工程对保证防洪安全的重要作用。

(三)干、支流水库工程

为了控制洪水,在黄河中游干、支流上先后修建了三门峡水库和伊河陆浑水库、洛河故县水库,这些水库在控制洪水、调节水沙方面已发挥了重大作用。

1. 三门峡水库

三门峡水利枢纽是 1955 年黄河规划选定的治理开发黄河的第一期骨干工程。1957 年开工兴建,1960 年 9 月基本建成,开始蓄水运用,由于库区严重淤积,从 1964 年起先后对枢纽工程进行增建和两次改建,加大了泄洪排沙能力。在运用上,从 1974 年起采用"蓄清排浑、调水调沙"的运用方式,根据黄河来水来沙特点,在来沙少的非汛期蓄水防凌与兴利,汛期降低水位防洪排沙,把非汛期淤积在水库的泥沙调节到汛期下排,以保持一定的有效库容供长期使用。目前,在防洪运用水位 335 m 下,有近 60 亿 m³ 防洪库容。

三门峡水库控制了黄河流域面积的 92%,处于调节下游洪水和泥沙的重要地位。但由于库区淤积影响和淹没损失较大,为了减轻库区淤积,目前三门峡水库主要担负防御大洪水的任务,中常洪水一般不拦洪。按照目前规定的运用方式,当三门峡水库以上发生大洪水时,水库敞泄,但按目前泄流规模,下泄最大流量不超过 15 000 m³/s,可以显著减轻下游防洪威胁;当三门峡至花园口区间发生大洪水时,水库相机关门拦洪,对减轻下游防洪负担亦有很大作用。

2. 支流伊河陆浑水库和洛河故县水库

支流伊河陆浑水库和洛河故县水库的主要任务是配合三门峡水库削减三门峡至花园口区间的洪峰流量,以减轻黄河下游的防洪负担。

陆浑与故县两座支流水库共控制三门峡至花园口区间流域面积的 21.3%。两座水库有防洪库容 13.5 亿 m³(近期),陆浑水库和故县水库运用后,对于 1958 年型千年一遇洪水,可削减黄河花园口站洪峰流量 3 410 m³/s;百年一遇洪水削减 2 070 m³/s。

(四)分滞洪工程

黄河下游河道上宽下窄,排洪能力上大下小。如遇大洪水,由于下游窄河段泄洪能力较小,不能完全宣泄,只有采用牺牲局部、保护大局的办法,选择适当地点分洪。因此,从20 世纪 50 年代开始,先后在艾山以上开辟了北金堤滞洪区和修建了东平湖水库。为了减轻山东窄河段的凌汛威胁,从 1971 年起又修建了北岸齐河和南岸垦利两处堤距展宽工程。

1. 东平湖水库

东平湖水库是保障艾山以下河道防洪安全的重要措施,担负着分滞黄河洪水和调蓄汶河洪水的作用。东平湖原为黄河及汶河的自然滞洪区,1958 年改建为东平湖水库,1962 年后又确定为滞洪工程。东平湖滞洪区面积 627 km²,中间有隔堤分成新、老湖区。滞洪区由 100 km 的围坝、5 座分洪闸和 3 座退水闸组成。目前,其有效分洪能力为 7 500 ~ 8 500 m³/s,当黄河发生较大洪水时,东平湖相机分洪,控制艾山下泄流量不超过 10 000 m³/s。使用东平湖水库滞洪,基本上解决了黄河下游河道排洪能力上大下小的矛盾。

2. 北金堤滞洪区

北金堤滞洪区是防御超标准洪水的工程措施,位于黄河下游由宽到窄过渡段的北岸,在临黄大堤与北金堤之间。1951 年,在河南省长垣县临黄大堤兴建石头庄溢洪堰,辟为临时滞洪区。1975 年 8 月淮河大水后,为落实防御特大洪水措施,废堰建闸,在濮阳渠村新建分洪闸,设计分洪流量 10 000 m³/s,滞洪区面积为 2 316 km²,围堤长 123.3 km,有效滞洪水量为 20 亿 m³。当预报花园口站发生大于 22 000 m³/s 的大洪水,采取其他措施难以解决时,启用北金堤滞洪区分洪。

3. 齐河和垦利展宽工程

山东省境内黄河的部分窄河段,在凌汛期间容易卡冰,形成冰塞或冰坝,致使上游水位急剧抬高,威胁堤防安全。为此,20 世纪 70 年代在济南上首的北岸齐河和河口地区南岸垦利修建了两处堤距展宽工程。两处展宽区的总面积达 229.3 km²,围堤长 76.4 km,有效库容为 5.0 亿 m³。该两处展宽工程的修建,对于保护济南市和河口地区胜利油田的安全具有重要意义。

经过 40 余年的努力,防洪工程的抗洪能力已有很大增强。历史上,每当洪水流量超过 10 000 m³/s 时,黄河下游就要决口泛滥;流量 6 000 ~ 10 000 m³/s 时有一半年份要决口成灾。新中国成立以来,发生流量大于 10 000 m³/s 的洪水 12 次,6 000 ~ 10 000 m³/s

的洪水20次,都没发生决口,充分反映了防洪建设的成效。

（五）防洪非工程措施建设

完整的防洪体系必须是工程措施和非工程措施的结合。非工程措施虽不改变洪水特征,不改变自然环境,但通过洪水预报、洪水调度系统和报警系统,分（滞）洪区的安全建设与管理等措施,可以减轻洪水灾害造成的损失,同时可把各工程措施有效地组合起来,充分发挥工程措施的效益。

新中国成立以来,连续取得50多年抵御伏秋大汛决口伟大胜利,除了依靠防洪工程体系外,人民防汛队伍也发挥了巨大威力,特别是对防洪工程体系还很不完善,堤防十分薄弱的1949、1958年大洪水,就是依靠广大军民奋力抢护,才一次又一次战胜洪水,保证了安全。"人防"在黄河下游有优良的传统和严密的组织,每年汛期,在黄河防汛总指挥部领导下,河南、山东两省及沿河各地（市）、县（区）均建立防汛指挥部,实行统一指挥和分级分段防守责任制,组建和培训了10 000余人的治黄专业队伍,同时每年还发动组织沿河群众组成200万人左右的人民防汛大军。人民解放军每年都积极参加黄河抗洪抢险,形成军民联防,成为战胜洪水的突击力量。

新中国成立后,水情站网得到了较快的发展,水情站由1949年的11处,经过逐年充实完善,增加到目前由500多处的雨量站、水文站和水位站组成的水情站网,其中三门峡至花园口区间的站网密度已基本满足防洪需要。传递水情的手段由电报、电话发展到三门峡至花园口区间的自动测报系统,并可自动译电、自动打印水情信息和绘制雨量图。

三门峡至花园口区间产生的洪水,对下游防洪威胁最大。20世纪80年代初开始引进国外先进技术,建设包括200多个遥测站、4个数据收集中心的实时遥测洪水预报系统,该系统已基本建成,这样可根据自动遥测的暴雨资料,直接预报出花园口的洪峰流量,以达到增长预见期的目的,为黄河下游防洪争取了主动。

新中国成立初期,黄河下游就开展了洪水预报工作。50多年来有了很大的发展,由最初用简单的洪峰流量、水位相关进行下游部分干流站的短期洪峰预报,逐渐发展为河道洪水演算、水库调洪演算、流域降雨径流相关、产汇流计算、分散式流域水文模型等。同时,中长期径流预报和冰情预报也相继展开,并且结合洪水和冰情预报开展了降雨和气温预报,以增长预见期。近几年又配备了卫星云图接收设备、自动填图仪器,加强了天气预报。计算机技术已在各项预报中广泛应用,初步形成了一个具有黄河特色的水文预报系统。

为了适应防洪需要,黄河的通信建设也有很大发展,从有线到无线,逐步走向现代化。为吸取淮河1975年8月特大暴雨洪水时电讯遭到严重破坏,水情不能及时传递,防汛指挥失灵的教训,于1976年开始建设无线通信网,经过十余年的努力,目前上至三门峡,下到垦利已建立了包括郑州—三门峡、郑州—济南微波干线的覆盖黄河中下游重点防洪地区的无线通信网,加上原有的有线通信,形成了有线无线综合通信网。在历年的防汛、防凌斗争中对及时传递水情、工情,交流信息,指挥调度等方面发挥了重要作用。

二、黄河上、中游防洪建设

（一）黄河上游防洪建设

上游地区防洪是黄河防洪的组成部分。黄河在兰州以上,河道穿行于青藏高原和高山峡谷之间,河深岸高,人烟稀少,防洪任务不大。自兰州至内蒙古的河口镇,河长1 325 km,流经甘肃、宁夏、内蒙古的28个县(旗)市。沿河有兰州、包头两城市,宁夏、内蒙古自治区的商品粮基地——河套平原,以及包兰铁路等,这是黄河上游防洪的重点段。同时,宁夏、内蒙古河段的水流流向自南而北,由低纬度流向高纬度,每年冬春,经常出现凌汛问题,对该地区的安全造成严重威胁。确保上游这些河段的防洪、防凌安全,对于西北地区的社会主义建设,特别是对甘肃、宁夏、内蒙古三省(区)的经济发展和人民生活的安定有着重要的意义。

新中国成立前,黄河上游几乎没有修建防洪工程,洪水和凌汛灾害频繁。新中国成立以后,在黄河干流上结合水资源的综合利用,先后修建了青铜峡水库、刘家峡水库、龙羊峡水库等大型工程调蓄控制洪水,同时各省(区)在黄河两岸重点河段相继修建堤防,进行河道整治,初步建立了水库和堤防相结合的防洪工程体系,在历年防洪、防凌斗争中起到了重要作用。

刘家峡水库是以发电为主,兼有防洪、防凌、灌溉综合利用的大型水库。为了解决兰州地区的防洪问题,1954年制定黄河规划时,就确定刘家峡水库为第一期工程。1958年动工兴建,1968年正式蓄水。总库容57亿 m^3,防洪库容为15.6亿 m^3。龙羊峡水库是刘家峡水库上游又一大型工程,总库容247亿 m^3,为多年调节水库,其中调洪库容为43亿 m^3,1986年开始蓄水。刘家峡水库与龙羊峡水库的联合调节运用,能使兰州市百年一遇洪水的洪峰流量由8 080 m^3/s 削减为6 500 m^3/s,使兰州地区的防洪标准达到百年一遇,对兰州市及其以下河段防洪安全起到了很大的控制作用。刘家峡水库的防凌效益也很显著,凌汛期间通过水库调节,可控制兰州河段流量不超过500 m^3/s,再经过青铜峡水库进一步控制,可大大减轻宁蒙河段的凌汛威胁。从1968年刘家峡水库蓄水运用以来,宁蒙河段的凌情有较大的改善,初步取得了防凌斗争的主动权。

上游龙羊峡、刘家峡、青铜峡等大型水利枢纽工程的兴建,在防洪、防凌斗争中发挥了重要作用。但是,上游还不能单纯依靠干流水库调蓄洪水来解除洪水、凌汛威胁。因为上游梯级水库都是以发电为主要目标的,防洪库容有限,黄河上游洪水洪峰虽不高,但持续时间长、洪水量大,大量洪水仍要依靠河道排泄。因此,甘肃、宁夏、内蒙古三省(区)在黄河两岸陆续修筑了堤防和河道整治工程。截至1988年,兰州市两岸已修筑堤防30.49 km(其中南岸24.3 km,北岸6.19 km),城市防御标准为6 500 m^3/s(100年一遇)。宁夏河段按防御青铜峡站6 000 m^3/s(相当20年一遇)洪水修筑了447 km堤防(其中左岸堤长266.9 km,右岸堤长180.1 km),这些堤防保护着沿河两岸卫宁灌区和青铜峡灌区100多万人口和400多万亩农田的安全。同时修建了险工79处,坝垛321道,控导、护滩(岸)工程234处,坝垛护岸647道,对稳定河道起到了重要作用。内蒙古河段目前已建堤防895 km,其中左岸的防洪堤及右岸胜利渠至公山壕一段150 km防洪堤,均达到防御6 000 m^3/s洪水标准(相当50年一遇),其余堤段能防御5 000 m^3/s的洪水,保护了1市、9旗(县、区)的600多万亩耕地、120余万人和京包、包兰铁路,呼包、包银公路及灌溉总干渠的安全。整修了险工23处,建成埽石坝垛172道、混凝土坝垛106道,完成埽石护岸多处,并进行人工裁弯7处。这些工程在防洪、防凌中发挥了明显的作用。

与此同时,上游地区的防洪非工程措施也不断发展完善,各省(区)都建立了黄河防汛指挥机构,每年组织防汛抢险的人防队伍,架设了部分电话线路并设立电台,开展了水文气象预报和水库调度工作。

新中国成立后50余年来,上游地区人民依靠上述工程战胜了1964、1969年和1981年大洪水及每年的凌汛,保卫了甘肃、宁夏、内蒙古地区的经济建设和人民生命财产安全。

(二)三门峡水库库区的防洪

三门峡水库库区范围包括335 m高程以下黄河干流及支流渭、洛河下游的一部分。三门峡水库修建前,除了龙门至潼关小北干流河段由于主流游荡,经常冲塌两岸滩地外,潼关至三门峡河段是峡谷型河道,两岸滩地少,渭河下游是微淤的弯曲型河道,为地下河,两岸没有堤防,长期以来,这些河段基本上没有大的水患。

三门峡水库1960年建成投入运用后,库区淤积严重,这段河道发生了很大的变化,带来了新的防洪问题。首先是潼关至三门峡河段由自然河段变成水库型河段,河道普遍淤积抬高,库周高岸受蓄水影响坍塌严重,其周边的耕地、村庄、扬水站等受到很大威胁;其次是渭河下游因受水库回水影响,产生大量淤积,河道抬高,排洪能力锐减,使渭河下游的洪、涝、碱灾害十分严重;再是龙门至潼关河段的下段,同样受水库回水影响,淤积加重,河道摆动加剧,对两岸工农业生产不利。

1985年,中央同意陕西省三门峡库区部分移民返库安置,返库移民大部分安置在黄、渭河岸边滩区,这里地势低洼,洪水漫滩频繁,移民的生产、生活安全经常受到威胁,这又为库区的防洪增加了复杂性和艰巨性。

为了解决三门峡水库运用后产生的问题,除了对枢纽工程进行增建、改建及改变水库运用方式外,还在库区所属陕、晋、豫三省分别建立了治理机构,对小北干流、潼关至三门峡河段和渭河下游积极进行防治,修建了堤防、河道整治、护岸等工程,对保卫库区两岸人民的生活和生产安全起到了重要作用。

1. 小北干流段

黄河小北干流自禹门口(龙门)到潼关河长132.5 km,两岸为黄土台塬,高出河床50~200 m,该河段穿行于汾、渭台阶地。河出禹门口后,由宽100 m左右的峡谷河槽,展宽为4 km以上的河漫滩,朝邑附近最宽达18 km,至潼关河宽又收缩为850 m。小北干流河道总面积1 107 km²,其中滩区面积696 km²,占河道总面积的63%。两岸汇入的主要支流,左岸有汾河、涑水河,右岸有湭水、北洛河、渭河。由于黄河主要产沙区河口镇至龙门区间的大量来沙,加上河出禹门口后骤然放宽,泥沙堆积,河床宽浅,使水流散乱多变,河势游荡,主流经常摆动,冲滩塌岸,故有"三十年河东、三十年河西"之说。小北干流是山西、陕西两省的界河,随着河势的变化,两岸的滩地也此长彼消,为争种滩地,历史上两岸常常发生水事纠纷。

三门峡水库投入运用后,库区淤积,潼关河床高程大幅度抬高,回水淤积向上发展,小北干流河段的淤积加重,河势摆动加剧,致使有些河段老岸崩塌后退,耕地减少,村庄安全受到威胁。据1955~1980年资料统计,单是高岸塌失的土地就有1.8万亩,迁移村庄58个,人口2.5万。由于塌岸,还影响到南同蒲铁路的安全。为解决两岸旱塬农田灌溉及人民生活用水问题,20世纪70年代以来,两岸修建了大量机电灌站,但由于主流摆动,常使一些机电灌站引水受到影响。小北干流两岸虽有台塬作天然屏障,约束小北干流的洪水,但洪水期间主流的频繁摆动,给滩区人民的生产、生活带来严重的威胁。

为了稳定河势,保滩护村,小北干流20世纪60年代开始修建河道整治工程,自1960年至1987年,两岸共建整治工程25处,总长度104.7 km,约为河道长的80%,护村185个,人口13.5万,护地31.5万亩,保证了灌溉面积355万亩的16个机电灌站的引水。所建工程,有的是水利部和黄河水利委员会(简称黄委会)批准的,有一部分是山西、陕西两省自行修建的,这些工程的修建,对河道平面摆动起到了控制作用,主流摆幅变小,塌岸塌滩减少。但是,由于两岸工程统一规划不够,有些工程挑溜严重,不利于河道整治,也给对岸造成危害。为此,1987年黄委会在广泛征求两岸意见的基础上制定了《黄河禹门口至潼关河段整治规划》(简称《规划》),1990年国务院以国函26号文批准《规划》拟定的河道治导控制线。目前,正在按治导控制线实行整治。

2. 潼关至三门峡河段

潼关至三门峡河段,河长113 km,约束在崤山与塬阶地之间,位于黄河中游晋、陕、豫三省交界地,为峡谷河段。

潼关至三门峡河段330 m高程库岸周长327.2 km,沿岸多属黄土类,抗冲能力差(只有大坝附近岸段为黏土砾石层,部分有岩石出露),一经蓄水,土壤饱和,岸坡被内浪侵蚀,极易塌岸。水库蓄水后,库周塌岸严重,1960~1990年30年中累计塌岸长210 km,塌岸总量5.49亿 m^3(左岸1.39亿 m^3,右岸4.1亿 m^3),最大塌宽650 m。共塌失耕地8.14万亩,迁移村庄105个,人口3.77万,塌毁扬水站69座、机井2 175眼,减少水浇地5.3万亩,塌岸还造成9人死亡,11人受伤。

为了维护库区的村庄、耕地及引水建筑物的安全,20世纪70年代这一河段开展了防护治理。根据不同河段发生塌岸的原因,采取不同的防治措施。

上段,潼关至大禹渡河段,全年大部分时间处于河道状态,以主流摆动、水流冲刷发生塌岸为主,故主要采用河道整治的形式防治塌岸。下段,大禹渡至大坝河段,蓄水时间长,既有水流冲刷塌岸,又有风浪塌岸,故防护工程的下部采用抛散石或铅丝笼装石,上部采用块石或混凝土预制块防护;仅是风浪造成的塌岸,则采用块石或混凝土块护坡,或植树造林护岸。

到1990年,潼关至三门峡河段两岸共修筑了35处护岸工程,总长55.1 km,为本段河道长的一半,其中防冲工程长19.2 km,防浪工程长22.0 km,双防(防冲、防浪)工程长13.9 km。这些工程保护了88个村庄的6.3万人和6.7万亩耕地及20座机电灌站的安全,使严重塌岸得到了初步控制。

3. 渭河下游防洪

渭河是黄河最大的支流,据华县站1953~1990年资料统计,其平均年径流量78.7亿 m^3,平均年输沙量4.2亿 t,平均含沙量53.4 kg/m^3,是多沙河流。渭河自咸阳公路桥至入潼关黄河河口长208 km,为下游段。其大部分处在三门峡库区内,建库以前基本冲淤平衡或微淤,为地下河,历史上没有防护堤,也没有大的洪水灾害。

三门峡水库运用后,潼关河床的抬高,致使渭河下游河床淤积抬高,河道排洪能力下降,渭南以下河段出现临背差,逐步形成"地上悬河",从而又引起地下水位普遍升高,南山支流入渭河河口淤塞,泄流不畅,致使洪、涝、碱灾害频繁发生。

为了解决三门峡建库后渭河下游出现的问题,在对三门峡水利枢纽进行改建并改变运用方式的同时,对三门峡库区渭河下游也进行了治理,修建了堤防、河道整治、排水等工程。

早在1959年,为了推迟和减缓移民,保护335 m高程以上地区的安全,开始以200年一遇洪水(华县站14 000 m³/s)为标准修建渭河防洪堤。1960年水库蓄水运用后,由于淤积发展快,再加上水库运用方式的改变,堤防的防洪标准降为按50年一遇洪水(华县站10 800 m³/s)设防。随着淤积上延,堤线也逐步向上延伸,并经过4次加高培厚,目前共建堤防178.7 km。北岸由大荔的拜家到高陵的吴村阳,长71.2 km。南岸由华县方山河口到渭南的高杨寨,长107.5 km,其中包括方山、罗纹、石堤、遇仙、赤水等支流河口堤防52.8 km。由于河道淤积继续发展等原因,目前堤顶高程已有一半低于50年一遇洪水标准。现有堤防可保护高陵、临潼、渭南、大荔、华县等5个县(市)26个乡镇的55.6万亩农田和29万人的安全。

渭河下游河道大量淤积后,河槽变宽,河槽平面摆动加剧。主流变化不定,顶冲堤防的险情不断出现,给防洪造成很大威胁。为了控制主流,保滩护堤,按规划治导线,逐步修建了控导护滩工程。截至1988年,渭河下游两岸共修建控导工程49处,保存45处,坝垛891道,工程长89.8 km,并进行人工裁弯1处(即仁义裁弯,原弯道长12 km,开挖新引河3.05 km)。经过多年考验,这些工程对控导主流收到了良好效果。此外,还修建排涝和南山支流水库等除害兴利工程。这些工程的修建和运用对保障渭河下游两岸人民生命财产安全和发展生产都发挥了重要作用。

在返库移民区,为了移民生产生活及安全,陆续修建了避水工程、撤退道路、通信设施等,但其数量少、标准低,无法保证移民的生产生活安定,迫切需要加强返库移民安置区的防洪安全建设。

第五节 黄河洪水

按其成因黄河洪水可分为暴雨洪水和冰凌洪水两个类型。暴雨洪水发生在7、8月的称为"伏汛",发生在9、10月的称为"秋汛",习惯上合称"伏秋大汛"。冰凌洪水,在黄河下游河段多发生在2月,在宁蒙河段多发生在3月,一般统称"凌汛",但因宁蒙河段的冰凌洪水传播到黄河下游,适值桃花盛开季节,故又称"桃汛"。伏汛洪水对黄河下游防洪威胁最大。冰凌洪水来势猛,水位高,难以防守。

一、黄河暴雨特性

黄河流域的暴雨主要出现在中、下游地区,上游兰州以上特别是龙羊峡以上,基本上只有大雨(强连阴雨),极少暴雨。

(一)暴雨天气成因

黄河流域暴雨的天气成因,从环流形势来说,为盛夏经向型和盛夏纬向型。从天气系统来说,地面多为冷锋,高空多为切变线、西风槽、低涡、三合点和台风(倒槽)等。大暴雨和特大暴雨多由切变线配合低涡或台风造成。

盛夏经向型环流形势的特点是:东亚西风带以经向环流为主,长波系统移动缓慢或停滞少动,西太平洋副热带高压比较稳定,且位置偏北(高压中心在日本海一带),从而造成与青藏高原副热带高压两相对峙的局面。在这种形势下,出现的暴雨天气系统有南北向切变线(带低涡)、台风及台风倒槽、东风波等,并且往往有利于这些中低纬度天气系统的共同影响。同时,在此形势下,自东海向黄河中上游出现一支强劲的低空东南气流(最大风速可达 16~20 m/s,甚至更大)。这支气流也就是主要的水汽输送通道,所以水汽与动力条件特优,再加上三门峡以下的有利地形等因素,往往在三门峡至花园口区间(简称三花间)形成强度大、笼罩面积广,雨区呈南北向带状分布的大暴雨或特大暴雨。如 1958 年和 1761 年洪水便是这种类型。

盛夏纬向型环流形势的特点是:东亚西风带(35°~55°N)盛行纬向环流,短波槽活动较多。副热带高压稳定时,常呈东西向带状分布;不稳定时它在暴雨过程中常表现为明显的进退,此时在北方与之形成对峙局面的是西风带小高压,在此形势下,出现的暴雨天气系统有东西向切变线、西南东北向切变线、西风槽、低涡和三合点等。在暴雨期间,低空副高边缘常有一支风速达 12 m/s 以上的西风急流北上,为暴雨提供有利的水汽和动力条件。地面天气图上常伴有冷锋、锢囚锋等。雨区位于副高西北侧边缘、700 hPa 等压面上低槽切变线与地面锋面之间,暴雨区常呈东西向带状分布(如 1957 年洪水的暴雨)或西南东北向带状分布(如 1933、1843 年洪水的暴雨)。

黄河上游降雨的天气条件与中下游有很大的区别,因为它地处青藏高原的东北角,地面平均海拔较高(2 000 m 以上),大气中水汽含量较少,加上青藏高原的热力与动力影响,故常形成一些特定的天气条件。例如,当西太平洋副热带高气压势力较强而西伸,长期停留在长江中下游地区时,如遇印度暖低压位置偏北,使高原东侧偏南气流明显加强,就会给黄河上游输送大量的暖湿空气。此时如遇极地冷空气北疆东移南下,与偏南暖湿气流汇合于高原东北侧,在 5 000 hPa 等压面上形成稳定的东西向横切变线,这样就易造成较强的连阴雨天气,如 1981 年 8 月中旬至 9 月上旬的洪水过程就是这种典型。

黄河上游地面平均海拔较高,水汽含量少,是不易形成暴雨(日雨量 50 mm)的主要原因。

(二)暴雨季节

黄河流域暴雨的发生时间,是与西太平洋副热带高压对黄河流域的影响时间相联系的。

天气分析经验表明,雨带通常是位于副高脊线北面 5~8 个纬度。副高活动的一般规律是:冬季势力较弱,脊线位置在北纬 15°附近,故对我国绝大多数地区基本上没有影响。随着季节的转暖,副高就开始向北移动。在移动过程中,脊线第一次北跳,越过北纬 20°,而且强度和范围都有所增加,于是长江中下游进入梅雨季节。7 月上中旬,脊线第二次北跳,越过北纬 25°,雨带就推进到黄、淮流域。到了 7 月底 8 月初,脊线第三次北跳,越过北纬 30°,华北、东北相继进入雨季。到了 9 月上旬,由于蒙古高压逐渐加强,冷空气活动又趋活跃,副高开始南撤,脊线跳回到北纬 25°附近,于是雨区就撤出了黄河流域。

按照副高活动的这一特点,黄河流域大雨和暴雨的发生时间一般为 7~9 月。但是在少数年份,副高脊线的向北前跳或向南回跳的时间,可能提前或推迟一个月左右,因此黄河流域的大雨和暴雨也可能发生在 6 月或 10 月。个别年份的大雨和暴雨还可发生在 4~5 月,但其范围不大,形成的洪水较小。

受副高进退规律的影响,黄河流域大雨和暴雨的初、终日期大体上是沿东北—西南分界。流域的东南部大雨、暴雨来临早,结束晚;愈往西北,暴雨来临期愈迟,结束愈早(见表 1-2)。

表 1-2 黄河流域大雨和暴雨的初、终日期

地区	大雨(日雨量 25~49.9 mm)			暴雨(日雨量 ≥50 mm)		
	初日	终日	可能发生天数(d)	初日	终日	可能发生天数(d)
久治—玛曲	4 月底	9 月中旬	120~150	在玛曲一带 7、8 月间可偶见暴雨		
河套	6 月下旬	9 月下旬至 10 月上旬	100~120	绝大部分发生在 7、8 月间		
泾、洛、渭、汾河上、中游及晋陕北部	4 月上中旬	10 月中下旬	200 左右	5 月下旬	9 月下旬	100 左右
泾、洛、渭、汾河下游,三花间及黄河下游	2 月下旬至 3 月上旬	11 月中下旬	250 左右	4 月下旬	10 月上中旬	170 左右

黄河流域的暴雨主要发生在 6~10 月,大暴雨只出现在夏季季风盛行的 7、8 月两月。暴雨日数量最多的月份,泾、渭河流域大部及三花间和黄河下游为 7 月,河口镇至龙门区间(简称河龙间)为 8 月。有人把最易出现洪水的 7 月 16 日至 8 月 15 日称为"七下八上"。

(三)暴雨分布

1. 上游地区

黄河上游地区降雨特点是面积大、历时长、强度不大,而以强连阴雨的形式出现。如 1981 年 8 月中旬至 9 月上旬连续降雨约一个月,150 mm 雨区面积为 110 400 km²,暴雨中心久治站自 8 月 13 日至 9 月 13 日,共降雨 313.2 mm,其中仅有一天雨量 43.2 mm,其余各天雨量均小于 25 mm。1967 年 8 月下旬至 9 月上旬和 1964 年 7 月中旬等几次较大洪水,其降雨历时都在 15 d 以上,雨区笼罩兰州以上大部分流域。10 天雨量大于 50 mm 的面积 1967 年为 20 万 km²,1964 年为 13 万 km²。

2. 中游地区

黄河中游地区暴雨特性与上游地区截然不同,总的来说是暴雨强度大、历时短,雨区面积一般较上游为小。

河口镇至三门峡区间,一次降雨的暴雨历时一般不超过 24 h,日暴雨(50 mm 以上)面积常达 1 万~2 万 km²。如 1964 年 8 月 10~12 日的降雨,日暴雨面积达 48 000 km²。1977 年 8 月 1 日在陕西、内蒙古交界的乌审旗附近发生的特大暴雨,暴雨中心木多才当 9 h 降雨量达 1 400 mm(调查值),超过世界纪录,其 50 mm 雨区范围为 24 000 km²。这个

地区在特定的天气条件下,也可产生更大面积的暴雨,同时还有间隔几天相继出现的现象,如1933年8月上旬在泾、渭、北洛河与河口镇至龙门干流区间连续降雨3～5 d,雨区呈西南—东北向带状分布,面积达10万 km² 以上,其主要雨峰出现在8月6日,其次是8月9日。这是形成三门峡大洪水和特大洪水的典型雨型。

在渭、泾、北洛河的中下游,也常出现一些连阴雨天气。降雨历时一般5～10 d,但降雨强度较小。这种连阴雨天气发生在初夏时,往往是江淮连阴雨的一部分;发生在秋季时,则是华西秋雨区的边缘。如1981年9月上中旬,渭、泾、北洛河普遍降雨,总历时18 d,其中强降雨历时在5 d左右,降雨中心以渭南崇凝最大,日雨量65.9 mm,大于50 mm的面积为7万 km²。这场降雨形成渭河华县站洪峰流量为5 360 m³/s。

三门峡至花园口区间,暴雨频繁,强度亦较大,点暴雨量可达300～500 mm/d,降雨历时一般为2～3 d,最大可达5～10 d,暴雨面积一般为2万～3万 km²,最大可达4万 km² 以上。如1982年7月底至8月初的一场暴雨,历时5 d,暴雨中心石碣站7月29日最大24 h雨量达734.3 mm。5 d(7月29日～8月2日)雨量在200 mm以上的面积超过4.4万 km²。根据历史文献记载,清乾隆二十六年(1761年),"七月既望,淫雨连绵十余日","七月十五日至十九日暴雨五日夜不止",暴雨落区遍及整个三花间流域。这种暴雨是形成花园口大洪水和特大洪水的典型雨型。

3. 下游地区

黄河下游地区,暴雨强度比三花间要小。金堤河流域,最大24 h点雨量在200～300 mm,一次降雨历时为3 d左右,两次连续降雨一般为7 d。历史最长的连续降雨达9 d,发生在1963年7月31日～8月8日,主雨区在太行山东麓的海河流域,即著名的"63·8"特大暴雨。本地区处于这场南北向大暴雨的南部边缘。其暴雨中心在五爷庙站,最大24 h雨量310.6 mm,3 d降雨量为361.7 mm,流域平均3 d雨量为187 mm,相当于年平均雨量的1/3。

汶河流域,最大24 h点雨量在200 mm以上,一次降雨历时可达4～5 d,连续降雨可达15 d左右。如1957年的8月26日,上游的雪野站降雨量达287.8 mm,1957年7月6～20日前后全流域普降大雨,其间有4～5个大于50 mm的暴雨日。

由于黄河流域面积广阔,以及各地暴雨天气条件的不同,上、中、下游的大暴雨和特大暴雨,多不同时发生。同属黄河中游的河口镇至三门峡区间与三花间的大暴雨和特大暴雨,也不同时发生。这是因为河口镇至三门峡区间产生大面积暴雨时,三花间受西太平洋副高控制而无雨或处于雨区边缘;当三花间出现大面积暴雨时,青藏副高一般较强,三门峡以上受其控制而无雨或雨水不大。有时东西向雨带可贯穿泾、渭、洛河中下游和三花间,直至汶河流域,但多属一般暴雨;然而在少数情况下也可形成较大暴雨,如1957年7月中旬暴雨,该次暴雨历时5 d,日雨量大于50 mm的面积为12万 km²,日雨量大于100 mm的面积为4万 km²,暴雨中心在洛河木桐沟,其最大日雨量为170 mm。

(四)暴雨极值

半干旱地区的暴雨特点是历时短、强度大、范围小。

黄河流域大部分属半干旱地区,短历时暴雨强度特大。在1 h以内的强度位居我国大陆之首,3～24 h的强度也接近我国大陆的极值水平(见表1-3)。只是在1 d以上,随历时的加长,黄河流域降雨极值量与我国大陆降雨极值量差距加大。所以,短历时暴雨强度大,是黄河流域暴雨的重要特征。

表 1-3　黄河流域与中国大陆不同历时暴雨值比较

暴雨历时	黄河流域			我国大陆		
	暴雨极值（mm）	出现时间（年-月-日）	地点	暴雨极值（mm）	出现时间（年-月-日）	地点
5 min	53.1	1971-07-01	山西梅洞沟	53.1	1971-07-01	山西梅洞沟
1 h	267	1981-06-20	陕西大槽	401	1975-07-03	内蒙古上地
3 h	278.4	1982-07-30	河南禹山	494.6	1975-08-07	河南林庄
6 h	446.9	1982-07-30	河南禹山	830.0	1975-08-07	河南林庄
	600 *	1970-08-10	山西陶村埠			
12 h	652.5	1982-07-30	河南石碢	954.4	1975-08-07	河南林庄
	1 400 *	1977-08-01	内蒙古木多才当	1 400 *	1977-08-01	内蒙古木多才当
24 h	734.3	1982-07-30	河南石碢	1 060	1975-08-07	河南林庄
	1 400 *	1977-08-01	内蒙古木多才当	1 400 *	1977-08-01	内蒙古木多才当
1 d	528.7	1982-07-29	河南陆浑	1 005.4	1975-08-07	河南林庄
3 d	860.4	1982-07-29～31	河南石碢	1 605	1975-08-05～07	河南林庄
5 d	904.8	1982-07-29～08-02	河南石碢	1 631.1	1975-08-01～08	河南林庄
7 d	920.3	1982-07-29～08-04	河南石碢	2 051	1963-08-02～08	河北獐吆

注:* 为调查值。

二、黄河产流汇流特征

(一)上游地区

黄河上游兰州以上河段,河长 2 119 km,平均比降 14.86‰,流域面积222 551 km²,流域平均宽度 105 km。本区内石山区占 48.5%,草原区占 33.6%,植被较好,河源段多湖泊、沼泽,产流方式基本属蓄满产流。此段流域和河道对洪水的调蓄作用较大。

兰州至河口镇,流域面积 163 415 km²,河长 1 352.6 km,大部分穿行于宁蒙河套地区,河床宽阔,纵坡平缓,两岸为干旱、半干旱黄土丘陵及沙漠地区,产流很少,再加上宁蒙灌区的引水,洪水行经此河段有较大的削减,一般可削减 20% ~25%。

在本河段,宁夏和内蒙古大部分河段均修有堤防,其设防标准为 5 000 ~6 000 m³/s,超过此标准的洪水将发生决溢。因此,从黄河上游来的大洪水,流经宁蒙河段后,通过河口镇断面进入黄河中游的最大流量约为 6 000 m³/s。

(二)中游地区

河口镇至龙门河段,河长 725 km,河道穿行于山(西)陕(西)峡谷之间,干流纵比降8.4‰,流域面积 111 591 km²,流域平均宽度 176.9 km。本区内黄土面积占 58.8%,风沙区占29.9%,植被差,产流方式基本上属超渗产流。本区沟壑纵横,支流特多,呈羽毛状汇入黄河,易于形成陡峻的洪峰。

龙门至三门峡河段,流域面积190 842 km²,其中黄土区占65.7%,石山区占22.8%,产流亦基本属超渗形式,其间有泾、渭、北洛河和汾河等支流汇入。本段干流河长240 km,流域平均宽度782.2 km。本河段内禹门口至潼关河段长128 km,河宽达3~19 km。对来自龙门以上的陡峻洪峰,一般可削减20%~30%。

三门峡至花园口河段,河长258.8 km,平均比降7‰,流域面积41 637 km²,流域平均宽度160.9 km。本区内黄土区占44.6%,石山区占45.9%,产流方式基本上属蓄满产流。其间有伊、洛、沁河三大支流呈树枝状于花园口以上集中汇入黄河。伊、洛河下游在龙门镇、洛阳至黑石关区间,河道行经河谷盆地,两岸修有堤防,遇较大洪水堤防常决口漫溢,历史上为自然滞洪区,再加上陇海铁路大桥的阻水,故这一河段对伊、洛河的较大洪水有显著的滞洪削峰作用。一般可削减洛阳、龙门镇以上洪峰的20%~30%,最大可削减50%(1982年)。沁河自五龙口以下,流经冲积平原,两岸设有堤防,遇大洪水,亦自然决溢分洪。本河段干流的孟(县)温(县)河段,河宽(4~8 km)水浅,滩区对大洪水也有较显著的滞洪削峰作用,一般可削减小浪底洪峰的10%~15%,1958年大洪水时削减28.2%。

(三)下游地区

花园口至入海口,流域面积22 407 km²,其中河道面积为4 150 km²(其中滩地占3 000多 km²),主要分布在陶城铺以上河段内。本段河长786 km,为"地上河",除东平湖到济南傍依山岭外,全靠大堤束水。河道平均比降1.16‰。总的来看,黄河下游河道上宽下窄,比降平缓,滞洪削峰作用很大,对花园口8 000 m³/s以上的洪峰,一般可削减30%~60%。其中,花园口至孙口河段属宽河段(堤距5~20 km,河槽宽一般1~3 km),对洪峰削减大,一般为20%~35%;孙口至利津河段属窄河段(堤距0.4~8 km,河槽宽0.4~1.6 km),对洪峰削减10%~25%。见表1-4。

表1-4　黄河下游河道削峰作用统计

年份	洪峰流量(m³/s)			对花园口洪峰的削减率(%)		
	花园口	孙口	利津	花园口	孙口	利津
1953	11 200	8 120	6 860	38.8	27.5	11.3
1954	15 000	8 640	7 220	51.9	42.8	9.1
1957	13 000	11 600	8 500	34.6	10.8	23.8
1958	22 300	15 900	10 400	53.4	28.5	24.9
1959	9 480	8 530	7 180	24.3	9	15.3
1964	9 430	8 780	8 650	8.3	6.6	2
1966	8 490	8 300	7 070	16.7	2.3	14.4
1977	10 800	4 700	4 130	61.8	56.6	5.2
1982	15 300	10 100	5 810	62	34	28
平均				39.1	24.2	14.9

黄河下游较大的支流有金堤河和汶河。

金堤河属平原河道,流域面积 5 054 km²,地势低注,排水不畅,入黄水量很小。金堤河实测最大洪水为 1963 年 8 月洪水,张庄站的洪峰流量仅 608 m³/s,对黄河下游洪水影响甚微。

汶河干流长 239 km,流域面积 9 098 km²。其中大汶河口以上为 8 633 km²。大汶河口以上流域内石山区占 66.2%,平原区占 33.8%。植被较好,基本上属蓄满产流。目前,大汶口以上建成大中型水库 22 座,小型水库百余座,总控制面积 2 990 km²,总库容 11 亿 m³,有显著的滞洪削峰作用。汶河下游大汶口至东平湖,河长 84 km,为平原性河道,两岸大部分河段有堤防,遇大洪水,堤防决溢,向南汇入南四湖。

三、黄河暴雨洪水特性

(一)洪水发生时间

黄河洪水的发生时间与暴雨出现时间基本一致。概括地说,全河主要为 6 ~ 10 月。但是大洪水和特大洪水,上中下游则有所不同。黄河上游的兰州站,大洪水以 7、9 两月出现机会较多,8 月和 6 月的出现机会较少见表 1-5。

表 1-5　兰州站大洪水发生时间统计

年份	1904	1935	1943	1946	1964	1967	1978	1981
洪峰流量 （m³/s）	8 500	5 510	5 060	5 900	5 660	5 510	5 260	7 090*
发生时间 （月-日）	07-18	08-05	06-27	09-13	07-26	09-01	09-08	09-15

注:* 为受水库调蓄影响还原后数值,实际发生为 5 600 m³/s。

黄河中游吴堡、龙门、三门峡和花园口站的大洪水,基本上都集中在 7 月中旬到 8 月中旬,特别是 8 月上旬出现的机会较多。

(二)洪水来源与地区组成

黄河洪水来源,按水文预报习惯,可分为五个地区,即上游的兰州以上地区、中游的河口镇至龙门区间、龙门至三门峡区间、三门峡至花园口区间和下游的汶河流域。其中,中游的三个地区是黄河洪水的主要来源区。

除上述五个来源地区外,黄河上游的兰州至河口镇区间,虽有流域面积 145 300 km²,但因此区处于干旱地区,暴雨较少,笼罩面积不大,径流系数很小,再加上宁夏、内蒙古灌溉引水,致使这个地区不但不增加黄河的洪水,反而使之有所减小。黄河下游的金堤河,流域面积虽有 5 054 km²,但地势低注,洪水入黄困难,对黄河洪水影响甚微。

1. 上游地区洪水

黄河兰州以上洪水,多为强度小、面积大、历时长的强连阴雨所形成,加之这一地区草原广、沼泽多、源远流长,调蓄作用显著,故洪水的特点是洪峰低、历时长、洪水过程线为矮胖型,含沙量小。如兰州站一次洪水历时为 22～26 d,平均 40 d,较大洪水洪峰流量为 5 000～6 000 m³/s,实测最大含沙量为 329 kg/m³。

兰州的洪水主要来自贵德以上。从 1946、1964、1967、1975 年和 1981 年五个较大洪水年份来看,贵德占兰州的比例:洪峰流量为 45.1%～77.2%,平均 63.4%;15 d 洪量为 55.0%～79.0%,平均 65.6%;45 d 洪量为 54.0%～77.0%,平均 66.2%。

兰州以上洪水,干流各河段大洪水基本相遇。干、支流间,洮河与干流基本遭遇;湟水、大通河的大洪水与刘家峡以上来的大洪水不遭遇。

2. 中游地区洪水

黄河中游伏汛和秋汛洪水总的特点有所不同。伏汛(7、8 月份)洪水,洪峰型式为高瘦型。这是因为此时这个地区的暴雨强度大、历时短,再加上绝大部分面积为黄土高原,沟壑纵横,支流众多,汇流条件好,故形成的洪水特点是洪峰高、历时短、含沙量大。一次洪水历时:支流一般为 1～4 d;干流是自上游往下游递增,一般为 2～5 d,最长为 3～10 d (见表 1-6)。连续洪水,支流一般为 10～15 d;干流三门峡、小浪底、花园口等站可达 30～40 d,最长达 45 d。中游吴堡至花园口干流各站的较大洪水洪峰流量为 15 000～20 000 m³/s。实测洪水最大含沙量,龙门为 933 kg/m³,三门峡为 911 kg/m³,花园口为 546 kg/m³。秋汛(9、10 月份)洪水,洪峰型式较为矮胖,含沙量比伏汛洪水小。这是因为此时期的降雨多为强连阴雨,强度相对较小,而且降雨区主要在石山区所占比重较大的渭河和伊、洛河流域。

表 1-6   黄河中游干支流主要站洪峰历时统计

河名	站名	洪峰次数	一次洪峰总历时(h)			上涨历时(h)		
			平均	最短	最长	平均	最短	最长
黄河	吴堡	14	33.6	16	68	8	2	21
黄河	龙门	25	45.9	20	80	8.3	2	30
黄河	三门峡	18	88.8	48	168	28	6	70
黄河	花园口	27	94	36	240	30	9	100
窟野河	温家川	14	22.3	12	35	3.64	1	14
渭河	华县	14	86.4	60	108	34.9	7	54

黄河中游三个洪水来源地区的洪水特点如下:

河龙间,由于暴雨强度大、历时短,汇流条件特好,黄土地区所占面积比重大,故形成的洪水最为尖瘦(见表 1-7)。本区产生的较大洪水洪峰流量为 11 000～15 000 m³/s。由于洪水特别尖瘦,在向下游传播过程中,洪峰削减十分显著,故以本区来水为主的洪水,形不成花园口的特大洪峰。如 1942 年洪水的洪峰流量,龙门为 24 000 m³/s,三门峡为 17 700 m³/s,到了花园口为 16 300 m³/s(插补值),仅比花园口洪水历年平均洪峰流量 9 770 m³/s 大 67%。

河龙间干流吴堡和龙门等站的洪水,年最大洪峰主要来自河口镇以下,出现时间为 7～8 月,长时段的年最大洪量主要来自河口镇以上,出现时间为 9～10 月。

河龙间洪水主要来自吴堡以上。根据龙门 $Q_m > 10\ 000\ \text{m}^3/\text{s}$ 的洪水统计,吴堡占龙门的比例,洪峰平均为 62.8%,洪量平均为 80% ~ 84%(见表1-8)。

表1-7　黄河中游干流站洪水峰型胖瘦系数比较

站名	实测最大洪水				历年最大峰、量平均胖瘦系数 $\overline{Q_m}/\overline{W_5}$
	年份	$Q_m(\text{m}^3/\text{s})$	W_5(亿 m^3)	胖瘦系数 Q_m/W_5	
河口镇	1967	5 310	22.7	234	248
吴堡	1976	24 000	10.6	2 264	642
龙门	1967	21 000	18.4	1 141	587
三门峡	1933	22 000	52.2	422	399
花园口	1958	22 300	51.9	430	339

表1-8　龙门 $Q_m > 10\ 000\ \text{m}^3/\text{s}$ 时洪峰、不同时段洪量组成

项 目		Q_m	$W_次$	W_5	W_{12}
统计次数		18	19	21	21
吴堡占龙门（%）	平均	62.8	80.0	80.7	84.3
	最大	100	100	100	100
	最小	15	10	46.9	65
	1967 年典型	66	86	92.5	87.2
	1975 年典型	70	87	69.5	77.6

注:统计年限为1935 ~ 1937、1953 ~ 1982 年。

龙三间,由于流域形状系数最大,比降也较平缓,河道调蓄作用较大,故洪水过程线型式,相对来说,比河龙间和三花间较为矮胖。本区产生的较大洪水,洪峰流量为 7 000 ~ 10 000 m^3。在本区内,洪水主要来自泾、渭、北洛河。汾河由于暴雨相对较小,产洪能力较低,故洪水不大。据调查,其流域出口站河津的历史最大洪水,洪峰流量不超过 4 000 m^3。在西南东北向切变线的影响下,汾河的洪水可能与泾、渭、北洛河洪水相遇,但其来量较小,如1933 年。

三门峡的洪水主要来自龙门和华县以上。根据三门峡(陕县)站实测资料中,洪峰流量大于 10 000 m^3/s 的 18 次洪水统计,其洪水组成的平均情况是:龙门占三门峡的比重,洪峰为 74.2%,洪量为 75.3% ~ 77.2%;华县占三门峡的比重,洪量为 14.9% ~ 15.6%(见表1-9)。

三花间,由于暴雨强度较大,大小支流的坡度较陡,故洪水过程线的型式比龙三(指龙门至三门峡,下同)间尖瘦。本区产生的较大洪水洪峰流量为 9 000 ~ 15 000 m^3/s。

表 1-9　三门峡 $Q_m > 10\,000$ m³/s 洪峰不同时段洪量组成

项目	龙门占三门峡(%)				华县占三门峡(%)	
	Q_m	$W_次$	W_5	W_{12}	W_5	W_{12}
统计次数(次)	18	17	16	16	16	16
平均	74.2	75.3	75.5	77.2	14.9	15.6
最大	100	100	99.8	100	43.8	35.3
最小	40.2	44.1	45.8	53.4	0.01	1.34
1933 年典型		83	81	76.5	13.4	15.7
1954 年典型	85.2	60.1	70.3	74.2	19.4	17.2

本区洪水主要来自伊、洛河和三门峡至小浪底区间。表 1-10 是三花间 1953～1982 年间洪峰流量大于 5 000 m³/s 的 8 次洪水的洪峰、洪量的地区组成情况。由表 1-10 可见,洛河黑石关站的洪峰、洪量平均都约占三花间的 57%(面积占 44.6%);在三门峡至小浪底区间,洪峰占三花间的比重,最大可达 37.3%(面积只占 13.8%);而沁河小董站的洪峰占三花间的比重,最大才 28.1%(面积占 30.9%)。

表 1-10　三花间 1953～1982 年 8 次较大洪水峰、量地区组成

项目			伊河、洛河					沁河			黄河		
			长水	长水至洛阳区间	嵩县	嵩县至龙门区间	黑石关	五龙口	五龙口至小董区间	小董	三门峡至小浪底区间	三门峡至花园口干流区间	小长陆花间*
流域面积(km²)			6 244	5 647	3 492	2 256	18 563	9 245	3 635	12 880	5 754	10 192	26 145
占三花间(%)	面积		15.0	13.6	8.4	5.4	44.6	22.2	8.7	30.9	13.8	24.5	62.8
	洪峰	最大	25.0	27.6	60.0	28.4	83.0	19.1	10.3	28.1	37.3	40.8	72.4
		最小	5.0	6.7	4.9	0	32.9	2.3	0.5	2.8	2.5	6.9	17.2
		平均	14.1	17.5	18.6	12.4	57.4	10.1	5.4	15.5	18.8	27.1	49.2
	5 日洪量	最大	33.7	18.8	46.4	12.8	75.6	22.3	6.7	27.4	25.6	39.3	74.2
		最小	4.8	11.0	10.1	2	43.7	3.9	1.5	5.4	8.4	19.0	37.9
		平均	17.7	14.5	17.5	6.5	56.0	12.2	4.1	16.3	15.5	27.7	48.6
	12 日洪量	最大	33.3	16.7	44.7	12.8	74.8	26.8	7.8	31.7	24.2	39.3	76.7
		最小	5.8	10.2	8.9	2.3	41.7	5.8	0.8	6.6	8.1	18.6	36.1
		平均	18.9	13.8	17.9	6.9	56.9	13.4	4.1	17.4	14.3	25.7	48.4

注:*指小浪底、长水、陆浑至花园口区间。

表 1-11 是花园口洪峰流量大于 10 000 m³/s 的 10 次较大洪水统计。由表 1-11 可见，就平均情况来说，三门峡以上和三花间的来水基本相等。这可说明三花间洪峰对于黄河下游防洪的重要性。因为三花间流域面积仅为三门峡以上的 6%。

表 1-11　花园口站较大洪峰组成

年份	花园口洪峰		三门峡组成流量		三花间组成流量	
	流量（m³/s）	出现时间（月-日）	m³/s	占花园口（%）	m³/s	占花园口（%）
1949	12 300	09-14	8 507	69.2	3 793	30.8
1949	11 700	07-27	8 760	74.9	2 940	25.1
1953	10 700	08-03	3 513	32.8	7 187	67.9
1954	15 000	08-05	3 472	32.1	11 529	76.9
1954	12 300	09-05	7 449	60.6	4 851	39.4
1957	13 000	07-19	5 700	43.8	7 300	56.2
1958	22 300	07-17	6 400	28.7	15 900	71.3
1958	16 100	08-15	8 837	54.9	7 263	45.1
1977	10 800	08-08	9 183	85.0	1 617	15.0
1982	15 300	08-02	4 011	26.2	11 289	73.8
平均				49.9		50.1
最大				85.0		76.9
最小				23.1		15.0

表 1-12 是花园口 19 次较大洪水洪量的来源组成统计。由表 1-12 可见，花园口的洪量主要来自三门峡以上，而且随历时的增长，三门峡以上来水所占比例加大。在三门峡以上，龙三间和河口镇以上来水是主要的。

表 1-12　花园口站 1953～1982 年 19 次较大洪水洪量地区组成

站区	面积		洪量占花园口（%）					
	km²	占花园口（%）	5 日洪量			12 日洪量		
			最大	最小	平均	最大	最小	平均
河口镇	285 966	52.6	37.2	10.1	22.1	60.7	15.8	29.4
河吴间	47 548	6.8	26.2	0	6.4	22.2	0	7.1
吴堡	433 514	59.4	51.8	12.6	28.4	69.3	18.7	26.3
吴龙间	64 038	8.8	39.8	1.2	8.9	23.2	0.3	8.4
龙门	497 552	68.2	72.5	16.0	37.2	72.0	25.3	44.7
龙三间	190 849	26.1	68.9	11.0	33.0	61.0	13.4	30.4
三门峡	688 401	94.3	97.0	41.0	70.3	96.0	43.0	75.0
三花间	41 635	5.7	65.0	3.0	29.7	57.0	4.0	25.0
花园口	730 038	100.0			100.0			100.0

注：河吴间指河口镇至吴堡区间，吴龙间指吴堡至龙门区间，下同。

3. 下游地区洪水

汶河流域总面积仅 8 633 km²，洪水来量不大，对黄河下游防洪构不成直接威胁，只有当它与黄河中游洪水相遇时，才影响东平湖对黄河洪水的分洪量，从而影响山东河段的防洪。

汶河流域由于石山区所占比重较大(66.2%),产汇流条件较好,洪水特点是:洪峰属尖瘦型,含沙量小。一次洪水历时2~4 d。实测最大洪峰戴村坝站(控制面积8 264 km²)为6 930 m³/s(1964年),调查最大洪峰临汶站(控制面积5 876 km²)为7 400 m³/s(1918年)。

汶河流域的洪水主要来自干流北望以上。因为北望以上山区是汶河流域的主要暴雨区。

(三)洪水遭遇

黄河暴雨洪水有五个来源区,现将其可能的遭遇情况分述如下。

1. 上游与中下游的洪水遭遇

黄河上游洪水是来自兰州以上,兰州以上洪水与黄河中游和下游的大洪水均不遭遇。从实测资料来看,有以下两种情况:

一是多数年份,在黄河中游发生大洪水期间,兰州以上来水一般仅2 000~3 000 m³/s,组成中游洪水的基流。

二是少数年份,当上游发生大面积、长历时的强降雨过程时,兰州以上产生洪峰常在5 000 m³/s以上,这种洪水向下游传播与中游的小洪水相遇,也可形成花园口的洪峰。不过这种洪峰尚未见有超过8 000 m³/s者。这类洪水由于其历时甚长,含沙量又较小,可使下游河道发生冲刷,对下游河道和下游的防洪一般是有利的。但是也可能淘刷某些河段的险工或控导工程坝基,影响防洪安全。例如,1981年,兰州以上地区从8月11日~9月14日连续降雨35 d,150 mm雨区范围为11万km²,使兰州站在9月14日出现了有记载以来的最大洪峰7 090 m³/s(考虑水库调蓄影响还原数字,实测值为5 600 m³/s)传播下来与渭河小洪水相遇,形成花园口洪峰7 000 m³/s,成为该站当年的第二大洪峰,流量大于3 000、4 000、5 000 m³/s的历时分别为30、28、15 d。加之前期渭河来水较大,使河南河势发生了很大变化,多处出现险情。

2. 中游各区之间的洪水遭遇

黄河中游三大洪水来源地区的洪水,从现有资料来看,没有同时遭遇的情况,而只有以下三种情况。

1)河龙间与龙三间洪水相遭遇

这种情况出现在以西南东北向切变线为主的暴雨条件下,雨区呈西南东北向带状分布。这是形成三门峡以上大洪水和特大洪水的主要类型,如1933、1843年洪水,简称上大型洪水。其特点是洪峰高、洪量大、含沙量也大,对黄河下游防洪威胁严重。

由于在这种洪水所对应的天气形势下,三花间常处于无雨或雨区边缘,洪水很小,所以三门峡上下地区不存在特大洪水遭遇的问题。

2)三花间与三门峡以上汾河洪水相遭遇

这种情况出现在以南北向切变线为主的暴雨条件下,雨区呈南北向带状分布。这是形成三花间大洪水和特大洪水的主要类型,如1958、1761年洪水,简称下大型洪水。其特点是洪水涨势猛、峰高、含沙量小,预见期短,对黄河下游防洪威胁也严重。

在这种洪水所对应的天气形势下,三门峡以上雨区较小,故三门峡以上只能形成一般洪水,因此不能造成三门峡上下地区的特大洪水相遭遇。

3)龙三间与三花间洪水相遭遇

这种情况出现在以东西向切变线为主的暴雨条件下,雨区呈东西向带状分布,对花园口站来说,三门峡上下来水各约占50%,如1957年洪水,简称上下较大型洪水。其特点是洪峰较低、历时较长、含沙量较小,对下游防洪有一定的威胁。

表1-13是花园口站各种类型大洪水峰、量组成情况。

总的来说,花园口的特大洪水,只能由上大型洪水或下大型洪水形成。

3. 汶河与黄河的洪水相遭遇

根据现有资料分析,黄河大洪水与汶河大洪水不会同时遭遇,但是黄河大洪水可与汶河中等洪水相遭遇(如1954年8月洪水,黄河花园口15 000 m^3/s 洪峰与汶河戴村坝4 120 m^3/s 洪峰相遭遇),黄河中等洪水也可与汶河大洪水相遭遇(如1954年7月洪水,花园口13 000 m^3/s 洪峰与戴村坝6 020 m^3/s 洪峰相遭遇)。

表1-13　花园口站各种类型大洪水峰、量组成

洪水类型		来源	三门峡以上来水为主		三花间来水为主		三门峡上下来水大体相当
		简称	上大型		下大型		上下较大型
		年份	1933	1843	1958	1761	1957
花园口站	洪峰	发生日期(月-日)	08-11	08-10	07-17	08-18	07-19
		流量(m^3/s)	20 400	33 000	22 300	32 000	13 000
	12日洪量(亿 m^3)		101	136	86.8	120	66.3
三门峡站	本站最大洪峰	发生日期(月-日)	08-10	08-09			
		流量(m^3/s)	22 000	36 000			
	组成花园口洪峰的流量(m^3/s)		18 500	30 800	6 400	6 000	5 700
	相应花园口12日洪量(亿 m^3)		91.8	119	51.5	50.0	43.1
三门峡占花园口来水比例(%)		洪峰流量	90.7	93.3	28.7	18.8	43.8
		12日洪量	91.4	87.6	59.3	41.6	64.0

顺便指出,根据1956~1982年实测资料分析,黄河大洪水与下游金堤河流域的大洪水也不遭遇,仅中小洪水有可能遭遇。

(四)洪水泥沙

黄河以泥沙多而闻名于世,三门峡多年平均输沙量高达16亿t,位居世界第一。

黄河泥沙在时间和地区的分布上均很集中:

在地区上,90%是来自中游河口镇至三门峡区间。

在时间上,80%以上集中在汛期(7~10月),而汛期又主要集中在几次洪水过程中,如1933年8月陕县站12日洪水的输沙量约占全年沙量的50%;支流窟野河温家川站最大5日沙量可占全年沙量的75.2%。

洪水期瞬时最大含沙量,干流龙门、三门峡、小浪底等站为900 kg/m³左右,支流皇甫川、无定河、窟野河可达1 400~1 700 kg/m³。

1. 洪峰、沙峰出现时间

从黄河多沙河段干支流主要站的较大洪水的流量及相应含沙量逐时过程线进行分析,可以看出,洪峰与沙峰发生时间大多数并不相同,总趋势是沙峰落后于洪峰。各站沙峰落后于洪峰的时间如表1-14所示。

表1-14 黄河中下游干流及部分支流站沙峰落后洪峰时间

河名		站名	流域面积	河道比降	沙峰落后洪峰时间(h)		
干流	支流		(km²)	(‰)	平均	最长	最短
	皇甫川	皇甫	3 199	2.88	0.75	2.9	-0.33
	窟野河	温家川	8 645	2.57	0.83	2.5	-1.5
	孤山川	高石崖	1 243	5.69	0.85	2.3	-0.1
	秃尾河	高家川	3 254	3.58	1.09	2.5	0
	佳芦河	申家湾	1 121	6.07	0.99	3.8	-0.3
黄河		吴堡	433 514		4.9	10.5	1.7
	三川	后大成	4 102	4.7	0.65	1.2	0
	无定河	川口	30 217	1.72	4.07	6.6	1.5
	清涧河	延川	3 468	3.98	1.29	2.7	-0.2
	延水	甘谷驿	5 891	2.6	0.95	2.67	0
黄河		龙门	497 552		8.4	16	5
	马莲河	庆阳西川	10 603	1.54	2.29	6.09	-0.63
	渭河	南河川	23 385	4.21	1.21	3.8	-0.4
黄河		陕县	688 401		25.9	52	20
黄河		花园口	730 036		25.8	54	29
黄河		孙口	734 824		1.7	46	-12
黄河		利津	751 869		6.9	30	-6

沙峰与洪峰出现时间不一致的原因,主要是洪峰与沙峰的传播速度不同。从理论上讲,河道洪水的流动属于不稳定流,洪峰是以波的形式传播的,而泥沙运动则与水流平均流速有关。

由水力学理论可知

$$\frac{\partial Q}{\partial A} = v + A\frac{\partial v}{\partial A}$$

式中:A为断面面积;v为断面平均流速;$\frac{\partial Q}{\partial A}$为洪峰波速。在一般情况下,$\frac{\partial v}{\partial A} > 0$,所以波速大于平均流速,故常出现沙峰落后于洪峰的现象。

但在复式河槽内洪水漫滩时，$\frac{\partial v}{\partial A} < 0$，即波速反而小于平均流速，则沙峰反而比洪峰传播得快，因此出现沙峰追赶洪峰或洪峰落后于沙峰的现象。

在某些河段，由于水深的增加，糙率也随之增大，致使流速变化不大，$\frac{\partial v}{\partial A} \approx 0$，这种情况就可使沙峰与洪峰基本同时出现。

从黄河干流吴堡至利津站 1954～1977 年的 10 次较大洪水的洪峰波速与平均流速的关系（见表 1-15）来看，洪峰波速、平均流速的相对大小，与沙峰落后于洪峰时间的长短，基本上是符合上述论述的。但是也有不符合的情况，这说明黄河还有其自身的特点，分段说明如下。

表 1-15　各次洪峰波速、平均流速统计

时间（年-月-日）	项目	单位	吴堡	龙门	三门峡	花园口	孙口	利津
	间距	km	278.5	243.0		257.9	319.1	345.0
1954-09	波速	m/s	6.73	3.07	2.76	1.39	1.84	
	流速	m/s	6.8	(2.91)	2.66	1.72	2.09	
1959-07	波速	m/s	6.73	2.76	2.76	1.77	3.42	
	流速	m/s	6.42	(3.75)	3.68	2.46	2.6	
1959-08	波速	m/s	5.59	2.55	2.92	1.77	3.19	
	流速	m/s	5.78	(3.82)	3.94	2.72	2.57	
1957-07	波速	m/s	8.6	2.33	2.56	1.81		
	流速	m/s	4.7	(2.89)	2.46	1.83		
1958-07-13	波速	m/s	5.53	2.6	3.77			
	流速	m/s	5.33	(2.69)	2.77	2.32	2.25	
1958-07-29	波速	m/s	5.53			2.09	5.04	
	流速	m/s	4.99	(3.43)	3.52	2.52	2.43	
1967-09	波速	m/s	5.34	2.11	2.99	1.85	2.82	
	流速	m/s	5.5	(2.78)	2.54	2.07	2.27	
1970-08	波速	m/s	5.73	2.6	2.87	1.48	3	
	流速	m/s	4.13	(2.76)	2.28	1.96	2.4	
1972-07	波速	m/s	7.37	2.76	2.24	1.56	3.09	
	流速	m/s	5.52	3.05	2.69	2.05	2.35	
1977-07	波速	m/s	9.67	1.32	3.12	1.16	2.6	
	流速	m/s	4.9	(3)	2.89	2.24	2.41	
10 次平均	波速	m/s	6.72	2.46	2.89	1.7	3.13	
	流速	m/s	5.41	(3.07)	2.94	2.43	2.37	
平均沙峰滞后洪峰时间		h	4.9	8.4	25.9	25.8	1.7	6.9
平均传播	波速	m/s	13	29.1	24.8	52.8	34.8	
	流速	m/s	15.9	48.9	24	26.4	40.9	

注：1. 洪峰波速由距离除以洪峰传播时间求得。

　　2. 龙三间平均流速有插补修正的因素，故加括号。

（1）吴堡至龙门河段：沙峰落后于洪峰的时间，平均由吴堡的 4.9 h 到龙门为 8.4 h。说明洪峰在向下游演进中沙峰滞后的时间加长，符合波速大于平均流速的关系。

（2）龙门至三门峡河段：河道断面由窄到宽，其沙峰落后于洪峰的时间，平均由龙门的 8.4 h 到三门峡为 25.9 h，滞后的时间比龙门增加 2 倍多，但波速却是小于平均流速的，故用波速与平均流速的相对关系不好解释这一现象。初步分析，这主要与龙门至潼关河段宽河道滞洪滞沙的影响有关，一次洪水 5～12 d 该段平均淤积量为 1.1 亿～1.9 亿 t，占相应来沙量的 27%～30%。该段含沙量平均削减 35.8%，说明河道的调沙作用较大，引起含沙量过程变形。此外，区间泾、渭、北洛河加沙也有影响，所以滞后时间加长。

（3）三门峡至花园口河段：沙峰落后于洪峰的时间基本没有变化，因波速与平均流速相近。

（4）花园口至孙口河段：为黄河下游宽河道，沙峰落后于洪峰的时间，平均由 25.8 h 减为 1.7 h，落后时间大为缩短，对照其波速远小于平均流速，说明在此河段，沙峰远比洪峰传播得快，或属于沙峰追赶洪峰的情况。

（5）孙口至利津河段：在黄河下游属于相对较窄的河段，波速大于平均流速。沙峰落后于洪峰的时间，平均由 1.7 h 增加到 6.9 h。

2. 沙峰沿程演变

从吴堡至利津 1953～1972 年间的 10 次较大洪水的沙峰统计资料来看，沙峰的演进是沿程递减的，递减的原因主要是河道的滞蓄作用和区间加入低含沙水流的稀释作用。现分段说明。

（1）多沙支流至吴堡河段：各次沙峰均有较大的削减，其削减率平均为 53%。主要原因是受河口镇以上来的低含沙水流的稀释作用影响。

（2）吴堡至龙门河段：各次洪水沙峰有增有减，但以增为主，其增加率平均为 9.4%。这主要是受区间支流加沙的影响。

（3）龙门至三门峡河段：区间有几条大支流加入，相应增加的沙量亦较多，但沙峰仍有较大的削减，平均削减率为 35.8%。这主要是由河道淤积造成的。

（4）三门峡至花园口河段：区间虽有较大支流加入，但来沙很少，沙峰也是减少的，平均削减率为 33.9%。其主要原因是河道淤积，支流低含沙水流的稀释作用的影响。

（5）花园口至利津河段：区间加水加沙很少，沙峰有较大的削减，其平均削减率为 50.7%，主要是受河道淤积的影响。

3. 洪峰输沙量的沿程变化

从吴堡至利津各站 1953～1979 年的 15 次较大洪水的 5 日和 12 日输沙量的统计结果（见表 1-16）来看，吴堡至龙门河段由于区间加沙的原因，沙量是沿程加大的，而龙、华、河、洑以下至利津各站沙量，总的趋势是减少的，其原因主要是河道淤积的影响。

从各次洪峰各河段的平均冲淤量可以看出：

（1）5 日输沙量的淤积量，龙门至孙口河段为 0.76 亿～1.11 亿 t，孙口至利津河段为 0.14 亿 t；12 日输沙量的淤积量，龙门至孙口河段为 0.87 亿～1.92 亿 t，孙口至利津河段为 0.10 亿 t。

（2）中游龙门至三门峡河段和下游花园口至孙口河段是主要淤积河段，而吴堡至龙门河段和孙口至利津河段的冲淤变化则不大。

表1-16　洪峰时段输沙量及河段冲淤量

年份	5 日输沙量（亿 t）							12 日输沙量（亿 t）						
	吴堡	龙门	龙、华、河、淤	三门峡	花园口	孙口	利津	吴堡	龙门	龙、华、河、淤	三门峡	花园口	孙口	利津
1953	2.41	3.71	3.9	3.25	2.95	1.39	0.97	2.63	4.05	4.30	3.69	3.60	2.48	1.99
1954	3.10	6.73	8.52	8.17	4.82	2.85	2.58	3.89	8.19	10.63	9.67	6.24	4.27	4.22
	2.00	3.18	3.29	1.47	1.23	1.13	1.33	2.66	4.01	4.65	2.64	2.40	2.18	2.40
1958	1.48	2.95	2.95	4.55	4.67	2.20	1.90	2.28	4.56	4.56	6.03	5.96	3.37	3.18
1959	1.46	0.92	0.92	1.37	0.93	0.79	0.61	2.39	3.20	3.20	2.40	1.92	1.32	1.39
1964	2.36	1.99	4.8	0.65	0.83	1.00	1.15	3.28	3.20	6.85	1.08	1.46	1.88	2.11
1966	1.37	1.30	2.79	1.86	2.64	2.05		2.13	4.94	11.29	4.56	5.44	4.31	4.60
1967	3.44	3.93	4.06	2.30	1.74	1.62	1.70	6.76	7.73	8.34	3.68	3.14	3.03	3.10
	2.58	3.45	4.57	2.01	1.63	1.39	1.37	4.67	6.47	7.79	4.50	3.53	3.28	
1970	2.86	5.12	6.80	4.44	2.33	1.02	0.88	4.64	8.46	11.11	8.13	5.53	2.59	2.13
1971	3.07	3.94	3.96	2.49	1.38	0.58	0.44	3.98	4.34	4.47	3.04	1.94	0.93	0.64
1972	1.08	1.63	1.63	1.57	0.66	0.46	0.30	1.21	1.76	1.76	1.95	0.96	0.76	0.62
1976	1.27	0.87	0.91	0.48	0.27	0.20		1.50	1.21	1.30	1.06	0.92	0.79	
1977	2.95	7.87	8.81	6.81	4.76	2.22	1.96	3.16	8.33	10.16	9.01	6.59	3.49	3.05
1979	2.50	2.39	2.64	2.46	1.46	1.63	1.16	2.87	2.74	3.03	3.16	1.92	2.32	1.75
站平均	2.26	3.33	4.04	2.93	2.17	1.39	1.25	3.20	4.88	6.23	4.31	3.44	2.45	2.35
区间平均		−1.07		+1.11	+0.76	+0.78	+0.14		−1.68		+1.92	+0.87	+0.99	+0.10
站平均水量（亿 m³）	12.86	14.61	18.01	17.31	18.95	18.30	16.44	25.66	30.08	37.30	34.51	37.58	37.17	36.29

注：龙指龙门，华指华县，河指河津，淤指狱头，下同。

（3）洪水期间，经过黄河中下游河道的调蓄，洪峰及相应沙峰过程到达山东河段后，明显坦化，水沙关系基本协调，输沙量达到相对平衡。

4.洪水"揭河底"冲刷

在黄河中游的干流和一些多沙支流上，断面冲淤变化剧烈。当河床淤至一定高度，又遭遇高含沙量的大洪峰时，往往会发生剧烈的冲刷。在洪峰期很短时间（几小时至数十小时）内，几公里至上百公里河段的河床被大幅度地刷深（一次洪峰可刷深几米乃至近十米）。在冲刷期间，可以看到大块河床淤积物被水流掀起，露出水面高达数米，像是在河中竖起一道墙，几分钟即扑入水中，或者成片的河床淤积物像地毯一样被卷起，漂浮在水面上向下游流动。当地群众把这一跃变式的冲刷叫做"揭河底"。

根据实测和调查资料,这种现象以龙门至潼关河段发生较多,表现最突出。表 1-17 是龙门以下 20 世纪 60 年代以来的几次较大"揭河底"冲刷资料。在干流府谷、花园口河段以及支流渭河下游等河段,也有这种现象发生,只是出现机会不多和"揭河底"程度较小。

表 1-17　龙门站洪水"揭河底"冲刷水沙特征

项目	年份				
	1964	1966	1969	1970	1977
洪峰(m^3/s)	8 060	7 400	8 860	13 800	14 500
洪峰出现时间(月-日 T 时)	07-16T09	07-18T12	07-27T16	08-02T22	07-06T17
沙峰(kg/m^3)	610	933	752	826	690
沙峰出现时间(月-日 T 时)	07-07T03	07-18T18	07-28T06	08-03T04	07-06T19
冲刷深度(m)	3.5	7.5	3.3	9.0	4.0
其中:峰前(m)	0.4	1.0	0	1.5	
峰后(m)	3.1	6.5	3.3	7.5	
"揭河底"发生时间	峰后	峰后	峰后	峰后	峰后
"揭河底"终止时间(月-日 T 时)	07-07T06	07-20T09	07-28T06	08-03T10	07-07T09
河道冲刷长度(km)	90	73	49	90	134

根据现有实测资料,龙门"揭河底"冲刷的深度可达 9.0 m,冲刷长度可达 90 km。而根据调查,1933 年 8 月洪水,还有实测的 1977 年 7 月洪水,均从龙门一直揭到潼关(约 130 km)。一次"揭河底"冲刷后,河床有一个回淤的时间过程。其时间长短不一,快的半年或一年就恢复了;慢的如 1933 年"揭河底"后到 1935 年汛前还未完全回淤过来。

"揭河底"现象的发生机理,目前尚未完全弄清,比较一致的认识是,"揭河底"冲刷是高含沙水流的巨大能量与河床相互作用的产物。它的产生必须具备三个基本条件。首先是水流含沙浓度高,持续时间长,龙门站瞬时最大含沙量大于 500 kg/m^3,含沙量大于 400 kg/m^3 的沙峰应持续 16 h 以上。其次是洪峰流量较大,持续时间较长。根据实测资料,龙门站洪峰流量一般大于 7 000 m^3/s,流量大于 5 000 m^3/s 的持续时间在 8 h 以上。再者是河床边界条件,即当河床横断面形态和纵比降调整达到一定程度,而且河床淤积物具有一定厚度、固结程度较高时,才有可能被成块掀起,龙门站历次"揭河底"前的河床一般都是较高的。

5.洪水泥沙的统计特征

黄河洪水泥沙主要来自河口镇至三门峡区间。龙门、三门峡和龙三间年最大 12 日和 45 日的沙量,其频率分析成果如表 1-18 所示。

与洪水统计特征的比较如表 1-19 所示,由表可见,泥沙的变差系数 C_v 值要比洪水大得多,全都大 1 倍以上。

表 1-18　洪水泥沙频率分析成果

站区	时段(d)	系列长度 (a)	均值 (亿 t)	C_v	C_s/C_v	频率为 $P(\%)$ 的沙量(亿 t)			
						0.1	0.2	1.0	10
龙门	12	38	4.4	0.82	2.5	25.9	23.4	17.5	9.16
	45	38	7.71	0.74	2.5	40.2	36.8	27.7	15.2
三门峡	12	52	4.54	0.94	3	34.1	30.2	21.4	9.74
	45	52	8.96	0.8	2.5	51.3	46.4	34.8	18.3
龙三间*	12	40	2.23	1.12	3	21.1	18.5	12.6	5.01
	45	40	4.25	0.94	2.5	29.6	26.6	19.3	9.3

注：* 龙三间为华县 + 洑头 + 河津。

表 1-19　洪水沙量与洪量 C_v、C_s 比较

站区	时段(d)	沙量		洪量	
		C_v	C_s/C_v	C_v	C_s/C_v
龙门	12	0.82	2.5	0.39	3
	45	0.74	2.5	0.35	3
三门峡	12	0.94	3	0.40	3
	45	0.8	2.5	0.35	2
龙三间*	12	1.12	3	0.52	2.5
	45	0.94	2.5		

注：* 龙三间为华县 + 洑头 + 河津。

（五）洪水水位

黄河的水位特性与一般清水河流不同。它不仅与流量大小有关,而且与断面冲淤变化有关。

黄河下游的水位,就同一流量来说,其总趋势是逐年抬高的。如 1990 年各河段 3 000 m^3/s 的水位,多数经 1950 年抬高 2 m 以上(见表 1-20)。

表 1-20　1950 ~ 1990 年黄河下游各站同流量水位升降统计

时段	汛末同流量(3 000 m^3/s)水位升降值(m)						
	花园口	夹河滩	高村	孙口	艾山	泺口	利津
1950 ~ 1990 年	1.76	1.66	2.25	2.53	2.25	2.3	1.91
其中:1950 ~ 1960 年	1.19	1.26	1.17	1.92	0.56	0.26	0.20
1960 ~ 1970 年	0.14	0.18	0.37	-0.49	0.55	0.74	0.94
1970 ~ 1974 年	0.34	0.56	0.75	0.98	0.96	1.56	0.95
1974 ~ 1985 年	-0.28	-0.65	-0.04	-0.15	-0.06	-0.46	-0.80
1985 ~ 1990 年	0.37	0.31	0.00	0.27	0.24	0.20	0.62

在一次洪水过程中,由于泥沙的冲淤变化,对水位的影响也很明显。特别是在高含沙量时,更是如此。例如 1977 年 8 月初的一次洪水,小浪底站的最大瞬时含沙量高达 898 kg/m^3,使得花园口以上近百公里河段在洪峰涨水过程中,沿河水位突然降落 0.7 ~ 1.3 m。

当洪峰继续上涨以后,又引起下游水位陡涨,其中驾部站在 1.5 h 内水位陡涨 2.84 m。

黄河下游,在高含沙量洪水时,一般是淤滩刷槽,使断面变得特别窄深,过水断面减小很多,形成水位涨率大,水位表现高。黄河中下游的干流和一些多泥沙支流,在一次洪水过程中,由于河道断面冲淤变化大,水位—流量关系不是单一的曲线关系或简单的绳套关系,而是点群分布很散乱,定线时一般是顺序连线,所得关系常常是形状很怪的曲线簇。

(六)洪水传播时间

洪水的传播时间与洪量流量、河道比降、断面形态和糙率等因素有关。黄河干流贵德至利津河段,各级洪峰的传播时间如表 1-21 和表 1-22 所示。由此二表可见,对于中等洪水来说,其传播时间大约是:贵德到兰州为 1.5 d,兰州到河口镇为 10.5 d,河口镇到三门峡为 3 d,三门峡到花园口为 1 d,花园口到孙口为 2 d,孙口到泺口为 1 d,泺口到利津为 1 d;贵德到利津约为 20 d。总起来说,黄河上游和中游的狭谷河段大小洪水的传播时间变化不大,这主要是因为随着水位的升高,河道两侧的边壁糙率也相应加大。黄河下游的宽浅河道,基本上是随着洪水的加大,传播时间也相应增长,这主要是因为下游河道为复式河槽,洪水漫滩后,糙率加大,水力半径减小。

表 1-21   贵德至河口镇各级洪峰传播时间

站名	至河口距离 (km)	间距 (km)	河道比降 (‰)	各级洪峰(m^3/s)传播时间(h)			
				2 000	3 000	4 000	5 000
贵德	3 721.6						
		165.6	2.12	13.2	13	13	13
循化	3 556.0						
		211.4	1.414	23.5	23	23	23
兰州	3 344.6						
		169.6	1.091	16	17	18	20
安宁渡	3 175.0						
		192.5	0.706	17.5	16	16	16.2
下河沿	2 982.5						
		123.4	0.786	18.5	19	20	22
青铜峡	2 859.1						
		194.6	0.252	34	35	36	37
石嘴山	2 664.5						
		141.4	0.257	23	22	24	25
巴颜高勒	2 523.1						
		221.1	0.143	34	34	35	36
三湖河口	2 302.0						
		125.9	0.111	33	33	34	35
昭君坟	2 176.1						
		184.1	0.098	33	32	35	38
河口镇	1 992.0						

表 1-22   河口镇至利津各级洪峰传播时间

站名	至河口距离（km）	间距（km）	河道比降（‰）	各级洪峰(m³/s)传播时间(h)			
				5 000	10 000	15 000	≥20 000
河口镇	1 992.0						
		198.9	0.845	16			
义门	1 793.1						
		249.3	0.730	20	19		
吴堡	1 543.8						
		275.2	0.933	14	12	10	10
龙门	1 268.6						
		243.8	0.440	20	22	24	26
三门峡	1 024.8						
		129.1	1.092	10	10	10	10
小浪底	895.7						
		128.0	0.309	14	12	13	14
花园口	767.7						
		105.4	0.190	18	12	12	16
夹河滩	662.3						
		83.2	0.154	14	12	14	16 ~ 18
高村	579.1						
		130.5	0.116	16	23	28	24 ~ 32
孙口	448.6						
		63.1	0.120	8	24		
艾山	385.5						
		107.8	0.100	10	36		
泺口	277.7						
		174.1	0.088	15	37		
利津	103.6						

（七）历史特大洪水

黄河流域历史文化悠久,历代记载有洪水雨情、水情和灾情的文献较多。从 1951 年以来,有关单位通过大量历史文献的查阅、考证,以及对黄河干支流 183 个河段的调查（约合 600 个段年）,取得了一大批珍贵的历史洪水资料。表 1-23 所示为黄河干、支流主要站的历史最大洪水的洪峰流量数值。

现将几个特大历史洪水年,即 1904、1842、1843、1761、公元 223 年和 1482 年的洪水情况,简述如下。

1.1904 年 7 月洪水

清光绪三十年(1904 年)洪水,降雨范围很大,雨区笼罩黄河上游和长江上游的嘉陵江、岷江、大渡河、雅砻江以及澜沧江等河的上游,雨区总面积约 54.4 万 km²,形成了上述各河的最大洪水或大洪水。

表 1-23　黄河干、支流历史最大洪水成果

河名	站名	集水面积 （km²）	发生时间 （年-月-日）	洪峰流量 （m³/s）	可靠性
黄河	贵德	133 650	1904-07	5 720	较可靠
	循化	145 446	1904-07	6 510	较可靠
	上诠	182 821	1904-07-18	7 880	较可靠
	兰州	222 551	1904-07-18	8 500	可靠
	青铜峡	274 997	1904-07-21	8 010	可靠
	柳青	393 299	1896	7 550	可靠
	万家寨	394 813	1969-08-01	11 400	可靠
	河曲	397 643	1896	8 740	供参考
	保德	403 877	1945	13 000	较可靠
	吴堡	433 514	1842-07-22	32 000	较可靠
	延水关	471 385	1942-08-03	27 000	供参考
	壶口	493 126	1942-08-03	25 400	可靠
	龙门	497 190	1843	31 000	较可靠
	陕县	687 869	1843-08-10	36 000	可靠
	八里胡同	692 473	1843-08-10	32 600	可靠
	小浪底	694 155	1843-08-10	32 500	较可靠
	黑岗口	724 009	1761-08-17	30 000	参考
大夏河	冯家台	6 851	1904	1 160	较可靠
洮河	沟门村	24 973	1845	4 130	供参考
湟水	红古城	31 153	1847	4 700	供参考
庄浪河	红崖子	4 007	1833	2 160	较可靠
皇甫川	皇甫	3 199	1972-07-19	8 400	可靠
窟野河	温家川	8 645	1946-07-18	15 000	供参考
湫水河	林家坪	1 873	1875-07-17	7 700	较可靠
三川河	后大成	4 102	1875-07-17	5 600	供参考
无定河	绥德	28 719	1919-08-06	11 500	可靠
延水	甘谷驿	5 891	1977-07-06	6 300	可靠
渭河	咸阳	46 856	1898-08-03	11 600	较可靠
泾河	张家山	43 216	清道光年间	18 800	供参考
北洛河	洑头	25 154	1855-07-29	10 700	可靠

河名	站名	集水面积 （km²）	发生时间 （年-月-日）	洪峰流量 （m³/s）	可靠性
洛河	故县	5 370	1898	5 400	较可靠
	洛阳	11 581	1931-08-12	11 100	供参考
伊河	嵩县	3 062	1943-08-11	5 300	可靠
	龙门镇	5 318	公元 223-08-08	20 000	供参考
洛河	黑石关	18 563	1935-07-08	10 200	可靠
沁河	九女台	8 405	1482-07-03	14 000	供参考
	五龙口	9 245	1895-08-08	5 940	可靠
大汶河	临汶	5 876	1918-06-29	7 400	供参考

在黄河上游，主要雨区在贵德以上及洮河、大夏河、兰州一带。甘肃《新通志》全面记载了这场洪水的雨、水、灾情："清光绪三十年夏六月初一至初六，兰州一带连日大雨，黄河暴发，响水街、桑园峡水不能容，泛滥横流；十八家滩及什川条城、靖远等处房屋、庐舍被冲没，东川随处地裂水涌，没东稍门城墙者丈余，城门以沙囊者拥之，近郊田园、屋宇冲毁无数，登陴遥望，几成泽园，灾黎近万余，河州黄河居上游亦暴涨。洮河、渭河水亦溢，洮河民舍皆漏。"《朔方道志》（朔方道指现今银川至石嘴山一带）载："清光绪三十年，宁夏黄河溢，四渠均决，淹没民田、庐舍无数，平罗、石嘴山尤甚。"

根据调查资料推算，兰州洪峰流量为 8 500 m³/s，贵德洪峰流量为 5 720 m³/s（见表 1-24）。

表 1-24　1904 年洪水各断面洪峰流量

站名	贵德	循化	上诠	兰州	青铜峡
洪峰流量（m³/s）	5 720	6 510	7 880	8 500	8 010

根据历史文献记载和调查资料分析，1904 年洪水是黄河上游自 1722 年以来的最大洪水，即它的重现期当在 200 年以上。

2.1842 年 7 月洪水

清道光二十二年（1842 年）洪水是黄河北干流吴堡河段调查到的一次特大洪水。根据调查洪痕推算，吴堡洪峰流量为 32 000 m³/s。

根据杨家店道光二十六年树立的重修河神庙碑记载："吴邑城南廿里许杨家店，古渡也，隋驿官船建立河神祠，由来已久。越雍正至道光数百年，河水涨溢亦非一次。但旧虽涨溢，未曾淹没。阅道光壬寅（即 1842 年）淹没无存，村人目击心伤。信士王朝兴、辛发财、王朝荣等，会众商议，重为修理。"按照此碑文的描述，1842 年洪水至少是雍正（雍正在位 13 年，元年为 1723 年）以来的最大洪水，即重现期当在 270 年以上。

1955 年调查时，郭家庄（吴堡以上 15 华里）辛德义老汉反映："道光廿六年六月十五日(7月22日)大水来自大青山、皇甫川、黑拉寨(府谷县西北150余华里)。当天为晴天,中午午时来水,至半夜水落。宋家川正是集会,群众被淹死三百余人,并冲去河神及财神二庙,上游冲掉炭山一座。"可见这场洪水的特点是峰高、量小、历时短,所造成的灾害也很严重。

3. 1843年8月洪水

清道光二十三年(1843年)洪水是黄河干流潼关至孟津河段所调查到的一次罕见的特大洪水。在三门峡一带至今还流传着"道光二十三,黄河涨上天,冲了太阳渡,捎带万锦滩"的歌谣。这次洪水是来自三门峡以上,主要雨区在泾河、北洛河的中上游和河口镇到龙门区间的西部。雨区呈西南东北向带状分布。主要暴雨中心可能在窟野河、皇甫川一带。根据调查资料推算,三门峡洪峰流量为36 000 m^3/s,小浪底洪峰流量为32 500 m^3/s(见表1-25)。

表1-25   1843年洪水各断面洪峰流量

断面	距陕县里程(km)	洪痕高程(m,大沽)	洪峰流量(m^3/s)
陕县	0	306.35	36 000
史家滩	22.1	302.50	36 000
三门峡(四)	24.5	300.00	36 000
垣曲	100.5	209.50	33 800
八里胡同	124.2	183.25	32 600
小浪底	155.7	150.9	32 500

按照当时河东河道总督慧成的奏报:陕州"万锦滩黄河于七月十三日巳时报长水七尺五寸,后续据陕州呈报,十四日辰时至十五日寅时复长水一丈三尺三寸,前水尚未见消,后水踵至,计一日十时之间,长水至二丈八寸之多,浪若排山,历考成案,未有长水如此猛骤"的水情,估绘出水位过程线,借用陕县站水位—流量关系曲线推出流量过程,求得最大5日洪量为84亿 m^3,最大12日洪量为119亿 m^3。

根据三门峡河段沿河古代遗物和1843年淤沙层下面文物的考古,以及河床一级阶地的地质考古,1843年洪水的重现期约为1 000年。

4. 1761年8月洪水

清乾隆二十六年(1761年)洪水是以三门峡至花园口区间来水为主的一次特大洪水。从地方志可知,其雨区范围广,南起淮河流域,北至汾河和海河流域,西起关中,东至郑州花园口一带,其中以三花间雨量为最大。根据文献描述的雨情推估,其暴雨中心在黄河干流的垣曲、洛河的新安、沁河的沁阳一带。降雨总历时10 d左右,其中强度较大的暴雨历时4~5 d。雨区呈南北向带状分布。

当时在黑岗口(花园口以下65 km)设有志桩水尺观测水位。河南巡抚常钧奏报:"祥符县(今开封)属之黑岗口(七月)十五日测量,原存长水二尺九寸,十六午时起至十八日巳时,陆续共长水五尺,连前共长水七尺九寸,十八日午时至酉时又长水四尺,除落水一尺外,净长水七尺三寸,堤顶与水面相平,间有过水之处。"根据上述水情,估绘水位过程线,考证了当时河道断面形态,并考虑洪水过程中的冲刷及河槽调节作用,推得花园口洪峰流量为 32 000 m³/s,5 日洪量为 85 亿 m³,最大 12 日洪量为 120 亿 m³。

1761 年洪水,根据历史文献考证,在三花间至少是 1553 年以来的最大洪水,即重现期至少是 440 年。

5. 公元 223 年洪水

魏文帝黄初四年(公元 223 年)洪水是黄河支流伊河流域发生的一场异常洪水。对这次洪水,《水经注》、《三国志·魏书》、《晋书·五行志》、《河渠纪闻》、《禹贡锥指》、《河南府志》和《偃师县志》都有记载。

《水经注》第七卷伊水中称:"伊阙(即龙门)左壁有石铭云:'黄初四年六月二十四日(公历 8 月 8 日)辛巳大出水,举高四丈五尺,齐此已恇'。盖记水之涨减也。"经考证,魏制一尺合 0.242 m,"举高四丈五尺"约合涨水 10.9 m。据此估算,伊河龙门镇洪峰流量约为 20 000 m³/s。

根据文献资料分析,伊河的这场洪水至少是公元 223 年以来的最大洪水,即重现期当在 1 700 年以上。

这次洪水不仅洪峰流量大,而且洪水过程或洪水总量也特殊。这一点可以从曹植的一篇题为"赠白马王彪"的诗中看出。该诗的序言中说:"黄初四年五月白马王、任城王与余均朝京师、会节气,到洛阳,任城王薨,至七月与白马王返国……"白马王即曹植的同父异母弟曹彪,因封于白马(今滑县东二十里),故名白马王。任城王即曹植的同父同母兄曹彰。诗的原文为:"谒帝承明庐,逝将归旧疆。清晨发皇邑,日夕过首阳。伊洛广且深,欲济川无梁。泛舟越洪涛,怨彼东路长。顾瞻恋城阙,引领情内伤。太谷何廖廓,山树郁苍苍。霖雨泥我涂,流潦结纵横。中逵绝无轨,改辙登高岗。修坂造云日,我马玄以黄。"其中"伊洛广且深,欲济川无梁"、"泛舟越洪涛"、"霖雨泥我涂,流潦结纵横"等句均系描述伊、洛河洪水及洪水后的情况。因此,余冠英在批注中将这些句子与该年伊、洛河涨大水联系起来。这次洪峰是出现在六月二十四日,而诗的序言中提到:"至七月与白马王返国",看到"伊洛广且深",于是"泛舟越洪涛",说明曹植过伊、洛河的时候是在大洪峰之后的退水部分或另一次洪峰。而"霖雨泥我涂,流潦结纵横"可能是描述大洪水淹没情况。

这次洪水灾情也很严重,如《三国志·魏书》中有"黄初四年六月甲戌,任城王彰薨于京都,甲申太尉贾翊薨。太白昼见。是月大雨,伊洛溢流,杀人民、坏庐宅"。《晋书·五行志》载:"魏文帝黄初四年六月大霖雨,伊洛溢至津阳城门(今洛阳东白马寺附近,为原洛阳东古城之城门名),漂数千家,杀人。"

6.1482 年洪水

明成化十八年(1482 年)洪水是黄河支流沁河流域发生的一场异常洪水。山西阳城县九女台沁河最高洪水位比 1895 年洪水(近百年来的最大洪水)尚高 10 m 左右。与此同时,在丹河、伊河、洛河也发生了大洪水。

这年气候极为反常,黄河三花间地区汛期降雨特别丰沛,洛阳、沁阳等地区自六月到八月淫雨长达三个月之久,六月中旬至七月份又连续发生强度大的暴雨,使伊河、洛河、沁河、丹河多次发生大洪水。八月份大雨区逐渐移至漳、卫、滹沱河流域,同时黄河下游河南、河北、山东等省也发生了暴雨洪水。三花间各河洪峰发生时间不尽相同,丹河为六月初十(6月25日),沁河为六月十八日(7月3日),伊洛河亦有"六月水溢"的记载。七月份沁河再次发生大洪水,《怀庆府志》记载:"七月霖雨大作,沁河暴涨,决堤毁郡城,摧房垣、漂人畜不可胜计。"沁河有"大水围困九女台四十天"的传说。九女台河段位于阳城县沁河河头村以下约 10 km 处,该台为一天然孤丘,矗立于沁河左岸,台高约 30 m,通过一道石梁(中、高水即淹没)与左岸相连,台上建有庙宇。相传明成化十八年,九女台被大水围困 40 多天,与外界交通断绝,庙内断炊,饿死了两个小和尚。大水过后,老和尚在庙门迎面的崖壁上刻下"成化十八年河水至此"的题刻,还给两个小和尚塑了泥像,1955 年调查时,泥像尚存。

根据九女台刻字位置高程推算,1482 年洪水洪峰流量为 14 000 m³/s。

从地方志记载的大量雨情、水情、灾情以及多次调查资料来看,沁河 1482 年洪水是一次很罕见的特大洪水,在沁河中下游,至少是近 500 年(洪水发生年迄今)最大的一次。

第六节　黄河设计洪水

一、年最大频率洪水

(一)设计洪峰洪量

自 20 世纪 50 年代以来,为满足流域和河段规划以及工程设计的需要,有关单位对黄河上、中游各代表站的设计洪水曾进行过多次分析计算。但总的来说,成果变化不大,这是因为黄河干流系列洪水相对较长,而且各站均有调查历史洪水加入分析计算,并注意了对成果进行合理分析。

洪水频率计算方法,经验频率公式采用数学期望公式,均值和变差系数 C_v 用矩法计算,偏态系数 C_s 用适线法确定。在适线时,对 C_v 可略作调整,均值一般不动。适线准则是尽可能照顾全部点据,有困难时则侧重中上部大水年点据。频率曲线线型采用皮尔逊Ⅲ型。

为使各站计算成果的资料基础比较一致,现将 1990 年修订全黄河规划编制的《黄河治理开发规划报告》中所采用的设计洪水数据列于表 1-26。

表 1-26　黄河干流站设计洪水成果

(单位:Q_m,m³/s;W_t,亿 m³)

站名	控制面积 (km²)	项目	均值	C_v	C_s/C_v	频率为 $P(\%)$ 的设计值		
						0.01	0.1	1.0
贵德	133 650	Q_m	2 470	0.36	4.0	8 650	7 040	5 410
		W_{15}	26.2	0.34	4.0	86.5	71.0	55.0
		W_{45}	62.0	0.33	4.0	199	164	128
上诠	182 821	Q_m	3 270	0.34	4.0	10 800	8 860	6 860
		W_{15}	35.1	0.34	4.0	116	95.1	73.6
		W_{45}	82.8	0.32	3.0	238	201	162

站名	控制面积（km²）	项目	均值	C_v	C_s/C_v	频率为 $P(\%)$ 的设计值		
						0.01	0.1	1.0
兰州	222 551	Q_m	3 900	0.35	4.0	12 700	10 400	8 110
		W_{15}	40.8	0.33	4.5	131	108	84.0
		W_{45}	97.8	0.31	3.0	274	232	188
安宁渡	243 868	Q_m	4 070	0.33	4.0	13 000	10 700	8 400
		W_{15}	41.8	0.33	4.0	134	110	86.0
		W_{45}	99.7	0.31	3.0	279	236	191
青铜峡	295 010	Q_m	3 790	0.33	4.0	12 300	10 000	7 810
		W_{15}	40.0	0.33	4.0	128	106	82.1
		W_{45}	96.0	0.31	3.0	268	228	184
河口镇	385 966	Q_m	2 882	0.40	3.0	10 300	8 420	6 510
		W_1	2.38	0.38	3.0	8.04	6.66	5.21
		W_5	11.5	0.39	3.0	39.9	32.9	25.5
		W_{12}	25.9	0.40	3.0	92.2	75.6	58.3
		W_{45}	73.4	0.40	3.0	261	214	166
义门	403 878	Q_m	5 030	0.60	3.0	28 500	22 000	15 600
		W_1	2.51	0.40	3.0	8.95	7.34	5.68
		W_5	11.4	0.42	3.0	40.7	33.4	25.8
		W_{12}	26.4	0.40	3.0	94.0	77.1	59.7
吴堡	433 514	Q_m	9 010	0.64	2.5	51 200	40 000	28 600
		W_1	3.56	0.50	3.5	17.2	13.5	9.8
		W_5	13.1	0.41	3.0	47.9	39.2	30.1
		W_{12}	28.3	0.38	3.0	95.7	79.2	62.0
		W_{45}	86.1	0.37	2.5	270	227	181
龙门	497 552	Q_m	10 100	0.58	3.0	24 700	42 600	30 400
		W_1	4.75	0.50	3.0	21.6	17.2	12.7
		W_5	16.4	0.40	3.0	57.3	47.0	36.4
		W_{12}	32.2	0.36	3.0	103	86.0	68.0
		W_{45}	96.1	0.33	3.0	284	239	191
三门峡	688 399	Q_m	8 880	0.56	4.0	52 300	40 000	27 500
		W_5	21.6	0.50	3.5	104	81.4	59.1
		W_{12}	43.5	0.43	3.0	168	136	104
		W_{45}	126	0.35	2.0	360	308	251

站名	控制面积（km²）	项目	均值	C_v	C_s/C_v	频率为 $P(\%)$ 的设计值		
						0.01	0.1	1.0
小浪底	694 155	Q_m	8 880	0.56	4.0	52 300	40 000	27 500
		W_5	22.3	0.51	3.5	111	87	62.4
		W_{12}	44.1	0.44	3.0	172	139	106
花园口	730 036	Q_m	9 770	0.54	4.0	55 500	42 300	29 200
		W_5	26.5	0.49	3.5	125	98.4	71.3
		W_{12}	53.5	0.42	3.0	201	164	125
		W_{45}	153	0.33	2.0	417	358	294
三花间	41 637	Q_m	5 100	0.92	2.5	46 700	34 600	22 700
		W_5	9.80	0.90	2.5	87.0	64.7	42.8
		W_{12}	15.0	0.84	2.5	122	91.0	61.0
		W_{45}	31.6	0.64	2.0	161	132	96.5

（二）设计洪水典型

根据洪水特性分析,现分别列出对黄河上中下游防洪和工程规划设计有代表性的六场洪水。它们是上游的 1981 年 9 月洪水,河口镇至三门峡区间来水为主的 1933 年 8 月洪水和 1977 年 7 月洪水,三门峡至花园口区间来水为主的 1954 年 8 月洪水、1958 年 7 月洪水和 1982 年 7 月底 8 月初洪水。现分述如下。

1.1981 年 9 月洪水

1981 年 9 月洪水是黄河上游实测资料中的最大洪水。这次洪水为长历时、大面积的强连阴雨形成。

降雨从 8 月 13 日开始至 9 月 13 日止,历时 32 d。降雨时程分布为前期小后期大。如 8 月 13~29 日连续阴雨 17 d,总降雨量一般为 50~100 mm,局部地区 150~200 mm。8 月 30 日~9 月 13 日又连续阴雨 15 d,大部分地区雨量达 100~150 mm,其中 8 月 30 日~9 月 5 日是主要降雨时段。

雨区笼罩黄河干流贵德以上和洮河上中游,以及长江流域的通天河、雅砻江、大金川、岷江、白龙江等河的上游。雨带和青藏高原的山脉大体平行,呈西北东南向,150 mm 等雨深线的总面积大于 25 万 km²(因资料不全,部分地区不闭合),其中黄河流域为 11 万 km²。雨量分布由南向北递减,与黄河上游历次大洪水的降雨分布类似。

这次洪水过程的特点是涨落缓慢,洪水总历时长,干流各站都在 40 d 上。兰州站洪峰流量为 7 090 m³/s(还原值),实测值为 5 600 m³/s,是 1934 年兰州有实测记录以来的最大洪水。干流各站洪峰、洪量及地区组成如表 1-27 所示。

2.1977 年 7 月洪水

1977 年 7 月 4~6 日,黄河流域的延河、北洛河、泾河,以及长江流域的嘉陵江、涪江发生了一次大面积暴雨,雨区呈西南东北向带状分布。为西风槽和西北低涡的连续叠加所形成。

这次暴雨 50 mm 等雨深线的面积为 12 万 km^2,其中黄河流域为 8.3 万 km^2;100 mm 笼罩面积为 6.5 万 km^2,其中黄河流域为 3.3 万 km^2。

表 1-27　1981 年 9 月洪水黄河干流各站洪峰、洪量及组成

站名	控制面积 km^2	洪峰流量		15 日洪量		45 日洪量	
		m^3/s	占兰州(%)	亿 m^3	占兰州(%)	亿 m^3	占兰州(%)
吉迈	45 019	1 280	18.0	13.2	17.0	24.1	14.9
玛曲	86 048	4 140	58.3	40.4	52.0	83.9	51.8
唐乃亥	121 972	5 450	76.9	58.6	75.4	119.7	73.9
贵德	133 650	5 430	76.6	58.9	75.8	121.0	74.7
上诠	182 821	6 590	92.9	71.0	91.4	148.0	91.4
兰州	222 551	7 090	100.0	77.7	100.0	162.0	100.0

注:贵德、上诠、兰州洪峰、洪量为考虑龙羊峡、刘家峡两水库影响还原后数值。

本次降雨在黄河流域总历时 30 多个小时,降雨时程分布呈双峰型,7 月 5 日晨及 6 日晨各有一次雨峰,小峰在前大峰在后,暴雨中心在延河上游王庄、泾河支流环江的马岭及泾河源头的李士,其中以王庄雨强最大,5 h 雨量达 270 mm,24 h 雨量达 400 mm。长江流域降雨历时较长,约 70 h,其强度较黄河流域为小。

各站洪水过程呈双峰形式,历时仅两天,主峰在后。由于暴雨强度大,汇流条件好,洪峰陡涨陡落。黄河中游雨区内各支流洪峰、洪量如表 1-28 所示。

表 1-28　1977 年 7 月洪水黄河各支流洪峰、洪量

水系	河名	站名	集水面积 (km^2)	洪峰流量 (m^3/s)	洪量(亿 m^3)	
					1 日	3 日
延河	延河	真武河	1 334	2 710	0.322	0.368
	延河	延安	3 208	7 200	0.796	1.076
	西川	枣园	719	1 510	0.149	0.164
	延河	甘谷驿	5 891	9 050	1.380	1.609
北洛河	北洛河	刘家河	7 325	6 430	1.118	1.296
泾河	马莲河	庆阳	10 603	3 930	1.060	1.292
	马莲河	东川	3 063	3 600	1.127	1.237
	马莲河	雨落坪	19 019	5 220	2.113	2.612

注:延安、甘谷驿集水面积已扣除上游王瑶水库集水面积 820 km^2。

这次洪水最大暴雨中心在延河上中游,虽有王瑶水库拦蓄了杏子河大部分洪水,延安

站洪峰流量仍达 7 200 m³/s,使延安北关街道水深达 5~6 m,死亡及失踪 134 人,飞机场被毁。延河入黄控制站甘谷驿洪峰流量 9 050 m³/s,是 1695 年以来的 300 多年中属前三位的大洪水,估计其重现期在 100 年以上。北洛河刘家河站洪峰流量 6 430 m³/s,小于 1855 年洪水,排位第二,马莲河雨落坪站小于 1841 年和 1933 年洪水,排位第三。此次洪水由于龙门以上与龙三间和支流洪水未能完全遭遇,三门峡入库站潼关洪峰流量为 13 600 m³/s,属中等洪水。

本次暴雨在黄河流域的落区大部分在侵蚀严重的黄土丘陵沟壑区,各支流洪水期间的含沙量都高达 800 kg/m³ 左右。一次洪水的侵蚀模数,延安站高达 29 300 t/km²,泾河马莲河东川站达 24 400 t/km²,北洛河刘家河站为 10 500 t/km²。

3. 1933 年 8 月洪水

这次洪水是黄河陕县站自 1919 年有水文记载以来的最大洪水。这次洪水的暴雨,雨区呈西南东北向带状分布,相应的天气系统为西南东北向切变线,雨区笼罩渭河上、中游,泾、洛河与黄河吴堡至龙门区间各支流,同时还波及到黄河上游的庄浪河、大夏河等支流,雨区总面积达 10 万 km² 以上。

这次洪水有两个特点。一是 5 日之内有两次降雨过程,第一次发生在 8 月 6 日至 7 日凌晨,雨区基本上遍及整个黄河中游地区,7 日白天至 8 日雨势减弱,雨区呈斑状分布;第二次是在 8 月 9 日,主要雨区在渭河上游和泾河中上游一带,10 日暴雨基本结束。这两次过程所形成的干流(龙门以上)洪水,都与泾、洛、渭、汾等支流洪水遭遇,形成陕县峰高量大的洪水过程,实测洪峰流量 22 000 m³/s,5 日洪量 51.8 亿 m³。

二是由于这次暴雨主要落区几乎都在植被条件极差的黄土丘陵沟壑区,洪水挟带的泥沙量大,陕县最大 12 日沙量达 21.1 亿 t,为该站多年平均输沙量 16 亿 t 的 1.32 倍。

根据 1955 年调查,1933 年 8 月洪水,三门峡至花园口区间基本无雨,按京汉铁路黄河铁桥当年记录的水位资料推算,该年洪水花园口站洪峰流量为 20 400 m³/s。

这次洪水的来源组成如表 1-29 所示。

表 1-29　1933 年洪水黄河干、支流控制站洪峰、洪量

河名	站名	控制面积(km²)	洪峰流量(m³/s)	5 日洪量		12 日洪量	
				亿 m³	占陕县(%)	亿 m³	占陕县(%)
黄河	龙门	497 552	13 300	23.6	45.5	51.43	57.0
泾河	张家山	43 216	9 200	14.06	27.1	15.70	17.3
渭河	咸阳	46 827	62 600	7.85	15.1	13.29	14.6
北洛河	洑头	25 154	2 810	2.84	5.0	3.64	4.0
汾河	河津	38 728	1 700	2.91	5.0	4.53	5.0
黄河	龙、华、河、洑至陕县区间	36 392		0.55	1.0	2.14	2.1
	陕县	697 869	22 000	51.8	100.0	90.73	100.0

由表 1-29 可见,陕县洪峰 22 000 m³/s,是由龙门与泾河张家山来水为主所形成的,5 日和 12 日洪量龙门以上与龙门至三门峡区间的泾、洛、渭、汾河四大支流各占 50% 左右,而龙三区间又以泾河加水最多,渭河次之。

4.1954 年 8 月洪水

这次洪水发生在 8 月上旬,花园口实测洪峰流量 15 000 m³/s,是该站有实测资料以来的第三大洪水。洪水主要来自三花间,三花间洪峰流量为 10 540 m³/s。

这次洪水相应的暴雨是由两次南北向切变线相接形成的。雨区呈南北向带状分布。暴雨中心在新安,最大日雨量为 114 mm。三花间面平均雨深,最大 1 日为 82.1 mm,5 日为 153.8 mm,12 日为 236.8 mm。

这次洪水过程为多峰型,洪水历时 12 d。前峰主要来自三花间,后峰主要来自三门峡以上。三花间洪峰主要由伊、洛河上中游与沁河的洪峰相遇所组成。

这次洪水的组成如表 1-30 所示。

表 1-30　1954 年 8 月洪水花园口、三花间洪水组成

项目		花园口断面									
		花园口	花园口洪水组成		三花间洪水组成						
					伊、洛河				沁河		干流区间
			三门峡	三花间	陆浑	故县	陆故黑区间	黑石关	五龙口	小董	三小间	小花干区间
洪峰流量	流量（m³/s）	15 000	4 460	10 540	1 220	1 810	3 770	6 800	1 430	2 490	750	500
	占花园口（%）	100.0	29.73	70.27	8.13	12.07	25.13	45.33	9.53	16.60	5.00	3.34
	占三花间（%）			100.0	11.57	17.17	35.78	64.52	13.57	23.62	7.12	4.74
5日洪量	洪量（亿 m³）	38.50	14.10	24.40	2.96	4.43	4.77	12.16	3.00	4.70	5.03	2.51
	占花园口（%）	100.0	36.62	63.38	7.69	11.51	12.38	31.58	7.79	12.21	13.07	6.52
	占三花间（%）			100.0	12.13	18.16	19.55	49.84	12.30	19.26	20.61	10.29
12日洪量	洪量（亿 m³）	76.98	36.12	40.86	5.27	7.89	6.18	19.34	7.22	10.02	7.77	3.73
	占花园口（%）	100.0	49.92	53.08	6.85	10.25	8.02	25.12	9.38	13.02	10.09	4.85
	占三花间（%）			100.0	12.90	19.31	15.12	47.33	17.67	24.52	19.02	9.13

注:陆故黑区间为陆浑、故县至黑石关区间,三小间为三门峡至小浪底区间,小花干区间为小浪底、黑石关、小董至花园口区间,下同。

5.1958 年 7 月洪水

这次洪水发生在 7 月中旬,花园口实测洪峰流量为 22 300 m³/s,是该站有实测资料以来的第一大洪水。洪水主要来自三花间。三花间洪峰流量为 15 780 m³/s。

这次洪水相应的暴雨是南北向切变线为主所形成的,雨区呈南北向带状分布。暴雨中心在垣曲,最大日雨量 366.5 mm(调查暴雨中心在新安县的仁村,最大日雨量为 650 mm)。三花间面平均雨深,最大 1 日为 69.4 mm,5 日为 155.0 mm,12 日为 157.7 mm。

这次洪水过程为单峰型,洪量主要集中在 5 d 之内。三花间洪水主要来自伊、洛河的中下游和三花间干流区间,沁河来水较小(见表 1-31)。

表 1-31　1958 年 7 月洪水花园口、三花间洪水组成

项目		花园口断面											
		花园口	花园口洪水组成		三花间洪水组成								
					伊、洛河				沁河		干流区间		
			三门峡	三花间	陆浑	故县	陆故黑区间	黑石关	五龙口	小董	三小间	小花干区间	合计
洪峰流量	流量(m³/s)	22 300	6 520	15 780	920	1 800	7 010	9 730	720	980	5 060	10	5 070
	占花园口(%)	100.0	29.24	70.76	4.13	8.07	31.43	43.63	3.23	4.40	22.69	0.04	22.73
	占三花间(%)			100.0	5.83	11.40	44.43	61.66	4.56	6.21	32.07	0.06	32.13
5 日洪量	洪量(亿 m³)	57.02	25.68	31.34	4.44	5.84	8.26	18.54	1.66	2.41	7.76	2.63	10.39
	占花园口(%)	100.0	45.04	54.96	7.76	10.24	14.49	32.49	2.19	4.23	13.60	4.61	18.21
	占三花间(%)			100.0	14.17	18.63	26.36	59.16	5.30	7.69	24.76	8.39	33.15
12 日洪量	洪量(亿 m³)	88.85	50.79	38.06	5.63	7.52	9.47	22.62	2.72	3.51	8.88	3.05	11.93
	占花园口(%)	100.0	57.16	42.84	6.34	8.46	10.67	25.47	3.06	3.95	9.99	3.43	13.42
	占三花间(%)			100.0	14.79	19.76	24.89	59.44	7.15	9.22	23.33	8.01	31.34

6. 1982 年 7 月底 8 月初洪水

这次洪水花园口实测洪峰流量 15 300 m³/s,仅次于 1958 年洪水。洪水主要来自三花间,三花间洪峰流量为 10 590 m³/s。

这次洪水也是由南北向切变线为主的暴雨所形成,雨区也呈南北向带状分布。暴雨中心在陆浑水库东面的石碨,最大日雨量为 734.3 mm。这次暴雨的特点是历时长,三花间面雨深大于 50 mm 的天数长达 4 d。面平均雨深,最大 1 日为 90.7 mm,5 日为 264.1 mm。

这次洪水花园口站自 7 月 30 日起涨,到 8 月 9 日落平,历时约 9 d。洪水过程由双峰组成,第一个峰出现在 7 月 31 日 10 时,洪峰流量约 6 350 m³/s。第二个洪峰出现在 8 月 2 日 19 ~ 22 时,洪峰流量 15 300 m³/s。三花间的洪峰,由三小间、黑石关和沁河小董组成,大约各占 30%(见表 1-32)。这次洪水各区洪峰均未遭遇,故组成了较胖的洪水过程。

表1-32 1982年7月底8月初洪水花园口、三花间洪水组成

项目		花园口	花园口洪水组成		三花间洪水组成								
					伊、洛河				沁河		干流区间		
			三门峡	三花间	陆浑	故县	陆故黑区间	黑石关	五龙口	小董	三小间	小花干区间	合计
洪峰流量	流量(m³/s)	15 300	4 710	10 590	850	1 360	1 200	3 410	2 050	3 010	3 250	920	4 170
	占花园口(%)	100.0	30.78	69.22	5.59	8.89	7.85	22.33	13.40	19.67	21.24	6.01	27.25
	占三花间(%)			100.0	8.03	12.84	11.33	32.20	19.36	28.42	30.69	8.69	39.38
5日洪量	洪量(亿m³)	41.10	13.58	27.52	2.70	2.22	6.33	11.25	3.97	4.93	6.74	4.60	11.34
	占花园口(%)	100.0	33.04	66.96	6.57	5.40	15.40	27.37	9.66	12.00	16.40	11.19	27.59
	占三花间(%)			100.0	9.81	8.07	23.00	40.88	14.43	17.91	24.49	16.72	41.21
12日洪量	洪量(亿m³)	62.25	28.01	37.24	3.96	3.06	8.11	15.13	5.66	6.76	8.98	6.37	15.35
	占花园口(%)	100.0	42.93	57.07	6.07	4.69	12.43	23.19	8.67	10.36	13.76	9.76	23.52
	占三花间(%)			100.0	10.63	8.22	21.78	40.63	15.20	18.15	24.11	17.11	41.22

注：表头"花园口断面"涵盖除"项目"外全部列。

二、分期频率洪水

黄河流域汛期的洪水，一般发生在7~10月。从气象成因和暴雨洪水特性上看，整个汛期大致可分为前期(7、8月)和后期(9、10月)两个时段。在黄河上游，这两个时段的洪水过程及大小量级是相近的。黄河中游，这两个时段的洪水过程和特性则有很大的差别。

(一)黄河中游分期洪水

黄河上游整个汛期的洪水，大都是由强度小、历时长、面积大的连阴雨形成的，因此洪水过程线矮胖，演进至中游河口镇后，形成中游洪水的基流。而河口镇以下各年大暴雨洪水大多数都发生在7、8月，其特点是峰高量小。因此，中游地区前期洪水的洪峰远远大于后期洪水；而时段洪量则不然，因河口镇以下区间来水洪水历时很短，较长时段的洪量主要是由河口镇以上来水为主所组成的。这样就造成了年最大时段洪量与年最大洪峰不相应(即不属同次洪水)的情况较多。加之上游大洪水发生时间可延至9、10月，故用年最大值法选样的结果是：洪峰多在7、8月，洪量多在9、10月。中游洪水峰、量在时间分布上的这一特点，对水库的设计和调度运用均有重要意义。

表1-33是河口镇、吴堡、龙门和三门峡(陕县)四站分期洪水频率分析的成果(资料截至1982年)。由表1-33可见，从洪峰上看，各站年最大值法取样与前期的均值、C_v值和各频率的设计值都相差不多(因为中游大洪峰大都发生在7、8月)。从时段洪量看，年最大值法取样的均值和各频率的设计值均大于前后期相应时段的均值和设计值。

分站看，河口镇和吴堡，前期洪量均较后期为小。龙门和三门峡前期洪峰均大于后期洪

峰,而且各频率值都大于1倍以上。各频率洪量,三门峡是前期大于后期,龙门是前、后期差别不大(因后期均值虽小,但C_v值大)。

表1-33 黄河中游河口镇至三门峡分期洪水频率分析成果

(单位:Q_m,m³/s;W_t,亿 m³)

站名	项目	时段 (月-日)	均值	C_v	C_s/C_v	频率为$P(\%)$的设计值		
						0.01	0.1	1.0
河口镇	W_5	07~10	12.9	0.42	3	48.3	39.4	30.1
		07~08	10.2	0.40	2	32.6	27.5	22.0
		09~10	11.3	0.50	2.5	48.1	38.9	29.1
	W_{12}	07~10	28.3	0.41	3	104	84.6	65.1
		07~08	22.1	0.39	2	69.2	58.6	47.1
		09~10	25.1	0.51	2	102	83.5	63.9
吴堡	Q_m	07~10	9 050	0.62	3	53 400	41 200	28 900
		07-01~09-05	8 890	0.63	3	53 400	41 200	28 800
		09-06~10-31	3 160	0.64	3	19 400	14 900	10 400
	W_1	07~10	3.66	0.46	3	15.2	12.2	9.15
		07-01~09-05	3.44	0.49	3	15.2	12.2	9.00
		09-06~10-31	2.50	0.52	3	11.9	10.2	9.40
	W_5	07~10	13.9	0.42	3	52.1	42.5	32.5
		07-01~09-05	12.4	0.44	3	48.9	39.6	30.0
		09-06~10-31	11.4	0.49	3	50.6	40.3	29.8
	W_{12}	07~10	30.0	0.41	3	110	89.7	69.0
		07-01~09-05	25.7	0.41	3	94.0	76.8	59.1
		09-06~10-31	26.4	0.45	3	107	86.1	64.9
龙门	Q_m	07~10	9 620	0.58	3	52 200	40 700	29 000
		07-01~09-01	9 580	0.58	3	52 000	40 500	28 800
		09-11~10-31	3 517	0.58	3	19 100	14 900	10 600
	W_5	07~10	16.4	0.40	3	58.4	47.7	37.1
		07-01~09-01	15.4	0.39	3	53.4	44.0	34.2
		09-11~10-31	12.3	0.48	3	53.4	42.7	31.7
	W_{12}	07~10	33.3	0.39	3	116	95.2	73.9
		07-01~09-01	30.4	0.39	3	106	86.9	67.5
		09-11~10-31	26.8	0.45	3	108	87.4	65.9

站名	项目	时段 （月-日）	均值	C_v	C_s/C_v	频率为 $P(\%)$ 的设计值		
						0.01	0.1	1.0
三门峡	Q_m	07 ~ 10	8 582	0.52	4	46 000	35 400	24 900
		07-01 ~ 09-01	8 550	0.56	3	44 400	34 800	25 000
		09-11 ~ 10-31	4 240	0.54	3	21 100	16 600	12 200
	W_5	07 ~ 10	21.5	0.45	4	96.5	76.6	55.5
		07-01 ~ 09-01	19.4	0.50	3	88.3	70.2	51.8
		09-11 ~ 10-31	15.7	0.56	3	81.6	63.9	46.0
	W_{12}	07 ~ 10	43.3	0.40	3	154	127	98.0
		07-01 ~ 09-15	38.9	0.44	3.5	153	124	94.1
		09-11 ~ 10-31	32.7	0.47	3.5	139	111	83.2

（二）黄河上游分期洪水

如前所述,黄河上游地区是以大面积连阴雨为主,与太平洋副高的北进南退时间相应,降雨量集中发生在 7 月和 8 月下旬至 9 月上旬两个时段。较大洪水也多发生在 7 月和 9 月。一次洪水历时,平均 7 月为 20 ~ 30 d,9 月为 30 ~ 40 d。从时段洪量与相应洪峰比值上看,7 月和 9 月洪水相差不多,说明 7 月洪水与 9 月洪水的特性没有很大差别。

表 1-34 是贵德和上诠分期洪水频率分析的成果(资料截至 1981 年)。由该表可见,二站前后期洪水的洪峰和洪量均值都小于年最大值法取样的均值,而 C_v 值则相反,是前后期大于年最大值法取样。C_v 值大,这是由于分期后,系列中的大、小值之间档次拉开,相差悬殊。均值和 C_v 值的这种相反变化,使年最大值法取样与前后期取样的成果,对指定频率的设计值来说,相差不大。由此说明,上游水库进行防洪调度运用时,9 月的防洪运用原则和预留防洪库容与7、8 月基本一致。从实测资料分析,9 月下旬以后,发生大洪水的机遇与量级都明显减小,为使水库能在汛末蓄到兴利水位,从 9 月下旬以后,可以逐步抬高防洪限制水位。

表 1-34　黄河上游贵德、上诠站分期洪水频率分析成果

（单位: Q_m, $\mathrm{m^3/s}$; W_t, 亿 $\mathrm{m^3}$）

站名	项目	时段 （月）	均值	C_v	C_s/C_v	频率为 $P(\%)$ 的设计值		
						0.01	0.1	1.0
贵德	Q_m	07 ~ 10	2 510	0.36	4	8 810	7 180	5 500
		07 ~ 08	2 260	0.38	4	8 410	6 780	5 130
		09 ~ 10	1 840	0.54	2.5	8 570	6 840	5 060
	W_{15}	07 ~ 10	26.4	0.34	4	87.4	71.5	56.5
		07 ~ 08	23.0	0.36	4	80.7	65.8	50.4
		09 ~ 10	20.9	0.49	2.5	87.2	70.4	53.3

站名	项目	时段（月）	均值	C_v	C_s/C_v	频率为 $P(\%)$ 的设计值		
						0.01	0.1	1.0
上诠	Q_m	07 ~ 10	3 360	0.34	4	11 100	9 100	7 050
		07 ~ 08	2 890	0.40	3	10 300	8 430	6 530
		09 ~ 10	2 630	0.46	2	10 900	8 760	6 570
	W_{15}	07 ~ 10	36.0	0.34	4	119	97.6	75.6
		07 ~ 08	30.1	0.40	3	107	88.0	68.2
		09 ~ 10	29.6	0.47	2.5	119	96.1	73.2

三、可能最大洪水

黄河的可能最大洪水,自 1972 年以来,有关单位结合工程规划设计的需要,曾对部分地区进行过分析。采用的方法有水文气象法、频率分析法和历史洪水加成法等。这些成果都先后经过水电部主管部门审定。但是,由于我国《水利水电枢纽工程等级划分设计标准(山区、丘陵区部分)》(SDJ12—78)(试行)规定可能最大洪水必须大于万年一遇洪水,《水利水电工程设计洪水计算规范》(SDJ12—79)(试行)规定可能最大洪水不得小于万年一遇洪水,使得各站可能最大洪水的取值不尽合理,有待今后进一步研究。

表 1-35 是黄河干流主要站的可能最大洪水成果。

表 1-35　黄河干流主要站的可能最大洪水成果

站名	控制面积（km^2）	洪峰流量（m^3/s）	洪量（亿 m^3）					推求方法
			1 日	5 日	12 日	15 日	45 日	
龙羊峡	131 420	10 500				105	240	历史暴雨洪水加成
公伯峡	143 614	10 580				108	251	万年加大 20%
刘家峡	181 766	13 000				135	285	历史暴雨洪水加成
碛口	433 514	53 600	19.0	53.6				水文气象法
龙门	497 552	55 500	23.0	63.0				水文气象法
三门峡	688 399	52 300			168		360	频率法(万年)
小浪底	694 155	52 300		111	172		366	频率法(万年)
花园口		55 000		125	200		420	频率法(万年)
	730 036	46 000*						
三花间	41 637	45 000		95	120			多种方法综合选定

注:* 为三花间 45 000 m^3/s 加上三门峡下泄 1 000 m^3/s 的发电流量。

四、黄河下游防洪所需的防洪库容

黄河下游大堤是抵御洪水泛滥的屏障。目前,大堤的设防流量,花园口至东平湖河段,按花园口 22 000 m³/s 洪水设防,并考虑了河道的滞洪削峰作用;艾山以下河段的设防流量,考虑了东平湖水库的分洪作用,按 11 000 m³/s 设防。为了使艾山以下河段的河道排泄流量不超过设防流量,同时考虑了平阴、长清山丘地区的小支流来水 1 000 m³/s,即控制艾山下泄的黄河流量不超过 10 000 m³/s。

这也就是说,为确保艾山以下窄河段的大堤安全,要求在艾山以上能有适当防洪库容把黄河洪水 10 000 m³/s 以上的洪量滞蓄起来。这部分洪量的大小与洪水标准和洪水过程线的型式有关。

自 1959 年以来,在黄河下游防洪的规划设计中,设计洪水所采用的典型年为 1933、1954 年和 1958 年,1982 年大洪水以后又增加了该年洪水。如前所述,1933 年型代表以三门峡以上来水为主的情况;1954、1958 年和 1982 年型代表以三花间来水为主的情况。

根据 1986 年的计算,在各种典型年和各种标准情况下,花园口和孙口洪水的特征值如表 1-36 所示。由该表可见,如果要保证艾山以下河段排泄的流量不超过 10 000 m³/s,则在艾山以上所需的防洪库容(以孙口为代表):对百年一遇洪水约为 30 亿 m³;对千年一遇洪水约为 60 亿 m³;对万年一遇洪水约为 100 亿 m³。

表 1-36　黄河下游各典型年 10 000 m³/s 以上的洪量统计

洪水标准	典型年	花园口站		孙口站洪峰流量(m³/s)	≥10 000 m³/s 的洪量(亿 m³)	
		洪峰流量(m³/s)	12 日洪量(亿 m³)		花园口	孙口
实测	1933	20 400	101	16 400	16.5	
	1954	15 000	77.1	8 610	4.3	
	1958	22 300	88.8	15 900	17.1	
	1982	15 300	75.1	10 100	14.4	
百年一遇	1933	29 200	125	21 890	36.9	28.4
	1954	18 590	124	20 940	29.8	24.5
	1958	29 200	125	21 200	31.5	29.4
	1982	28 250	124	17 360	31.2	28.9
千年一遇	1933	42 100	164	31 620	72.6	62.1
	1954	39 120	161	28 440	61.6	58.3
	1958	24 100	164	29 580	62.2	60.4
	1982	39 960	161	31 160	61.6	57.9
万年一遇	1933	55 000	200	40 730	109	102
	1954	50 100	194	35 940	94.1	90.6
	1958	55 000	200	38 360	97.9	96.9
	1982	51 120	195	40 083	92.5	89.5

注:花园口百年、千年和万年一遇洪峰为按日洪量倍比放大后的数字。

五、黄河洪水与长江、淮河、海河、珠江等河洪水的比较

黄河的洪水与长江、淮河、海河、珠江的洪水比较起来,总的特点是峰高量小。而且相对来说,它的洪峰流量也不算大,洪量则更小(见表1-37)。这主要是因为黄河流域部分属干旱和半干旱地区,水汽不够充沛,暴雨历时较短,笼罩面积较小,暴雨总量也较小;再加之上游的草原区、中游的黄土和风沙区所占面积的比重较大,对产流也不利。

黄河洪水问题之所以严重,主要是因为黄河泥沙太多。

表1-37　黄河与长江、淮河、海河、珠江大洪水洪峰、洪量比较

水系	河名	站名	流域面积 (万 km²)	洪水年份	洪峰流量 (m³/s)	洪量(亿 m³)	
						7 日	30 日
黄河	黄河	花园口	73.0	1761	32 000	95	
				1843	33 000	106	
				1933	20 400	61.0	151
				1958	22 300	50.2	108
				万年一遇	55 000	149	330
长江	长江	宜昌	100.0	1153	92 800	475	1 458
				1227	96 300	493	1 505
				1560	93 600	479	1 469
				1860	95 200	474	1 454
				1870	10 500	537	1 650
				1954	66 800	385	1 386
				万年一遇	113 000	547	1 767
	岷江	高场	13.3	1917	51 000		
				1955	34 100	87.6	
	嘉陵江	北碚	15.8	1870	57 300	216	496
				1981	46 400	118	
	汉江	丹江口	9.52	1583	61 000	171	
				1935	50 000	128	
				万年一遇	82 300	234	475
淮河	淮河	中渡	15.8	1931			513
				1954			521
				万年一遇			1 380
海河	南系各河		20.0	1963			300
				最大可能洪水			500
珠江	西江	梧州	33.0	1915	54 500	288	856
				万年一遇	72 700		

第七节　黄河冰凌洪水

一、冰凌洪水成因

黄河流域冬季受西北季风影响,气候干燥寒冷。最低气温一般都在0℃以下,纬度越高,气温越低。极端最低气温,上游可达 -25 ~ -53℃,下游也达 -15 ~ -22℃。因此,黄河一些河段在冬季都要结冰封河,但是在开河时能够形成冰凌洪水,对两岸造成较大威胁的。只有上游和宁夏、内蒙古河段及下游的花园口至河口河段。

这两个河段的共同特点是:河道坡度比较平缓,流速缓慢,流向为自低纬度流向高纬度(或者说自西南向东北),两端纬度相差较大,气温上暖下寒,冰层上薄下厚,封河溯源而上,开河自上而下。当上游先开河而上游仍处于封河状态时,大量冰水沿程积聚拥向下游,形成明显的冰凌洪水,在浅滩、急弯、窄槽河段,由于冰水排泄不畅极易结成冰坝,堵塞河道,导致水位急剧上升,威胁堤防安全,甚至造成凌害。

二、冰凌特征

黄河冰凌的特征值如表1-38和表1-39所示。现将封河和开河情况说明如下。

表1-38　黄河冰凌特征值(一)

项目		河段	
		花园口—利津	兰州—河口镇
河长(km)		664.1	1 352.6
河道比降(‰)		1.23	3.9/1.72*
纬度差		3°20′	4°37′
多年平均	冬季温差(℃)	3 ~ 4	5 ~ 6
	封河时差(d)	26	24 ~ 41
	开河时差(d)	10	27 ~ 31
	冰厚差(cm)	19	25 ~ 38
封河几率(%)		85**	100
河道槽蓄量	最大(亿m³)	20.44	8.82
	最小(亿m³)	3.73	5.09
	平均(亿m³)	9.89	6.48
封河长度	最长(km)	703	800
	最短(km)	25.1	500
	平均(km)	370	700
最大冰量	最大($\times 10^6$m³)	142	
	最小($\times 10^6$m³)	1.1	
	平均($\times 10^6$m³)	38.8	约300

注:*青铜峡与河口镇河道比降;**含利津以下为90%。

表 1-39　黄河冰凌特征值(二)

项目		花园口—利津				兰州—河口镇			
		花园口	夹河滩	泺口	利津	兰州	石嘴山	三河湖口	头道拐
封河日期 (月-日)	最早	01-04	12-18	12-21	12-24	12-19	12-07	11-15	11-14
	最晚	03-01	03-01	03-02	03-03	02-01	02-07	12-28	01-13
	平均	02-04	01-18	01-12	01-10	01-10	01-03	12-03	12-12
开河日期 (月-日)	最早	10-25	12-28	12-30	01-07	01-17	02-10	03-10	03-14
	最晚	03-04	03-05	03-07	03-17	03-16	03-18	04-05	03-31
	平均	02-07	02-04	02-01	02-16	02-21	03-06	03-23	03-23
凌峰流量 (m³/s)	最大	3 270	3 750	3 190	3 430	467	1 700	2 220	3 500
	最小	632	66	35	58	264	480	840	1 000
	平均	1 436	788	741	1 013	344	844	1 321	2 076
最大冰厚 (cm)	最大	20	33	35	48	59	70	95	112
	最小	2	4	2	14	23	22	57	35
	平均	12	14	15	31	40	48	76	70
平均封河历时(d)		3	17	22	38	43	70	112	95

(一)封河特征

1. 封河日期

上游河段:兰州河段最早为 12 月中旬,最晚为 2 月上旬,一般为 1 月中旬;头道拐河段最早为 11 月中旬,最晚为 1 月中旬,一般为 12 月中下旬。

下游河段:花园口河段最早为 1 月初,最晚为 3 月初,一般为 1 月中下旬;利津河段最早为 12 月中旬,最晚为 3 月初,一般为 12 月下旬到 1 月下旬。

2. 封河长度

上游河段:最长为 800 km,最短为 500 km,平均为 700 km。

下游河段:最长为 703 km(上游到荥阳汜水河口),最短为 25.1 km,平均为 370 km。

3. 封河几率

上游河段年年封河,下游河段 85% 的年份封河。下游河段在封河的年度中,一般是一次封河一次开河;部分年度中,有 2 次或 3 次封河和开河。

4. 冰盖厚度

上游,兰州河段最大为 59 cm,最小为 23 cm,平均为 40 cm;头道拐河段最大为 112 cm,最小为 35 cm,平均为 70 cm。

下游,兰考以上一般为 10 ~ 20 cm,滨海河段一般为 30 ~ 50 cm。

5. 冰量

上游兰州至河口镇河段一般为 3 亿 m³ 左右。

下游花园口至利津河段,最多达 1.42 亿 m³(1967 年),最少仅 0.011 亿 m³,平均 0.388 亿 m³。

6. 河道槽蓄量

上游河段最大为 8.82 亿 m³,最小为 5.09 亿 m³,平均 6.48 亿 m³。

下游河段最大为 20.44 亿 m³,最小为 3.73 亿 m³,平均为 9.89 亿 m³。

7. 封河历时

上游,兰州河段一般 40 d 左右,包头河段一般为 100 d 左右。

下游,花园口河段一般为 10 d 左右,滨海河段一般为 40 d 左右。

(二)开河特征

1. 开河日期

上游,兰州河段最早为 1 月 17 日,最晚为 3 月 16 日,平均为 2 月 21 日;石嘴山河段最早为 2 月 10 日,最晚为 3 月 18 日,平均为 3 月 6 日;头道拐河段最早为 3 月 14 日,最晚为 3 月 31 日,平均为 3 月 23 日。

下游,花园口河段最早为 1 月 25 日,最晚为 3 月 4 日,平均为 2 月 7 日;利津河段最早为 1 月 7 日,最晚为 3 月 17 日,平均为 2 月 16 日。整个下游河段,最早为 1 月 4 日(1989 年),最晚为 3 月 18 日(1969 年),平均为 2 月 24 日。

2. 凌峰流量

上游,兰州河段最大为 467 m³/s,最小为 264 m³/s,平均为 344 m³/s;头道拐河段最大为 3 500 m³/s,最小为 1 000 m³/s,平均为 2 076 m³/s。

下游,花园口河段最大为 3 270 m³/s,最小为 632 m³/s,平均为 1 436 m³/s;利津河段最大为 3 430 m³/s,最小为 58 m³/s,平均为 1 013 m³/s。

三、冰凌洪水特性

(一)洪水发生时间

冰凌洪水发生时间是在河道解冰开河期间。上游河段解冻开河一般在 3 月中下旬,少数年份在 4 月上旬;黄河下游河段解冰开河一般在 2 月上中旬,少数年份在 3 月上旬,个别年份在 3 月中旬。

(二)洪峰、洪量及过程线型式

冰凌洪水总的来说,是峰低、量小、历时短,洪水过程线型式基本上是三角形。

凌峰流量一般为 1 000 ~ 2 000 m³/s,全河实测最大值不超过 4 000 m³/s。洪水总量,上游河口镇(头道拐)一般为 5 亿 ~ 8 亿 m³,下游一般为 6 亿 ~ 10 亿 m³。洪水历时,上游一般为 6 ~ 9 d,下游一般为 7 ~ 10 d。

(三)冰凌洪水的特点

(1)凌峰流量虽小,但水位高。这是因为河道中存在着冰凌,使水流阻力增大,流速减小,特别是卡冰结坝壅水,使河道水位在相同流量下比无冰期高得多。就是与伏汛期的历年最大洪水的水位相比,有时也会超过它。例如,下游利津站,伏汛最大洪水为 1958 年,其洪峰流量为 10 400 m³/s,相应水位为 13.76 m,而在 1955 年和 1973 年凌汛期,凌峰流量分别为 1 960 m³/s 和 1 010 m³/s,水位却分别高达 15.31 m 和 14.35 m,即比 1958 年最高洪水分别高出 1.55 m 和

0.59 m。上游三湖河口等站也有类似情况。

(2)"武开河"凌峰流量沿程递增。这是因为在河道封冻以后,拦蓄了一部分上游来水,使河槽蓄水量不断增加。一般在"武开河"时,这部分被拦蓄的水量又被急剧地释放出来,向下游推移,沿程冰水越积越多,以致形成越来越大的凌峰流量。例如,1961 年上游凌汛期间,石嘴山凌峰流量为 866 m^3/s,渡口堂为 890 m^3/s,三湖河口为 2 092 m^3/s,头道拐为 2 720 m^3/s;下游 1955 年的凌峰流量,秦厂为 1 080 m^3/s,孙口为 2 300 m^3/s,艾山为 3 000 m^3/s,泺口为 2 900 m^3/s。由于王庄冰坝影响,在利津断面以上五庄决口,部分冰水由口门流走,利津凌峰流量仅为 1 960 m^3/s,但水位高达 15.31 m。又如 1957 年的凌峰流量,孙口为 858 m^3/s,艾山为 1 220 m^3/s,泺口为 1 260 m^3/s,到利津增加到 3 430 m^3/s。

参 考 文 献

[1] 胡一三. 中国江河防洪丛书·黄河卷[M]. 北京:中国水利水电出版社,1996.

[2] 赵文林. 黄河泥沙[M]. 郑州:黄河水利出版社,1996.

[3] 王国安. 黄河洪水[M]//胡一三. 中国江河防洪丛书·黄河卷. 北京:中国水利水电出版社,1996.

[4] 胡明思,骆承政. 中国历史大洪水[M]. 上卷. 北京:中国书店,1988.

第二章　水力学基本理论

第一节　水流运动的基本概念

一、恒定流与非恒定流

流场中液体质点通过空间点时所有的运动要素都不随时间而变化的流动称为恒定流;反之,只要有一个运动要素随时间而变化,就是非恒定流。

如图2-1所示,在水库的岸边设置一泄水隧洞,当水库水位保持恒定不变(不随时间而变化)时,隧洞中水流(在隧洞中任何位置)的所有运动要素都不会随时间而改变,因而隧洞的水流为恒定流。当水库中水位随着时间而改变(上升或下降)时,隧洞中水流的运动要素也必然随时间而改变(见图2-2),此时洞内水流为非恒定流。天然河道中洪水的涨落、进水闸在调节流量过程中渠道中的水流等,都是非恒定流的例子。

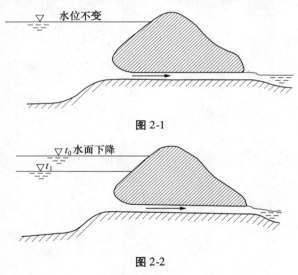

图 2-1

图 2-2

研究每一个实际水流运动,首先需要分清水流属于恒定流还是非恒定流。在恒定流问题中,不包括时间的变量,水流运动的分析比较简单;而在非恒定流的情况下,由于增加了时间的变量,对于运动的分析就比较复杂。

二、均匀流与非均匀流

流线是相互平行的直线的流动称为均匀流。均匀流的概念也可以表述为液体的流速大小和方向沿空间流程不变。

流动的恒定、非恒定是相对时间而言的,而均匀、非均匀是相对空间而言的;恒定流可以是均匀流,也可以是非均匀流,非恒定流也是如此,但是明渠非恒定均匀流是不可能存在的。

均匀流具有下列特征:

(1)过水断面为平面,且形状和大小沿程不变;

(2)同一条流线上各点的流速相同,从而各过水断面上的流速分布相同,断面平均流速相等;

(3)同一过水断面上各点的测压管水头为常数(即动水压强分布与静水压强分布规律相同,具有 $z + p/\gamma = C$ 的关系)。

若水流的流线不是相互平行的直线,则该水流称为非均匀流。按照流线不平行和弯曲的程度,分为渐变流和急变流两种类型。

当水流的流线虽然不是相互平行的直线,但几乎近于平行直线时称为渐变流(缓变流)。渐变流的极限情况就是均匀流。由于渐变流的流线近似于平行直线,在过水断面上动水压强的分布规律,可近似地看做与静水压强分布规律相同。

若水流的流线之间夹角很大或者流线的曲率半径很小,这种水流称为急变流。与渐变流相比,急变流由于离心惯性力的影响,其动水压强分布规律与静水压强分布规律不同。

水流是否可看做渐变流与水流的边界有密切的关系,当边界为近于平行的直线时,水流往往是渐变流。管道转弯、断面扩大或收缩,以及明渠中由于建筑物的存在使水面发生急剧变化处的水流都是急变流的例子(见图2-3)。

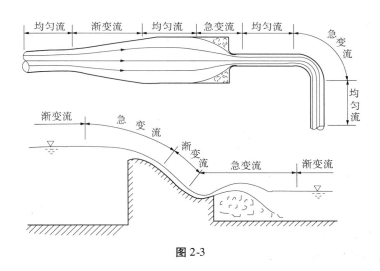

图2-3

第二节 水流运动基本方程

一、连续性方程

流体运动是一种连续介质的连续流动,它和其他物质运动一样也要遵循质量守恒定律。本节将根据质量守恒定律,并考虑流体运动的连续性来建立流体运动的连续性方程。

（一）连续性微分方程

严格来讲,流体运动的一般形式是三元流动,即在空间的 x、y、z 三个方向上都有流体运动的分速度。为了导出连续性微分方程,在流场中取出一个边长分别为 dx、dy、dz 的不动的微小正六面体来进行分析,如图 2-4 所示。现在来研究正六面体内部流体的质量变化。

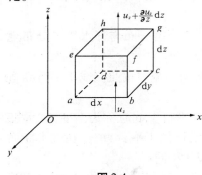

图 2-4

首先分析流入与流出微小六面体的流体质量。令 u_x、u_y、u_z 代表速度在三个坐标方向的分量,那么在 dt 时间内从六面体底表面 $abcd$ 流入的质量是 $\rho u_z dxdydt$(ρ 表示密度),从顶表面 $efgh$ 流出的质量则是 $\left(\rho u_z + \dfrac{\partial(\rho u_z)}{\partial z} \cdot dz\right)dxdydt$。在 dt 时间内,沿 z 方向从微小六面体顶表面流出与从底面流入的质量差,即净流入的质量为

$$\rho u_z dxdydt - \left[\rho u_z + \frac{\partial(\rho u_z)}{\partial z}dz\right]dxdydt = -\frac{\partial(\rho u_z)}{\partial z}dxdydt$$

用同样的方法,可得在 x 方向和 y 方向的净流入量分别为 $-\dfrac{\partial(\rho u_x)}{\partial x}dzdydt$、$-\dfrac{\partial(\rho u_y)}{\partial y}dxdzdt$。

连续介质运动必须保持质点运动的连续性,即质点之间不允许发生空隙。按质量守恒定律,上述三方向净流入量之代数和,必须与 dt 时间内微小六面体内流体质量的增量（或减少量）相等。这个增量（或减少量）显然是六面体内介质密度加大（或减小）的结果,即

$$\left(\frac{\partial \rho}{\partial t}dt\right)dxdydz$$

因此

$$-\left[\frac{\partial(\rho u_x)}{\partial x} + \frac{\partial(\rho u_y)}{\partial y} + \frac{\partial(\rho u_z)}{\partial z}\right]dxdydzdt = \frac{\partial \rho}{\partial t}dtdxdydz$$

上式同除以 $dxdydzdt$ 并移项,得

$$\frac{\partial \rho}{\partial t} + \frac{\partial(\rho u_x)}{\partial x} + \frac{\partial(\rho u_y)}{\partial y} + \frac{\partial(\rho u_z)}{\partial z} = 0 \tag{2-1}$$

式（2-1）是可压缩流体的欧拉连续性微分方程。

对不可压缩和均质的液体来讲,ρ = 常数。因此,式(2-1)可简化为

$$\frac{\partial u_x}{\partial x} + \frac{\partial u_y}{\partial y} + \frac{\partial u_z}{\partial z} = 0 \tag{2-2}$$

式（2-2）是不可压缩的和均质的（即密度均匀分布的）流体的连续性微分方程,对恒定流和非恒定流均适用。它说明,单位时间、单位空间内的流体体积保持不变。

（二）总流连续性方程

根据质量守恒定律可以导出没有分叉的不可压缩液体一维恒定总流任意两个过水断

面(见图 2-5)的连续性方程有下列形式

$$\rho u_1 \mathrm{d}A_1 \mathrm{d}t = \rho u_2 \mathrm{d}A_2 \mathrm{d}t$$
$$u_1 \mathrm{d}A_1 = u_2 \mathrm{d}A_2$$

上式积分

$$\int_{A_1} u_1 \mathrm{d}A_1 = \int_{A_2} u_2 \mathrm{d}A_2$$

即总流连续方程为 $\qquad Q_1 = Q_2$

或 $\qquad Q = v_1 A_1 = v_2 A_2$

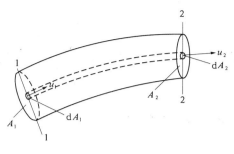

图 2-5 水流连续运动示意图

对于有分叉的恒定总流,连续性方程可以表示为

$$\sum Q_{流入} = \sum Q_{流出}$$

连续性方程是一个运动学方程,它没有涉及作用力的关系,通常应用连续方程来计算某一已知过水断面的面积和断面平均流速,或者已知流速求流量,它是水力学中三个最基本的方程之一。

二、理想流体的运动微分方程

在流体力学里,运动方程实质上是动力方程,它是研究运动状态和外力关系的表达式。现在推导理想流体的运动方程。

在运动着的理想流体中,取一个微小正六面体的流体团作为隔离体,这个正六面体的各边长指定为 $\mathrm{d}x$、$\mathrm{d}y$ 和 $\mathrm{d}z$(见图 2-6),研究它的受力状况和受力时运动状况。要注意的是,在推导流体运动的连续性微分方程式(2-2)时,所取的微小正六面体是一个供流体通过的固定空间,而这里所取的微小正六面体是一个运动着的流体微团。

设正六面体的形心 M_0 点的流速为 u,动压强为 p,则 u 和 p 都是坐标和时间的函数,表达式为

$$u = F(x, y, z, t)$$
$$p = f(x, y, z, t)$$

作用在垂直 x 轴的两个面 $ABCD$ 和 $EFGH$ 上的总压力分别为

$$P_1 = \left(p - \frac{\partial p}{\partial x} \cdot \frac{\mathrm{d}x}{2} \right) \mathrm{d}y \mathrm{d}z$$

$$P_2 = \left(p + \frac{\partial p}{\partial x} \cdot \frac{\mathrm{d}x}{2} \right) \mathrm{d}y \mathrm{d}z$$

由于坐标系是任意取的,它在铅直方向与地球

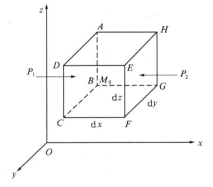

图 2-6

重力场并无必然一致的关系,因此六面体的质量力在三个轴向都有分量。设作用在 x 轴方向的单位质量为 x,则作用在微小正六面体 x 轴方向的总质量力为

$$\rho \mathrm{d}x \mathrm{d}y \mathrm{d}z \cdot X$$

在上述诸力的共同作用下,正六面体流体微团沿 x 轴方向产生加速度为 $\dfrac{\mathrm{d}u_x}{\mathrm{d}t}$;由牛顿

第二运动定律得

$$P_1 - P_2 + \rho \mathrm{d}x\mathrm{d}y\mathrm{d}z \cdot X = \rho \mathrm{d}x\mathrm{d}y\mathrm{d}z \cdot \frac{\mathrm{d}u_x}{\mathrm{d}t}$$

将 P_1 和 P_2 代入，得

$$\left[p - \frac{1}{2}\left(\frac{\partial p}{\partial x}\mathrm{d}x\right)\right]\mathrm{d}y\mathrm{d}z - \left[p + \frac{1}{2}\left(\frac{\partial p}{\partial x}\mathrm{d}x\right)\right]\mathrm{d}y\mathrm{d}z + \rho \mathrm{d}x\mathrm{d}y\mathrm{d}z \cdot X = \rho \mathrm{d}x\mathrm{d}y\mathrm{d}z \cdot \frac{\mathrm{d}u_x}{\mathrm{d}t}$$

以 $\rho \mathrm{d}x\mathrm{d}y\mathrm{d}z$ 除各项并简化，得

$$X - \frac{1}{\rho}\frac{\partial p}{\partial x} = \frac{\mathrm{d}u_x}{\mathrm{d}t}$$

同理，分析正六面体流体微团在 y 和 z 两轴向的受力和运动情况，亦可得出该两轴轴向运动方程。这样，就可得理想流体的运动方程为

$$\left. \begin{array}{l} X - \dfrac{1}{\rho}\dfrac{\partial p}{\partial x} = \dfrac{\mathrm{d}u_x}{\mathrm{d}t} \\[2mm] Y - \dfrac{1}{\rho}\dfrac{\partial p}{\partial y} = \dfrac{\mathrm{d}u_y}{\mathrm{d}t} \\[2mm] Z - \dfrac{1}{\rho}\dfrac{\partial p}{\partial z} = \dfrac{\mathrm{d}u_z}{\mathrm{d}t} \end{array} \right\} \tag{2-3}$$

式（2-3）就是理想流体的运动微分方程式。它是欧拉在 1755 年首先提出的，所以又称欧拉运动微分方程。欧拉方程为后来的水力学、流体力学发展提供了理论基础，这一方程组对不可压缩和可压缩流体都是适用的。对不可压缩流体，密度 ρ = 常数，当单位质量力 X、Y 和 Z 为已知时，应用连续性方程（2-2）和欧拉运动微分方程，可以求解 p、u_x、u_y、u_z 四个未知数。

在静止状态下，加速度为 0，欧拉运动微分方程（2-3）就变为欧拉平衡微分方程

$$\mathrm{d}p = \rho(X\mathrm{d}x + Y\mathrm{d}y + Z\mathrm{d}z)$$

欧拉运动微分方程（2-3），可进一步写成展开式。因为在上述运动方程中，速度是空间点坐标和时间的函数，即 $u = u(x, y, z, t)$，如将流速对时间的全导数写出，则式（2-3）应为

$$\left. \begin{array}{l} X - \dfrac{1}{\rho}\dfrac{\partial p}{\partial x} = \dfrac{\partial u_x}{\partial t} + \dfrac{\partial u_x}{\partial x}\dfrac{\mathrm{d}x}{\mathrm{d}t} + \dfrac{\partial u_x}{\partial y}\dfrac{\mathrm{d}y}{\mathrm{d}t} + \dfrac{\partial u_x}{\partial z}\dfrac{\mathrm{d}z}{\mathrm{d}t} \\[2mm] Y - \dfrac{1}{\rho}\dfrac{\partial p}{\partial y} = \dfrac{\partial u_y}{\partial t} + \dfrac{\partial u_y}{\partial x}\dfrac{\mathrm{d}x}{\mathrm{d}t} + \dfrac{\partial u_y}{\partial y}\dfrac{\mathrm{d}y}{\mathrm{d}t} + \dfrac{\partial u_y}{\partial z}\dfrac{\mathrm{d}z}{\mathrm{d}t} \\[2mm] Z - \dfrac{1}{\rho}\dfrac{\partial p}{\partial z} = \dfrac{\partial u_z}{\partial t} + \dfrac{\partial u_z}{\partial x}\dfrac{\mathrm{d}x}{\mathrm{d}t} + \dfrac{\partial u_z}{\partial y}\dfrac{\mathrm{d}y}{\mathrm{d}t} + \dfrac{\partial u_z}{\partial z}\dfrac{\mathrm{d}z}{\mathrm{d}t} \end{array} \right\} \tag{2-4}$$

$\mathrm{d}x$、$\mathrm{d}y$ 和 $\mathrm{d}z$ 是流体质点在 $\mathrm{d}t$ 时间内所走的路程 $\mathrm{d}s$ 在三个轴向的投影值，因此

$$\frac{\mathrm{d}x}{\mathrm{d}t} = u_x, \frac{\mathrm{d}y}{\mathrm{d}t} = u_y, \frac{\mathrm{d}z}{\mathrm{d}t} = u_z$$

代入式（2-4），得

$$X - \frac{1}{\rho}\frac{\partial p}{\partial x} = \frac{\partial u_x}{\partial t} + u_x\frac{\partial u_x}{\partial x} + u_y\frac{\partial u_x}{\partial y} + u_z\frac{\partial u_x}{\partial z}$$
$$Y - \frac{1}{\rho}\frac{\partial p}{\partial y} = \frac{\partial u_y}{\partial t} + u_x\frac{\partial u_y}{\partial x} + u_y\frac{\partial u_y}{\partial y} + u_z\frac{\partial u_y}{\partial z} \qquad (2\text{-}5)$$
$$Z - \frac{1}{\rho}\frac{\partial p}{\partial z} = \frac{\partial u_z}{\partial t} + u_x\frac{\partial u_z}{\partial x} + u_y\frac{\partial u_z}{\partial y} + u_z\frac{\partial u_z}{\partial z}$$

在式（2-5）右方，$\frac{\partial u_x}{\partial t}$和$\frac{\partial u_y}{\partial t}$、$\frac{\partial u_z}{\partial t}$叫做当地加速度，表示在位置一定的空间点上流速随时间变化而产生的加速度。其余各项叫做迁移加速度，表示在流动过程中质点由于位移占据不同空间点而发生速度变化的加速度。

在恒定流的情况下，$\frac{\partial u_x}{\partial t} = \frac{\partial u_y}{\partial t} = \frac{\partial u_z}{\partial t} = 0$，则式（2-5）变为

$$X - \frac{1}{\rho}\frac{\partial p}{\partial x} = u_x\frac{\partial u_x}{\partial x} + u_y\frac{\partial u_x}{\partial y} + u_z\frac{\partial u_x}{\partial z}$$
$$Y - \frac{1}{\rho}\frac{\partial p}{\partial y} = u_x\frac{\partial u_y}{\partial x} + u_y\frac{\partial u_y}{\partial y} + u_z\frac{\partial u_y}{\partial z} \qquad (2\text{-}6)$$
$$Z - \frac{1}{\rho}\frac{\partial p}{\partial z} = u_x\frac{\partial u_z}{\partial x} + u_y\frac{\partial u_z}{\partial y} + u_z\frac{\partial u_z}{\partial z}$$

式（2-6）是理想流体恒定流的运动微分方程。

运用运动微分方程（2-3）求解流体运动的流速和压强，就需要对它进行积分，因为数学上的困难，在某些特定条件下才有可能求得积分。

三、能量方程

（一）恒定元流的能量方程

根据物理学动能定理或牛顿第二定律，可以导出恒定元流的两个过水断面（见图2-7）之间的能量关系式为

$$z_1 + \frac{p_1}{\gamma} + \frac{u_1^2}{2g} = z_2 + \frac{p_2}{\gamma} + \frac{u_2^2}{2g} + h_w'$$

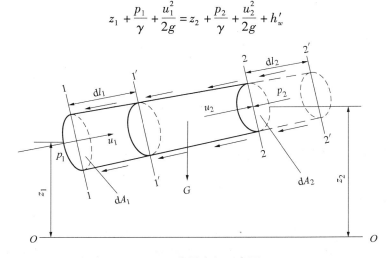

图 2-7　能量方程示意图

(二)恒定总流的能量方程

总流是元流的总和,将恒定元流能量方程沿总流的两个过水断面进行积分,并且引入过水断面处水流是均匀流或者渐变流的条件,引进动能修正系数 α,就可得到恒定总流的能量方程(称为伯努利方程)

$$z_1 + \frac{p_1}{\gamma} + \frac{\alpha_1 v_1^2}{2g} = z_2 + \frac{p_2}{\gamma} + \frac{\alpha_2 v_2^2}{2g} + h_w$$

若断面 1、2 间有能量输入或输出,则

$$z_1 + \frac{p_1}{\gamma} + \frac{\alpha_1 v_1^2}{2g} \pm H_m = z_2 + \frac{p_2}{\gamma} + \frac{\alpha_2 v_2^2}{2g} + h_w$$

$$H_m = \frac{\eta N_m}{\gamma Q}$$

式中:H_m 为水泵扬程(+)或水轮机作用水头(−);N_m 为水泵功率或水轮机出力;η 为设备总效率。

四、动量方程

恒定总流动量方程反映水流动量变化与作用力间的关系,用于求解水流与固体边界之间的相互作用力。

根据动量定理可导出恒定总流的动量方程式为

$$\sum \vec{F} = \rho Q(\beta_2 \vec{v}_2 - \beta_1 \vec{v}_1)$$

恒定总流动量方程的物理意义:单位时间内流出控制体与流入控制体的水体动量之差等于作用在控制体内水体上的外力和。

恒定总流的动量方程是个矢量方程,把动量方程沿三个坐标轴投影,即得到投影形式的动量方程

$$\sum F_x = \rho Q(\beta_2 v_{2x} - \beta_1 v_{1x})$$

$$\sum F_y = \rho Q(\beta_2 v_{2y} - \beta_1 v_{1y})$$

$$\sum F_z = \rho Q(\beta_2 v_{2z} - \beta_1 v_{1z})$$

β 值通常取 $\beta_1 = \beta_2 = 1$ 计算。

第三节　液流型态

1885 年雷诺(Reynolds)曾用试验揭示了实际液体运动存在的两种型态即层流和紊流的不同本质。

一、雷诺试验

图 2-8 为雷诺试验装置的示意图。试验时将容器装满液体,使液面保持稳定,使水流为恒定流。试验时将阀门 K_1 徐徐开启,液体自玻璃管中流出,然后将带色液体的阀门 K_2 打开,就可看到在玻璃管中有一条细直而明显的带色流束,这一流束并不与未带色的液体

混杂,如图 2-8(a)所示。再将阀门 K_1 逐渐开大,玻璃管中流速逐渐增大,就可看到带色流束开始颤动并弯曲,具有波形轮廓,如图 2-8(b)所示。然后在其个别流段上开始出现破裂,因而失掉了带色流束的清晰形状。最后在流速达到某一定值时,带色流束便完全破裂,并且很快扩散布满全管的旋涡,使全部水流着色,如图 2-8(c)所示。

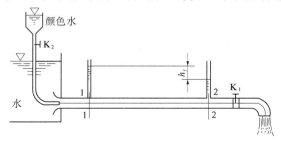
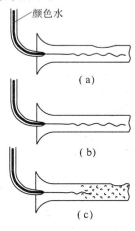

图 2-8　雷诺试验

以上试验表明,同一液体在同一管道中流动,当流速不同时,液体可有两种不同型态的运动:当流速较小时,各流层质点是有条不紊地运动,互不混杂,这种型态的流动叫层流;当流速较大时,各流层质点形成涡体,在流动过程中互相混掺,这种型态的流动叫做紊流。当试验以相反的程序进行时,则观察到的现象就是以相反的程序而重演,但在紊流转变为层流时流速的数值要比层流转变为紊流时为小。

由能量方程式得

$$z_1 + \frac{p_1}{\gamma} + \frac{\alpha_1 v_1^2}{2g} = z_2 + \frac{p_2}{\gamma} + \frac{\alpha_2 v_2^2}{2g} + h_w$$

对均匀直管　　　$z_1 = z_2, v_1 = v_2, \alpha_1 = \alpha_2, \dfrac{\alpha_1 v_1^2}{2g} = \dfrac{\alpha_2 v_2^2}{2g}, h_w = h_f$

所以　　　　　　$h_f = \dfrac{p_1}{\gamma} - \dfrac{p_2}{\gamma}$

这就是说,两根测压管中的水柱差即为断面 1—1 至断面 2—2 的沿程水头损失。

据雷诺试验的结果,液流型态不同,沿程水头损失的规律也不同。如图 2-9 所示。相应于液体运动型态转变时的流速,称为临界流速。试验时流速由小变大,则层流维持至 A 点才能转变为紊流,A 点所对应的流速叫上临界流速。若试验按相反程序进行,则紊流维持至 C 点才转变为层流,C 点所对应的流速叫做下临界流速。A、C 之间的液流型态依试验的程序而定,可能为层

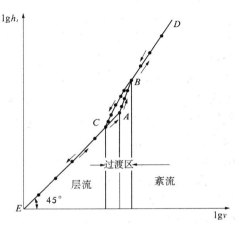

图 2-9　液流型态转换示意图

流也可能为紊流,称为过渡区。

二、液流型态的判别(雷诺数)

雷诺试验的结果,发现临界流速与液体的密度、动力黏滞系数及管径都有密切关系,并提出液体形态可用下列无量纲数来判断

$$Re = \frac{\rho vd}{\mu} = \frac{vd}{\nu}$$

Re 即为雷诺数。液流型态开始转变时的雷诺数叫做临界雷诺数。对应上、下临界流速的雷诺数称为上、下临界雷诺数。Re 是无量纲数,由量纲分析可知它表征惯性力与黏滞力的比值。

液流型态的判别:圆管中液流的下临界雷诺数是一个比较稳定的数值,上临界雷诺数是一个不稳定的数值,因此判别液流型态要以下临界雷诺数为标准。实际雷诺数大于下临界雷诺数时就是紊流,小于下临界雷诺数时一定是层流。即:

$Re < 2\,000$,流动受黏性作用控制,保持为层流;

$Re > 2\,000$,流动受惯性作用控制,保持为紊流。

对于明渠流:

$Re = \dfrac{vR}{\nu}$,$Re_k \approx 500$,式中 R 为水力半径;

对于平行固体壁之间的液流:

$Re = \dfrac{vb}{\nu}$,$Re_k \approx 1\,000$,式中 b 为两壁之间的距离。

三、紊流的形成过程分析

雷诺试验表明,层流与紊流的主要区别在于紊流时各流层之间液体质点有不断地互相混掺作用,而层流则无。涡体的形成是混掺作用产生的根源。

由于液体的黏滞性和边界面的滞水作用,液流过水断面上的流速分布总是不均匀的,因此相邻各层流之间的液体质点就有相对运动发生,各层流之间产生内摩擦切应力。对选定的流层,流速大的邻层加于它的切应力是顺流向的,流速小的邻层加于它的切应力是逆流向的,因此该选定的流层所承受的切应力就构成力矩,促使涡体产生。由于外界的微小扰动或来流中残存的扰动,该层流将不可避免地出现局部性的波动,随同这种波动而来的是局部流速和压强的重新调整。如图 2-10(a)所示,波峰附近流线间距变化使得波峰上面微小流束过水断面变小,流速增大,压强降低,波峰下面反之。波谷与波峰处的情况相反。这样,就使发生微小波动的流层各段承受不同方向的横向压力。这种横向压力使波峰愈凸,波谷愈凹;促使波幅更加增大,如图 2-10(b)所示。波幅增大到一定程度以后,由于横向压力与切应力的综合作用,最后,波峰与波谷重叠,形成涡体,如图 2-10(c)所示。涡体形成以后,旋转方向与水流方向一致的一边流速变大、压强变小,流速小的一边压强大,这样就使涡体上下两边有压差产生,形成升力,推动涡体脱离原流层而进入流速较高的邻层,从而扰动邻层进一步产生新的涡体。如此不断,层流即转化为紊流。

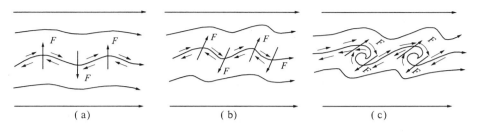

図 2-10 紊流的形成过程

涡体形成并不一定就能形成紊流。一方面因为涡体由于惯性作用有保持其本身运动的倾向。另一方面因为黏滞性约束涡体的运动。所以,涡体能否脱离原流层而进入邻层,就要看惯性作用与黏滞作用的对比关系。只有当惯性作用与黏滞作用相比强大到一定程度时,才能形成紊流。所以,雷诺数表征惯性力与黏滞力的比值。

四、紊流的特征

(一)紊流运动要素

紊流的一系列参差不齐的涡体连续通过某一定点时,此处的瞬时运动要素(如流速、压强等)随时间发生波动,叫做运动要素的脉动。

某一瞬间通过定点的液体质点的流速称为该定点的瞬时流速;任一瞬时流速总可分解为三个分速 u_x、u_y、u_z。

(二)紊动附加切应力

紊流切应力的计算,由两部分所组成:相邻流层间的黏滞切应力和由脉动流速所产生的附加切应力,即

$$\tau = \mu \frac{\mathrm{d}u}{\mathrm{d}y} + \rho l^2 \left(\frac{\mathrm{d}u}{\mathrm{d}y}\right)^2$$

(三)紊流黏性底层

在紊流中,紧靠固体边界的地方,黏滞切应力起主要作用,液流型态属于层流。因此,紊流并不是整个液流都是紊流,在紧靠固体边界表面有一层极薄的层流存在,叫做黏性底层。在层流底层以外的液流才是紊流,如图 2-11 所示。

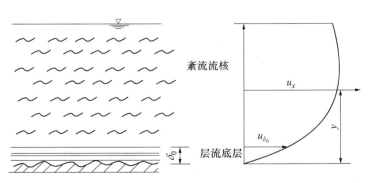

图 2-11 紊流中的黏性底层

黏滞底层的厚度 δ_0 可用下式计算

$$\delta_0 = \frac{32.8d}{Re\sqrt{\lambda}}$$

由上式可知,黏滞性底层的厚度 δ_0 随 Re 的增大而减小。

固体边界的表面总是粗糙不平的。粗糙表面凸出高度叫做绝对粗糙度 Δ。黏性底层的厚度 δ_0 既随 Re 而变化,因此 δ_0 可能大于也可能小于 Δ。

当 Re 较小时,δ_0 可以大于 Δ 若干倍,边壁表面虽然高低不平,而凸出高度完全淹没在黏性底层中,如图 2-12(a)所示,粗糙度对紊流不起任何作用,边壁对水流的阻力,主要是黏性底层的黏滞阻力,这叫水力光滑面。

当 Re 较大时,δ_0 极薄,可以小于 Δ 若干倍,边壁的粗糙度对紊流已起主要作用,当紊流流核绕过凸出高度时将形成小旋涡,如图 2-12(b)所示。边壁对水流的阻力主要是由紊流流核绕过凸出高度时形成的小旋涡造成的,而黏性底层的黏滞力只占次要地位,这种粗糙表面叫做水力粗糙面。

介于以上两者之间的情况,黏性底层已不足以完全掩盖住边壁粗糙度的影响(见图 2-12(c)),但粗糙度还没有起决定性作用,这种粗糙面叫做过渡性粗糙面。

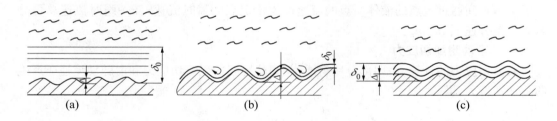

(a)　　　　　　　　　　(b)　　　　　　　　　　(c)

图 2-12　黏性底层厚度 δ_0 与粗糙表面凸出高度 Δ 的几种关系

(四)紊动使流速分布均匀化

紊流中由于液体质点相互混掺,互相碰撞,因而产生了液体内部各质点间的动量传递,造成断面流速分布的均匀化。

图 2-11 是管道中紊流时均流速分布图。紊流流速分布的表达式,目前常用的有两种,即流速分布的指数公式和流速分布的对数公式。

第四节　水流的流态

一、明渠水流的三种流态

一般明渠水流有三种流态:缓流、临界流和急流。

在静水中沿铅垂线方向丢下一块石子,水面将产生一个微小波动,这个波动以石子着落点为中心,以一定的速度 v_w 向四周传播,平面上的波形将是一连串的同心圆,如

图 2-13(a)所示。这种在静水中传播的微波速度 v_w 称为相对波速。

缓流:当明渠中水流受到干扰后,若干扰微波既能顺水流方向朝下游传播,又能逆水流方向朝上游传播,造成在障碍物前长距离的水流壅起,这时渠中水流就称为缓流,如图 2-13(b)所示。此时水流流速小于干扰微波的速度,即 $v < v_w$。

临界流:当明渠中水流受到干扰后,若干扰微波向上游传播的速度为零,这正是急流与缓流这两种流动状态的分界,称为临界流,如图 2-13(c)所示,此时 $v = v_w$。

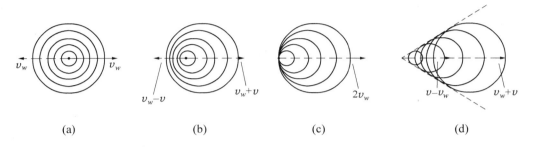

(a)   (b)   (c)   (d)

图 2-13　明渠水流的三种流态

急流:当明渠中水流受到干扰后,若干扰微波只能顺水流方向朝下游传播,不能逆水流方向朝上游传播,水流只在障碍物处壅起,这种明渠水流称为急流,如图 2-13(d)所示。此时水流流速大于干扰微波的速度,即 $v > v_w$。

二、水流流态的判别(佛汝德数)

对临界流来说,断面平均流速恰好等于微波速度,即

$$v = v_w = \sqrt{g\,\overline{h}}$$

上式亦可写为

$$\frac{v}{\sqrt{g\,\overline{h}}} = \frac{v_w}{\sqrt{g\,\overline{h}}} = 1$$

$v/\sqrt{g\,\overline{h}}$ 是无量纲数,称为佛汝德(Froude)数,用符号 Fr 表示。显然,对临界流来说,佛汝德数恰好等于 1,因此可以用佛汝德数来判断明渠水流流态:

当 $Fr < 1$ 时,水流为缓流;

当 $Fr = 1$ 时,水流为临界流;

当 $Fr > 1$ 时,水流为缓流。

第五节　作用于流体的力

作用于流体的力有自重力、黏滞力、惯性力、表面张力、弹性力等,其中,自重力、黏滞力、表面张力和弹性力等都是企图改变流体运动状态的作用力,而流动由于惯性所引起的惯性力则是企图维持流体原有运动状态的反作用力。流体运动的变化发展就是各种物理力与惯性力相互作用的结果。下面主要介绍惯性力、水流阻力(包括黏滞力)和表面

张力。

一、惯性力

惯性力是指当物体加速时,惯性会使物体有保持原有运动状态的倾向,若是以该物体为坐标原点,看起来就仿佛有一股方向相反的力作用在该物体上,因此称之为惯性力。因为惯性力实际上并不存在,实际存在的只有原本将该物体加速的力,因此惯性力又称为假想力。例如,当公交车刹车时,车上的人因为惯性而向前倾,在车上的人看来仿佛有一股力量将他们向前推,即为惯性力。然而只有作用在公交车的刹车以及轮胎上的摩擦力使公交车减速,实际上并不存在将乘客往前推的力,这只是惯性在不同坐标系统下的现象。

惯性力等于质量乘以加速度,即

$$F = ma = \rho Va$$

式中:ρ 为密度;V 为体积;a 为加速度。

因此,惯性力可以用下式来衡量

$$\rho L^3 \frac{L}{t^2} = \rho L^2 v^2$$

式中,$\rho L^2 v$ 代表单位时间内流过某一断面的质量,而 $\rho L^2 v \cdot v$ 代表单位时间内流过某一断面的流体质量所具有的动量。这就是说,流动的惯性力可以理解为单位时间内通过某一断面的流体所具有的动量。这个量的大小能反映流动的惯性抵抗改变运动状况的能力。

二、水流阻力

水流阻力包括因黏滞性而产生的黏滞阻力和因质点混掺动量交换而产生的紊流混掺阻力两部分。液体黏滞性,是液流质点发生相对运动,产生内摩擦力,引起质点变形,形成液流阻力的重要因素,它直接影响着液流的流动状态,同时也是液流机械能损失的根源,因为液流克服黏性阻力做功必然要消耗机械能。设水流阻力为 T,黏滞阻力可用 $\mu A \frac{\mathrm{d}u}{\mathrm{d}y}$ 表示,紊流混掺阻力可用 $\tau \chi l = (\gamma RJ)\chi l$ 表示,故可得

$$T = \mu A \frac{\mathrm{d}u}{\mathrm{d}y} + (\gamma RJ)\chi l \tag{2-7}$$

式中:μ 为动力黏滞系数;A 为过流断面面积;$\frac{\mathrm{d}u}{\mathrm{d}y}$ 为流速梯度;τ 为沿紊流边界的紊流切应力,$\tau = \gamma RJ$;χ 为过流边界的湿周;R 为水力半径;l 为过流边界的长度;J 为水力坡度。

当水流处于层流状态时,式(2-7)右边第二项为零,水流处于阻力平方区时,则等号右边第一项为零。

(1)当水流为层流状态、黏滞阻力为主要作用力时

$$T = \mu A \frac{\mathrm{d}u}{\mathrm{d}y}$$

(2)当水流处于紊流的阻力平方区、紊流阻力为主要作用力时

$$T = (\gamma RJ)\chi l$$

将 $\gamma = \rho g, J = \dfrac{v^2}{c^2 R}$ 代入,得

$$T = \rho g R \chi l \dfrac{v^2}{c^2 R} = \rho \chi l v^2 \dfrac{g}{c^2}$$

从水力学中的达西公式和谢才公式,可得 $c = \sqrt{\dfrac{8g}{\lambda}}$,即 $\dfrac{g}{c^2} = \dfrac{\lambda}{8}$,则

$$T = \rho \chi l v^2 \dfrac{\lambda}{8}$$

三、表面张力

物理学从分子力的观点,对液体的表面张力已作了说明。从宏观上看,液体的自由表面能承受极其微小的张力,这种张力称为表面张力。表面张力不仅在液体和气体接触的周界面上发生,而且还会在液体与固体(汞和玻璃等),或一种液体与另一种液体(汞和水等)相接触的周界面上发生。

表面张力是液体的特有性质,它是处于周界面附近的液体分子间相互作用的各向异性而产生的。表面张力表现为液体周界面上任意的曲线或直线上的拉应力,它的大小可用表面上单位长度所受的张力,即表面张力系数 σ 来表示,常用单位为牛顿/米(N/m)。液体的表面张力系数 σ 常随温度的升高而减小,水在20℃时的 σ 为 0.073 N/m。

在工程实践中,由于表面张力很小,一般来说,对液体的宏观运动不起作用,可以忽略不计,只有在某些特殊情况下,如液体在细密的多孔介质中流动(土壤中的地下水)、液体表面和固体壁面相接触、液体的自由射流等才必须考虑。

参 考 文 献

[1] 成都科技大学水力学教研室. 水力学(上册)[M]. 2 版. 北京:高等教育出版社,2000.

[2] 徐桂英,安毓群,张俊华. 工程流体力学[M]. 郑州:黄河水利出版社,1996.

[3] 李保如. 我国河流泥沙物理模型的设计方法[J]. 水动力学研究与进展,1991(12).

[4] 赵振兴,何建京. 水力学[M]. 北京:清华大学出版社,2005.

[5] 李大美. 水力学[M]. 武汉:武汉大学出版社,2004.

第三章 泥沙运动基本理论

第一节 河流泥沙的来源及组成

一、河流泥沙来源

泥沙来源于岩石风化,因此河流泥沙的最根本来源是岩石的风化。

河流中运动着的泥沙,其来源主要包括流域地表的冲蚀和河床的冲刷,风沙运动给河流带来的泥沙首先在规模上不如前二者;其次,从广义的角度也可以归入流域地表的冲蚀;再者,风沙运动带来的泥沙绝大部分属于冲泻质,对河流的冲淤影响较小。

流域地表的侵蚀,与气候、土壤、地形地貌及人类活动等因素有关。在我国,流域的水量大部分是由降雨汇集而来的,土壤侵蚀本身存在着较密切的水沙关系。土壤结构松散,植物覆被较差,水土流失就比较严重。例如黄河中游的黄土地区,7~8月降雨最多,且多为暴雨,其他条件也较差,所以地表侵蚀最为严重;而在我国南部省份,虽然也有暴雨,但土壤结构密实,植物覆被较好,所以其输沙量模数多在 1 000 t/(km² · a)以下。地形对流域的侵蚀也起着重要的作用。坡度大则地面径流下渗量小,汇流速度大,侵蚀作用也随之增大,侵蚀量也随坡长的增大而增加。

从流域地表侵蚀下来的泥沙,经过河流的搬运作用,大部分汇流入海,但也有不少沉积在低洼湖泊地带。我国几条大河的河口地区,都属于这样的堆积区。

从流域地表冲蚀下来的泥沙数量,通常用每平方公里地面每年冲蚀若干吨泥沙来衡量,称为侵蚀模数,也称输沙量模数。图3-1为我国输沙量模数分布情况。

从宏观分布看,我国北方土壤侵蚀的严重程度甚于南方,其中最严重的地区是黄河中游的黄土高原、永定河和西辽河流域,其输沙量模数 $M > 1 000$ t/(km² · a)。

泥沙随水流汇集到河流之中,加上河床上泥沙被水流冲刷起来,使得河道水流中含有一定数量的泥沙,常以每单位体积河水中的泥沙质量表示河流的含沙量。一般来说,我国北方,特别是黄河中游的一些干支流,年平均含沙量有些高达 300 kg/m³ 以上;而在南方一些省份,年平均含沙量不足 1 kg/m³。这样的分布状况,是与我国各地区的水土流失程度紧密相关的。表3-1及表3-2是我国及国外一些主要河流水沙特征值的统计资料。

二、黄河泥沙来源及其分布

(一)干流泥沙来源及分布

黄河流经不同的自然地理单元,流域地貌、地质等自然条件差别很大,造成了泥沙来源地区的不均衡性(见图3-2)。上游河口镇以上的流域面积占流域总面积的51.3%,年平均来沙量占全河年来沙总量的9%,年平均来水量占全河年来水总量的53%,是黄河水

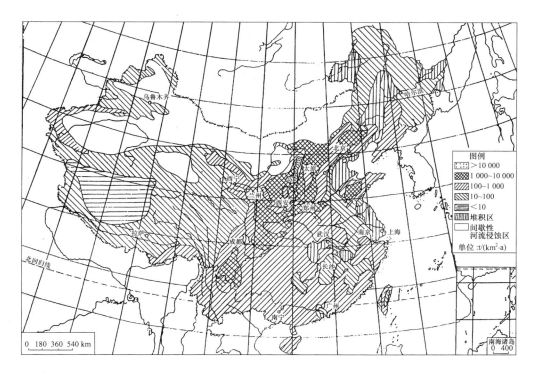

图 3-1 中国输沙量模数分布情况

量的主要来源区;中游河口镇至龙门区间的流域面积占流域总面积的 14.8%,年平均来水量占全河总水量的 15%,年平均来沙量占全河年来沙总量的 56%,是黄河泥沙的主要来源区;龙门至潼关区间的流域面积占流域总面积的 24.5%,年平均来沙量(包括泾、渭、北洛河及汾河)占全河来沙总量的 34%,来水量占总水量的 22%。三门峡以下的洛河及沁河来沙量仅占全河来沙总量的 2%左右,来水量约占 10%,是黄河的又一清水来源区。

表 3-1 全国主要河流多年平均水沙特征值统计

河流	测站	集水区		水量		沙量	
		面积 (km²)	流量 (m³/s)	径流量 (亿 m³)	含沙量 (kg/m³)	输沙量 (万 t)	输沙量模数 (t/(km²·a))
松花江	哈尔滨	390 526	1 190	376	0.161	680	17.4
辽河	铁岭	120 764	(165)92.1	(52.1)29.1	(6.84)4.52	(4 070)1 310	(336)
永定河	官厅	42 500	(43.1)40.8	(13.6)12.9	(60.9)5.03	(8 070)647	(1 900)
黄河	陕县	687 869	1 350	426	36.90	157 000	2 290
	三门峡	688 421	1 280	404	33.10	134 000	
	花园口	730 036	1 470	464	27.80	129 000	1 770
	利津	751 869	1 370	431	25.60	110 000	1 470
无定河	白家川	29 662	44.7	14	128	18 200	6 090
渭河	华县	106 498	272	85.8	49.30	42 300	3 970

河流	测站	集水区		水量		沙量	
		面积 (km²)	流量 (m³/s)	径流量 (亿 m³)	含沙量 (kg/m³)	输沙量 (万 t)	输沙量模数 (t/(km²·a))
淮河	蚌埠	121 330	788	249	0.450	1 260	104
长江	宜昌	1 005 501	14 300	4 510	1.180	51 400	512
	汉口	1 488 036	23 400	7 392	0.610	43 000	289
	大通	1 705 383	28 900	9 110	0.530	46 800	274
金沙江	屏山	485 099	4 600	1 451	1.670	24 000	495
岷江	高场	135 378	28 900	896	0.560	4 950	366
嘉陵江	北碚	156 142	4 600	666	2.340	15 700	1 010
湘江	湘潭	81 638	2 840	644	0.180	1 140	139
汉江	黄家港	95 217	2 110	(388)329	(2.44)0.037	(10 100)121	(1 060)
赣江	外洲	80 948	2 040	660	0.170	1 110	137
闽江	竹歧	54 500	1 750	553	0.140	740	136
西江	梧州	329 705	6 990	2 200	0.350	7 240	219
北江	石角	38 363	1 320	418	0.132	533	143
东江	博罗	25 325	731	231	0.121	280	110
红水河	迁江	128 165	2 180	687	0.670	4 630	361
澜沧江	允景洪	137 948	1 810	570	1.280	7 360	528
雅鲁藏布江	奴下	189 843	1 920	605	0.300	1 820	95.8
伊犁河	雅马渡	49 186	373	118	0.590	699	142
叶尔羌河	卡群	50 248	205	64.6	4.460	2 870	572

注：本表资料引自原水利电力部水文局 1982 年 9 月刊布的《全国主要河流水文特征统计》，统计于 1979 年,(　)内
数字为兴建水库前的值。

表 3-2　国外若干河流多年平均水沙特征值统计

河流	测站	水量		沙量		
		流量 (m³/s)	径流量 (亿 m³)	含沙量 (kg/m³)	输沙量 (万 t)	输沙量模数 (t/(km²·a))
巴西　亚马孙河	河口	181 000	57 200	0.07	4.0	69
美国　密西西比河	河口	17 820	5 640	0.6	3.44	107
美国　密苏里河	赫尔曼	1 950	616	3.9	2.4	181
美国　科罗拉多河	大峡谷	155	49	30.4	1.49	234
孟加拉国　布拉马普特拉河	河口	12 190	3 850	2.1	8.0	1 200
孟加拉国　恒河	河口	11 750	3 710	4.3	16.0	1 680
印度　科西河	楚特拉	1 810	570	3.3	1.9	3 060
巴基斯坦　印度河	柯特里	5 500	1 740	2.8	4.8	495
缅甸　伊洛瓦底江	普朗姆	13 550	4 290	0.8	3.3	768
埃及　尼罗河	格费拉	13 550	895	1.4	1.22	41.6

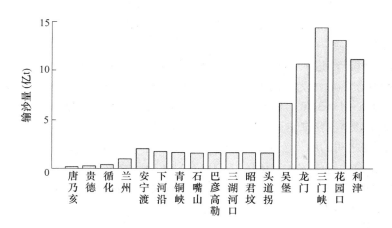

图 3-2 黄河干流控制站实测输沙量比较

（二）支流来沙及分布

黄河各支流来沙差别很大（见图 3-3），在这些主要支流中，年来沙量在 1 亿 t 以上的支流有四条：泾河年均来沙量 2.2 亿 t，无定河年均来沙量 2.12 亿 t，渭河咸阳以上年均来沙量 1.86 亿 t，窟野河年均来沙量 1.36 亿 t，这四条支流来沙量合计 7.54 亿 t，占全河总沙量的 47.1%。

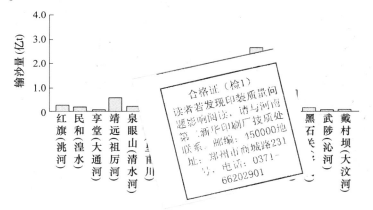

图 3-3 主要水系、控制站实测输沙量比较

从黄河流域输沙量模数大于 10 000 t/(km² · a) 的分布来说，有三个地区：

一是河口镇至清涧河河口之间的晋陕间支流；

二是无定河的支流红柳河、芦河、大理河和清涧河、延河、北洛河及泾河支流马莲河河源区（即白于山河源区）；

三是渭河上游北岸支流葫芦河的中下游和散渡河地区（即六盘山河源区）。

这三个地区均为黄土丘陵沟整区，是黄河泥沙的主要来源区。

（三）泥沙粒径分布特征

黄河中游黄土地区新黄土分布十分广泛，其粒径组成的地理分布，具有从西北向东南逐渐变细的特征。黄土粒径组成有明显的分带性，从西北向东南中值粒径从大于 0.045

mm,逐渐减小到小于 0.015 mm。如北部皇甫川皇甫站粒径大于 0.05 mm 的泥沙占来沙量的 58%,而南部延水和渭河分别只占 31.1% 和 13.3%。

(四)粗泥沙来源

据实测资料统计,进入黄河下游的泥沙中,粗泥沙($d > 0.05$ mm)为 3.64 亿 t,约占总沙量的 20%,其淤积量约为下游河道总淤积量的 50%,是造成下游河道淤积的主要原因。由黄河中游 1956~1963 年实测粗泥沙输沙量绘制的输沙量模数图(见图 3-4);可以看出,这些粗颗粒泥沙主要来自两个区域:第一区为皇甫川、孤山川、窟野河、秃尾河,即河口镇至清涧河河口之间的两岸支流,粗沙输沙量模数达 10 000 t/(km² · a);第二区为无定河中下游(粗沙输沙量模数为 6 000~8 000 t/(km² · a))及广义的白于山河源区(粗沙输沙量模数为 6 000 t/(km² · a)),即无定河、北洛河及马莲河的上游地区,以及晋西北圻县地区的一些入黄河的支流。

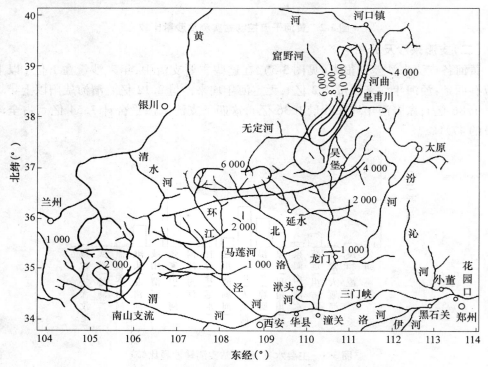

图 3-4 黄河中游粗泥沙输沙量模数图 (单位:t/(km² · a))

实测资料表明,凡是泥沙组成较粗的地区,水流的含沙量也比较高,经常超过 1 000 kg/m³,最大时可达到 1 600 kg/m³。高含沙量对水流的黏滞性产生了显著的影响,大大减小了粗颗粒泥沙在水流中的沉速,从而提高了水流挟带粗颗粒的能力。所以,含沙量越高,水流挟带粗泥沙的能力越大,粗颗粒泥沙所占比例越高。

综前所述,根据黄河上中游地区地貌特征和黄土分布状况,其泥沙的来源可分为三个区域,即①多沙粗沙来源区:河口镇至龙门区间,马莲河和北洛河;②多沙细沙来源区:除马莲河之外的泾河干支流,渭河上游,汾河;③少沙区:河口镇以上,渭河南山支流,洛河,沁河。

三、泥沙的矿物成分与分类

（一）泥沙的矿物成分

既然泥沙来源于岩石风化，则风化岩石的矿物成分决定泥沙的矿物成分；不同的风化方式对岩石矿物成分的影响程度不同，因此风化方式也影响泥沙的矿物成分。

1. 岩石的风化方式和泥沙的矿物成分

岩石经物理风化后而破碎，形成的漂石、卵石、砾石等较大颗粒往往比岩石中原有的矿物颗粒要大，因而仍保留岩石原有多种矿物成分，由原生矿物如石英、长石、云母等所组成，沙粒与岩石中原生矿物颗粒大小差不多，所以多为单矿物组成。

化学风化及生物过程使岩石的原生矿物成分发生化学变化，形成了粉粒以下细小颗粒的次生矿物。其中，不可溶次生矿物是黏粒的主要部分，如次生二氧化硅 SiO_2、蒙脱石 $(Al_2,Mg_3)(Si_4O_{10})(OH)_2$、高岭土 $Al_2Si_2O_5(OH)_4$ 等。可溶的次生矿物又可分为易溶、微溶、难溶次生矿物三类。易溶次生矿物如钠盐（NaCl）、钾盐（KCl），微溶次生矿物多为硫酸盐（$CaSO_4$）被水流所溶解，难溶次生矿物如碳酸盐（$CaCO_3$，$MgCO_3$）等存在于河流泥沙中。在进一步风化过程中，复杂的生物化学转变过程使泥沙中增加了有机质，并使有机质转变为土壤有机化合物的复合体即腐殖质。

2. 矿物的物理特性

由于构成泥沙的矿物成分不同，因而比重也不一样。如蒙脱石比重约为 2.0，磁铁矿比重为 5 左右。但因泥沙中最主要的组成矿物为石英和长石，因此泥沙的比重一般都在 2.60～2.70 之间，通常取用 2.65。

（二）河流泥沙的分类

河流泥沙从不同的研究角度出发有不同的分类方法，如按泥沙在河流中不同的运动方式分类、按泥沙的矿物成分分类、按泥沙的粒径大小分类等。下面主要介绍按照粒径分类的有关概念。

河流泥沙组成变化幅度很大，粗细之间相差可达千百万倍，考虑单颗粒泥沙的性质并无意义，必须决定于分级的平均值。通常将泥沙粒径按大小分类，粒径分类定名的原则，既要表示出不同的粒径级泥沙某些性质上的显著差异和性质变化的规律性，又能使各级分界粒径尺度成为一定的比例。我国土工试验规程将泥沙粒径按大小分类如图 3-5 所示。

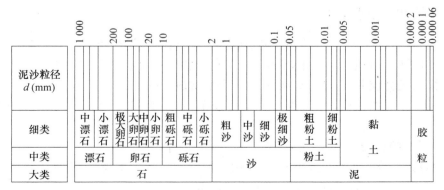

图 3-5　泥沙分类

1994 年,水利部颁发了《河流泥沙颗粒分析规程》,规定河流泥沙分类应符合表3-3。

表 3-3　河流泥沙分类

泥沙分类	黏粒	粉沙	沙粒	砾石	卵石	漂石
粒径大小(mm)	<0.004	0.004~0.062	0.062~2.0	2.0~16.0	16.0~250.0	>250.0

大量的分析资料表明,泥沙的粒径大小与泥沙的水力学特性和物理化学特性有着密切的关系:

(1)不同粒径级的颗粒所形成的土壤具有不同的力学性质。例如,粒径大于 2 mm 的颗粒形成的土壤无毛细力,颗粒松散,其间不相连续;粒径 2～0.05 mm 的颗粒之间具有毛细力,但无黏结性;粒径 0.05～0.005 mm 的颗粒含水时具有黏结性;粒径小于 0.005 mm 的颗粒间不仅含水时具有黏结性,失水后黏结力反而增强。这种黏结性对泥沙的运动起着重要作用。此外,泥沙在水流中的输移方式和沉降规律等,都与泥沙粒径有着密切的关系。

(2)不同粒径级的颗粒具有不同的矿物组成。大颗粒如漂石、卵石、砾石等实际上属于岩屑,因此通常与母岩中原有的多矿物成分相同;沙粒与岩石中原生矿物颗粒尺度相近,所以它们往往由单矿物如石英、长石、云母等主要造岩矿物组成;较细的粉粒多由抗风化能力较强的石英等矿物或难溶的碳酸盐组成;更细的黏粒则几乎都是由次生矿物及腐殖质组成的。

(3)不同粒径级的颗粒具有不同的物理化学特性。例如,泥沙的比重、容重、颗粒形态、颗粒表面吸附水膜对泥沙运动的影响等,均与泥沙粒径大小直接有关。如颗粒的形状是各式各样的:常见的砾石、卵石,外形比较圆滑,有圆球状的,有椭球状的,也有片状的,均无尖角和棱线。沙类和粉土类泥沙外形不规则,尖角和棱线都比较明显。黏土类泥沙一般都是棱角峥嵘,外形十分复杂。

第二节　泥沙的基本特性

一、泥沙的几何特性

泥沙的几何特性,是指泥沙颗粒的形状和大小,或者说泥沙颗粒的形状与粒径。

泥沙颗粒的不同形状与它们在水流中的运动状态密切相关。较粗的颗粒沿河底推移前进,碰撞的机会较多,碰撞时动能较大,容易磨成较为圆滑的外形;较细的泥沙颗粒随水流浮游前进,碰撞的机会较少,碰撞时动量较小,不易磨损,因此能够保持棱角峥嵘的外形。

(一)泥沙的粒径

泥沙的粒径是泥沙颗粒大小的量度,由于泥沙颗粒形状不规则,不易确定其直径,通常所说的粒径为泥沙的等容粒径的简称。所谓等容粒径,就是体积与泥沙颗粒相等的球体的直径。设某一颗沙的体积为 V,则其等容粒径为

$$d = \left(\frac{6V}{\pi}\right)^{\frac{1}{3}} \tag{3-1}$$

常用单位为 mm,对较大的粒径也用 cm 作单位。

如果可以把泥沙看成椭球体,因椭球体的体积为 $\frac{\pi abc}{6}$(a、b、c 为椭球体的长、中、短三轴的长度),而球体的体积为 $\frac{\pi d^3}{6}$,令两者相等,可以看到

$$d = \sqrt[3]{abc} \tag{3-2}$$

也就是椭球体的等容粒径即为其长、中、短轴长度的几何平均值。

对单颗的卵石、砾石,可以直接称重,再除以泥沙的容重,就可以带入式(3-1)求得等容粒径,或者直接测量长、中、短三轴的长度计算其几何平均值;可以通过测量沙粒的中轴长度来代替等容粒径;而对于无法直接测量的较细的颗粒,在通常情况下根本不可能采用这样的办法确定它们的粒径。在实际工作中,对于不易直接量测其体积及长、中、短轴长度的泥沙,通常采用另外两种方法确定其粒径。

对较粗天然沙粒量测成果有统计分析表明,沙粒的中轴长度,和其长、中、短三轴的几何平均值(即等容粒径)接近相等而略大。这样在实际中,对于粒径在 0.062 ~ 32.0 mm 之间的沙粒,一般采用筛析法。我国采用公制标准筛,筛号和孔径的关系如表 3-4 所示。不难设想,用筛析法量得的粒径应相当于各粒径组界限沙粒的中轴长度。可以近似地看成等容粒径,或者直接称为筛径。

表 3-4　公制标准筛筛号和孔径关系

筛号	孔径（mm）	筛号	孔径（mm）	筛号	孔径（mm）	筛号	孔径（mm）	筛号	孔径（mm）	筛号	孔径（mm）
3	6.35	8	2.38	16	1.19	40	0.42	70	0.21	200	0.074
4	4.76	10	2.0	20	0.84	50	0.297	100	0.149	270	0.053
6	3.36	12	1.68	30	0.59	60	0.25	140	0.105	400	0.037

对于粒径在 0.062 mm 以下的粉粒和黏粒,已不可能进一步筛分,只能采用沉降法,如比重计法、粒径计法、吸管法等。这些方法的基本原理是,通过测量沙粒在静水中的沉降速度,按照粒径与沉速的关系式换算成粒径。所得粒径实际上为具有同样比重、同样沉速的球体直径,也叫沉降粒径,或简称沉径。

(二)泥沙的粒配曲线

河流泥沙往往具有很强的非均匀性。通过对沙样颗粒组成的分析,得出其中各粒径级的重量百分比或者小于某粒径的重量百分比,并据以绘制如图 3-6 所示的泥沙粒配曲线。

粒配曲线可直接表现泥沙沙样粒径的大小和沙样的均匀程度,落在图右边的曲线(曲线Ⅱ)显然代表粒径较细的沙样;坡度较陡的曲线(曲线Ⅰ)则代表粒径较均匀的沙样。

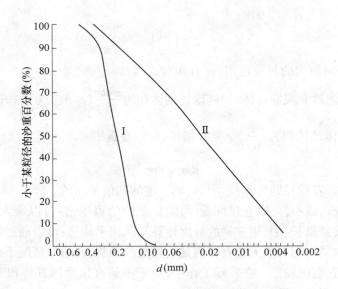

图 3-6　半对数坐标纸上的颗粒级配曲线

从图 3-6 的颗粒级配曲线上,可以查出小于某粒径的泥沙在总沙样中占的重量百分数,同时也可以查出在总沙样中占某重量百分数的泥沙的上限粒径。后者通常以重量百分数为脚标,附注在粒径 d 的右下角,表示该上限粒径,如 d_5、d_{10}、d_{50} 等。其中 d_{50} 是一个十分重要的特征粒径,称为中值粒径,它表示在全部沙样中,大于和小于这一粒径的泥沙重量刚好相等。

d_{pj} 称为泥沙的平均粒径,可用下式表示

$$d_{pj} = \frac{\sum\limits_{i=1}^{n} \Delta p_i d_i}{\sum\limits_{i=1}^{n} \Delta p_i} \tag{3-3}$$

式中:d_i 为第 i 组泥沙的代表粒径,将一个沙样按粒径大小分成若干组,定出每组上下界限粒径 $d_{\max}$ 及 $d_{\min}$,则 $d_i = \dfrac{d_{\max} + d_{\min}}{2}$,或 $d_i = \dfrac{d_{\max} + d_{\min} + \sqrt{d_{\max} d_{\min}}}{3}$;$p_i$ 为粒径为 d_i 组泥沙在整个沙样中所占重量的百分比。

通常泥沙的平均粒径 d_{pj} 与中值粒径 d_{50} 并不相等。根据熊治平的研究结果,二者之间的关系应为

$$d_{pj} = d_{50} \mathrm{e}^{\frac{\sigma^2}{2}} \tag{3-4}$$

式中:σ 为泥沙级配组成的均方差。

赵连军等对大量实测资料分析发现,天然河流中悬移质泥沙的 d_{50} 与 d_{cp} 之间的相关变化不仅与粒径的大小有关,还受温度及含沙量的影响较大,并建立了如下计算公式

$$\frac{d_{50}}{d_{cp}} = \left(\frac{d_{50}^{1.5} \sqrt{g}}{\nu_m} \right)^{0.29} \bigg/ \exp(5 S_V^{1.5}) \tag{3-5}$$

式中:S_V 为体积比含沙量;ν_m 为浑水运动黏滞系数。

关于沙样的均匀程度,除可以用均方差 σ 表示之外,对一般河流泥沙来说,也常采用

如下形式的非均匀系数或称拣选系数

$$\varphi = \sqrt{\frac{d_{75}}{d_{25}}} \qquad (3\text{-}6)$$

来表示。非均匀系数等于 1,则沙样均匀;愈大于 1,则愈不均匀。

　　天然河流中泥沙的运动与水流紊动结构之间有极为密切的联系。水流中各种形式的涡体,对泥沙的起动、输移与沉积起着显著的作用,天然多沙河流的泥沙级配与紊流场之间有极为密切的依赖关系。许多学者从此观点入手,建立了泥沙级配计算理论公式。下面介绍一些有代表性的研究成果。

　　(1)张红武悬沙级配计算公式

$$P(d_i) = 2\Phi\left(\frac{\sqrt{\beta_1 d_i}}{\sigma_V}\right) - 1 \qquad (3\text{-}7)$$

式中:Φ 为正态分布函数;σ_V 为纵向紊动强度的垂线平均值,$\sigma_V = 0.75u_*$,u_* 为摩阻流速。

　　式(3-7)中的 β_1 可由下式计算

$$\beta_1 = 3.6 \frac{\gamma_s - \gamma}{\gamma} g \qquad (3\text{-}8)$$

　　(2)詹义正悬沙级配计算公式

$$P(d_i) = \Phi\left(\frac{\psi(d_i)}{\sqrt{2}\,\sigma_V}\right) \qquad (3\text{-}9)$$

式中的水流纵向紊动强度 σ_V 取为 $\sigma_V = u_*$,$\psi(d_i)$ 可表示为

$$\psi(d_i) = \sqrt{\left(\frac{12\nu}{5d_i}\right)^2 + \frac{4}{15k}g\frac{\gamma_s - \gamma}{\gamma}d_i} - \frac{12}{5}\frac{\nu}{d_i} \qquad (3\text{-}10)$$

对于式(3-10)中的系数 k,原作者建议由式(3-9)根据 d_{50} 反求。

　　(3)赵连军泥沙级配计算公式。赵连军通过理论探讨,建立了以常见非均匀沙特征粒径 d_{50}、d_{pj} 表征的同时适用于悬移质泥沙与细颗粒床沙级配的计算公式

$$P(d_i) = 2\Phi\left[0.675\left(\frac{d_i}{d_{50}}\right)^n\right] - 1 \qquad (3\text{-}11)$$

式中的 n 为指数,采用如下公式计算

$$n = 0.42\left[\tan\left(1.49\frac{d_{50}}{d_{pj}}\right)\right]^{0.61} + 0.143 \qquad (3\text{-}12)$$

二、泥沙的一般重力特性

(一)泥沙的容重与密度

　　泥沙各个颗粒实有重量与实有体积的比值,称为泥沙的容重或重度 γ_s,采用国际单位为牛/米³(N/m³),工程单位为吨力/米³(tf/m³)或公斤力/米³(kgf/m³)。由于构成泥沙的岩石成分不同,泥沙的容重 γ_s 也不相同,常以 26 kN/m³(国际单位)或 2 650 kgf/m³(工程单位)为代表值。

　　泥沙在水中的运动状态,既与泥沙的容重 γ_s 有关,又与水的容量 γ 有关。在分析计

算中,常出现相对数值$\frac{\gamma_s - \gamma}{\gamma}$,为了简便起见,令

$$a = \frac{\gamma_s - \gamma}{\gamma} \tag{3-13}$$

若以ρ_s、ρ分别代表泥沙、水的密度,则

$$a = \frac{\rho_s - \rho}{\rho} \tag{3-14}$$

式(3-14)中,a为无量纲值,可定名为有效容重系数或有效密度系数。

(二)泥沙的干容重与干密度

沙样经100~105 ℃温度烘干后,其重量与原状沙样整个体积的比值,称为泥沙的干容重γ',单位为N/m^3(工程单位为tf/m^3或kgf/m^3)。当河床发生冲淤变化时,泥沙干容重是确定冲淤泥沙重量与体积关系的一个重要物理量,在分析计算中会经常遇到。

泥沙干容重γ'与粒径的大小、埋藏的深浅,以及淤积历时的长短有关,其变化幅度是相当大的,实际观测资料中,曾经得到的淤积泥沙干容量γ'变化幅度为2.94~21.56 kN/m^3(工程单位为300~2 200 kgf/m^3)。

泥沙干容重,由于影响因素比较复杂,目前在解决实际问题时,通常都是通过收集整理同条件的实测干容重资料来确定的。所谓同条件既包括粒配条件,也包括冲淤条件,时间因素也应考虑在内。

泥沙干容重的计算方法目前还很不成熟,但也有一些试验研究成果可供分析计算时参考。下面主要介绍韩其为、王玉成等通过分析丹江口水库和室内试验资料,提出的一套计算淤积物初期干容重的办法。这里所谓初期干容重,对于$d > 0.1$ mm的颗粒,相当于不特别压实条件的稳定干容重;对于$d < 0.1$ mm的颗粒,相当于表层淤积物的干容重。

对于均匀沙,按下述公式计算

$$\gamma'_{pj} = \begin{cases} 0.525\left(\dfrac{d}{d + 4\delta_1}\right)^3 \gamma_s & (d < 1 \text{ mm}) \\[2mm] (0.70 - 0.175 e^{-0.095\frac{d - d_0}{d_0}})\gamma_s & (d \geq 1 \text{ mm}) \end{cases} \tag{3-15}$$

式中:δ_1为薄膜水厚度,取为4×10^{-4} mm;d_0为参考粒径,取为1 mm。其中用于$d \geq 1$ mm的公式纯属经验公式;用于$d < 1$ mm的公式,是将颗粒看成球体,取颗粒之间空隙等于4倍薄膜水厚度,而颗粒排列不出现交错现象的理论公式。

对于非均匀沙,情况比较复杂,不同情况有不同的计算方法。如非均匀沙的粒径范围较窄,细颗粒难以处于粗颗粒空隙中,或者颗粒很细,颗粒之间主要为薄膜水,则可以不必考虑充填。此时,干容重可将各组粒径泥沙(视为均匀沙)看成分别集中淤积来求得。这种条件下的计算公式为

$$\frac{1}{\gamma'_{pj}} = \sum_{i=1}^{n} \frac{p_i}{\gamma'_i} \tag{3-16}$$

式中:γ'_{pj}为平均干容重;γ'_i为第i组泥沙干容重;p_i为第i组泥沙重量百分比;n为分组数目。

如果出现充填现象,则所得干容重较式(3-16)算得的为大,在两组粗细颗粒均匀混合

的条件下,计算公式为

$$\frac{1}{\gamma_{pj}'} = \begin{cases} p_1/\gamma_s + p_2/\gamma_2' & \left(\dfrac{p_2}{p_1} \geqslant \gamma_2'/\gamma_1' - \gamma_2'/\gamma_s\right) \\[2mm] p_1/\gamma_1' & \left(\dfrac{p_2}{p_1} < \gamma_2'/\gamma_1' - \gamma_2'/\gamma_s\right) \end{cases} \tag{3-17}$$

式中,脚标 1 表示粗颗粒,脚标 2 表示细颗粒。

式(3-17)中的第一式适用于细颗粒较多,粗颗粒甚少的条件,此时粗颗粒将埋藏于细颗粒之中,占有的体积全为密实体积,故其干容重 γ_1' 即等于容重 γ_s;第二式适用于细颗粒较少,不足以充填粗颗粒孔隙的条件,此时细颗粒不另占体积。式(3-16)及式(3-17)甚易导出,只须将等式两侧各项同乘以沙样的总重量 W,物理意义就非常鲜明了。

式(3-17)的判别条件由下式转换而来

$$\frac{Wp_2}{\gamma_2'} \quad \text{或} \quad \frac{Wp_1}{\gamma_1'} - \frac{Wp_1}{\gamma_s} \tag{3-18}$$

亦即细颗粒所占有的体积应大于或小于粗颗粒之间的空隙体积。

然而,式(3-17)所给出的结果与实际资料对比一般偏大。只有当粗颗粒很少,它们之间的空隙全被细颗粒填满,或者细颗粒很少,它们全位于粗颗粒孔隙中时,式(3-17)才是正确的。产生这一现象的原因是,只要粗颗粒不是太少,就往往会相对集中,它们之间的空隙有的可能完全没有细颗粒充填,有的填一部分、空一部分。这自然是一种随机现象。考虑两组粗细不同颗粒的随机充填,提出了如下计算公式

$$\frac{1}{\gamma_{pj}'} = (p_1/\gamma_1' - p_1/\gamma_s)Q + p_1/\gamma_s + p_2/\gamma_2' \tag{3-19}$$

式中:Q 为粗颗粒孔隙未被细颗粒充填的概率,$Q = 1 - p_2^{n+1}$,不存在充填时,$Q = 1$,全部填满时,$Q = 0$,p_2 为粗颗粒与细颗粒接触的概率,用细颗粒表面积与粗细颗粒总表面积的比值表示,其计算式为 $p_2 = \dfrac{p_2/d_2}{p_1/d_1 + p_2/d_2}$,$n$ 为表示充填层数的参数,$n = 1/2 + 0.078\dfrac{d_1 + d_2}{d_2}$,充填仅发生在 $n \geqslant 1$,即 $d_1 \geqslant 5.41 d_2$ 的条件之下。

上述公式,是从仅存在粗细两组粒径导来的,如粒径不限于两组,则应由小粒径组至大粒径组逐组作充填计算。按式(3-19)求出最小两组混合沙的干容重及平均粒径后,再充填比它粗的第三组。按上述公式计算的干容重与实际资料还比较符合。

原作者建议,除 $d < 0.05$ mm 的非均匀沙可以不考虑充填,按式(3-16)计算外,只要非均匀沙粒径范围较宽,超过一个数量级,都要考虑充填,一般应按式(3-19)计算。如果粗颗粒含量很少(或者细颗粒含量很少),则可按式(3-17)计算。

上述计算公式考虑问题比较细致,有一定的根据,在缺乏实测资料时,可据为估算淤积物的初期干容重时参考。

至于沉积条件和沉积历时对淤积物干容重的影响,目前还缺乏可供计算时参考的公式。莱恩及凯尔泽(E. W. Lane 和 V. A. Koelzer)提出的计算水库淤积物干密度的经验公式,考虑了泥沙的粒径、水库的运用方式和时间,可供参考

$$\rho' = \rho_1' + B\lg t \tag{3-20}$$

式中:ρ' 为淤积物经过 t 年后干密度,t/m^3;ρ_1' 为淤积物经过 1 年后干密度,t/m^3;B 为常数,t/m^3。

ρ_1' 及 B 为泥沙粒径及水库运用方式的函数,见表 3-5。式(3-20)及表 3-5 是根据水库淤积物实测资料建立的,因而代表一种平均情况。

表 3-5   式(3-20)中的常数值

水库运用方式	沙		粉土		黏土	
	ρ_1'	B	ρ_1'	B	ρ_1'	B
泥沙常浸没或接近常浸没于水中	1.489	0	1.041	0.091	0.480	0.256
库水位正常中度下降	1.489	0	1.185	0.043	0.737	0.171
库水位正常大幅度下降	1.489	0	1.265	0.016	0.961	0.096
水库正常泄空	1.489	0	1.313	0	1.249	0

当淤积物含有一种以上粒径级时,可以按表 3-5 求各种粒径级的干密度,然后用各粒径级的重量比加权,求综合干密度,即取

$$\rho_{pj}' = \sum_{i=1}^{n} p_i \rho_i' \qquad (3\text{-}21)$$

而柯尔比(B. R. Colby)则建议按各粒径级的体积比加权,即取

$$\frac{1}{\rho_{pj}'} = \sum_{i=1}^{n} p_i / \rho_i' \qquad (3\text{-}22)$$

和式(3-16)完全相同。显然,在不考虑各组粒径相互填充的条件下,从干容重的定义着眼,式(3-16)应较式(3-17)合理。

因为干容重的大小实际上是反映着泥沙颗粒的松紧程度,所以有时也用孔隙率来表示。设单位体积沙样的孔隙所占体积为 ε,则沙粒所占体积为 $1-\varepsilon$,于是干容重为

$$\gamma' = \gamma_s(1-\varepsilon) \qquad (3\text{-}23)$$

干密度为

$$\rho' = \rho_s(1-\varepsilon) \qquad (3\text{-}24)$$

孔隙率越大,干容重(或干密度)愈小;反之,则愈大。

孔隙率虽然有一定的变化幅度,但对沙粒而言,其最小孔隙率是比较稳定的,约为 0.4,称为淤沙的稳定孔隙率,此值相当于干容重约等于 15.60 kN/m³(工程单位为 1 590 kgf/m³)。

(三)泥沙的水下休止角

在静水中的泥沙,由于摩擦力的作用,可以形成一定的倾斜面而不致塌落,此倾斜面与水平面的交角 φ 称为泥沙的水下休止角,其正切值即为泥沙的水下摩擦系数 f,即

$$f = \tan\varphi \qquad (3\text{-}25)$$

泥沙的水下摩擦系数对于分散颗粒一般随粒径的减小而减小。比如:砾石 $f \approx 0.6$;沙 $f \approx 0.5$;粉沙 $f \approx 0.3$。

试验表明,水下休止角不仅与泥沙粒径有关,也与泥沙粒配及形状有关,不同类型沙粒的水下休止角很不相同。

三、泥沙的沉降速度

(一)泥沙沉降的形式

泥沙在静止的清水中等速下沉时的速度,称为泥沙的沉降速度,简称沉速。由于粒径愈粗,沉降速度愈大,因此有些文献上又称为水力粗度。泥沙沉速是泥沙的一个十分重要的特性。在许多情况下,它反映着泥沙在与水流相互作用时对机械运动的抗拒能力。组成河床的泥沙沉速越大,则泥沙参与运动的倾向越小。因此,在关于河道演变的分析研究中,与泥沙沉速无关的课题是很少的。

因为泥沙的容重大于水的容重,在水中的泥沙颗粒将受重力作用而下沉。在开始自然下沉的一瞬间,初速度为零,抗拒下沉的阻力也为零,这时只有有效重力起作用,泥沙颗粒的下沉会具有加速度。随着下沉速度的增大,抗拒下沉的阻力也将增大,终于使下沉速度达到某一极限值。此时,泥沙所受的有效重力和阻力恰恰相等,泥沙颗粒的继续下沉便以等速方式进行。

泥沙在静水中下沉时,从加速到等速所经历的时间是十分短暂的。一般泥沙,当 $d = 3$ mm 时,这一时间常不到 1/10 s;当 $d = 1$ mm 时,不到 1/20 s。粒径愈细,这一加速段时间愈短。因此,在研究泥沙的静水沉降问题时,可不考虑加速段的历时。

实践证明,泥沙颗粒在静水中下沉时的运动状态与沙粒雷诺数 $Re_d = \dfrac{\omega d}{\nu}$ 有关。式中 d 和 ω 分别为泥沙的粒径及沉速,ν 为水的运动黏滞性系数。当 Re_d 较小(约小于 0.5)时,泥沙颗粒基本上沿铅垂线下沉,附近的水体几乎不发生紊乱现象(见图 3-7),这时的运动状态属于滞性状态。当 Re_d 较大(约大于 1 000)时,泥沙颗粒脱离铅垂线,以极大的紊动状态下沉,附近的水体产生强烈的绕动和涡动,这时的运动状态属于紊动状态。当 Re_d 介于 0.5 和 1 000 之间时,泥沙颗粒下沉时的运动状态为过渡状态。

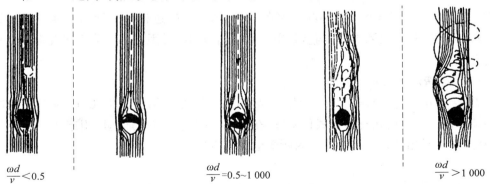

$$\frac{\omega d}{\nu} < 0.5 \qquad \frac{\omega d}{\nu} = 0.5 \sim 1\,000 \qquad \frac{\omega d}{\nu} > 1\,000$$

图 3-7 泥沙在静水中下沉时的运动状态

(二)球体的沉速

单颗粒圆球在无限水体中等速下沉时,其沉降可看做对称绕流运动,则绕流阻力的一

般表达式为

$$F = C_d \frac{\pi}{4} d^2 \gamma \frac{\omega^2}{2g}$$ (3-26)

式中:C_d 为阻力系数,与沉降物体的形状、方位、表面粗糙度、水流紊动强度,特别是沙粒雷诺数有关。一般来说,C_d 尚难以通过理论计算求得,多通过试验加以确定。图 3-8 所示为球体及圆盘的 $C_d \sim Re_d$ 关系曲线。

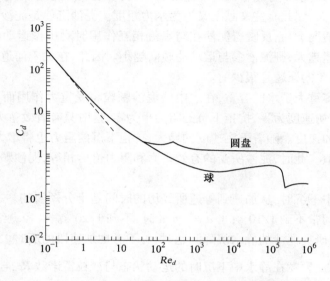

图 3-8　球体及圆盘的 $C_d \sim Re_d$ 关系

对比图 3-7 和图 3-8 可以看出,当 $Re_d < 0.5$ 时,球体的沉降为滞性区沉降,即此时球体沉降受到的阻力主要是滞性力,在此范围内,阻力系数 C_d 与沙粒雷诺数之间呈现线性关系;当 $Re_d > 1\,000$ 后,球体的沉降处于紊流区,此时球体沉降过程中受到的阻力主要是紊动阻力,滞性阻力可以忽略,在此范围内,阻力系数 C_d 与沙粒雷诺数的变化无关,即基本 C_d 为常数;在 $0.5 < Re_d < 1\,000$ 过渡范围内,球体沉降过程中受到的滞性阻力和紊动阻力都不能忽视,阻力系数 C_d 与沙粒雷诺数之间呈曲线关系。下面分不同沉降状态介绍沉速公式。

1. 沉降滞流区($Re_d < 0.5$)

在 $Re_d < 0.5$ 左右的滞性状态,C_d 与 Re_d 呈直线关系。斯托克斯(G. G. Stokes)曾以黏滞性流体的一般性的运动方程式作基础,在忽略因水流质点的加速度引起的惯性项条件下,从理论上导出了球体在滞流区内所受阻力的表达式

$$F = 3\pi\rho\nu d\omega$$ (3-27)

将式(3-27)代入式(3-26),即可获得 C_d 与 Re_d 的关系式

$$C_d = \frac{24}{\dfrac{\omega d}{\nu}}$$ (3-28)

在等速下沉的条件下,阻力 F 应与球体在水中受到的有效重力 W 相等,W 的表达

式为

$$W = (\gamma_s - \gamma)\frac{1}{6}\pi d^3 \qquad (3\text{-}29)$$

取 $W = F$，联解式（3-27）及式（3-29），便可得到滞流区的球体沉速公式，即斯托克斯公式

$$\omega = \frac{1}{18}\frac{\gamma_s - \gamma}{\gamma}g\frac{d^2}{\nu} \qquad (3\text{-}30)$$

由图 3-7 可见，在 $Re_d < 0.5$ 的范围内，式（3-28）与实际资料是十分吻合的，证明斯托克斯在滞流区的阻力表达式（3-27）和沉速公式（3-30）是正确的。

由于斯托克斯关于滞流区阻力表达式是在完全忽略惯性项的条件下导出的，因而仅适用于 Re_d 很小的情况。严格地说，仅在 $Re_d < 0.1$ 时才完全适合。

2. 沉降紊动区（$Re_d > 1\,000$）

从图 3-7 看出，当 $Re_d > 1\,000$，球体下沉处于紊动状态，即位于紊流区时，阻力系数 C_d 与沙粒雷诺数 Re_d 无关，而接近一常数值 0.45。将此值代入式（3-26），并使之与式（3-29）相等，便可求出球体在紊流区的沉速公式

$$\omega = 1.72\sqrt{\frac{\gamma_s - \gamma}{\gamma}gd} \qquad (3\text{-}31)$$

3. 沉降过渡区（$0.5 < Re_d < 1\,000$）

联解式（3-26）和式（3-29）可以得到球体沉降速度公式

$$\omega = \sqrt{\frac{4}{3C_d}}\sqrt{\frac{\gamma_s - \gamma}{\gamma}gd} \qquad (3\text{-}32)$$

或

$$C_d = \frac{3}{4}\frac{\dfrac{\gamma_s - \gamma}{\gamma}gd}{\omega^2} \qquad (3\text{-}33)$$

由于过渡区内阻力系数与沙粒雷诺数之间为曲线关系，因此要计算某粒径球体的沉降速度，实际上需要利用式（3-32）或者式（3-33）和图 3-8 进行试算。

四、泥沙沉速的计算公式

虽然泥沙颗粒与球体形状不同，但其沉降的物理图形是一致的。因此，球体在滞流区和紊流区的阻力规律，应该同样适用于泥沙。只是由于泥沙的形状不规则，阻力表达式中的系数应该有所不同。

可以认为，泥沙颗粒沉降滞流区的阻力与 $\rho\nu d\omega$ 成比例，紊流区的阻力与 $\rho d^2\omega^2$ 成比例。已知阻力规律，即可直接求得滞流区和紊流区泥沙的沉速公式。但河流泥沙的沉降有些介于滞流区和紊流区之间，因此问题的关键在于推求介于两者之间的过渡区的阻力规律和沉速公式。

对于过渡区泥沙沉降时的阻力规律和沉降速度公式，众多的泥沙工作者进行了研究，沿着不同的思路取得了丰富的但是存在着差异的成果。在这些研究工作中，认为过渡区

泥沙颗粒受到的阻力应该同时包括滞流阻力和紊流阻力两部分是比较合理的,关键是找出正确的滞流阻力和紊流阻力的表达式。

(一)张瑞瑾公式

张瑞瑾在研究泥沙的静水沉降问题时,根据阻力叠加原则,认为在过渡区内下沉泥沙颗粒所受阻力 F 的表达式为

$$F = K_2 \rho \nu d\omega + K_3 \rho d^2 \omega^2 \tag{3-34}$$

此处,K_2、K_3 都为无量纲系数,与泥沙的形态有关。

泥沙下沉时受到的有效重力 W 应为

$$W = K_1(\gamma_s - \gamma) d^3 \tag{3-35}$$

式中,K_1 为泥沙体积系数。

当泥沙颗粒等速下沉时,取 $W = F$,应有

$$K_1(\gamma_s - \gamma) d^3 = K_2 \rho \nu d\omega + K_2 \rho d^2 \omega^2 \tag{3-36}$$

式(3-36)为泥沙颗粒等速下沉介于滞流区与紊流区之间的过渡区的动力平衡方程式。经过简单换算后,并采用实测资料对其中的系数进行率定,最后得出计算公式为

$$\omega = \sqrt{\left(13.95\frac{\nu}{d}\right)^2 + 1.09\frac{\gamma_s - \gamma}{\gamma}gd} - 13.95\frac{\nu}{d} \tag{3-37}$$

虽然式(3-37)是以过渡区的情况为出发点推导出来的,但是它可以同时满足滞流区、紊流区以及过渡区的要求。原因是:由滞性状态到紊动状态的过渡是逐渐完成的,不是突然完成的。在式(3-37)中,如果温度不变(因而 ν 不变),当粒径增大时,属于滞性阻力的因素会逐渐减小,等到粒径 d 超过一定限度(临界值),则滞性因素将小到可以完全忽略不计,只有紊动阻力的因素起着决定作用;当粒径 d 减小时,情况便适得其反。

滞流区(即 $Re_d < 0.5$,或在常温下 $d < 0.1$ mm)力的平衡方程式可以简化为

$$K_1(\rho_s - \rho) gd^3 = K_2 \mu d\omega \tag{3-38}$$

由此可得

$$\omega = \frac{1}{25.6}\frac{\gamma_s - \gamma}{\gamma}g\frac{d^2}{\nu} \tag{3-39}$$

紊流区(即 $Re_d > 1\,000$,或在常温下 $d > 4$ mm)力的平衡方程式可以简化为

$$K_1(\rho_s - \rho) gd^3 = K_3 \rho d^2 \omega^2 \tag{3-40}$$

由此可得

$$\omega = 0.144\sqrt{\frac{\gamma_s - \gamma}{\gamma}gd} \tag{3-41}$$

(二)沙玉清公式

沙玉清在研究过渡区的沉降规律时,引进了两个判数,即沉速判数 S_a 和粒径判数 φ。使 S_a 仅包含一个未知数 ω,φ 仅包含一个未知数 d,且二者都是沙粒雷诺数 Re_d 的函数。这样,只要找出两个判数之间的函数关系式,便可以根据 d 求出 ω,或者根据 ω 求出 d。

经过对球体沉降规律的分析,建立了过渡区球体两个判数之间的关系式

$$(\lg S_a + 3.665)^2 + (\lg\varphi - 5.777)^2 = 39 \tag{3-42}$$

其中

$$S_a = \frac{\omega}{g^{1/3}\left(\frac{\gamma_s - \gamma}{\gamma}\right)^{1/3}\nu^{1/3}} = \left(\frac{4}{3}\frac{\frac{\omega d}{\nu}}{C_d}\right) \tag{3-43}$$

$$\varphi = \frac{g^{1/3}\left(\frac{\gamma_s - \gamma}{\gamma}\right)^{1/3}d}{\nu^{2/3}} = \frac{\frac{\omega d}{\nu}}{S_a} \tag{3-44}$$

对于天然的河流泥沙,则应考虑形状因素的影响,对球体沉速判数加以修正。令

$$S'_a = KS_a \tag{3-45}$$

式中:S'_a 为泥沙的沉速判数,K 为沉速比率。根据泥沙的实测资料可以确定过渡区的 K 值为 0.75,则可以得到过渡区泥沙的沉速公式

$$\left(\lg\frac{S'_a}{K} + 3.665\right)^2 + (\lg\varphi - 5.777)^2 = 39 \tag{3-46}$$

或者

$$(\lg S'_a + 3.79)^2 + (\lg\varphi - 5.777)^2 = 39 \tag{3-47}$$

五、非均匀沙混和平均沉速

上文主要讨论的是单颗粒泥沙的沉降规律。天然河流泥沙为非均匀沙,其混合平均沉速在工程实践中的应用更为广泛。对于非均匀沙混合平均沉速,一般可采用如下公式计算

$$\omega_0 = \int_0^\infty \psi(d)\omega \mathrm{d}d \tag{3-48}$$

式中:ω_0 为非均匀沙的清水混合沉速;$\psi(d)$ 为天然非均匀沙粒径分布函数;ω 为粒径为 d 的泥沙在清水中的沉速。

此外,赵连军等从其研究的泥沙级配计算公式入手,经理论分析,建立了如下非均匀沙混合平均沉速计算公式

$$\omega_0 = 2.6\left(\frac{d_{cp}}{d_{50}}\right)^{0.3}\omega_p \cdot \mathrm{e}^{-635d_{cp}^{0.7}} \tag{3-49}$$

六、影响泥沙沉速的因素

在天然河流中,泥沙沉降问题非常复杂。如河道水流中通常有比较多的泥沙颗粒随水流运动,某颗粒泥沙的沉降必然会受到其他泥沙颗粒的影响;河口海岸一带的水流除了挟带有比较多的泥沙颗粒外,还含有盐分,污染严重的地区还含有各种有机质,盐分及有机质的存在将促使水流中的泥沙颗粒之间发生絮凝,从而增加颗粒的沉降速度;前面所讨论的基本属于比较接近球体的泥沙颗粒的情况,当泥沙颗粒与球体差别较大时,颗粒的沉降速度将会发生改变等。因此,泥沙的沉速除了随泥沙的粒径变化外,还受到泥沙颗粒的形状,水流的含沙量、含盐度(主要影响絮凝作用)等各因素的影响。

对于上述因素对泥沙沉速的影响,就如同泥沙沉速本身一样,尽管具有十分重要的意

义,但研究工作仍然进行得不够充分,在许多问题上还有不同意见。

第三节　河流泥沙的运动形式与泥沙起动

一、泥沙的运动形式

考察冲积河流中运动的泥沙,我们会发现,在不同水深的地方,都有运动的泥沙存在。其中在床面附近,运动着的泥沙颗粒相对比较粗,它们或者滑动,或者滚动,或者跳跃,随水流向前运动。而在离开床面一定距离的位置,运动着的泥沙比床面附近运动的泥沙颗粒细,并随水流浮游前进,忽而向上,接近水流的自由表面,忽而向下,接近河床,就泥沙向前运动的速度而言,后者的速度要快得多。显然,前后两种运动方式差异很大,应该加以区别。通常我们把在床面附近随着水流以滑动、滚动或跳跃的形式运动着的泥沙叫做推移质泥沙,简称推移质。而把悬浮在水流中,以基本上与水流相同速度作悬移运动的泥沙,称为悬移质泥沙,简称悬移质。

实践告诉我们,在运动的河流泥沙中,推移质的数量一般都比悬移质来得少,特别是平原地区的大中河流,推移质输沙率在总输沙率中所占比重更小。但是,由于推移质的运动状态与河床的冲淤变化息息相关,因此对于推移质运动规律的研究与悬移质泥沙一样,都是十分重要的。

上述的推移质和悬移质泥沙的划分主要针对冲积平原河流的一般情况。实际上,河流泥沙还有两种特殊的运动方式,即高含沙水流运动和异重流运动。

所谓高含沙水流,是指水流挟带的泥沙颗粒非常多,含沙量很大,以至于该挟沙水流在物理特性、运动特性和输沙特性等方面基本上不再像一般挟沙水流那样用牛顿流体进行描述。例如,黄河汛期水流的含沙量经常大于 300 kg/m³,其中游支流的最大含沙量可高达 1 600 kg/m³。这样的含沙量,水流一般属宾汉体。

高含沙水流实际上已经不是普通意义的固 - 液两相流,泥沙颗粒之间、泥沙颗粒与水流之间已经产生了足够的相互作用,使泥沙的运动不再仅仅是水流与泥沙颗粒之间的相互作用,而更多地呈现出"群体"的特征。有些情况可以被称为"层移质",有些情况干脆与水流一起,被叫做"伪一相流"。

异重流运动是指两种或两种以上的流体相互接触,而流体间有一定的、但是较小的重度差异,如果其中一种流体沿着交界面的方向流动,在流动过程中不与其他流体发生全局性的掺混现象的运动。

由于异重流的重度差很小,异重流中运动的泥沙所受到的重力作用远小于一般挟沙水流中的泥沙,因此泥沙的悬浮机理不同于一般挟沙水流中泥沙颗粒的悬浮;惯性作用相对显得十分突出,从而使得异重流具有轻易翻越障碍以及爬高的能力。

二、泥沙的起动

设想在具有一定泥沙组成的床面上,使水流的速度由小到大逐渐增加,直到使床面泥沙(简称床沙)由静止转入运动,这种现象称为泥沙的起动。泥沙颗粒由静止状态变为运动状态的临界水流条件称为泥沙的起动条件。常见的表达方式有两种,当用平均流速来表示时,称为起动流速;当用水流剪切力来表示时,称为起动剪切力或起动拖曳力。

泥沙的起动条件是泥沙的基本水力特性之一,同时,它实际又是河床冲刷的临界条件。因此,对它的研究具有重要的意义。例如,当我们研究拦河坝下游河床冲刷问题的时候,就必须弄清楚泥沙的起动条件。如果组成河床的泥沙很粗,而实际的水流条件未达到使之起动的条件,就不会发生河床的冲刷;或者组成河床的泥沙由粗细不均匀的泥沙组成,那么没有被隐蔽的细颗粒能够起动,而粗颗粒及被隐蔽的细颗粒不能起动,则细的被冲走,粗的留下来逐渐形成一层覆盖层,当覆盖层达到一定厚度以后,下面被遮盖的泥沙就不会再被冲走,即使泥沙的粒径相对比较细;或者河床的组成比较细,几乎全部能够起动,则冲刷现象迅速发生和发展,但当冲刷到一定程度后,即水深增加使得流速降低,水流条件不足以使泥沙继续起动了,冲刷就会自动停止。

泥沙的起动是一个非常复杂的问题,不仅取决于水流对泥沙的作用力,也与泥沙颗粒本身的性质和床面组成的均匀程度密切相关。例如,水流对泥沙的作用力大,泥沙就容易起动,水流对泥沙的作用力小,泥沙就难以起动;泥沙级配细,颗粒间有黏结力,相对于粒径相近的散粒体泥沙就容易起动;泥沙颗粒如果受到其他泥沙颗粒的隐蔽作用,则其起动就要比没有受到隐蔽作用的相同粒径的泥沙颗粒困难得多。

(一)散粒体均匀泥沙的起动流速

大量的研究表明,促使水平河床上的散粒体粗颗粒泥沙运动的力主要是水平方向上水流的推移力和垂直方向上水流的上举力,而抗拒运动的力主要是泥沙颗粒的有效重力,如图3-9所示。推移力和上举力产生的解释是:当水流流经泥沙颗粒时,在颗粒迎水面流速减小,压力增大,而在颗粒背后水流离解,形成旋涡,产生负压,两者合起来构成水平方向上的推移力 F_D;同时,由于流速分布不均匀,颗粒上、下的绕流不对称,颗粒下方流速小、压力大,颗粒上方流速大、压力小,两者合起来构成了垂直方向上的上举力 F_L。

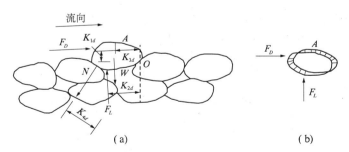

(a)   (b)

图3-9 散粒体泥沙起动的物理图形

可以把水流绕过泥沙颗粒的运动看成泥沙颗粒以大小相同、方向相反的速度相对于水流的运动,那么推移力和上举力实际上来自水流对颗粒的阻力在水平方向和垂直方向上的分量。参照泥沙颗粒沉降时绕流阻力的表达式形式,可以将推移力和上举力写成如下形式

$$F_D = \lambda_D \cdot \frac{\pi}{4} d^2 \cdot \gamma \frac{u_b^2}{2g} \tag{3-50}$$

$$F_L = \lambda_L \cdot \frac{\pi}{4}d^2 \cdot \gamma \frac{u_b^2}{2g} \qquad (3\text{-}51)$$

式中:u_b 为实际作用于泥沙颗粒上的流层的有效瞬时流速;d 为泥沙粒径;λ_D、λ_L 分别为推移力及上举力系数;γ 为水的容重。

泥沙颗粒的有效重力(W)可用下式表示

$$W = (\gamma_s - \gamma) \cdot \frac{\pi d^3}{6} \qquad (3\text{-}52)$$

式中:γ_s 为泥沙的密度。

设泥沙颗粒开始运动时是沿着床面滑动,则起动临界状态下力的平衡方程式为

$$F_D = (W - F_L)f \qquad (3\text{-}53)$$

式中:f 为摩擦系数。

将式(3-50)、式(3-51)和式(3-52)代入(3-53),整理后得起动时作用于泥沙颗粒上的临界有效瞬时流速 u_{bc}

$$u_{bc} = \sqrt{\frac{4}{3}\frac{f}{\lambda_D + \lambda_L \cdot f}}\sqrt{\frac{\gamma_s - \gamma}{\gamma}gd} \qquad (3\text{-}54)$$

如果沙粒以滚动的形式起动,则 F_D 和 F_L 将构成沙粒的起动力矩,而 W 则将构成沙粒抗拒起动的力矩,则起动临界条件的力的平衡方程式为

$$k_1 dF_D + k_2 dF_L = k_3 dW \qquad (3\text{-}55)$$

式中:$k_1 d$、$k_2 d$、$k_3 d$ 分别为 F_D、F_L、W 的相应力臂。

将式(3-50)、式(3-51)和式(3-52)代入式(3-55),经整理得

$$u_{bc} = \left(\frac{2k_3}{k_1\lambda_D + k_2\lambda_L}\right)^{1/2}\sqrt{\frac{\gamma_s - \gamma}{\gamma}gd} \qquad (3\text{-}56)$$

式(3-56)与式(3-54)相比,除了系数表达形式不同外,起动流速与粒径、有效重力的关系是完全一致的。

由于作用于泥沙的近底流速 u_b 在实际中不易确定,为运用方便起见,以用垂线平均流速 U 来代替为宜。为此,利用指数曲线型流速分布公式

$$u = u_{max}\left(\frac{y}{h}\right)^m \qquad (3\text{-}57)$$

式中:u 为距河床为 y 处的流速;u_{max} 为距河床 h 处(即水面)的流速;h 为水深;m 为指数。

将式(3-57)积分后求得垂线平均流速为

$$U = \frac{u_{max}}{h}\int_0^h \left(\frac{y}{h}\right)^m \mathrm{d}y = \frac{u_{max}}{1 + m} \qquad (3\text{-}58)$$

代入式(3-57)得

$$u = (1 + m)U\left(\frac{y}{h}\right)^m \qquad (3\text{-}59)$$

以 $y = ad$ 处的流速作为作用于泥沙颗粒上的代表流速,则

$$u_b = (1 + m)\alpha^m U\left(\frac{d}{h}\right)^m \qquad (3\text{-}60)$$

将式(3-60)代入式(3-54),得起动流速公式的结构形式

$$U_c = \eta \sqrt{\frac{\gamma_s - \gamma}{\gamma} gd} \left(\frac{h}{d}\right)^m \qquad (3\text{-}61)$$

式中：U_c 为处于起动临界条件下的垂线平均流速，通称起动流速；η 为综合系数。

$$\eta = \frac{1}{(1+m)\alpha^m} \sqrt{\frac{4}{3} \frac{f}{\lambda_D + \lambda_L f}} \qquad (3\text{-}62)$$

在综合系数 η 中包含有推移力系数、上举力系数、摩擦阻力系数等，由于这三个系数的研究目前还很不充分，准确的定量关系自然难以建立。所以，综合系数只有根据起动流速的试验资料来确定。

沙莫夫（Г. И. Щамов）根据实验室资料，求得 $\eta = 1.14$，$m = 1/6$。由此可得

$$U_c = 1.14 \sqrt{\frac{\rho_s - \rho}{\rho} gd} \left(\frac{h}{d}\right)^{1/6} \qquad (3\text{-}63)$$

对于天然沙 $\dfrac{\rho_s - \rho}{\rho} = 1.65$，代入后，得起动流速简化计算公式

$$U_c = 4.6 d^{1/3} h^{1/6} \qquad (3\text{-}64)$$

单位制为 m、s，U 的单位为 m/s。适用范围是 $d > 0.15 \sim 0.2$ mm。

如果采用对数流速分布公式积分求解垂线平均流速，则可以得到另外形式的起动流速公式，例如冈恰洛夫公式

$$U_c = 1.07 \lg \frac{8.8H}{d_{95}} \sqrt{\frac{(\rho_s - \rho)}{\rho} gd} \qquad (3\text{-}65)$$

式中：d_{95} 为粒配曲线上相当于 $P = 95\%$ 的粗颗粒粒径。式中单位制为 m、s，适用范围是 $d = 0.08 \sim 1.5$ mm。

从上述起动公式可知，对于散粒体泥沙而言，粒径越粗越难起动，但实际观测表明，对于粒径较细的散粒体泥沙，这一规律却并不适用，即当粒径小于一定数值时，细颗粒泥沙也难以起动。对于这一现象的解释，目前还存在不同看法。一部分研究者认为，在床面附近存在着一层很薄的边界层流层，当泥沙颗粒很细时，颗粒有可能部分甚至全部浸没在边界层流层内，从而使得泥沙颗粒受到达界层流层的隐蔽作用，使起动变得困难。根据这一设想，可以推得另一种类型的起动公式，即起动拖曳力公式。

（二）散粒体泥沙的起动拖曳力

如果确定垂线平均流速时采用如下的对数流速分布公式

$$\frac{u}{u_*} = 5.75 \lg \left(30.2 \frac{\chi y}{\Delta}\right) \qquad (3\text{-}66)$$

式中：u 为距离河床 y 处的流速；u_* 为摩阻流速；χ 为考虑水流黏滞性影响的校正系数；Δ 为河床的糙度，当河床组成为均匀沙时，$\Delta = d$，当河床组成为非均匀沙时，$\Delta = d_{65}$。

校正系数 χ 是一个无因次量，它是河床粗糙度和层流边界层厚度的函数，即 $\chi = f_0\left(\dfrac{d}{\delta}\right)$，式中 d 为沙粒粒径，δ 为层流边界层的厚度。

上述流速分布公式概括了紊流区的三种流态情况，即光滑紊流区、过渡紊流区、粗糙紊流区。

沙粒的有效作用流速 u_b 可取 $y=\alpha d$ 处的流速。将 $y=\alpha d$ 代入公式(3-66)中得

$$u_b = 5.75 u_* \lg(30.2\alpha\chi) \tag{3-67}$$

将式(3-67)代入式(3-54)中,经过简单转换可以得到

$$\frac{u_{*c}^2}{\frac{\rho_s-\rho}{\rho}gd} = \frac{\tau_c}{(\rho_s-\rho)gd} = \theta_c \tag{3-68}$$

式中:u_{*c} 为起动摩阻流速;τ_c 为起动拖曳力;θ_c 为综合系数,又称相对起动拖曳力。

$$\theta_c = \frac{1}{[5.75\lg(30.2\alpha\chi)]^2}\sqrt{\frac{4}{3}\frac{f}{\lambda_D+\lambda_L\cdot f}} \tag{3-69}$$

与前面出现的式(3-62)的综合系数 η 相比,由于 χ 为沙粒雷诺数的函数,而且 λ_D、λ_L 根据研究,当颗粒属于沉降滞流区或者过渡区时,也是沙粒雷诺数的函数,所以实际上有

$$\frac{\tau_c}{(\gamma_s-\gamma)d} = \theta_c = f\left(\frac{u_* d}{\nu}\right) \tag{3-70}$$

式(3-70)即为希尔兹(A.Shields)的起动剪切力或者起动拖曳力公式,它表示当泥沙容重一定时,起动拖曳力与沙粒粒径及沙粒雷诺数三者之间的关系。其中函数的形式需要通过试验来确定。

这里 $\theta_c = \tau_c/(\gamma_s-\gamma)d$ 又称希尔兹数。继希尔兹后,又有很多研究者进行了补充研究。图3-10为钱宁归纳希尔兹及他人研究成果绘出的 θ_c 与 Re_* 的关系曲线。

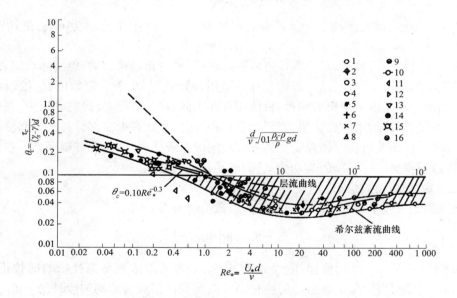

图3-10 散粒体泥沙起动的希尔兹曲线

1—琥珀(Shields);2—褐炭(Shields);3—花岗岩(Shields);4—重晶石(Shields);5—沙(Casey);

6—沙(Kramer);7—沙(U.S.Wes);8—沙(Gilbert);9—沙(Tison);10—沙(White);

11—沙(李昌华);12—沙,在油中(李昌华);13—粉沙(Mantz);14—粉沙(White);

15、16—粉沙,在油中(层流)(Yalin)

从图 3-10 中可以看出:

(1) 当 $\dfrac{u_* d}{\nu} = 10$，即层流边界层的厚度 $\left(\delta = \dfrac{11.6\nu}{u_*}\right)$ 与床沙粒径相接近时，泥沙最容易起动，此时

$$\frac{\tau_c}{(\gamma_s - \gamma)d} = 0.03 \tag{3-71}$$

(2) 当 $\dfrac{u_* d}{\nu}$ 大于 10 或小于 10 时，起动剪切力都将增大。在同一水流条件下，若泥沙较细，则可能受到层流边界层的隐蔽作用，此时就需要更大的剪切力才能使之起动，这就是为什么在图 3-10 上，在 $\dfrac{u_* d}{\nu} = 10$ 的左侧，曲线因 $\dfrac{u_* d}{\nu}$ 的减小(亦即因 $\dfrac{d}{\delta}$ 的加大)而逐渐上升的原因。

(3) 当 $\dfrac{u_* d}{\nu} < 2$，即 $\dfrac{d}{\delta} > 6$ 以后，曲线成为一条斜率为 1 的直线，此时

$$\frac{\tau_c}{(\gamma_s - \gamma)d} = \frac{0.12}{\dfrac{u_* d}{\nu}} \tag{3-72}$$

式(3-72)中，等号两边的 d 可相约，这表明泥沙的起动拖曳力与泥沙的粒径大小无关，仅和水流条件有关。应该指出的是，对于较小的沙粒雷诺数，希尔兹并无实测数据，因此式(3-72)所表达的规律性是不足为据的。

(4) 另一方面，当 $\dfrac{u_* d}{\nu} > 10$ 以后，随着粒径的加大，沙粒的重量也增大，从而加强了沙粒的稳定性，这样使其起动的剪切力也需要相应加大。当 $\dfrac{u_* d}{\nu} > 1\,000$ 以后，曲线就成为一条水平线，此时

$$\frac{\tau_c}{(\gamma_s - \gamma)d} = 0.06 \tag{3-73}$$

即对于散粒体粗颗粒泥沙，泥沙的起动拖曳力只与泥沙粒径有关，而与沙粒雷诺数无关。

如果采用阻力公式

$$U = A\left(\frac{h}{d}\right)^{1/6}\sqrt{hJ} \tag{3-74}$$

来确定摩阻流速与平均流速的关系，可得

$$u_* = \frac{U}{\dfrac{A}{\sqrt{g}}\left(\dfrac{h}{d}\right)^{1/6}} \tag{3-75}$$

代入式(3-73)得

$$U_c = 0.06^{1/2}\frac{A}{\sqrt{g}}\sqrt{\frac{\rho_s - \rho}{\rho}gd}\left(\frac{h}{d}\right)^{1/6} \tag{3-76}$$

式(3-76)与沙莫夫公式的形式完全一致，只是系数有一定差别。

（三）黏性泥沙的起动流速公式

实际观测表明,对于很细的含黏性的泥沙颗粒,阻碍泥沙颗粒起动除了重力以外,还有颗粒间的黏结力。对于粒径很细的泥沙,黏结力的作用将远远超过重力的作用。设颗粒间的黏结力为 N(见图 3-9),这里考虑泥沙颗粒以滚动的形式起动。假设黏结力 N 的力矩为 $k_4 d$,则表达沙粒临界起动条件的动力平衡方程式应该在式(3-55)的基础上改写为

$$k_1 dF_D + k_2 dF_L = k_3 dW + k_4 dN$$

关于黏结力产生的机理以及影响因素,目前还没有统一的看法。因此也难以建立统一的黏结力表达式。下面简单介绍几个采用不同途径考虑黏结力大小和影响的起动流速公式。

(1)张瑞瑾公式

$$U_c = \left(\frac{h}{d}\right)^{0.14} \left(17.6 \frac{\rho_s - \rho}{\rho} d + 0.605 \times 10^{-6} \frac{10 + h}{d^{0.72}}\right)^{1/2} \tag{3-77}$$

式中的指数及系数均通过试验资料确定。公式的单位为米·秒制。

(2)唐存本公式

$$U_c = 1.79 \frac{1}{1+m} \left(\frac{h}{d}\right)^{m} \left[\frac{\rho_s - \rho}{\rho} gd + \left(\frac{\rho'}{\rho'_c}\right)^{10} \frac{C}{\rho d}\right]^{1/2} \tag{3-78}$$

式中:m 为变值,天然河道一般取 $m = 1/6$;ρ'、ρ'_c 分别为干密度和稳定干密度,其中 ρ'_c 为 1.6 g/cm³;C 为系数,$C = 8.885 \times 10^{-5}$ N/m。

(3)窦国仁公式

$$U_c = 0.74 \lg\left(11 \frac{h}{\Delta}\right)\left(\frac{\rho_s - \rho}{\rho} gd + 0.19 \frac{9h\delta + \varepsilon_k}{d}\right)^{1/2} \tag{3-79}$$

式中:δ、ε_k 由试验资料确定,$\delta = 0.213 \times 10^{-4}$ cm,$\varepsilon_k = 2.56$ m³/s²

(4)沙玉清公式

$$U_c = \left[0.267\left(\frac{\delta}{h}\right)^{0.25} + 6.67 \times 10^6 (0.7 - \varepsilon)^4 \left(\frac{\delta}{h}\right)^2\right]^{0.5} \sqrt{\frac{\rho_s - \rho}{\rho} gd} h^{0.2} \tag{3-80}$$

式中:δ 为薄膜水厚度,取 0.000 1 mm;ε 为孔隙率,其稳定值为 0.4。

(5)张红武公式

$$U_c = 3.5 \left(\frac{\gamma_s - \gamma}{\gamma} g\right)^{2/9} \frac{\nu^{5/9}}{\sqrt{d}} h^{1/6} \tag{3-81}$$

该式主要适用于 $d \leqslant 0.15$ mm 的细沙河床。

采用相同的水流条件与泥沙组成对张瑞瑾公式、唐存本公式、窦国仁公式、沙玉清公式对比分析发现,对于比较细的泥沙颗粒,各式都比较接近。对于粗颗粒,各式存在着一定差异:沙玉清的公式偏上,窦国仁的公式偏下,张瑞瑾、唐存本的公式介于两者之间。显然,尽管各个公式中黏结力的表达式有比较大的差别,即起动流速公式推导出发点不同,但由于推导过程中均包含了两个以上的待定系数,只要选择比较可靠的实测资料,就可以使公式的系数比较恰当地确定,从而使计算结果比较符合实际情况。

（四）有关问题的讨论

1. 泥沙起动临界状态的判别

目前关于泥沙起动的各类公式繁多,且计算结果也不完全一致。造成这种现象的原因之一是不同的人对于泥沙起动的判别标准各不相同。实际上随着水流的加强,推移质泥沙运动大致包括下列四种情形:

（1）无泥沙运动,全部床沙处于静止状态;

（2）轻微的泥沙运动,有屈指可数的泥沙在推移运动;

（3）中等强度的泥沙运动,推移质泥沙运动已达到无法计数的程度;

（4）普遍性的泥沙运动,引起床面外形的改变。

目前实验室通用的标准是第（2）种情形,即将部分床面上有很少量的泥沙在运动作为起动标准。显然这种标准只具有定性意义,因为即使都采用这个标准,不同的人也可能有不同的判断。

天然河流中床沙是否起动,一般不易观测。通常采用的办法是测推移质泥沙输沙率和水流强度的关系曲线,然后将此曲线延长到底沙输沙率为零的地方,其相应的水流强度即为泥沙的起动条件。

2. 非均匀沙的起动

一般冲积河流的床沙组成都比较均匀,此时用平均粒径或中值粒径来计算,与实际基本相符。但是,如果泥沙组成不均匀,由于非均匀沙的起动情况相当复杂,例如前面曾经提到的较细的泥沙受较粗的泥沙的隐蔽掩护,其起动时的水流强度较均匀沙的相应强度要大,相反,非均匀沙的较粗的泥沙凸出于床面,其所受的推移力较均匀沙的相应粒径的泥沙所受的推移力为大,因此起动时的水流强度较均匀沙的相应强度要小。现今对于这种相互影响的分析处理,还缺少可以用做计算依据的研究成果,因此非均匀沙起动流速和起动拖曳力尽管已经有研究成果提出,但要准确合理地确定仍然十分困难。

3. 砾石及卵石的起动

山区丘陵河流局部河段内的河床常由砾石或卵石组成,习惯上将粒径大于 10 mm 的称为卵石,小于 10 mm 的称为砾石。这类粒径的泥沙的起动问题目前的研究成果仍很少。此时卵石的几何形状及其相互间的排列对起动有一定影响。如扁平状的卵石较球形的难起动,鱼鳞状排列的较松散的难起动。

4. 泥沙的止动和扬动条件

泥沙止动条件是指泥沙颗粒由运动状态转变为静止状态时的临界水流条件。一种意见认为,由于运动中的泥沙颗粒是松动的,因而黏结力不起作用,所以止动流速 U_H 常小于起动流速 U_c;另一种意见则认为,黏结力只能解释黏性沙的情形,而散粒体泥沙就应该从泥沙运动的惯性角度解释。止动流速与起动流速的关系常以下式表示

$$U_H = KU_c \tag{3-82}$$

式中:K 为小于 1.0 的系数,冈恰洛夫认为 $K = 0.71$,沙莫夫认为 $K = 0.83$。

泥沙扬动条件是指泥沙颗粒跃起后不再回落到床面上,而是悬浮于水中,并随水流呈悬浮方式运动时的临界水流条件。沙玉清曾给出扬动流速计算公式如下

$$U_f = 16.73 \left(\frac{\gamma_s - \gamma}{\gamma} gd \right)^{2/5} \omega^{1/5} H^{1/5} \qquad (3\text{-}83)$$

对于天然沙,以 $\frac{\gamma_s - \gamma}{\gamma} = 1.65$ 代入得

$$U_f = 0.812 d^{2/5} \omega^{1/5} H^{1/5} \qquad (3\text{-}84)$$

式中:ω 为泥沙颗粒沉速。

式(3-84)中符号单位:d 为 mm,ω 为 mm/s,H 为 m,U_f 为 m/s。

5. 天然河流泥沙的起动流速

现有各家起动流速公式,仅是经过了室内水槽试验资料的率定。天然河流泥沙均为非均匀沙。大量分析研究表明,取床沙代表粒径 d_{50} 或 d_{cp},采用起动流速公式计算像黄河这样的多沙河流泥沙起动流速时,计算结果一般比实际情况偏小较多。在工程实践中,天然河流特别是多沙河流泥沙的起动流速,一般通过点绘河床不冲流速与床沙质含沙量的关系曲线,取曲线中含沙量等于零时的不冲流速作为起动流速。

第四节　沙波运动与动床阻力

从天然河道及实验室水槽中均可观察到,当推移质泥沙运动达到一定程度时,河床表面就会出现起伏不平但又比较规则的波状起伏,称为沙波。沙波是推移质泥沙运动的主要外在表现形式,对水流结构、泥沙运动和河床演变均有重大影响。

一、沙波的形态和运动特性

图 3-11 为沙波的纵剖面。沙波向上隆起的最高点部分叫波峰,最低点部分称波谷,相邻波峰之间或波谷之间的距离为波长 λ,波谷底至波峰顶的铅直距离为波高 h_s。沙波迎水面较平坦,在波谷的最低点,坡度为 0,自此往上,坡度逐渐增加,在波谷和波峰之间的某个位置,坡度达到最大值,过此之后,坡度又逐渐减小,到达波峰顶处,坡度趋近于 0;背水面较陡峻。背水面因受到旋涡的推挡作用,坡度一般要比泥沙在水下的休止角稍陡一些。背水面的坡度变化与迎水面不同,在波峰处最大,此后逐渐减小,到坡底(波谷)处为 0。沙波迎、背水面不是光滑连续的曲线。

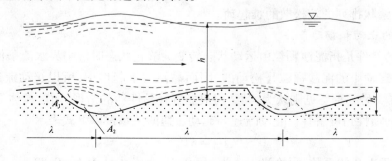

图 3-11　沙波纵剖面

沙波表面附近的水流流态和沙波的纵剖面形态紧密相关。沙波表面附近的水流速度

不是均匀分布,而是在波谷处最小,在波峰处最大。水流越过波峰后,常常发生离解现象,产生横轴环流。此时波谷背水面的水流速度将出现负值,而波谷以下迎水面上的水流速度仍为正值。正负流速之间的停滞点位于波谷底附近。图3-11中的A_1、A_2点实际上就是横轴环流的两个停滞点,在$A_1 \sim A_2$范围内,沙波表面附近的流速为负值。

沙波表面附近的水流流态决定了沙波表面的泥沙运动状态和沙波运动状态。流速大的地方,泥沙运动得快;流速较小的地方,泥沙运动得慢;流速小于泥沙起动流速时,泥沙将停止运动;流速为正值的地方,泥沙将向下游方向运动;流速为负值的地方,泥沙将向上游方向运动。水流的停滞点同样也是泥沙的停滞点。图3-11中A_2点向下游,即沙波的迎流面坡面上,流速逐渐增加,泥沙的运动也逐渐增强,在波峰处达到最大值。越过波峰后,泥沙颗粒被横轴环流所挟持,并受到重力作用而在背流面坡面上A_1、A_2两个停滞点之间沉积。也有部分粒径比较细的颗粒,越过迎流面后,直接跃进到下一个迎流面上继续运动。

上述迎、背流面泥沙运动的结果是:沙波的迎流面实际上为冲刷区,而沙波的背流面则是淤积区。冲刷区泥沙不断被冲刷带走,淤积区泥沙不断淤高所造成的动态结果是整个沙波向下游整体爬行,如图3-12所示。如果来水来沙是恒定的,则沙波将以稳定而缓慢的速度向下游运动,沙波的尺度基本保持不变。

图3-12　泥沙输移与沙波的运动

沙波的运动有两个重要现象:一是沙波对床沙的分选作用;一是沙波表面泥沙运动的间歇性。

从上游沿着迎水面带来的泥沙,当落入背水面的旋涡时,粗泥沙堆积在谷底,细泥沙在负流速作用下沿着背水面向上运动,越细的泥沙就越向上,这样就形成上细下粗的分层淤积,这就是沙波对床沙的分选作用。

底沙运动的间歇性表现在虽然每一颗运动的泥沙,其速度接近水流的运动速度,但当它落入波谷时就不再前进,要等到这些泥沙再次处于下一个沙波的迎水面上时才继续运动,因此组成沙波的全部泥沙的平均运动速度,也就是沙波的运动速度,是很慢的。

关于沙波的分类,这里分别介绍按照平面形态和按照几何尺度的分类情况。

从平面形态看,沙波是多种多样的,大致可分为四种类型。

(1)带状沙波:波峰线基本上成平行线,与水流方向垂直,或略显斜交。这种沙波在实验室及天然河流中出现的机会都很少,只是在平面二维水流中,沙波刚开始形成时,才可能出现。

(2)断续蛇曲状沙波:波峰线成不规则曲线,时断时续,大致与流向垂直。这类沙波是实验室中和天然河流中最常见的。

(3)新月形沙波(堆状沙波):沙波的波长与波宽基本上相等,相邻的两行沙波是彼此交错的,呈鱼鳞状,排列整齐,故也称为沙鳞,波峰多凸向上游,如上弦月或下弦月。这种沙波也较常见。

（4）舌状沙波：与新月型沙波类似，只是波峰凸向下游。

天然河道中的沙波在尺度大小上是很不一致的。从沙波的几何尺度来分，主要有以下种类：最小的一种沙坡叫做沙纹，波高 1~2 cm，波长几厘米到十几厘米，在天然河道的沙滩上可以经常看到；中等大小的沙波叫沙垄，尺度变幅很大，波高由不足 1 m 到 2~3 m，波长由几米以至 100 m 以上不等，在天然河道的边滩上，这种沙垄也常可看到；最大的一种沙坡叫做沙丘或者沙滩，实际上是一种泥沙成型堆积体，天然河道顺直河段上枯水期露出的犬牙交错状边滩，就是这种泥沙成型堆积体，波高一般为几米，波长则长达几百米以至 1 000 m 以上。在天然河道中，上述几种沙波往往同时存在。沙纹爬行于沙垄之上，而沙垄则爬行于泥沙成型堆积体之上。

二、沙波的形成及消长过程

观察表明，沙波有其产生、发展和消亡的过程，而这个过程与水流的强度是息息相关的。

设想水流流经平整静止的河床床面（见图 3-13(a)）。在水流达到一定强度，即达到泥沙的起动条件或者更大一些后，部分泥沙开始运动，此后不久，由于水流强度随机变化与分布，更主要是因为河床组成的不均匀，少量泥沙颗粒聚集在床面的某些部位，形成小丘，徐徐向前移动，并在移动的过程中加长，最后连接成为形状极不规则的沙纹（见图 3-13(b)）。沙纹的尺度很小，与河道的几何尺度关系不大。随着水流强度的进一步加强，波高、波长均有增加，沙纹成长为沙垄（见图 3-13(c)）。沙垄和沙纹不同，它受到河道几何尺度的影响，换句话说，在大小不同的河道里，沙垄所能达到的波高和波长很不一样。当沙垄发展到一定高度以后，如果水流强度继续增强，波峰后面的横轴环流在水流方向上所占的空间越来越长。这时，越过环流区被水流挟带到更下游的泥沙越来越多；即使沉积在环流区内，其离沙垄坡脚的距离也越来越远。这两种趋势都导致沙垄的波高减小、波长加大，沙垄趋于衰微，最终河床再一次恢复平整（见图 3-13(d)）。在此以后，如果水流强度继续增加，将再一次出现沙波，但此时的沙波已经是迎流面与背流面外形对称的驻波或逆行沙波（见图 3-13(e)）。某些室内试验结果还表明，水流强度更进一步增加，还将使水面波破碎，以致出现急滩与深潭相间的类似山区河流的床面形态（见图 3-13(f)）。

从上面的说明可以清楚地看出，随着水流强度的增加，沙波从产生、发展、消灭到再产生的过程。在天然河道中，这个过程并不是一个接一个依次发生的，而往往是同时存在好几种不同的床面形态，各自经历着不同的发展过程。这是由天然河道水力、泥沙因素在同一河道不同部位的分布不均匀性造成的。

沙波是在水流作用下产生的，与水流强度的关系十分紧密。但是河床上为什么会产生沙波呢？沙波的这种具有周期性的、规则外形的床面形态，又是什么因素决定的呢？对于这个问题，至今仍有不同的说法。

一种说法主张沙波的形成与水流脉动有关。即使原河床是水平均匀的，由于河底流速的脉动，在瞬时流速大的地方，泥沙被掀起，在瞬时流速小的地方，被掀起的泥沙又再沉淀下来。这样就造成了沙波的萌芽，并形成了有利于形成沙波的近底水流。于是水流与

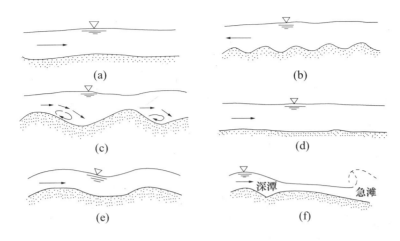

图 3-13　沙波发展过程

(a)静平床;(b)沙纹;(c)沙垄;(d)动平床;(e)逆波;(f)急滩与深潭

河床相互作用最终就形成了沙波。

另一种说法是,当推移质泥沙的输沙率达到一定程度时,由于推移质泥沙所处的流层与上面流层的含沙量不同,可以看做是两层密度不同的流体作相对运动,当相对速度达到一定程度时,交界面就会失去稳定而产生波动,于是造成沙波。这与水面的风成波、沙漠的风成沙丘、天空中的云浪、异重流的波动具有同一性质。

两种说法都有一定道理,也能说明一部分问题,但也都存在局限性,有些问题不能圆满解释,看来对于沙波不同的发展阶段,其成因可能是不相同的。

三、动床阻力

冲积河流河床上常有泥沙运动,并且往往形成起伏不平的沙波。因此,它的阻力与定床阻力不同,称为动床阻力。

(一)动床阻力基本特性

一般说来,动床阻力由以下两部分组成:

(1)沙粒阻力也称表面阻力,是沙波迎水面上泥沙颗粒产生的阻力。由于动床的沙粒在水流作用下是可动的,因此动床沙粒阻力也与定床沙粒阻力不同。

(2)沙波阻力也称形态阻力,是沙波背后水流分离,形成旋涡而产生的阻力,这部分阻力是定床阻力所没有的,它随着沙波的形态和尺度而改变。

如以 τ 表示总阻力,τ' 表示沙粒阻力,τ'' 表示沙波阻力,则有

$$\tau = \tau' + \tau'' \tag{3-85}$$

式(3-85)中 τ'、τ'' 有不同的表达方法。常用的为水力半径分割法和能坡分割法。

水力半径分割法

$$\left.\begin{array}{l} \tau = \gamma R J \\ \tau' = \gamma R' J \\ \tau'' = \gamma R'' J \end{array}\right\} \tag{3-86}$$

式中:R、R'、R'' 分别为相应于河床综合阻力、沙粒阻力和沙波阻力的水力半径。

能坡分割法

$$
\left.\begin{array}{c}
\tau = \gamma RJ \\
\tau' = \gamma RJ' \\
\tau'' = \gamma RJ''
\end{array}\right\}
\tag{3-87}
$$

式中：J、J'、J''分别为相应于河床综合阻力、沙粒阻力和沙波阻力的能坡。

由于泥沙运动及沙波的形态和尺度是随水流情况而变化的，因此动床阻力也不可能是一个常数，而是随着水力条件而改变的。

（二）动床阻力计算方法

前面已经阐明，河床由泥沙组成的冲积河流，随着水流强度，主要是水流流速的增加，床面由静止的平整状态（静平床），发展到沙纹、沙垄；再由沙垄的逐渐衰减，床面恢复到运动的平整状态（动平床）；然后再发展到出现驻波或逆行沙波。显然，这种床面形态的变化必然影响到沙粒阻力和沙波阻力的大小及其对比关系，从而影响河床阻力。

当床面处于静平床状态时，尽管河床由可动沙粒组成，但其阻力与定床情况相类似，只需要考虑沙粒阻力；当床面出现沙波时，则必须同时考虑沙粒阻力和沙波阻力。另外，当床面上的泥沙处于运动状态时，则泥沙的运动也将消耗能量。完整的动床阻力计算，应该全面考虑河床形态发展的各个阶段和影响阻力的所有因素。但现在的动床阻力计算显然没有做到这一点。

为了确定动床阻力，研究者提出了许多计算方法，这里介绍有代表性的几种。

1. 恩格隆方法

恩格隆（Engelund F）把水力半径区分为与沙粒阻力和沙波阻力相应的两部分，因而总阻力可表示为下式

$$
\tau = \tau' + \tau'' \quad \text{或} \quad \gamma R_b J = \gamma R_b' J + \gamma R_b'' J
\tag{3-88}
$$

式中：R_b 为与河床阻力相应的水力半径；R_b' 为与沙粒阻力相应的水力半径；R_b'' 为与沙波阻力相应的水力半径。

用下式表示沙粒阻力

$$
\frac{U}{u_*} = 5.75 \lg \frac{R_b}{d} + 6.0
\tag{3-89}
$$

式中：$u_* = \sqrt{gR_b J}$。在动床条件下，因泥沙是运动的，需加以修正，设可用下式表达

$$
\frac{U}{u'_*} = 5.75 \lg \frac{R_b'}{\alpha d} + 6.0
\tag{3-90}
$$

式中：$u'_* = \sqrt{gR_b' J}$；α 为系数，通过试验确定，取 $\alpha = 2$。

由于式（3-90）中 d 主要表达床面的粗糙度，而粗颗粒泥沙对阻力影响较大，因此对于不均匀沙可用 d_{65} 或 d_{95} 来代替 d，故

$$
\frac{U}{u'_*} = 5.75 \lg \frac{R_b'}{2d_{65}} + 6.0
\tag{3-91}
$$

因此，式（3-91）中包含了 U、R_b' 两个未知数。引入无因次参数

$$
\theta = \frac{\tau}{(\gamma_s - \gamma)d} = \frac{R_b J}{\left(\dfrac{\gamma_s}{\gamma} - 1\right)d}
\tag{3-92}
$$

$$\theta' = \frac{\tau'}{(\gamma_s - \gamma)d} = \frac{R'_b J}{\left(\frac{\gamma_s}{\gamma} - 1\right)d} \tag{3-93}$$

通过试验手段可以建立有推移质运动时与没有出现推移质运动时无因次参数之间的关系。由于 θ 实际上是水流拖曳力与泥沙起动拖曳力之间的对比，θ 越大，那么产生泥沙推移运动的可能性越大，或者说参与推移运动的泥沙数量越大。对于非均匀沙，显然相对较细的泥沙颗粒更容易起动，所以用 d_{35} 取代 d。

根据水槽试验资料得到经验关系曲线如图 3-14 所示。由图可知，实际上存在着

$$\theta' = f(\theta) \tag{3-94}$$

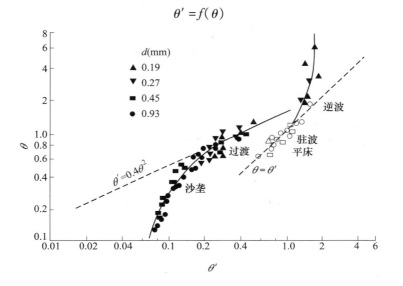

图 3-14　θ、θ' 关系曲线

根据图 3-14 的关系，加上式(3-91)，根据实测的水位(水深)、比降及床沙组成就可计算流速，步骤如下：

（1）根据水力半径 R_b、水面坡降 J 及床沙组成 d_{65} 计算 θ；

（2）应用图 3-14 确定 θ'，从而求得 R'_b；

（3）将 d_{35}、J 及 R'_b 代入式(3-91)算出平均流速 U。

上面方法的适用范围为 $d_{50} = 0.19 \sim 0.93$ mm。

2. 王士强方法

王士强针对恩格隆提出的动床阻力 θ(无量纲床面剪切力)与 θ'(无量纲沙粒剪切力)，开展了大量试验研究，建立了如下动床阻力计算公式：

在低能态区(对天然河渠，过渡区也包括在内)

$$\lg \frac{\theta}{\theta'} = \lg K_1 x - \lg K_2 x^2 + \lg K_3 x^3 \tag{3-95}$$

$$x = \lg(\theta'/0.04) \tag{3-96}$$

$$\lg K_1 = 0.513 - 0.12\lg D_* - 0.141\lg^2 D_* \tag{3-97}$$

$$\lg K_2 = 0.56 - 0.064\,7\lg D_* - 0.218\,3\lg^2 D_* \tag{3-98}$$

$$\lg K_3 = 0.017 - 0.034\ 77\lg D_* - 0.272\ 81\lg^2 D_* \tag{3-99}$$

$$D_* = \left[g(\gamma_s/\gamma - 1)\nu^2 \right]^{1/3} D_{50} \tag{3-100}$$

$$\theta = \gamma R_b J / \left[(\gamma_s - \gamma) D \right] \quad \text{或} \quad \theta = \gamma h J / \left[(\gamma_s - \gamma) D \right] \tag{3-101}$$

$$\theta' = \gamma R_b' J / \left[(\gamma_s - \gamma) D \right] \quad \text{或} \quad \theta' = \gamma h' J / \left[(\gamma_s - \gamma) D \right] \tag{3-102}$$

在高能态区

当 $\theta \leqslant 1$ 时

$$\theta = 0.04(\theta'/0.04)^A \tag{3-103}$$

$$A = 1.4/\lg(\theta'/0.04) \tag{3-104}$$

$$\theta' = 0.68 + 0.32\exp(-0.1D_*) \tag{3-105}$$

当 $\theta > 1$ 时

$$\lg\theta = A\left[\lg\frac{\theta'}{\theta_1'} + \left(\lg\frac{\theta'}{\theta_1'} \right)^G \right] \tag{3-106}$$

$$G = 1 + 4.874\exp(-0.79D_*) \tag{3-107}$$

式(3-101)、式(3-102)中：D 为床沙代表粒径；R_b、R_b' 分别为整个床面和沙粒的水力半径；h、h' 分别为全部及与沙粒阻力有关的水深。当 $D_* > 80$ 以后，θ 与 θ' 的关系变化甚微，可按 $D_* = 80$ 计算。

3. 赵连军、张红武方法

赵连军、张红武引入摩阻厚度 δ_*，建立了如下动床糙率计算公式

$$n = \frac{c_n \delta_*}{\sqrt{g} h^{5/6}} \left\{ 0.49\left(\frac{\delta_*}{h}\right)^{0.77} + \frac{3\pi}{8}\left(1 - \frac{\delta_*}{h}\right)\left[\sin\left(\frac{\delta_*}{h}\right)^{0.2}\right]^5 \right\}^{-1} \tag{3-108}$$

式中：c_n 为涡团参数，其变化规律与含沙量 S_V（以体积百分数计）有关，可表示为

$$c_n = 0.15\left[1 - 4.2\sqrt{S_V}(0.365 - S_V) \right] \tag{3-109}$$

摩阻厚度 δ_* 是与床面形态运动有关的参数，对于定床情况，δ_* 即为当量粗糙度，对于动床情况，其大小与床面形态及水流条件有关。对于黄河下游河道，δ_* 采用如下经验关系式计算，即

$$\delta_* = D_{50}\left\{ 1 + 10^{\left[8.1 - 13Fr^{0.5}(1 - Fr^3) \right]} \right\} \tag{3-110}$$

式(3-110)中，Fr 为表征水流强度的佛汝德数。式(3-108)较全面地反映出了水流条件、含沙量及床沙粗细程度对动床阻力的影响。

第五节　推移质输沙率

在一定水力、泥沙条件下，单位时间内通过过水断面的推移质数量称为推移质输沙率，用 G_b 表示，单位一般用 kg/s 或者 t/s。由于河道的过水断面内水流条件沿河宽变化很大，单位时间内通过单位宽度的推移质数量往往差别悬殊，因此人们通常又以单位宽度的输沙率来表示推移质泥沙的输移强度，即在一定水力、泥沙条件下，单位时间内通过过水断面单位宽度的推移质数量称为单宽推移质输沙率，简称单宽输沙率，用 g_b 表示，单位一般用 kg/(m·s) 或者 t/(m·s)。

推移质输沙率与单宽推移质输沙率之间关系可用下式表示

$$G_b = \int_0^B g_{bi} \mathrm{d}z = \sum_{i=1}^n g_{bi} b_i \qquad (3\text{-}111)$$

式中：G_b 为断面推移质输沙率；g_{bi} 为 i 垂线或 i 流束的单宽推移质输沙率；z 为横向坐标，自一岸起算；b_i 为 i 流束宽度；B 为河宽。

推移质通常可划分为沙质推移质与卵石推移质两种，前者多出现在冲积平原由中细沙（也包括少量粗沙）组成的河床上，后者多出现在山区由卵石（也包括少量砾石及粗沙）组成的河床上。

推移质运动的强弱与水流强度关系极大。当流速增大时，推移质中较细部分有可能达到较大的悬浮高度而转化为悬移质；当流速减小时，推移质中较粗部分有可能沉落到河底而转化为床沙。这种转化不但发生在时均水流强度发生变化的条件之下，即使时均水流强度保持恒定，由于受流速脉动影响，也会发生。推移质之所以能与悬移质中的床沙质经常交换，其原因即在于此。

由于推移质运动对流速的变化十分敏感，而河道水流具有紊动特性，推移质运动的时空变化规律反映出如下的突出特点：对于一定的水流、断面形态和床沙组成的河床来说，推移质运动在空间上仅出现在断面的一定宽度内，即存在所谓推移质输移带，而在有推移质运动的地方，其输沙率在时间上总是以随机变量的形式出现，存在一定的分布规律。通常所说的推移质输沙率是指其数学期望值。显然，要全面了解推移质的输沙特性，单纯研究其数学期望值是远远不够的。

在来水来沙不变的平衡状态下，对单颗泥沙说来，其主要表现形式是不连续的，时快时慢，走走停停。粒径愈大，停的时间愈长，走的时间愈短，运动的速度愈慢。对群体泥沙来说，推移质运动主要表现形式为连续的沙波运动。在沙波的底层，暴露的机会很少，大部分时间处在埋藏状态，前进的速度很慢。由此可知，虽然从外表看来，在推移质运动过程中，似乎整个沙波作为一个整体在"爬行"，但从内部观察，沙波的运动却是上快下慢，上下各层之间呈有规律的相对运动。而在沙波运动过程中，固定垂线的单宽推移质输沙率则是因时变化的，在沙波峰顶经过时达到最大值，在沙波尾端经过时接近于 0。至于推移质的水下泥沙成型堆积某些特定部位的冲淤变化，例如汛期过渡段浅滩的淤积、深槽的冲刷和枯季出现的相反情况，则是与年内水流条件的变化密切相关的。由于在固定部位，总是先淤在底层的后冲，后淤在表层的先冲，这类群体泥沙的停止时间将具有较大的变化幅度。

从上面的论述可以看出，推移质输沙率问题是个十分复杂的问题，对它的规律目前还了解得不够透彻。其中一个很重要的原因是，迄今还缺乏比较精确地从天然河道中量得推移质输沙率的工具和方式。既然缺乏取自天然河道中的可靠资料，规律的探讨便失去坚实的出发点，对得到的论断也不易作可靠的检验。

一、基于水动力学原理的输沙率公式

这类公式先从分析水流对泥沙的动力作用入手，确定代表水流强度的因素——流速或者拖曳力，建立起公式的结构形式，然后再由实测资料确定其中的参数。

（一）以流速为主要参数的推移质输沙率公式

设想推移质泥沙前进的速度为 u_s，推移质泥沙运动的床面层的厚度为 Kd，则单宽输沙率 g_b 为

$$g_b = \rho_s u_s m_s K d \qquad (3\text{-}112)$$

式中：m_s 为推移质泥沙运动层中，运动着的泥沙体积占整个运动层体积的百分比，称动密实系数；K 为表征运动层厚度的系数，通常取 $K = 1 \sim 3$。

床面泥沙受水流作用而运动，由于泥沙的密度大于水流的密度，因此推移质泥沙运动的速度 u_s 也必然小于近底层水流的作用流速 u_b。某些室内试验成果表明，泥沙的运动速度与水流垂线平均流速和起动流速之间有如下关系

$$u_s = A(U - U_c) \qquad (3\text{-}113)$$

式中：A 为比例系数，变化于 $0.9 \sim 1.0$ 之间。

仿照上式，考虑到泥沙运动速度 u_s 与近底流速 u_b 应该有更直接的关系，认为

$$u_s = A'(u_b - u_{bc}) \qquad (3\text{-}114)$$

式中：A' 为另一比例系数。

采用指数流速分布公式(3-60)，应有

$$u_b = (1 + m)\alpha^m U \left(\frac{d}{h}\right)^m \qquad (3\text{-}115)$$

$$u_{bc} = (1 + m)\alpha^m U_c \left(\frac{d}{h}\right)^m \qquad (3\text{-}116)$$

所以

$$u_s = (1 + m)\alpha^m A'(U - U_c)\left(\frac{d}{h}\right)^m \qquad (3\text{-}117)$$

动密实系数应该随着水流垂线平均流速的增加而增大，随起动流速的增加而减小，因此

$$m_s = \eta\left(\frac{U}{U_c}\right)^n \qquad (3\text{-}118)$$

式中：n 为指数；η 为系数。

将式(3-117)、式(3-118)代入式(3-112)中，简化后得

$$g_b = \varphi\rho_s d(U - U_c)\left(\frac{U}{U_c}\right)^n\left(\frac{d}{h}\right)^m \qquad (3\text{-}119)$$

式中：φ 为综合系数，$\varphi = (1 + m)\alpha^m A' K \eta$；$n$、$m$ 为待定指数，应根据实测推移质输沙率资料反求，即使是 m，也以反求为益。

下面列举一些此类有代表性的公式。

（1）沙莫夫推移质输沙率公式

$$g_b = 0.95\sqrt{d}\left(\frac{U}{U_c'}\right)^3(U - U_c')\left(\frac{d}{h}\right)^{1/4} \qquad (3\text{-}120)$$

单位制为 m、s。资料范围：$d = 0.2 \sim 0.73$ mm，$13 \sim 65$ mm；$h = 1.02 \sim 3.94$ m，$0.8 \sim 2.16$ m；$U = 0.40 \sim 1.02$ m/s、$0.80 \sim 2.95$ m/s。

（2）冈恰洛夫公式

$$g_b = 2.08d \left(\frac{U}{U_c} \right)^3 (U - U_c) \left(\frac{d}{h} \right)^{1/10} \tag{3-121}$$

单位制为 kg、m、s。资料范围:$d = 0.08 \sim 10$ mm,$\frac{h}{d} = 10 \sim 1\,550$,$\frac{U}{U_c} = 1.0 \sim 18.3$。

(二)以拖曳力为主要参变数的推移质输沙率公式

以拖曳力为主要参数的公式,认为拖曳力愈大,则推移质输沙率愈大。

早在 1879 年,杜博埃(P. DuBoys)就提出如下的关系式

$$g_b = \psi \cdot \tau_0 (\tau_0 - \tau_c) \tag{3-122}$$

式中:τ_c 为起动拖曳力,$\tau_c = f(\gamma_s - \gamma)d$,此处 f 为摩擦系数;τ_0 为拖曳力;ψ 为表征泥沙输移的特性系数。

杜博埃假定泥沙在水流拖曳力作用下成层运动,运动速度自表层向下成直线递减,从而导出推移质输沙率公式。由于杜博埃设想的图案与通常情况下推移质的实际运动状况不符,他的公式现在也很少被采用。但杜博埃提出推移质输沙率是水流实际拖曳力与床沙起动拖曳力差值的函数,这一观点一直为不少科学研究工作者所沿用,并加以补充与发展。属于这一类型的公式,如:

(1)耶格阿扎罗夫公式

$$g_b = k \frac{\rho_s}{\frac{\rho_s - \rho}{\rho}} qJ^{1/2} \left(\frac{\tau_0 - \tau_c}{\tau_c} \right) \tag{3-123}$$

式中:q 为单宽流量;J 为比降;k 为常数,取为 $0.01 \sim 0.03$,平均值 0.015。

耶格阿扎罗夫所引用的实际资料中,泥沙粒径的变化范围为 $0.375 \sim 62.5$ mm。

(2)梅叶 – 彼德用于宽浅河槽公式

$$g_b = \frac{\left[\left(\frac{n'}{n} \right)^{3/2} \gamma hJ - 0.047 (\gamma_s - \gamma)d \right]^{3/2}}{0.125 \rho^{1/2} \left(\frac{\rho_s - \rho}{\rho} \right) g} \tag{3-124}$$

式中:n 为曼宁糙率系数;n' 为河床平整情况下的沙粒曼宁糙率系数,$n' = d_{90}^{1/6}/26$,d_{90} 为粒配曲线中 90% 较之为小的粒径。

式(3-124)中的基本单位为 t、m、s,其中 γ、γ_s 的单位为 kN/m^3。

梅叶 – 彼德曾在实验室内进行过大量推移质试验,试验资料的范围比较广:能坡 $J = 0.000\,4 \sim 0.02$,平均粒径 $d_m = 0.4 \sim 30$ mm,水深 $h = 120$ cm,流量 $Q = 0.000\,2 \sim 4$ m^3/s,泥沙密度 $\rho_s = 1.25 \sim 4.2$ t/m^3。梅叶 – 彼德公式除了资料范围较广的特点之外,公式导出的过程也比较细致。梅叶 – 彼德根据初步试验资料,找到了一个只包括单宽推移质输沙率、单宽流量、比降及泥沙粒径 d 等几个简单因子输沙率的经验公式,然后把这样的结果应用到比较复杂的情形中去,找出偏差以及产生偏差的原因。再进一步把引起偏差的因素孤立起来,研究其对输沙的作用。这样,一步步地考虑泥沙的容重和组成,以及床面起伏等因素对推移质输沙率的影响,最后求出一般性的推移质输沙率公式(式(3-124))。

在式(3-124)中有一个值得注意的问题,就是在 $\tau = \gamma hJ$ 之前,加了修正系数 $(n/n')^{3/2}$。之所以要这样做,是因为当拖曳力不变而床面出现沙波时,实测资料表明推移

质输沙率要减小。这一现象的解释正是:对推移质泥沙来说,不是全部拖曳力,而只是与沙粒阻力有关的一部分拖曳力对推移输沙率起作用;另一部分与沙波阻力有关的拖曳力对推移质输沙率不起作用。因此,在式(3-124)中就不应引进全部拖曳力 τ,而只应引进与沙粒阻力有关的拖曳力 τ'。按能坡分割法

$$\frac{\tau'}{\tau} = \frac{J'}{J} = \frac{\dfrac{f'U^2}{8gh}}{\dfrac{fU^2}{8gh}} = \frac{f'}{f} \tag{3-125}$$

取

$$\sqrt{\frac{8g}{f}} = \frac{h^{1/6}}{n}, \quad \sqrt{\frac{8g}{f'}} = \frac{h^{1/6}}{n'} \tag{3-126}$$

代入式(3-125),可得

$$\frac{\tau'}{\tau} = \left(\frac{n'}{n}\right)^2 \tag{3-127}$$

因此

$$\tau' = \left(\frac{n'}{n}\right)^2 \tau = \left(\frac{n'}{n}\right)^2 \gamma hJ \tag{3-128}$$

但梅叶 – 彼德根据推移质输沙率试验成果认为,n/n' 的指数以改用 3/2 为宜,这样计算与实测较为符合。这就是式(3-124)中拖曳力前面的修正系数的由来。由于 n' 是粒径 d 的单值函数,也就是说,在以拖曳力为主要参变数的推移质输沙率公式中,应包含糙率系数 n,而且糙率系数 n 愈大,推移质输沙率愈小。

梅叶 – 彼德公式由于根据的试验资料范围较广,并且包括了中值粒径达 28. 65 mm 的卵石试验数据,在应用到粗沙及卵石河床上去时,把握比其他公式更大一些。

二、基于能量平衡概念的输沙率公式

水流为了维持泥沙处于推移运动状态,必然要消耗有效能量。因此,基于能量平衡观点的输沙率公式的建立首先从分析水流和泥沙能量平衡情况入手,建立起公式的结构形式,然后再由实测资料确定其中的参数。

(一)拜格诺(Bagnold RA.)公式

设在单位床面上运动的泥沙的有效重量为 W,运动速度为 u_s,则泥沙运动所遇到的阻力 R 为

$$R = W\tan\varphi_0 \tag{3-129}$$

式中:$\tan\varphi_0$ 为摩擦系数,对于球体颗粒 $\tan\varphi_0 = 0.63$。

单位时间内阻力所做的功为

$$N = W\tan\varphi_0 u_s \tag{3-130}$$

式中的 N 称为有效功。

由于 Wu_s 是在单位时间内通过单位宽度的泥沙有效重量,即为 g_b',因而

$$N = g_b'\tan\varphi_0 \tag{3-131}$$

水流所提供的能量为

$$E = (\tau_0 - \tau_c) u_b \tag{3-132}$$

式中:u_b 为临近河底的流速,设相当于颗粒顶部的流速;τ_c 为泥沙起动剪切力。

$$\frac{N}{E} = e_b$$

式中:e_b 称为水流推移泥沙的效率系数。

将式(3-131)、式(3-132)代入上式后,有

$$e_b = \tan\varphi_0 \frac{g_b'}{(\tau_0 - \tau_c) u_b} \tag{3-133}$$

由此解得

$$g_b' = \frac{e_b}{\tan\varphi_0}(\tau_0 - \tau_c) u_b \tag{3-134}$$

根据流速分布公式可得 $y = d$ 时,$u_b = 8.16 u_*$,所以

$$g_b' = K'(\tau_0 - \tau_c) u_* \tag{3-135}$$

式中:$K' = 8.16 \dfrac{e_b}{\tan\varphi_0}$。

如将 g_b' 改成 g_b,则

$$g_b = K(\tau_0 - \tau_c) u_* \tag{3-136}$$

式中:$K = K' \cdot \dfrac{\gamma_s}{\gamma_s - \gamma}$

根据试验结果,$\dfrac{e_b}{\tan\varphi_0}$ 与粒径 d 有关,如图 3-15 所示。

(二)王艳平、张红武、张俊华公式

王艳平等认为,单位床面上的水流功率(即单位时间内的势能损失)一部分用于床面泥沙的起动,一部分可能用于床面推移质泥沙的输移,依次建立了如下推移质输沙率计算公式

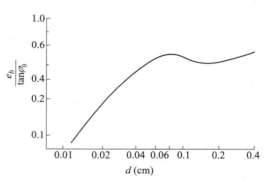

图 3-15 　$\dfrac{e_b}{\tan\varphi_0}$ 与 d 的关系

$$q_s = 2.254\gamma_s \left(\frac{\gamma}{\gamma_s - \gamma}\right)^2 \frac{v^2(v^2 - v_c^2)}{A^2 g^{1.5} R^{1/2}} \left(\frac{D_{65}}{R}\right)^{1/3} \cot\varphi \tag{3-137}$$

式中:v 为流速;v_c 为泥沙起动流速;φ 为泥沙的水下休止角;R 为水力半径;A 为与泥沙粒径有关的系数,采用下式计算

$$A = 1.54\ln d + 28.48 \tag{3-138}$$

三、基于统计法则的输沙率公式

前述推移质输沙率公式,在建立过程中,自始至终都是考虑时均情况的。而实际上推移质运动是一种随机现象。床面上的某些泥沙,在起动后运行一段距离,重新返回床面,并等候下一次起动,整个过程都与泥沙所在位置及遭遇的瞬时流速有关。由于水流的紊动特征,瞬时流速具有随机性质,因此推移质泥沙的起动和输移也具有随机性质。研究推

移质运动规律而不考虑它的随机性质是不可能做到很深入的。因此,根据统计法则探求推移质输沙率公式,已逐渐发展成为从理论上研究推移质运动的一个重要流派,其中,以爱因斯坦的研究工作最具代表性。

爱因斯坦根据一系列的预备试验及统计分析,得到下列几点基本认识:

(1)河床表面的泥沙及运动的推移质组成一个不可分割的整体,它们之间存在不断的交换。运动—静止—再运动说明床面泥沙的全部历史,推移质输沙率实质上决定于沙粒在床面停留时间的久暂。

(2)由于推移质运动的随机性质,应该用统计学的观点来讨论大量泥沙颗粒在一定水流条件下的运动过程,而不是去研究某一颗或某几颗沙粒的运动。

(3)任何沙粒被水流带起的概率,决定于泥沙的性质及水流在河床附近的流态,与沙粒过去的历史无关。对于一定的沙粒,进入运动的概率,在床面各处都是相同的。

(4)使泥沙起动的主要作用力是上举力,当瞬时上举力大于沙粒在水中的重量时,床面沙粒就进入运动状态。

(5)沙粒在运动过程中,只要遇到当地的瞬时水流条件不足以维持其继续运动,就会在那里沉淀下来。对于一定的沙粒,在床面各处沉淀的概率也都是一样的。

(6)在泥沙运动强度不大时,任何沙粒在两次连续沉积点之间的平均运动距离,决定于沙粒的大小及形状,与水流条件、床沙组成及推移质输沙率无关。对于具有一般球度的沙粒来说,这个平均距离约相当于粒径的 100 倍。

从以上这些概念出发,爱因斯坦首先导出了均匀沙的推移质输沙率公式,对于非均匀沙,则分粒径级计算。在推导过程中,解决了起动几率、沙粒的跳跃距离及床沙与推移质进行交换所需要的时间等问题,建立了输沙强度与水流强度之间的关系,然后由输沙强度得到推移质输沙率。这类公式应用几率概念,通过统计分析的途径,建立起公式的结构形式,再由实测资料确定其中的参数。

(一)泥沙起动的几率 P

泥沙颗粒受到的上举力 F_L 的表达式为

$$F_L = \lambda_L A_1 d^2 \gamma \frac{u_b^2}{2g} \tag{3-139}$$

式中:A_1 为沙粒面积系数,对球体,A_1 为 $\frac{\pi}{4}$。

采用坎鲁根(G. H. Keulegan)公式来表示作用于沙粒的流速 u_b

$$u_b^2 = R_b' J g \left[5.75 \lg \left(10.6 \frac{y_1}{\Delta} \right) \right]^2 \tag{3-140}$$

式中:R_b' 为与沙粒阻力相应的水力半径;Δ 为绝对糙率;y_1 为作用于沙粒的流速距离理论床面的有效高度。当 $\frac{\Delta}{\delta} > 1.8$ 时,$y_1 = 0.77\Delta$,当 $\frac{\Delta}{\delta} < 1.8$ 时,$y_1 = 1.39\delta$(δ 为层流边界层的厚度)。

根据埃尔 - 塞尼(El - Samni)的试验结果,对于均匀沙,上举力系数 $\lambda_L = 0.178$。

将式(3-140)代入式(3-139)。考虑到上举力的瞬时变化,在等式右边乘以($1 + \eta$),

η 为随时间而变的参变数,它表达水流脉动的不稳定性,代表附加于时均上举力之上的上举力的脉动,可以是正值也可以是负值。因此,上举力 F_L 的表达式可以改写为

$$F_L = 0.178\rho A_1 d^2 \frac{1}{2}gR'_bJ\left[5.75\lg\left(10.6\frac{y_1}{\Delta}\right)\right]^2(1+\eta) \tag{3-141}$$

由于上举力只能是正的,故 $1+\eta$ 只能从正值去理解。因此,可将 $1+\eta$ 取绝对值 $|1+\eta|$,则

$$F_L = 0.178\rho A_1 d^2 \frac{1}{2}gR'_bJ\left[5.75\lg\left(10.6\frac{y_1}{\Delta}\right)\right]^2|1+\eta| \tag{3-142}$$

作用于沙粒的有效重力 W 表示为

$$W = \alpha_1(\gamma_s - \gamma)d^3 \tag{3-143}$$

由于只有当 $F_L > W$ 时,沙粒才能被冲走,因此起动几率 P 就是 $\frac{W}{F_L} < 1$ 的几率。将式(3-142)及式(3-143)代入此不等式并整理后,得

$$|1+\eta| > B\psi\frac{1}{\beta_{y_1}^2} \tag{3-144}$$

式中

$$\psi = \frac{\rho_s - \rho}{\rho}\frac{d}{R'_bJ} \tag{3-145}$$

$$B = \frac{2\alpha_1}{0.178 \times 5.75^2 A_1} \tag{3-146}$$

$$\beta_{y_1} = \lg\left(10.6\frac{y_1}{\Delta}\right) \tag{3-147}$$

将不等式(3-144)两边平方后,再除以 η 的标准偏差 η_0($\eta_0 = \sqrt{\overline{\eta^2}}$)的平方 η_0^2,并令

$$\eta_* = \frac{\eta}{\eta_0} \tag{3-148}$$

这里 η_* 实际上是 η 的相对变化值,由此得沙粒起动条件为

$$\left(\frac{1}{\eta_0} + \eta_*\right)^2 > \frac{B^2\psi^2}{\eta_0^2\beta_{y_1}^4} = B_*^2\psi_*^2 \tag{3-149}$$

式中

$$B_* = \frac{B}{\eta_0} \tag{3-150}$$

$$\psi_* = \frac{\psi}{\beta_{y_1}^2} \tag{3-151}$$

式(3-149)的沙粒起动的临界条件又可以写成

$$\eta_* = \pm B_*\psi_* - \frac{1}{\eta_0} \tag{3-152}$$

由于脉动流速的分布规律符合高斯正态误差分布定律,而 η_* 只与水流脉动情况有关,因此脉动值 η_* 的几率分布也应该遵循正态误差分布定律。由于沙粒起动几率与不动几率之和等于1,所以起动几率 P 可写成

$$P = 1 - \frac{1}{\sqrt{\pi}} \int_{-B_*\psi_* - \frac{1}{\eta_0}}^{B_*\psi_* - \frac{1}{\eta_0}} e^{-\theta^2} d\theta \tag{3-153}$$

此处 θ 为积分变量,它反映 η_* 的变化。

(二)床面承受冲刷部分占总面积的百分数

既然 P 是泥沙的起动几率,表示作用于床面上任何一颗泥沙的上举力超过有效重力的几率,而床面上各点从统计学上看又没有任何差别,因此几率 P 显然就是床面承受冲刷部分占总面积的百分数。

如令 i_b 为床沙中粒径属于某一组的泥沙所占的百分数,则在单位面积中,这类大小的泥沙颗粒数将为 $\frac{i_b}{A_1 d^2}$,其中能有机会被冲走的颗粒数应为 $\frac{i_b P}{A_1 d^2}$。设泥沙被水流举起完全脱离床面需要的时间为 t_1,则在单位时间中,从单位床面上有机会被冲走的这一组泥沙的颗粒数 N 应为

$$N = \frac{i_b P}{A_1 d^2 t_1} \tag{3-154}$$

根据实际观测,爱因斯坦认为时间 t_1 是水流将泥沙举起完全脱离床面的时间,应该等于相同粒径的泥沙沉落到床面上所需的时间,并与泥沙在水中下沉距离为 d 所需的时间成正比,即

$$t_1 \propto \frac{d}{\omega} \tag{3-155}$$

对于粗颗粒泥沙有

$$\omega \propto \sqrt{\frac{\rho_s - \rho}{\rho} g d} \tag{3-156}$$

所以

$$t_1 = A_3 \sqrt{\frac{\rho d}{g(\rho_s - \rho)}} \tag{3-157}$$

式中:A_3 为系数。

将式(3-157)代入式(3-154)得

$$N = \frac{i_b P}{A_1 A_3 d^2} \sqrt{\frac{g(\rho_s - \rho)}{\rho d}} \tag{3-158}$$

如以 g_b 代表推移质输沙率,i_B 为某组泥沙在底沙中所占的百分数,则 $g_b i_B$ 为单位时间内通过单位河宽的该组泥沙的干重。假定每颗泥沙每次运行所经过的平均距离为 $A_L d$,则通过某一断面的泥沙,将是从该断面以上距离为 $A_L d$ 的范围内冲来的泥沙。而在单位时间内从面积为 $A_L d \times 1$ 的床面上有机会被冲走的该组泥沙的干重为 $A_L d \cdot N \cdot \alpha_1 d^3 \cdot \gamma_s$,因此得

$$i_B g_b = A_L d \cdot N \cdot \alpha_1 d^3 \cdot \gamma_s \tag{3-159}$$

将式(3-158)代入式(3-159)得

$$\frac{i_B g_b}{\alpha_1 A_L g \rho_s d^4} = \frac{i_b P}{A_3 A_1 d^2} \sqrt{\frac{g(\rho_s - \rho)}{d\rho}} \tag{3-160}$$

如前所述,在水流运动强度较小,即当 P 值较小时,泥沙的平均运行距离为 $A_L d = Kd$,K 是常数,约等于100。但是当水流运动强度较大,即 P 值较大时,通过所考虑的过水断面的泥沙将不仅包括新从面积为 Kd 的床面上冲起的泥沙,同时还要包括来自更上游而没有机会在面积为 $Kd \times 1$ 的床面上沉淀的泥沙。在这种情况下,$A_L d$ 将不等于 Kd,而是与水流强度有关,是几率 P 的函数。

假定单位时间内进入起始断面的某粒径组的泥沙颗数为 N',在完成第一个行程的过程中,只有 $N'(1 - P)$ 颗泥沙在 Kd 距离内沉积,剩下的 $N'P$ 颗泥沙则继续前进。经过第二个行程 Kd 的过程中,又只有 $N'P(1 - P)$ 颗泥沙沉积在床面上,再剩下 $N'P^2$ 颗泥沙继续前进。如此继续下去,这 N' 颗泥沙运行的总距离 L 应该等于经历不同行程的泥沙各自运行距离的总和,即有

$$L = N'(1 - P)Kd + N'P(1 - P)2Kd + N'P^2(1 - P)3Kd + \cdots$$

$$+ N'P^{n-1}(1 - P)nKd + \cdots = N' \sum P^{n-1}(1 - P)nKd = N' \frac{Kd}{1 - P} \tag{3-161}$$

则泥沙的平均运行距离为

$$A_L d = \frac{L}{N'} = \frac{1}{1 - P} Kd \tag{3-162}$$

将式(3-162)代入式(3-160)得

$$\frac{P}{1 - P} = \frac{A_1 A_3}{\alpha_1 K} \frac{i_B}{i_b} \frac{g_b}{\rho_s gd} \left[\frac{\rho}{(\rho_s - \rho)gd} \right]^{1/2} \tag{3-163}$$

或者

$$\frac{P}{1 - P} = A_* \frac{i_B}{i_b} \Phi = A_* \Phi_* \tag{3-164}$$

式中

$$A_* = \frac{A_1 A_3}{\alpha_1 K} \tag{3-165}$$

$$\Phi_* = \frac{i_B}{i_b} \Phi \tag{3-166}$$

$$\Phi = \frac{g_b}{\rho_s gd} \left[\frac{\rho}{(\rho_s - \rho)gd} \right]^{1/2} \propto \frac{g_b}{\gamma_s d\omega} \tag{3-167}$$

爱因斯坦将 Φ 称为推移质输沙强度。

由式(3-164)解得

$$P = \frac{A_* \Phi_*}{1 + A_* \Phi_*} \tag{3-168}$$

将式(3-168)与式(3-153)联立,得推移质输沙率公式

$$P = 1 - \frac{1}{\sqrt{\pi}} \int_{-B_* \psi_* - \frac{1}{\eta_0}}^{B_* \psi_* - \frac{1}{\eta_0}} e^{-\theta^2} d\theta = \frac{A_* \Phi_*}{1 + A_* \Phi_*} \tag{3-169}$$

直接应用式(3-169)是非常麻烦的,通过试验,认为在一般情况下,η_0 是常数,采用 $\frac{1}{\eta} = 2.0$,A_* 和 B_* 也是常数,$A_* = \frac{1}{0.023}$,$B_* = \frac{1}{7}$,因此式(3-169)可以写成

$$\Phi_* = f(\psi_*) \tag{3-170}$$

由式(3-164)、式(3-167)知

$$\Phi_* = \frac{i_B}{i_b}\Phi \propto \frac{i_B}{i_b}\frac{g_b}{\gamma_s d\omega} \tag{3-171}$$

故 Φ_* 同样也表明推移质输沙强度,此值越大,推移质输沙率也越大。由式(3-144)、式(3-149)和式(3-140)知

$$\psi_* = \frac{\rho_s - \rho}{\rho}gd\left\{\frac{1}{R_b'Jg\left[\lg\left(10.6\frac{y_1}{\Delta}\right)\right]^2}\right\} \propto \left(\frac{\omega}{u_b}\right)^2 \tag{3-172}$$

可见 ψ_* 是泥沙的水力粗度与泥沙的作用流速之比的函数,此值愈小,则表明水流对泥沙的作用愈强烈。

在实际运用中,为了计算方便,采用制成图表使用的办法,如图3-2所示。若水流条件已知,泥沙条件已知,即可算得 ψ_* 值,由图3-16中查出 Φ_* 值,然后代入式(3-171)求 Φ,再由式(3-167)求出推移质输沙率 g_b。

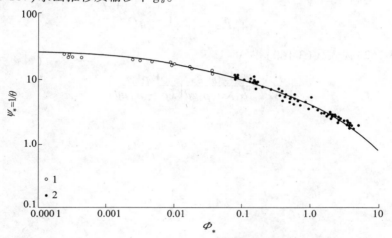

图3-16 ψ_* 和 Φ_* 的关系曲线

1—d = 28.65 mm(梅叶 – 彼德(1934));2—d = 0.785 mm(吉尔伯特(1914))

爱因斯坦的推移质输沙率公式,到目前为止,仍不失为理论上比较完整的一个公式,受到广泛重视。但也还存在一些缺陷,尚待进一步完善。与天然实际资料的符合情况,也有待于进一步检验。

在结束关于推移质输沙率问题时需说明以下几个问题:

(1)推移质输沙率公式的共性。由水力学知道,$\tau \propto J\tau \propto U^2$,因此以上所介绍的推移质输沙率公式的一个共同点是输沙率大约与流速 U 的四次方成比例。这说明输沙率对流速是十分敏感的。因此,在计算输沙率时,对流速资料的可靠性及处理方法必须十分注意。

(2)推移质输沙率公式的局限性。现有的底沙输沙率公式很多。有人总结了自1914年首次试验资料以来的3 709次试验成果,得到如下印象:与天然河流比较,水槽试验中

的沙粒较细,水面坡降较大,相对水深较小,佛汝德数较大。因此,把试验资料用于河流时,必须十分慎重。在采用公式时,要注意它的适用范围,并应在河流中验证后再应用。

（3）非均匀推移质泥沙的输沙率。上面介绍的除了统计法建立的推移质输沙率公式外,都是针对均匀沙的。当推移质为非均匀沙时,必须考虑分组计算。如果只需要一个总的推移质输沙率时,可以采用一个床沙代表粒径代入公式计算,一般取平均粒径。

（4）野外观测的重要性。推移质运动是在水流与床面附近一个很薄的交界层内进行的,是一种瞬息万变的现象。野外观测推移质至今仍无理想的办法,因此对于推移质运动的机理仍不十分清楚,对于推移质输沙率也缺少满意的采样器。由于缺少可靠的天然资料,使经验公式的可靠性无法得到验证。

第六节　悬移质运动基本概念及含沙量沿垂线分布

一、悬移质、床沙质及冲泻质的基本概念

在平原河流中,悬移质占河流输送泥沙的绝大部分,在一部分山区和丘陵区的河流中,悬移质也占很大比重。就数量来说,冲积平原河流挟带悬移质的数量,往往为推移质的数十倍或数百倍;山区河流,因推移质数量稍大,这一比值相对减小,但也达数十倍以上。这就表明,在河流蚀山造原（指平原）的过程中,悬移质至少在数量上起着更为重要的作用,因而是河流泥沙动力学的重要研究对象。

前面我们已经阐述了推移质运动、悬移质运动是河道水流中泥沙的主要运动形式。二者虽然都因为水流的作用而运动,却有着各自的特点。

天然河流中的床沙（组成河床的泥沙,有的文献称河床质）、推移质、悬移质的粒径组成,以悬移质的粒径最细,非均匀性最大。图3-17为天然河流实测悬移质与床沙的粒径级配组成形式的对比。由图可见,无论是同一垂线性情况还是断面平均情况,悬移质的组成都较床沙细、不均匀。

与推移质不同,悬移质在水流中的运动状态,不是滚动、滑动或跃移,而是在水流的诸流层中悬浮前进,时而接近水面,时而接近河床,留下只具有统计学机遇性质、而无力学必然规律的迹线。另外,推移质运动的间断性强,而悬移质运动的持续性一般是相当大的。

在河流的水文测验工作中,发现床沙及悬移质的组成具有以下特点:

（1）床沙比较均匀,而悬移质组成则很不均匀。反映在级配曲线上就是床沙的级配曲线坡度比较陡,而悬移质的级配曲线比较缓。

（2）床沙的平均粒径常较后者的平均粒径为大。

（3）床沙中的粗颗粒多于细颗粒,而悬移质中则细颗粒多于粗颗粒,并且悬移质中较粗的一小部分泥沙是床沙中大量存在的,而大部分较细的泥沙却是床沙中少有的或根本没有的。

进一步的分析发现,悬移质中粗颗粒的输沙率与水流条件之间有较好的关系,而细颗粒的输沙率与水流条件之间的关系往往比较分散,有时甚至不存在相关。图3-18是某河流中不同粒径泥沙的输沙率与流量的关系,正说明了这一情况。

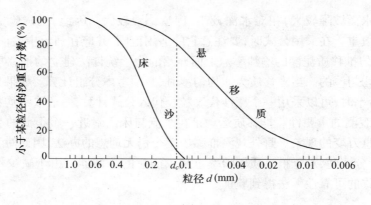

（a）

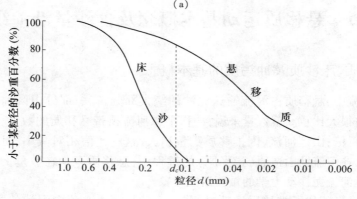

（b）

图 3-17 悬移质与床沙粒配曲线对比

（a）同一垂线情况；（b）断面平均情况

悬移质中粗细泥沙在这些方面的差异关系到理论上和生产实践上一系列问题的处理，因此有必要把它们分别命名，以资区别。通常把悬移质中相当于组成床沙主体的粗颗粒泥沙称为床沙质，把悬移质中大部分细颗粒泥沙称为冲泻质。

悬移质中的床沙质和冲泻质是既有区别又相联系的两种泥沙。

床沙质在床沙中大量存在，有充分机会可以和床沙进行交换，故其输沙率和河流的水流条件有明确的关系。如果自上游进入河段的床沙质数量比河段的输沙能力小，水流就会一方面冲刷河床以得泥沙补充，增加其挟带的沙量；另一方面，通过冲刷对河床进行调整，降低河段输沙能力以适应来水来沙的条件。反之，当正上游进入河段的床沙质数量大于水流能挟带的泥沙量，则多余的部分就会落淤于河床上。由此可见，河段的床沙质输沙率和上游来沙量无关，只与本河段的水流条件有关。同时，床沙质与河道的冲淤变化有密切的关系。

冲泻质主要是从上游流域侵蚀来的，是床沙中少有的或没有的泥沙。因此，如果上游的来沙量超过了本河段水流所能挟带的限度，一般也不会直接发生淤积，但如果上游的来沙量低于本河段水流所能挟带的限度，却得不到应有的补充。所以，一般情况下，河流中的冲泻质往往处于不饱和状态，它的含沙量大小主要取决于上游河段的来沙情况，而上游

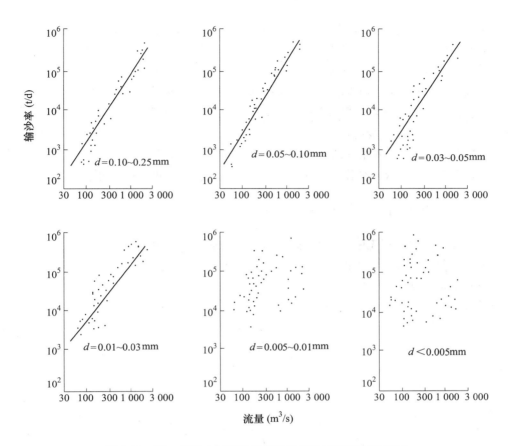

图 3-18 同一河流中不同粒径泥沙的输沙率与流量的关系

河段的来沙条件在很大程度上取决于流域内的地表冲蚀状况,所涉及的因素是复杂的。冲泻质在河段的床沙中很少或没有,说明这些泥沙几乎与床沙不发生交换,不参加这一河段的河床演变活动。它们只是一泻而过,所以一般说冲泻质与河床演变没有直接联系。

床沙质和冲泻质在一定条件下可以相互转化。一般说来沙组成上游粗些,下游细些。由于下游河段的床沙组成细,上游河段冲泻质中的粗颗粒在下游河床中大量存在,可以和它们充分交换。这样,上游河段冲泻质中的这些粗颗粒泥沙就成为下游河段的床沙质了;对于同一河段,洪水期和枯水期,其床沙组成也可能会有变化。在水利枢纽下游河段,由于泥沙被拦蓄在水库中,下泄的清水使坝下游河床发生强烈冲刷,床面的细颗粒泥沙首先被冲起,床沙组成逐渐变粗,使原来属于床沙质的一部分泥沙成为冲泻质;在水库回水区,由于流速降低,泥沙落淤,河床组成变细,也会使原来属于冲泻质的一部分泥沙成为床沙质。

从上面的分析可知,床沙质和冲泻质的界限并不是绝对的,而是相对的。关于确定划分床沙质与冲泻质的临界粒径 d_c(或与 d_c 相应的临界沉速 ω_c)的问题,是一个在理论上争论较多、在实践中麻烦较大的问题。

在具体的资料分析工作中,通常将悬移质级配曲线与相应的(即相同的水流条件下的)床沙级配曲线进行对比来划分悬移质中的床沙质与冲泻质。

在图 3-17 中床沙级配曲线右端 $P < 10\%$ 的范围内,如出现比较明显的拐点,就以与这一拐点相应的床沙粒径作为悬移质中区分床沙质与冲泻质的临界粒径 d_c。这样做的理由是:曲线中拐点的出现,表明一个质变,比拐点相应的粒径稍大的沙粒在床沙中所占百分数比较大,而比拐点相应的粒径稍小的沙粒在床沙中所占百分数却突然变小。这就意味着悬移质中大于此粒径的泥沙是床沙中大量存在的,因而应该属于床沙质范围;小于此粒径的泥沙是床沙中少有或没有的,因而应该属于冲泻质的范围。这种方法可称之为拐点法。但是,在有些情况下,床沙粒配曲线在下端附近缺乏明显的拐点,这时就取曲线上与纵坐标 5% 相应的粒径作为临界粒径 d_c。可以看出,这两种划分方式都是不严格的。

二、悬移质运动的质量平衡律

在分析水 – 沙两相流中,科学家们采用不同的途径叙述悬移质运动的质量平衡律,其中传播较广者主要有紊动扩散理论和重力理论。

(一)紊动扩散理论

紊动扩散理论又可以简括为:如果某一物理量 m 在呈现紊动状态、可作为连续介质看待的流体中分布不匀,具有沿任一方向 n 的浓度梯度 $\partial m / \partial n$,则这一物理量将通过紊动作用由高浓度区向低浓度区扩散,其扩散强度为 $-\varepsilon_n \dfrac{\partial m}{\partial n}$,此处 ε_n 为扩散系数,亦称传递系数。

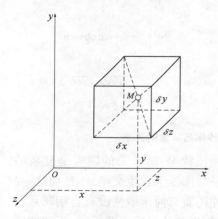

图 3-19 微小正六面体

试观察水 – 沙两相流中一个位置固定的微小正六面体 $\delta x \delta y \delta z$,如图 3-19 所示。设形心 M 的坐标为 x、y、z;y 轴沿垂线向上;M 处的时均含沙量为 $\overline{S}$(以质量表示);泥沙的沉速为 ω;沿 x、y、z 三轴的时均流速的投影为 $\overline{u}$、$\overline{v}$、$\overline{w}$;悬移质扩散系数 ε_s 在三轴向的投影为 ε_{sx}、ε_{sy}、ε_{sz}。在此情况下,在微小时段 δt 中自正六面体中垂直于 x 轴的上游面进入正六面体的悬移质量为

$$\left[\overline{u}\overline{S} - \frac{1}{2}\frac{\partial(\overline{u}\overline{S})}{\partial x}\delta x\right]\delta y\delta z\delta t - \left[\varepsilon_{sz}\frac{\partial\overline{S}}{\partial x} - \frac{1}{2}\frac{\partial}{\partial x}\left(\varepsilon_{sx}\frac{\partial\overline{S}}{\partial x}\right)\delta x\right]\delta y\delta z\delta t \tag{3-173}$$

同时,自正六面体中垂直于 x 轴的下游面离开正六面体的悬移质质量应为

$$\left[\overline{u}\overline{S} + \frac{1}{2}\frac{\partial(\overline{u}\overline{S})}{\partial x}\delta x\right]\delta y\delta z\delta t - \left[\varepsilon_{sz}\frac{\partial\overline{S}}{\partial x} + \frac{1}{2}\frac{\partial}{\partial x}\left(\varepsilon_{sx}\frac{\partial\overline{S}}{\partial x}\right)\delta x\right]\delta y\delta z\delta t \tag{3-174}$$

以上两者之差为

$$\left[-\frac{\partial(\overline{u}\overline{S})}{\partial x} + \frac{\partial}{\partial x}\left(\varepsilon_{sx}\frac{\partial\overline{S}}{\partial x}\right)\right]\delta x\delta y\delta z\delta t \tag{3-175}$$

仿此,可得在 δt 时段中进出正六面体的悬移质的总差值,而此总差值应等于在时段 δt 中正六面体内的悬移质增量 $\dfrac{\partial\overline{S}}{\partial t}\delta x\delta y\delta z\delta t$。因此,得

$$- \frac{\partial(\overline{uS})}{\partial x} - \frac{\partial(\overline{vS})}{\partial y} - \frac{\partial(\overline{wS})}{\partial z} + \frac{\partial(\overline{\omega S})}{\partial y} + \frac{\partial}{\partial x}\left(\varepsilon_{sx}\frac{\partial \overline{S}}{\partial x}\right)$$

$$+ \frac{\partial}{\partial y}\left(\varepsilon_{sy}\frac{\partial \overline{S}}{\partial y}\right) + \frac{\partial}{\partial z}\left(\varepsilon_{sz}\frac{\partial \overline{S}}{\partial z}\right) = \frac{\partial \overline{S}}{\partial t} \qquad (3\text{-}176)$$

式(3-176)中多出了 $\dfrac{\partial(\overline{\omega S})}{\partial y}$ 一项,这是由于在 y 轴方向(垂向)多一个重力作用。

式(3-176)即为表达在水 – 沙两相流中三维非恒定不平衡情况下的悬移质质量平衡律(即连续律)的基本方程式。如果在平衡情况下,悬移质不增不减(河床不冲不淤),则方程式右边一项为零。

如果在二维恒定均匀流的平衡情况下,则上式将简化为

$$\frac{\partial}{\partial y}\left[\omega \overline{S} + \varepsilon_{sy}\frac{\partial \overline{S}}{\partial y}\right] = 0 \qquad (3\text{-}177)$$

积分后得

$$\omega \overline{S} + \varepsilon_{sy}\frac{\partial \overline{S}}{\partial y} = C \qquad (3\text{-}178)$$

式中:C 为常数。由于在单位时间内通过任一单位水平面而因紊动扩散作用被向上托起的沙量 $\varepsilon_{sy}\dfrac{\partial \overline{S}}{\partial y}$,应和因重力作用向下降落的沙量 $\omega \overline{S}$ 相等,故常数 C 为零,于是得

$$\omega \overline{S} + \varepsilon_{sy}\frac{\partial \overline{S}}{\partial y} = 0 \qquad (3\text{-}179)$$

式(3-179)即为表达二维水 – 沙两相流在恒定、均匀、平衡情况下悬移质质量平衡律(连续律)的基本方程式。

这里附带指出,为了书写方便,在下面论述中,除有必要引进脉动值的时候以外,表示时均含沙量 $\overline{S}$ 及时均流速 $\overline{u}$ 的时均符号"$-$"一概略去,S 及 u 即分别表示时均含沙量和时均流速。

(二)重力理论

在水 – 沙两相、二维、恒定、均匀流的平衡情况下,根据质量平衡律的要求,对于浑水水流中的清水及浑水水流中的悬移质来说,应各有如下关系式

$$\left.\begin{array}{l}\rho \overline{(1-S_V)v} = 0 \\ \rho_s \overline{S_V v_s} = 0\end{array}\right\} \qquad (3\text{-}180)$$

展开上面各式,并注意到

$$v = \bar{v} + v' \qquad (3\text{-}181)$$

$$S_V = \overline{S}_V + S'_V \qquad (3\text{-}182)$$

及

$$v_s = v - \omega \qquad (3\text{-}183)$$

则可得

$$\left.\begin{array}{l}\bar{v} - \overline{S_V}\bar{v} - \overline{S'_V v} = 0 \\ \overline{S_V}\bar{v} - \overline{S_V}\omega + \overline{S'_V v'} = 0\end{array}\right\} \qquad (3\text{-}184)$$

解式(3-184)得

$$\left.\begin{array}{l} \bar{v} = \overline{S_V}\omega \\ \bar{v}_s = -(1 - \overline{S_V})\omega \end{array}\right\} \tag{3-185}$$

值得注意的是,在维利坎诺夫提出方程式(3-185)以前,泥沙研究工作者们大都接受

$$\left.\begin{array}{l} \bar{v} = 0 \\ \bar{v}_s = -\omega \end{array}\right\} \tag{3-186}$$

当维利坎诺夫提出上述方程式时,引起一阵不同反应。其实,无论从物理过程分析,或从数学上分析,方程式(3-185)的正确性都是无可非议的。

就物理过程看,在水 - 沙两相流中,由于悬移质上稀下浓,在紊动扩散过程中,就必然会产生悬移质由下向上的扩散作用。同样,也可类比地看出,由于水的"上浓下稀",在紊动扩散过程中,也必然会产生水的由上向下的扩散作用。悬移质向上的扩散作用为垂直向下的重力作用所抵消,同时水向下的扩散作用为垂直向上的重力作用(实际上为浮力作用。因悬移质容重大于水,在它下沉过程中与水产生出重力的差别而引起的水、沙易位作用)所抵消,因而保持水 - 沙两相流的平衡状态。在含沙量 $\overline{S_V}$ 很小时,视 $\bar{v}_s = -\omega$,误差不大;但若含沙量 $\overline{S_V}$ 较大,仍视 $\bar{v}$ 为零,视 $\bar{v}_s = -\omega$,就可能产生一定的影响了。

综上所述,在质量平衡问题上,当含沙量较大时,重力理论的精确性较紊动扩散理论为大。

三、重力作用与紊动扩散作用

图 3-20 为天然河流悬移质含沙量沿垂线分布的实测资料。这种在自然界大量出现的现象,表达悬移质运动过程中的一条重要规律:悬移质在紊动水流中,既因承受重力作用而下沉,又因承受紊动扩散作用而上升。悬移质上升之所以成为可能,是与含沙量具有上稀下浓的沿垂线梯度分不开的。由于存在这种含沙量沿垂线梯度,尽管因紊动作用,在单位时间内穿过任一水平面的浑水水体的体积向上与向下应该彼此相等而相消,但向上的沙量却应大于向下的沙量,从而产生悬移质上升的效果。这样,悬移质因受重力作用而下沉和因受紊动扩散作用而上升的效果的对比,便成为导致河床冲刷、淤积或暂时平衡的决定性因素。

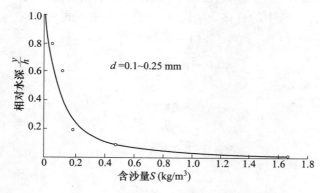

图 3-20 天然河流悬移质含沙量沿垂线分布

不难推论,在冲刷、淤积的过程中,沿垂线的含沙量梯度起着重要的调节作用。当含

沙量梯度大时,紊动扩散作用随之较大,悬移质上升和冲刷效果也较大。然而,悬移质的上升势必引起含沙量梯度减小,从而使悬移质承受紊动扩散的作用降低,并使冲刷减弱。从某种意义上说,在悬移质承受重力作用与紊动扩散作用的矛盾过程中,悬移质含沙量梯度起着一定的自我调整的杠杆作用。它既是紊动扩散赖以产生的因素,又是紊动扩散作用与重力作用相互制约的结果。

考虑二维均匀流情况,在垂线上取一个与流向平行、水平的单位截面。设该截面距离河床表面的垂直距离为 y,时均含沙量为 $\bar{S}$,悬移质的沉降速度为 ω,则单位时间内由于重力作用下沉通过该截面的泥沙质量 W_1 为

$$W_1 = \omega \bar{S} \tag{3-187}$$

由于水流紊动扩散引起的向上通过该截面的泥沙质量为 W_2,根据扩散理论,当空间不同部位存在着物质的浓度差异时,则此种物质将从浓度大的地方向浓度小的地方扩散,其扩散强度,即单位时间内通过单位截面的扩散量,与浓度梯度成正比,等于浓度梯度与扩散系数的乘积,扩散系数的大小决定于产生扩散的原动力,如果扩散现象由涡体紊动所引起,称其为紊动扩散,则

$$W_2 = -\varepsilon_y \frac{\partial \bar{S}}{\partial y} = \overline{v' S'} \tag{3-188}$$

式中:$\bar{S}$ 为时均含沙量(质量);S' 为脉动含沙量;v' 为垂向脉动流速;ε_y 为垂向传递系数;y 为垂向坐标轴。

由式(3-188)得:

淤积 $$\omega \bar{S} > -\varepsilon_y \frac{\partial \bar{S}}{\partial y} \tag{3-189}$$

冲刷 $$\omega \bar{S} < -\varepsilon_y \frac{\partial \bar{S}}{\partial y} \tag{3-190}$$

冲淤平衡 $$\omega \bar{S} = -\varepsilon_y \frac{\partial \bar{S}}{\partial y} \tag{3-191}$$

上式中,也可以 $\overline{v'S'}$ 代替 $-\varepsilon_y \frac{\partial \bar{S}}{\partial y}$。$\overline{v'S'}$ 恒为正值,$\frac{\partial \bar{S}}{\partial y}$ 恒为负值。

需要注意的是,重力作用对于连续介质、散粒群体及散粒个体都是适用的;紊动扩散作用只能适用于连续介质与可作为连续介质处理的散粒群体,不适用于散粒个体。在水－沙二相流中,水属于连续介质,可同时适用于重力作用及紊动扩散作用。泥沙在以散粒群体出现的情况下,既能适用于重力作用,也能适用于紊动扩散作用;但在以单独的或少数的散粒个体出现时,则只能适用于重力作用,而不能适用于紊动扩散作用,因而上述阐释及处理方式是无效的。

四、悬移质含沙量沿垂线分布

悬移质含沙量沿垂线分布是不均匀的,一般情况下,含沙量沿垂线分布是上稀下浓。含沙量的这种分布状态,在工程实际中具有重要意义。例如,当我们需要从河流中引用含沙量较少的水的时候,就应该尽可能取接近表层的水;但我们希望排除水流中的泥沙的时候,就应该尽可能泄走接近底层的水。无论在生活用水、农业用水、工业用水或水力发电

等方面,都往往涉及这个问题。因此,含沙量沿垂线的分布问题就成为研究悬移质运动规律的重要内容之一。

对二维恒定均匀流、平衡情况下的悬移质质量平衡律基本方程式(3-179)求解,便可得到含沙量沿垂线分布规律的数学公式。在这方面获得成果的学者很多。

(一)Rouse 公式

奥布赖恩及劳斯在从方程式(3-179)出发,建立二维均匀明槽流的平衡情况下悬移质含沙量沿垂线的分布公式时,作了两个重要的假设:

(1)w 沿水深为定值。

(2)视泥沙紊动扩散系数 ε_{sy} 等于相应的动量紊动扩散系数 ε_m。而动量紊动扩散系数,可根据卡门 – 普兰特尔对数流速分布公式计算,即

$$\frac{u_{max} - u}{U_*} = \frac{1}{\kappa}\ln\frac{h}{y} \tag{3-192}$$

求得。对式(3-192)微分得流速梯度

$$\frac{\mathrm{d}u}{\mathrm{d}y} = \frac{U_*}{\kappa y} \tag{3-193}$$

因此

$$\varepsilon_{sy} = \varepsilon_m = \frac{\tau/\rho}{\mathrm{d}u/\mathrm{d}y} = \frac{\tau_0(1 - y/h)}{\rho\dfrac{\mathrm{d}u}{\mathrm{d}y}} = \kappa U_*\left(1 - \frac{y}{h}\right)y \tag{3-194}$$

对式(3-179)积分得

$$\ln\frac{S}{S_a} = -\omega\int_a^y\frac{\mathrm{d}y}{\varepsilon_{sy}} \tag{3-195}$$

式(3-195)中 S_a 为 y 等于某一定值 a 处的含沙量,以式(3-194)中的 ε_{sy} 代入得

$$\ln\frac{S}{S_a} = -\omega\int_a^y\frac{\mathrm{d}y}{\kappa U_*(1 - y/h)y} = \frac{\omega}{\kappa U_*}\ln\frac{\dfrac{h}{y} - 1}{\dfrac{h}{a} - 1} \tag{3-196}$$

由式(3-179)与式(3-193)联解,积分即得含沙量沿垂线分布公式

$$\frac{S}{S_a} = \left[\frac{\dfrac{h}{y} - 1}{\dfrac{h}{a} - 1}\right]^{\frac{\omega}{\kappa U_*}} \tag{3-197}$$

年此式即为奥布赖恩 – 劳斯得到的水 – 沙两相二维恒定均匀流中平衡情况下,相对含沙量S/S_a沿垂线分布的方程式。

式(3-197)中的 $\omega/\kappa U_*$ 叫做悬浮指标,常用符号 Z 代表。它实质上代表重力作用(ω)与紊动扩散作用(κU_*)的对比关系。悬浮指标的数值愈大,表明重力作用在与紊动扩散作用的对比中愈强,悬移质含沙量在垂线上的分布越不均匀。反之,悬浮指标的数值愈小,则表明重力作用在与紊动扩散作用的对比中愈弱,悬移质含沙量在垂线上的分布越均匀。

式(3-197)的分布图形如图3-21中虚线所示。由图可看出,当$\omega/(\kappa U_*)\geqslant5.0$时,悬移质相对含沙量接近于零,这就表明悬浮指标还可以为河床床面泥沙的起悬提供一个临界条件;当$\omega/(\kappa U_*)\leqslant0.01$时,悬移质含沙量将接近于一条垂向直线,即含沙量沿水深接近均匀分布。在后一种情况下,泥沙的紊动扩散作用自然会十分微弱,这就意味着0.01似应为悬浮指标的另一个临界值,它起着区分床沙质与冲泻质的作用。由于划分点系渐变性质,$\omega/\kappa U_*$的两个临界数值在学者们采用时,其大小常不完全一致。

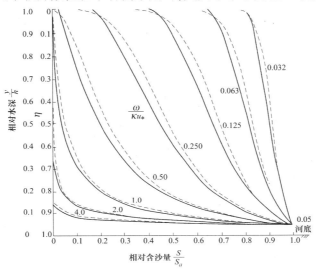

图 3-21 按照式(3-197)与式(3-199)计算相对含沙量 S/S_a 沿垂线的分布

(二)张瑞瑾公式

张瑞瑾认为,造成式(3-197)存在上述缺陷的最根本原因是采用卡门－普兰特尔对数流速分布公式确定与掺长有关的紊动扩散系数。为此,早在1950年,张瑞瑾就对Rouse公式进行了修改研究,他在推导二维恒定流的平衡情况下含沙量沿垂线分布的公式时,采用了直接从与尼库拉兹实测资料相符的掺长公式推导出来的王志德(译音)流速分布公式。王志德流速分布梯度表达式为

$$\frac{\mathrm{d}u}{\mathrm{d}\eta}=-\frac{2}{\kappa}u_*\sqrt{\eta}\left(\frac{1}{1-\eta^2}+\frac{1}{2.33+\eta^2}\right) \tag{3-198}$$

式中:$\eta=1-y/h$。

积分处理后,得到如下形式的含沙量沿垂线分布公式

$$\frac{S}{S_a}=\mathrm{e}^{\frac{\omega}{\kappa U_*}[f(\eta)-f(\eta_a)]} \tag{3-199}$$

式中

$$f(\eta)=2\arctan\sqrt{\eta}+\ln\frac{1+\sqrt{\eta}}{1-\sqrt{\eta}}+\frac{\sqrt{2}}{a^{3/2}}\left[\ln\frac{\eta+\sqrt{2a\eta}+a}{\sqrt{a^2+\eta^2}}\right.$$
$$\left.+\arctan\left(1+\sqrt{\frac{2\eta}{a}}\right)-\arctan\left(1-\sqrt{\frac{2\eta}{a}}\right)\right] \tag{3-200}$$

式(3-200)即为张瑞瑾在 1950 年提出的二维恒定均匀流平衡情况下相对含沙量沿垂线分布的公式。该公式与 Rouse 公式相比,克服了后者在水面含沙量为零的缺点。

(三)陈永宽公式

陈永宽采用了如下形式的指数流速分布公式来研究含沙量沿垂线的分布规律,即

$$\frac{u}{u_{\max}} = \left(\frac{y}{h}\right)^m = \xi^m \tag{3-201}$$

式中:m 为指数;$\xi = y/h$。

陈永宽建立的含沙量沿垂线的分布形式为

$$\frac{S}{S_a} = e^{-P(m^2+6m)(\xi-\xi_a)} \tag{3-202}$$

其中

$$f(\xi) = -m(m+1)\xi^{m-1}\left[\ln(1-\xi) + (m+1)\xi\sum_{i=0}^{\infty}\frac{\xi^i}{(1+i)(m+i)}\right] \tag{3-203}$$

验证表明,该式结构合理,能满足一般精度要求,特别是对于含沙量较高的情况,尤较奥布 - 劳斯公式为优。此外,式(3-202)计算水面含沙量不为 0,河底含沙量不为 ∞ ,从而避免了 Rouse 公式的两个缺点。

(四)张红武公式

张红武采用他本人以涡团模式为理论基础建立的流速沿垂线梯度公式,即

$$\frac{du}{dz} = \frac{u_*}{c_n h}\sqrt{\frac{h-y}{y}} \tag{3-204}$$

经积分处理后,得到的含沙量沿垂线分布公式为

$$S = S_a \exp\left[\frac{2\omega}{c_n u_*}\left(\arctan\sqrt{\frac{h}{z}-1} - \arctan\sqrt{\frac{h}{a}-1}\right)\right] \tag{3-205}$$

式(3-205)克服了 Rouse 公式在水面和河底部位出现的缺陷,即式(3-205)不仅在水面处适用,而且参考点 a 取的相当小时,含沙量仍不会出现等于无穷大的不合理现象。

综上所述,从解决实际问题的角度来看,可以认为奥布赖恩 - 劳斯于 20 世纪 30 年代提出的含沙量沿垂线分布的公式一般情况下是满足实际需要的。在经过张瑞瑾于 1950 年改进后,克服了水面含沙量为零的缺点。再经陈永宽、张红武完善后,进一步克服了 Rouse 公式在水面和河底部位出现不合理数值的缺陷。特别是张红武公式,形式简单,应用方便,计算精度较高。

应该强调的是,在以紊动扩散理论为基础的悬移质含沙量沿垂线分布的公式建立过程中,认为泥沙沉速 ω 为定值,与所在相对水深的位置无关,或者说与不同相对水深处的含沙量无关,这是一个与实际情况有较大距离的重要假设(当然,距离的大小仍须视实际情况而定)。我们要想在含沙量沿垂线分布这个问题上取得较大的突破,弄清 ω 与水深(实质上是含沙量)的关系,才是关键所在。

第七节 水流挟沙力

河道之所以能够发生变迁,就是由于在水流的作用下,泥沙的输移造成的结果。当河

床上的泥沙被冲刷时,河道的高程将会下降;当泥沙淤积到河床上时,河床的高程将会抬高;当弯道凹岸的泥沙被冲刷并被环流输移到凸岸时,弯道将会朝着更加弯曲的方向发展;当凹岸不发生泥沙的冲刷、甚至有淤积的时候,则弯道将不再继续发展,甚至弯曲性有可能会降低;等等。上述所有的情形中,自始至终贯穿着泥沙的冲刷和淤积。

一般情形下,当发生泥沙冲刷的时候,必定是水流有富余的挟带泥沙的能力;当发生泥沙淤积的时候,必定是水流挟带的泥沙已经超过它的挟沙能力。在某一个河段水流可能没有发生淤积,说明此时的河宽、流速、泥沙的粒径、水深、比降等条件使得水流有充裕的挟带泥沙的能力;在其上游或者下游的另一河段,如果其间没有支流汇入,因此河道水流的流量没有改变,但河道比降、河宽、水深、流速发生变化,或者变得窄深,或者变得宽浅;流速(断面平均流速)或者增大,或者减小等。水流挟带泥沙的能力将随之发生相应的变化,或者增大,或者减小,河床或者冲刷,或者淤积。

不难想象,既然悬移质泥沙悬浮在水流当中随水流前进,就必然要消耗能量。因此,对于一般挟沙水流而言,一定条件下的河道水流,其挟带悬移质泥沙,尤其是与水流条件关系密切的床沙质的能力,是有一定限度的,即存在一个临界的数量。当水流中悬移质中的床沙质含沙量 S 超过这一临界数量时,水流处于超饱和状态,河床将发生淤积。反之,当不足这一临界数量时,水流处于次饱和状态,水流将向床面层寻求补给,河床将发生冲刷。通过淤积或冲刷,使悬移质中的床沙质含量恢复临界数值,达到不冲不淤的新的平衡状态。这个临界的数量就是水流挟沙力。

水流挟沙力的确切定义为:在一定的水流和泥沙综合条件(这些条件包括水流总流的平均流速 U、过水断面面积 A、水力半径 R、清水水流的比降 J、浑水水流的比降 J_s、泥沙沉速 ω、水的密度 ρ、泥沙的密度 ρ_s 和床面组成等边界条件)下,水流能够挟带的悬移质中的床沙质的临界含沙量 S_*。

水流挟沙力是河流动力学中最重要的基本概念之一,在很多情况下,分析河流的冲刷、淤积或者不冲不淤的平衡状态的有关问题,都要以明确水流挟沙力作为前提。

正是由于水流挟沙力概念如此重要,因此自从 20 世纪 50 年代,即河流动力学成为一门独立学科以后的不长时间,中外学者围绕这一课题做了大量工作。

一、从能量平衡观点建立挟沙力公式

能量平衡观点的核心是:河道水流的能量损失包括其内部的黏性损失、紊动损失和挟带泥沙所消耗的能量。

泥沙悬浮在水流当中必然要消耗能量。这部分能量肯定是来自河道水流,也是毋庸置疑的。但是泥沙所消耗的这部分能量究竟是从水流的有效能,或者说势能中直接取出,还是来源于水流的紊动能,围绕着这个问题,研究者进行了激烈的辩论,虽然这个问题的结论在目前尚不至于完全决定挟沙力公式的实用性。

上述争论的关键实际上可以归结为悬浮在水流中的泥沙究竟是增强水流的紊动(从而增加水流的总的能量损失),还是制约水流的紊动。因为如果泥沙悬浮在水流中增强水流的紊动,那么悬浮泥沙所消耗的能量就是直接取自水流的势能;如果泥沙悬浮在水流当中制约并使水流的紊动减弱,那么悬浮泥沙所消耗的能量就是取自水流的紊动能。

泥沙悬浮在水流当中,必然会对水流产生影响,包括水流的流速分布、紊动结构、能量损失等。张瑞瑾认为泥沙的存在减弱了水流的紊动,悬浮泥沙的能量取自水流的紊动能。这就是张瑞瑾提出的"制紊假说"。

张瑞瑾在"制紊假说"的指导下,为挟带悬移质的水流写出如下的能量平衡方程式

$$E - E_s = \Delta E \tag{3-206}$$

式中,E_s 及 E 分别代表在条件相同或极其相近情况下,均匀流中的浑水水流和清水水流在单位时间单位流程里的阻力损失。令 A 代表过水断面面积,S_V 代表以体积百分数计的床沙质含沙量,U 代表断面平均流速,J_s 及 J 分别代表浑水水流及清水水流的比降,γ_s 及 γ 分别代表床沙质及水的单位重量,则

$$E = \gamma A U J \tag{3-207}$$

$$E_s = \gamma(1 - S_V) A U J_s + \gamma_s S_V A U J_s \tag{3-208}$$

ΔE 为 E 与 E_s 二者之差,来自悬移质的制紊作用,可以推想,ΔE 应与物理量 A、ω、S_V 以及泥沙在水中的有效重度 $\gamma_s - \gamma$ 等有关。因此,有

$$\Delta E = f_1(\gamma_s - \gamma, A, S_V, \omega) \tag{3-209}$$

或

$$f_2(\Delta E, \gamma_s - \gamma, A, S_V, \omega) = 0 \tag{3-210}$$

运用 π 定理可得

$$f_3\left(\frac{\Delta E}{(\gamma_s - \gamma) A \omega}, S_V\right) = 0 \tag{3-211}$$

或

$$\Delta E = (\gamma_s - \gamma) A \omega f_4(S_V) \tag{3-212}$$

式(3-212)中的 $f_4(S_V)$ 不易确定。但我们已知,含沙量 S_V 愈大,则制紊作用(ΔE)将愈大;当 $S_V = 0$ 时,ΔE 亦为 0。根据这两个条件,$f_4(S_V)$ 可以近似地用简单的指数形式的关系去表达,即令

$$f_4(S_V) = C_1 S_V^\alpha \tag{3-213}$$

式中:C_1 及 α 分别为正值无量纲系数及指数。

将 E、E_s 及 ΔE 关系式代入式(3-206)得

$$S_V^a = \frac{\gamma}{C_1(\gamma_s - \gamma)\omega} \frac{U}{\omega}(J - J_s) \tag{3-214}$$

其中

$$J = f \frac{1}{4R} \frac{U^2}{2g} \tag{3-215}$$

$$J_s = f_s \frac{1}{4R} \frac{U^2}{2g} \tag{3-216}$$

此处 f 及 f_s 分别为清、浑水流的阻力系数,故式(3-214)可改写为

$$S_V^a = \frac{\gamma}{8C_1(\gamma_s - \gamma)}(f - f_s)\frac{U^3}{gR\omega} \tag{3-217}$$

式中 $f - f_s$ 与含沙量 S_V 有关,S_V 越大,$f - f_s$ 越大,当 $S_V = 0$ 时,$f - f_s = 0$,故可近似地以式(3-218)表达

$$f - f_s = C_2 S_V^B \tag{3-218}$$

此处 C_2 及 β 分别为正值无量纲系数及指数。将式(3-218)代入式(3-217),整理得

$$S_V = \left(\frac{C_2}{8C_1}\right)^{\frac{1}{\alpha-\beta}}\left[\frac{U^3}{\frac{\gamma_s-\gamma}{\gamma}gR\omega}\right]^{\frac{1}{\alpha-\beta}} \tag{3-219}$$

令

$$\frac{1}{\alpha-\beta} = m \tag{3-220}$$

$$\frac{\gamma_s-\gamma}{\gamma} = a \tag{3-221}$$

$$\left(\frac{C_2}{8C_1}\right)^{\frac{1}{\alpha-\beta}} = k_V \tag{3-222}$$

且将 S_V 加下脚标"$*$",则得

$$S_{V*} = k_V \left(\frac{U^3}{agR\omega}\right)^m \tag{3-223}$$

此处 S_{V*} 为以体积百分数计的悬移质临界含沙量,S_{V*}、k_V 及 $\frac{U^3}{agR\omega}$ 均无量纲。

方程式(3-223)即为悬移质"水流挟沙力"S_{V*} 的表达式,它在生产、科研等方面被广泛运用。由于习惯上多用 kg/m³ 作为含沙量的单位,在式(3-223)两侧同乘泥沙密度 ρ_s,且令

$$k = \rho_s k_V / a^m \tag{3-224}$$

则式(3-223)变为

$$S_* = k\left(\frac{U^3}{gR\omega}\right)^m \tag{3-225}$$

此处 S_* 为以质量计的悬移质水流挟沙力,单位为 kg/m³。除 S_* 与 S_V、k 与 k_V 在有无量纲上有差别之外,式(3-223)与式(3-225)完全一样。

式(3-223)中的 $\frac{U^3}{agR\omega}$ 可看成由无量纲因素 $\frac{U^2}{gR}$ 与 $a\omega/U$ 之比组成,即

$$\frac{U^3}{agR\omega} = \frac{\frac{U^2}{gR}}{\frac{a\omega}{U}} \tag{3-226}$$

而 $\frac{U^2}{gR}$ 为水流佛汝德数,可代表水流紊动强度,$a\omega/U$ 代表相对的重力作用,故挟沙力公式中的 $\frac{U^3}{agR\omega}$ 在物理本质上表达的正是紊动作用与重力作用矛盾的对比关系,因而它们不仅在力学上是正确的,在量纲上是协调的,而且在有关物理量的辩证关系中也是合理的。同时,从图 3-22 可以看出,在建立这一公式时,收集了室内、外具有不同典型条件,精度较高、数量较大、重要物理量变幅较广的实测资料,因而它在实际上具有比较坚实的基础。

运用水流挟沙力公式(3-225)时,应该说明的是,首先式(3-225)或者式(3-223)以具有中、低含沙量的牛顿式紊流为限,因为建立此公式所引用的实测资料的变幅为:含沙量

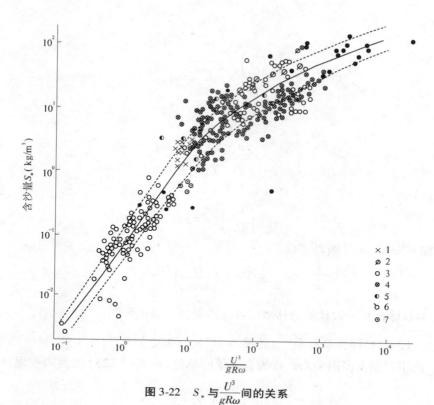

图 3-22 S_* 与 $\dfrac{U^3}{gR\omega}$ 间的关系

1—武汉水利电力学院玻璃水槽;2—南京水利实验处钢板水槽;3—长江;4—黄河;
5—人民胜利渠;6—三门峡水库;7—官厅水库

达 $10^{-1} \sim 10^{2}$ kg/m^3,$\dfrac{U^3}{gR\omega}$ 达 $10^{-1} \sim 10^{-4}$,对于高含沙宾汉体运动情况,本公式不能搬用;其次在公式运用中,m 及 k(或 k_V 值)的准确选定是重要的,如研究对象具有可用的实测资料,m 及 k 最好利用实测资料确定。反之,如无合用的实测资料,则可参考图 3-22 及图 3-23 慎重选定。选定中最好能参考条件与研究对象比较接近的江河。

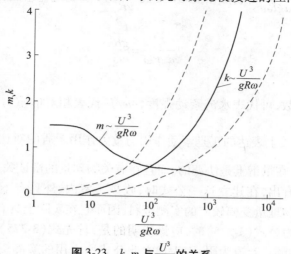

图 3-23 k、m 与 $\dfrac{U^3}{gR\omega}$ 的关系

二、用经验方法建立水流挟沙力公式

由于影响水流挟沙力的因素十分复杂,运用半理论公式计算,时有达不到要求精度的情况。因此,实践中有时采取经验方法。其做法是:针对某特定河流特定河段的实测资料分析,建立水流挟沙力的经验公式。下面简要介绍建立经验性水流挟沙力公式的一般方法和步骤。

(1)实测资料的正确选择是建立公式的客观依据,因此全面了解和恰当选择实测资料是十分重要的一个步骤。所谓全面了解,指的是了解与所研究的水流挟沙力问题有关的实测水文泥沙因素有哪一些,因素齐全的测次有多少,历时如何,各因素的变幅如何,观测仪器及方法如何(中间有无改变),精度如何,资料是否经过校核及整编等。经过这样系统的了解,对有关的实测资料胸中有数,就可以进行恰当选择。恰当选择的过程就是去粗取精、去伪存真的过程。

(2)确定与水流挟沙力有关的因素,即确定在表达临界含沙量 S_* 的经验公式中应包括哪些因素。这一步骤又可分两步进行:第一,先凭经验并参照现有的半理论公式及经验公式,大体列出与反映水流挟沙力的临界含沙量 S_* 有关的各个因素,由于是初选,挑选的因素可以稍多一点;第二,对初选的每一因素和临界含沙量 S_* 作相关分析,把相关程度强的和较强的因素保留下来,把相关程度弱的因素进一步淘汰掉。

(3)确定公式的结构形式。明确了哪些因素与临界含沙量 S_* 有关,就可以确定公式的结构形式。常用的办法是使建立的公式具有比较简单的指数形式。例如,在明确了与临界含沙量 S_* 有关的因素为 X_1、X_2、X_3、X_4 以后应有

$$S_* = f(X_1, X_2, X_3, X_4) \tag{3-227}$$

可以把以上的关系式近似地改写为指数方程式的形式,即写成

$$S_* = KX_1^a X_2^b X_3^c X_4^d \tag{3-228}$$

并进而确定上式中的指数 a、b、c、d 以及系数 K。确定这些指数和系数的方式有两种:一种是以上述选定的实测资料为依据,按照最小二乘法的原理,写出回归方程;另一种是以上述选定的实测资料为依据,逐步进行图解。图解的步骤是:先取与 S_* 的相关程度最强的因素,例如 X_2,按实测资料数据在双对数纸上点绘 S_* 与 X_2 的关系,若近为直线,则可示映这一关系的指数为 b_0,这样我们暂时得到

$$S_* \propto X_2^{b_0} \tag{3-229}$$

接着取另一个与 S_* 的相关程度较强的因素与 $S_*/X_2^{b_0}$ 相对照(注意:不是与 S_* 相对照),就实测资料绘入双对数纸上,按照与上述类似的办法确定第二个因素的指数。如此类推,直到确定了最后一个因素的指数以后,再利用选定的实测资料将 S_* 与 $X_1^{a_0} X_2^{b_0} X_3^{c_0} X_4^{d_0}$(此处 a_0、b_0、c_0、d_0 为确定的指数)的关系绘入普通的坐标纸中,在图中尽可能绘出最能代表点群关系的直线,并根据这一直线确定常数 K。这样,整个公式的结构便确定下来了。由于 $a = a_0, b = b_0, \cdots, K = K_0$,故式(3-228)应为

$$S_* = K_0 X_1^{a_0} X_2^{b_0} X_3^{c_0} X_4^{d_0} \tag{3-230}$$

按照上述方法建立起来的经验公式,往往有一个缺点,即 $X_1^{a_0} X_2^{b_0} X_3^{c_0} X_4^{d_0}$ 的量纲不和谐,因而使常数 K_0 具有量纲。为了克服这一缺点,通常在得到 $S_* = f(X_1, X_2, X_3, X_4)$ 关系式

之后,应用 π 定理,将此式改造,使 S_* 成为若干个无量纲的因素综合体的函数。例如,假使我们已经知道临界含沙量 S_* 只与断面平均流速 U、水力半径 R、水的容重 γ、悬移质的沉速 ω、悬移质在水中的有效容重 $\gamma_s - \gamma$、重力加速度 g 等因素有关,即

$$S_* = f(U, R, \gamma, \omega, \gamma_s - \gamma, g) \tag{3-231}$$

运用 π 定理,可将式(3-231)改写为

$$S_* = f_1\left(\frac{\omega}{U}, \frac{U^2}{gR}, \frac{\gamma_s - \gamma}{\gamma}\right) \tag{3-232}$$

式(3-232)中 $\dfrac{\omega}{U}$、$\dfrac{U^2}{gR}$、$\dfrac{\gamma_s - \gamma}{\gamma}$ 都是无量纲的因素综合体。因此,S_* 成为诸无量纲综合体的函数。得到式(3-232)以后,可再按前述办法,使它改写成指数形式

$$S_* = K\left(\frac{\omega}{U}\right)^a \left(\frac{U^2}{gR}\right)^b \left(\frac{\gamma_s - \gamma}{\gamma}\right)^c \tag{3-233}$$

并采取前述步骤先后确定指数 a、b、c 及常数 K,从而使整个公式的结构确定下来。这样建立起来的公式,量纲是和谐的,常数 K 无量纲,物理意义也较清楚,且因它有可靠的实际资料前景,故在特定的环境里运用一般能获得令人满意的结果。

水流挟沙力的经验公式很多,其中多数仅以计算悬移质中的床沙质的临界含沙量(以 S_* 代表)为限。但也有一部分公式,既包括床沙质,也包括冲泻质,即公式中的含沙量是包括全部悬移质的含沙量(以 S 代表),简称全沙含沙量。在使用经验公式解决问题时,要特别弄清楚以下两个问题:

(1)既然是经验公式,则一般只适用于特定的环境,通常不要随意推广使用。

(2)有的经验公式量纲不和谐,因此使用公式计算水流挟沙力时应注意公式中每一个物理量的准确单位,以免计算错误。

第八节　高含沙水流问题

我国河流以多泥沙著称,特别像黄河这样的多沙河流,汛期水流的含沙量往往大于 300 kg/m³,中游支流的最大含沙量可高达 1 600 kg/m³ 以上,这样高的含沙量水流,为举世罕见。

关于高含沙洪水的确切定义,目前学术界有不同的看法,一般认为:当某一水流强度的挟沙水流中,其含沙量及泥沙颗粒组成,特别是粒径 $d < 0.01$ mm 的细颗粒所占百分数,使该挟沙水流在其物理特性、运动特性和输沙特性等方面基本上不能再用牛顿流体进行描述时,这种挟沙水流可称为高含沙水流。如当水流中含沙量为 200～300 kg/m³ 时,水流即属宾汉流体,便可称为高含沙水流。

泥石流和管道高浓度输送流体由于其物理特性和运动特性与高含沙水流相似,所以也属于高含沙水流这一学科研究的范畴。

我国高含沙水流的利用和研究工作,若从"引洪淤灌"开始,则已有 2 000 多年的历史,如秦汉时期的郑国渠和白渠等。但大规模的进行现代科学的研究工作是从 20 世纪 70 年代开始的,国内各有关单位结合生产实际需要,进行了大量的系统的理论探讨和实

际观察,取得了不少研究成果,使我国高含沙水流的研究具有中国特色,其学术水平也居于世界先进行列。但由于野外和室内测验技术的困难和问题的复杂性,仍有不少问题有待进一步研究。

一、高含沙水流的基本特性

高含沙水流的基本特性主要包括以下几个方面。

(一)流变特性及流变参数的确定

1. 流变特性

流变特性是区分高含沙水流与低含沙水流的一个很重要的特性。所谓流变特性,是指流动液体在受剪切力作用时,其切变速率由 du/dy 与剪切力 τ 的变化关系,表示这种关系的曲线即流变曲线,这种曲线的方程即流变方程(或称本构方程)。根据流变特性的不同,可将其分为不同的流变模型:一类为与时间有关的,如触变流体和凝胶流体等,与我们关系较少;另一类为与时间无关的,如牛顿流体、宾汉流体、幂律流体等。

1)牛顿流体

清水及一般挟沙水流(低含沙水流)为牛顿流体,这种流体在受剪切力作用流动时,其切变速率与剪切力的关系为一通过坐标原点的直线(见图3-24(a)),其流变方程即牛顿内摩擦定律

$$\tau = \mu \frac{du}{dy} \tag{3-234}$$

式中:τ 为剪切力;μ 为动力黏滞系数。

2)宾汉流体

这种流体在静止时具有足够刚度的三维结构,能承受一定剪切力,当剪切力 τ 小于某临界值 τ_f 时,液体不能克服黏滞阻力而流动,其 $du/dy = 0$;当 $\tau > \tau_f$ 时,液体才开始流动,此时的剪切应力称为静剪切应力。随着 τ 增大,du/dy 也增大,开始二者为曲线关系,随后二者即呈直线变化,此直线的斜率即表示液体黏度的大小,称为刚性系数或塑性黏度,通常以 η 表示,直线的延长线与纵坐标的交点 τ_B 称为动剪切力或宾汉极限剪切力(见图3-24(b))。

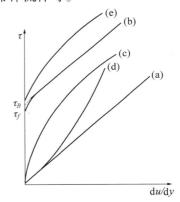

图3-24 $\tau \sim \dfrac{du}{dy}$ 的关系

宾汉流体的流变曲线为一条不通过坐标原点的开始部分为曲线,其余绝大部分为直线的 τ 与 du/dy 的关系线,由于曲线部分很小,且不易精确测定,可将其忽略,即可获得1922年宾汉(B. c. Bingham)提出的宾汉体流变方程

$$\tau = \tau_B + \eta \frac{du}{dy} \tag{3-235}$$

一般而言,泥浆、血浆和含有细颗粒泥沙的高含沙水流均属于宾汉流体。

3)幂律流体

这种流体的剪切力和切变速率的关系为通过坐标原点的曲线,其流变方程可表示如下

$$\tau = k\left(\frac{\mathrm{d}u}{\mathrm{d}y}\right)^n \tag{3-236}$$

式中:k 为稠度系数,其值愈大,液体的黏度愈大;n 为流动指数,表征偏离牛顿流体性质程度的量度,当 $n=1$ 时,即为牛顿流体,当 $n<1$ 时,为伪塑性流体(其剪切力和切变速率的关系见图 3-24(c)),当 $n>1$ 时,为膨胀流体(其剪切力和切变速率的关系见图3-24(d))。

橡胶、纸浆、水泥浆等多属伪塑性体;浓糖溶液、生面粉团多属膨胀流体。前者随剪切力增大而变稀,黏度也变小,后者则相反。

4)屈服伪塑性体

这种流体的性质与宾汉流体类似,但其剪切力和切变速率的关系为一不通过坐标原点的曲线(见图 3-24(e)),其流变方程如下

$$\tau = \tau_B + \eta\left(\frac{\mathrm{d}u}{\mathrm{d}y}\right)^{n'} \tag{3-237}$$

含有细颗粒的高含沙水流的流变曲线有时较符合上式,其指数 n' 值接近于1。

从以上各式可以看出,对牛顿流体而言,表征其层流状态性质的参数只有一个黏滞系数 μ,而对其余非牛顿流体而言,则反映其黏性的参数均在两个或两个以上(η、τ_B、k、n等),如何用一个指标将其综合表达,目前研究得还很不够,瓦斯普(E. J-Wasp)曾提出表观黏度这一概念及其表达式,各种流体的表观黏度表达式如下:

牛顿流体 $$\mu_a = \frac{\tau}{\mathrm{d}u/\mathrm{d}y} \tag{3-238}$$

宾汉流体 $$\mu_a = \frac{\tau_B}{\mathrm{d}u/\mathrm{d}y} + \eta \tag{3-239}$$

幂律流体 $$\mu_a = k\left(\frac{\mathrm{d}u}{\mathrm{d}y}\right)^{n-1} \tag{3-240}$$

屈服伪塑性体 $$\mu_a = \frac{\tau_B}{\mathrm{d}u/\mathrm{d}y} + \eta\left(\frac{\mathrm{d}u}{\mathrm{d}y}\right)^{n'-1} \tag{3-241}$$

2. 流变特性的机理及其影响因素

流变特性是通过其流变参数来体现的,实质上是反映了流体黏性的大小变化。影响其变化的因素不外乎两个方面:一是介质的化学性质,如介质的类型、所含盐离子性状等;二是所含固体颗粒的条件,如浓度、颗粒级配、粒径 $d<0.01$ mm 的黏性细颗粒含量、颗粒形状、矿物成分等,特别是黏性细颗粒含量对流变特性的影响更为显著和重要。

从流变学观点来说,含有黏性细颗粒的高含沙水流为有结构的流体,由于细颗粒泥沙和介质的电化学作用,当浓度较低时,颗粒可结合在一起形成絮团,随着浓度的增加,各絮团之间可互相搭接成网状结构,网状结构的密度也随浓度的增加而变大,可由松散型发展调整为较紧密型、紧密型和极紧密型,如图 3-25 所示。

网状结构的密度愈大,其结构强度也愈大,反映出的黏性也愈大,但网状结构并不稳固,受水流切变速率和水流紊动强度作用后极易被破坏,同时又具有较好的恢复和重新形成的能力。宾汉水流模型正反映出上述作用机理,当流体中网状结构的破坏速度与恢复速度达到平衡时,τ 和 $\mathrm{d}u/\mathrm{d}y$ 呈直线关系,黏度也不再变化,此时的黏度即为塑性黏度或

松散型　　　　　　较紧密型　　　　　　紧密型　　　　　　极紧密型

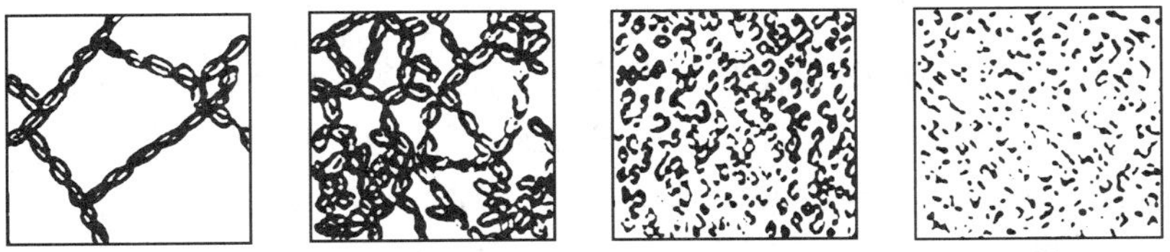

图 3-25　网状结构类型的示意图

刚性系数 η，与之相应的剪切力称为宾汉极限剪切力 τ_B。

含沙浓度对流变特性的影响主要体现在随着浓度的增加，颗粒间距变小，细颗粒间吸附作用加强，容易形成絮网结构，增大了水流的黏性和阻力，表现出 τ_B 和 η 也相应增大。

泥沙颗粒的大小、形状、级配，特别是粒径 $d < 0.01$ mm 的细颗粒含量对流变特性的影响是基本的，因为只有黏性细颗粒才具有电化学作用，与介质的电化学作用一起是形成絮凝和絮网结构的基本原因。这种细颗粒含量的多少，在很大程度上决定高含沙水流的微观结构和流变特性。$d < 0.01$ mm 的细颗粒含量愈大，水流由牛顿流体转化为非牛顿流体的临界含沙量 S_{Vc} 愈小，反之则愈大。若为均匀粗颗粒组成的高含沙水流，即令浓度很高，也难以形成具有絮网结构的宾汉流体。

当含沙量相同时，泥沙粒径愈细，比表面积愈大，电化学作用愈强，颗粒间引力愈大。另外，泥沙愈细，形状愈不规则，表面愈不光滑，在凹陷处充满的水液，可以固着液形式成为泥沙颗粒的组成部分，因而增加了有效浓度。所有这些都将使流变参数 τ_B 和 η 的值增大。

对于粗颗粒而言，由于水流和颗粒流速的差异，当发生绕流时，一方面颗粒对水体起阻尼作用，另一方面当浓度较高时，绕流水体之间可互相作用，颗粒可互相碰撞，这些均增大了流体的阻力和黏性，影响流变参数的变化。

至于介质的电化学作用，泥沙矿物成分等因素对流变参数的影响问题，由于对同一地区同一河段而言变化不大，可不予考虑。另外，水流强度和紊动对流变参数的影响，将在以后有关部分加以阐述。

3. 流变参数的确定

高含沙水流一般为宾汉流体，所以这里主要阐述宾汉流体流变参数 τ_B 及 η 的确定。如上所述，影响流变参数的因素较多，且机理较复杂，要完全从理论上解决这一问题较困难，一般多采用理论分析和试验相结合的方法进行。

1）刚性系数 η

（1）爱因斯坦公式。关于泥沙对浑水黏度的影响问题，爱因斯坦在进行了一些假设之后，推导出如下的理论公式

$$\mu_r = \frac{\eta}{\mu_o} = 1 + 2.5 S_V \tag{3-242}$$

这些假设条件是：泥沙颗粒为刚性球体，粒径相对于介质的分子而言较粗，含沙浓度很低，颗粒间距离很大，可以认为颗粒对周围介质流动的影响范围互不干扰，其间无力的作用等。由此看来，式（3-242）仅适用于低含沙流体，一些试验资料说明，当体积比含沙浓度

$S_V > 0.02$ 时,式(3-242)的计算结果即与实际偏离较大。当含沙浓度较高时,颗粒间距变小,颗粒之间互相有力的作用,促使黏度增大,特别是当含有细颗粒泥沙时,颗粒周围有薄膜水存在,流体中出现絮网结构,此时应考虑薄膜水等因素对水流黏度增大的作用,更增加了问题的复杂性。在解决这类问题时,一般多采用试验方法,建立经验公式。

(2)钱宁、马惠民公式。在爱因斯坦理论公式的基础上,钱宁和马惠民在 1958 年对含沙浓度 $S = 8.7\% \sim 17.4\%$ 的郑州、官厅等 8 种泥沙进行试验分析,获得了相对黏度的下述公式

$$\mu_r = \frac{\eta}{\mu_o} = (1 - KS_V)^{-2.5} \tag{3-243}$$

式(3-242)及式(3-243)中:μ_r 为相对黏度;μ_o 为清水动力黏滞系数;S_V 为以体积百分比计的含沙浓度;K 为系数,变化于 2.4 ~ 4.9 之间,与含沙浓度及粒径有关。

从式(3-243)可以看出,当 $K = 1$ 时,该式即与爱因斯坦公式相同。

(3)褚君达公式。1980 年及 1983 年,褚君达在前人研究的基础上,认为在研究高浓度浑水黏性时,细颗粒周围的薄膜水和絮网结构孔隙中的封闭自由水也应作为有效浓度考虑在内。基于此,他对式(3-243)进行了修正,提出以下公式

$$\eta / \mu_o = (1 - \theta KS_V)^{-2.5} \tag{3-244}$$

式中:K 为考虑薄膜水的有效浓度系数,对于均匀沙,若设颗粒为球体,则 $K = 1 + 6\delta/d$,对于非均匀沙,$K = 1 + 6\int_0^1 (\delta/d)\,\mathrm{d}p$;$\theta$ 为孔隙系数,$\theta = (V_s + V_h + V_\theta)/(V_s + V_h) = \dfrac{9}{2\pi} = 1.4$。

将 K 及 θ 代入式(3-244),即得高浓度浑水的相对黏度系数的公式

$$\eta / \mu_o = \left\{ 1 - 1.4\left[1 + 6\int_0^1 (\delta/d)\,\mathrm{d}p\right]S_V \right\}^{-2.5} \tag{3-245}$$

实际运用时,可采用分组计算,将式中 $\left[1 + 6\int_0^1 (\delta/d)\,\mathrm{d}p\right]$ 一项改为 $\left[1 + 6\sum_{i=1}^{n} (\delta/d_i)\,\Delta p_i\right]$ 即可。

以上各式中:δ 为薄膜水厚度,对于一般含沙浑水,可采用 1 μm;Δp_i 是某一粒径(d_i 作为代表粒径)的体积占全部颗粒体积的百分数;V_s、V_h、V_θ 分别为浑水中颗粒体积、薄膜水体积和封闭自由水体积;其他符号含义同前。式(3-245)与各家有关试验资料验证,较为符合。

(4)费祥俊公式。1982 ~ 1991 年,费祥俊对流变参数进行了较多研究,在式(3-242)的基础上,分析求出了不同粒度组成下高含沙水流的相对黏度公式

$$\frac{\eta}{\mu_o} = \left(1 - k\frac{S_V}{S_{Vm}}\right)^{-2.5} \tag{3-246}$$

式中:η 为有效浓度修正系数,既考虑了细颗粒表面的薄膜水,又考虑了颗粒间封闭水对浓度的影响;S_V 和 S_{Vm} 分别为固体体积浓度及极限浓度。根据黄河流域干支流 54 组泥沙沙样的试验结果,获得 k 的下述表达式

$$k = 1 + 2.0\left(\frac{S_V}{S_{Vm}}\right)^{0.3}\left(1 - \frac{S_V}{S_{Vm}}\right)^4 \tag{3-247}$$

以上各式中一个很重要的问题即浑水的极限浓度 S_{Vm}，其定义为：一定颗粒组成的悬液，具有相应的最大浓度，即极限浓度，这时混合液中已不存在自由水，其黏滞系数 μ（或 η）接近无限大。根据这一概念，对不同颗粒组成的沙样的浑水进行黏度试验，以 $\mu_r \to \infty$ 时的浓度为极限浓度，即可建立 S_{Vm} 与相应颗粒级配 $6\sum(p_i/d_i)$ 的关系曲线，如图 3-26 所示。

（5）沙玉清公式。沙玉清考虑了"滞限含沙率"的影响，得出了浑水运动黏滞系数计算公式

$$\frac{\gamma_m}{\gamma} = 1 - \frac{S_V}{S_0} \qquad (3\text{-}248)$$

式中：S_0 为滞限含沙率。原作者认为，S_0 应是泥沙径厚比 d/δ_0（δ_0 为分子水膜厚度，一般取为 0.000 1 mm）的函数，并采用西北水利科学研究所实测资料分析得出 $S_0 = 2\sqrt{d}$。于是式（3-248）可表示为

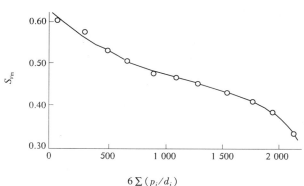

图 3-26　极限浓度与颗粒比表面积系数关系

$$\frac{\mu_0}{\eta} = 1 - \frac{S_V}{2\sqrt{d}} \qquad (3\text{-}249)$$

（6）张红武公式。张红武采用西北水利科学研究所曹如轩的黄土资料及黄委会水利科学研究所实验资料对沙玉清公式进一步率定调整后，得出如下非均匀沙黏度计算公式

$$\frac{\mu_0}{\eta} = \left(1 - \frac{S_V}{2.25\sqrt{d_{50}}}\right)^{1.1} \qquad (3\text{-}250)$$

式中：d_{50} 为悬沙中径，mm。

2）宾汉极限剪切力 τ_B

在宾汉极限剪切力研究过程中，最初主要考虑了含沙浓度的因素，所建立的公式形式为 $\tau_B = KS_V^n$，而将其他因素包含在系数和指数中，这种公式显然是很粗略的，应用时受到很大限制。以后，除了考虑含沙浓度外，还考虑了泥沙颗粒组成，特别是细颗粒的含量，如费祥俊认为，对含有一定细颗粒泥沙的高含沙水流，产生 τ_B 时的起始含沙量 S_{V0} 与极限浓度 S_{Vm} 有关，根据试验分析，获得下面 τ_B 的公式

$$\tau_B = 9.8 \times 10^{-2} \exp(\beta + 1.5) \qquad (3\text{-}251)$$

式中：τ_B 以 N/m² 计；系数 β 对水浆和煤浆分别为 8.45 及 6.87。

其中

$$\varepsilon = \frac{S_V - S_{V0}}{S_{Vm}} \qquad (3\text{-}252)$$

式中：$S_{V0} = AS_{Vm}^{3.2}$，采用 $\tau_B = 0.5$ N/m² 时的浓度为起始浓度 S_{V0} 根据试验，A 值分别为 1.26（沙浆）及 1.87（煤浆）。

（二）沉降特性及沉降速度

在高含沙浑水中，由于絮凝作用和网状结构，泥沙颗粒的沉降特性将发生很大变化，

远较清水及低含沙浑水中情况复杂。此时,泥沙颗粒下沉不是彼此互不干扰以单颗形式下沉,而是彼此互有干扰、部分颗粒或全部颗粒成群下沉,这种下沉称为群体沉降,其下沉速度称为群体沉速。对于粗颗粒泥沙($d > 0.01 \sim 0.03$ mm),可不考虑其黏性影响,且泥沙粒径、容重及沉降中粒间距离都基本相同的泥沙,在这种情况下,影响其沉速的主要为含沙浓度、泥沙粒径、浑水容重及黏性等。而对于含有较多细颗粒的非均匀沙,由于在沉降过程中将发生絮凝现象,并形成絮团和网状结构,其沉降过程和机理甚为复杂。

钱宁、万兆惠在综合分析各家研究成果的基础上,将上述沉降过程依据含沙量和物质组成(以黏性极限浓度 S_{Vm} 来反映)不同,划分为三个沉降区,如图 3-27 所示。

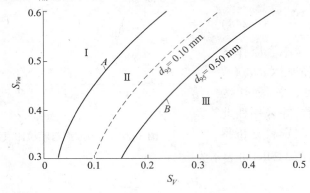

图 3-27 含有颗粒的高含沙水流中泥沙的沉降分区关系

第 I 区,离散颗粒与离散絮团制约沉降区。在本区中,细颗粒已开始形成絮团,粗颗粒及絮团分别以离散状态自由下沉,在沉降中互相制约。

第 II 区,离散颗粒在絮网结构体中沉降区。在本区,絮团互相搭接形成絮网结构,开始出现宾汉极限剪切力,粗颗粒在絮网结构中沉降,受到后者的阻尼作用。

第 III 区,絮网结构体作整体缓慢下沉区。在本区,絮网结构作整体缓慢下沉趋于密实,粗颗粒泥沙均由于结构效应不能自由下沉,而成为均匀悬液体的伪一相流。

图中 A 线为自 I 区向 II 区过渡开始形成宾汉体的临界条件,B 线为自 III 区过渡,即由两相流向伪一相流过渡的临界条件。

目前,对高含沙群体沉速的研究成果很多,下面介绍几家有代表性的计算公式。

(1)里查森及扎基(W. N. Zaki)公式。里查森及扎基(W. N. Zaki)公式适用于粗颗粒均匀沙,为

$$\frac{\omega}{\omega_0} = (1 - S_V)^m \tag{3-253}$$

式中:ω_0 为单颗粒泥沙在清水中的沉速;ω 为群体沉速,即浑水中泥沙颗粒下沉过程中彼此互相影响而形成的沉速。须指出,各家对上述 m 的取值是有一定出入的,费祥俊在综合分析了一些试验资料之后,认为 $m = 2 \sim 8$,在实际应用时,应通过试验具体确定。

(2)褚君达公式

$$\frac{\omega}{\omega_0} = (1 - 1.4 S_V)^m \tag{3-254}$$

式中:指数 m 与 Re_d 有关,当 $Re_d > 380$,$d > 2$ mm,处于紊流区时,m 可取为 1.4;当 $Re_d = 6 \sim 380$,$d = 0.24 \sim 2$ mm,处于过渡区时,$m = 1.4 \sim 3.5$。

（3）钱意颖、杨文海、赵文林公式

$$\frac{\omega_s}{\omega_0} = \frac{\gamma_s - \gamma_m}{\gamma_s - \gamma} \exp(-4.57 S_V) \tag{3-255}$$

$$\frac{\omega_s}{\omega_0} = \left(\frac{\gamma_s - \gamma_m}{\gamma_s - \gamma} \cdot \frac{\gamma}{\gamma_m} \right)^{1/2} \Big/ \exp\{ [4.57(S_V - 0.36)] + 0.9 \} \tag{3-256}$$

式中:γ_m 为浑水容重。

（4）沙玉清公式

$$\frac{\omega}{\omega_0} = \left(1 - \frac{S_V}{2\sqrt{d}} \right)^3 \tag{3-257}$$

式中:d 为泥沙粒径,mm。

（5）夏震寰及汪岗公式。夏震寰及汪岗通过试验研究,认为每个颗粒下沉时受到两方面的阻尼,一是颗粒浓度的阻尼,二是絮团的阻尼,这两部分的阻尼作用可以叠加,从而获得如下形式的沉降公式

$$\frac{\omega_s}{\omega_0} = (1 - S_V')^m (1 - c S_V'')^{4.65} \tag{3-258}$$

式中:S_V' 为粗颗粒的体积含沙量;S_V'' 为细颗粒的体积含沙量;c 为絮团浓度与细颗粒浓度的比值。原作者以粒径为 0.067 mm 的均匀沙作为粗颗粒,以小于 0.007 mm 的黄河花园口的淤泥(中径为 0.001 1 mm)作为细颗粒,研究粗颗粒在细颗粒中沉降,得到 $c = 6.5$,这时絮团中的水占 81%,细颗粒占 13%。

（6）费祥俊公式。费祥俊教授提出的非均匀沙平均沉速计算公式形式为

$$\bar{\omega} = \frac{(\gamma_s - \gamma)(1 - S_V)}{18 \mu_m} \sum \Delta p_i d_i^2 \tag{3-259}$$

式中:Δp_i 为第 i 组颗粒(对应粒径为 d_i)所占全部颗粒的重量百分比;μ_m 为浑水动力黏滞系数,由下式计算

$$\mu_m = \mu \left(1 - K \frac{S_V}{S_{Vm}} \right)^{-2.5} \tag{3-260}$$

式中:S_{Vm} 为极限含沙量;K 为系数。

对于黄河中下游含沙浑水,式(3-260)中的 S_{Vm} 及 K 值都可根据已知悬液粒度组成由如下二式求得,即

$$S_{Vm} = 0.92 - 0.26 \lg \sum \frac{\Delta p_i}{d_i} \tag{3-261}$$

及

$$K = 1 + 2 \left(\frac{S_V}{S_{Vm}} \right)^{0.3} \left(1 - \frac{S_V}{S_{Vm}} \right)^4 \tag{3-262}$$

（7）张红武公式

$$\omega_s = \omega_0 \left[\left(1 - \frac{S_V}{2.25\sqrt{d_{50}}} \right)^{3.5} (1 - 1.25 S_V) \right] \tag{3-263}$$

（三）流动特性

1. 流态及流区

黄河干支流出现的高含沙水流,一般都含有泥沙粒径小于 0.01 mm 的细沙,这样的高含沙水流常见的有下述两种流态。

一种流态是高强度的紊流,比降大,流速高,雷诺数比较大,水流汹涌,大尺度和小尺度紊动都得到比较充分的发展。水流之所以能够具有特别高的含沙量,这种充分发展的紊动结构是相适应的。这种流态,与一般的紊流没有什么不同。

另一种流态既不同于一般紊流,也不同于一般层流。采用黄河花园口的泥沙进行的高含沙水流室内水槽试验研究中,发现当水流中有效雷诺数 $Re_m < 2\,000 \sim 3\,000$ 时,其纵向流速 u 和紊动强度 $\sigma_u = (\sqrt{\overline{u'^2}})$ 沿垂线的分布具有自己的特点,见图 3-28。

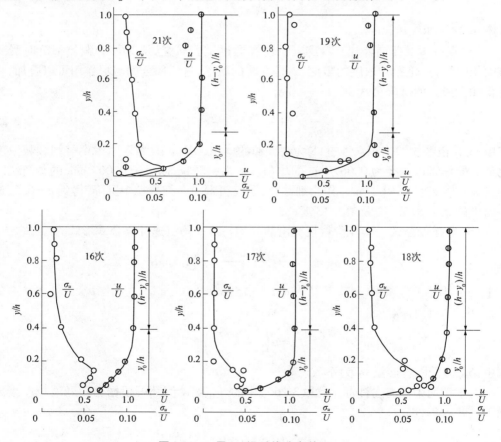

图 3-28 u 及 σ_u 沿垂线分布关系

这种水流为宾汉流体,$\tau_B > 0$。在水流沿水深方向的上部水流剪切力 $\tau (= \gamma_m(h-y)J) < \tau_B$ 的流区,即图中 $\dfrac{h-y_0}{h}$ 以上的流层为流核区,在水流的下部 $\tau > \tau_B$ 的流区,即 $\dfrac{y_0}{h}$ 以下部分为非流核区。流核区的流速梯度 $du/dy = 0$,紊动强度 σ_u 也近似为零,未发现泥沙有分选沉降现象。说明流核区水流为一各流层间无相对运动、泥沙也无分选沉降的一个有结构的浆液整体,被下面非流核区的流体所运载。非流核区的流速梯度和紊动强度沿水深都是变化的,其紊动强度为时均流速的 2.7% ~ 6.0%,最大值出现在 $y/h = 0.1$ 左右。流速梯度的最大值多出现在中间部分,向上向下均急剧变小,在本区已能观测到泥沙有分选沉降现象,含沙量梯度 ds/dy 不等于零。由于本区有紊动存在,剪切速率又较大,沿水深分布不均,所以水流的内部结构就较复杂,在紊动和剪切速率最大处,浆液的网状结构有可能被完全破坏,使该层水流由宾汉流体变为牛顿流体。

由以上分析可见,对高含沙宾汉流体,尽管其有效雷诺数 $Re_m < 2\,000 \sim 3\,000$,但在非流核区仍有紊动存在,而在流核区,水流各流层间又无平行分层流动,所以将这种流动称为层流是不确切的。在天然河流中,当水流流速不大时,由于高含沙水流有宾汉极限切应力 τ_B 存在,真正的各流层平行流动的层流也属罕见,即令是"浆河"的前奏状态,也应是属于非流核区行将消失的沿河床滑动的流核区的整体流动。在充分研究了这些材料后,张瑞瑾建议将这种流态称为"复杂结构流"。它既包括宾汉体的结构流,又包括牛顿体的紊流及黏滞流。

在含有细颗粒的高含沙二维均匀明渠流中,由于有 τ_B 存在,理论上便应有流核区存在,流核区的厚度和非流核区的厚度可用水流剪切应力 τ 与宾汉极限切应力 τ_B 相平衡时的条件得到,分别为

$$h - y_0 = \frac{\tau_B}{\gamma_m J} \tag{3-264}$$

$$y_0 = h - \frac{\tau_B}{\gamma_m J} \tag{3-265}$$

式中,浑水容重 γ_m 和水力坡度 J 较易确定,而 τ_B 则由于不仅是属于高含沙水流的物理性质,还与水流强度和紊动程度有关,具有水流运动状态的性质,所以在水流紊动较强时,不宜采用前述的 τ_B 有关公式进行计算,应考虑水流紊动对 τ_B 的影响。

可仿照清水水流将高含沙水流依其阻力系数 $f\left(=\dfrac{8gRJ}{u^2}\right)$ 和有效雷诺数 Re_m $\left(=4\rho_m Uh \middle/ \eta\left(1 + \dfrac{1}{2}\dfrac{\tau_B h}{\eta U}\right)\right)$ 的关系划分为"层流流区"、"紊流光滑区"、"过渡区"及"紊流粗糙区"(阻力平方区),如图 3-29 所示。图中实线为清水通过光滑边壁时的曲线,各种符号的试验点为有关单位在不同含沙浓度及管壁光滑度条件下的试验结果。

当 $Re_m \leqslant 2\,000$ 左右时,水流属于层流流区,与清水水流一样,黏滞力起主要作用,但其流态则表现为具有流核厚度很大的复杂结构流。当 $Re_m \geqslant 2\,000 \sim 3\,000$ 时,水流进入紊流光滑区,紊动切应力也逐渐增大,随着 Re_m 继续增加,紊动强度也变大,流核厚度则逐渐变小,最后当 Re_m 增大到一定程度(与管壁光滑度有关),水流便进入阻力平方区,此时水流流态发展为无流核的紊流了。位于层流流区与紊流粗糙区之间的区域相当于清水水流的光滑区和过渡区。由以上可以看出,尽管流区的名称相同,但高含沙水流与清水和低含沙水流的性质是有所区别的。

2. 紊流区流速分布

高含沙二维均匀明槽流由于有 τ_B 存在,即令在紊流区也有流核存在,其流速分布公

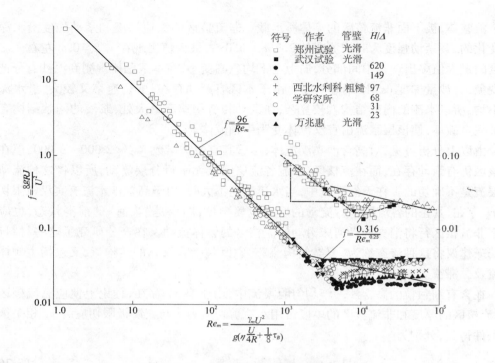

图 3-29　阻力系数与雷诺数的关系

式也应区分为流核区与非流核区,其厚度可分别由式(3-264)及式(3-265)进行计算。若令 α 及 β 分别代表相对流核区及非流核区的厚度,则

$$\alpha = 1 - \frac{y_0}{h} = \frac{\tau_B}{\tau_0} \tag{3-266}$$

$$\beta = \frac{y_0}{h} = 1 - \frac{\tau_B}{\tau_0} \tag{3-267}$$

此时,由于水流处于紊流区,随着水流强度和紊动强度增大,絮网结构渐遭破坏,τ_B 及 α 值变得愈来愈小,β 值变得愈来愈大,即相对非流核区厚度愈来愈大,对于清水水流和低含沙水流,或高含沙水流充分紊动情况下(相当于阻力平方区),τ_B 均为零,其相对非流核区厚度 $\beta = 1$,即全部水深均为非流核区。因此,求出包括有 β 值在内的非流核区的流速分布公式,即可应用于从清水到高含沙宾汉体和牛顿体的全部水流中。

另外,对高含沙宾汉体紊流来说,其切应力不仅包括宾汉切应力 τ_B、黏滞切应力 $\eta \frac{\mathrm{d}u}{\mathrm{d}y}$,还应包括紊动切应力 $-\rho_m \overline{u'v'}$。在建立其流速分布公式时,是应加以考虑解决的。

根据上述考虑,王明甫等从雷诺方程出发,先简化求出高含沙宾汉体紊流的切应力方程

$$\tau = \tau_{BT} + \eta_T \frac{\mathrm{d}u}{\mathrm{d}y} - \rho_m \overline{u'v'} \tag{3-268}$$

然后,采用在清水明槽二维均匀紊流建立对数流速分布公式的思路,建立了下述形式的高含沙紊流的流速分布公式

$$\frac{u_{max} - u}{\sqrt{\frac{\tau_0 - \tau_{BT}}{\rho_m}}} = \frac{1}{\kappa}\ln\left(\frac{\beta h}{y}\right) \qquad (3-269)$$

式(3-269)即为高含沙二维恒定均匀明流的流速沿垂线分布公式,它既适用于高含沙水流,也适用于清水和低含沙水流。当水流为有流核的高含沙紊流时,u_{max}即和非流核区交界面流速 u_0 相同。

天然河流中,由于水流强度和雷诺数很大,絮网结构被破坏,流核趋于消失,在应用式(3-269)时,可认为 $\tau_{BT} = 0$。至于在渠道或管道水流中,则高含沙水流有时可处于过渡区,τ_{BT} 及流核厚度均较大,此时必须考虑 τ_{BT} 的影响,因此对 τ_{BT} 定量研究是十分必要的。

3. 阻力特性

影响高含沙水流阻力的主要因素为水流的黏度、紊动程度及河床边界条件,这些都和含沙浓度有关。对含有细颗粒的高含沙水流而言,由于有絮网结构存在,且絮网结构随含沙浓度及水流紊动强度而变化,所以其阻力变化规律更为复杂。另外,无论在天然河流中或室内水槽试验中,水面比降的精确测量也较为困难,其误差程度往往因人而异,这些都给高含沙水流的阻力问题的研究带来困难,是应加以注意的。

关于清水和不同含沙浓度的高含沙水流的阻力损失(能量损失)的大小比较问题,应该有一个共同的正确的比较标准,依据的比较标准不同,所得结论也往往不一样。现采用同流量条件下清、浑水的比降的大小作为阻力损失的比较标准,进行清、浑水阻力损失对比,将其结果综合整理于表3-6。应该指出,由于同流量下清、浑水的有效雷诺数并不相同,所以从其所处的流区看时也不相同,这种条件也一并列于表3-6中。

表3-6　相同 U、H 条件下,J_m 与 J_0 的对比

水流所属阻力区		相同 U、H 条件下,高含沙与低含沙水流所需比降 J 的对比
清水	高含沙水流	
紊流粗糙床面	紊流粗糙床面	$J_m = J_0$
紊流粗糙床面	过渡区	$J_m < J_0$
紊流粗糙床面	紊流光滑床面	一般 $J_m > J_0$
紊流粗糙床面	层流	$J_m > J_0$
紊流光滑床面	紊流光滑床面	$J_m > J_0$
紊流光滑床面	层流	$J_m > J_0$
层流	层流	$J_m > J_0$

从表3-6和图3-28均可以说明,含有细颗粒的高含沙水流,在过渡区存在减阻现象;在紊流粗糙区,高含沙水流的阻力损失与清水水流相同;在紊流光滑区,特别是层流流区,高含沙水流的阻力损失大于清水水流,这是在处理实际问题时应加以注意的。

二、高含沙水流的泥沙运动及河床演变特点

(一)泥沙运动特点及机理

张瑞瑾在分析了天然河流和水槽试验的一些高含沙水流资料后,认为对一般挟沙水

流而言,悬移质之所以能够被不断悬浮推移,在于水流的紊动扩散作用和重力作用这一对矛盾相互作用的结果。在高含沙水流中,沙粒的沉速大为减小,这就意味着重力作用大为减弱,而紊动扩散作用相对增强,这是高含沙水流挟沙能力特别强、含沙量分布较均匀等特点的基础原因。对含有细颗粒泥沙的高含沙复杂结构流而言,当雷诺数较小,处于所谓"层流流区"时,此时紊动极弱或完全消失,为什么还能维持大量泥沙悬浮而不下沉? 这是由于当含沙浓度很大时,泥沙颗粒间距很小,直接接触和碰撞的机会增多,上下各流层的剪切力,除一部分通过水体传递外,另一部分则通过沙粒直接接触传递。另外,由于各流层间存在流速梯度,沙粒间碰撞必然在垂向引起粒间斥力,这种斥力可使沙粒离散,使之维持疏松状态。正是由于粒间斥力代替了紊动扩散作用,因而整个高含沙水流能够维持一种疏松结构状态缓慢向前蠕动,而不发生淤积。

根据天然河流及实验室水槽实测资料,高含沙水流含沙量沿垂线分布较一般挟沙水流均匀。图 3-30 所示为含沙量沿垂线分布资料,由图可见,当含沙量大于 300 kg/m^3 时沿垂线分布便较均匀,超过 800 kg/m^3 时,含沙量分布已基本上没有什么梯度。

由于高含沙紊流含沙量分布仍是由于重力作用与紊动扩散作用相互作用的结果,一些作者认为仍可用扩散方程加以描述,但在计算悬浮指标 $z = \omega/(\kappa U_*)$ 时,ω 应采用高含沙水流的群体沉速公式,卡门常数 κ 值也应考虑含沙量的影响。

考虑到高含沙紊流中含沙量的分布除主要受重力作用与紊动扩散作用相互作用的影响外,还和水流的流变特性、沉降速度等因素有关。我们在研究二维恒定均匀流输沙平衡条件下的高含沙水流含沙量分布时,在考虑上述因素后,进行了一些近似假定,对下述微分方程求解

$$\omega S_V + \varepsilon_s \frac{\mathrm{d}S_V}{\mathrm{d}y} = 0 \tag{3-270}$$

最后获得了下述形式的含沙量分布公式

$$f(S_V) - f(S_{Vb}) = \frac{\omega_c U_*'}{\kappa U_*^2 \beta} \ln \frac{(1 + \sqrt{1 - \varepsilon y/\beta h})(1 - \sqrt{1 + \varepsilon b/\beta})}{(1 - \sqrt{1 - \varepsilon y/\beta h})(1 - \sqrt{1 + \varepsilon b/\beta})} \tag{3-271}$$

式中:$\omega = \omega_0 (1 - S_V)^m$,此处 m 近似采用 5

$$f(S_V) = \frac{1}{4(1 - S_V)^4} + \frac{1}{3(1 - S_V)^3} + \frac{1}{2(1 - S_V)^2} + \frac{1}{1 - S_V} + \ln \frac{v}{1 - S_V} \tag{3-272}$$

S_{Vb} 为参考点 $y/h = b$ 点的含沙量;$f(S_{Vb})$ 与 $f(S_V)$ 式相应;U_* 与 U_*' 分别为清水及宾汉流体的摩阻流速,$U_*' = \sqrt{\dfrac{\tau_0 - \tau_B}{\rho_m}}$;$\beta$ 为相对非流核区厚度,$\beta = \dfrac{y_0}{h} = 1 - \dfrac{\tau_B}{\tau_0}$;$\kappa$ 为卡门常数;ε 为对泥沙扩散系数修正的系数,根据实际确定,采用 0.91。修正后的泥沙扩散系数的公式为

$$\varepsilon_s = \frac{\kappa U_*^2 \beta}{\sqrt{\dfrac{\tau_0 - \tau_B}{\rho_m}}} y \sqrt{1 - \beta y/\beta h} \tag{3-273}$$

从式 $\beta = 1 - \dfrac{\tau_B}{\tau_0}$ 可以看出,当水流为低含沙水流时,$\tau_B = 0$,则 $\beta = 1$,流核消失,所以公式既适用于低含沙水流,也适用于高含沙水流含沙量分布的计算。图 3-30 为选参考点 $b = 0.4$

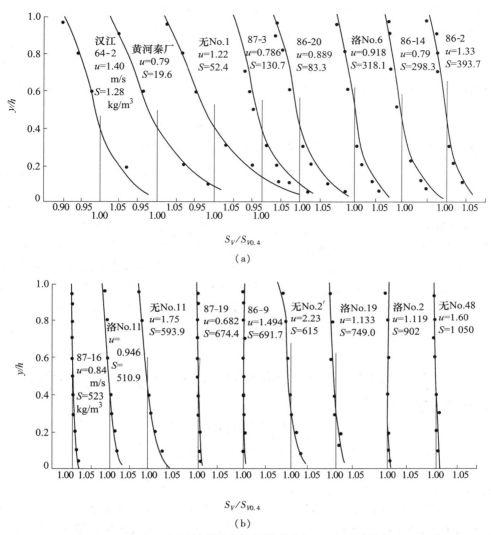

图 3-30 实测含沙量分布与计算公式(3-271)的对照

时式(3-271)的计算结果与实测资料的对比,实测资料既包括了水槽试验资料,也包括了少沙与高含沙河流资料,其含沙量变化于 $1.28 \sim 1\,050 \text{ kg/m}^3$ 之间,均能较好地相符合。

1. 含有细颗粒的高含沙紊流

高含沙水流有较高的挟沙能力,在天然河道中表现出"多来多排"的特性。早在20世纪60年代,麦乔威、赵业安、潘贤娣等学者在开展黄河下游河道冲淤演变特性研究时,已给出了如下水流挟沙力公式

$$S_* = K Q^{\alpha-1} S_{上}^{\beta} \tag{3-274}$$

式(3-274)与实际资料比较符合,其主要原因就是引入了上站的含沙量 $S_{上}$。$S_{上}$ 与本河段的含沙量 S 有密切关系(呈正比关系)。

张瑞瑾根据王尚毅及拜格诺的"自动悬浮"论点,对高含沙水流挟沙能力特别强的原

因进行了分析。在高含沙紊流中,取一单位面积的柱状体进行研究,为了保持柱状体内泥沙悬浮,水流需付出的功率为

$$\frac{\rho_s - \rho}{\rho_s} g M \omega \tag{3-275}$$

柱状体内的泥沙向水流提供的功率为

$$\frac{\rho_s - \rho}{\rho_s} g M U J \tag{3-276}$$

式中:M 为单位面积柱状体内全部泥沙的质量;其余符号含义同前。显而易见,当

$$\frac{\rho_s - \rho}{\rho_s} g M U J \geqslant \frac{\rho_s - \rho}{\rho_s} g M \omega \tag{3-277}$$

即

$$U J \geqslant \omega \tag{3-278}$$

时,水流挟带泥沙的能力在理论上便不再有一个限度,只取决于泥沙提供的条件。由于高含沙水流泥沙的沉速 ω 大大降低,这就使得式(3-278)能够适用的泥沙粒径变得很宽,一方面为特别高的含沙量的出现提供了条件,另一方面使高含沙水流所挟带的泥沙中值粒径增大。但是,对于不满足式(3-278)要求的较粗泥沙,原则上水流挟沙力仍有一定限度。

曹如轩从上述概念出发,将沙玉清的群体沉速 ω 公式代入式(3-278),即

$$U J = \omega_0 \left(1 - \frac{S_V}{2\sqrt{d_{50}}} \right)^3 \tag{3-279}$$

若式(3-279)中单颗粒泥沙沉速 ω_0 采用斯托克斯公式 $\left(\omega_0 = \frac{1}{18} \frac{\gamma_s - \gamma}{\gamma} g \frac{d^2}{\nu} \right)$,即可得水流所能挟带的最大临界粒径为

$$d_0 = \sqrt{\frac{18\nu U J}{\dfrac{\gamma_s - \gamma}{\gamma} g \left(1 - \dfrac{S_V}{2\sqrt{d_{50}}} \right)^3}} \tag{3-280}$$

水流中泥沙粒径小于 d_0 的部分为冲泻质,大于 d_0 的部分为床沙质。

高含沙紊流的挟沙力公式可参照一般挟沙水流的概念和公式形式建立,根据悬浮功与势能的关系,在考虑了含沙量对沉速和粒径的影响后,利用有关实测资料,曹如轩获得了含沙量与水流条件的关系式

$$S_V = 0.000\ 19 \left(\frac{U^3}{\dfrac{\gamma_s - \gamma_m}{\lambda_m} g R \omega} \right)^{0.9} \tag{3-281}$$

式中:S_V 为以体积百分比计的床沙质含沙量;ω 为床沙质部分的群体沉速;γ_m 为浑水容重。由式(3-281)可知,只要注意到高含沙水流中含沙量对 γ_m 和 ω 的影响,就可以看出高含沙紊流与一般挟沙水流的挟沙力规律是一致的。由于高含沙水流中群体沉速 ω 和 $\frac{\gamma_s - \gamma_m}{\gamma_m}$ 均随含沙量增大而大幅度减小,所以高含沙水流的挟沙力比一般挟沙水流可增大很多。

顺便指出,若群体沉速公式不采用沙玉清公式而采用其他形式的公式,便可获得其他

形式的最大临界粒径 d_0 和水流挟沙力 S_V 的公式。究竟采用何种公式为宜,应根据实际情况决定。

张红武从水流能量消耗应为泥沙悬浮功和其他能量耗损之和的关系出发,考虑了泥沙存在对卡门常数及沉速等的影响,给出了半理论半经验的水流挟沙力公式

$$S_* = 2.5 \left[\frac{(0.0022 + S_V) U^3}{\kappa \frac{\gamma_s - \gamma_m}{\gamma_m} g h \omega} \ln \left(\frac{h}{6 d_{50}} \right) \right]^{0.62} \tag{3-282}$$

式中单位制采用 kg、s、m,浑水沉速 ω 采用式(3-263),卡门常数 κ 采用以下公式

$$\kappa = \kappa_0 \left[1 - 4.2 \sqrt{S_V} (0.365 - S_V) \right] \tag{3-283}$$

式中:κ_0 为清水卡门常数,采用 0.4。

式(3-282)经实测资料验证,计算值与实测值符合较好,实测资料既包括了少沙河流,也包括了多沙河流和水槽试验资料,含沙量变化范围为 0.15 ~ 1000 kg/m³,所以公式也可用于高含沙水流挟沙力的计算。

2. 含有细颗粒的高含沙复杂结构流

如前所述,这种水流当含沙量很大、雷诺数很小时,处于所谓"层流流区",使泥沙悬浮的因素已不再是重力作用和紊动扩散作用间的矛盾,而是层间斥力和那些能使挟沙水流处于疏松运动状态的因素。现仍在水流中取一单位面积的柱状体来分析,使柱状体内全部泥沙保持运动状态。水流需付出的功率为 $\xi \frac{\rho_s - \rho}{\rho_s} g M U$,全部泥沙向水流提供的功率为 $\frac{\rho_s - \rho}{\rho_s} M U J$,当后者大于或等于前者时,即得下式

$$J \geq \xi \tag{3-284}$$

式中:J 为水力坡度;ξ 为综合摩阻系数,反映了复杂结构流中水与沙、沙与沙间的动摩阻关系,尚难以具体确定。所以,目前式(3-284)只具有理论意义,待 ξ 值能具体确定后,则式(3-284)将能发挥其概念明确、形式简单、应用方便的重要作用了。

将上述流体看做泥沙不再分选的均质流整体,则在单位时间单位流程水流所提供的功率为 $\gamma_m A U J$,为了维持流动,必须克服由边壁切应力所形成的阻力,而此边壁切应力最小极限条件为宾汉极限切应力 τ_B,克服 τ_B 的功率为 $\tau_B \chi U$,当

$$\gamma_m A U J \geq \tau_B \chi U \tag{3-285}$$

或

$$\tau_0 \geq \tau_B \tag{3-286}$$

时,水流即可保持流动。否则,水流将停止流动,出现"浆河"现象。式中:A 为过水面面积;χ 为湿周;τ_B 为河床边壁切应力。

(二)高含沙水流的河床演变特点

1. 河床演变一般规律

高含沙水流河床演变的基本原理及影响因素与一般挟沙水流河床演变相比较,无原则性的区别,但由于高含沙水流在物理特性和运动特性等方面有自己的特点,所以表现在河床演变规律方面也应有所不同。下面仅对其演变的主要特点加以简要阐述。

（1）在一定水沙条件和河床断面形态条件下，可以保持很高的水流挟沙能力，进行远距离输送而不淤积。一定的水沙条件包括：高含沙水流应含有一定量的黏性细颗粒泥沙，使水流黏性增大，沉速减小，挟带粗沙的能力提高，这样的水沙组成才能在紊流条件下不发生淤积。在天然河流中，这样的高含沙水流多处于紊流粗糙区或过渡区，其阻力损失也是较小的。

就河床断面形态而言，高含沙水流通过的河道，往往被塑造成窄深的断面形态，这自然是和窄深断面河槽的单宽流量大、输沙能力强有关，特别是高含沙水流对河槽断面形态是较为敏感的，只要河床边界组成条件允许，总会形成窄深断面以适应高含沙水流通过。

（2）淤滩刷槽、大冲大淤。高含沙水流的含沙量很大，且往往是在洪峰过程中发生，随着洪峰流量和沙量的变化，能满足高含沙水流远距离输送的条件难以始终保持，所以往往发生大冲大淤。当高含沙水流通过宽浅游荡型河道时，在涨峰阶段，由于含沙量大且分布均匀，比降、流速也很大，水流可处于阻力平方区，挟沙力很高，主槽便会严重冲刷，但漫滩的高含沙水流，由于滩地糙率大，水深浅，流速和挟沙力大幅度降低，在一些水深很浅的地方，甚至水流处于层流流区，大量泥沙便在滩地落淤，由于滩地面积比主槽面积大得多，所以淤积的泥沙量往往超过主槽的冲刷量。就总体而言，高含沙水流通过时，往往造成河道大量淤积。在落峰阶段，若主槽水流仍能保持高含沙水流挟沙力高的特性，则仍有可能处于继续冲刷状态，否则主槽可处于塌滩淤积状态。根据张红武等的研究结果，认为当来沙系数 $\xi (= Q/S) > 0.015$ 时，滩槽均淤；当 $\xi < 0.015$ 时，槽冲滩淤。

（3）由于高含沙水流与河床相互作用，高含沙洪水过程中往往发生异常现象。这些异常现象是指当上游流量不变时，下游站的流量常常大于上游站很多，有时水位会在较短时期内发生大幅度的猛涨猛落，往往给防洪带来意想不到的威协。造成高含沙洪水过程中异常现象的原因是很复杂的。

2. 河床演变的特殊现象

1）"揭河底"现象

所谓"揭河底"现象，是指河床冲刷的一种突变过程。其特点是，大片的沉积物从河床上被掀起，有的露出水面，然后坍落、破碎，被水流冲散、带走，这样强烈的冲刷，在几小时到几十小时内，使河床降低一两米以至近十米。

"揭河底"现象多发生在汛期头几次较大洪水的涨峰过程或峰顶，与前期河床的淤厚和高程有一定关系。在开始"揭河底"时，局部地方先形成跌水，几分钟后即将沉积物从河床掀起，以后又形成跌水，又将沉积物从河床掀起。"揭河底"不是沿整个河宽发生，而是在流速较高的部位沿水流成带状发生。黄河干流龙门测站的资料表明，在发生"揭河底"现象时，与洪峰相应的含沙量为 $30 \sim 700 \ \mathrm{kg/m^3}$。"揭河底"的水流流态无例外地都是高含沙紊流。图3-31为龙门站一次发生"揭河底"现象的简要过程。形成"揭河底"现象必须具备两方面的条件：一是河床上淤积物能成大片被水流掀起；二是掀起的淤积物能被水流带走。张瑞瑾在分析了上述第一方面条件后，建立了能掀起河床上大片淤积物的条件关系式

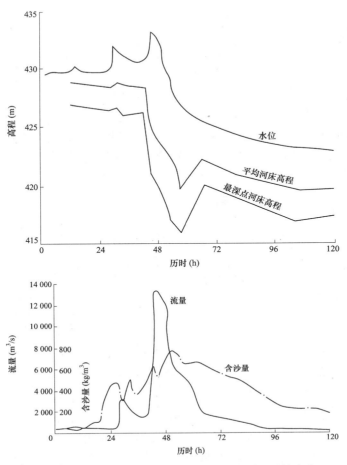

图 3-31　黄河中下游干流龙门站一次"揭河底"时的水位、
河底高程及流量、含沙量过程线

$$C_1 C_2 \frac{U^2/(2g)}{(At)^{1/3}} \geqslant \frac{\gamma' - \gamma_m}{\gamma_m} \tag{3-287}$$

式中：C_1 为浮力强度系数；C_2 为面积系数；A 和 t 分别为被掀起的每一片淤积物的面积和厚度；其余符号含义同前。由于高含沙紊流的流速一般较大，而$(\gamma' - \gamma_m)/\gamma_m$ 一项较之清水小很多，所以式(3-287)甚易满足。河床淤积物之所以能被成片掀起，还和前期淤积物中含有一定黏性细颗粒泥沙有关，淤积物具有一定黏性，才能被成片状掀起。被掀起的淤积物经高含沙紊流较强的流速冲击破碎后，由于水流挟沙能力较强，可以不断地将破碎和离散的泥沙带向下游，而发生长距离的"揭河底"冲刷现象，这就是"揭河底"冲刷所应具备的第二方面的条件。

含有一定细颗粒泥沙的高含沙水流，在充分紊动条件下，多为均质流，其阻力损失较小，所以易形成"揭河底"现象。目前，定量判断发生"揭河底"的条件还有一定困难，缪凤举和方宗岱根据对黄河干支流几次"揭河底"资料进行统计分析，认为发生"揭河底"的条件大致为：含沙量大于 400 kg/m³ 的时间至少为 16 ~ 48 h，而流量大于 6 000 m³/s 的时间为 5～6 h。

2）水流不稳定现象

无论在天然河流或室内水槽试验中,当水流含沙量很大、有效雷诺数较小时,都可以观测到水流的不稳定现象,即当上游来流条件不变的情况下,本河段水位出现周期性起伏变化。在黄河流域的一些小支流上有时能观测到这种水流的不稳定现象。图 3-32 为王明甫等在水槽试验中所观测到的高含沙水流的不稳定现象,第 26、28 及第 23 三组试验的含沙量分别为 414、600 kg/m³ 及 720 kg/m³,有效雷诺数 Re_m 分别为 3 376、1 048 及 366。由图 3-32 可以看出,含沙量愈大,有效雷诺数愈小,其波高愈大,出现的周期愈长。

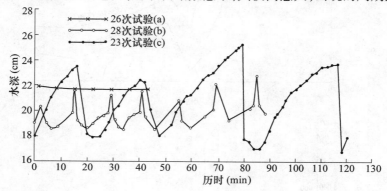

图 3-32 高含沙水流不稳定现象

高含沙水流出现不稳定现象的原因与水流的结构性质有关,当水流的边壁剪切力 $\tau_0 = \gamma_m hJ$ 接近于宾汉极限剪切力 τ_B 时,水流底层流速便可能停滞或变得极小,在底部形成所谓停滞层,由于来水继续进行,从而使水深加大,水位上涨,比降和流速又加大,破坏了形成的停滞层,又使水深变小和水位降低。这样,在一段时间内便出现水流的不稳定现象。这种周期性的水位起伏变化,常称为阵流。当来流条件使有效雷诺数接近于 1 时,可出现流流停停、停停流流的间歇流现象;当边壁剪切力 $\tau_0 \leqslant \tau_B$ 时,则水流即可停止流动,出现所谓"浆河"现象。

3）"浆河"现象

所谓"浆河"现象,是指在含沙量特别高的水流中,当水流能量不足以继续带动所挟泥沙前进时,一河泥浆骤然停止下来,造成淤积性质的河床突变。

这种突变,在黄河中游的支流上曾时有发现,多发生在高含沙量洪峰的陡急落水过程。随着流量的急剧减小,水流的能量急剧降低,泥沙大量的骤然淤积,使河床抬高,水面增宽,水深变浅,水位并不随着流量的减小而降低,有时反而略有增高。

值得注意的是,"浆河"现象的产生,水流多属于含有一定黏性细颗粒泥沙的复杂结构高含沙水流,当水流提供的能量低于为了维持泥沙运动状态所需的临界能量,即 $J < \xi$ 时,或床面剪切力小于宾汉极限剪切力,即 $\tau_0 \leqslant \tau_B$ 时,全部水流即整体停留下来,从而形成淤积的突变过程。

这样的"浆河",在出现以后的短暂期间,若上游大量浑水继续下行,使能量不断积蓄,将重新转化为运动状态。与此相反,若上游浑水也停止下行或来量较少,则"浆河"现象会持续下来,泥沙逐渐沉积密实。以后的演变过程和一般水流一样,即先在"浆河"的床面上冲刷成一条小沟槽,随着流量的增加,断面继续冲深冲宽。

第九节　异重流

一、异重流的现象及一般特性

两种或两种以上的流体相互接触,其容重有一定的但是较小的差异,如果其中一种流体沿着交界面的方向流动,在流动过程中不与其他流体发生全局性的掺混现象,这种流动称为异重流。

在蓄水库中,汛期浑水入库后,在某处潜入库底,有的可运行数十公里甚至百余公里到达坝前从泄水孔排出,而表层库水却清澈晶莹,这是挟沙水流所形成的异重流(见图3-33)。

图 3-33　水库中的异重流
1—清水;2—异重流;3—潜入点;4—漂浮物

在河流入海处,如果河水含沙量不大,其容重较含盐的海水为小,则微黄的河水将呈扇形遍漫于蓝色的海面之上,渐向远方运动扩散。同时,海水有可能沿河底向上游内溯,形成所谓盐水楔,这是盐水形成的异重流。工厂从河道取水,又向河道排放热水,因热水容重较冷水为小,故引起热水在冷水上层流动,这是温差形成的异重流。如此等等,它们常常给国民经济部门及人民生产生活带来影响。

就水流来说,促使容重发生变化而形成异重流的主要因素有三个:温度、溶解质含量及含沙量。这里我们只限于讨论水流因挟带泥沙而形成的浑水异重流。这种异重流常以浑水在清水下面流动即所谓下异重流(潜流)形式出现。水库及河渠中的异重流,都是这种类型。

流体之间的容重差异是产生异重流的根本原因。设想位于垂直交界面两侧的流体分别为清水和浑水,显然交界面上任一点所承受的压力两侧是不同的。因浑水的容重较清水为大,浑水一侧的压力大于清水一侧的压力,这种压力差的存在必然促使浑水向清水一侧流动。由于两侧的压力差愈近底部愈大,因此浑水必然以潜入的方式流向清水底部,这便是产生浑水异重流的物理实质。和一般明渠水流一样,维持异重流运动的动力仍是重力。所不同的是,由于浑水是在清水下面运动,必然受到清水的浮力作用,使浑水的重力作用减小,其有效容重仅为

$$\Delta\gamma = \gamma' - \gamma = (\rho' - \rho)g \tag{3-288}$$

式中:γ 及 γ' 分别为清、浑水的容重;ρ 及 ρ' 分别为清、浑水的密度;g 为重力加速度。如

果令浑水异重流的含沙量为 S',单位 kg/m^3,则其密度 ρ' 应为

$$\rho' = \rho + \left(1 - \frac{\rho}{\rho_s}\right)S' \qquad (3\text{-}289)$$

其中 ρ_s 为泥沙的密度。在常遇情况下,取 $\rho = 1\ 000\ kg/m^3$,$\rho_s = 2\ 650\ kg/m^3$,则

$$\rho' = 1\ 000 + 0.622S' \qquad (3\text{-}290)$$

从式(3-290)可见,即使含沙量 S' 较大的变化,也只能引起密度 ρ' 较小的变化。

若令 g' 为有效重力加速度,则下层浑水的有效容重也可写成

$$\Delta\gamma = \rho'g' \qquad (3\text{-}291)$$

和式(3-288)对比,可得

$$g' = \frac{\rho' - \rho}{\rho'}g = \frac{\Delta\rho}{\rho'}g = \eta_g g \qquad (3\text{-}292)$$

式中:$(\rho' - \rho)/\rho'$ 或 $\Delta\rho/\rho'$ 称为重力修正系数,以 η_g 表示。η_g 是异重流区别于普通水流的一个很重要的系数。如果我们以 g' 来代替 g,则许多描述明渠水流运动规律的公式都可用于异重流。由于一般河流的含沙量并不很大,清、浑水的密度差 $\Delta\rho$ 或容重差 $\Delta\gamma$ 较小,因而 η_g 是一个很小的数值,数量级一般为 $10^{-2} \sim 10^{-3}$。因此,对异重流来说,相对于一般明渠水流而言,重力作用的减低是十分显著的,这是异重流的重要特性之一。

异重流的特性之二是,惯性力的作用相对地显得十分突出。在水力学中,常以佛汝德数表示惯性力与重力的对比关系。若令异重流的流速为 U',深度为 h',则异重流的佛汝德数 Fr' 为

$$Fr' = \frac{U'}{\sqrt{g'h'}} = \frac{U'}{\sqrt{\eta_g g h'}} \qquad (3\text{-}293)$$

可见,与流速、水深相同的一般明渠水流的佛汝德数 Fr 相比较,Fr' 将是 Fr 的 $1/\sqrt{\eta_g}$ 倍。这种相对突出的惯性力作用,使异重流具有轻易地翻越障碍物以及爬高的能力(见图3-34)。

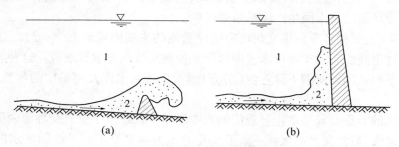

(a)　　　　　　　　　　(b)

图 3-34　异重流超越障碍物及爬高

(a)超越障碍物;(b)爬高

1—清水;2—异重流

异重流的特性之三是,阻力作用也相对地显得突出。水力学中的均匀流流速,实质上反映着重力作用与阻力作用的对比关系。若令 R'、J_0、f' 分别表示异重流的水力半径、底坡及阻力系数,则呈均匀流的异重流流速应为

$$U' = \sqrt{\frac{8}{f'}}\ \sqrt{g'R'J_0} = \sqrt{\frac{8}{f'}}\ \sqrt{\eta_g g R'J_0} \qquad (3\text{-}294)$$

由此可见，与水力半径、底坡及阻力系数相同的一般明渠水流相比，异重流流速将为一般明渠水流流速的 $\sqrt{\eta_g}$ 倍，即要小得多。此点反映了阻力作用的相对突出。因此，要使异重流维持长距离的运动，必须沿水流方向有足够的坡度。

从上述异重流的三大特性看来，重力作用的减低是最为重要的，它改变了重力作用和惯性力作用及阻力作用的相互关系，形成了异重流的区别于一般水流的特殊矛盾。

二、异重流的基本力学规律

异重流的基本力学规律涉及范围很广，许多问题（例如异重流的前锋速度、流速分布，以及异重流在运动过程中的局部混合和沿交界面的混合问题等）因篇幅所限，不作介绍，读者可参考有关专著。这里仅就异重流的几个最基本的水力学规律加以阐述。

（一）异重流的静水压力

考察浑水异重流的压强分布（见图3-35）。假定异重流中含沙量不沿水深而变，也就是假定浑水的密度是均匀的，则异重流中任一点的压强 p 应为

$$p = \gamma h + \gamma'(h' - y) \tag{3-295}$$

式（3-295）又可改写为

$$p = \gamma(H - y) + (\gamma' - \gamma)(h' - y) \tag{3-296}$$

或

$$p = \gamma(H - y) + \eta_g \gamma'(h' - y) \tag{3-297}$$

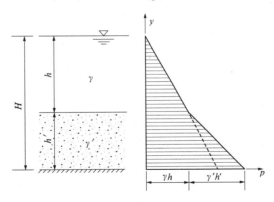

图 3-35　异重流压强分布计算图

由式（3-295）、式（3-296）可以看出，异重流中的压力由两部分叠加而成，一部分是上层清水的压力，另一部分是本层浑水的压力；或者理解为由两部分叠加而成，即一部分是上层及本层清水的压力，另一部分则为本层由清、浑水容重差而引起的附加压力。由式（3-297）还可以看出，在考虑了清水压力之后，异重流的附加压力可按一般静水压力公式求出，只须将浑水容重改用有效容重，或加乘重力修正系数 η_g 即可。

异重流的全部水深的总压力应为

$$P = \int_0^{h'} p \, \mathrm{d}y \tag{3-298}$$

将 p 值按式（3-295）或式（3-296）代入，同样得到总压力 P 的两种表达形式

$$P = \gamma hh' + \gamma' \frac{h'^2}{2} \qquad (3\text{-}299)$$

或
$$P = \gamma h'\left(H - \frac{h'}{2}\right) + (\gamma' - \gamma)\frac{h'^2}{2} \qquad (3\text{-}300)$$

如果考虑到浑水容重沿水深分布的不均匀性,则异重流中的压强可写成

$$p = \gamma h + \int_y^{h'} \gamma' \mathrm{d}y \qquad (3\text{-}301)$$

或
$$p = \gamma(H - y) + \int_y^{h'} (\gamma' - \gamma)\mathrm{d}y \qquad (3\text{-}302)$$

$$p = \gamma(H - y) + \int_y^{h'} \eta_g \gamma' \mathrm{d}y \qquad (3\text{-}303)$$

异重流全部水深的总压力亦可通过积分式(3-298)求出。

(二)异重流的连续方程

对于二维不恒定异重流来说,若令 ρ'、h' 分别代表异重流的密度和深度,q 为异重流的单宽流量,其连续性方程与一般流体运动的相同,即

$$\frac{\partial \rho' h'}{\partial t} + \frac{\partial \rho' q}{\partial x} = 0 \qquad (3\text{-}304)$$

或
$$h'\frac{\partial \rho'}{\partial t} + \rho'\frac{\partial h'}{\partial t} + q\frac{\partial \rho'}{\partial x} + \rho'\frac{\partial q}{\partial x} = 0 \qquad (3\text{-}305)$$

对于二维恒定异重流,$\partial \rho'/\partial t = 0$,$\partial h'/\partial t = 0$,故

$$q\frac{\partial \rho'}{\partial x} + \rho'\frac{\partial q}{\partial x} = 0 \qquad (3\text{-}306)$$

如果密度 ρ' 沿程不变,则应有

$$\frac{\partial q}{\partial x} = 0 \qquad (3\text{-}307)$$

$$q = h'U' = 常数 \qquad (3\text{-}308)$$

在通常情况下,由于浑水异重流在运动过程中流速沿程改变,泥沙沿程落淤,密度沿程变化,故上述连续条件一般难以满足。

(三)异重流的运动方程

试推求二维不恒定异重流的运动方程式。如图 3-36 所示,假定上层清水处于静止状态,它的表面是水平的,并令水流方向与异重流交界面方向平行,取坐标轴 x 的方向与水流方向一致。以宽度为 1,长度为 δx 的异重流流体作为研究对象,并在推导过程中忽略包含 δx^2 的二阶微小项,则此流体在水流方向所受的作用力如下:

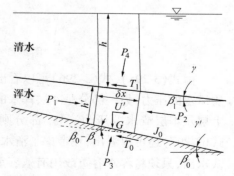

图 3-36　二维不恒定异重流受力分析

压力　　$P_1 = \gamma hh' + \gamma'\dfrac{h'^2}{2}$ 　　（3-309）

$$P_2 = \gamma\left(h + \frac{\partial h}{\partial x}\delta x\right)\left(h' + \frac{\partial h'}{\partial x}\delta x\right) + \frac{\gamma'}{2}\left(h' + \frac{\partial h'}{\partial x}\delta x\right)^2$$

$$\approx \gamma h h' + \gamma' \frac{h'^2}{2} + (\gamma h + \gamma' h') \frac{\partial h'}{\partial x} \delta x + \gamma h' \frac{\partial h}{\partial x} \delta x \tag{3-310}$$

$$P_3 \sin(\beta_0 - \beta_1) = \left[\gamma \left(h + \frac{\partial h}{\partial x} \frac{\delta x}{2} \right) + \gamma' \left(h' + \frac{\partial h'}{\partial x} \frac{\delta x}{2} \right) \right] \frac{\delta x}{\cos(\beta_0 - \beta_1)} \cdot \sin(\beta_0 - \beta_1)$$

$$\approx (\gamma h + \gamma' h') \delta x \tan(\beta_0 - \beta_1) \approx (\gamma h + \gamma' h') \frac{\partial h'}{\partial x} \delta x \tag{3-311}$$

P_4 垂直于水流方向,不予考虑。

重力
$$G \sin\beta_1 = \gamma' \left(h' + \frac{\partial h'}{\partial x} \frac{\delta x}{2} \right) \delta x \sin\beta_1 \approx \gamma' h' \frac{\partial h}{\partial x} \delta x \tag{3-312}$$

阻力
$$T = T_0 \cos(\beta - \beta_1) + T_1 = \tau_0 \frac{\delta x}{\cos(\beta_0 - \beta_1)} \cos(\beta_0 - \beta_1) + \tau_1 \delta x$$

$$= \frac{f_0'}{8} \frac{\gamma'}{g} U'^2 \delta x + \frac{f_1'}{8} \frac{\gamma'}{g} U'^2 \delta x \approx \frac{f'}{8} \frac{\gamma'}{g} U'^2 \delta x \tag{3-313}$$

式中:f_0'、f_1'、f' 分别为异重流床面、交界面及综合阻力系数。

惯性力
$$I = \frac{\gamma'}{g} \left(h' + \frac{\partial h'}{\partial x} \frac{\delta x}{2} \right) \delta x \frac{\mathrm{d}U'}{\mathrm{d}t} \approx \frac{\gamma'}{g} h' \delta x \left(\frac{\partial U'}{\partial t} + U' \frac{\partial U'}{\partial x} \right) \tag{3-314}$$

力的平衡方程式应为

$$P_1 - P_2 + P_3 \sin(\beta_0 - \beta_1) + G \sin\beta_1 - T = I \tag{3-315}$$

将有关各力的表达式代入,化简得

$$(\gamma' - \gamma) h' \frac{\partial h}{\partial x} \delta x - \frac{f'}{g} \frac{\gamma'}{g} U'^2 \delta x = \frac{\gamma'}{g} h' \delta x = \frac{\gamma'}{g} h' \delta x \left(\frac{\partial U'}{\partial t} + U' \frac{\partial U'}{\partial x} \right) \tag{3-316}$$

考虑到

$$\frac{\partial h}{\partial x} = -\frac{\partial (y_0 + h')}{\partial x} = -\frac{\partial y_0}{\partial x} - \frac{\partial h'}{\partial x} = J_0 - \frac{\partial h'}{\partial x} \tag{3-317}$$

(式中 y_0 为床面高程)式(3-316)可进一步改写为

$$J_0 - \frac{\partial h'}{\partial x} - \frac{f'}{8} \frac{U'^2}{\eta_g g h'} = \frac{1}{\eta_g g} \left(\frac{\partial U'}{\partial t} + U' \frac{\partial U'}{\partial x} \right) \tag{3-318}$$

式(3-318)即为所求的二维非恒定异重流的运动方程式。它的形式与一般的二维非恒定流运动方程式是相似的,不同之点仅在于这里多了一个重力修正系数 η_g。

对于恒定流,$\partial U'/\partial t = 0$,水力因素只随 x 而变,式(3-318)中的偏导数可改用常导数表示。在二维恒定流条件下,单宽流量沿程不变,故应有

$$\frac{\mathrm{d}h'U'}{\mathrm{d}x} = h' \frac{\mathrm{d}U'}{\mathrm{d}x} + U' \frac{\mathrm{d}h'}{\mathrm{d}x} = 0 \tag{3-319}$$

或
$$\frac{\mathrm{d}U'}{\mathrm{d}x} = -\frac{U'}{h'} \frac{\mathrm{d}h'}{\mathrm{d}x} \tag{3-320}$$

这样,略加变换式(3-318),即得二维恒定非均匀异重流的运动方程式

$$\frac{\mathrm{d}h'}{\mathrm{d}x} = \frac{J_0 - \frac{f'U'^2}{8\eta_g g h'}}{1 - \frac{U'^2}{\eta_g g h'}} \tag{3-321}$$

该式与一般二维恒定非均匀流运动方程式的形式完全一致,不同的也是式中多了一个重力修正系数 η_g。

在异重流为二维均匀流时,应有 $\mathrm{d}h'/\mathrm{d}x = 0$,即在式(3-321)中

$$J_0 - \frac{f'}{8} \frac{U'^2}{\eta_g g h'} = 0 \tag{3-322}$$

由此得

$$U' = \sqrt{\frac{8}{f'}} \sqrt{\eta_g g h' J_0} \tag{3-323}$$

此外,张俊华针对异重流浑水容重沿水深分布的不均匀性,引入修正系数后,对非恒定异重流运动方程进行了新的推导,具体成果在下文讨论。

(四)异重流的能量方程

在二维恒定流条件下,如果在式(3-318)中,将 $U'\mathrm{d}U'/\mathrm{d}x$ 用 $\mathrm{d}(U'^2/2)/\mathrm{d}x$ 代替,将 J_0 用 $-\mathrm{d}y/\mathrm{d}x$ 代替,式(3-318)又可写成

$$\frac{\mathrm{d}}{\mathrm{d}x}\left(y_0 + h' + \frac{U'^2}{2\eta_g g}\right) = -\frac{f'}{8} \frac{U'^2}{\eta_g g h'} \tag{3-324}$$

或

$$\frac{\mathrm{d}}{\mathrm{d}x}\left(y_0 + h' + \frac{U'^2}{2\eta_g g}\right) = -\frac{\mathrm{d}h'_f}{\mathrm{d}x} \tag{3-325}$$

或

$$y_0 + h' + \frac{U'^2}{2\eta_g g} = -h'_f \tag{3-326}$$

式中: h'_f 为异重流的水头损失。式(3-325)说明能量方程同样可以用于异重流,只是在出现重力加速度的地方加乘一个重力修正系数 η_g。

(五)异重流的阻力

上述诸方程式中的阻力系数 f',是一个包括床面阻力系数及交界面阻力系数在内的综合阻力系数。对于二维流来说,后者为前两者之和,即

$$f' = f'_0 + f'_1 \tag{3-327}$$

如果不是二维流,还要考虑侧向阻力。对于在宽度为 B 的水槽中发生的异重流,设侧面阻力与底部阻力相等,综合阻力 T 的表达式应为

$$T = \tau_0(B + 2h')\delta x + \tau_1 B\delta x = \frac{f'_0}{8}\frac{\gamma'}{g}U'^2(B + 2h')\delta x + \frac{f'_1}{8}\frac{\gamma'}{g}U'^2 B\delta x \tag{3-328}$$

若将异重流作为明流看待,则综合阻力 T 还可写成

$$T = \tau_0(B + 2h')\delta x = \frac{f'}{8}\frac{\gamma'}{g}U'^2(B + 2h')\delta x \tag{3-329}$$

令两者相等,可求得

$$f' = f'_0 + \frac{B}{B + 2h'}f'_1 \tag{3-330}$$

中国水利水电科学研究院在砖砌水槽中有关异重流综合阻力系数的试验成果见图 3-37(a)。试验表明,在接近阻力平方区的紊流范围内,f' 与雷诺数 Uh'/ν 无关。砖砌水槽底部槽壁的阻力系数 f'_0 经过明渠流试验求得 $f'_0 = 0.02$,根据式(3-330)算得的交界面阻力系数 $f'_1 = 0.004\ 7 \sim 0.005\ 1$,平均为 0.005。官厅水库的实测综合阻力系数与雷诺数

Uh'/v 的关系见图 3-36(b),与实验室的结果是一致的。

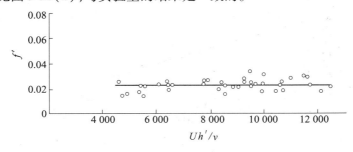

(a)

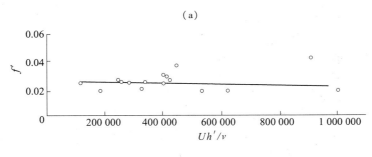

(b)

图 3-37　异重流的平均阻力系数 f'

(a)试验结果;(b)官厅水库实测结果

(六)异重流的清水分离特性

范家骅等曾在室内盲肠水槽进行异重流分离清水流量的试验。试验水槽与河道成 150°角。试验观察到,当河道浑水潜入盲肠形成异重流并向槽尾推进时,上层清水以相反方向流出,当异重流前锋到达槽尾端后,交界面壅高,界面波很快传播到水槽的进口,这时出槽的清水流量减小。经过一定时间后,异重流交界面及上层流出的清水流量均保持相对稳定。显然,这些源源不断地流出槽外进入河道的清水,是异重流在水槽中因沿程淤积而分离出来的。各断面异重流中的泥沙在沉淀时分离出的清水流量值,沿程向口门方向直线递增(见图 3-38(a))。青山运河实测情况与水槽试验类似(见图 3-38(b))。

令口门处的出槽单宽流量为 q,则得单位面积上分离出的清水流量为

$$v' = q/L \tag{3-331}$$

式中:L 为槽长,即异重流沉淀长度;v' 为垂直向上的流速。

水槽试验及天然实测资料表明,v' 与异重流含沙量 S' 有关。由图 3-39 可得其经验关系式为

$$v' = 0.02S'^{-2/3} \tag{3-332}$$

三、水库异重流

水库在蓄水期,泥沙大部分下沉,库水的容重与清水相近。洪水期挟带大量泥沙的水流,进入水库以后,较粗泥沙首先在库首淤积,较细泥沙随水流继续前进。在运行过程中,由于其容重较库中的清水为大,在一定条件下,这种浑水水流可能在一定位置插入库底,

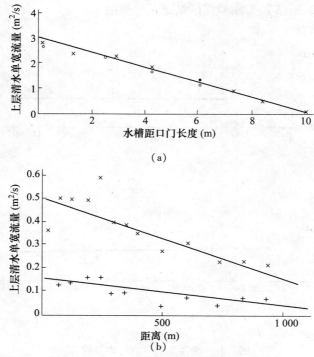

(a)

(b)

图 3-38　异重流的上层清水流量沿程变化情况

（a）10 m 水槽试验，水深 20 cm，含沙量 18.2 kg/m³；测量时间：· 为 9:50，× 为 10:30，○为 11:30；

（b）青山运河实测，测量时间：+ 为 1963 年，× 为 1964 年

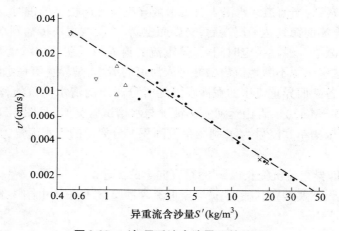

图 3-39　v' 与异重流含沙量 S' 的关系

·—10 m 水槽，1959～1960；×—5m 水槽，1960；▽—青山运河，
1963～1964；△—葛洲坝三江，1972～1973

以异重流的形式向前运动。如果洪水来量较大，且能持续一定的时间，库底又有足够的坡降，异重流则可能运行到坝前。如果坝体设有适当的孔口，并能及时开启闸门，异重流就可排出库外。

　　水库运行管理经验证明，利用异重流排沙是减少水库淤积的一条有效途径。特别是

多沙河流上的中小型水库,回水短,比降大,产生异重流的机会多,异重流运行至坝前所需的能量一般足够,只要调度得当,异重流的排沙效果往往很好。

当水库发生异重流时,在潜入点附近,水流由普通明流转化为异重流。由于水深沿程增加,其流速和含沙量沿垂线的分布状态沿程发生变化。从图3-40可见,在离潜入点较远的上游(A断面),水深较小,流速较大,含沙量较大,流速和含沙量沿水深呈正常分布;到离潜入点不远的地方(B断面),水深增大,流速和含沙量分布呈不正常状态,最大流速位置向库底移动;在水深增大到一定程度的地方,浑水开始潜入库底,此处为异重流潜入点(C断面),这里流速及含沙量沿垂线分布很不均匀,在水面处流速为0,含沙量也几乎为0,最大流速位置进一步向库底接近;潜入点往下(D断面),异重流业已形成,异重流的流速和含沙量沿水深分布比较均匀,异重流之上形成横轴环流,含沙量的零点在水面以下。在潜入点处,有漂浮物聚集,这通常是判定发生异重流的一个直观标志。潜入点的水流泥沙条件可以作为判定异重流是否发生的条件。

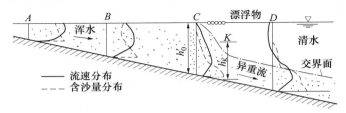

图3-40 异重流潜入点附近垂线流速分布和含沙量分布沿程变化

A—远离潜入点;B—潜入点附近上游;C—潜入点;D—潜入点下游

考察从明流过渡到异重流的清浑水交界面曲线,发现有一拐点K,其$\mathrm{d}h'/\mathrm{d}x \to \infty$,由式(3-321),应有

$$\frac{U'^2_K}{\eta_g g h'_K} = 1 \qquad (3\text{-}333)$$

说明K点为处于临界状态的控制断面。由于潜入点位于K点上游,潜入点水深h_0大于h'_K,流速U_0显然比U'_K要小,因此应有

$$\frac{U_0^2}{\eta_g g h_0} < 1 \qquad (3\text{-}334)$$

水槽试验和野外实测资料成果如图3-41所示。由图可得

$$\frac{U_0^2}{\eta_g g h_0} = 0.6 \qquad (3\text{-}335)$$

或

$$\frac{q^2}{\eta_g g h_0^3} = 0.6 \qquad (3\text{-}336)$$

其中q为潜入点处单宽流量。

式(3-336)是判定异重流能否形成和确定异重流潜入点位置的重要关系式,它表达了潜入点处重力修正系数η_g与水深h_0及流速U_0(或单宽流量q)三者的关系。由式(3-336)可见,当浑水进入水库的时候,如果库内水深过小,流速或单宽流量过大,或重力修正系数过小(即含沙量过低),都不可能形成异重流。

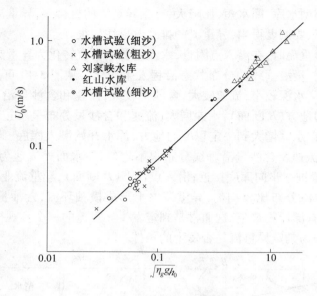

图 3-41 潜入点的临界条件

从式(3-336)还可看出,当水库蓄水位和河床底坡维持不变时,入库流量大,则潜入点位置下移,反之则上移;入库含沙量大,则潜入点位置上移,反之则下移。

水库形成异重流最重要的条件仍是流体间的容重差。具体要求是,入库水流挟带一定数量的细泥沙。因为只有细颗粒泥沙才能随异重流向下游运动;也只有当细泥沙达到一定数量时,才能同库中清水构成一定的容重差异。官厅水库的观测表明,异重流中所含泥沙的中值粒径多为 0.001 7 ~ 0.003 mm。

异重流形成之后,能否持续运动到达坝前,还要看它是否满足持续运动的条件。所谓持续运动条件,就是在一定的水库地形条件下,入库洪水能维持异重流在水库中继续向前运动的条件。其物理意义就是,入库洪水形成异重流后供给异重流的能量,能够克服异重流在水库中运动总的能量损失。否则,异重流运行不久即行消失。

影响异重流持续运动的因素,除主要有容重差异(或含沙量差异),以及在水流中含有大量细泥沙外,还有以下两方面:

(1)入库流量和洪峰持续时间。入库流量的大小和洪峰持续情况关系到异重流的能源。如果入库流量大,洪峰持续时间长,则异重流就有较快的运行速度,且能保证源源不断地有浑水来流作补充。反之,如果入库流量小,洪峰持续时间短,则异重流或根本不足以形成,或乍生即灭,到达不了坝前。水槽试验中观察到,一旦上游来流中断,运动着的异重流很快减速继而停止运动。

(2)库床底坡和地形条件。像天然河道中一般水流一样,异重流只有凭借势能的消耗去克服沿程的阻力损失。因此,要使异重流形成后能够持续向坝前运动,水库河床必须有一定的坡降。坡降愈大,异重流的运动速度愈快,到达坝前的时间愈短。

地形条件对异重流运动的持续也有很大影响。水库底部地形局部变化的地方,例如弯道段、突然缩窄或扩宽段,将会损失异重流的一部分能量,减小异重流流速,甚至使异重流难以向前运动。

异重流运行到坝前后，必须有位置恰当的泄水孔并及时开启闸门，才能顺利排出库外。如果坝体未设置恰当的泄水孔，或有泄水孔而闸门关闭，则坝前异重流将逐渐壅高，以致在清水下面形成浑水水库。浑水水库内流速很低，泥沙逐渐沉淀下来。浑水水库的淤积，属于坝前淤积。若上游来沙量较大，则坝前淤积就很严重，处理起来往往很困难。如果有泄水孔并能经常及时开启，坝前淤积将大为减轻。因此，利用异重流的运行规律进行排沙，是减轻水库淤积和延长水库寿命的重要途径。

图 3-42 表示，当异重流运行到坝前时，由于清、浑水的交界面和孔口中心线相对位置的不同，可能有三种情况：第一种情况是当清、浑水交界面位置低于异重流吸出极限高度 h_L 的交界面（即下限交界面）时，异重流虽有壅高但达不到孔口下缘，孔口排出的只能是清水；第二种情况是当清、浑水交界面位置高于清水吸出极限高度 h'_L 的交界面（即上限交界面）时，孔口为异重流所淹没，排出孔口的将纯为异重流；第三种情况是当清、浑水交界面位于上、下两极限交界面之间时，则排出孔口的将既有异重流又有清水，异重流的排出数量随交界面位置的升高而增大。理论分析及试验成果表明，上、下限交界面至孔口中心线的距离接近相等，即 $h'_L \approx h_L$。

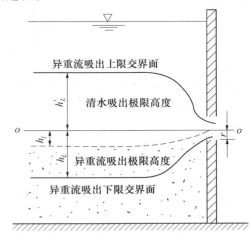

图 3-42　异重流和清水吸出极限高度示意图

根据现有异重流孔口出流的理论研究和试验成果，在已知坝前异重流运行情况和泄流条件的前提下，可以算出排出浑水的孔口在交界面以上高度的极限值，即异重流吸出极限高度；在孔口位置已定的条件下，可算出下泄浑水的容重或含沙量，从而确定异重流的排沙量。

异重流吸出极限高度是规划孔口位置时必须考虑的一个重要数据，克拉亚（A. Caraya）假定在孔口泄流以前，浑水和清水都保持相对静止状态。孔口开始泄流后，在孔口附近，清水得到一定的动能，而使势能相对降低，由此所产生的压力差，使下面的浑水得以自动升高，并认为浑水自动升高能够达到孔口下缘时，孔口中心线至异重流交界面的距离，即为异重流吸出极限高度，亦即能刚好使异重流吸出的孔口位置极限高度。

以图 3-42 中下限交界面作为基准面，则在孔口泄流时，对处于交界面上流动着的清水写出如下的能量方程式

$$p + \rho g y + \rho \frac{u^2}{2} = C_1 \tag{3-337}$$

式中：C_1 为常数。

同时，也可为处于交界面上但不流动的浑水写出能量方程式

$$p' + \rho' g y = C_2 \tag{3-338}$$

式中：C_2 为常数。

由于在同一点上清水与浑水的压强相等，即 $p = p'$，故得

$$pgy + \rho \frac{u^2}{2} - \rho' gy = C_3 \qquad (3\text{-}339)$$

在离孔口无穷远处，u 与 y 都将为零，故 C_3 为零，式（3-339）可进一步改写为

$$\frac{u^2}{2} = \frac{\rho'}{\rho} \eta_g gy \qquad (3\text{-}340)$$

假设孔口可当做汇点来处理，对于孔口高度等于两倍 r 的二维孔口，在孔口下缘的流速应为

$$u = \frac{q}{\pi r} \qquad (3\text{-}341)$$

式中：q 为二维孔口的单宽流量。

考虑到在孔口下缘处 $y = h_L - r$，联解上面两个方程式，可得

$$\frac{u^2}{2} = \frac{\rho'}{\rho} \eta_g g(h_L - r) = \frac{q^2}{2\pi^2 r^2} \qquad (3\text{-}342)$$

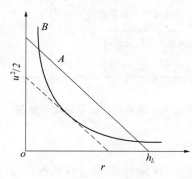

图3-43　$u^2/2$ 与 r 的关系

如以 $u^2/2$ 为纵坐标，r 为横坐标制图（见图3-43），则式（3-342）中的前一等式为图中直线 A，后一等式为图中双曲线 B，显然，直线 A 与 r 轴交点即为吸出高度 h_L。不难看出，随着 h_L 的减小，直线 A 将向左平移，当达到与曲线 B 相切位置时，h_L 为最小值，即为最小的吸出极限高度。直线 A 与曲线 B 在一般情况下相交于两点，此两点即为联解式（3-342）中两个等式所得的两个实根；切点处两根合一，成为重根。因此，推求最小的吸出极限高度应求式（3-342）的重根。式（3-342）为 r 的三次方程式

$$r^3 - h_L r^2 + \frac{q^2 \rho}{2\pi^2 \rho' \eta_g g} = 0 \qquad (3\text{-}343)$$

采用求重根办法，对 r 取导数，可得

$$3r^2 - 2h_L r - r^2 \frac{\mathrm{d}h_L}{\mathrm{d}r} = 0 \qquad (3\text{-}344)$$

当 h_L 为极小值时，$\mathrm{d}h_L/\mathrm{d}r = 0$，得

$$3r^2 - 2h_L r = 0 \qquad (3\text{-}345)$$

故所求合理重根应为

$$r = \frac{2}{3} h_L \qquad (3\text{-}346)$$

将这一数值代入式（3-342），得异重流吸出极限高度的表达式为

$$h_L = 0.699 \left(\frac{q^2}{\dfrac{\rho'}{\rho} \eta_g g} \right)^{1/3} \qquad (3\text{-}347)$$

对于三维孔口（圆孔），克拉亚采用类似的方法得到 h_L 的表达式如下

$$h_L = 0.688 \left(\frac{Q^2}{\frac{\rho'}{\rho} \eta_g g} \right)^{1/5} \qquad (3-348)$$

此处 Q 为三维孔口的总流量。试验结果表明，式（3-347）及式（3-348）是符合实际的。

克拉亚在推导上述公式时是以处于相对静止状态的浑水和清水作为出发点的。对于以异重流的形式运动着的浑水来说，从式（3-347）或式（3-348）所求出的 h_L 值，还应加上异重流运行到坝前时由动能转化为势能的附加爬高值 $\Delta h'$。即异重流实际吸出极限高度为 $h_L + \Delta h'$，其中

$$\Delta h' = \frac{q^2}{2 \eta_g g h'^2} \qquad (3-349)$$

对于异重流孔口出流浓度问题，中国水利水电科学研究院曾进行过一系列的研究。考察图 3-42 的出流情况，设由孔口泄出的清水和异重流的混合体的容重为 γ_0，异重流容重沿水深不变，并假定离孔口较远处的流速接近均匀分布，点流速 u 与平均流速 U 接近相等，则应有

$$\frac{\gamma_0}{\gamma'} = \frac{U\gamma'(h'_L - h_l) + U\gamma(h_L + h_l)}{U(h_L + h'_L)\gamma'} \qquad (3-350)$$

因 $h'_L \approx h_L$，故

$$\frac{\gamma_0}{\gamma'} = \frac{1}{2} \left[\frac{\gamma' + \gamma}{\gamma'} - \frac{\gamma' - \gamma}{\gamma'} \frac{h_l}{h_L} \right] \qquad (3-351)$$

考虑到式（3-347）的关系，对于二维孔口，可将上式改写为

$$\frac{\gamma_0}{\gamma'} = \frac{1}{2} \left[\frac{\gamma' + \gamma}{\gamma'} - \frac{\gamma' - \gamma}{\gamma'} k_1 \left(\frac{\eta_g g h_l^3}{q^2} \right)^{1/3} \right] \qquad (3-352)$$

式中：k_1 为常数，其值为 1.43。因 $\rho'/\rho \approx 1$，故圆括号中将 ρ'/ρ 略去（下面类同）。

为了表达方便起见，可将式（3-352）改写为如下形式

$$\frac{\gamma' - \gamma_0}{\gamma' - \gamma} = \frac{1}{2} \left[1 + k_1 \left(\frac{\eta_g g h_l^3}{q^2} \right)^{1/3} \right] \qquad (3-353)$$

若注意有如下关系

$$\frac{S_0}{S'} = 1 - \frac{\gamma' - \gamma_0}{\gamma' - \gamma} \qquad (3-354)$$

其中 S_0、S' 分别为孔口出流含沙量及坝前异重流含沙量，则式（3-353）又可表达为

$$\frac{S_0}{S'} = \frac{1}{2} \left[1 - k_1 \left(\frac{\eta_g g h_l^3}{q^2} \right)^{1/3} \right] \qquad (3-355)$$

对于三维孔口，同理可得

$$\frac{\gamma' - \gamma_0}{\gamma' - \gamma} = \frac{1}{2} \left[1 + k_2 \left(\frac{\eta_g g h_l^5}{Q^2} \right)^{1/5} \right] \qquad (3-356)$$

或

$$\frac{S_0}{S'} = \frac{1}{2} \left[1 - k_2 \left(\frac{\eta_g g h_l^5}{Q^2} \right)^{1/5} \right] \qquad (3-357)$$

式(3-353)、式(3-356)的正确性已由在水槽中所造成的盐水异重流试验所证实。试验所得的无量纲常数 k_1、k_2 的数值如下：

对于二维孔口，当 $h_l < 0$ 时，$k_1 = 1.55$；当 $h_l > 0$ 时，$k_1 = 1.33$。

对于三维方形孔口，当 $h_l < 0$ 时，$k_2 = 1.67$；当 $h_l > 0$ 时，$k_2 = 1.33$。

因挟沙水流形成的异重流，含沙量沿垂线并非均匀分布，加上孔口前的浑水与清水有一定的混合现象，情况较上述均质异重流复杂。据水利水电科学研究院试验研究，当 $h_l < 0$ 时，交界面以上的混合现象对出流含沙量影响不大，作为平均情况，二维孔口及三维孔口情况的出流含沙量与异重流含沙量的关系，仍可分别用式(3-355)及式(3-357)去表达。但当 $h_l > 0$ 时，交界面以上的混合现象对出流含沙量影响较大，式(3-353)及式(3-356)的结构形式应修正为如下形式：

对于二维孔口
$$\frac{\gamma' - \gamma_0}{\gamma' - \gamma} = \frac{1}{2}\left[k_1' + \left(\frac{\eta_g g h_l^3}{q^2} \right)^{1/3} \right] \tag{3-358}$$

或
$$\frac{S_0}{S'} = \frac{1}{2}\left[k_1'' - \left(\frac{\eta_g g h_l^3}{q^2} \right)^{1/3} \right] \tag{3-359}$$

式中：$k_1' = 1.3$，$k_1'' = 0.7$。

对于三维方形孔口
$$\frac{\gamma' - \gamma_0}{\gamma' - \gamma} = \frac{1}{2}\left[k_2' + \left(\frac{\eta_g g h_l^5}{Q^2} \right)^{1/5} \right] \tag{3-360}$$

或
$$\frac{S_0}{S'} = \frac{1}{2}\left[k_2'' + \left(\frac{\eta_g g h_l^5}{Q^2} \right)^{1/5} \right] \tag{3-361}$$

式中：$k_2' = 1.15$，$k_2'' = 0.85$。

试验结果还表明，过低的孔口对排出异重流并不是很有利的。因为在这种情况下，不能充分利用孔口高程以下的水流来起增加浑水出流的作用，而且异重流底部的淤积现象也将影响孔口有效排沙。

参 考 文 献

[1] 张瑞瑾. 河流泥沙动力学[M]. 北京:水利电力出版社,1989.

[2] 中国水利学会泥沙专业委员会. 泥沙手册[M]. 北京:中国环境科学出版社,1992.

[3] 熊治平. 混合沙粒径的概率分布及几个问题的商榷[J]. 武汉水利电力学院学报,1987(1).

[4] 赵连军,谈广鸣,韦直林. 天然悬移质泥沙粒径分布及混合平均沉速的计算[J]. 中国农村水利水电,2004(9).

[5] 张红武. 悬移质级配的理论计算[C]∥黄委会水科所科学研究论文集. 第1集. 郑州:河南科学技术出版社,1989.

[6] 詹义正,陈立,李义天. 紊动与悬移质泥沙的组成[C]∥第二届全国泥沙基本理论研究学术讨论会论文集. 北京:中国建材工业出版社,1995.

[7] 赵连军,吴香菊,王原. 悬移质泥沙级配的计算方法[C]∥第十二届全国水动力学研讨会论文集. 北京:海洋出版社,1998.

[8] 赵连军,谈广鸣,韦直林,等. 天然河流床沙级配的计算[J]. 武汉大学学报:工学版,2005(2).

[9] 韩其为,王玉成,向熙龙. 淤积物的初期容重[J]. 泥沙研究,1981(1).

[10] 张瑞瑾. 河流动力学[M]. 北京:中国工业出版社,1961.

[11] 沙玉清. 泥沙运动学引论[M]. 北京:中国工业出版社,1965.

[12] 李保如. 泥沙起动流速的计算方法[J]. 泥沙研究,1959,4(1).

[13] 钱宁,万兆惠. 泥沙运动力学[M]. 北京:科学出版社,1983.

[14] 唐存本. 泥沙运动规律[J]. 水利学报,1963(2).

[15] 窦国仁. 论泥沙起动流速[J]. 水利学报,1960(3).

[16] 张红武,马继业,张俊华,等. 河流桥渡设计[M]. 北京:中国建材工业出版社,1993.

[17] Kramer H. Sand Mixtures and Sand Movement in Fluvial Models[N]. Trans. ASCE. Vol. 100. 1935.

[18] 秦荣昱. 不均匀沙的起动规律[J]. 泥沙研究,1980(复刊号).

[19] 谢鉴衡,陈媛儿. 非均匀沙起动规律初探[J]. 武汉水利电力学院学报,1988(3).

[20] 彭凯,陈远信. 非均匀沙的起动问题[J]. 成都科技大学学报,1986(2).

[21] Hayashi T, S. Ozaki, T. Ichibashi. Study on Bed Load Transport of Sediment Mixture[M]. Proc. 24th Japanese Conference on Hydraulics. 1980.

[22] 张红武,江恩惠,陈书奎,等. 黄河花园口至东坝头河道整治模型试验研究[M]. 郑州:黄河水利出版社,2001.

[23] 谢鉴衡. 河流泥沙工程学[M]. 北京:水利出版社,1980.

[24] Вепиканов МА. Русповой продесс, Гос. Иэдат. фиэмат. Пит. 1958.

[25] LIU H. K. Mechanics of Sediment Ripple Formation[J]. Hyd Div., Proc. ASCE. Vol. 83, No. Hy2. 1957.

[26] 陈立,明宗福. 河流动力学[M]. 武汉:武汉大学出版社,2001.

[27] Englund F. Hydraulic Ressistance of Allucial Streans, Proc. ASCE. Vol. 92, No. Hy2,1966 and Vol. 93, No. Hy4. 1967.

[28] 王士强. 冲积河渠床面阻力试验研究[J]. 水利学报,1990(12).

[29] 赵连军,张红武. 黄河下游河道水流摩阻特性的研究[J]. 人民黄河,1997(9).

[30] Вепиканов МА. Пинамика русповыхдотоков. Гос. иэд. Технтеор. Пит. 1955.

[31] Meyer – Peter E and R Miller. Formula for Bed Load Tranaport[J]. Proc., 2nd Meeting,Intern. Assoc. Hyd. Res. ,Vol. 6. 1948.

[32] Bagnold R A. The Nature of Saltation and of Bed Load Tranaport in Water[J]. Proc. Royal Socirty, Ser A. Vol. 332. 1973.

[33] 王严平,张俊华,张红武. 推移质输沙率公式初探[C]//第十二届全国水动力学研讨会文集. 北京:海洋出版社,1998.

[34] O'Brien M P. Review of the Theory of Turbulent Flow and Its Relation to Sediment Transportation. Transactions. American Geophysical Union, Washington D C. April 27 – 29. 1933.

[35] Rouse H. Experiments on the Mechanics of Sediment Suspension. Proceedings. Fifth International Congress for Applied Mechanics. Vol. 55. John Wiley and Sons,Inc. New York. N. Y. 1938.

[36] 张瑞瑾. 悬移泥沙在二度等速明流中的平衡情况下是怎样分布的[J]. 新科学,1950(3).

[37] 陈永宽. 悬移质含沙量沿垂线分布[J]. 泥沙研究,1984.(1).

[38] 张红武,江恩惠,等. 黄河高含沙洪水模型的相似律[M]. 郑州:河南科技出版社,1994.

[39] 张瑞瑾. 长江中下游水流挟沙能力研究——兼论以悬移质为主的挟沙水流能量平衡的一般规律[J]. 泥沙研究,1959(2).

[40] Wasp E J. Solid – liquid Flow Slurry Pipeline Transportation. Trans Tech. Publications. Genmany. 1979.

[41] 吴积善. 泥石流体的结构[C]//全国泥石流学术会议论文集. 重庆:科学技术文献出版社重庆分

社,1981.

[42] 范岱年. 爱因斯坦文集[M]. 第2卷. 北京:商务印书馆,1977.

[43] 钱宁,马惠民. 浑水的黏性及流型[J]. 泥沙研究,1958,3(3).

[44] 褚君达. 高浓度浑水的基本特性[C]//中国水利学会,国际水文计划中国国家委员会. 第二次河流泥沙国际学术讨论会论文集. 北京:水利电力出版社,1983.

[45] Fei Xiangjun, Yang Meiqing. The Physical Properties of Flow with Hyperconsatration of Sediment, Inter. Workshop on Flow at Hyperconcentrations of Sediment. Sept10 – 14, 1985. Bejing. Series of Publication IRTCES.

[46] 费祥俊. 黄河中下游含沙水流黏度的计算模型[J]. 泥沙研究,1991(2).

[47] 费祥俊. 高含沙水流的颗粒组成及流动特性[C]//中国水利学会,国际水文计划中国国家委员会. 第二次河流泥沙国际学术讨论会论文集. 北京:水利电力出版社,1983.

[48] 钱宁,万兆惠. 高含沙水流运动研究述评[J]. 水利学报,1985(5).

[49] Richardson J F and W N Zadi. Sedimentation and Fluidisation. Part I. Trans. Chem. Engrs, Vol. 32, No. 1. 1954.

[50] 钱宁. 高含沙水流运动[M]. 北京:清华大学出版社,1989.

[51] 钱意颖,杨文海,等. 高含沙水流的基本特性[C]//中国水利学会. 河流泥沙国际学术讨论会论文集. 北京:光华出版社,1980.

[52] 夏震寰,汪岗. 无黏性均质颗粒在细颗粒悬浮液中的沉降[J]. 泥沙研究,1982(1).

[53] 费祥俊. 浆体与粒状物料输送水力学[M]. 北京:清华大学出版社,1994.

[54] 王明甫,王运辉,等. 高含沙水流流速及紊动强度沿垂线的分布[J]、武汉水利电力学院学报,1981(3).

[55] 王明甫,段文忠,谈广鸣,等. 高含沙水流的水流结构及运动机理[J]. 中国科学:A辑,1987(5).

[56] 中国水利学会泥沙专业委员会. 泥沙手册[M]. 北京:中国环境科学出版社,1992.

[57] 冷魁,王明甫. 明渠高含沙水流含沙量沿垂线分布的试验[J]. 泥沙研究,1989(1).

[58] 赵业安,潘贤娣,等. 黄河下游河道冲淤情况及基本规律[C]//黄河水利委员会水利科学研究所科学研究论文集(I). 郑州:河南科技出版社,1989.

[59] 王尚毅. 论挟沙明流中泥沙的有效悬浮功原理兼论区分造床质与非造床质的标准问题[J]. 科学通报,1979,24(9).

[60] Bagnold R A. Experiments on a Gravity – free Dispersion of Large Solids Spheres in a Newtonian Fluid underShear. Proc. of the Royal Society of London. Series A. no. 1160, Vol. 225. 1954.

[61] 曹如轩. 高含沙水流挟沙力的初步研究[J]. 水利水电技术,1979(5).

[62] 张红武,张清. 黄河水流挟沙力的计算公式[J]. 人民黄河,1992(1).

[63] 缪凤举,方宗岱. 揭河底冲刷现象机理探讨[J]. 人民黄河,1984(1).

[64] 钱宁,范家骅,等. 异重流[M]. 北京:水利出版社,1957.

[65] 张俊华,张红武,李书霞. 水库泥沙模型异重流运动相似条件的研究[J]. 应用基础与工程科学学报,1997,5(3).

[66] 水利水电科学研究院. 异重流的研究和应用[M]. 北京:水利电力出版社,1959.

[67] 范家骅. 异重流泥沙淤积的分析[J]. 中国科学,1980(1).

第四章　河工模型相似律

天然或人工建筑物干扰下的河道水流结构和河床演变过程是极其复杂的。通常在河道整治工程和其他治河工程的设计中，必须预报河床的变形，这种预报不仅要定性，而且要定量，不但要预报河床在自然状态下的演变，而且更重要的是预报河道在来水来沙和边界条件改变以后的再造床过程。例如，由于修建水库或河道整治工程后对河床演变的影响。此时，仅仅使用河床演变分析和河床变形计算的方法来解决上述问题有一定的局限性。为了保证工程措施的合理、可靠和安全，采用河工模型试验（或者实体模型试验与数学计算、演变分析相结合）的方法，往往能获得比较满意的结果，故河工模型试验一直受到工程界的广泛重视和利用。

模型试验是建立在相似论的基础上的。只有相似论所规定的相似条件得到满足，模型和原型才可能是相似的，才可以通过模型中的试验结果来研究原型中的物理现象。而模型相似律正是依赖于相似论，利用描述物理现象的物理方程式，建立模型和原型的相似条件，从而达到模型和原型的相似，达到研究的目的。

河工模型试验可分为固定河床（定床）试验和活动河床（动床）试验两类。模型水流为清水，河床在水流作用下不发生变形的模型称为定床模型；模型水流挟带固体颗粒，河床在水流作用下发生变形的模型称为动床模型。定床模型也称为水流模型，动床模型也称为泥沙模型。

在河床冲淤变化甚小，或虽有变形，但变形对所研究的主要问题影响不大时，可采用定床模型。定床模型试验在理论和实践上都比较成熟，结果可靠，目前应用十分广泛。如果要解决由于水流、泥沙相互作用而引起的河床冲淤变化问题，如研究整治建筑物、河道工程对河床变形的影响或水工建筑物上下游的淤积和冲刷问题，则须采用动床模型。动床模型由于考虑的因素不同，又可分为推移质动床模型、悬移质动床模型和全沙动床模型三种类型。动床模型试验的理论和实践虽然正在迅速发展，但由于所研究的问题极为复杂，至今仍然不十分成熟，有待进一步完善。

河工模型不论动床或定床，均可分为正态与变态两种。在正态模型中，各个方向的长度比尺相同，几何形状与原型完全相似。从相似论的基本要求出发，模型做成正态为好，这样可为模型与原型的运动和动力相似提供良好的前提条件。但是，在有些情况下，由于种种条件的制约，通常是场地大小和经费条件的限制，不得不适当降低几何相似的要求，在不同方向采用不同的长度比尺，造成模型的几何相似的偏离，即变态模型。应该指出的是，在变态模型中，由于几何相似的偏离，模型水流内部的动态和动力相似性也将发生偏离，只有在这种偏离对所研究的问题影响不大时，才能采用。

第一节 基本相似准则

自然界的各种物理现象是由有关物理量相互作用反映出来的特定的物理过程,推求物理过程中各种物理量之间的内在联系的数学表达式即物理方程式,求解这样的物理方程式是研究物理现象的一种重要途径。

模型试验是建立在相似论的基础上的。只有相似论所规定的相似条件得到满足,模型和原型才可能是相似的,才可以通过模型中的试验结果来研究原型中的物理现象。而模型相似律正是依赖于相似论,利用描述物理现象的物理方程式,建立模型和原型的相似条件,从而达到模型和原型的相似,达到研究的目的的。

一、相似特性

相似这一概念,源自于数学中的基本概念。如平面几何中的相似三角形,立体几何中的相似锥体、建筑物的模型等,这些相似都是限于静态的几何相似,属性较为简单,比较容易做到。而河工模型相似律,是指物质系统的机械运动相似,除要求静态相似之外,还要求动态相似;除要求形式相似之外,还要求内容相似。因此,属性相似比较复杂,也比较难以做到。

河工模型试验所研究的物理现象属于机械运动范畴。与原型相似的模型,必然具备下列三个方面的相似特征。

(一)几何相似

模型与原型的几何形态相似称为几何相似。与原型相似的模型,模型的任何相应的几何长度必然对应成比例。

$$\frac{l_{p_1}}{l_{m_1}} = \frac{l_{p_2}}{l_{m_2}} = \cdots = \frac{l_{p_n}}{l_{m_n}} = \lambda_l \tag{4-1}$$

式中:l_{p_1}、l_{p_2}、$\cdots$、l_{p_n} 分别为原型中各个几何长度,如任一断面的宽度、深度,任一河工建筑物的长度、高度、宽度;l_{m_1}、l_{m_2}、$\cdots$、l_{m_n} 分别为模型中各个几何长度;λ_l 为长度比例常数,或称为长度比尺、几何比尺。足标 p、m 表示原型和模型;足标 1、2、$\cdots$、3 分别表示不同处所的几何长度。

河工模型做到严格的几何相似是非常难的。这是由于几何相似不仅要求河床的局部地形相似,而且要求河床的糙度相似,这在当前的技术水平条件下是不容易做到的。另外,即使在原型上,获得如此详细的资料在当前的技术条件下也是困难的。

(二)动态相似

模型与原型的运动状态相似称为动态相似。与原型相似的模型,模型的任何相应点的速度、加速度等运动特征要素必然对应成比例。

$$\frac{u_{p_1}}{u_{m_1}} = \frac{u_{p_2}}{u_{m_2}} = \cdots = \frac{u_{p_n}}{u_{m_n}} = \lambda_u \tag{4-2a}$$

$$\frac{a_{p_1}}{a_{m_1}} = \frac{a_{p_2}}{a_{m_2}} = \cdots = \frac{a_{p_n}}{a_{m_n}} = \lambda_a \tag{4-2b}$$

式中：u、a 分别为任何相应点的速度、加速度；λ_u、λ_a 分别为速度比尺、加速度比尺。

严格动态相似是空间流场的相似，对水流运动来说，也就是各个断面上各点的流速向量相似。概括地说，严格的水流动态相似应该是三维水流相似，一维和二维水流的相似是三维相似的必要条件，而不是充分条件。

（三）动力相似

模型与原型的作用力相似称为动力相似。与原型相似的模型，模型的任何相应点的力必然对应成比例。

$$\frac{f_{p_1}}{f_{m_1}} = \frac{f_{P2}}{f_{m_2}} = \cdots = \frac{f_{p_n}}{f_{m_n}} = \lambda_f \qquad (4\text{-}3)$$

式中：f 为任何相应点的力；λ_f 为力的比尺。

无论在模型还是原型中，作用力是多种多样的。水流运动中，同时存在有质量力（重力、离心力等）、压力、黏滞力、紊动阻力、惯性力等多种作用力，它们相互平行而且对应成同一比例。

严格动力相似是空间力场的相似。严格的水流动力相似应该是三维相似，一维和二维水流的相似是三维相似的必要条件，而不是充分条件。

从以上三个方面可以看出：模型的各个物理量可以通过将原型相应量除以相应比尺来求得；原型的各个物理量也可以通过模型中的相应量乘以相应比尺求得。后者正是通过模型试验成果预测原型情况所采用的办法。同一物理量的比尺，对于系统中的不同点而言，是完全相同的。至于不同物理量的比尺，自然不一定相同。比尺是同类物理量的比值，因此都没有量纲。

模型和原型中物理量的相互转化，称为相似转化，可用下式表示

$$x_p = \lambda_x x_m \qquad (4\text{-}4\text{a})$$

或

$$x_m = x_p / \lambda_x \qquad (4\text{-}4\text{b})$$

式中：x 表示任一物理量；λ_x 为 x 的比尺。

这种相似转化不仅对 x 是正确的，对 x 的微分量 $\mathrm{d}x$ 也是正确的。这是由于微分量虽然小，但仍然是有限量，可写为

$$\mathrm{d}x = x_{11} - x_1 \qquad (4\text{-}5)$$

故

$$\frac{\mathrm{d}x_p}{\mathrm{d}x_m} = \frac{x_{p11} - x_{p1}}{x_{m11} - x_{m1}} = \frac{x_{p11}}{x_{m11}} = \frac{x_{p1}}{x_{m1}} = \lambda_x \qquad (4\text{-}6)$$

式中：足标 11、1 表示系统中空间或时间互相邻近的两点。

三个相似特征的关系是相互联系、互为条件的。动态相似与几何相似、动力相似是不可分的，几何、动力不相似的动态相似是不存在的。这三个方面是个统一的整体，其中一个相似不能为其他两个相似提供前提条件，其中一个不相似也将排斥其他两个相似的存在；另一方面，这个三个相似也不是并列的，而是应该有主有从的。一般的，由于动力是水流运动的主导因素，同时由于动力相似必然包含动态相似和几何相似，可以认为，动力相似是主导的，而动态相似和几何相似是从属的。主导和从属关系不是可有可无的。

同时列举这三个方面的特征，在现阶段来看，选用还是恰当的，概括也是完整的。从

实用观点来看,几何相似中长度比尺 λ_l 是设计模型的重要参数,动态相似中的流速比尺 λ_u 是检验模型相似性和根据模型试验成果推算原型的重要依据,动力相似则是模型设计的主要出发点,三者不可偏废。从理论观点来看,这三个方面刚好完整地表征包括三个基本因次(长度、时间、力或质量)的三个独立的基本物理量,利用它们的不同方次组合的无因次综合体,可以描述或量度我们所遇到的任何物理量,同样利用表征这三个方面相似的比尺可以组合成任何比尺关系式,因而三者也不可偏废。除以上这三个相似特征之外,其他的相似特征,如能量或动量相似特征,都可以通过这三个相似特征表示出来,就没有必要再列举了。

最后再次强调,上述三个相似特征只是相似现象的属性,而不是判断和控制相似现象的必要和充分条件,不能将两者混同起来。

二、相似指示数和相似准则

相似过程中相对应的各个物理量必然具有同一比尺,但这些物理量的比尺,彼此之间是按照一定的规律联系在一起的。这是由于相似现象的物理属性必然相同,尽管尺度不同,但它们必然服从同一运动规律,并为同一物理方程式所描述。只有这样,才可能做到几何、动态和动力三方面的严格相似,否则,是不能做到相似的;或者,即使在某一时刻或某一种条件下能够做到相似,但另一个时刻,另一种条件,由于决定各个物理量变化规律的物理方程式不同,相似必然遭到破坏。

下面通过介绍工程中常用的三种推求比尺关系式的方法,来认识相似指示数和相似准则。

(一)物理方程式法

一般模型水流,原则上应该像原型那样,同为紊流,并位于阻力平方区内。只有这样,模型和原型水流运动的物理属性才是相同的,运动规律和描述这一规律的数学方程式才是相同的,模型和原型的水流运动才可能相似。否则,模型水流为层流,那就根本不可能相似;或者虽为紊流,但并非位于阻力平方区内,则只能做到一定程度的相似,而不能做到严格相似。

由于相似现象的物理属性一致,并为同一物理方程式所描述,各个比尺就要受到物理方程式所体现的自然规律的约束,不能任意选定。现举受牛顿第二定律约束的相似现象为例,来阐明这一问题,并对相似准则和相似指示数的定理作一介绍。

机械运动相似的两个系统都应服从牛顿第二定律,即应有

$$f = m \frac{\mathrm{d}u}{\mathrm{d}t} \tag{4-7}$$

式中:f 为作用力;m 为质量;u 为速度;t 为时间。这一公式对于模型和原型中任一对应点都应该是适用的,公式的文字形式应完全相同,只是公式中各个量的数值存在着差异。

对于原型来说,应有

$$f_p = m_p \frac{\mathrm{d}u_p}{\mathrm{d}t_p} \tag{4-8}$$

对于模型来说,应有

$$f_m = m_m \frac{\mathrm{d}u_m}{\mathrm{d}t_m} \tag{4-9}$$

在两者相似的条件下,各个物理量的数量关系,可通过比尺联系起来

$$f_p = \lambda_f f_m, \ m_p = \lambda_m m_m, \ u_p = \lambda_u u_m, \ t_p = \lambda_t t_m \tag{4-10}$$

代入式(4-8),经过转换,即得

$$\frac{\lambda_f \lambda_t}{\lambda_m \lambda_u} f_m = m_m \frac{\mathrm{d}u_m}{\mathrm{d}t_m} \tag{4-11}$$

联系式(4-9)、式(4-11)即可得到

$$\frac{\lambda_f \lambda_t}{\lambda_m \lambda_u} = 1 \tag{4-12}$$

式(4-12)决定了上述现象的四个比尺之间的关系。其中只有三个可以随意给定,而另一个必须由该方程式导出。方程式等号左侧的综合体 $\lambda_f \lambda_t / (\lambda_m \lambda_u)$,称为相似指示数,相似指示数等于 1 的关系式,称为比尺关系式。模型与原型各个物理量的比尺必须满足这样的关系式,才有可能做到相似。

将式(4-8)及式(4-9)等号两侧的对应项相比,同样可以导出上述比尺关系式。而且,可以清楚地看出,相似指示数等于 1,就意味着原型与模型作用力之比等于惯性力之比,而这正是两者动力相似的重要属性。

从上述可以导出相似论的一个重要定理,就是从描述相似现象的同一数学方程式所导引出来的由各个物理量的比尺组成的相似指示数必须等于 1。这就是关于相似指示数的定理。

式(4-12)又可改写成另一种形式。将式(4-10)中的关系代入,即得

$$\frac{f_p t_p}{m_p u_p} = \frac{f_m t_m}{m_m u_m} = 常数 \tag{4-13}$$

式中由各种物理量组成的无因次综合体 $ft/(mu)$ 称为相似准则。

从以上转换,可以引申出上述相似定理的另一种形式,就是由相似现象各个物理量组成的无因次综合体(即相似准则)为常数。这就是关于相似准则的定理。

上面也就是运用牛顿第二定律得到的牛顿相似律,这个相似律只具有一般的意义。要解决具体模型试验的比尺问题,还必须根据描述特定运动现象的物理方程式,来导出特定的相似律。

(二)量纲分析法

量纲分析法即为因次分析法则。在未知描述物理现象的物理方程式的情况下,这个物理现象和描述它的方程式中所包括的物理量却是已知。这样,就可利用因次分析法则(例如 π 定理),将这些物理量分别组合成无因次综合体。尽管表达这些无因次综合体的函数关系未知,但在已知无因次综合体本身的前提下,相似指示数和相似准则就可以求出,从而比尺关系式也可以求出。这种方法表面上看很能解决问题,但由此得到的无因次综合体,与引进的决定这一物理现象的各种物理量和所选用的量度其他物理量的基本物理量关系甚大。如果引进的物理量中漏去了较重要的物理量或添进了不重要的物理量,或者选用的基本物理量不当,所得到的无因次综合体就不一定是对相似现象起主导作用

的相似准则。因此,这种方法的任意性是比较大的,除了对那些还不了解的物理现象可以尝试采用这种方法之外,一般很少采用。而且即使采用这种方法,为寻求起主导作用的无因次综合体,也应以对物理现象的力学实质的认识作指导。

（三）力学分析法

从控制物理现象的作用力的一般表达式出发,求出各种力的比尺关系式,然后根据各种作用力之比必须相等的动力相似原理,求出有关的比尺关系式。举例来说,控制水流运动的主要作用力可以认为是重力、惯性力、黏滞力、紊动阻力。各种力的一般表达式及相应比尺关系式可以书写如下:

重力

$$f_g = \rho g L^3 \qquad\qquad (4\text{-}14\text{a})$$

$$\lambda_{f_g} = \lambda_\rho \lambda_g \lambda_L^3 \qquad\qquad (4\text{-}14\text{b})$$

惯性力

$$f_I = ma = \rho L^2 u \mathrm{d}t\, \frac{\mathrm{d}u}{\mathrm{d}t}\left(= \rho L^2 \mathrm{d}\left(\frac{u^2}{2}\right)\right) \qquad\qquad (4\text{-}15\text{a})$$

$$\lambda_{f_I} = \lambda_\rho \lambda_L^2 \lambda_u^2 \qquad\qquad (4\text{-}15\text{b})$$

黏滞力

$$f_\nu = \tau_\nu L^2 = \rho \nu \frac{\mathrm{d}u}{\mathrm{d}L} L^2 \qquad\qquad (4\text{-}16\text{a})$$

$$\lambda_{f_\nu} = \lambda_\rho \lambda_\nu \lambda_L \lambda_u \qquad\qquad (4\text{-}16\text{b})$$

紊动剪力(以考虑与水流方向平行的平面剪力为例)

$$f_\tau = \tau_t L^2 = -\rho \overline{u'\nu'} L^2 \qquad\qquad (4\text{-}17\text{a})$$

$$\lambda_{f_\tau} = \lambda_\rho \lambda_L^2 \lambda_{u'}^2 \qquad\qquad (4\text{-}17\text{b})$$

以上式中:L 为流体的几何尺度;L^3 表示体积;L^2 表示面积;τ_ν、τ_t 分别为单位面积的黏滞力及紊动剪力;其余符号含义同前。

惯性力重力比相似比尺关系式

$$\frac{\lambda_{f_I}}{\lambda_{f_g}} = \frac{\lambda_\rho \lambda_L^2 \lambda_u^2}{\lambda_\rho \lambda_g \lambda_L^3} = \frac{\lambda_u^2}{\lambda_g \lambda_L} = 1 \quad (\text{佛汝德相似律}) \qquad\qquad (4\text{-}18)$$

惯性力黏滞力比相似比尺关系式

$$\frac{\lambda_{f_I}}{\lambda_{f_\nu}} = \frac{\lambda_\rho \lambda_L^2 \lambda_u^2}{\lambda_\rho \lambda_\nu \lambda_L \lambda_u} = \frac{\lambda_L \lambda_u}{\lambda_\nu} = 1 \quad (\text{雷诺相似律}) \qquad\qquad (4\text{-}19)$$

惯性力紊动剪力比相似比尺关系式

$$\frac{\lambda_{f_I}}{\lambda_{f_\tau}} = \frac{\lambda_u^2}{\lambda_{u'}^2} = 1 \qquad\qquad (4\text{-}20)$$

力学分析法这一种方法,在早期进行模型试验时运用较广泛,目前也还在继续使用。其最大优点是,即使不知道物理方程式,也能导出比尺关系式,而且较有根据。与用因次分析的方法对比,任意性较小。但是,应该指出,只要物理方程式已知,就应该利用它们导出比尺关系式。这首先是因为,物理方程式各项的物理意义比较明确,这些方程式有一维、二维、三维之分,不同方程式中同一种力的含义并不相同,由此所导出的比尺关系式的含义也不一样,而按最后这种方法导出的比尺关系式则都是一样,没有区别。其次是,对比物理方程式中的各项,容易区别主次,特别是当不是从一般性方程式出发,而是从针对具体现象的方程式出发时,无关紧要的影响因素早已排除在考虑之外,上述特点就尤其显得突出,而按最后这种方法导出的比尺关系式,从方法本身,是无从区别它们的主次的。

三、相似条件

与原型相似的模型不会只有一个,而是有一系列大小不等的模型都可能与原型相似,这些模型中的任何一个,在几何形态上都必须与原型相似,而且和原型一样,为同一的物理方程式所描述,这是实现相似的第一个必要条件。

将这个确定的模型从一系列相似模型中区分出来,将所研究的确定的相似现象从一系列相似现象中区分出来的单值条件,必须是已知的。这正同描述物理现象的微分方程的某一个特解,是通过单值条件从微分方程的通解中区分出来一样。单值条件包含的物理量,原型和模型应该是相对应的,但数值上有所不同,它们之间的比值应该等于相应的比尺。单值条件在通常情况下就是边界条件。显然,如果边界上的有关物理量不相似,现象是不会相似的。因此,模型和原型单值条件包含的物理量相似,应为实现相似的第二个必要条件。

模型和原型单值条件所包含的物理量的比尺关系满足相似指示数等于1的要求,应为实现相似的第三个必要条件。最后这个条件,也就是由单值条件所包含的物理量构成的相似准则必须相等。

但是,模型和原型的严格相似,是极难做到的。这首先是由于严格的几何相似极难做到,而与几何相似密切相关的动态相似和阻力相似,即紊动相似,因此也很难严格做到。其次是,由描述这一物理现象的方程式所导出的比尺关系式很难同时满足,因而动力相似本来就难以严格做到。这还是就周界固定的模型而言,如果是周界变化的泥沙模型,问题就更复杂了。因此,目前广泛进行的模型试验,一般都不可能做到与原型严格相似,而只能做到近似相似。

实践表明,只要紧紧抓住主要矛盾,力求所研究的主要现象能够做到近似相似,模型试验是能够达到解决实际问题所要求的精度的。基于上述原因,在进行模型设计时,对于有关各种矛盾如何抓住主要的,照顾次要的,忽略不重要的,必须针对所要解决的主要问题和物理现象的实质,进行深入细致的分析,再作抉择。

第二节　河工模型相似律研究

要进行模型试验,首先必须掌握模型的相似律,然后根据这些规律来设计模型。河工模型试验可以采用定床,也可以采用动床。

下面通过对三维水流相似问题的讨论,进行河工模型相似律研究的推导。

从水力学得知,描述不可压缩三维紊动水流时均微分方程式(直角坐标系)为:

连续方程式

$$\frac{\partial \overline{u}}{\partial x} + \frac{\partial \overline{v}}{\partial y} + \frac{\partial \overline{w}}{\partial z} = 0 \tag{4-21}$$

运动方程式

$$\frac{\partial \overline{u}}{\partial t} + \left(\overline{u}\,\frac{\partial \overline{u}}{\partial x} + \overline{v}\,\frac{\partial \overline{u}}{\partial y} + \overline{w}\,\frac{\partial \overline{u}}{\partial z} \right)$$

$$= F_x - \frac{1}{\rho}\frac{\partial \overline{p}}{\partial x} + \left[\frac{\partial}{\partial x}\left(\nu\,\frac{\partial \overline{u}}{\partial x} \right) + \frac{\partial}{\partial y}\left(\nu\,\frac{\partial \overline{u}}{\partial y} \right) + \frac{\partial}{\partial z}\left(\nu\,\frac{\partial \overline{u}}{\partial z} \right) \right] \tag{4-22}$$

$$- \left(\frac{\partial}{\partial x}\overline{u'^2} + \frac{\partial}{\partial y}\overline{u'v'} + \frac{\partial}{\partial z}\overline{u'w'} \right)$$

$$\frac{\partial \overline{v}}{\partial t} + \left(\overline{u}\,\frac{\partial \overline{v}}{\partial x} + \overline{v}\,\frac{\partial \overline{v}}{\partial y} + \overline{w}\,\frac{\partial \overline{v}}{\partial z} \right)$$

$$= F_y - \frac{1}{\rho}\frac{\partial \overline{p}}{\partial y} + \left[\frac{\partial}{\partial x}\left(\nu\,\frac{\partial \overline{v}}{\partial x} \right) + \frac{\partial}{\partial y}\left(\nu\,\frac{\partial \overline{v}}{\partial y} \right) + \frac{\partial}{\partial z}\left(\nu\,\frac{\partial \overline{v}}{\partial z} \right) \right] \tag{4-23}$$

$$- \left(\frac{\partial}{\partial x}\overline{u'v'} + \frac{\partial}{\partial y}\overline{v'^2} + \frac{\partial}{\partial z}\overline{v'w'} \right)$$

$$\frac{\partial \overline{w}}{\partial t} + \left(\overline{u}\,\frac{\partial \overline{w}}{\partial x} + \overline{v}\,\frac{\partial \overline{w}}{\partial y} + \overline{w}\,\frac{\partial \overline{w}}{\partial z} \right)$$

$$= F_z - \frac{1}{\rho}\frac{\partial \overline{p}}{\partial z} + \left[\frac{\partial}{\partial x}\left(\nu\,\frac{\partial \overline{w}}{\partial x} \right) + \frac{\partial}{\partial y}\left(\nu\,\frac{\partial \overline{w}}{\partial y} \right) + \frac{\partial}{\partial z}\left(\nu\,\frac{\partial \overline{w}}{\partial z} \right) \right] \tag{4-24}$$

$$- \left(\frac{\partial}{\partial x}\overline{u'w'} + \frac{\partial}{\partial y}\overline{v'w'} + \frac{\partial}{\partial z}\overline{w'^2} \right)$$

式中：$\overline{u}$、$\overline{v}$、$\overline{w}$ 为沿 x、y、z 轴的时均流速；u'、v'、w' 为沿 x、y、z 轴的脉动流速；F_x、F_y、F_z 为沿 x、y、z 轴的单位质量的质量力，当质量力限于重力时，其值即等于沿 x、y、z 轴的重力加速度的分量，当 x 轴与水流方向一致时，$F_x = g\sin\alpha = gJ_x$，$F_y = -g\cos\alpha \approx -g$，$F_z = g\sin\beta = gJ_z$，此处 α、β 分别为水流沿 x、z 方向的倾角，J_x、J_z 为相应流线坡降；$\overline{p}$ 为时均压力强度；ν 为运动黏滞系数；t 为时间。

运动方程式等号左侧四项为单位质量的惯性力，其中第一项为时变加速度引起的惯性力，用圆括号合并在一起的后三项，为位变加速度引起的惯性力。等号右侧第一项为单位质量的重力；第二项为单位质量的压力；用方括号合并在一起的后三项，为黏滞力所造成的剪力；用圆括号合并在一起的最后三项，为水流脉动所造成的剪力，实质上是一种脉动惯性力。

一、定床模型相似律

定床模型试验在理论和实践上都比较成熟，在河床变形不显著，或虽有变形，但变形对所研究的主要问题关系不大时，都可以采用。

定床河工模型设计的首要问题，是确定单值条件中物理量的比尺关系式的问题。河工模型所面对的水流，通常属于三维紊动水流。因此，作为最一般的情况，有关物理量的比尺关系式，下面从描述三维紊动水流的一般微分方程式推导基本满足几何相似的正态模型五个比尺关系式。

（一）正态定床河工模型相似律

正态定床河工模型相似律大多运用于水工模型试验。

试取连续方程式(4-21)进行分析，假定几何相似得到保证，即

$$\lambda_x = \lambda_y = \lambda_z = \lambda_L \tag{4-25}$$

将这一方程式用于原型，并将原型的有关物理量用比尺转化成相应的模型物理量，即取

$$x_p = \lambda_L x_m, y_p = \lambda_L y_m, z_p = \lambda_L z_m \tag{4-26}$$

$$\overline{u}_p = \lambda_u \overline{u}_m, \overline{v}_p = \lambda_v \overline{v}_m, \overline{w}_p = \lambda_w \overline{w}_m \tag{4-27}$$

则由式(4-21)容易导出

$$\lambda_u = \lambda_v = \lambda_w \tag{4-28}$$

考虑到脉动流速的连续方程式为

$$\frac{\partial u'}{\partial x} + \frac{\partial v'}{\partial y} + \frac{\partial w'}{\partial z} = 0 \tag{4-29}$$

同理可导出

$$\lambda'_u = \lambda'_v = \lambda'_w \tag{4-30}$$

再取运动方程式中第一个方程(4-22)进行分析，并取

$$\overline{p_p} = \lambda_p \overline{p_m}, v_p = \lambda_v v_m, g_p = \lambda_g g_m, \rho_p = \lambda_\rho \rho_m \tag{4-31}$$

运用相似转化，将变为

$$\frac{\lambda_u}{\lambda_t}\left(\frac{\partial \overline{u}}{\partial t}\right)_m + \frac{\lambda_u^2}{\lambda_L}\left(\overline{u}\frac{\partial \overline{u}}{\partial x} + \overline{v}\frac{\partial \overline{u}}{\partial y} + \overline{w}\frac{\partial \overline{w}}{\partial z}\right)_m$$

$$= \lambda_g (gJ_x)_m - \frac{\lambda_p}{\lambda_\rho \lambda_L}\left(\frac{1}{\rho}\frac{\partial \overline{p}}{\partial x}\right)_m + \frac{\lambda_v \lambda_u}{\lambda_L^2}\left[\frac{\partial}{\partial x}\left(\nu\frac{\partial \overline{u}}{\partial x}\right) + \frac{\partial}{\partial y}\left(\nu\frac{\partial \overline{u}}{\partial y}\right) + \frac{\partial}{\partial z}\left(\nu\frac{\partial \overline{u}}{\partial z}\right)\right]_m$$

$$- \frac{\lambda_{u'}^2}{\lambda_L}\left(\frac{\partial}{\partial x}\overline{u'^2} + \frac{\partial}{\partial y}\overline{u'v'} + \frac{\partial}{\partial z}\overline{u'w'}\right)_m \tag{4-32}$$

式中圆括号和方括号的足标 m 表示括号中有关物理量均为模型值。

用 λ_u^2/λ_L 遍除各项，即得

$$\frac{\lambda_L}{\lambda_t \lambda_u}\left(\frac{\partial \overline{u}}{\partial t}\right)_m + \left(\overline{u}\frac{\partial \overline{u}}{\partial x} + \overline{v}\frac{\partial \overline{u}}{\partial y} + \overline{w}\frac{\partial \overline{u}}{\partial z}\right)_m$$

$$= \frac{\lambda_g \lambda_L}{\lambda_u^2}(gJ_x)_m - \frac{\lambda_p}{\lambda_\rho \lambda_u^2}\left(\frac{1}{\rho}\frac{\partial \overline{p}}{\partial x}\right)_m + \frac{\lambda_v}{\lambda_u \lambda_L}\left[\frac{\partial}{\partial x}\left(\nu\frac{\partial \overline{u}}{\partial x}\right) + \frac{\partial}{\partial y}\left(\nu\frac{\partial \overline{u}}{\partial y}\right) + \frac{\partial}{\partial z}\left(\nu\frac{\partial \overline{u}}{\partial z}\right)\right]_m$$

$$- \frac{\lambda_{u'}^2}{\lambda_u^2}\left(\frac{\partial}{\partial x}\overline{u'^2} + \frac{\partial}{\partial y}\overline{u'v'} + \frac{\partial}{\partial z}\overline{u'w'}\right)_m \tag{4-33}$$

要使所得方程式(4-33)与用于模型的运动方程式(4-24)完全相同，要求

$$\frac{\lambda_t \lambda_u}{\lambda_L} = 1 \quad 或 \quad S_t = \frac{tu}{L} = 常数 \tag{4-34}$$

$$\frac{\lambda_u^2}{\lambda_g \lambda_L} = 1 \quad 或 \quad Fr^2 = \frac{u^2}{gL} = 常数 \tag{4-35}$$

$$\frac{\lambda_p}{\lambda_\rho \lambda_u^2} = 1 \quad 或 \quad E_u = \frac{p}{\rho u^2} = 常数 \tag{4-36}$$

$$\frac{\lambda_u \lambda_L}{\lambda_\nu} = 1 \quad \text{或} \quad Re = \frac{uL}{\nu} = \text{常数} \tag{4-37}$$

$$\frac{\lambda_u^2}{\lambda_{u'}^2} = 1 \quad \text{或} \quad \frac{u^2}{u'^2} = \text{常数} \tag{4-38}$$

比尺关系式(4-34)表示原型与模型由位变加速度引起的惯性力之比,等于由时变加速度引起的惯性力之比,也可看成位变加速度之比等于时变加速度之比,实质上反映了水流运动连续条件的相似要求。这个比尺关系式决定了非恒定流时间比尺与流速比尺及长度比尺的关系。当水流为恒定流时,一般不存在时间比尺问题。这个比尺关系式就无须考虑了。

比尺关系式(4-35)表示原型与模型惯性力之比等于重力之比,相应的相似准则即所谓佛汝德数,这个相似律又称为佛汝德相似律。由于惯性力和重力都是决定河道水流运动的很重要的力,这个相似律在河工模型中是一个很重要的相似律。

比尺关系式(4-36)表示原型与模型压力之比等于惯性力之比。相应的相似准则即所谓欧拉数,这个相似律又称为欧拉相似律。这个相似律,当研究水流对边壁或河工建筑物的动力荷载时是应该予以考虑的。当研究一般的明渠水流运动时,则可不予考虑。欧拉相似律与佛汝德相似律存在内在联系,可以互相转化。

比尺关系式(4-37)表示原型与模型惯性力之比等于黏滞力之比,相应的相似准则即所谓雷诺数,因此这个相似律又称为雷诺相似律。由于河道水流一般均为紊流,而紊流中黏滞力的作用比较微小,这个相似律在河工模型中一般并不要求严格满足,而事实上,L 也无法严格满足。

比尺关系式(4-38)表示原型与模型由时均流速产生的惯性力之比等于由脉动流速产生的惯性力之比,也可以看成时均流速的平方之比等于脉动流速的脉动矩之比。因此,这个相似律又可以称为紊动相似律。这是问题的一方面。问题的另一方面是,脉动惯性力就是所谓紊动剪力,它和黏滞剪力一样,对水流运动起着阻力作用。因此,这个比尺关系式也可以表示惯性力之比等于紊动阻力之比,当黏滞力可以忽略不计时,就是惯性力之比等于阻力之比。从上面的分析,可清楚地看到紊动相似与阻力相似的关联性。关于阻力相似问题,像解微分方程式必须有确定的边界条件一样,和边界条件密切相关的阻力相似的比尺关系式,只能在每一个具体情况下,由微分方程式的边界条件导出。

其中,欧拉相似律在一般河工模型中不必考虑,雷诺相似律在河工模型中不可能满足也不必满足,也可以不考虑,但为保证模型水流能与原型水流同属紊流,模型雷诺数不能过小,则可得到非恒定流正态河工模型相似律。

由式(4-34)得时间比尺

$$\lambda_t = \frac{\lambda_L}{\lambda_u} \tag{4-39a}$$

或流量比尺

$$\lambda_Q = \lambda_L \lambda_h \lambda_u \tag{4-39b}$$

由于 $\lambda_g = 1$,由式(4-35)得惯性力重力比比尺

$$\lambda_u = \lambda_L^{1/2} \tag{4-40}$$

惯性力阻力比比尺

$$\lambda_f = 1 \tag{4-41}$$

由于天然河流有关糙率系数 n 的资料比较丰富，为衡量阻力相似，通常都不采用阻力系数比尺 λ_f，而是采用糙率系数比尺 λ_n，两者之间关系由以下阻力公式导出

$$U = \sqrt{\frac{8g}{f}} \sqrt{RJ} \tag{4-42a}$$

$$U = \frac{R^{1/6}}{n} \sqrt{RJ} \tag{4-42b}$$

由此可得

$$\frac{R^{1/6}}{n} = \sqrt{\frac{8g}{f}} \tag{4-43}$$

则可得到比尺关系式

$$\lambda_f = \frac{\lambda_n^2}{\lambda_L^{1/3}} \tag{4-44}$$

由于 $\lambda_f = 1$，可导出糙率系数的比尺关系式为

$$\lambda_n = \lambda_L^{1/6} \tag{4-45}$$

式(4-39a)、式(4-39b)、式(4-40)、式(4-41)或式(4-45)组成了基本满足几何相似的正态模型必须服从的模型相似律。

恒定流正态河工模型相似律不考虑时间比尺。

为了保证模型与原型水流能基本上为相同的物理方程式所描述，还有两个限制条件必须同时满足：

条件之一，模型水流必须为紊流，故要求模型雷诺数

$$Re > 1\,000 \sim 2\,000 \tag{4-46}$$

条件之二，模型表面张力不干扰水流运动，故要求模型水深

$$h_m > 1.5 \text{ cm} \tag{4-47}$$

在设计模型时，一般根据任务性质、场地大小，并考虑可能的水泵或提供水量的设备能保证的流量大小，首先确定模型的几何比尺 λ_L。在几何比尺 λ_L 一经确定后，其他比尺即可根据上述相应模型相似律计算得到。

由于模型糙率主要取决于模型所使用的材料及处理方式，也与地形相关，在模型设计时只能根据经验大致选定，经过验证试验最终确定。

定床河工模型的验证试验，通常包括两个部分：一是验证水面线相似，二是验证流速场相似。为了进行验证试验，首先必须取得足够的原型资料。这些资料一般包括：

(1)试验河段进出口及中间若干断面几个流量级(洪、中、枯)的同步水位观测资料。

(2)试验河段若干典型断面几个流量级的点流速沿垂线分布的资料，垂线平均流速沿河宽分布的资料。

(3)试验河段几个流量级的水面(如有可能包括河底)流态资料。

进行验证试验时，对每一级流量，模型试验河段的尾水位按原型资料进行控制，待水流稳定后进行相应的水位、流速、流态观测。对比原型及模型试验成果，如果水面线相符，表示总的糙率相似得到满足。如果模型水面偏高，则表示模型糙率偏大，应该减糙。如果

模型水面偏低,则表示模型糙率偏小,应该加糙。在试验河段有较多水位站的条件下,不但可以判断整个河段的糙率相似情况,也可判断河段中各个部分的糙率相似情况。水面线不符,不但表明糙率不相似,同时也影响到流速不相似。但在通常情况下,特别是大江大河,由于水深相对较大,水位的不相似对流速的影响是很小的。

在试验河段进出口处的流速流态不相似,往往是受模型口门和尾门的影响,应进行检查,并采取相应措施(如在口门处加设导流装置,在尾门处调整单宽流量的分布等),加以排除。

(二)变态定床河工模型相似律

河工模型试验常遇到变态问题。所谓变态,可以是原型和模型几何尺度上水平比尺和垂直比尺的不一致,也可以是原型沙和模型轻质沙比重的不同而引起的水流时间比尺和泥沙冲淤时间比尺的不一致,或者兼而有之。前者产生几何变态,从而引起模型流速分布的变形,进而导致模型沙浓度分布的变形;后者产生所谓时间比尺的变态,完全是由于采用轻质沙所引起的。另外,模型的变态,还可能是原型和模型间比降比尺的不同、流体比重比尺的不同等。凡属两种或两种以上具有同一量纲,但在物理上互不相关的变量各具有不同的比尺,则这种模型在物理意义上来说存在着变态。这里先讨论定床河工模型的比尺变态问题。

河工模型如果几何边界条件和起始条件等均能保持与原型相似而做成正态,那是最理想的。但是在某些情况下,为了避免建造过大模型,而同时又要保持基本的流动相似条件,不得不采用变态模型。具体地说,采用变态模型的原因在于以下方面:

(1)模型的动力相似要求原型和模型的流动型态相同,如正态模型水深很小,就很难使模型内的流动达到相似所要求的紊流状态。

(2)天然河流一般宽浅、坡度较小,如为正态,若几何比尺过大,则模型中水深、糙率过小,阻力不易达到阻力平方区,阻力将不相似,且表面张力产生作用;若几何比尺过小,则需要的场地面积和模型流量将会很大,有时难以满足。

(3)如严格遵守几何相似要求,泥沙在模型中将成粉末,由于胶结作用,冲淤现象将不能与原型相似。

(4)垂直几何比尺缩小,水流加深,能改进量测的相对精度。

(5)正态模型河床演变一般所需时间过长,操作困难。变态模型可以简化操作,从而可以缩短模型试验所需时间。

为了解决上述矛盾,河工模型常放弃完全的几何相似以促进水流的相似,而在水平方向和垂直方向采用不同的长度比尺,即水流方向和宽度方向的比尺都采用 λ_L,垂直方向的比尺采用 λ_h,且使 $\lambda_L > \lambda_h$,这种水平比尺 λ_L 和垂直比尺 λ_h 不同的模型,称为几何变态模型。

$$\eta = \frac{\lambda_L}{\lambda_h} \tag{4-48}$$

η 表示几何变形的程度,称为变率。在挟沙水流的几何变态模型中,常采用比重较小的轻质模型沙以代替原型中的天然沙。有关浑水动床模型中的多种类型物理量比尺的变态,将在以后讨论。上述事实意味着变态模型的最主要优点是避免了技术上不可能做到的模型光滑的条件和达到了原型和模型中的水力粗糙相似的流动条件。

根据张瑞瑾的研究,一般说来,原型河道宽深比越大,模型所能允许的变率 η 也就越大,这由表 4-1 中变态模型的水力半径和正态模型的水力半径的比值显示出来。可以将 $\dfrac{R_\eta}{R_\text{正}}$ 作为确定模型变率的一种参考性指标。由表 4-1 可以看出,对于宽浅河道来说,可以采用较大的变态而其水力半径较之正态模型者变化不大。苏联专家研究了一般性河道以后,认为 $\dfrac{B}{h}=6$ 时湿周比尺 λ_χ 与水平比尺 λ_L 即相差不多了,即 $\lambda_\chi \approx \lambda_L$,也可以这么认为,当 $\dfrac{B}{h}>6$ 时可以允许模型变态。

表 4-1　模型变态指标与断面形态的关系

河段	河宽 B （m）	水深 h （m）	宽深比 $\dfrac{B}{h}$ （m）	$\eta=\dfrac{\lambda_L}{\lambda_h}$	$\dfrac{R_\eta}{R_\text{正}}$	说明
宽浅	1 000	15	66.67	1	1.00	
	1 000	15	66.67	2	0.97	
	1 000	15	66.67	3	0.95	
	250	60	4.17	1	1.00	$\dfrac{R_\eta}{R_\text{正}}=\dfrac{B+2h}{B+2\eta h}$
	250	60	4.17	1.1	0.97	
	250	60	4.17	1.3	0.94	
	250	60	4.17	2	0.76	
	250	60	4.17	3	0.61	

最大允许变率研究中,窦国仁认为可由下式确定

$$\eta=\frac{\lambda_L}{\lambda_h}\leqslant 1+\frac{B_p}{20H_p} \tag{4-49}$$

式中:B_p 和 H_p 分别为原型的河宽和平均水深。

雅林(Yalin,1971 年)曾提出

$$\eta=0.1\,\frac{B}{h} \tag{4-50}$$

对于研究平面二维流动为主,兼顾三维流动相似的模型,就现阶段认识来看,山区河道应尽可能不做、也有条件不做变态模型,平原河道可以允许做,在某些条件下也不能不允许做变态模型,但变率应尽可能定小一些。从开始做变态模型以来,总的发展趋势是,变率愈来愈小。目前这一类模型对于不是过分窄深的河道,广泛采用的变率不过 2 左右。这一方面是因为研究逐步深入,从研究一维水流发展到研究平面二维流动,更发展到兼顾三维流动;另一方面,是因为通过实践,逐步认识到变态对流速场相似的不利影响。

变态河道模型也是同时受重力和阻力控制的,因而也必须遵守前节所求得的两个相似条件,则定床变态模型设计中的各项比尺关系为

$$\lambda_t=\frac{\lambda_L}{\lambda_u}$$

或

$$\lambda_Q = \lambda_L \lambda_h \lambda_u$$

和惯性力重力比比尺

$$\lambda_u = \lambda_h^{1/2} \tag{4-51}$$

惯性力阻力比比尺

$$\lambda_{f_b} = \frac{\lambda_h}{\lambda_L} = \frac{1}{\eta}, \lambda_{f_w} = 1 \tag{4-52}$$

或

$$\lambda_{n_b} = \frac{\lambda_h^{2/3}}{\lambda_L^{1/2}} = \frac{\lambda_L^{1/6}}{\eta^{2/3}}, \lambda_{n_w} = \lambda_L^{1/6} \tag{4-53}$$

另外也必须满足限制条件式(4-46)和式(4-47)。验证试验同样重要,需要开展。

二、动床模型相似律

动床河工模型试验和定床河工模型试验对比起来,有两个特点:

特点之一是,模型水流挟带泥沙,在最一般情况下,原型水流既挟带有悬移质,又挟带有推移质。悬移质中既有在自然情况下基本不参加造床的冲泻质,又有参加造床的床沙质。推移质中既有粒径接近悬移质中床沙质的沙质推移质,又有粒径远较悬移质为粗的卵石推移质。模型水流所挟带的泥沙应与原型相对应,并做到相似。

特点之二是,模型周界是可动的,在挟沙水流作用下,发生冲淤变化,周界形状不固定。模型也应与原型相对应,并做到相似。

以上两个特点正是动床模型区别于定床模型的地方,也是动床模型较定床模型更接近实际的地方。当原型河床冲淤变化较大,而这种冲淤变形及挟沙水流的运动对有关工程设施影响甚大时,动床模型试验往往是重要的有效研究手段,有时甚至是唯一的有效研究手段,而不是分析计算或定床模型试验所能完全代替的。

然而,上述两个特点却为进行模型试验带来了很大的困难。由于挟沙水流运动规律十分复杂,各种相似要求之间存在的矛盾远较清水水流为大,不容易做到像清水水流那样相似。除此之外,由于要施放挟沙水流并做到相似,模型的供水供沙系统及监视装置比较复杂;而每进行一次模型试验,地形必须重新塑造,加上模型沙的制备,工作量往往十分巨大。以上这些困难,使得进行动床模型试验远较定床模型试验复杂、艰巨。

解决动床模型试验中的困难,特别是模型设计中满足各种相似要求的困难,最根本的办法还是针对试验河段及试验要求的特殊性,分析矛盾,抓住主要的,照顾次要的,忽略不重要的,在保证主要方面的相似得到满足的前提下,尽可能使问题简化。通常采用的一些简化方法,例如,在水流挟沙方面,仅考虑悬移质,或仅考虑推移质;在悬移质中,仅考虑床沙质,不考虑冲泻质;在推移质中,仅考虑卵石推移质,不考虑沙质推移质;等等。又如,在模型周界方面,仅考虑河床动,而河岸则做成固定的,或者河床也是部分动、部分不动,甚至完全做成定床,在定床基础上做成动床试验(通过泥沙淤积形成动床)等。

20 世纪 50 年代有一些研究工作者发展了一种自然河工模型。其主要特点是,在设计模型时虽然也通过一定的比尺计算,但并不强调比尺的严格遵守,模型河床形态由水流自己去塑造。模型小河是否与原型相似的主要标志,是其河床形态与演变过程是否与原型相似。这种模型试验方法也包含一些值得进一步深入探讨的问题,例如设计模型是否遵守河相关系的问题。但总的来说,是不满足相似论的基本要求的,在理论上存在缺陷,在实践上也不能很好地解决生产中提出的问题,这里不作介绍。

动床模型与定床模型不同,除了必须满足水流运动相似之外,还必须满足泥沙运动相似。关于水流运动相似必须遵守的相似条件,与定床模型完全相同,这里不再重复。

(一)悬移质动床河工模型相似律

悬移质动床模型试验主要适用于,由悬移质运动所引起的冲淤变化,往往构成河床变形的主体部分,而且推移质中的沙质推移质经常与悬移质中的床沙质发生交换,这一部分推移质也可近似地概括在悬移质之内的许多情况。除了山区河流河床变形主要是由卵石和砾石运动造成的一些情况之外,往往只模拟悬移质运动即可。如果所研究的问题限于平原河流在自然情况下的河床变形,例如水下成型堆积体(边滩、心滩等)的运动,以及河工建筑物对这些运动的影响,冲泻质基本上不参与河床变化,可以只模拟悬移质中的床沙质。如果所研究的问题与冲泻质淤积有关,例如平原河流盲肠河段的回流淤积、异重流淤积、江心洲的发展、水库淤积等,那就必须模拟全部悬移质。

冲泻质与床沙质的分界粒径可以根据原型实测资料取床沙级配曲线上相应于5%的粒径,或直接取相应于拐点处的粒径,或利用最大曲率点法求出拐点处的粒径。若修建水工建筑物干扰较大,河流水力条件和自然状态差异较大,则按公式

$$\omega_{\min} = \frac{1}{65} U \left(\frac{d_{pi}}{h} \right)^{1/6} \qquad (4\text{-}54)$$

计算泥沙的分界沉速,然后换算成分界粒径。式(4-54)中 d_{pi} 为床沙平均粒径。

由于现阶段对泥沙运动的机理的研究还在进行中,公认的描述泥沙运动现象的完整的物理方程式并未建立,这就使得我们使用描述某一部分泥沙运动现象及其不同侧面的若干个物理方程式,来导出模型相似律。

1. 悬移相似

描述悬移质运动这一现象的物理方程式为悬移质运动的扩散方程。在泥沙连续方程式引进扩散理论的概念及其处理方式后,考虑为悬移质运动的扩散方程。下面试从三维扩散方程出发来考查泥沙悬移质相似的模型相似律。

悬移质运动的三维扩散方程为

$$\frac{\partial S}{\partial t} = -\frac{\partial(Su)}{\partial x} - \frac{\partial(Sv)}{\partial y} - \frac{\partial(Sw)}{\partial z} + \frac{\partial(S\omega)}{\partial z} + \frac{\partial}{\partial x}\left(\varepsilon_{s_x}\frac{\partial S}{\partial x}\right) + \frac{\partial}{\partial y}\left(\varepsilon_{s_y}\frac{\partial S}{\partial y}\right) + \frac{\partial}{\partial z}\left(\varepsilon_{s_z}\frac{\partial S}{\partial z}\right) = 0$$

$$(4\text{-}55)$$

方程式等号左侧一项为单位时间内单位水体的含沙量变化,等号右侧前三项为单位时间内由时均流速引起的进出单位水体的沙量变化,等号右侧第四项为单位时间内由泥沙沉速引起的进出单位水体的沙量变化,等号右侧后三项为单位时间内由扩散作用引起的进出单位水体的沙量变化。

首先考虑正态模型的情况,因为 $\lambda_x = \lambda_y = \lambda_z = \lambda_L$,对式(4-55)进行相似转化,考虑到重力作用是决定悬移质沉降的主要矛盾方面,以从等号右侧第四项抽出的比尺关系 $\lambda_\omega \lambda_s / \lambda_L$,除从其他各项抽出的比尺关系,即得

$$\lambda_t = \frac{\lambda_L}{\lambda_\omega} \qquad (4\text{-}56)$$

$$\lambda_u = \lambda_\omega \tag{4-57}$$

$$\frac{\lambda_{\varepsilon_{s_x}}}{\lambda_\omega \lambda_L} = \frac{\lambda_{\varepsilon_{s_y}}}{\lambda_\omega \lambda_L} = \frac{\lambda_{\varepsilon_{s_z}}}{\lambda_\omega \lambda_L} = \frac{\lambda_{\varepsilon_s}}{\lambda_\omega \lambda_L} = 1 \tag{4-58}$$

比尺关系式(4-56)表示含沙量因时变化与由重力沉降引起的进出沙量变化比相等。在满足第二个比尺关系式的条件下,它与水流连续相似所要求的比尺关系式是一致的,因而不增加新的比尺关系式。

比尺关系式(4-57)表示由时均流速及由重力沉降引起的进出沙量变化比相等,可认为时均流速悬移与重力沉降比相似。

比尺关系式(4-58)表示由紊动扩散及由重力沉降引起的进出沙量变化比相等,可认为紊动扩散与重力沉降比相似。泥沙紊动扩散系数 ε_s 按照一般做法可取其与水流紊动动量扩散系数 ν_t 相等。但由于三维水流的紊动动量扩散系数的表达式不是很清楚,使得进一步展开第三个比尺关系式,从而找到便于控制的比尺关系遭遇困难。对二维均匀流来说,它的表达式可从卡尔曼 – 勃兰德尔流速分布公式导出如下

$$\varepsilon_{s_y} \approx \nu_{t_y} = \chi u_* \left(1 - \frac{y}{h}\right) y \tag{4-59}$$

$$\lambda_{\varepsilon_{s_y}} = \lambda_{\nu_{t_y}} = \lambda_\chi \lambda_{u_*} \lambda_L \tag{4-60}$$

其中 λ_χ 可取为1,在一般情况下,横向扩散系数也可以用式(4-59)形式表达。纵向扩散系数一般可以忽略不计。因此

$$\lambda_{\varepsilon_{s_x}} = \lambda_{\varepsilon_{s_y}} = \lambda_{\varepsilon_{s_z}} \tag{4-61}$$

取式(4-61)推导比尺关系式时应不会导致较大误差。

根据式(4-58)~式(4-61)可得

$$\lambda_{u_*} = \lambda_\omega \tag{4-62}$$

式(4-62)可以作为式(4-58)的另一种形式,适用于时均水流接近直线的情况。

正态模型中,满足惯性力重力比相似条件

$$\lambda_{u_*} = \lambda_u = \lambda_L^{1/2} \tag{4-63}$$

其次考虑变态模型

$$\lambda_x = \lambda_z = \lambda_L, \lambda_y = \lambda_h$$

$$\lambda_u = \lambda_w = \lambda_{u_*} \lambda_v = \frac{\lambda_h}{\lambda_L} \lambda_u$$

则得

$$\lambda_t = \frac{\lambda_h}{\lambda_\omega} \tag{4-64}$$

$$\lambda_u = \frac{\lambda_h}{\lambda_L} \lambda_\omega, \lambda_v = \lambda_\omega \tag{4-65}$$

$$\frac{\lambda_{\varepsilon_{s_x}} \lambda_h}{\lambda_\omega \lambda_L^2} = \frac{\lambda_{\varepsilon_{s_z}} \lambda_h}{\lambda_\omega \lambda_L^2} = \frac{\lambda_{\varepsilon_{s_y}}}{\lambda_\omega \lambda_h} = 1 \tag{4-66}$$

由于变态,三个方向的紊动扩散系数比尺不完全相等,而是

$$\lambda_{\varepsilon_{s_x}} = \lambda_{\varepsilon_{s_z}}, \lambda_{\varepsilon_{s_y}} = \frac{\lambda_h^2}{\lambda_L^2}\lambda_{\varepsilon_{s_x}} \qquad (4\text{-}67)$$

根据式(4-60)导出的铅直方向紊动扩散系数比尺

$$\lambda_{\varepsilon_{s_y}} = \lambda_\chi \lambda_{u_*} \lambda_h = \lambda_{u_*} \lambda_h \qquad (4\text{-}68)$$

由此,对于变态模型,只要满足式(4-65)及式(4-63),悬移相似在形式上也是可以保证的。但对于变态模型,要同时满足这两者则是存在矛盾的。由式(4-65)应有

$$\lambda_\omega = \frac{\lambda_L}{\lambda_h}\lambda_u \qquad (4\text{-}69)$$

但按水流阻力公式可得

$$\lambda_u = \frac{\lambda_{u_*}}{\lambda_f^{1/2}} \qquad (4\text{-}70)$$

将 $\lambda_{u_*}/\lambda_\omega = 1$ 的关系及变态模型 $\lambda_f = \lambda_h/\lambda_L$ 代入,则应有

$$\lambda_\omega = \left(\frac{\lambda_h}{\lambda_L}\right)^{1/2}\lambda_u \qquad (4\text{-}71)$$

对于变态模型,式(4-69)和式(4-71)是不能同时成立的。这就意味着变态相似的两个条件是不能同时满足的。

可以知道,变态模型由于不可能保证悬移相似的两个比尺关系式同时得到满足,也就不可能做到真正的悬移相似。在具体进行悬移质动床模型试验时,究竟从这两个相互矛盾的比尺关系式中选用哪一个,应根据所研究的问题的性质灵活运用。如果所研究的问题属于分水分沙一类性质的问题,含沙量沿垂线分布的正确模拟具有十分重要的意义,那就应该使表征紊动扩散与重力沉降比相似的比尺关系式(4-62)得到遵守。如果所研究的问题属于接近静水沉降一类性质的问题,纵向流速与泥沙沉速相互关系的正确模拟具有十分重要的意义,那就应该使表征时均流速悬移与重力沉降比相似的比尺关系式(4-65)得到遵守。就一般情况来说,由于紊动扩散作用及重力作用是决定悬移质运动的一对主要矛盾,变态模型似以表征这一主要矛盾的比尺关系式(4-62)得到遵守为宜。

悬移相似条件在悬移质动床模型试验中,主要用来控制对模型沙的选择。决定悬移相似条件的两个比尺关系式,都包含有泥沙沉速比尺 λ_ω。而泥沙的沉速是与泥沙的粒径及容重直接相关的,可以通过表达它们之间关系的静水沉速公式,来建立泥沙粒径及容重比尺与沉速比尺以至流速比尺、几何比尺之间的关系,作为选沙的依据。

悬移质泥沙一般都比较细,例如黄河、长江中下游的悬移质中值粒径通常均在 0.03 mm 左右,因而原型沙可以认为基本上处于滞流区内,模型沙沉速在通常情况下均较原型沙为小,也应处于滞流区内。在推求比尺关系式时,可以选用滞流区的静水沉速公式,如斯托克斯公式或系数较小的如下形式的沉速公式

$$\omega = 0.039\frac{\rho_s - \rho}{\rho}g\frac{d^2}{\nu} \qquad (4\text{-}72)$$

则得到比尺关系式

$$\lambda_\omega \lambda_\nu = \lambda_{\frac{\rho_s-\rho}{\rho}}\lambda_d^2 \qquad (4\text{-}73)$$

与悬移相似条件一起考虑,对于正态模型

$$\lambda_u \lambda_\nu = \lambda \frac{\rho_s - \rho}{\rho} \lambda_d^2 \qquad (4\text{-}74)$$

若同时满足惯性力重力比相似,即取 $\lambda_u = \lambda_L^{1/2}$,可得

$$\lambda_d = \frac{\lambda_L^{1/4} \lambda_\nu^{1/2}}{\lambda_{\frac{\rho_s - \rho}{\rho}}^{1/2}} \qquad (4\text{-}75)$$

式(4-75)可作为保证悬移相似的模型选沙依据。当控制模型水温接近原型水温时,取 $\lambda_\nu = 1$,可得

$$\lambda_d = \frac{\lambda_L^{1/4}}{\lambda_{\frac{\rho_s - \rho}{\rho}}^{1/2}} \qquad (4\text{-}76)$$

对于专门进行淤积为主的研究,为了避免控制模型水温(夏季降温,冬季升温)的困难,在模型沙选定后,可根据模型试验时的水温,调整模型沙粒径(夏季用细沙,冬季用粗沙),以满足式(4-75)的要求。

变态模型中,若考虑比尺关系式(4-69)可以得

$$\lambda_u \lambda_\nu \lambda_h = \lambda \frac{\rho_s - \rho}{\rho} \lambda_L \lambda_d^2 \qquad (4\text{-}77)$$

则

$$\lambda_d = \frac{\lambda_u^{1/2} \lambda_h^{1/2} \lambda_\nu^{1/2}}{\lambda_{\frac{\rho_s - \rho}{\rho}}^{1/2} \lambda_L^{1/2}} \qquad (4\text{-}78)$$

若考虑比尺关系式(4-71)可以得

$$\lambda_u \lambda_\nu \lambda_h^{1/2} = \lambda \frac{\rho_s - \rho}{\rho} \lambda_L^{1/2} \lambda_d^2 \qquad (4\text{-}79)$$

则

$$\lambda_d = \frac{\lambda_u^{1/2} \lambda_h^{1/4} \lambda_\nu^{1/2}}{\lambda_{\frac{\rho_s - \rho}{\rho}}^{1/2} \lambda_L^{1/4}} \qquad (4\text{-}80)$$

上述所有由悬移相似导出的关于粒径比尺的表达式,都是引用滞流区的流速公式得来的。

而悬移质中的较粗颗粒不一定处于滞流区内。如果研究问题的着眼点是悬移质中的较粗颗粒,例如悬移质中的床沙质,而所面对的河流又是山区河流,冲泻质的上限粒径较粗,因而床沙质也较粗,在这种情况下,不应袭用滞流区的沉速公式。形式上较为严格一些的做法是,引用适用于不同流区的统一沉速公式来导出比尺关系式,如式

$$\omega = \sqrt{\left(13.95 \frac{\nu}{d}\right)^2 + 1.09 \frac{\rho_s - \rho}{\rho} gd} - 13.95 \frac{\nu}{d} \qquad (4\text{-}81)$$

这种情况下按照常规的办法常常导致比尺形式太复杂而不实用。更常用的做法是,先选定一种容重比尺及粒径比尺,根据原型沙的代表粒径(例如 d_{50})或一系列粒径,计算模型沙的相应粒径;然后,利用各自合适的沉速公式计算相应的沉速,或直接通过试验测定。这样就得到一系列的原型沉速 ω_{p_1}、ω_{p_2}、ω_{p_3}、$\cdots$ 及相应模型沉速 ω_{m_1}、ω_{m_2}、ω_{m_3}、$\cdots$,由此直接算出沉速比尺

$$\lambda_\omega = \frac{\omega_{p_1}}{\omega_{m_1}}、\frac{\omega_{p_2}}{\omega_{m_2}}、\frac{\omega_{p_3}}{\omega_{m_3}}、\cdots \qquad (4\text{-}82)$$

之后,再检查其是否满足悬移相似要求。

2. 起动相似

在前述的悬移质运动扩散方程中,没有涉及到床面的补给条件问题。对单纯淤积过程来说,这个问题并不存在。对冲刷过程来说,床面补给条件也应该相似的问题就提出来了。显然,要床面补给条件相似,单纯冲刷过程应该做到床沙的起动相似,有冲有淤的过程则除原床沙应做到起动相似之外,参与淤积的悬移质也应做到起动相似。只有这样,当原型流速超过床沙起动流速,有可能从床面得到泥沙补给时,模型流速也超过床沙起动流速,同样有可能从床面得到泥沙补给。起动相似条件要求起动流速比尺与流速比尺相等,即

$$\lambda_{u_c} = \lambda_u \tag{4-83}$$

这一比尺关系式可从任一流速为参数的推移质输沙率公式导出,在这类公式中一般包括起动项,运用相似转化即可获得该式。也有文献要求扬动相似,考虑扬动流速公式与起动流速公式形式相同而系数略大,起动相似即包含扬动相似。也有文献使用悬浮指标保证扬动相似,起动相似也包含悬浮相似。故此,起动相似必须满足。

悬移质泥沙由于粒径很细,淤积之后,黏结力往往会起作用,特别是细颗粒悬移质,黏结力作用很显著,其起动流速一般应用含黏性细颗粒泥沙的起动流速公式计算。当然,如果淤积的泥沙限于自然情况下悬移质中的床沙质,也可用散粒体泥沙的起动流速公式计算。

如果用原型沙或容重接近原型沙的材料作模型沙来模拟悬移质,按照悬移相似要求,正态模型的模型沙就会十分细,甚至变态模型的模型沙也很细,黏结力作用更显著,模型沙的起动流速往往比较大,满足不了起动相似要求。

要想同时满足悬移及起动相似要求,在通常情况下,必须选用轻质沙,此时模型沙的容重要小一些,而粒径则可能粗一些,因而黏结力的作用要小一些,甚至基本上不存在。因原型沙及模型沙的粗细很不相同,黏结力作用的影响很不一致,在这种情况下,根据适用于不同情况的统一的起动流速公式来导出起动流速的比尺关系式,形式上要更严格一些。

考虑到起动流速公式不一定充分可靠,特别是不一定既适用于原型沙,又适用于模型沙。在实际工作中,往往不使用现成的起动流速公式来推求比尺关系式,或者只在规划模型的阶段使用这种比尺关系式,而在最后确定时,则通过对原型实测资料的进一步分析,并对模型沙(有时也对原型沙)进行水槽试验,确定不同流量级的原型沙起动流速 $u_{c_{p1}}$、$u_{c_{p2}}$、$u_{c_{p3}}$、…及相应条件下的模型沙起动流速 $u_{c_{m1}}$、$u_{c_{m2}}$、$u_{c_{m3}}$、…,再计算起动流速比尺

$$\lambda_{u_c} = \frac{u_{c_{p1}}}{u_{c_{m1}}}、\frac{u_{c_{p2}}}{u_{c_{m2}}}、\frac{u_{c_{p3}}}{u_{c_{m3}}}、\cdots \tag{4-84}$$

之后,再检查其是否满足 $\lambda_{u_c} = \lambda_u$ 要求。

根据水槽试验确定的模型沙起动流速是可靠的。原型沙在原型条件下的起动流速,通过原型资料分析来论证,如点绘推移质输沙率与流速关系曲线。

上述悬移及起动两个相似条件,主要是用来控制模型选沙的。进行模型设计时的做法可能是各种各样的。如果由于其他原因,模型的几何比尺 λ_L、λ_h 等已定,则悬移相似条

件及起动相似条件均可简化成 λ_d 及 $\lambda_{\frac{\rho_s-\rho}{\rho}}$ 的关系曲线,在同一张图纸上分别绘制这两条关系曲线,其交点处的 λ_d 及 $\lambda_{\frac{\rho_s-\rho}{\rho}}$ 即为既满足悬移相似,又满足起动相似的粒径比尺及相对容重比尺。但是,由于不是任何一种重率 ρ_{s_m} 的模型沙都可选到,或者虽可选到,但价格太贵,很不经济,同时,对于一定容重的模型沙,也不一定是任何一种粒径都可得到,要选到同时能满足悬移相似及起动相似的模型沙是比较困难的。通常的做法是先选定模型沙的容重,并根据可能达到的粒径加工条件(粉碎、碾磨、分选等),选定粒径比尺,然后根据悬移相似条件确定模型的几何比尺,再检查其是否满足起动相似条件,如此反复调整,并结合水流相似的要求,最后确定合适的模型几何比尺及模型沙的容重比尺及粒径比尺。

3. 挟沙相似

挟沙相似是悬移泥沙运动相似中必须解决的另一个问题,进入河段的输沙率模型必须与原型相似,这就涉及含沙量比尺的问题。这个比尺可以通过悬移质扩散方程的床面边界条件加以确定。后者可以写为

$$\varepsilon_s \frac{\partial S}{\partial y}_{y=0} = -\omega S_{b*}$$ (4-85)

式中:S_{b*} 为床面饱和含沙量。

这表达了床面处由于含沙量梯度而引起的泥沙向上扩散量等于饱和挟沙情况下由于重力作用而引起的泥沙向下沉降量。由于具有一定沉速 ω 的河底饱和含沙量为定值,故床面的向上扩散量 $\varepsilon_s \frac{\partial S}{\partial y}_{y=0}$ 亦为定值,亦即床面的向上扩散量仅与水流条件有关。由这个边界条件可以导出比尺关系式为

$$\lambda_{\varepsilon_s} \lambda_{S_b} = \lambda_\omega \lambda_h \lambda_{S_{b*}}$$ (4-86)

由于

$$\lambda_{\varepsilon_s} = \lambda_\omega \lambda_h$$

可以得到

$$\lambda_{S_b} = \lambda_{S_{b*}}$$ (4-87)

在含沙量及流速沿垂线分布相似得到保证的条件下,即得

$$\lambda_S = \lambda_{S_*}$$ (4-88)

亦即含沙量比尺应与水流挟沙力比尺相等。实际上这两个比尺的相等,也可从挟沙水流的冲淤平衡条件直观地看出来。显然,只有这两个比尺相等,原型处于输沙平衡状态时,模型也相应处于输沙平衡状态,原型处于冲淤状态时,模型也相应处于冲淤状态。

为了求得含沙量比尺的表达式,必须引进表征悬移质挟沙能力的水流挟沙力公式。反映水流阻力和泥沙密度的有关因素,对于确定变态模型的水流挟沙力具有重大影响,采用

$$S_V^\alpha = \frac{\rho}{8C_1(\rho_s-\rho)}(f-f_s)\frac{u^3}{gR\omega}$$ (4-89)

令 $\alpha=1$,用体积含沙量 S_V 转换为以单位体积质量记的含沙量 S,则式(4-89)可变为

$$S_* = \frac{\rho_s}{8C_1\left(\frac{\rho_s-\rho}{\rho}\right)}(f-f_s)\frac{u^3}{gR\omega}$$ (4-90)

结合式(4-86)和式(4-88)可以得到水流含沙量比尺

$$\lambda_S = \lambda_{S*} = \frac{\lambda_{\rho_s}}{\lambda_{\frac{\rho_s - \rho}{\rho}}} \lambda_f \frac{\lambda_u^3}{\lambda_g \lambda_h \lambda_\omega} \qquad (4\text{-}91)$$

通常情况下,取 $\lambda_{C_1} = 1$,$\lambda_{f_s} = \lambda_f$,$\lambda_R = \lambda_h$。

正态模型中,$\lambda_f = 1$,在保证惯性力重力比相似及悬移相似的条件下,应有 $\lambda_u^2 = \lambda_h$,$\lambda_u = \lambda_\omega$,关系式可变为

$$\lambda_S = \lambda_{S*} = \frac{\lambda_{\rho_s}}{\lambda_{\frac{\rho_s - \rho}{\rho}}} \qquad (4\text{-}92)$$

变态模型中,$\lambda_f = \lambda_h / \lambda_L$,在保证惯性力重力比相似、悬移相似的条件 $\lambda_u \lambda_h = \lambda_\omega \lambda_L$ 下,应有 $\lambda_u^2 = \lambda_h$,$\lambda_\omega = (\lambda_h / \lambda_L) \lambda_u$,同样可以得到关系式(4-92)。

但若在悬移相似的条件 $\lambda_{u*} = \lambda_\omega$ 下,则应有 $\lambda_\omega = (\lambda_h / \lambda_L)^{1/2} \lambda_u$,可以得到关系式

$$\lambda_S = \lambda_{S*} = \frac{\lambda_{\rho_s}}{\lambda_{\frac{\rho_s - \rho}{\rho}}} \left(\frac{\lambda_h}{\lambda_L} \right)^{1/2} \qquad (4\text{-}93)$$

可见不同的悬移相似条件得到的含沙量比尺是不同的。

近年来,在悬移质动床模型试验中,无论正态或变态,广泛使用了式(4-92)形式的含沙量比尺关系式,通过验证试验最后确定的含沙量比尺与理论计算值相去不远,说明式(4-89)形式的水流挟沙力公式是可信的,据以导出的含沙量比尺关系式是可供使用的。但这仅具有相对的实践意义,相关研究有待开展。

4. 异重流运动相似

当水流从一般明流输移状态到了异重流输移状态时,悬移相似条件则要求异重流运动相似。比尺关系式可由如下形式的二维恒定异重流运动方程式导出

$$J_0 - \frac{\partial h'}{\partial x} = \frac{f' u'^2}{\frac{\rho' - \rho}{\rho'} g h'} + \frac{\partial}{\partial x} \left(\frac{u'^2}{2 \frac{\rho' - \rho}{\rho'} g} \right) \qquad (4\text{-}94)$$

式中:J_0 为河底纵坡;其余符号含义同前;撇号表示异重流的运动要素。当 $\lambda_{u'} = \lambda_u$,$\lambda_{h'} = \lambda_h$ 时,得到两个比尺关系式:

惯性力重力比相似 $\qquad\qquad \lambda_u^2 = \lambda_{\frac{\rho' - \rho}{\rho'}} \lambda_h \qquad (4\text{-}95)$

惯性力阻力比相似 $\qquad\qquad \lambda_{f'} \lambda_L \lambda_u^2 = \lambda_{\frac{\rho' - \rho}{\rho'}} \lambda_h^2 \qquad (4\text{-}96)$

在一般水流运动佛汝德相似律条件下,可得

$$\lambda_{\frac{\rho' - \rho}{\rho'}} = 1 \qquad (4\text{-}97)$$

$$\lambda_{f'} = \lambda_{\frac{\rho' - \rho}{\rho'}} \frac{\lambda_h}{\lambda_L} \qquad (4\text{-}98)$$

由于 $\qquad\qquad\qquad\qquad \rho' = \rho + \left(1 - \frac{\rho}{\rho_s} \right) S \qquad (4\text{-}99)$

可得

$$\lambda_{\frac{\rho' - \rho}{\rho'}} \approx \lambda_{\frac{\rho' - \rho}{\rho}} = \frac{\lambda_{\frac{\rho_s - \rho}{\rho}}}{\lambda_{\rho_s}} \lambda_S \qquad (4\text{-}100)$$

由式(4-91)可得

$$\lambda_S = \frac{\lambda_{\rho_s}}{\lambda_{\frac{\rho_s - \rho}{\rho}}} \qquad (4\text{-}101)$$

与式(4-92)一致。在满足水流挟沙相似的条件下,异重流惯性力重力比相似条件可以得到满足,即潜入条件可以满足。

5. 河床变形相似

河床变形相似是模型试验所要达到的目的,主要考虑时间比尺问题,由表达悬移质运动的河床变形方程式

$$\frac{\partial QS}{\partial x} + \rho' B \frac{\partial y_0}{\partial t} = 0 \qquad (4\text{-}102)$$

可以导出河床变形的比尺关系式

$$\lambda_Q \lambda_S \lambda_{t'} = \lambda_{\rho'} \lambda_L^2 \lambda_h \qquad (4\text{-}103)$$

式中:ρ'为淤积物的干密度。

正态模型中,$\lambda_h = \lambda_L$,下同。

当满足惯性力重力比相似时,由式(4-103)可以得到时间比尺

$$\lambda_{t'} = \frac{\lambda_{\rho'} \lambda_L}{\lambda_u \lambda_S} \qquad (4\text{-}104)$$

河床变形时间比尺 $\lambda_{t'}$ 与水流时间比尺 $\lambda_t = \frac{\lambda_L}{\lambda_u}$ 不同,两者的关系为

$$\lambda_{t'} = \frac{\lambda_{\rho'}}{\lambda_S} \lambda_t \qquad (4\text{-}105)$$

只有在 $\lambda_{\rho'} / \lambda_S = 1$ 的条件下,两者才相同。但这个条件是很难满足的。

总结得到满足泥沙运动相似的悬移质动床模型必须遵守的全部比尺关系式(包括正态模型 $\lambda_h = \lambda_L$),以变态模型的形式列出如下:

悬移相似

$$\frac{\lambda_h}{\lambda_L} \lambda_\omega = \lambda_u \qquad (\text{xx}1)$$

$$\lambda_\omega = \lambda_{u*},\ \text{即}\ \lambda_\omega = \left(\frac{\lambda_h}{\lambda_L}\right)^{1/2} \lambda_u \qquad (\text{xx}2)$$

$$\lambda_\omega \lambda_\nu = \lambda_{\frac{\rho_s - \rho}{\rho}} \lambda_d^2 \qquad (\text{xx}3)$$

起动相似

$$\lambda_{u_c} = \lambda_u \qquad (\text{xq}1)$$

挟沙相似

$$\lambda_S = \lambda_{S*} \qquad (\text{xj}1)$$

$$\lambda_S = \frac{\lambda_{\rho_s}}{\lambda_{\frac{\rho_s - \rho}{\rho}}} \qquad (\text{xj}2)$$

$$\lambda_{S*} = \frac{\lambda_{\rho_s}}{\lambda_{\frac{\rho_s - \rho}{\rho}}} \left(\frac{\lambda_h}{\lambda_L}\right)^{1/2} \qquad (\text{xj}3)$$

河床变形相似

$$\lambda_{t'} = \frac{\lambda_{\rho'}\lambda_L}{\lambda_u \lambda_S} \qquad (\text{xh1})$$

以上比尺关系式可作为设计悬移质动床模型的依据。泥沙运动的有关比尺,如泥沙密度比尺和粒径比尺,一经选定后不能更改,如含沙量比尺和时间比尺在选定后可根据情况调整使之符合实际。

(二)推移质动床河工模型相似律

推移质可以区分为沙质推移质和卵石推移质两种。沙质推移质由于与悬移质中的床沙质经常发生交换,而其输沙率仅占悬移质中床沙质输沙率的很小一部分,不可能单独地对河床变形起主导作用,因而单独地进行沙质推移质的动床模型试验不是很合适的。在有必要考虑沙质推移质对河床变形的影响时,就应进行包括沙质推移质在内的悬移质中床沙质的动床模型试验。关于两者结合做试验的问题,将在下一节内专题讨论。

本节将限于讨论卵石(包括砾石在内)推移质动床试验问题。单独进行这种模型试验之所以可能,是因为在山区河道中的某些河段,卵石推移质运动是造成河床变形的主导因素。在某些情况下,虽然河水挟带大量悬移质,但并不参与河床变形(局部回流区例外),或对有关工程设施的不利影响较小。属于这一类性质的问题有山区河流低水头取水枢纽(灌溉取水或电站取水)防止卵石进入取水建筑物的问题、卵石浅滩的通航问题等。对于这一类问题,往往可以置悬移质及沙质推移质于不顾,而仅进行卵石推移质的动床模型试验。

以下对卵石推移质运动相似问题进行研究。

由于卵石仅以滚动、滑动及跳跃方式前进,在通常情况下不会悬浮,因而可以不必考虑悬移相似问题。除了这一项之外,悬移质运动相似中的其他相似要求,如起动相似、挟沙相似、河床变形相似都要考虑,只是由于运动规律不尽相同,有其独自的特点。

1. 起动相似

卵石推移质的起动相似同样要满足。只是因为卵石粒径甚粗,模型沙粒径也不会很细,据以导出起动流速比尺的公式,应采用散粒体泥沙的起动流速公式

$$u_c = \eta \sqrt{\frac{\rho_s - \rho}{\rho} g d} \left(\frac{h}{d}\right)^m \qquad (4\text{-}106)$$

η、m 的取值,不同公式略有区别。按张瑞瑾公式,$\eta = 1.34$、$m = 1/7$,可得起动流速比尺关系式

$$\lambda_{u_c} = \lambda_\eta \lambda_{\frac{\rho_s - \rho}{\rho}}^{1/2} \lambda_d^{5/14} \lambda_h^{1/7} \qquad (4\text{-}107)$$

系数比尺 λ_η 的存在,是由于天然河流卵石的起动流速在粒径及水深相同的情况下,与卵石所在位置及形状关系极大。如卵石位于鱼鳞状排列之中,η 值就会较大,如卵石分散地位于鱼鳞状排列或基岩之中 η 值就会较小。而上述卵石所在位置则是与补给条件有关的。另外,原型卵石和模型沙的形状不一致,也使得系数 η 存在差异。

为了保证卵石起动相似,应针对上述卵石起动特点,分别处理。为解决补给来源相似问题,应该是,原型是基岩的地方,模型做成定床;原型是卵石的地方,模型才做成动床。

而形状相似问题则通过调整系数比尺 λ_η 来解决。模型沙的 η 值可以通过水槽试验

确定。原型卵石的 η 值自然最好是通过分析原型实测资料确定。除取推移质输沙率为零处的流速作为起动流速的方法之外,目前往往采用以有推移质运动时的流速作为相应于推移质中最大粒径的起动流速。为了排除补给条件的影响,原型实测推移质输沙率的断面或一部分垂线,必须与水槽试验具有相同的补给条件。首先是这些地方的床面不应该是基岩,其次是床面上的卵石堆积应该是松散堆积。在缺乏实测资料时,作为粗略估算,可取 $\lambda_\eta = 1$。

利用起动流速比尺关系式,结合起动相似条件,来考虑惯性力重力比相似,可得出粒径比尺关系式如下

$$\lambda_d = \frac{\lambda_h}{\lambda_\eta^{14/5} \lambda_{\frac{\rho_s-\rho}{\rho}}^{1/5}} \tag{4-108}$$

可作为卵石推移质动床模型选沙依据。可以看出,若采用天然沙作为模型沙,则应有 $\lambda_{\frac{\rho_s-\rho}{\rho}} = 1$;同时取 $\lambda_\eta = 1$,可得

$$\lambda_d = \lambda_h \tag{4-109}$$

由于卵石粒径较大,卵石推移质动床模型采用天然沙做模型沙,在许多情况下往往是可能的。

2. 挟沙相似

卵石推移质动床模型挟沙相似,就是要求单宽推移质输沙率相似,存在单宽推移质输沙率比尺和原型推移质输沙率比尺问题,现分述如下。

单宽推移质输沙率比尺原则上可以从单宽推移质输沙率公式导出。问题是目前尚无公认的具有可靠结构形式的推移质输沙率公式。同一水流泥沙条件,按不同推移质输沙率公式算得的推移质输沙率相差很远。原因主要是缺乏可靠的天然河道实测推移质输沙率资料。下面试从分析由不同单宽推移质输沙率公式导出的比尺关系式 λ_{g_b} 着手,来探求可供参考的这一比尺的表达式,利用武汉大学出版的《河流动力学》一书介绍的绝大部分单宽推移质输沙率公式可导出 λ_{g_b}。

梅叶-彼德曾在实验室内进行过大量推移质试验,试验资料范围比较广。这里采用由梅叶-彼德公式表示的推移质输沙率

$$g_b = \frac{\left[\left(\frac{n'}{n}\right)^{3/2} \gamma hJ - 0.047(\gamma_s - \gamma)d\right]^{3/2}}{0.125\rho^{1/2}\left(\frac{\rho_s-\rho}{\rho_s}\right)g} \tag{4-110}$$

将 $0.047(\gamma_s - \gamma)d$ 视为临界拖曳力 τ_c,将 $\left(\frac{n'}{n}\right)^{3/2}\gamma hJ$ 视为与沙力阻力有关的拖曳力 τ',并取 $\tau' = \frac{f'}{4}\gamma \frac{u^2}{2g}$,考虑到 $\sqrt{\frac{8g}{f'}} = \frac{h^{1/6}}{n'} = A\left(\frac{h}{d}\right)^{1/6}$,可得

$$\tau' = \frac{2g}{A^2}\left(\frac{d}{h}\right)^{1/3}\gamma \frac{u^2}{2g} \tag{4-111}$$

则得到

$$\lambda_{\tau'}^{3/2} = \frac{\lambda_d^{1/2}\lambda_u^3}{\lambda_h^{1/2}} \tag{4-112}$$

直接得到由式(4-110)导出的比尺关系式

$$\lambda_{g_b} = \frac{\lambda_{\rho_s} \lambda_d^{1/2} \lambda_u^3}{\lambda_{\frac{\rho_s - \rho}{\rho}} \lambda_h^{1/2}}$$ (4-113)

对 λ_{g_b} 进行三次简化得到变态相似律

$$\lambda_{g_b} = \lambda_h^{3/2}$$ (4-114)

正态相似律

$$\lambda_{g_b} = \lambda_L^{3/2}$$ (4-115)

卵石推移质运动对河床变形起主导作用的山区河流,为保证水流运动相似,在定床河工模型一节中已经指出,以采用正态模型为宜,而卵石粒径较粗,又使采用天然沙作模型沙成为可能。这就是说,对卵石推移质动床模型来说,用式(4-115)来表达单宽推移质输沙率比尺,不但是可能的,而且是合适的。

如果采用天然沙作模型沙,而模型又不得不做成变态模型,基于以上理由,可以取式(4-114)作为初步规划的依据。

至于在输沙相似中必须确定的原型输沙率数据,也是一个问题。由于推移质输沙率实测资料较少,而且往往不能精确定量,解决这个问题同样会遇到很大困难,这里可供采用的办法有二:一是加强原型观测,取得较可靠的推移质输沙率资料;二是利用实测原型河床变形资料,通过模型验证试验反求。

在模型不能复演原型的河床变形的情况下,证明公式计算成果存在差距。应根据模型河床变形情况,成比例地加大或减小原型各级流量的输沙量及总输沙量,直至能复演原型河床变形为止。可建立推移质输沙率与流量的关系,作为正式试验时施放模型进口推移质输沙率的依据。

3. 河床变形相似

推移质运动的河床变形方程式可写为

$$\frac{\partial B g_b}{\partial x} + \rho' B - \frac{\partial y_0}{\partial t} = 0$$ (4-116)

由此导出的河床变形比尺关系式为

$$\lambda_{g_b} \lambda_{t'} = \lambda_{\rho'} \lambda_L \lambda_h$$ (4-117a)

或

$$\lambda_{t'} = \frac{\lambda_{\rho'} \lambda_L \lambda_h}{\lambda_{g_b}}$$ (4-117b)

与水流时间比尺 $\lambda_t = \lambda_L / \lambda_u$ 比较可得

$$\lambda_{t'} = \frac{\lambda_{\rho'}}{\lambda_{g_b} / \lambda_q} \lambda_t$$ (4-118)

要使两个时间比尺相同,必须

$$\lambda_{\rho'} = \frac{\lambda_{g_b}}{\lambda_q}$$ (4-119)

这个条件在一般情况下也是难以满足的。但如果采用天然沙,在满足惯性力重力比相似及起动相似的条件下,上述条件有条件成立。此时卵石推移质动床模型的河床变形时间比尺是可能与水流时间比尺相等的。这却会增加试验的工作量。

总结上述,可以满足泥沙运动相似的卵石推移质动床模型必须遵守的全部比尺关系式,用可以概括正态模型($\lambda_h = \lambda_L$)在内的变态模型的形式写出,应为

起动相似

$$\lambda_{u_c} = \lambda_u \tag{tq1}$$

$$\lambda_{u_c} = \lambda_{\frac{\rho_s - \rho}{\rho}}^{1/2} \lambda_d^{5/14} \lambda_h^{1/7} \tag{tq2}$$

挟沙相似

$$\lambda_{g_b} = \lambda_h^{3/2} \tag{tj1}$$

河床变形相似

$$\lambda_{t'} = \frac{\lambda_{\rho'} \lambda_L \lambda_h}{\lambda_{g_b}} \tag{th1}$$

以上比尺关系式可以作为设计推移质动床模型的依据。

(三)全沙动床河工模型相似律

在许多河道中,常常不仅有悬沙输移,也有底沙包括卵石推移,在某些情况下还有异重流形成模型中单独复演某一种泥沙,不可能很好解决复杂条件下的泥沙问题。因此,在研究重大水利工程中的泥沙问题时,需要在一个模型上同时复演各种形式的泥沙运动,即进行悬沙和底沙的综合试验。这种全沙模型在研究枢纽布置、电厂防沙、减少航道淤积和改善峡谷段航行条件方面,是一个有效的工具。

在实践中,常常分为两种情况进行研究。首先讨论悬移质(全部悬移质或仅其中的床沙质)和沙质推移质的同时模拟问题。悬移质中的床沙质运动是和沙质推移质运动同时存在并经常交换的。第一节所讲述的悬移质动床模型,实质上也包括有沙质推移质在内。

要在同一个模型中进行试验,那就要求它们各自的河床变形时间比尺必须相等,否则就做不到两者的同时相似。当同时存在悬移质及沙质推移质运动时,河床变形方程式中仅表征悬移质输沙率的,应改写为表征悬移质及沙质推移质输沙率之和的可以看成虚拟的推移质含沙量。由河床变形方程式导出的时间比尺就有两个,即悬移质运动相似时间比尺和沙质推移质运动相似时间比尺,在这两个相同的情况下,可得

$$\lambda_{g_b} = \lambda_q \lambda_S \tag{4-120}$$

考虑起动流速的影响,假设单宽输沙率公式形式与单宽悬沙输沙率公式一致

$$g_b = \varphi \frac{\rho_s}{\frac{\rho_s - \rho}{\rho}} (f - f_s) \frac{u^3 (u - u_0)}{g\omega} \tag{4-121}$$

推移质输沙率与流速的 4 次方成正比,久已为实测资料所证实,而式(4-121)反映了这种规律性。因此,将两者结合在一起进行试验,应该说是能够近似地反映实际的,这样做,不但是允许的,甚至是必要的。如果不采用这一类推移质输沙率公式,就应该让沙质推移质的时间比尺服从悬移质的时间比尺。

当将悬移质和沙质推移质结合在一起进行试验时,模型进口的来沙量就不仅要考虑悬移质来沙量,还要考虑沙质推移质来沙量。

做动床模型时必须同时考虑沙质推移质和悬移质的生产实际问题是很多的,例如平原河流上的弯道、汊道演变问题,浅滩整治问题,低水头水利枢纽的坝区泥沙问题,山区河流由悬移质淤积引起航运困难的峡口滩问题等,应该都属于这一类性质的问题。

其次讨论悬移质和全部推移质,即除沙质推移质外还包括卵石推移质的同时模拟问题。卵石推移质由于与悬移质中的床沙质根本不发生交换作用,运动规律更不一致,时间比尺应该是很难统一在一起的。在这种情况下,只能根据问题的性质,从两者之间选取一个作为试验主体,据以确定时间比尺。另一个则在模型设计过程中,尽可能调整有关比尺,使由它所导出的时间比尺与上述时间比尺相接近;而在进行模型试验时,则完全服从上述时间比尺。不属于试验主体的另一部分泥沙,由于相似条件不能得到较充分的满足,原则上具有示踪沙的性质。但在某些情况下,有或没有这样的示踪沙是很不相同的,有了这样的示踪沙,就能在某种程度上阐明两部分泥沙的相互影响,进一步暴露工程设施中的问题。

(四)比降变态和时间变态

在河工模型试验过程中,限于种种条件,往往遵守不了严格的相似要求,或为了缩短试验时间或减小试验工作量等,人为地将某些本来应该一致的比尺让它不一致,这样的模型可称为广义的变态模型。平面比尺和铅直比尺不一致的几何变态模型,在定床模型一节中已经详细讨论过,几何变态对泥沙运动相似的影响,也详细讨论过,不再重复。这里着重讨论的是非几何变态引起的比降变态和两个时间比尺导致的时间变态问题。

1. 比降变态

几何变态的模型,比降不等于原型比降,而是原型比降的变率倍,即

$$\frac{J_p}{J_m} = \lambda_J = \frac{\lambda_h}{\lambda_L} = \frac{1}{\eta} \tag{4-122}$$

其中 η,这也是一种比降变态。这种比降变态是由几何变态派生出来的。但这里所说的比降变态是另一种。无论正态或变态,模型比降均按比尺要求加大到 m 倍,对于几何正态模型,应有

$$\frac{J_p}{J_m} = \lambda_J = \frac{1}{m} \tag{4-123}$$

对于几何变态模型,应有

$$\frac{J_p}{J_m} = \lambda_J = \frac{\lambda_h}{m\lambda_L} = \frac{1}{m\eta} \tag{4-124}$$

实际上等于给模型人为地增添一个附加比降。这样做,是为了增大模型流速,使得在模型不是很大或模型沙容重不是很小的条件下,也能满足起动相似。

采取上述做法,一般都是模型沙及模型的几何比尺已经初步选定,因而模型的起动流速比尺及糙率比尺已可分别由下式初步定出

$$\lambda_{u_c} = \left(\frac{\lambda_h}{\lambda_d}\right)^{0.14} \lambda_{\frac{\rho_s - \rho}{\rho}}^{1/2} \lambda_d^{1/2} \lambda_\xi^2 \tag{4-125}$$

$$\lambda_u = \frac{1}{\lambda_n} \lambda_h^{2/3} \left(\frac{\lambda_h}{\lambda_L}\right)^{1/2} \tag{4-126}$$

但起动相似得不到满足,即 $\lambda_u > \lambda_{u_c}$,也就是说,流速比尺偏大,模型流速偏小,当原型流速

达到起动流速时,模型流速则小于起动流速,达不到起动相似。在这种情况下,如果不能通过加大 $\lambda_{\frac{\rho_s-\rho}{\rho}}^{1/2}$ 及 λ_d,也就是减小模型沙密度及粒径来提高 λ_{u_c} 或不能通过减小 λ_L,也就是把模型做大即减小模型几何比尺来降低 λ_u,此时,加大模型比降,即取

$$\lambda_u = \frac{1}{\lambda_n} \lambda_h^{2/3} \left(\frac{\lambda_h}{m\lambda_L} \right)^{1/2} \tag{4-127}$$

就成为降低 λ_u,使得起动相似得到满足的一个替代办法。此时 m 可按下式计算

$$m = \frac{\lambda_h^{7/3}}{\lambda_n^2 \lambda_L \lambda_{u_c}^2} = \frac{\lambda_h^{43/21}}{\lambda_n^2 \lambda_L \lambda_{\frac{\rho_s-\rho}{\rho}}^{5/7} \lambda_d^4 \lambda_\xi^4} \tag{4-128}$$

比降变态可以看成是在正态或变态模型基础上作出的进一步的准几何变态。这是因为,几何变态将同时使铅直方向的长度变态和比降变态,而这里仅使比降变态,铅直方向长度则维持不变。比降变态和几何变态既然存在上述关系,采用几何变态所引起的问题,对于比降变态,也同样存在。

2. 时间变态

泥沙模型存在两个时间比尺,由水流连续相似导出的时间比尺

$$\lambda_t = \frac{\lambda_L}{\lambda_u}$$

及由河床变形相似导出的悬移质时间比尺

$$\lambda_{t'} = \frac{\lambda_L \lambda_{\rho'}}{\lambda_u \lambda_S}$$

推移质时间比尺

$$\lambda_{t''} = \frac{\lambda_L}{\lambda_u} \frac{\lambda_{\rho'}}{\lambda_{g_b}/\lambda_q}$$

λ_t 和 $\lambda_{t'}$、$\lambda_{t''}$ 这三个时间比尺通常不等,关系是 $\lambda_t < \lambda_{t'} < \lambda_{t''}$。按照水流连续相似要求,模型试验历时较长;按照河床变形要求,模型试验历时较短。由于泥沙模型试验主要研究河床变形问题,所以实践中采用 $\lambda_{t'}$ 或 $\lambda_{t''}$ 来进行模型试验。这就出现了时间变态问题。

时间变态之所以产生,而且还往往比较大,主要是由用轻质沙引起的。如果采用如下形式悬移质含沙量比尺

$$\lambda_S = \frac{\lambda_{\rho_s}}{\lambda_{\frac{\rho_s-\rho}{\rho}}}$$

和推移质输沙率比尺

$$\lambda_{g_b} = \frac{\lambda_{\rho_s} \lambda_h^{3/2}}{\lambda_\eta^{77/25} \lambda_{\frac{\rho_s-\rho}{\rho}}^{77/50}}$$

并将其转化为

$$\lambda_{t''} = \frac{\lambda_L \lambda_{\rho'}}{\lambda_u \lambda_{S_s}} = \frac{\lambda_L}{\lambda_u} \frac{\lambda_{\rho'}}{\lambda_{\rho_s}/\lambda_q} = \frac{\lambda_L}{\lambda_u} \frac{\lambda_{\rho'} \lambda_q \lambda_{\frac{\rho_s-\rho}{\rho}}^{77/50}}{\lambda_{\rho_s} \lambda_h^{3/2}}$$

导出上式时,取 $\lambda_\eta = 1$。可以明显看出,λ_S 或 λ_{S_s} 对于轻质沙,总是小于 1 的,轻质沙的密

度愈小,差距愈大,再加上 $\lambda_{\rho'}$,通常均大于 1,就使得 $\lambda_{\rho'}/\lambda_S$ 通常均远大于 1。结果 $\lambda_{t'}$、$\lambda_{t''}$ 总是远大于 λ_t。

采用的时间比尺较大,模型放水历时可以缩短,从而大大提高工效,特别是包括若干年的长系列模型试验,只有时间比尺较大,才有可能进行。而按照水流连续条件导出的时间比尺往往很小,据此放水,旷日费时,不但长系列试验无法做,方案比较试验有时也无法做。较大的时间比尺使许多试验成为可能,这些是 $\lambda_t < \lambda_{t'} < \lambda_{t''}$ 的明显优点。

但采用较大的时间比尺 $\lambda_{t'}$,使得时间变态,也会带来一些问题,有时甚至是比较严重的问题。主要是由于模型进口施放流量及尾门调节水位是按河床变形相似的时间比尺 $\lambda_{t'}$ 控制的,而在模型中水流自上而下的运行过程和回水自下而上的发展过程,则是受水流连续相似的时间比尺 λ_t 控制的。当水流为恒定流时,模型中的水力因素基本不因时而变,矛盾被掩盖住了。当水流为非恒定流时,由于放水历时较短,洪峰变得比较尖瘦,而水流在模型中的运行发展过程,及槽蓄作用的发挥,仍需较长的历时,这就使得模型中某些断面的流量和水位过程线受到歪曲,这种歪曲主要表现在如下两个方面的水流运动的滞后。

一个是洪水波向下游传播的滞后,洪水向下游的传播与槽蓄历时 ΔT 及洪峰流量历时 T 密切相关,模型槽蓄历时 ΔT_m 受制于水流运动,应遵循水流时间比尺 λ_t。而洪峰流量历时则是河床变形时间比尺 $\lambda_{t'}$ 施放。这样,原型与模型的槽蓄历时比为 $\Delta T_p/\Delta T_m = \lambda_t$,而原型与模型施放的洪峰流量的历时比则为 $T_p/T_m = \lambda_{t'}$。由此可得

$$\frac{\left(\dfrac{\Delta T}{T}\right)_p}{\left(\dfrac{\Delta T}{T}\right)_m} = \frac{\lambda_t}{\lambda_{t'}} = \frac{1}{\eta_t} \tag{4-129}$$

式中:$\eta_t = \lambda_{t'}/\lambda_t$,称为时间变率。

由于
$$\lambda_{t'} > \lambda_t$$

则
$$\left(\frac{\Delta T}{T}\right)_m > \left(\frac{\Delta T}{T}\right)_p \tag{4-130}$$

这就意味着模型的槽蓄相对历时要长于原型,亦即模型水流运动滞后。

另一个是回水向上游传播的滞后。设下游运动水位抬高后,回水向上游传播达到稳定状态的历时为 ΔT^o,显然 ΔT^o 也受制于水流运动,应遵循水流时间比尺。同理可得

$$\frac{\left(\dfrac{\Delta T^o}{T}\right)_p}{\left(\dfrac{\Delta T^o}{T}\right)_m} = \frac{\lambda_t}{\lambda_{t'}} \tag{4-131}$$

因而
$$\left(\frac{\Delta T^o}{T}\right)_m > \left(\frac{\Delta T^o}{T}\right)_p \tag{4-132}$$

这就意味着模型回水向上游传播的相对历时要长于原型,即模型水流运动滞后。

水流运动和河床变形受时间变态影响而不相似的程度与下述因素有关。采用的模型沙容重愈小,时间变率愈大,愈不相似;洪峰流量变幅愈大,变化愈频繁,愈不相似;河谷愈宽广,河段愈长,槽蓄作用愈大,愈不相似;模型尾水变幅愈大,变化愈频繁,愈不相似。关

于这一问题的定量判别,目前还缺乏研究成果。可以明确指出的是,如果影响相似的多个不利因素同时出现,由此产生的后果是应该认真研究的。例如,对位于河谷不是很狭窄的山区河流的壅水较高的大型水库,这个问题是应该考虑的。但是,在一般情况下,这个问题却不一定很严重。对于比较短的且壅水甚小的河段,即使其他因素不利,由于槽蓄作用甚小,水流运动由时间变态引起的不相似也不会达到很严重的程度,可以不予考虑。即使比较长的河段,如果河谷比较狭窄,壅水甚小,槽蓄作用不一定很大,也可不予考虑。特别是因为,即使水流运动有某些不相似,但也可通过验证试验,调整河床变形的时间比尺来加以补救。

(五)几家代表性的动床河工模型相似律

使与原型的水流泥沙运动相似,因此动床模型相似律的探讨是动床模型试验中最重要的环节。下面介绍几家有代表性的动床泥沙模型相似律供选用。

1. 爱因斯坦(Einstein H. A.) – 钱宁的动床泥沙模型相似律

近年来在以推移质泥沙运动为主的动床泥沙模型相似律方面,理论上较完善的仍推爱因斯坦及钱宁的方法。其主要之点为:在水流运动方面必须满足佛氏数相等及阻力相似,在推移质运动相似方面必须满足输沙量及河床可冲刷性相似的条件,亦即必须满足下列条件

$$\lambda_v = \sqrt{\lambda_H} \tag{a1}$$

$$\lambda_v = \frac{1}{\lambda_n} \lambda_H^{\gamma} \sqrt{\frac{\lambda_H}{\lambda_L}} \tag{a2}$$

$$\frac{\lambda_{\tau'}}{\lambda_{\tau'_0}} = \frac{\lambda_\rho \lambda_{R'_b} \lambda_J}{\lambda_{\rho_s - \rho} \cdot \lambda_d} = 1 \tag{a3}$$

$$\lambda_P = \lambda_{\rho_s - \rho}^{3/2} \lambda_d^{3/2} \tag{a4}$$

$$\lambda_{t_2} = \frac{\lambda_{\rho_s - \rho} \lambda_H \lambda_L}{\lambda_\rho} \tag{a5}$$

对于细沙还必须同时满足粒径雷诺数相等这一条件

$$\frac{\lambda_{u'_*} \lambda_d}{\lambda_\nu} = 1 \tag{a6}$$

或

$$\lambda_d = \frac{1}{\lambda_{\rho_s - \rho}^{1/3}} \tag{a7}$$

式中:λ_L 为模型平面比尺;λ_H 为模型垂直比尺;λ_v 为流速比尺;λ_n 为糙率比尺;$\lambda_{\tau'}$ 为与沙粒阻力有关的水流切力比尺;$\lambda_{\tau'_0}$ 为与沙粒阻力有关的泥沙开动切力比尺;$\lambda_{R'_b}$ 为与沙粒阻力有关的水力半径比尺;λ_J 为水流比降比尺;λ_d 为泥沙粒径比尺;$\lambda_{\rho_s - \rho}$ 为泥沙及水的密度差比尺;λ_P 为单宽输沙量比尺;λ_{t_2} 为冲淤时间比尺;$\lambda_{u'_*}$ 为沙粒阻力切力流速比尺;λ_ν 为液体的运动黏滞系数比尺。

上述模型相似律中式(a7)对模型沙的选择提出了很严格的限制,而根据后来的研究,这个条件是可以允许有偏差的。另外,在应用爱因斯坦 – 钱宁的这个模型相似律进行

模型设计时,需要采用一套比较复杂的水流阻力计算方法和输沙计算方法,在应用时必须十分注意。

顺便指出,爱因斯坦－钱宁的模型相似律按原著是包括了悬移质泥沙的床沙质部分在内的。但由于他们实际上并没有详细研究悬移质的沉降及悬浮过程,因此只能看做推移质运动的模型相似律。

2. 皮卡洛夫 Φ.N. 悬沙模型相似律

1950 年苏联皮卡洛夫 Φ.N. 提出的悬沙运动相似条件是

$$\lambda_v = \lambda_\omega \tag{p1}$$

及

$$\lambda_{S_V} = 1 \tag{p2}$$

式中:λ_ω 为泥沙颗粒沉速比尺;λ_{S_V} 为体积含沙量比尺。

上述条件是对正态模型而言,对于变态模型,皮卡洛夫教授仅提出应按下式计算泥沙淤积的位置

$$\lambda_L = \frac{\lambda_v \lambda_H}{\lambda_\omega} \tag{p3}$$

皮卡洛夫之所以没有把式(p1)作为变态模型选择比尺的相似条件的原因,是由于条件(p1)及(p3)是无法同时满足的。他没有能解决这个矛盾,因此他的模型相似律实际上仅适合正态模型的情况。

3. 李昌华的动床泥沙模型律

1964~1977 年,李昌华在总结国内外经验的基础上提出了动床泥沙模型相似律

$$\lambda_v = \sqrt{\lambda_H} \tag{c1}$$

$$\lambda_v = \frac{1}{\lambda_n} \lambda_H^\gamma \sqrt{\frac{\lambda_H \lambda_H}{\lambda_L}} \tag{c2}$$

$$\lambda_v = \lambda_{v_0} \tag{c3}$$

$$\lambda_P = \lambda_{P_*} \ (\text{或} \ \lambda_S = \lambda_{S_*}) \tag{c4}$$

$$\lambda_{t_2} = \frac{\lambda_{\gamma_0} \lambda_L \lambda_H}{\lambda_P} \ (\text{或} \ \lambda_{t_2} = \frac{\lambda_{\gamma_0} \lambda_L}{\lambda_S \lambda_v}) \tag{c5}$$

对于推移质泥沙模型,上述条件已足够;对于悬移质泥沙模型,则还要满足下列条件

$$\lambda_\omega = \frac{\lambda_v \lambda_H}{\lambda_L} \tag{c6}$$

$$\lambda_\omega = \lambda_\kappa \lambda_u \tag{c7}$$

$$\lambda_{\lambda_m} = 1 \tag{c8}$$

对于不稳定流要求满足

$$\lambda_{t_1} = \frac{\lambda_L}{\lambda_v} \tag{c9}$$

当有异重流存在时,还要满足下列条件

$$\lambda_{v_e} = \sqrt{\frac{\lambda_{\gamma_s - \gamma} \lambda_R \lambda_H \lambda_S}{\lambda_\gamma \lambda_{\gamma_s}}} \tag{c10}$$

$$\lambda_{v_e} = \sqrt{\frac{\lambda_{\gamma_s-\gamma}\lambda_R\lambda_H\lambda_J\lambda_S}{\lambda_{\lambda'_m}\lambda_\gamma\lambda_{\gamma_s}}} \tag{c11}$$

$$\lambda_{v_e} = \lambda_v \tag{c12}$$

以上式中：λ_P 为输沙能力比尺；λ_S 为含沙量比尺；λ_{S_*} 为饱和含沙量比尺；λ_{γ_0} 为河床淤沙容重比尺；λ_κ 为卡门常数比尺；λ_{λ_m} 为水流阻力系数比尺，$\lambda_m = \dfrac{8gRJ}{v^2}$；$\lambda_{\lambda'_m}$ 为异重流的综合阻力系数比尺；λ_{v_e} 为异重流速度比尺；其他符号含义同前。

这个模型相似律的特点是从理论上证明了悬沙运动的相似，要求满足泥沙沉降相似条件（c7）。对于变率较大的模型，根据悬浮相似条件来设计模型沙比用沉降相似条件可造成的偏差要小一些。另外，这个模型相似律还认为，由于推移质输送与悬移质输送各自遵循不同的规律，因此它们所要求的输沙率比尺及河床变形时间比尺一般是不可能相同的，在这种情况下，这只能服从主要，牺牲次要。

4. 屈孟浩的动床泥沙模型相似律

1978 屈孟浩根据黄河模型试验的经验，提出如下动床泥沙模型相似律

$$\lambda_v = \sqrt{\lambda_H} \tag{q1}$$

$$\lambda_v = \lambda_C\sqrt{\lambda_H\lambda_J} \tag{q2}$$

$$\lambda_{\gamma_s-\gamma} = \lambda_\gamma\lambda_H\lambda_J \tag{q3}$$

$$\lambda_\omega = \lambda_{u_*} = \sqrt{\frac{\lambda_H\lambda_H}{\lambda_L}} \tag{q4}$$

$$\lambda_S = \lambda_{S_*} \tag{q5}$$

$$\lambda_{t_2} = \frac{\lambda_{\gamma_0}}{\lambda_S}\lambda_{t_1} \tag{q6}$$

$$\lambda_v = \sqrt{\frac{\lambda_{\gamma_s-\gamma}}{\lambda_\gamma}\lambda_S\lambda_H} \tag{q7}$$

可以看出，屈孟浩的悬沙模型相似律的特点是只有泥沙悬浮相似条件，而忽略了泥沙沉降相似条件。他的这种方法在黄河取得成功的原因可能是黄河模型的变率较大，而对于变率较大的模型，根据悬浮相似条件来设计模型沙比用沉降相似条件更正确一些。模型变率的大小，屈孟浩认为按 $\eta = \lambda_L^{1/3}$ 计算为好。

5. 窦国仁的全沙模型相似律

1977 窦国仁提出了下列模型相似律

$$\lambda_v = \sqrt{\lambda_H} \tag{d1}$$

$$\lambda_v = \lambda_C\sqrt{\lambda_H\lambda_J} \tag{d2}$$

$$\lambda_\omega = \frac{\lambda_v\lambda_H}{\lambda_a\lambda_L} \tag{d3}$$

$$\lambda_v = \lambda_{v_0} = \lambda_{v_f} \tag{d4}$$

$$\lambda_S = \frac{\lambda_{\gamma_s}\lambda_J\lambda_v}{\lambda_{\gamma_s-\gamma}\lambda_\omega} = \frac{\lambda_{\gamma_s}\lambda_v^2}{\lambda_{\gamma_s-\gamma}\lambda_H} \tag{d5}$$

$$\lambda_{P_b} = \frac{\lambda_{\gamma_0}\lambda_v^4}{\lambda_{\gamma_s-\gamma}\lambda_C^2\lambda_\omega} \tag{d6}$$

$$\lambda_{t_2} = \frac{\lambda_{\gamma_0}\lambda_L\lambda_H}{\lambda_P} \tag{d7}$$

式中：λ_{v_f}为扬动流速比尺；λ_a为沉降几率比尺；其他符号含义同前。

这个模型相似律是要在模型内同时模拟悬移质泥沙、推移质泥沙及异重流现象，要求采用一种模型沙模拟悬移质泥沙和推移质泥沙，其关键是必须采用式（d6）计算推移质输沙量比尺，才能使悬移质及推移质的冲淤时间比尺达到一致。

6. 武汉水利电力学院的动床泥沙模型相似律

1982年，武汉水利电力学院提出了如下动床模型相似律

$$\lambda_v = \sqrt{\lambda_H} \tag{w1}$$

$$\lambda_v = \lambda_C\sqrt{\lambda_H\lambda_J} \tag{w2}$$

$$\lambda_\omega = \lambda_v\frac{\lambda_H}{\lambda_L} \tag{w3}$$

$$\lambda_\omega = \lambda_u \tag{w4}$$

$$\lambda_v = \lambda_{v_0} \tag{w5}$$

$$\lambda_S = \lambda_{S_*} \tag{w6}$$

$$\lambda_{t_2} = \frac{\lambda_L\lambda_H}{\lambda_P} \tag{w7}$$

武汉水利电力学院模型相似律的特点是：既有悬浮相似条件，又有沉降相似条件，并且认为，由于紊动扩散作用及重力作用是决定悬移质运动的一对主要矛盾，在变态模型内当悬浮相似条件式（w4）及沉降相似条件式（w3）不能同时满足时，则以满足悬浮相似条件为宜。

第三节　黄河泥沙模型相似律

黄河是一条具有特殊规律的河流。它的泥沙问题是个世界性的难题，原因在于它的河道宽浅，含沙量高，泥沙输移量大。在具体工作实践中，根据黄河自身的特点，科研工作者们独创性地提出了不同于其他河流治理的黄河泥沙模型相似律。

在黄河河工模型研究过程中，针对生产工作实际，许多学者进行了几十年研究，总结认为采用动床变态模型进行研究，将黄河模型分为河道模型和水库模型，能够取得预期目的。下面将两种模型相似律分述如下。

一、黄河河道模型相似律

黄委会黄河水利科学研究院为开展黄河河道整治试验，在前人成果的基础上，系统研究了泥沙群体沉速、挟沙水流流速和含沙量沿垂线分布规律，水流挟沙力和多沙河流河工模型试验用沙等关键技术问题，提出了针对多沙河流动床河工模型的设计方法。

张淑英及张红武整理大量资料后,得某一去除率下的沉速

$$\omega_s = 2.05\omega_{cp}\left[\left(1 - \frac{S_V}{2.25\sqrt{d_{50}}}\right)^{3.5}(1 - 1.25S_V)\sqrt{\frac{d_{25}}{d_{75}}}\left(\frac{100}{50 + \eta}\right)^3\right] \tag{4-133}$$

张红武在研究挟沙水流流速沿垂线分布规律时,考虑紊流情况下提出紊流涡团模式,定义

$$c_n = \frac{1}{\overline{\omega}}\sqrt{\frac{8K_2g}{K_1h}} \tag{4-134}$$

为涡团参数。

式(4-134)中:$\overline{\omega}$ 为一个涡团具有的固定角速度($\overline{\omega}$ 对应的轴线为通过涡团中心且同流向垂直的水平轴 y);$K_1 = 1$;K_2 为涡团动能比例系数。

可得挟沙水流流速沿垂线分布表达式

$$u = v_{cp}\left\{1 - \frac{3\pi\sqrt{g}}{8c_n C} + \frac{\sqrt{g}}{Cc_n}\left[\sqrt{\frac{z}{h} - \left(\frac{z}{h}\right)^2} + \arcsin\sqrt{\frac{z}{h}}\right]\right\} \tag{4-135}$$

或

$$\frac{u}{u_*} = \frac{C}{\sqrt{g}} - \frac{3\pi}{8c_n} + \frac{1}{c_n}\left[\sqrt{\frac{z}{h} - \left(\frac{z}{h}\right)^2} + \arcsin\sqrt{\frac{z}{h}}\right] \tag{4-136}$$

挟沙水流含沙量沿垂线分布表达式

$$S = \frac{1}{N_0}S_{cp}\exp\left(5.333\frac{\omega}{\kappa u_*}\arctan\sqrt{\frac{1}{\eta} - 1}\right) \tag{4-137}$$

式中

$$N_0 = \int_0^1 f\left(\frac{\sqrt{g}}{c_n C}, \eta\right)\exp\left(5.333\frac{\omega}{\kappa u_*}\arctan\sqrt{\frac{1}{\eta} - 1}\right)d\eta \tag{4-138}$$

包括全部悬沙的水流挟沙力通用公式

$$S = 2.5\left[\frac{(0.0022 + S_V)v^3}{\kappa\frac{\gamma_s - \gamma_m}{\gamma_m}gh\omega_s}\ln\left(\frac{h}{6D_{50}}\right)\right]^{0.62} \tag{4-139}$$

上式单位制采用 kg、m、s,κ 为卡门常数。其中群体沉速公式采用

$$\omega_s = \omega_0\left[\left(1 - \frac{S_V}{2.25\sqrt{d_{50}}}\right)^{3.5}(1 - 1.25S_V)\right] \tag{4-140}$$

计算。

通过自然模型试验和野外资料分析等方法,在对河流的稳定性、河相关系及河型成因进行系统研究的基础上,提出河流综合稳定性指标

$$Z_W = \frac{\left(\frac{\gamma_s - \gamma}{\gamma}D_{50}H\right)^{1/3}}{iB^{2/3}} \tag{4-141}$$

根据以上研究成果,提出的黄河河道模型相似律如下:
水流重力相似条件

$$\lambda_v = \lambda_h^{0.5} \tag{4-142}$$

水流阻力相似条件

$$\lambda_v = \frac{\lambda_R^{2/3}}{\lambda_n} \left(\lambda_h / \lambda_L \right)^{0.5} \tag{4-143}$$

泥沙起动及扬动相似条件

$$\lambda_v = \lambda_{v_c} = \lambda_{v_f} \tag{4-144}$$

水流输沙相似条件

$$\lambda_{G_s} = \lambda_{G_{s*}} \tag{4-145}$$

悬移质悬移相似条件

$$\lambda_\omega = \lambda_v \left(\frac{\lambda_h}{\lambda_L} \right)^{0.75} \tag{4-146}$$

河床冲淤变形相似条件

$$\lambda_{t_2} = \frac{\lambda_{\gamma_0} \lambda_L^2 \lambda_h}{\lambda_{G_s}} \tag{4-147}$$

河型相似条件

$$\left[\frac{\left(\frac{\gamma_s - \gamma}{\gamma} D_{50} H \right)^{1/3}}{i B^{2/3}} \right]_m = \left[\frac{\left(\frac{\gamma_s - \gamma}{\gamma} D_{50} H \right)^{1/3}}{i B^{2/3}} \right]_p \tag{4-148}$$

式(4-141)～式(4-148)中:λ_L、λ_h 分别为水平及垂直比尺;λ_R 为水力半径比尺;λ_v 为流速比尺;λ_n 为糙率比尺;λ_{G_s}、$\lambda_{G_{s*}}$ 分别为输沙率和水流输沙能力比尺;λ_{t_2} 为冲淤变形时间比尺;λ_{v_c}、λ_{v_f} 分别为泥沙起动和扬动流速比尺;i 为河床比降;B、H 分别为造床流量下的河宽及水深;D_{50} 为河床中径。

上述模型律既适用于推移质泥沙模型,又适用于悬移质模型。对于悬移质泥沙模型

$$\lambda_{G_s} = \lambda_S \lambda_L \lambda_h \lambda_v \tag{4-149a}$$

$$\lambda_{G_{s*}} = \lambda_{S_*} \lambda_L \lambda_h \lambda_v \tag{4-149b}$$

因此,式(4-145)及式(4-146)相应可以表示为

$$\lambda_S = \lambda_{S_*} \tag{4-150}$$

$$\lambda_{t_2} = \frac{\lambda_{\gamma_0} \lambda_L}{\lambda_S \lambda_v} \tag{4-151}$$

式(4-150)意味着含沙量比尺 λ_S 与 λ_{S_*} 水流挟沙力比尺相等。而对于推移质泥沙模型

$$\lambda_{G_s} = \lambda_{q_s} \lambda_L \tag{4-152a}$$

$$\lambda_{G_{s*}} = \lambda_{q_{s*}} \lambda_L \tag{4-152b}$$

因此,式(4-145)及(4-146)相应可以表示为

$$\lambda_{q_s} = \lambda_{q_{s*}} \tag{4-153}$$

$$\lambda_{t_2} = \frac{\lambda_{\gamma_0} \lambda_L \lambda_h}{\lambda_{q_s}} \tag{4-154}$$

式(4-153)意味着推移质单宽输沙率比尺 λ_{q_s} 与推移质输沙能力比尺 $\lambda_{q_{s*}}$ 相等。

此外,悬沙粒径比尺 λ_d 在已有沉速比尺 λ_ω 的前提下,可借用泥沙沉速的公式推求。

冲积河流中的悬移质泥沙一般都比较细,基本满足 G. G. Stokes 定律,由此得

$$\lambda_d = \left(\frac{\lambda_\omega \lambda_\nu}{\lambda_{\gamma_s - \gamma}} \right)^{1/2} \tag{4-155}$$

式中:λ_ν 为水流运动黏滞性系数比尺。

为保证模型与原型水流流态相似,模型还须满足如下两个限制条件:

条件之一,模型水流必须为紊流,故要求模型雷诺数

$$Re > 1\ 000 \sim 2\ 000 \tag{4-156}$$

条件之二,模型表面张力不干扰水流运动,故要求模型水深

$$h_m > 1.5 \text{ cm} \tag{4-157}$$

应该指出,以式(4-146)作为悬沙悬移相似条件,能够同时兼顾时均流速输移和紊动扩散作用对悬沙悬移影响的相似性。以式(4-148)作为河型相似条件,能同时保证模型在纵向和横向稳定特性方面与原型一致,从而克服了一般比尺模型相似律很难保证复杂条件下河型相似的缺陷。

为了保证沿程淤积分布和河道输沙特性与原型相似,考虑到时间变态的存在,在几何比尺和模型沙选定后,按照河床变形相似要求,同时考虑水流连续相似要求,设定时间比尺,尽量使满足河床变形相似要求的时间比尺接近满足水流连续相似要求的时间比尺,以减小时间变态对试验的影响。

黄河科研工作者们,在试验研究的基础上,结合国内外经验,总结了适合多沙河流动床模型试验模型沙的优缺点,从中发现,选用比重大于 2 的郑州热电厂粉煤灰作为模型沙是相对比较合适的材料。这是由于,在几何比尺和模型沙选定后,河床冲淤变形时间比尺只取决于含沙量比尺,它们是一一对应的单值关系,不可随意变动。而验证河床变形相似的试验必须在对应的水沙过程中进行。

黄河河道模型的主要目标之一就是洪水过程演进预报,况且水流运动过程与河道冲淤演变相互影响,必须减小时间变态的影响。选用比重大于 2 的郑州热电厂粉煤灰作为模型沙会使两个时间比尺数值非常接近,相对减小了时间变态引起的问题的影响程度。这在黄河生产实践中是得到证明了的。

二、黄河水库模型相似律

黄委会黄河水利科学研究院为开展黄河三门峡水库和小浪底水库动床模型试验,在前人长期成就的基础上,系统研究了异重流设计方法,提出了黄河水库动床河工模型的相似律。

目前给出的异重流潜入相似条件存在着明显的缺陷,其原因是所依据的基本方程没考虑水流的非恒定性及泥沙沿垂线的非均匀性。为此,首先分析异重流的压力分布,根据受力分析,重新推求非恒定异重流运动方程。在此过程中为考虑浑水容重沿水深分布的不均匀性,需要在异重流总压力表达式中 γ_m 之前加修正系数 k_e,其定义式为

$$k_e = \frac{\int_0^{h_e} \left(\int_0^{h_e} \gamma'_m \mathrm{d}z \right) \mathrm{d}z}{\gamma_m \dfrac{h_e^2}{2}} \tag{4-158}$$

得到新建立的非恒定异重流运动方程式（足标"e"代表异重流有关的物理量）

$$J_0 - \frac{\partial h_e}{\partial x} - \frac{f_e}{8} \frac{v_e^2}{\dfrac{k_e \gamma_m - \gamma}{k_e \gamma_m} g h_e} - \frac{f_c}{4b} \frac{v_e^2}{\dfrac{k_e \gamma_m - \gamma}{k_e \gamma_m} g} - \frac{\tau'}{h_e(k_e \gamma_m - \gamma)}$$

$$= \frac{1}{\dfrac{k_e \gamma_m - \gamma}{k_e \gamma_m} g} \left(\frac{\partial v_e}{\partial t} + v_e \frac{\partial v_e}{\partial x} \right) \tag{4-159}$$

运用相似转化原理，导出异重流潜入相似条件

$$\lambda_{v_e} = \lambda_v \tag{4-160}$$

$$\frac{\lambda_{(k_e \gamma_m - \gamma)}}{\lambda_{k_e} \lambda_{\gamma_m}} = \lambda_{\left(1 - \frac{\gamma}{k_e \gamma_m}\right)} = 1 \tag{4-161}$$

式（4-160）表明，异重流速度比尺应与流速比尺相等，这一相似条件下不像以往那样采用假定，而是直接由比尺关系导出。对于式（4-161），引入相应比尺并整理即得

$$\lambda_{S_e} = \left[\frac{\gamma(\lambda_{k_e} - 1)}{\dfrac{\gamma_{s_m} - \gamma}{\gamma_{s_m}} S_{e_p}} + \lambda_{k_e} \frac{\lambda_{\gamma_s - \gamma}}{\lambda_{\gamma_s}} \right]^{-1} \tag{4-162}$$

若取 $\lambda_{k_e} = 1$，则 $\lambda_{S_e} = \lambda_{\gamma_s} / \lambda_{\gamma_s - \gamma}$，为目前常见的异重流发生相似条件，显然这只是式（4-162）在 $\lambda_{k_e} = 1$ 时的特殊形式。由式（4-162）可知，含沙量比尺 λ_S 在模型沙种类确定以后，取决于含沙量 S_e 及 λ_{k_e} 的大小。对于后者，可由下式得到

$$\lambda_{k_e} = \left[\frac{\displaystyle\int_0^{h_e} \left(\int_0^{h_e} \gamma'_m \mathrm{d}z \right) \mathrm{d}z}{\gamma_m \dfrac{h_e^2}{2}} \right]_p \Bigg/ \left[\frac{\displaystyle\int_0^{h_e} \left(\int_0^{h_e} \gamma'_m \mathrm{d}z \right) \mathrm{d}z}{\gamma_m \dfrac{h_e^2}{2}} \right]_m \tag{4-163}$$

在运用式（4-163）时，尚需引入异重流含沙量分布公式。由于紊动扩散作用及重力作用仍是决定异重流挟沙运动的一对主要矛盾，其浓度沿水深的分布及挟沙规律与一般挟沙水流应当类似，因此在求 λ_{k_e} 的过程中，可引用张红武含沙量分布公式计算异重流含沙量沿垂线分布，即

$$S = S_a \exp\left[\frac{2\omega}{c_n u_*} \left(\arctan \sqrt{\frac{h}{z} - 1} - \arctan \sqrt{\frac{h}{a} - 1} \right) \right] \tag{4-164}$$

式（4-164）能适用于近壁处含沙量的分布情况，只是在计算时将有关的水流泥沙因子采用异重流的相应值代入。把由此得出的 λ_{k_e} 的表达式与式（4-162）联解，通过试算即可得到异重流的含沙量比尺 λ_{S_e}。

黄河水库模型相似律主要由以下关系式组成：

水流重力相似条件

$$\lambda_v = \lambda_h^{1/2} \tag{4-165}$$

水流阻力相似条件

$$\lambda_v = \frac{\lambda_R^{2/3}}{\lambda_n} (\lambda_h / \lambda_L)^{1/2} \tag{4-166}$$

泥沙起动及扬动相似条件

$$\lambda_{v_c} = \lambda_v = \lambda_{v_f} \tag{4-167}$$

泥沙悬移相似条件

$$\lambda_\omega = \lambda_v \frac{\lambda_h}{\lambda_{\alpha_*} \lambda_L} \tag{4-168}$$

水流挟沙相似条件

$$\lambda_S = \lambda_{S_*} \tag{4-169}$$

河床冲淤变形相似条件

$$\lambda_{t_2} = \frac{\lambda_{\gamma_0} \lambda_L}{\lambda_S \lambda_v} \tag{4-170}$$

式中:λ_L、λ_h 分别为水平比尺及垂直比尺;λ_R 为水力半径比尺;λ_v 为流速比尺;λ_n 糙率比尺;$\lambda_{\gamma_s - \gamma}$ 为泥沙与水的容重差比尺;λ_{t_2} 为冲淤变形时间比尺;λ_{v_c}、λ_{v_f} 分别为泥沙起动和扬动流速比尺;λ_{α_*} 为平衡含沙量分布系数比尺;λ_S、λ_{S_*} 为含沙量及水流挟沙力比尺;λ_{t_2} 为河床变形时间比尺;λ_{γ_0} 为淤积物干容重比尺。

为保证异重流运动相似,尚须满足以下相似条件:

异重流发生(或潜入)相似条件

$$\lambda_{Se} = \left[\frac{\gamma(\lambda_{k_1} - 1)}{\frac{\gamma_{s_m} - \gamma}{\gamma_{s_m}} S_p} + \lambda_{k_1} \frac{\lambda_{\gamma_s - \gamma}}{\lambda_{\gamma_s}} \right]^{-1} \tag{4-171}$$

异重流挟沙相似条件

$$\lambda_{S_e} = \lambda_{S_{e_*}} \tag{4-172}$$

异重流连续相似条件

$$\lambda_{t_e} = \lambda_L / \lambda_v \tag{4-173}$$

并运用能耗原理,建立异重流挟沙力公式(4-174),该式可反映异重流多来多排的输沙规律,并利用三门峡、小浪底两水库实测及模型试验资料进行了检验。

$$S_{*e} = 2.5 \left[\frac{S_{V_e} v_e^3}{\kappa \frac{\gamma_s - \gamma_m}{\gamma_m} g' h_e \omega_s} \ln\left(\frac{h_e}{e D_{50}}\right) \right]^{0.62} \tag{4-174}$$

式中:κ 为浑水卡门常数;γ_m 为浑水容重;ω_s 为泥沙在浑水中的群体沉速;D_{50} 为床沙中径;S_{V_e} 为以体积百分比表示的异重流含沙量;其他符号含义同前。式中单位制采用 kg、m、s,其中沉速可由式(4-140)计算。

与河道泥沙动床模型一样,水库泥沙模型也存在着由水流运动相似条件导出的时间比尺 $\lambda_{t_1} = \lambda_L / \lambda_v$ 以及由河床冲淤变形相似条件导出的时间比尺 $\lambda_{t_2} = (\lambda_{\gamma_0} / \lambda_S)(\lambda_L / \lambda_v)$。两者相差较大,则出现所谓的时间变态。若仅满足其一,必然引起另一方面难以与原型相似。显而易见,若从满足河床变形与原型相似的角度考虑,以 λ_{t_2} 控制模型运行时间,则必然会使 λ_{t_1} 偏离较多,从而引起库水位及相应的库容与实际相差甚多,由此可引起水流流态与原型之间产生较大的偏离,进而使库区排沙规律、冲淤形态等产生较大的偏离甚至面目全非。值得一提的是,在以往的研究中为尽量降低时间变态所引起的种种偏离,曾采取了两条补救措施:一是在进口提前施放下一级流量,涨水阶段适当加大流量,落水阶段则适当减小流量,以便在短时间内以人为的流量变化率来完成槽蓄过程;二是按设计要求随时调整模型出口水位,即在短时间内以人为的水位变化率来完成回水上延过程。通过我们的研究,认为熊治平指出的"模型进口或尾门的调节作用是有限的,对于长度较大的河道模型,如果两个时间比尺相差过多,不仅现行的校正措施难以奏效,而且这些校正措施本身还会引起新的偏差"的结论是正确的。因此,水流运动相似条件是进行库区泥沙模型试验的必要条件。

对比 λ_{t_1} 及 λ_{t_2} 的关系式可以看出,在模型几何比尺及模型沙确定以后,只能通过对 λ_S 的调整而达到 $\lambda_{t_2} \approx \lambda_{t_1}$。初步试验观测结果表明,在原型含沙量不大并且处于蓄水淤积或相对平衡条件下,可通过对 λ_S 的适当调整而达到泥沙淤积近似相似的目的。亦即试验中若采用偏大的 λ_{t_2}(模型放水历时偏小),可通过相应减小 λ_S(加大模型进口沙量),也可使库区淤积量与原型值接近。但是,若床面冲淤交替或出现异重流排沙,上述调整将导致模型与原型偏离过多,对试验结果带来不可挽回的影响。因此,对于含沙量比尺,亦应采用正确的方法加以确定。

三、模型沙特性研究

动床河工模型试验中,模型沙特性对于正确模拟原型泥沙运动规律具有重要作用。特别是对于本次试验需要模拟冲淤调整幅度较大的原型情况来说,既要保证淤积相似,又要保证冲刷相似,因此对模型沙的物理、化学等基本特性有更高的要求。长期以来,黄委会水利科学研究院李保如、屈孟浩、张隆荣、王国栋、姚文艺等曾在大量生产试验中,对包括煤灰、塑料沙、电木粉等材料在内的模型沙的特性进行了总结,最近还进行了天然沙、煤屑及电厂煤灰等各种模型沙的土力学特性、重力特性等基本特性的试验,试验成果见表4-2。

表4-2　模型沙土力学特性及水下休止角试验成果

材料	容重 γ_s (kN/m³)	干容重 γ_0 (kN/m³)	凝聚力 c (kg/m²)	内摩擦角 (°)	水下休止角 (°)	d_{50} (mm)
郑州火电厂煤灰	21.56	1.16	0.187	30.35	31 ~ 32	0.019
郑州火电厂煤灰	21.56	1.13	0.082	33.39	30 ~ 31	0.035
郑州火电厂煤灰	21.56	1.00	0.090	30.75	30 ~ 31	0.035
郑州火电厂煤灰	21.56	1.15	0.105	31.49	30 ~ 31	0.035
煤屑	14.70	0.70	0.080	34.99	30 ~ 31	0.03 ~ 0.05
焦炭	15.09	0.88	0.260	27.50	30 ~ 31	0.03 ~ 0.05
黄河中粉质壤土	26.74	1.45	0.035	20.57	31 ~ 32	0.025
黄河中粉质壤土	26.56	1.45	0.104	22.15	31 ~ 32	0.020
黄河重粉质壤土	26.66	1.45	0.136	19.32	31 ~ 32	0.015
郑州热电厂煤灰	20.58	0.90	0.060	31.20	29.5 ~ 30.5	0.037

由于异重流总是处于超饱和输沙状态,输沙量是沿程衰减的过程,其泥沙特性直接影

响到异重流沿程淤积分布。因此,模型沙的特性研究也是对异重流运动模拟的主要问题。经验表明,有些种类的模型沙在潮湿的环境中固结严重,将使模型河床冲淤相似性产生明显偏差(特别是影响冲刷过程的相似性)。清华大学水利水电工程系曾于1990年开展了$D_{50} \leqslant 0.038$ cm/s 的电木粉起动流速试验,结果当水深 $h = 10$ cm 时,初始条件下起动流速 $v_c = 10.8$ cm/s;水下沉积两天后 v_c 增加到 12 cm/s;在水下沉积两个月后 v_c 达 21 cm/s;脱水固结两周后,即使流速增至 28 cm/s 也不能起动。由我们开展的郑州热电厂粉煤灰($\gamma_s = 20.58$ kN/m³,$D_{50} = 0.035$ mm)及山西煤屑($\gamma_s = 14$ kN/m³,$D_{50} = 0.05$ mm)两种模型沙的起动流速试验结果(见图 4-1)看出,在相近水深条件下,山西煤屑的起动流速随着沉积时间增加有大幅度的增加。例如,在水深同为 4 cm 条件下,水下固结 96 h 后,起动流速从初始的 5.95 cm/s 达到 8.4 cm/s,脱水固结 96 h 后可达 13.1 cm/s。而郑州热电厂粉煤灰的起动流速虽然随固结时间增加有所增大,但增大的幅度明显较小。

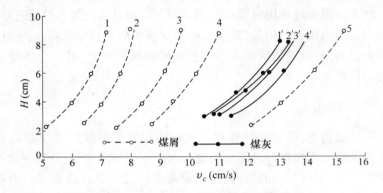

图 4-1　模型沙起动流速试验结果

1、1′—初始;2、2′—水下固结 48 h;3、3′—水下固结 96 h;
4—煤屑脱水固结 48 h;5—煤屑脱水固结 96 h;4′—煤灰脱水固结 120 h

大量研究表明,郑州热电厂粉煤灰的物理化学性能较为稳定,同时还具备造价低、宜选配加工等优点。综合各个方面,将几种可能作为黄河动床模型的模型沙的优缺点归纳结果见表 4-3。

表 4-3　不同模型沙优缺点对比

种类	优　点	缺　点
天然沙	物理化学性能稳定,造价低,固结、板结不严重,作为高含沙洪水模型的模型沙时,流态一般不失真	容重大,起动流速大,模型设计困难,凝聚力偏大
塑料沙	起动流速小,可动性很大	造价甚高,水下休止角很小,比重太小,稳定性甚差,不能作为多沙河流模型的模型沙,且试验人员易受有毒物质伤害
煤屑	造价不太高,新铺煤屑起动流速小,易满足阻力、河型、悬移等相似条件,水下休止角适中	固结后起动流速很大,制模困难,悬沙沉降时易絮凝,试验环境污染较严重,当用做黄河高沙洪水试验时,流态易失真

种类	优 点	缺 点
郑州火电厂煤灰	造价低,物理化学性能稳定,比重适中,高含沙洪水试验时流态不失真,水下休止角适中,选沙便易	活性物质含量高,试验时床面固结、结板严重,模型小河难以复演游荡特性
郑州热电厂煤灰	造价低,物理化学性能稳定,容重及干容重适中,选配加工方便,水下休止角适中,高含沙洪水试验时流态不失真,模型沙一般不板结,固结也不严重,能够满足游荡性模型小河的各项设计要求,并能保证模型长系列放水试验的需要	综合稳定性偏小,细颗粒含量少,选悬沙时比火电厂煤灰困难,且试验环境易受污染

此外,不同电厂粉煤灰的化学组成,由于煤种和燃烧设备等多方面的原因,其化学组成及物理特性相差较大(见表 4-4)。

表 4-4　电厂粉煤灰化学组成测定结果　　　　　　　(%)

电厂名称	烧失量	化学组成				
		SiO_2	Fe_2O_3	Al_2O_3	CaO	MgO
郑州热电厂	8.12	55.8	5.50	21.3	3.01	1.22
郑州火电厂	1.46	59.8	5.80	22.6	4.85	2.06
洛阳热电厂	3.34	51.58	7.39	21.24	1.72	0.71
新乡火电厂	14.91	40.76	5.54	23.37	3.67	0.69
平顶山电厂	6.24	60.67	2.52	24.6	0.47	1.22

粉煤灰中的酸性氧化物 SiO_2、Al_2O_3 等是使粉煤灰具有活性的主要物质,其含量越多,粉煤灰的活性越高。即使是同一种粉煤灰,由于颗粒粗细的不同,质量上也会有很大差异,沉积过程中干容重也将有较大的差别,且细度越大,活性越高。采用活性高的物质作为模型沙材料时,由于处于潮湿的环境中极易发生化学变化,产生黏性,因而固结或板结严重。由表 4-4 看,郑州热电厂粉煤灰中活性物质含量较少。因此,选用郑州热电厂粉煤灰作为本动床模型的模型沙,是较为理想的材料。该模型沙土力学特性试验成果见表 4-2。根据我们多年来在悬移质泥沙模型试验方面的长期实践经验,认为本试验取郑州热电厂粉煤灰作为模型沙较为适当。该模型沙的水下容重比尺 $\lambda_{\gamma_s - \gamma} = 1.5$。

附带指出,由我们初步点绘的郑州热电厂粉煤灰在水深为 5 cm 时,起动流速 v_c 与中径 D_{50} 的点群关系(见图 4-2)来看,在 $D_{50} = 0.018 \sim 0.035$ mm 的范围内,即使 D_{50} 变化了近 2 倍,v_c 的变化并没有超出目前水槽起动试验的观测误差。由此说明模型沙粗度即使与理论值有一些偏差,也不至于对泥沙起动相似产生大的影响。

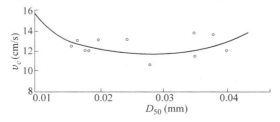

图 4-2　郑州热电厂粉煤灰起动流速 v_c 与中径 D_{50} 关系($h = 5$ cm)

参 考 文 献

[1] 武汉水利电力学院.河流动力学[M].北京:中国工业出版社,1961.

[2] 沙玉清.泥沙运动学引论[M].北京:中国工业出版社,1965.

[3] 南京水利科学研究所,水利水电科学研究院.水工模型试验[M].北京:水利电力出版社,1985.

[4] 李昌华,金德春.河工模型试验[M].北京:人民交通出版社,1981.

[5] 张瑞瑾.关于河道挟沙水流比尺模型相似律问题[J].水利水电技术,1979(8).

[6] 窦国仁.泥沙运动理论[M].南京:南京水利科学研究所,1963.

[7] 熊治平.泥沙级配曲线函数关系式及冲泻质与床沙质的分界粒径的确定[J].泥沙研究,1985(2).

[8] 李义天.河道平面二维泥沙数学模型研究[D].武汉:武汉水利电力大学,1987.

[9] 谢鉴衡.河流模拟[M].北京:水利电力出版社,1993.

[10] 水利水电科学研究院.异重流的研究和应用[M].北京:水利电力出版社,1959.

[11] 张瑞瑾.河流泥沙动力学[M].2版.北京:中国水利水电出版社,1998.

[12] 谢鉴衡.河流泥沙工程学[M].下册.北京:水利出版社,1982.

[13] 王桂仙,惠遇甲,姚美瑞,等.关于长江葛洲坝水利枢纽回水变动区模型试验的几个问题[R].北京:清华大学,1981.

[14] 中国水利学会泥沙专业委员会.泥沙手册[M].北京:中国环境科学出版社,1989.

[15] Einstein H A,Chien Ning. Similarity of Distorted River models with movable bed[J]. ASCE Proc. Vol80 No566,Dec. 1954.

[16] 李昌华,孙梅秀.泥沙开动切力及沙纹形成的相似判据问题[R].南京:南京水利科学研究所,1965.

[17] Zwambora J A. Reproducibility in Hydraulic Models of prototype River Morphology[J]. La Houille Blanche, 1966(3).

[18] 李昌华.论动床河工模型的相似律[J].水利学报,1966(4).

[19] 屈孟浩.黄河动床河道模型的相似原理及设计方法[J].泥沙研究,1981(3).

[20] 窦国仁.全沙模型相似律及设计实例[J].水利水运科技情报,1977(3).

[21] 张红武,江恩惠,等.黄河高含沙洪水模型的相似律[M].郑州:河南科学技术出版社,1994.

[22] 李国英,等.黄河首次调水调沙试验[M].郑州:黄河水利出版社,2003.

[23] 江恩惠,刘贵芝,等.新形势下黄河下游游荡性河道整治工程设计有关问题探讨[M].郑州:黄河水利科学研究院,1998.

[24] 李书霞,张俊华,陈书奎.郑州黄河公铁两用桥水文泥沙分析及防洪影响研究与评价[M].郑州:黄河水利科学研究院,2006.

[25] 张俊华.多沙河流水库异重流相似方法及其应用研究[D].北京:北京航空航天大学,2002.

第五章　实体模型设计

在上述几章中已经介绍了实体模型设计的基本理论,本章就实体模型设计的需要注意的问题及具体设计过程进行详细的论述,最后给出黄河实体模型设计的典型案例供参考。

第一节　实体模型设计的前期工作

在进行实体模型设计之前有必要充分了解研究对象(如模拟河段)的重点资料,以便能对研究对象有整体的认识,掌握研究对象的自然规律,了解局部河段与整体河段的关系等。本节将重点介绍黄河实体模型设计前期工作要了解的主要内容,包括研究对象的自然地理特征、水文泥沙过程、河道演变过程、河道整治规划及河道整治工程等。

一、研究河段的自然地理特征

了解研究河段的自然地理特征主要是为模型整体设计者提供一个清晰的物理图形,同时也可以了解河段的自然地理特征对河床演变的影响,以及对河段的水沙特点的影响等。因此,河段的自然地理特征是模型设计中首先要了解的内容之一。

河段的自然地理特征主要包括河段的地理位置、平面特征、地形、地貌、水系,及其上下游的自然地理特征与该河段自然地理特征的关系等。下面是黄河流域的整体自然地理特征。

黄河流域横贯中国东西,大部分区域位于中国的西北部。处于东经95°53′~119°05′、北纬32°10′~41°50′之间,东西长1 900 km,南北宽1 100 km,流域面积79.5万 km²。

黄河流域幅员辽阔,地形地貌差别很大。从西到东横跨青藏高原、内蒙古高原、黄土高原和黄淮海平原四个地貌单元。流域地势西高东低,西部河源地区平均海拔在4 000 m以上,由一系列高山组成,常年积雪,冰川地貌发育;中部地区海拔在1 000~2 000 m之间,为黄土地貌,水土流失严重;东部主要由黄河冲积平原组成,河道高悬于地面之上,洪水威胁较大。

黄河发源于青藏高原巴颜喀拉山北麓海拔4 500 m的约古宗列盆地,流经青海、四川、甘肃、宁夏、内蒙古、陕西、山西、河南、山东等九省(区),注入渤海,干流河道全长5 464 km。河口镇至河南郑州桃花峪为黄河中游,是黄河洪水和泥沙的主要来源区,汇入的较大支流有30条。河口镇至禹门口是黄河干流上最长的一段连续峡谷,河段内支流绝大部分流经水土流失严重的黄土丘陵沟壑区,是黄河泥沙特别是粗泥沙的主要来源,全河多年平均输沙量16亿 t,其中9亿 t来源于此区间;该河段水力资源也很丰富,是黄河上第二大水电基地,峡谷下段有著名的壶口瀑布。禹门口至三门峡区间,黄河流经汾渭地堑,河谷展宽,其中禹门口至潼关(简称小北干流),河长132.5 km,河道宽浅散乱,冲淤变化剧烈;河段内有汾河、渭河两大支流相继汇入,是黄河下游泥沙主要来源区之一,多年平均来沙量 5.5 亿 t。三门峡至桃花峪区间,小浪底以上是黄河的最后一段峡谷,出峡谷后逐步进入平原地区。

黄河干流自桃花峪以下为黄河下游。下游河道为"地上悬河",支流很少。目前,黄河下游河床已高出大堤背河地面 3~5 m,比两岸平原高出更多。除南岸东平湖至济南区间为低山丘陵外,其余全靠堤防挡水。历史上决口泛滥频繁,给中华民族带来了沉重的灾难。黄河入海口因泥沙淤积,不断延伸、摆动,近 40 年间,黄河年平均输送到河口地区的泥沙约 10 亿 t,年平均净造陆面积 25~30 km²。

二、研究河段的气候特征

之所以要了解研究河段的气候特征,是为了能更清楚地研究河段的气候对河段暴雨洪水的作用,同时,在模型设计中也要重视水温对模型沙沉降、水流挟沙力、冰情的影响,特别是气温对局部河段内的冰凌有直接的影响。黄河流域的气候主要如下:

黄河流域东临海洋,西居内陆,气候、降水、蒸发、光热资源及无霜期等差异明显。流域内气候大致可分为干旱、半干旱和半湿润气候,西部干旱,东部湿润。全流域多年平均降水量 466 mm,多年平均蒸发量 700~1 800 mm。流域内平均气温上游 1~8 ℃,中游 8~14 ℃,下游 12~14 ℃。下游无霜期为 200~220 d,中游无霜期为 150~180 d,上游循化以上无霜期为 50~100 d。

流域水文特征明显,上游降水历时长、强度小,形成的洪水径流峰小量大;中游降水历时短、强度大,形成的洪水径流峰高量小、陡涨陡落,为暴雨洪水,危害较大。

黄河流域的黄土高原地区水土流失严重,面积 45.4 km²,其中年平均侵蚀模数大于 5 000 t/km² 的面积约 8.63 万 km²。大量泥沙输入黄河,淤高下游河床,是黄河下游水患严重而又难以治理的症结所在。

三、社会经济物产资源

在进行模型设计的初期也要重视研究河段的社会经济物产资源,虽然研究内容不是社会经济物产资源,但是,研究内容中的某些方面往往和社会经济物产资源有直接的关系,甚至会成为研究内容的主要制约因素。如何恰当地反映社会经济物产资源对研究河段的影响及其在模型上的处理是值得深思的。像分滞洪区、防洪保护区的社会经济情况对河段治理等都有重要的影响。

据 1990 年资料统计,黄河流域人口 9 781 万,占全国总人口的 8.6%;耕地面积 1.79 亿亩,占全国总耕地面积的 12.5%。

黄河流域很早就是中国农业经济开发地区。上游的宁蒙河套平原、中游汾渭盆地以及下游引黄灌区都是主要的农业生产基地。目前,黄河上中游地区仍比较贫困,加快这一地区的开发建设,尽快脱贫致富,对改善生态环境,实现经济重心由东部向中西部转移的战略部署具有重大意义。

历史上黄河流域工业基础薄弱,新中国成立以来有了很大的发展,建立了一批能源工业、基础工业基地和新兴城市,为进一步发展流域经济奠定了基础。能源工业包括煤炭、电力、石油和天然气等,目前,原煤产量占全国产量的一半以上,石油产量约占全国的1/4,已成为区内最大的工业部门。铅、锌、铝、铜、铂、钨、金等有色金属冶炼工业,以及稀土工业有较大优势。

据 1990 年资料统计,12 万 km² 的黄河下游防洪保护区,共有人口 7 801 万,占全国总人口的 6.8%;耕地面积 10 699 万亩,占全国的 7.5%。黄河下游防洪保护区是我国重要的粮棉基地之一,粮食和棉花产量分别占全国的 7.7% 和 34.2%,农业产值占全国的 8%。区内还有石油、化工、煤炭等工业基地,在我国经济发展中占有重要的地位。

黄河流域土地、水能、煤炭、石油、天然气、矿产等资源丰富,在全国占有重要的地位,发展潜力很大。

流域内现状有耕地 1.79 亿亩、林地 1.53 亿亩、牧草地 4.19 亿亩、宜于开垦的荒地约 3 000 万亩。黄河流域上游地区的水能资源、中游地区的煤炭资源、下游地区的石油和天然气资源,都十分丰富,在全国占有极其重要的地位,被誉为我国的"能源流域"。例如,位于河口的胜利油田,为我国的第二大油田。

黄河流域矿产资源丰富,1990 年探明的矿产有 114 种,在全国已探明的 45 种主要矿产中,黄河流域有 37 种。其中具有全国性优势(储量占全国总储量的 32% 以上)的有稀土、石膏、玻璃硅质原料、铌、煤、铝土矿、钼、耐火黏土等 8 种。黄河流域矿产资源丰富,分布相对集中,为综合开发利用提供了有利条件。

四、研究河段的水文泥沙特征

河段的水文泥沙特征主要包括河段多年平均情况、场次洪水情况、汛期非汛期水文泥沙过程及特点。

黄河流域大部分位于我国半干旱地区,特有的气候条件和自然地理环境,使黄河具有不同于其他大河的下列水文特征:

(1)水少沙多、水沙异源。黄河流域多年平均雨量仅约 400 mm,水量极小,仅占全国河川径流量的 2%;但黄河泥沙之多,为世界大河所罕见,其多年平均输沙量达 16 亿 t(入黄总沙量),多年平均含沙量高达 37.6 kg/m³,水少沙多。此外,在空间分布上是水沙异源。黄河水量主要来自兰州以上的上游地区,其控制面积为花园口以上控制面积的 30%,水量占 58%,沙量仅占 9%,黄河的 90% 以上泥沙来自中游黄土高原。如头道拐(河口镇)至龙门区间的黄土高原面积为 11 万 km²,区间径流仅 73 亿 m³,占花园口以上的 13%,但该区间的输沙量高达 9.5 亿 t,占全河总输沙量的 57%。显然,黄河水文是上述两个不同的自然地理环境影响的水沙不同组合的过程,使下游和河口的水沙过程更加复杂多变。

(2)高含沙量输沙。黄河流域半干旱气候,雨量既小,变率又大,沙源集中在黄土高原地区,使黄河输沙主要集中在几个主要的大沙年,甚至集中在几场大洪水过程内。据统计,黄河干支流各站最大年输沙量可占 25 年总输沙量的 10% ~20%,最大 6 年的输沙量约占 25 年总输沙量的 5%,在一年之中,输沙较径流更为集中,干流站 7 ~9 月输沙可占全年的 80%,支流站接近 100%。陕县站 1933 年输沙量高达 39.1 亿 t,7 ~9 月输沙量占全年输沙量的 90%,其中 8 月输沙量为 27.8 亿 t,占全年输沙量的 71%。黄河干流主要测站的多年平均的水沙相关曲线表明,其时序方向均为顺时针方向,反映了黄河上中下游洪峰和沙峰在时间上出现的同步性。这种同步性反映了全河输沙在年内分配上的不均匀性。

(3)径流和输沙量年际变率大。黄河流域雨量小,雨区分布的影响有所不同,如是中水大沙年或小水大沙年,则下游河道输沙能力减弱而淤积,尾闾河道淤积,延伸加快。

五、研究河段的河道演变及分析方法

在自然情况下,河流总是处在不断的变化和发展过程中。当河流上兴建了过河建筑物或进行疏浚、整治以后,河床演变将变得更加迅速和剧烈。为了合理地利用和成功地整治河道,必须掌握河床演变的基本规律。

河床演变是一个三元的问题,而且它的边界条件又是极其复杂而多变的,因此在现阶段还不可能完全从数学上来进行严格的求解,往往只能借助于定性的描述和逻辑的推理方法来进行分析研究。

本节主要介绍河床演变的概念、不同类型河床演变的一般规律以及河相关系式等基本内容。

(一)河床演变的概念

河流有共性也有各自的特有个性。由于水沙条件的变化、地质情况的复杂,构成了各种类型的河流。河床演变则是指河道在自然情况下或受到人类活动干扰时所发生的变化,河床演变和其他物理过程一样,其变化可从时间和空间两个方面进行衡量。在空间上河道主要的演变形式有两种:一是河道沿流程在纵深方向上的冲刷和淤积,称为纵向变形;二是河道在横向上发生的冲刷和淤积,称为横向变形。河道随时间的变化过程也有两种形式,即单方向变形和复归性变形两种形式。如黄河在天然情况下,从长时段来看,以单向淤积为主,逐年抬高;而在三门峡水库建成初期,下泄清水,又以单向冲刷下切为主。这都是一个时期内的单向变化。在三门峡水库改为蓄清排浑运用后,汛期泄水排沙,非汛期蓄水拦沙、下泄清水,下游河道汛期可能淤积抬高,非汛期则冲刷下切,这又是复归性变化。但是在大多数状况下,河道纵向变形与横向变形、单方向变形与复归性变形往往交织在一起,构成异常复杂的演变图形。

河床演变就其发展方向而言,可分为渐进的单向变形和循环的往复变形两类。渐进的单向变形是指河床在相当长的时期内作单一的冲刷或淤积的变化。如上游河床不断下切,下游河床不断抬升,河口三角洲不断淤积、延伸等。循环的往复变形则是指在较短时期内河床作循环往复的冲淤变化。如浅滩在一年内或多年期间的冲淤变化;河湾在若干年内发生、发展和消亡;汊道在若干年内兴衰交替等。在一般情况下,第一类变形的过程非常缓慢,而第二类变形则往往进行得异常迅速,对人类经济活动影响较大,是河床演变研究的主要对象。

河床演变就其影响范围而言,可分为长河段变形和短河段变形两类。长河段变形是指在较长距离内河床的普遍冲刷和淤积。短河段变形也称为局部变形,是指在较短距离内局部河床的冲淤变化,如个别河湾的演变、汊道的兴衰、浅滩的冲淤等。

(二)河床演变的基本原理

河床演变是水流与河床相互作用的反映。一条河流包括水流与河床这两个矛盾着的

方面,它们既相互依存,又相互制约。一定的河床形态和河床组成,决定了一定的与其相适应的水流条件,而一定的水流条件,又使河床形态和河床组成产生一定的与其相适应的变化,二者的相互依存和斗争,推动着河流经常不断地变化和发展。河道泥沙发生淤积和冲刷的基本原因是由于输沙的不平衡,即上游来沙与河段的水流挟沙能力不相适应时,河床发生变形。例如当上游的来沙量小于本河段的水流挟沙力时,则来沙量不能满足水流挟沙力要求,因而产生河床冲刷,将河床上泥沙冲起,并带向下游,使本河段河床下降。河床的纵向变形是由于纵向输沙不平衡引起的,河床的横向变形则是由于横向输沙不平衡引起的。

河道由于输沙不平衡所引起的变形,在一定条件下,往往朝着使变形停止的方向发展,即河床淤积时,其淤积速度将逐渐减小,直至淤积停止;当河床发生冲刷时,其冲刷速度也将逐渐减小,直至冲刷停止。这种现象即为河床和水流的"自动调整"作用。在河床冲刷或淤积的发展过程中,通过调整河床组成、水深、比降、河宽,使本河段的水流挟沙力与上游的来沙条件趋于相适应,从而使冲刷或淤积向其停止的方向发展。这符合任何事物都走向其反面的一般规律性。由于上游来水来沙不断变化,河床和水流的相适应性也随时改变,来水来沙条件的改变,将必然引起输沙的不平衡,因而平衡状态只是暂时的、相对的,不平衡性则是绝对的,因而河床演变不会停止。

影响河床演变的因素是极其复杂的,但对任何一个具体河段而言,主要有以下四个方面:

(1)河段的来水量及其变化过程;

(2)河段的来沙量、来沙组成及其变化过程;

(3)河段的河道比降及其变化情况;

(4)河段的河床形态及地质情况。

在上述四个因素中,对于冲积平原河流来说,在一般情况下,后两个因素往往是由前两个因素派生的。冲积平原河流的河道比降由河流本身的堆积作用所形成,它取决于来水来沙条件。来沙量大的多沙河流,其河道比降一般较大,来沙量小的少沙河流,其河道比降一般较小。冲积平原河流的河床形态和地质组成,同样是由河流本身的堆积作用造成的,因而亦决定于来水来沙条件,多沙河流与少沙河流的河床形态相差甚多,河床的地质组成也迥然不同。由此可见,对于冲积平原河流来说,在上述四个因素中,前两个因素起主导作用,表明在水流与河床这个矛盾的两个方面中,水流(指挟沙水流)起主导作用,河道的演变发展,主要由取得支配地位的水流所决定,即主要是来水来沙条件决定的。所以,在分析冲积河流的河床演变中,首先应对河段的来水来沙条件加以考虑。对于山区河流来说,河床形态及地质情况往往起主导作用。前两个因素取决于流域的产水产沙条件,即取决于流域的气象、地理和地质等条件。黄河上、中游流经不同地区,其来水来沙条件差别很大。来自河口镇以上的洪水和三门峡以下支流来水,含沙量少,有利于下游河道冲刷;来自陕西、山西两省黄土高原的洪水,含沙量高且粒径粗,往往使下游河道严重淤积;来自渭河、泾河的洪水,含沙量也较大,但粒径细,对造成黄河下游河道的淤积次于陕西及山西区间来水。除上述影响河道演变的四个因素外,人为的因素往往对河道演变的影响也很大,如三门峡水库修建后,由于径流过程的改变,对下游河道演变过程也产生较大的影响。

(三)河型及河相关系

通过长期观察发现,尽管在同一条河流上的不同河段,其河床形态及演变特点存在着差异,但位于不同河流上的某些河段,河床形态和演变特点却可能相似。因此,可以将天然河流按其河床形态及演变过程划分成若干类型,并在这个基础上来研究各类河段河床演变的特性。

一些学者根据河床的边界条件,将河流划分为冲积河流、非冲积河流和半冲积河流。另一些学者则主要根据河床的动力特性分为侵蚀河流、堆积河流和(动力)平衡河流。又有一些学者根据河床的平面形态特性将河流划分为弯曲河流、顺直河流、网状河流(或弯曲、单股、分汊)。还有一些专家在此基础上进一步考虑河床演变特点,将河床划分为弯曲性河流、周期增宽河流、游荡河流(或蜿蜒、顺直、微弯、分汊、游荡)等。

对于平原河流,具有不同平面形态(弯曲、顺直、分汊、散乱)的河段,河床演变也具有不同的性质,因此一般可以进一步将平原河流划分为顺直(微弯)、弯曲、分汊和游荡四种主要河型,在这四种河型中,弯曲型与分汊型是比较稳定的,而游荡型是极不稳定的。关于河型成因的研究,许多地貌学家和水利科学家试图以地貌界限假说、能耗率极值假说、稳定性理论、随机理论及统计分析方法来解释河型的成因。但由于问题极其复杂,且水流及泥沙基本理论尚欠完善,影响了这些理论的合理性。

河相关系是指河床几何形态与水流、泥沙及河床边界条件间的关系。在一定的边界及来水来沙条件下,河床将调整它的坡降及断面形态,力求使挟沙能力与上游来沙条件相适应。河相关系一般应包括横断面河相关系、纵剖面河相关系及平面河相关系。此类河相关系又有所谓沿程河相关系与断面河相关系之分。前者描述不同的河流或同一条河流的上、下游之间由于水沙条件及边界条件的不同而引起的河床形态的变化。它是通过某一特征流量(往往取造床流量),把不同断面的资料联系在一起,用以描述冲积河床的总轮廓。后者则描述同一断面的河床尺度或宽深关系随流量的变化规律,主要用来确定河床横断面形式。由于河相关系表示在一定来水、来沙和河床边界条件下,最适宜的河床形态,因此研究河相关系问题,对于帮助我们认识冲积河流的河床形态规律具有重要意义。

(四)平原河流的河床演变

大中型河流的中下游多流经广阔的冲积平原。一般讲,平原河流的河谷宽广,在河谷中分布着广阔的河漫滩,在河漫滩上广泛分布着一些与水流方向大致平行或斜交的狭长沙丘。其纵剖面多为下凹的曲线,纵剖面上没有显著的台阶状变化,但由于水流与河床的相互作用,会出现波浪形的起伏状态,沿程深槽与浅滩相间,其横断面形态视不同河段而异。

平原地区坡度平缓,土壤疏松,径流系数小,汇流时间长,但流量变幅不大,洪枯流量比值较小,因而水位变幅亦不大,水流平均流速也不大,一般均在 2~3 m/s 以下。

平原河流的形成过程主要表现为水流的堆积作用,河谷中形成深厚的冲积层,河口淤积成广阔的三角洲。我国黄河下游的华北平原和长江三角洲便是这样形成的。

平原河流的冲积层一般较厚,并表现为分层现象。最深层多为卵石层,其上为夹沙卵石层,再上为粗、中沙以至细沙,枯水位以上的河漫滩表层有黏壤土或黏土层。泥沙组成的分层现象与河流的发育过程有关。一般说来,沙、卵石多为冰川期堆积物,沙层则为近代水量小、海平面较高时的堆积物。

平原河流中悬移质泥沙,以粉沙和黏土为主,而其中主要是冲泻质。沙量来源主要是流域表面的土壤侵蚀,一年中的沙量大部分集中在汛期几个月,特别是来自几次较大的洪水过程。

平原河流河床演变,主要表现为河床循环的往复变形,特别是河床的平面变迁和河床上泥沙成型堆积体的运动。因此,平原河流冲淤变化的速度较快。

平原河流平面形态具有一定的规律性,各种河型的河床具有各自的演变规律,现分述如下。

1. 顺直(微弯)型河道演变

顺直型河道多存在于狭窄、顺直的河谷中,或河谷虽然宽阔,但河漫滩发育较好,且多由难冲的黏土和沙黏土构成,表面生长有植物或人工控制情况下,一般多出现在河流的中、上游。其一般形态为:中水河槽比较顺直或略有弯曲,两岸边滩犬牙交错,主流线左弯右曲,水面波浪起伏,深槽与浅滩相间,但滩槽水深差别不大。顺直(微弯)型河道河床演变特点如下:

(1)深槽和浅滩冲淤交替。枯水期浅滩水面比降大,发生冲刷,冲刷下来的泥沙在下一个深槽中淤积下来,洪水期深槽水面比降比较大,发生冲刷,泥沙又被从深槽搬运到下一个浅滩上淤积下来。

(2)边滩和深泓线顺流下移,边滩就是一个大沙丘,在水流作用下,迎水坡不断冲刷,背水坡不断淤积,整个边滩不断向下游移动,随着边滩的下移,深槽、浅滩和深泓线也不断交换位置。

(3)河床周期性展宽和缩窄。由于边滩的发展,对岸将产生冲刷,因而枯水以上的河槽展宽了。当边滩发展过宽时,水流绕过边滩时阻力加大,在洪水期就可能发生切滩现象,被切割的边滩成为心滩,而河槽则被心滩分成汊道。但由于新汊道短而直,易于冲刷扩大,而旧河道则相应逐渐淤塞,河槽又恢复单股河床,河宽又缩窄了,如此循环发展,因而对工程建设将造成一定影响。

2. 弯曲型河道河床演变

弯曲型河道多存在于河谷比较宽广,两岸无较密对称控制的河段中,河岸和河底均由可冲刷土壤构成,但河岸抗冲能力比河底小,流量变幅小,中水期较长,比降平缓,流速不大的河段中,一般多出现在河流中下游。我国的荆江、渭河、北洛河、南运河、汉水等都是著名的弯曲型河道,其一般形态是左弯右曲,两个相反弯道间,由直线过渡段相连。

弯曲型河道河床演变特点如下:

凹岸崩退和凸岸淤长。在河湾中存在着稳定的单向环流,面流指向凹岸,底流指向凸岸。由于含沙量沿水深分布不均,水面含沙量小,河底含沙量大,因此流向凹岸的表层水流的含沙量将远较流向凸岸的底层水流含沙量小,流经凹岸的表层水流将从凹岸摄取泥沙,但当流经凸岸时,又将释放出多余的泥沙,结果导致河湾的凹岸溃退和凸岸淤长。

3. 分汊型河道演变

分汊型河道一般形态为:中水河槽呈宽窄相间的藕节状,窄段为单一河槽,水深较大;

而宽段则是有一个或几个江心洲存在,将水流分成两股或多股,汊道中水深较小,在分流口和汇流口处常有浅滩存在。

分汊型河道多存在于河谷宽阔,沿岸组成物质不均匀,上游有节点或较稳定的边界条件,流量变幅不过大,含沙量不高的河段中,一般多出现在河流的中下游,我国长江下游、湘水下游、松花江下游都有着广泛的分布。

分汊型河道河床演变特点如下:

(1)洲滩的移动和分合。洪水期水流漫过江心洲,由于洲面水深小,糙率大,流速低,一部分悬沙会在洲上落淤,使得江心洲不断增高。洲面淤积厚度取决于江心洲高度、洲面植物生长情况、洪水位高低与持续时间以及水流含沙量的多少等因素。洲面淤积厚度一般均较小,且随着江心洲高度的增加而愈来愈小,特别是当洲上筑堤围垦时,一般洪水不会淹没,淤积就完全停止。

(2)河岸的崩坍和弯曲。自然界中汊道的一支或两支往往具有微弯的外形,由于入口部分环流的作用,进入凹岸一侧的含沙量较小,它将逐渐发展,特别是顶冲点处的河岸,将不断崩坍后退,冲刷的泥沙则在对岸江心洲上淤积。而另一侧则逐渐衰退,当凹岸主汊弯曲发展到一定程度时,河岸不再崩坍,将逐渐稳定,其支汊也相应稳定下来。但当凹岸有广阔的河漫滩时,凹岸支汊将不断弯曲发展,顶冲点不断下移,江心洲也相应向凹岸一侧淤长,汊道将发展成为鹅头形分汊河道。

(3)汊道的兴衰和交替。如果上游水流条件不变,弯曲的汊道由于河身加长,河床曲折,水流阻力加大,因而分流比不断减小。汊道弯曲也会影响到分流区的环流形态,使越来越多的泥沙进入弯汊,这样弯汊就会逐渐衰亡,而直汊则逐渐发展。支汊衰亡,主汊发展为单一河道。

事实上,天然情况下上游水流条件是不可能不变的,因此在汊道发展过程中,在许多情况下,当支汊衰退到一定阶段时,由于水流条件发生了变化,会出现衰退停滞的现象。甚至两汊有可能交替发展,即支汊由衰退转化为发展,甚至成为主汊,而主汊由发展转为衰退,甚至变成支汊,一汊发展有赖于一汊的衰亡。在分流区上游河段有交错边滩不断下移时,则将使两汊入口水流条件交替变坏,从而使两汊发生交替发展和衰退现象。复杂分汊河段多发生在河道极度展宽处,形态极为复杂,各汊水流及泥沙因素较紊乱,分流分沙情况常发生变化,其演变规律因此十分复杂,但也不外乎一汊的发展赖于其他汊道的衰退。

由于天然河流的流量是不断变化的,在不同流量时,汊道上游的节点挑流作用是不同的,因而会使入汊水流动力轴线在两汊间作往复摆动,这样两汊都有冲刷机会,使得汊道能保持相对稳定。

4. 游荡型河道演变

游荡型河道的一般形态和演变规律具有一系列特征,其中最基本的特征是水流散乱和主槽摆动不定,前者属于形态方面的特征,后者属于演变方面的特征,具备这两个特征即可区别于其他类型的河段,而确定为游荡型河道。

游荡型河道河床演变的基本特点如下:

(1)游荡性河段的纵剖面变化。平原河流的纵剖面变化,一方面与上游来水来沙条件有关;另一方面与下游侵蚀基点有关。此外,如堤防的约束、支流的入汇、地壳的升降等均有一定影响。因此,即使同属游荡性河段,由于各方面条件不一样,纵剖面的变化也不可能一样。

从黄河下游来看,黄河自孟津出峡谷后,由于河谷骤然放宽,比降变小,河水流势忽然趋于平缓,其水流挟沙能力减小,不能挟带上游来的大量泥沙,于是河床不断堆积抬高,河道变得"宽浅、散乱",素以"善淤、善冲、善决"著称。从长时段的平均情况看,河床是单向淤积抬高的,但从年内情况看则有冲有淤,冲淤交替。

(2)游荡性河段的平面变化。游荡性河段平面变化的基本特点是,主流摆动不定,河势变化剧烈。游荡性河段主流横向摆动如此剧烈的原因,根据黄河现场及模型试验资料分析后,可归纳为以下几点:①河床堆积抬高,主流夺汊。在串沟汊道交错的河槽中,主流所经过的流道处河床本来较低,但由于泥沙淤积,河床和水位逐渐抬高,水流便转向较低和较顺直的流道分流,经过一场大水后,主流便完全改走汊道,原主流河道则逐渐淤塞。②洪水拉滩,主流摆动。由于游荡性河段河滩多为易冲的细沙组成,在水流作用下,极易被冲刷移动,特别是新形成的嫩滩,更易被冲蚀切割,因而主流也可能易位摆动。③沙滩移动,主流变化。游荡性河段沙洲密布,在水流作用下,极易被冲刷移动,因而引起主流相应变化。④上游主流方向改变。由于各种原因,上游河势变化,其下游主流流路也相应改变,引起主槽摆动。前两种原因使主流发生突变,后两种原因使主流发生缓变,不管是突变还是缓变,其出现往往比较突然,带有一定偶然性。

(3)游荡性河段上的"节点",对主流的摆动有一定的钳制作用。如前所述,游荡性河段多呈宽窄相间的藕节状,在宽段主流变化剧烈,在窄段由于两岸土质较好或受人工建筑物的控制,形成了"节点"。窄段水流规顺,沙滩较少,主流摆动幅度小,且当上游河势发生变化时,"节点"还有一定的调整作用,使得下游流路较为稳定。节点一般有两种类型:一种两岸皆有依托,位置固定,在中水位以上起到控制河势的作用,称为一级节点;另一种只有一岸有依托,在中水位以下,与对岸运移变化着的沙滩结合起来,在一定程度上也能制约主流,但这种制约作用往往因对岸沙滩的变迁而变化。

应该指出,黄河下游游荡型河道演变极其复杂,究其原因,主要是黄河水少沙多、水沙异源、年内年际变化大等水沙特点决定的。水少沙多,水沙搭配不相适应是造成黄河下游河道淤积的主要原因。多年来对实测资料和实际河道的研究发现,影响黄河下游冲淤的主要因素有来水来沙条件、河道的输沙能力、高含沙洪水的冲淤特点、滩槽冲淤特点、下游河道淤积物粒径等。"八五"期间,黄委会黄河水利科学研究院赵业安等又协同有关科研单位和高等院校研究了黄河下游河道在三门峡不同运用方式,特别是清水冲刷和集中排沙情况下,下游河道不同粒径泥沙的冲淤特性和冲淤调整规律;黄河下游高含沙洪水的水沙特性及沿程调整特性;黄河下游河道纵横剖面的调整特点等。总起来说,下游河道具有"多来、多排"的特性,河道输沙能力主要取决于来水量、来沙量的大小及过程,泥沙组成及河道特性等。实际上早在20世纪60年代初,赵业安就提出了修建小浪底水库调水调沙的治河建议。1989年王化云在《我的治河实践》一书中,明确指出调水调沙的治河思想。涂启华、张俊华以及齐璞等,也一直致力于小浪底水库调水调沙方案的制订。无论如何,通过水库调水调沙运用,以改善进入下游河道的水沙条件及过程,总可能使下游河道朝着有利的方向发展。

六、河道整治规划及河道整治工程

河道整治必须有明确的目的性,根据不同的目的进行整治规划和布局。河道整治有长河段的整治及局部河段的整治。在一般情况下,长河段的河道整治主要是为了防洪和航运,而局部河段的河道整治则是为了防止河岸坍塌、稳定工农业引水口以及桥渡上下游的工程措施。

防洪要求河道有足够的泄洪断面,河线比较规顺,河岸及河势比较稳定,以保证堤防的安全。航运要求水流平顺,深槽稳定,保证有一定的水深和流速,并避免产生险恶的流态。工农业引水也要求河道比较稳定,并维持一定的水位,以保证引水,使引水口进入泥沙较少。

河道整治的基本原则是全面规划,综合治理,因地制宜,因势利导。不同的河型及不同的国民经济要求,河道整治的方法和措施也不同。根据规划内容进行资料收集、整理分析,结合野外查勘和观测,并进行必要的室内试验研究。

(一)河道整治规划参数的设计

河道整治规划的主要参数有设计流量、整治河宽和治导线。

1. 设计流量的确定

设计流量是针对洪、中、枯水河槽的治理,在河道整治规划中各有其相应的特征流量。

洪水河槽的设计流量:洪水河槽的整治主要为防洪,保证河槽能宣泄特大洪水,并保证重点河段的堤岸不坍塌,中水河势稳定,确保防洪安全。确定设计洪水流量是根据工程的重要性选择某一频率的洪峰流量,特别重要的地区可取 1% ~0.33% ;重要地区取 2% ;一般地区取 10% ~5% 。

枯水河槽的设计流量:枯水河槽的整治主要为保证航运和无坝引水具有一定水位及稳定的引水口,一般针对过渡段(即浅滩段)。确定枯水设计流量一般有两种方法:一是根据长系列日平均水位的某保证率来确定,由水位求出流量,保证率的大小视航道的等级而定,一般取 90% ~95% ;二是采用多年平均枯水位或历年最枯水位时的流量作为枯水设计流量。

中水河槽的设计流量(造床流量):洪水的宣泄主要靠中水河槽,中水河槽是在造床流量作用下形成的,水流造床作用最强烈。中水河槽得到整治后,水流和河道达到平顺,洪、枯水河槽容易解决。因此,将着重介绍中水河槽的整治。

2. 整治河宽的确定

整治河宽是指造床流量下相应河槽直河段的水面宽度。目前整治河宽的确定有两种方法:一是计算法,可按有关河相关系计算,各公式都是在特定流域条件下的产物,当所研究流域的自然条件与上述特定流域条件接近时,这些经验公式有一定的实用价值,如两者相差较远,应用公式时,其系数与指数可根据实际资料而定;另一个是统计分析法,亦即选择有代表性的河段,统计造床流量下的河宽作为设计河宽。

3. 治导线的确定

治导线也称整治线,是指河道经过整治后在设计流量下的平面轮廓。一般用两条平行线表示。由于影响流路的因素很多,流路及相应的河宽均处在变化过程之中。而治导线描述的是一种流路,给出了流路的大体平面位置,而不是某河段固定不变的水边线。目前河道整治还是以经验为主,近阶段的实践表明,用两条平行线表示的治导线所表示控导的中水流路,既可满足河道整治的需要,又便于确定整治工程的位置。

(1)设计参数。治导线的设计参数除包括上述设计流量、设计河宽外,还有设计水位、排洪河槽宽度以及河湾要素等。

(2)拟定治导线。拟定一个河段的治导线是一项相当复杂的工作,要根据设计河宽、河湾要素之间的关系,并结合丰富的治河经验才能绘出符合实际的治导线。拟定时由上而下进行到最后一个河湾,并要进行检查修改,分析弯道形态、上下弯关系、控导溜势的能力、弯道位置以及对当地利益兼顾程度等,发现问题及时进行调整。拟定后还要对比分析天然河湾个数、弯曲系数、河湾形态、导溜能力、已有工程的利用程度等,论证治导线的合理性。一个切实可行的治导线需经过若干次调整后才能确定下来。

(二)河道整治措施及工程布局

下面以黄河下游河道整治为例加以阐述。

1. 河道整治方案

20世纪50年代初有计划地进行河道整治以来,曾研究、实践过如下不同的方案。

1)纵向控制方案

1960年在黄河下游治理中提出了"采取'纵向控制,束水攻沙'的治河方案。纵向控制主要是修建梯级枢纽,以抬高水位,保证灌溉引水,加速河床平衡。初步打算,在桃花峪以下修建花园口等10座枢纽工程。枢纽建成后,在坝下的河段采取'以点定线,以线束水,以水攻沙'的办法,达到消灭或防止回水区淤积游荡,保证堤防安全灌溉航运之利"。"打算在8年内……将使下游河道最后达到治导线所规定的流向和宽度。"随着建成的花园口、位山两座枢纽的破坝废除,纵向控制方案宣告结束。

2)平顺防护整治方案

游荡性河段,主溜难以控制,为了不缩窄河槽,提出了平顺防护整治方案,即在两岸沿堤防或距对岸有足够宽度的滩岸上修建防护工程,把主溜限制在两岸防护工程之间。该方案具有不减小河道的排洪滞洪能力、工程不突出、险情轻等优点。但是水流并非顺工程而下,在河势演变的过程中,主溜也会以斜向或横向冲向工程,与现有险工的受溜情况相近,且需要修建的工程长度会接近河道长度的2倍,工程长,耗资大,也难以改变被动抢险的状态。因此,没有采用此方案。

3)卡口整治方案

此方案也称对口丁坝方案或节点方案,即沿河道每隔一定距离修建工程(如对口丁坝),形成窄的卡口。卡口与宽段相间,像藕节一样,故亦称节点。目的是借节点控制流路,并以此来约束卡口之间的河势变化。黄河下游存在一些卡口,如左岸曹岗险工与右岸麻君寺控导工程之间、左岸濮阳聂固堆胶泥嘴与右岸鄄城苏泗庄险工之间都是卡口。卡口以下的河势变化都很大,表明靠卡口不能控导河势,因此也未采用。

4)麻花型(∞型)整治方案

在河势演变的过程中往往存在两种基本流路。一些河段的两条基本流路的弯道段左右相对,直线段交叉,形如食用的麻花或∞,故称麻花型方案或∞型方案。该方案是在总结河势演变规律的基础上提出来的。修工程后可以控制河势,但因要控制两条基本流路,加之两种基本流路过渡时的工程措施,两岸需修建的工程总长度要为河道长度的140%以上。因此,这种方案需要修做的工程长,投资大,也表明控导黄河下游游荡性河段是极其困难的。

5)微弯型整治方案

本方案是在充分分析河势演变规律的基础上,选择一条中水流路与洪水、枯水流路相近的,能充分利用已有工程的,对防洪、引水、护滩综合效果较优的流路作为整治流路。这种流路较一般蜿蜒河型的弯曲系数小,故称微弯型。弯曲性河段及过渡性河段主溜都具有弯曲的外形。游荡性河段外形顺直,但就一条主溜或汊溜的流线而言也具有曲直相间的弯曲形式。微弯型整治方案采用一岸控制,仅在凹岸弯道修建工程。微弯型整治方案得到了黄河水利科学研究院大量物理模型试验的检验,特别是游荡型河道的局部河段,按经过试验修正过的方案布设工程,也较好地控制了河势。

2. 河道整治措施

黄河下游的河道整治主要包括河槽整治和滩地整治。二者同时并举才能取得好的效果。

滩地整治主要指对滩面和堤河的治理。洪水漫滩时,串沟集中过流对滩区群众安全不利,堤河内顺堤行洪又会危及堤防的安全,因此要进行治理。主要措施是人工堵截串沟,或在串沟中做柳柜,漫滩时借柳柜缓溜落淤,淤高串沟。堤河可采用自然落淤和人工放淤的办法淤高,以减小临堤水流的强度,或沿堤河适当部位修丁坝防止水流冲塌堤防。在整治滩地的同时,还要尽量淤高滩地,保持滩槽高差,以利全河道行洪。对有损于滩地滞洪淤沙的要予以禁止。1974年国务院作出了废除生产堤的指示,1987年行政首长负责,在生产堤上按长度的20%破除了口门,1992年又按50%破除了口门,并规定不得重新堵复。只有促使滩面的落淤抬高,才能维持河槽的过洪能力。

河槽整治主要是采用修建控导工程和险工的办法,控导河势,稳定河槽。河槽整治历来就是河道整治的重点。

3. 微弯型整治的平面布局

黄河下游微弯型整治工程主要包括险工和控导工程两部分。为了保护堤防安全,依堤修建的丁坝、垛、护岸工程,称为险工。为了控导河势,在滩区适当地点修建的丁坝、垛、护岸工程,称为控导工程或控导护滩工程。险工与控导工程相配合控制微弯型整治选择的中水流路。为了达到整治目的,必须合理确定中水流路的治导线和整治工程位置线。

每一处河道整治工程坝垛头部连线,称为整治工程位置线,简称工程位置线或工程线。整治工程位置线是依治导线而确定的一条复合圆弧线。其作用是确定河道整治工程的长度及坝头位置。

在依照治导线确定整治工程位置线时,首先要研究河势变化情况,确定最上的靠溜部位,作为修建工程的起点,中下段要具有导溜和送溜的能力,以便按治导线确定的流路把溜送到下个河湾。一般情况下,中下段与治导线重合,上段要放大弯曲半径或采用与治导线相切的直线退离治导线。但不能布置成折线,并要把工程起点布置到河势可能上提的最上部位,防止抄工程后路。

整治工程位置线按照与水流的关系自上而下可分为三段。上段为迎溜段,采用较大的弯曲半径或直线,以适应来溜的变化,利于迎溜入弯;中段为导溜段,采用较小的弯曲半径,以便在较短的距离内控导溜势,调整改变水流方向;下段为送溜段,其弯曲半径比中段稍大,以便顺利地送溜出弯。这种工程线习惯上称为"上平下缓中间陡"的形式。

(三)整治建筑物

1. 整治工程的形式

黄河下游的河道整治工程主要有堤防、险工和控导工程。险工是在堤防经常临水的堤段修筑丁坝、垛(短丁坝)和护岸工程,以保护河岸和大堤。控导工程是在堤防前面有滩地的堤段修筑丁坝、垛和护岸工程,以保护滩地并控导水流,形成较稳定的中水河槽。

险工及控导工程按平面外形大致有凸出型、平顺型及凹入型。凸出型工程位于堤线凸出部位,有显著的挑流作用,由于工程着溜点不同,工程下游水流分散,河床宽浅散乱。平顺型工程的整个外形比较平直,呈现几个微弯,工程靠溜部位变化大,出流方向不稳定,不能很好地控导河势。凹入型工程位于堤线凹入部分,是凹入型弧线,不同流势的水流均能很好地顺着凹弧以相同的方向导出,对控导河势的作用较好。

2. 整治建筑物的布置

整治建筑物有丁坝、垛和护岸。一般以丁坝为主、垛为辅。在坝、垛之间有时还修有护岸。

丁坝坝身较长,凸入河中,挑流能力强,保护岸线长,用以挑托水流离开堤岸,**掩护下游堤岸**免受水流冲刷。

垛身较短,用以迎托水流,削减水势,不使水流直接冲刷堤岸。

护岸工程直接修在堤岸坡面上,用以挡风浪,防止顺流和回流冲刷。

每一处整治工程的丁坝、垛和护岸的作用相辅相成,上段宜修垛,下段宜修坝,并辅以护岸。

丁坝按外形有直线型、拐头型和抛物线型。直线型丁坝是常用的较好型式。坝头按外形有流线型、圆头型和斜线型。流线型坝头迎流顺、托流稳,导流能力强,坝间回流小,是较好的型式。

七、研究河段的特殊水流泥沙现象

由于研究河段的来水来沙和边界条件的复杂性,有些河段存在特殊的水流泥沙现象,像黄河流域的水库在初期拦沙运用过程中经常会出现异重流现象,异重流成为拦沙运用中主要的泥沙输移方式。像在小北干流河段及渭河下游局部河段,由于河床边界和汛期来水来沙的特点,时有"揭河底"现象发生,"揭河底"对汛期的河床调整作用巨大。因此,有必要在模型设计中充分考虑这些现象,以达到能全面模拟的目的。

(一)异重流

在人类改造大自然的活动中,规模最宏伟、影响最深远的,无过于拦截河流所修建的大大小小的水库。这些水库给自然环境和社会生活的各个方面都带来了巨大的影响。然而,伴随而来的是水库淤积问题。水库的淤积严重地降低了水库的寿命和效益,威胁着水库除害兴利、综合利用效益的发挥。因此,研究水库水沙运行规律是控制水库泥沙淤积的前提。异重流则是多沙河流水库中非常常见的一种排沙现象。

异重流是两种比重相差不大、可以相混的流体,因为比重的差异而发生的相对运动。各水流能保持其原来面目,不因交界面上的紊动现象以及其他的紊动作用混淆而成一体。

清浑水的容重差异是产生异重流的根本原因。可以想象到,在清浑水的垂直交界面上两侧的压力不同,浑水一侧的压力大于清水一侧而产生压力差,且愈近河底压力差愈大,就促使浑水向清水侧以下潜的形式流动。这就是产生浑水异重流的物理实质。

异重流一旦产生,正像一般明渠水流之所以能产生运动的原因一样,维持其前进的动力也是重力。所不同的是,在异重流中,因为两种流体的比重相差不多,浮力使重力的作用大大减小。因此,在一般明渠水流中,重力和惯性力处于同等重要的地位,而在异重流中,前者的作用远小于后者。

因此,异重流之所以能发生运动需要具备两个条件。第一是两种水流必须有比重上的差异,这样才能产生有效重力。对于水库异重流而言则是由于挟带泥沙量的差异而产生的容重差。根据实测资料,河流中的含沙量的差异只要略大于1/1 000,进入水库后就会发生潜流。在实验室里,我们甚至可以在含沙量更低的条件下做出异重流,当然这样的异重流的流速不会很高。根据试验结果,在含沙量较小($5 \sim 10$ kg/m^3)时,虽然可以形成异重流但不稳定,含沙量达到$10 \sim 15$ kg/m^{3}以后形成的异重流较为稳定。而且含沙量愈大,异重流的流速愈高。第二是在异重流运动的方向必须有能量的降落,不然重力无以发生作用。即清浑水的交界面必须沿流动方向有一定的坡度。如果交界面的坡度和底坡方向相反,而且前者比后者大很多,那么,异重流一样可以逆底坡倒流。在两条河流相汇的地方,来自一条河流的异重流,常常会侵入另一条河流的河谷,把浑水带到河谷的上游。小浪底水库库区支流的淤积大多为异重流倒灌淤积。

(二)"揭河底"

"揭河底"冲刷是黄河小北干流河段独特之奇观,它是在一定的河床边界条件下,遇到高含沙量的大洪水时,对河床产生剧烈的集中冲刷,一般发生在洪峰之后的落水期。

"揭河底"发生前数小时,龙门河段洪水中一般会漂浮大量的树枝、杂草等物,并发出很浓的臭泥腥味,水流浑浊,水面平静,接着很快就出现滚滚恶浪,河床大泥块被水流掀起露出水面,面积几平方米甚至十几平方米,有的泥块像墙一样直立起来与水流方向垂直,而后"扑通"一下倒进水中,很快被洪水吞没。河面上大量泥块此起彼伏,顺水流翻腾而下,满河开花,汹涌澎湃,水声震耳欲聋。"揭河底"冲刷持续一段时间,会冲出一条数米深数百米宽的河槽,一般沿水流方向成带状分布。

"揭河底"冲刷是该河段河床演变的特有规律所决定的,是河床自然调整演变的过程,也与该河段的河道特性密切相关。根据对1950年以来"揭河底"冲刷现象的实测资料分析,产生大范围"揭河底"冲刷一般应具备以下四个条件:

(1)洪峰流量大,且大流量持续时间长。龙门站最大瞬时流量大于7 400 m^3/s,流量大于5 000 m^3/s的洪峰持续历时在8 h以上,或最大日平均流量大于3 100 m^3/s。

(2)洪峰与沙峰过程基本相应,或沙峰略滞后于洪峰。

(3)水流含沙量大,持续时间长。龙门站瞬时最大含沙量大于542 kg/m^3,含沙量大于 400 kg/m³ 的沙峰持续 16 h 以上,或最大日平均含沙量大于 400~500 kg/m³。

(4)河床调整达到临界状态。即当河床横断面形态和纵比降调整达到一定程度,而且河床淤积物具有一定厚度、固结程度较高时,才有可能发生"揭河底"冲刷。历次发生"揭河底"冲刷前,龙门站的 700 m³/s 相应水位都在 376 m 以上。

实践表明,在河床边界条件基本具备的情况下,高含沙量的中小洪水也可引发局部"揭河底"冲刷。2002 年 7 月 4~5 日,黄河龙门站最大洪峰流量 4 600 m³/s,2 350 m³/s 以上的流量共持续 5.3 h,最大含沙量 790 kg/m³,500 kg/m³ 以上的含沙量共持续 9 h,黄河小北干流山西河津河段即发生了局部"揭河底"冲刷现象。

"揭河底"是一种特殊的河流冲刷现象,其中包含着许多尚未认识的复杂规律。目前,对"揭河底"的机理尚未完全认识,初步认为:当河床因淤积使纵比降和横断面形态调整到一定程度并发生"晾河底"等现象后,为河床成层成块淤积物的形成以及块体边界剪应力及层间黏合力的削弱或消失创造了条件。高含沙洪水出现后,使水流可能掀起或悬浮的成块淤积物有效重力减小,悬浮功变小。若受河床边界条件影响出现大中尺度涡漩,水体动能向底层传递,底层紊动、脉动特性增强,在忽略层间黏合力和块体间的边界垂向剪应力条件下,水体可能掀动的河床淤积物块体最大厚度,与淤积物密度、浑水体密度、糙率系数、底层流速或平均流速等有关。当河床淤积物块体厚度小于这一最大厚度时,涡漩引起的垂向脉动增强,即可促发"揭河底"现象发生。

第二节　实体模型设计资料的收集与选择

一、地形资料的收集

地形资料包括历年河道或库区的实测大断面资料、水文站测流断面的资料及纸质地形图或 DEM 等。断面实测资料可以为计算水力要素提供面积、水力半径等,断面套绘可以了解河道的横断面形态冲淤变化过程。通过纸质地形图或 DEM 可以为无实测断面的河段提供模型所需要的水上地形资料等。因此,有必要充分重视研究范围内的地形资料的收集。

二、水文泥沙资料的收集

水文泥沙资料的收集主要包括测流断面或水文站断面的水位、水温、流量、泥沙、水质、蒸发量及雨量站的降水量等资料。其中,水位资料包括逐日平均水位、水位频率、冰雪记录、地下水位、水温月年统计等;流量资料包括实测流量、逐日平均流量、洪水水文要素及流量频率等;含沙量资料包括实测悬移质输沙率、逐日平均含沙量、悬移质输沙率月年统计、实测悬移质断面平均颗粒级配、月年平均悬移质颗粒级配、实测悬移质单位水样颗粒级配、实测河床质断面平均颗粒级配、实测推移质断面平均颗粒级配、实测推移质输沙率等;降水资料主要包括逐日降水量、汛期降水量等。

在上述资料收集过程中一定注意测站的变迁情况、测流断面的变迁历史、高程系统的设置情况、泥沙测验仪器的更新情况、泥沙级配测验方法的变更情况等。上述这些问题将直接影响资料的统一性、准确性等,若不注意这些情况可能会引起资料使用的混乱和模型设计的错误。像黄河地形资料与水文资料中的高程系统在一般情况下是不同的,同是地形也有好几种坐标及高程系统,后者在黄河中上游地区尤为突出,如黄河下游的滩地地形图和 DEM 数据等是黄海高程系统,而实测大断面则是大沽高程系统,在应用这些资料时要尤为注意。黄河泥沙颗粒级配的测验也经历了粒径计法、吸管法及激光粒度法等。因此,在使用资料的过程中一定要注意资料的相互转化和修正。

第三节　实体模型设计过程

本节重点介绍多沙河流动床模型设计过程及注意事项,至于水工及河口模型设计可以参考本节内容。模型设计主要依据黄河水利科学研究院模型相似律中的水流重力相似条件、水流阻力相似条件、泥沙悬移相似条件、水流挟沙力相似条件、河床冲淤变形相似条件、泥沙起动及扬动相似条件、河型相似条件等。

具体的模型设计流程可以用图 5-1 表示。

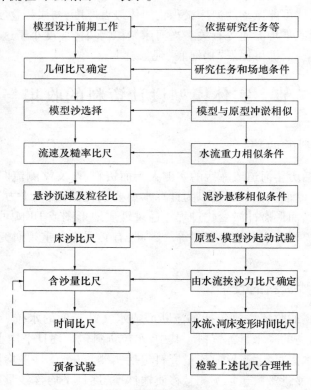

图 5-1　模型设计流程

图 5-1 只是对模型设计的整体进行了概括,具体设计过程及各个比尺的计算如下。

一、几何比尺的选择

在确定几何比尺前,有必要根据研究的内容和场地试验条件来初步确定水平比尺,根据研究河段的平均水深、平均河宽等确定垂直比尺。

在垂直比尺确定时要注意模型的变态问题,通常天然河道的水深较浅,若将模型设计成为正态,则模型水深将会很小,给试验造成不能忽视的缩尺效应。因此,一般天然河道的模型为变态模型,但由于要考虑模型水流的深度应满足的表面张力及试验量测的要求,需要对选择的模型变率的合理性进行充分的论证。

模型变率的合理性可以采用张红武、窦国仁、张瑞瑾等人对模型变率的研究成果进行,以保证模型变率在所限制的范围内,使设计的模型满足工程实际需要。

二、模型沙选择

在选定模型几何比尺后,要根据研究河段天然河床质组成特点及其土力学特性分析选择模型沙。

天然河床质的土力学特性主要包括床沙的颗粒级配、容重、干容重、内摩擦角、水下休止角、凝聚力、土质的液限和塑限等,依据上述土力学指标和各种模型沙的物理化学特性分析,初步确定适合该河段的模型沙。若该河段在以前做过类似的模型试验,可以参考以往模型沙选择的数据及论证,但如果模型比尺有所变化,应重新对所选择的模型沙进行论证,以确保所选择的模型沙与天然河床组成的相似性,这样也才能保证模型试验结果的可靠性。

三、流速及糙率比尺

流速及糙率比尺的计算依据是水流重力、阻力相似条件。

水流重力相似条件

$$\lambda_v = \lambda_H^{0.5} \tag{5-1}$$

水流阻力相似条件

$$\lambda_n = \frac{\lambda_R^{2/3}}{\lambda_v}\lambda_J^{0.5} \tag{5-2}$$

把几何比尺中的水平比尺 λ_L 和垂直比尺 λ_H 代入上两式中即可求得流速比尺 λ_v 和阻力比尺 λ_n,由水平比尺、垂直比尺、流速比尺即可求出流量比尺 $\lambda_Q = \lambda_L\lambda_H\lambda_v$。

另外,值得注意的是,对计算出的糙率比尺有必要进行合理的论证,保证模型糙率与原型糙率的相似性,若两者的差别能影响到试验结果的正确性,可采取必要的加糙或减糙措施进行补救。

四、悬沙沉速比尺及粒径比尺

在利用黄河水利科学研究院模型相似律进行模型悬沙沉速比尺计算时,通常有两种方法可以计算悬沙沉速比尺。

第一种方法是根据平衡含沙量分布系数变化规律与悬浮指标的关系,直接利用推导出的沉速比尺公式进行计算。计算公式如下:

当 $\frac{\omega}{\kappa u_*} \leq 0.15$ 时

$$\lambda_\omega = \lambda_v \left(\frac{\lambda_H}{\lambda_L} \right)^{0.97} \exp\left[4.4 \left(\frac{\omega}{\kappa u_*} \right)_p \left(\frac{\lambda_v}{\lambda_\omega} \sqrt{\frac{\lambda_H}{\lambda_L}} - 1 \right) \right] \tag{5-3}$$

当 $0.15 < \dfrac{\omega}{\kappa u_*} \leqslant 0.5$ 时

$$\lambda_\omega = \lambda_v \lambda_k \left(\frac{\lambda_H}{\lambda_L} \right)^{0.75} \tag{5-4}$$

上述公式的简化过程可参考第三章中的内容。

第二种计算方法是根据平衡含沙量分布系数比尺 λ_a，直接代入沉速比尺 $\lambda_\omega = \lambda_v \dfrac{\lambda_H}{\lambda_L \lambda_a}$ 进行计算。由于在上述两个公式中都有 λ_ω 存在,因此,该过程是一个试算的过程,可以编写相应的计算机程序进行计算,以减少工作量。

悬沙粒径比尺计算可以根据由泥沙沉速公式推导出来的粒径比尺公式计算。在黄河中下游由于原型沙和采用的模型沙都比较细,可采用滞流区公式计算沉速,由此可得到悬沙粒径比尺关系式

$$\lambda_d = \left(\frac{\lambda_\omega \lambda_\nu}{\lambda_{\gamma_s - \gamma}} \right)^{1/2} \tag{5-5}$$

式中 λ_ν 为水流运动黏滞系数比尺,该比尺与原型及模型水流温度及含沙量大小等因素有关,若原型及模型两者水温的差异较大,可使 λ_ν 有很大的变化幅度,进而使 λ_d 有较大的取值范围。显然,在模型设计时给 λ_d 一定值是不合适的。合理的方法是,在试验过程中根据原型与模型温差等条件适当选择 λ_d。

五、模型床沙粒径比尺

黄河水利科学研究院的研究表明,不同种类的模型沙,由于其容重、颗粒形状等方面存在较大差异,尚不能直接由现有的泥沙起动流速公式计算模型沙的起动流速,而且这些公式用于天然河流(特别是黄河),其计算结果也会偏小不少。正因如此,对于黄河沙质河床的模型设计,不能直接采用泥沙起动流速公式推求模型床沙的粒径比尺,而不得不分别确定原型泥沙的起动流速和模型沙的起动流速,然后判断两者的比值是否满足起动和扬动相似条件。

在确定天然情况下河床泥沙的起动、扬动流速时,要注意研究河床泥沙的组成,点绘泥沙不冲流速与床沙质含沙量的关系曲线时也应选择与研究河段相近的泥沙。

六、含沙量比尺

含沙量比尺可以通过估算得出初步值,供具体计算时参考。估算公式为

$$\lambda_S = \lambda_{S_*} = 4.4 \frac{\lambda_{\gamma_s}}{\lambda_{\gamma_s - \gamma}} \frac{\lambda_H \lambda_v}{\lambda_L \lambda_\omega} \tag{5-6}$$

如果采用 $\lambda_\omega = \lambda_v \left(\dfrac{\lambda_H}{\lambda_L} \right)^{0.75}$,式(5-6)变为

$$\lambda_S = \lambda_{S_*} = 4.4 \frac{\lambda_{\gamma_s}}{\lambda_{\gamma_s - \gamma}} \left(\frac{\lambda_H}{\lambda_L} \right)^{0.25} \tag{5-7}$$

由水流挟沙相似条件 $\lambda_S = \lambda_{S_*}$ 可知,含沙量比尺可通过计算水流挟沙力比尺来确定。同时适用于原型沙及轻质沙的水流挟沙力公式为

$$S_* = 2.5\left[\frac{\xi(0.002\,2 + S_V)v^3}{\kappa\left[\dfrac{\gamma_s - \gamma_m}{\gamma_m}\right]gh\omega}\ln\left(\frac{h}{6D_{50}}\right)\right]^{0.62} \tag{5-8}$$

式中: κ 为卡门常数; γ_m 为浑水容重; ω_s 为泥沙在浑水中的沉速; v 为流速; h 为水深; D_{50} 为床沙中径; S_V 为以体积百分比表示的含沙量; ξ 为容重影响系数,可表示为

$$\xi = \left[\frac{1.7}{\gamma_s - \gamma}\right]^{2.25} \tag{5-9}$$

若选用的模型沙 γ_s 约为 2.1 t/m³,则 $\xi = 2.5$。对原型沙, $\gamma_s = 2.7$ t/m³,则 $\xi = 1$。

采用式(5-8)计算水流挟沙力,应考虑含沙量对 κ 值及 ω 的影响,两者与含沙量的关系分别为

$$\kappa = \kappa_0\left[1 - 4.2\sqrt{S_V}(0.365 - S_V)\right] \tag{5-10}$$

$$\omega_s = \omega_{cp}(1 - 1.25S_V)\left(1 - \frac{S_V}{2.25\sqrt{d_{50}}}\right)^{3.5} \tag{5-11}$$

式中: κ_0 为清水卡门常数,取为 0.4; ω_{cp} 为泥沙在清水中的平均沉速; d_{50} 为悬沙中径。

初步的含沙量比尺,要待模型制作完成后,通过专门的验证试验,率定含沙量比尺及其相应的河床冲淤时间比尺,保证模型洪水流态及河床冲淤变形的相似。

七、时间比尺

泥沙模型一般存在着两个时间比尺,即由水流连续相似导出的时间比尺 $\lambda_{t_1} = \lambda_L/\lambda_v$ 及由河床变形相似导出的时间比尺 $\dfrac{\lambda_{\gamma_0}\lambda_L}{\lambda_S\lambda_{t_2}\lambda_v} = 1$。若两者相差较大,即出现所谓的时间变态。对于非恒定的原型状况,模型中时间变态将不能保证水力要素相似,进而还会影响泥沙运动的相似性,且河床冲淤变形也难做到严格的相似。与含沙量比尺相应的另一个关键比尺是河床冲淤变形时间比尺。只有正确地确定时间比尺,才能使模型反映出来的河床变形与原型相似。

由河床变形相似导出的时间比尺可以看出,一旦选好了模型沙、几何比尺,河床冲淤变形时间比尺 λ_{t_2} 只取决于含沙量比尺 λ_S。一定的含沙量比尺就对应着相应的 λ_{t_2}。验证试验时两者也是相互制约的。亦即:模型河床变形相似的验证,必须是在一定的水沙过程(同时受 λ_S 及其相应的 λ_{t_2} 的制约)中完成的。

由河床变形时间比尺关系式可知,如果选用比重很小的轻质沙作为模型悬移质泥沙,往往因 $\lambda_S < \lambda_{\gamma_0}$ 而使模型出现 $\lambda_{t_2} > \lambda_{t_1}$ 的时间变态,这是黄河下游洪水模型不宜采用容重小于 19.6 kN/m³ 的材料作为模型沙的另一个主要原因,况且水流运动过程同冲淤过程是互相影响的,因此不能轻易舍弃水流运动的相似条件。

八、河型相似条件

河型相似条件为

$$\left[\frac{\left(\frac{\gamma_s-\gamma}{\gamma}D_{50}H\right)^{1/3}}{iB^{2/3}}\right]_m \approx \left[\frac{\left(\frac{\gamma_s-\gamma}{\gamma}D_{50}H\right)^{1/3}}{iB^{2/3}}\right]_p \qquad (5\text{-}12)$$

由这些比尺关系式组成的模型相似律,将在下章进行试验验证。

九、水工建筑物中水力现象的模拟

水力模型试验对水工建筑物的设计具有重要价值,特别是研究空间条件下建筑物与水流相互影响的问题时更显得重要。对于大型的水工建筑物和溢流坝、压力输水道(隧洞、泄水管)、泄水闸门、船闸、消力池及跌水等,均应根据该工程的重要程度考虑进行模型试验。进行水工建筑物模型试验时所要研究的内容有下列各方面:

(1)验证设计的过流能力,包括测定水位—流量关系曲线、流量系数等。

(2)确定最优的进出口、洞身、闸门槽或坝面的型式,进行压力分布的测定,并研究侧向和竖向收缩的影响等。

(3)研究施工及不同运转情况下水流的现象和衔接的情况。

(4)研究合适的水流衔接的形式,测定流速分布和冲刷情况,确定消能设备的型式及尺寸。

(5)研究气蚀现象。但这种模型须在真空箱中进行试验,使模型与原型的大气压及水汽压相似,以免两者发生压力不相似的情况。

通过这些建筑物的水流的运动主要由重力控制,故须按重力相似准则设计模型,并应采用正态模型。普通模型几何比尺的选择,多依据实验室面积、流量供给、时间、费用等因素,并考虑上述各种限制条件之后而定。根据任务要求,模型可以设计成断面、半整体或整体模型。

根据 Escande 等人的研究,低坝溢流可视为势流运动,不必考虑阻力问题。当进行高坝(坝高>50 m)或陡槽等泄水建筑物的模型试验时,由于沿坝面或槽底水流中存在阻力,则需要考虑阻力的影响。

在按重力相似准则设计模型时,要求模型中的 $Re_m > Re_g$ (Re_g 是为了保持流态相似所需要的模型中的最小雷诺数,即模型中雷诺数的下限),从而模型的线性比尺要按下述关系来选择。

$$Re_m = \frac{v_m R_m}{\nu_m} = \frac{v_p R_p}{\nu_m \lambda_l^{1/2} \lambda_l} = \frac{v_p R_p}{\nu_m} \cdot \frac{1}{\lambda_l^{3/2}} \qquad (5\text{-}13)$$

因为模型试验也多采用水,即 $\nu_m = \nu_p$,所以

$$\lambda_l^{3/2} = \frac{\dfrac{v_p R_p}{\nu_p}}{Re_m} = \frac{\dfrac{v_p R_p}{\nu_m}}{Re_m} = \frac{Re_p}{Re_m} \qquad (5\text{-}14)$$

即

$$\lambda_l = \left(\frac{Re_p}{Re_m}\right)^{2/3} \qquad (5\text{-}15)$$

式中 $Re_p = \dfrac{v_p(H+P)_p}{\nu_p} = \dfrac{q_p}{\nu_p}$, H 为坝上水头, $Re_m = Re_g = 3\,000 \sim 5\,000$,对于溢流水股贴附于

边界者, $Re_g = 7\,000 \sim 8\,000$, 故可取 $Re_g = 5\,000 \sim 10\,000$。从而式(5-15)可写为

$$\lambda_l = \left(\frac{q_p}{\nu_p Re_g}\right)^{2/3} \tag{5-16}$$

式中: q_p 以 $\mathrm{m}^3/(\mathrm{s \cdot m})$ 或 $\mathrm{cm}^3/(\mathrm{s \cdot m})$ 计; ν_p 常以 $0.012\ \mathrm{cm}^2/\mathrm{s}$ 计。

表 5-1 为按式(5-16)计算所得的比尺值。可以看出, 对于较高的但 q_p 较小的建筑物模型, 比尺可在 100 左右; 而 $q_p = 10 \sim 60\ \mathrm{m}^3/(\mathrm{s \cdot m})$ 者, 则比尺可在 150 ~ 250 左右。

表 5-1　式(5-16)计算结果

q_p $(\mathrm{m}^3/(\mathrm{s \cdot m}))$	线性比尺 λ_l 值		$q_p(\mathrm{m}^3/(\mathrm{s \cdot m}))$	线性比尺 λ_l 值	
5	90	55	40	350	225
10	123	90	60	460	290
20	225	140	100	650	400

对于高坝溢流的模型试验, 当其溢流水股贴附坝面 $\left(\dfrac{顺流坝面长}{水股深} = \dfrac{L}{h}\right)$ 有可能发展为紊流边界层者, 为了阻力的相似, 模型尺寸应加大, 线性比尺可为 50 ~ 100。

对于有压泄水建筑物的模型试验, 为了求得 $\lambda_m = \lambda_p$ 所需要的模型水流 Re_g 的数值, 可按下述方法确定。根据Леви等的研究, 认为当模型水流与原型水流处于近似的流速分布相似时, 即可达到 $\lambda_m = \lambda_p$, 而这种情况只要模型水流进入光滑区或过渡区时即可与原型处于阻力平方区的流速分布达成近似相似。因此, 根据进入光滑区至少需要 $Re_* = \dfrac{v_* k}{\nu} = 5$ 的条件(其中 $v_* = v\sqrt{\dfrac{\lambda}{8}}$, k 为壁面粗糙高度), 即 $v_* = \dfrac{5\nu}{k} = v\sqrt{\dfrac{\lambda}{8}}$, 从而由 $v = \dfrac{5\sqrt{8}\nu}{k\sqrt{\lambda}}$ 的条件, 可得模型水流的下临界雷诺数为

$$Re_g = \frac{vR}{\nu} = \frac{5\sqrt{8}R}{k\sqrt{\lambda}} = \frac{14R}{k\sqrt{\lambda}} \tag{5-17}$$

然后根据式(5-16)即可选定比尺。

十、水库模型设计中需注意的问题

水库泥沙运动与河道中有相同之处, 因此河道模型必须遵循的水流泥沙运动相似条件, 在水库泥沙模型中也应该满足。

根据上述章节的异重流相似条件, 水库模型还必须满足下列相似条件:

异重流发生相似条件　　$\lambda_{S_e} = \left[\dfrac{\gamma(\lambda_{k_e} - 1)}{\dfrac{\gamma_{s_m} - \gamma}{\gamma_{s_m}} S_{e_p}} + \lambda_{k_e} \dfrac{\lambda_{\gamma_s - \gamma}}{\lambda_{\gamma_s}}\right]^{-1}$　　(5-18)

异重流挟沙相似条件　　　　　$\lambda_{S_e} = \lambda_{S_{*e}}$　　(5-19)

异重流连续相似条件　　　　　$\lambda_{t_e} = \dfrac{\lambda_L}{\lambda_{v_e}}$　　(5-20)

异重流发生相似条件中含沙量比尺 λ_S 在模型沙种类确定以后,取决于含沙量 S_e 及 λ_{k_e} 的大小。对于后者,可由下式得到

$$\lambda_{k_e} = \left[\frac{\int_0^{h_e} \left(\int_z^{h_e} \gamma'_m \mathrm{d}z \right) \mathrm{d}z}{\gamma_m \dfrac{h_e^2}{2}} \right]_p \Bigg/ \left[\frac{\int_0^{h_e} \left(\int_0^{h_e} \gamma'_m \mathrm{d}z \right) \mathrm{d}z}{\gamma_m \dfrac{h_e}{2}} \right]_m \tag{5-21}$$

在运用式(5-21)时,尚需引入异重流含沙量分布公式。由于紊动扩散作用及重力作用仍是决定异重流挟沙运动的一对主要矛盾,其浓度沿水深的分布及挟沙规律与一般挟沙水流应当类似。因此,在求 λ_{k_e} 的过程中,可引用张红武含沙量分布公式计算异重流含沙量沿垂线分布。即

$$S = S_a \exp\left[\frac{2\omega}{c_n u_*} \left(\arctan\sqrt{\frac{h}{z} - 1} - \arctan\sqrt{\frac{h}{a} - 1} \right) \right] \tag{5-22}$$

式(5-22)能适用于近壁处含沙量的分布情况,只是在计算时将有关的水流泥沙因子采用异重流的相应值代入。把由此得出的 λ_{k_e} 的表达式与异重流发生相似条件联解,通过试算即可得到异重流的含沙量比尺 λ_{S_e}。

在进行水库模型设计计算中不可避免地要使用到异重流水流挟沙力公式,由于异重流水流挟沙力公式有不同于河道水流挟沙力公式之处,因此要根据实际情况事先率定所采用的水流挟沙力公式。例如,黄河水库挟沙力公式常采用根据异重流特性而改进的张红武挟沙力公式

$$S_{*e} = 2.5 \left[\frac{S_{V_e} V_e^3}{\kappa \dfrac{\gamma_s - \gamma_m}{\gamma_m} g' h_e \omega_s} \ln\left(\frac{h_e}{e D_{50}} \right) \right]^{0.62} \tag{5-23}$$

式(5-23)单位采用 kg、m、s 制,其中 e = 2.718 3,沉速可由下式计算

$$\omega_s = \omega_0 \left[\left(1 - \frac{S_V}{2.25\sqrt{d_{50}}} \right)^{3.5} (1 - 1.25 S_V) \right] \tag{5-24}$$

式中符号含义同前。

与河道泥沙动床模型一样,水库泥沙模型也存在着由水流运动相似条件导出的时间比尺 $\lambda_{t_1} = \lambda_L / \lambda_v$ 以及由河床冲淤变形相似条件导出的时间比尺 $\lambda_{t_2} = (\lambda_{\gamma_0} / \lambda_S)(\lambda_L / \lambda_v)$。两者相差较大,则出现所谓的时间变态。若仅满足其一,必然引起另一方面难以与原型相似。显而易见,若从满足河床变形与原型相似的角度考虑,以 λ_{t_2} 控制模型运行时间,则必然会使 λ_{t_1} 偏离较多,从而引起库水位及相应的库容与实际相差甚多,由此可引起水流流态与原型之间产生较大的偏离,进而使库区排沙规律、冲淤形态等产生较大的偏离甚至面目全非。值得一提的是,在以往的研究中为尽量降低时间变态所引起的种种偏离,曾采取了两条补救措施:一是在进口提前施放下一级流量,涨水阶段适当加大流量,落水阶段则适当减小流量,以便在短时间内以人为的流量变化率来完成槽蓄过程;二是按设计要求随时调整模型出口水位,即在短时间内以人为的水位变化率来完成回水上延过程。通过我们的研究认为文献[5]中指出的"模型进口或尾门的调节作用是有限的,对于长度较大的河道模型,如果两个时间比尺相差过多,不仅现行的校正措施难以奏效,而且这些校正措

施本身还会引起新的偏差"的结论是正确的。因此,水流运动相似条件是进行库区泥沙模型试验的必要条件。

对比 λ_{t_1} 及 λ_{t_2} 的关系式可以看出,在模型几何比尺及模型沙确定以后,只能通过对 λ_s 的调整而达到 $\lambda_{t_2} \approx \lambda_{t_1}$。初步试验观测结果表明,在原型含沙量不大并且处于蓄水淤积或相对平衡条件下,可通过对 λ_s 的适当调整而达到泥沙淤积近似相似的目的。亦即试验中若采用偏大的 λ_{t_2}(模型放水历时偏小),通过相应减小 λ_s(加大模型进口沙量),也可使库区淤积量与原型值接近。但是,若床面冲淤交替或出现异重流排沙,上述调整将导致模型与原型偏离过多,对试验结果带来不可挽回的影响。因此,对于含沙量比尺,亦应采用正确的方法加以确定。

第四节　实体模型设计实例

一、多沙河道模型设计——以济南堰模型设计为例

为达到既解除黄河水患对济南市的威胁又减轻北展滞洪区分洪压力的目的,山东省李殿魁提出了修建济南堰工程的设想。即以现有河道和北展为基础,在现河道北堤外约500 m处建一新堤,形成三堤两河格局(当前的黄河北堤为中堤,黄河河道为内河,形成的新河道为外河)。在上下游修建两闸可控制内外两河的分流量及之间的蓄水位,并具备向外流域分洪的能力。济南堰的功能之一是在大洪水时,通过向外河分流及向外流域分水,可缓解洪水对济南市及以下河道的威胁;之二是修建外河占地约 20 km²,减轻北展滞洪区约 80 km² 的土地分洪压力;之三可通过相应的措施较好地解决城市供水问题及由于黄河断流引起的环境问题。

(一)研究内容

济南堰工程对济南市具有重大的战略意义。然而由于工程修建后将使济南河段河道边界条件发生巨大的改变,必然影响河道在自然条件下的演变过程。对这些问题在工程实施前必须作出定量或趋势性预测。河流物理模型试验正是预测这一演变过程的重要手段。近年来模型试验技术在解决工程实际问题中得到了广泛的应用并发挥了巨大的作用。因此,对济南堰工程可行性论证拟采用模型试验这一重要手段,预测济南堰工程运用后河道演变过程,特别是分洪期水位表现、河势变化、河床形态调整及分流状态等,为该工程的实施提供必要的科学依据。

(二)济南河段基本概况

黄河济南河段为原大清河河道,古称济水,1855 年黄河在河南铜瓦厢决口北徙,穿运河夺大清河河道入海,行河迄今。济南河段是山东黄河的窄河段之一,两岸堤距平均宽为1 km,最窄处不足 500 m。两岸险工毗连,遥相对峙,个别河段弯急滩浅。凌汛期间经常出现卡冰壅水,并多次形成冰坝壅塞河道。1970 年该河段插冰长达 15 km,济南北店子水位陡长 4.21 m,冰水漫滩,威胁堤防安全。1958 年汛期,河道水位表现高,大堤出水仅0.5 m左右,险工坝顶漫水,大堤背河出现漏洞及渗水等险情。因此,该河段是防洪、防凌的重点堤段。为减缓洪凌洪水对黄河安全的威胁,确保济南市和津浦铁路安全,1971 年

自齐河曹营至八里庄修建了齐河展宽工程（简称北展），展宽堤距 3 km 左右，面积 106 km²，有效库容 3.9 亿 m³。按设计运用方案，当花园口发生 30 000 m³/s 以上特大洪水时，除采取其他拦洪滞洪措施外，再利用齐河展宽区分洪 2 000 m³/s；当凌汛期济南窄河段形成冰桥冰坝，壅水达到设计防洪水位以上，危及堤防安全时，向齐河展宽区分凌，以确保济南市、津浦铁路及沿黄工农业生产的安全。

展宽区涉及齐河县城和齐河县及济南郊区的 109 个自然村 4.38 万人。为保障区内人口在展宽区运用时的安全，将齐河县城迁出，展宽区群众分别安排在展宽区内外靠临黄河大堤筑台定居。展宽区属黄河冲积平原，但区内微地貌复杂，存有黄河凌汛决口的冲坑和修筑黄河大堤、展宽堤及群众避水村台取土所造成的成片洼地。北展建成后从未使用过。由于人口增长，原修村台日显拥挤，区内洼地尚未还耕，村台排水设施少等遗留问题，长期得不到妥善解决，而且随着时间的推移会愈加严重。

黄河北展滞洪区以南北店子水位站至泺口水文站长约 20 km 的河段内，是受工程控制的弯曲型河道，河道纵比降为 1。距泺口水文站上游 1 078 km 处有艾山水文站。济南北店子以下两岸险工对峙，河道受到约束，横向摆动不大。同流量下河宽变化小，平滩流量下河槽基本保持在 500 m 左右，平均水深 3 ~ 5 m。初步分析结果表明，艾山与泺口两站日平均流量和日平均含沙量无论是大水年还是小水年，点群都在 45°线上下。从水位—流量关系曲线上看出，同流量水位变幅不大。据两站实测资料统计，汛期平均悬移质中值粒径 $d_{50} = 0.02 \sim 0.027$ mm，河床质中值粒径 $D_{50} = 0.05 \sim 0.11$ mm。艾山站最大流量为 1958 年的 12 600 m³/s，最大含沙量为 1973 年的 246 kg/m³，河床糙率 $n = 0.013 \sim 0.016$。

（三）模型设计

根据黄河水利科学研究院在黄河动床模型相似律方面的最新研究成果，考虑原型水沙特点和具体情况，在模型设计上遵循如下相似准则：水流重力相似条件、水流阻力相似条件、泥沙悬移相似条件、水流挟沙相似条件、河床冲淤变形相似条件、泥沙起动及扬动相似条件、河型相似条件。此外，为保证模型与原型水流流态相似，还需满足如下两个限制条件：

（1）模型水流必须是紊流，故要求模型水流雷诺数 $Re_m > 1\,000 \sim 2\,000$；

（2）水流不受表面张力的干扰，故要求模型水深 $h_m > 1.5$ cm。

1. 几何比尺

根据试验河段范围及场地条件，取水平比尺 $\lambda_L = 450$。由于原型河道宽深比较大，若将模型设计为正态，则所设计的模型小河水深较小，将引起一系列问题，给试验造成不少麻烦，产生不能忽视的缩尺效应，直接影响试验成果的可靠性。另一方面，由于正态模型对几何相似的要求甚为严格，在同时适应水流运动与泥沙运动基本规律的要求方面灵活性较小。在这种情况下，将模型做成变态的，实为谋求增加这种灵活性的一种方式。因此，我们取变态模型进行试验研究。考虑到模型水流的深度应满足的表面张力及试验量测的要求，并就模型变率限制、模型沙特性等方面反复比较权衡后，取 $\lambda_H = 80$，其模型几何变率 $D_t = 450/80 = 5.63$。至于变态模型变率限制条件问题，张红武根据原型河宽及水深的关系及模型变率等因素，提出了变态模型相对保证率的概念，即

$$P_* = \frac{B - 4.7HD_t}{B - 4.7H} \qquad (5\text{-}25)$$

式中B、H分别为原型河宽及水深,将原型有代表性的断面特征值($B = 500$ m,$H = 3.5$ m)代入上式得$P_* = 0.84$。由此说明,采用变率为5.63,可保证过水断面上有84%以上区域流速场与原型相似。

窦国仁从控制变态模型边壁阻力与河底阻力的比值以保证模型水流与原型相似的概念出发,提出了如下限制模型变率的关系式

$$D_t \leqslant 1 + \frac{B}{20H} \qquad (5\text{-}26)$$

将上述B、H的数值代入上式,求得$D_t \leqslant 8.14$,显然本模型所取变率满足限制条件。

张瑞瑾等学者认为过水断面水力半径R对模型变态十分敏感,建议采用如下形式的方程式表达河道水流二度性的模型变态指标D_R

$$D_R = R_x / R_1 \qquad (5\text{-}27)$$

式中:R_1为正态模型的水力半径;R_x为竖向长度比尺与正态模型长度比尺相等、变率为D_t的模型中的水力半径。由式(5-27)可导出如下变率限制式

$$D_R = \frac{2 + \dfrac{B}{H}}{2D_t + \dfrac{B}{H}} \qquad (5\text{-}28)$$

由式(5-28)及原型有代表性的断面特征值可计算出模型变率指标D_R为0.94,其值基本上位于模型与原型相似的理想区段(原作者视$D_R = 0.95 \sim 1$为理想区)。

以上计算检验的结果,说明了本模型采用$D_t = 5.63$在各家公式所限制的变率范围之内,几何变态的影响有限,可以满足工程实际需要。

2. 模型沙选择

参照前期模型研究资料和原型河道实际情况,选用郑州热电厂粉煤灰作为本动床模型的模型沙,是较为理想的材料。根据多年来在悬移质泥沙模型试验方面的长期实践经验,认为本试验取郑州热电厂粉煤灰作为模型沙较为适当。该模型沙的水下容重比尺$\lambda_{\gamma_s - \gamma} = 1.5$。

3. 模型比尺的确定

根据上述的模型几何比尺及对模型沙土力学特性分析结果,把有关的指标代入所遵循的相似条件,可通过计算确定出各比尺值。

1)流速及糙率比尺

由水流重力相似条件求得$\lambda_v = \sqrt{80} = 8.94$,由此求得流量比尺$\lambda_Q = \lambda_v \lambda_H \lambda_L = 321\,994$;取$\lambda_R = \lambda_H$;由阻力相似条件求得糙率比尺$\lambda_n = 0.875$,即要求模型糙率为原型的1.14倍。如前所述,本河段原型河床糙率为$0.013 \sim 0.016$,由此求得模型糙率$n_m = 0.015 \sim 0.018$。作为初步模型设计,利用文献[6]中的公式对模型糙率进行分析

$$n = \frac{\kappa h^{1/6}}{2.3\sqrt{g}\,\lg\left(\dfrac{12.27h\chi}{0.7h_s - 0.05h}\right)} \qquad (5\text{-}29)$$

式中 κ 为卡门常数,为简便计取 $\kappa = 0.35$;若取原型水深为 3.5 m,则 $h_m = 3.5/80 = 0.0438(\text{m})$;$\chi$ 为校正参数,对于床面较为粗糙的模型小河,取 $\chi = 1$;h_s 为模型的沙波高度,根据预备试验 $h_s = 0.015 \sim 0.025$ m。由式(5-29)可求得模型糙率值 $n_m = 0.016 \sim 0.019$,与设计值接近,这初步说明所选模型沙在模型上段可以满足河床阻力相似条件。

2)悬沙沉速及粒径比尺

泥沙悬移相似条件式中的 α_* 值,据研究是随泥沙的悬浮指标 $\omega/(\kappa u_*)$ 的改变而变化的,若原型 $\omega/(\kappa u_*) \geqslant 0.15$,悬移相似条件可归纳为

$$\lambda_\omega = \lambda_v \left(\frac{\lambda_H}{\lambda_L} \right)^m \tag{5-30}$$

对于 $\omega/(\kappa u_*) < 0.15$ 的细沙,其悬移相似条件可表示为

$$\lambda_\omega = \lambda_v \left(\frac{\lambda_H}{\lambda_L} \right)^{0.97} \exp\left[4.4 \left(\frac{\omega}{\kappa u_*} \right)_p \left(\frac{\lambda_v}{\lambda_\omega} \sqrt{\frac{\lambda_H}{\lambda_L}} - 1 \right) \right] \tag{5-31}$$

将艾山、泺口站水力泥沙因子列入表 5-2,求得悬浮指标 $\omega/(\kappa u_*) < 0.15$,因此可采用式(5-31)计算泥沙的沉速比尺 λ_ω。将原型资料及有关比尺代入式(5-31),通过试算得出 λ_ω 的变化幅度为 1.89 $\sim$ 2.26,平均约为 2.15。此外,根据我们对挟沙水流指数流速分布规律的研究,指数随含沙量的增减而有所改变。在本次验证试验水沙条件下,指数约为 1/5。采用该流速分布公式及张红武含沙量沿垂线分布公式,可导出绝对含沙量沿垂线分布公式,进而推得平衡含沙量分布系数 α_* 的表达式为

$$\alpha_* = \frac{S_{b*}}{S_*} = \frac{1}{N_0} \exp\left(8.21 \frac{\omega}{\kappa u_*} \right) \tag{5-32}$$

其中

$$N_0 = \int_0^1 \eta^{1/5} \exp\left(5.33 \frac{\omega}{\kappa u_*} \arctan \sqrt{\frac{1}{\eta} - 1} \right) d\eta \tag{5-33}$$

S_{b*} 代表河底处平衡条件下的含沙量。由上两式可归纳出 α_* 的简易表达式。例如当 $\frac{\omega}{\kappa u_*} \leqslant 0.5$ 时

$$\alpha_* = 1.22 \exp\left(4.07 \frac{\omega}{\kappa u_*} \right) \tag{5-34}$$

由式(5-33)可导出 $\lambda_{\alpha*}$,再代入 $\lambda_S = \lambda_{S*}$,求出的 λ_ω 与上述式(5-30)得出的结果基本一致(见表 5-2)。

由于原型沙及模型沙都很细,可采用滞流区公式计算沉速,由此可得到悬沙粒径比尺关系式

$$\lambda_d = \left(\frac{\lambda_\omega \lambda_\nu}{\lambda_{\gamma_s - \gamma}} \right)^{1/2} \tag{5-35}$$

式中 λ_ν 为水流运动黏滞系数比尺,该比尺与原型及模型水流温度及含沙量大小等因素有关,若原型及模型两者水温的差异较大,可使 λ_ν 有很大的变化幅度,进而使 λ_d 有较大的取值范围。显然,在模型设计时给 λ_d 一定值是不合适的,合理的确定方法是,在试验过程中可根据原型与模型温差等适当选择 λ_d。选取 $\lambda_\nu = 0.9$,再将 $\lambda_\omega = 2.15$、$\lambda_{\gamma_s - \gamma} = 1.5$ 代入

式(5-35)可求得 $\lambda_d = 1.14$。

表 5-2　泥沙沉速比尺计算分析

站名	时间 （年-月-日）	H （m）	ω （cm/s）	卡门常数 κ	u_* （m）	$\dfrac{\omega}{\kappa u_*}$	λ_{ω_1}	λ_{ω_2}
泺口	1973-01-17	3.08	0.184 1	0.357	0.053	0.097	2.23	2.07
	1973-04-04	3.22	0.160 6	0.371	0.054	0.080	2.16	2.01
	1973-07-03	2.77	0.127 3	0.346	0.053	0.069	2.11	1.97
	1976-08-17	3.62	0.161 5	0.344	0.059	0.079	2.16	2.01
	1976-10-22	3.37	0.200 8	0.351	0.054	0.105	2.26	2.10
	1976-11-11	3.03	0.179 2	0.362	0.051	0.096	2.23	2.07
	1977-03-08	2.34	0.165 6	0.376	0.045	0.099	2.24	2.08
	1977-08-22	2.65	0.143 3	0.335	0.050	0.086	2.19	2.03
	1977-09-23	3.21	0.114 1	0.334	0.055	0.062	2.08	1.94
	1977-12-02	4.21	0.127 9	0.364	0.062	0.057	2.05	1.92
	1982-01-03	2.68	0.096 6	0.365	0.049	0.054	2.04	1.91
	1982-04-12	2.45	0.138 5	0.370	0.048	0.077	2.15	2.00
	1982-05-11	2.53	0.179 4	0.382	0.049	0.096	2.23	2.07
	1982-06-15	1.97	0.124 3	0.387	0.043	0.076	2.14	2.00
	1982-09-17	2.37	0.158 9	0.367	0.046	0.094	2.22	2.06
	1982-10-16	3.43	0.129 6	0.353	0.058	0.063	2.08	1.95
	1988-01-20	2.82	0.118 4	0.379	0.030	0.103	2.26	2.09
	1988-03-26	3.09	0.108 7	0.376	0.032	0.092	2.21	2.05
	1988-07-11	2.62	0.068 8	0.341	0.029	0.069	2.11	1.97
艾山	1973-07-23	3.12	0.161 4	0.318	0.054	0.095	2.22	2.07
	1973-08-27	2.15	0.092 9	0.310	0.046	0.065	2.09	1.96
	1973-08-29	2.03	0.114 9	0.299	0.045	0.086	2.19	2.03
	1973-09-05	3.13	0.082 5	0.269	0.053	0.058	2.06	1.92
	1973-11-19	2.28	0.147 4	0.354	0.048	0.087	2.19	2.04
	1976-08-03	4.27	0.122 9	0.337	0.061	0.060	2.07	1.93
	1976-08-10	2.74	0.134 2	0.327	0.052	0.080	2.16	2.01
	1976-11-30	2.03	0.179 1	0.383	0.047	0.100	2.24	2.08
	1977-08-03	2.66	0.137 6	0.340	0.051	0.079	2.16	2.01
	1977-08-11	3.89	0.081 7	0.272	0.059	0.051	2.02	1.89
	1977-09-28	2.20	0.143 7	0.345	0.047	0.088	2.19	2.04
	1977-12-19	2.04	0.095 6	0.367	0.045	0.058	2.06	1.93
	1982-01-05	2.60	0.149 5	0.371	0.052	0.078	2.15	2.00
	1982-02-23	2.97	0.198 9	0.364	0.058	0.094	2.22	2.06
	1982-05-14	1.62	0.202 7	0.369	0.041	0.135	2.36	2.19
	1982-09-09	3.23	0.112 5	0.355	0.056	0.057	2.05	1.92
	1982-11-09	1.80	0.136 2	0.367	0.042	0.088	2.19	2.04
	1988-01-11	3.45	0.120 0	0.371	0.060	0.054	2.04	1.91
	1988-03-30	3.88	0.161 8	0.370	0.064	0.068	2.11	1.97
	1988-05-12	2.54	0.170 2	0.369	0.051	0.090	2.20	2.05
	1988-06-16	1.58	0.129 7	0.374	0.041	0.084	2.18	2.03
	1988-07-07	1.32	0.139 1	0.375	0.037	0.099	2.24	2.08
	1988-07-11	2.22	0.093 7	0.313	0.048	0.062	2.08	1.94

3）模型床沙粒径

黄河水利科学研究院的研究表明,不同种类的模型沙,由于其容重、颗粒形状等方面存在较大差异,尚不能直接由现有的泥沙起动流速公式计算模型沙的起动流速,而且这些公式用于天然河流(特别是黄河),其计算结果也会偏小不少。正因如此,对于黄河沙质河床的模型设计,不能直接采用泥沙起动流速公式推求模型床沙的粒径比尺,而不得不分别确定原型泥沙的起动流速和模型沙的起动流速,然后判断两者的比值(即 λ_{v_c})是否满足起动和扬动相似条件。

不致使床面产生冲刷的挟沙水流的流速称为不冲流速,而清水时的不冲流速即为起动流速。按这一思路点绘了黄河下游艾山站及泺口站水深为 1 m 时水流含沙量与不冲流速 v_{c1}(采用张红武公式计算水流挟沙力 S_*,取 S_* 与实测含沙量相近的资料)关系。此外,还补充了部分引黄渠系实测资料,见图5-2。从图5-2可以看出,当 $S=0$ 及水深为 1 m 时的不冲流速 v_{c1} 约为 0.75 m/s。

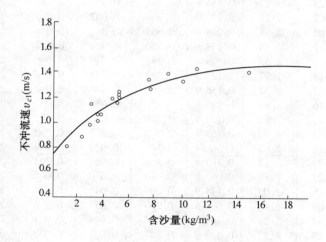

图5-2　不冲流速与含沙量的关系

本设计还参照以往确定清水时轻壤土(有时称亚沙土)土质渠槽不冲流速公式求其他水深时的起动流速,即

$$v_b = v_{c1} R_{1/4} \tag{5-36}$$

式中,v_{c1} 为水力半径 $R=1$ m 时的不冲流速。据实测资料统计,床沙中径变化幅度一般为 0.06~0.09 mm。由土力学知识,泥沙中径为 0.06~0.08 mm,可划归为中壤土或轻壤土;中径为 0.025~0.06 mm,可划归为重壤土或中壤土。由《水力计算手册》查得当水深为 1 m 时,两者起动流速 v_c 分别约为 0.7 m/s 及 0.9 m/s。在水深为 2.2 cm 时的起动流速为0.10~0.13 m/s。通过模型沙起动流速试验,发现中值粒径 $D_{50}=0.018~0.035$ mm 的郑州热电厂粉煤灰作为模型沙相应的起动流速比尺与流速比尺相等。

附带指出,由我们初步点绘的郑州热电厂粉煤灰在水深为 5 cm 时,起动流速 v_c 与中径 D_{50} 的点群关系(见图5-3)来看,在 $D_{50}=0.018~0.035$ mm 的范围内,即使横坐标变化了近2倍,v_c 的变化并没有超出目前水槽起动试验的观测误差。因此,即使模型沙粒径与理论值有一些偏差,也不至于对泥沙起动相似条件有大的影响。

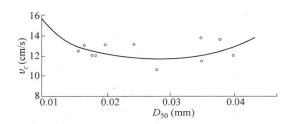

图 5-3 郑州热电厂粉煤灰起动流速 v_c 与中径 D_{50} 关系（$h = 5$ cm）

当水深增加时，原型沙起动流速将有所增加，由文献[7]可知，一般情况下，不冲流速 $v_B = v_{c1}h^{1/4}$，式中 v_{c1} 为 $h = 1$ m 时的不冲流速。根据我们及文献[8]给出的郑州热电厂粉煤灰起动试验资料，可得知在原型水深为 $1 \sim 20$ m 的范围内，上述初选的模型沙可以满足起动相似条件。例如当原型水深为 12 m 时，由此求得起动流速为 1.40 m/s。由模型沙的起动流速试验得出 $v_{cm} = 15$ cm/s，则起动流速比尺 $\lambda_{v_c} = 9.3$，与上述 λ_v 接近。

根据窦国仁及张红武水槽试验结果，与原型情况接近的天然沙的扬动流速一般为起动流速的 $1.6 \sim 1.75$ 倍。若取原型扬动流速 $v_f = 1.7 v_c$，可求得原型水深为 $2 \sim 8$ m 的床沙扬动流速 $v_{fp} = 1.7 \times (0.89 \sim 1.26) = 1.52 \sim 2.14$ m/s。参阅文献[8]资料，模型相应的床沙扬动流速 v_{fm} 为 $0.17 \sim 0.24$ m/s，则相应求出 $\lambda_{vf} = 8.88 \sim 8.92$，与 $\lambda_v = 8.94$ 接近，表明模型所选床沙可以近似满足扬动相似条件。

4）含沙量比尺

含沙量比尺可通过计算水流挟沙力比尺来确定。文献[8]提出了同时适用于原型沙及轻质沙的水流挟沙力公式

$$S_* = 2.5 \left[\frac{\xi(0.002\,2 + S_V)v^3}{\kappa \dfrac{\gamma_s - \gamma_m}{\gamma_m} gh\omega} \ln\left(\frac{h}{6D_{50}}\right) \right]^{0.62} \qquad (5\text{-}37)$$

式中：κ 为卡门常数；γ_m 为浑水容重；ω_s 为泥沙在浑水中的沉速；v 为流速；h 为水深；D_{50} 为床沙中径；S_V 为以体积百分比表示的含沙量；ξ 为容重影响系数，可表示为

$$\xi = \left(\frac{1.7}{\gamma_s - \gamma}\right)^{2.25} \qquad (5\text{-}38)$$

对于本次选用的模型沙 γ_s 约为 2.1 t/m³，则 $\xi = 2.5$。对原型沙，$\gamma_s = 2.7$ t/m³，则 $\xi = 1$。

采用式(5-37)计算水流挟沙力，应考虑含沙量对 κ 值及 ω 的影响，两者与含沙量的关系分别为

$$\kappa = \kappa_0 \left[1 - 4.2\sqrt{S_V}(0.365 - S_V) \right] \qquad (5\text{-}39)$$

$$\omega_s = \omega_{cp}(1 - 1.25S_V)\left(1 - \frac{S_V}{2.25\sqrt{d_{50}}}\right)^{3.5} \qquad (5\text{-}40)$$

式中：κ_0 为清水卡门常数，取为 0.4；ω_{cp} 为泥沙在清水时的平均沉速；d_{50} 为悬沙中径。

将艾山及泺口站有关原型资料代入式(5-37)，可得到原型水流挟沙力 S_{*p}。同时采用原型有关物理量及相应的比尺值代入上述计算式，并通过试算可得到模型水流挟沙力

S_{*m},进而求出了两者的比值 S_{*p}/S_{*m}（见表 5-3），由计算结果可以看出该值变化幅度为 1.8 ~ 2.5，因此本模型设计初步可取其平均值 2.2。

5）时间比尺

对于非恒定的原型状况，模型中时间变态将不能保证水力要素相似，进而还会影响泥沙运动的相似性，且河床冲淤变形也难以做到严格的相似。

众所周知，当模型几何比尺确定后，水流时间比尺 λ_{t_1} 即为定值，对于本模型 $\lambda_{t_1} = 50$，而河床冲淤变形时间比尺 λ_{t_2} 还与泥沙干容重比尺 λ_{γ_0} 及含沙量比尺 λ_S 有关。根据郑州热电厂粉煤灰进行的沉积过程试验，测得模型沙初期干容重为 0.66 ~ 0.7 t/m³（$d_{50} = 0.016 ~ 0.017$ mm），取平均值为 0.68 t/m³，对于该河段泥沙干容重可取 1.4 t/m³，由此可得 $\lambda_{\gamma_0} = 2.06$。于是

$$\lambda_{t_2} = \frac{\lambda_{\gamma_0} \lambda_L}{\lambda_S \lambda_v} = \frac{2.06}{2.2} \times \frac{450}{8.94} \approx 47$$

表 5-3　水流挟沙力比尺分析计算

站名	时间 （年-月-日）	Q （m³/s）	v （m/s）	H （m）	S （kg/m³）	S_{*p} （kg/m³）	S_{*m} （kg/m³）	S_{*p}/S_{*m}
	1973-07-10	2 040	2.02	3.47	50.5	38.91	19.89	1.96
	1973-08-31	2 460	2.37	3.51	88.2	104.91	46.68	2.25
	1973-09-06	2 980	2.04	4.88	188	130.13	51.96	2.50
	1973-09-07	2 920	2.09	4.73	149	100.4	43.04	2.33
	1973-10-11	2 840	2.45	3.88	44.4	40.62	21.56	1.88
	1977-07-12	5 010	2.65	6.2	173	131.54	63.31	2.08
	1977-07-15	3 300	2.23	4.88	87.3	60.4	28.05	2.15
	1977-08-06	1 920	2.09	3.1	59.9	51.96	25.54	2.03
	1977-08-10	3 960	2.57	5.1	138	106.54	48.87	2.18
	1977-08-11	4 180	2.56	5.4	183	163.22	69.58	2.35
	1977-08-22	1 700	2.13	2.65	32.8	31.64	17.4	1.82
	1977-09-23	1 750	1.91	3.21	34.2	27.56	14.54	1.90
泺口	1982-01-03	462	1.18	2.68	9.3	6.99	3.98	1.76
	1982-03-10	1 770	1.7	3.42	24.1	20.47	10.72	1.91
	1982-08-02	1 890	1.83	3.4	54.6	36.59	18.33	2.00
	1982-08-14	3 970	2.63	4.93	34.8	46.16	23.41	1.97
	1988-07-11	818	1.54	2.62	26.4	24.38	13.29	1.83
	1988-07-22	1 050	1.92	1.99	33	42.41	20.23	2.10
	1988-08-01	1 430	1.97	2.53	84.6	87.61	36.23	2.42
	1988-08-13	4 570	2.67	5.6	91.2	103.29	43.39	2.38
	1988-08-16	5 100	2.74	6.1	117	112.69	48.03	2.35
	1988-08-19	5 660	2.86	6.4	62.4	88.76	39.16	2.27
	1988-09-01	2 020	2.19	3.13	32.8	41.69	20.03	2.08
	1988-09-03	1 920	2.15	3.04	31.9	39.24	19.37	2.03
	1988-10-26	926	1.33	2.74	10.5	7.45	4.02	1.85

站名	时间 （年-月-日）	Q （m³/s）	v （m/s）	H （m）	S （kg/m³）	S_{*p} （kg/m³）	S_{*m} （kg/m³）	S_{*p}/S_{*m}
艾山	1973-07-23	2 620	2.08	3.12	54.6	35.76	19.7	1.82
	1973-08-27	1 310	1.53	2.15	67.3	40.66	19.9	2.04
	1973-08-29	1 680	2.1	2.03	89.9	80.89	40.09	2.02
	1973-09-05	3 000	2.4	3.13	200	184.8	77.65	2.38
	1973-09-26	1 580	1.78	2.22	31.3	32.61	16.94	1.93
	1976-08-03	3 550	2.03	4.27	31	24	13.16	1.82
	1976-08-10	1 700	1.55	2.74	42.8	21.4	11.56	1.85
	1977-07-12	5 340	2.59	5	217	180.39	72.42	2.49
	1977-08-03	1 900	1.78	2.66	27.5	20.95	11.56	1.81
	1977-08-11	3 670	2.32	3.89	180	141.36	59.74	2.37
	1982-08-02	4 510	2.56	4.27	55.7	79.66	37.67	2.11
	1982-08-19	4 610	2.09	5.4	23.2	23.97	12.56	1.91
	1982-08-28	1 090	1.38	1.99	9.1	15.59	8.33	1.87
	1982-10-20	2 580	1.8	3.55	20.7	18.54	10.11	1.83
	1988-07-11	867	1.61	2.22	63	43.33	22.32	1.94
	1988-08-01	1 650	1.77	2.46	74.5	72.49	32.18	2.25
	1988-08-11	4 540	2.29	4.91	91.2	82.19	38.14	2.16
	1988-09-01	2 210	1.74	3.17	29.7	22.55	12.19	1.85
	1988-09-03	2 020	1.76	2.94	35.3	24.66	13.46	1.83

可见，λ_{t_2} 与水流运动比尺 λ_{t_1} 接近，对于所要开展的动床模型试验，可以避免常遇到的两个时间比尺相差甚远所带来的时间变态问题。

根据上述设计，主要比尺汇总于表 5-4。

表 5-4　主要比尺汇总

比尺名称	比尺数值	依据	说明
水平比尺 λ_L	450	试验要求及场地条件	
垂直比尺 λ_H	80	满足变率限制条件	
流速比尺 λ_v	8.94	水流重力相似条件	
流量比尺 λ_Q	321 994	$\lambda_Q = \lambda_L \lambda_H \lambda_V$	
糙率比尺 λ_n	0.875	水流阻力相似条件	
沉速比尺 λ_ω	2.15	泥沙悬移相似条件	
容重差比尺 $\lambda_{\gamma_s-\gamma}$	1.5	郑州热电厂粉煤灰	$\gamma_{sm} = 20.58$ kN/m
起动流速比尺 λ_{v_c}	≈8.90	泥沙起动相似条件	
含沙量比尺 λ_S	2.2	挟沙相似及异重流运动相似条件	尚待验证试验确定
干容重比尺 λ_{γ_0}	2.06	$\lambda_{\gamma_0} = \gamma_{0p}/\gamma_{0m}$	
水流运动时间比尺 λ_{t_1}	50	$\lambda_{t_1} = \lambda_L/\lambda_v$	与 λ_{t_e} 相等
河床变形时间比尺 λ_{t_2}	47	河床冲淤变形相似条件	尚待验证试验确定

二、水库模型设计——以三门峡模型设计为例

(一)概述

根据三门峡库区状况及小浪底库区模型试验的要求,确定模型验证范围为大坝以上30 km 的库段。验证时段采用三门峡水库 1962 年 9 ~ 10 月自然滞洪淤积及 1964 年 10 月 ~1965 年 4 月降水冲刷两个时段,并根据三门峡库区实测资料进行了异重流及高含沙洪水的概化试验。给出的验证结果表明,三门峡库区模型能较好地复演原型水流泥沙运动规律及其水库冲淤变化过程,说明模型设计是合理的,其比尺值用于小浪底水库模型,可保证试验结果的可靠性。

(二)模型设计

鉴于黄河水沙条件及河床边界条件的复杂性,20 世纪 80 年代末,黄河水利科学研究院在前人研究成果的基础上,对黄河动床模型相似条件进行了深入的探讨和研究,提出一套完整的模型相似律,并在模型试验中广泛采用,使其日臻完善。相似律主要由以下相似条件组成:

水流重力相似条件

$$\lambda_v = \lambda_H^{0.5} \tag{5-41}$$

水流阻力相似条件

$$\lambda_n = \frac{\lambda_R^{2/3}}{\lambda_v} \lambda_J^{0.5} \tag{5-42}$$

泥沙悬移相似条件

$$\lambda_\omega = \lambda_v \frac{\lambda_H}{\lambda_{\alpha_*} \lambda_L} \tag{5-43}$$

水流挟沙相似条件

$$\lambda_S = \lambda_{S_*} \tag{5-44}$$

河床冲淤变形相似条件

$$\lambda_{t_2} = \frac{\lambda_{\gamma_0} \lambda_L}{\lambda_S \lambda_v} \tag{5-45}$$

泥沙起动及扬动相似条件

$$\lambda_{v_c} = \lambda_v = \lambda_{v_f} \tag{5-46}$$

河型相似条件

$$\left[\frac{\left(\frac{\gamma_s - \gamma}{\gamma} D_{50} H \right)^{1/3}}{JB^{2/3}} \right]_m \approx \left[\frac{\left(\frac{\gamma_s - \gamma}{\gamma} D_{50} H \right)^{1/3}}{JB^{2/3}} \right]_p \tag{5-47}$$

式中:λ_L 为水平比尺;λ_H 为垂直比尺;λ_v 为流速比尺;λ_n 为糙率比尺;λ_J 为比降比尺;λ_ω 为泥沙沉速比尺;λ_R 为水力半径比尺;$\lambda_{\gamma_s - \gamma}$ 为泥沙与水的容重差比尺;λ_{v_c}、λ_{v_f} 为泥沙起动流速、扬动流速比尺;λ_{α_*} 为平衡含沙量分布系数比尺;λ_S、λ_{S_*} 为含沙量及水流挟沙力比尺;λ_{t_2} 为河床变形时间比尺;λ_{γ_0} 为淤积物干容重比尺;B 为造床流量下河宽;H 为造床流

量下平均水深;J 为河床比降;γ_s、γ 分别为泥沙、水的容重;D_{50} 为床沙中值粒径。

对于水库而言,在处于蓄水条件下,泥沙输移过程会发生性质上的变化,亦即处于异重流输移状态。因此,除必须保证泥沙悬移相似外,还应考虑异重流运动相似。根据我们的研究认为,为保证异重流运动相似,尚需满足以下相似条件:

异重流发生(或潜入)相似条件

$$\lambda_{S_e} = \left[\frac{\gamma(\lambda_{k_1} - 1)}{\gamma_{sm} - \gamma} S_p + \lambda_{k_1} \frac{\lambda_{\gamma_s - \gamma}}{\lambda_{\gamma_s}} \right]^{-1} \tag{5-48}$$

异重流挟沙相似条件

$$\lambda_{S_e} = \lambda_{S_{e*}} \tag{5-49}$$

水流连续相似条件

$$\lambda_{t_e} = \lambda_L / \lambda_{v_e} \tag{5-50}$$

足标"m"、"p"、"e"分别代表模型、原型及异重流有关值。式(5-48)中 λ_{k_1} 为考虑浑水容重沿垂线分布不均匀性而引入的修正系数的比尺。修正系数 k_1 的定义式为

$$k_1 = \frac{\int_0^{h_e} \left(\int_z^{h_e} \gamma_m \, \mathrm{d}z \right) \mathrm{d}z}{\gamma_m \frac{h_e^2}{2}} \tag{5-51}$$

若取 $\lambda_{k_1} = 1$,则式(5-48)为 $\lambda_{S_e} = \lambda_{\gamma_s} / \lambda_{\gamma_s - \gamma}$,即为常见的异重流发生相似条件。水库动床模型多采用轻质沙作为模型沙,则由 $\lambda_{S_e} = \lambda_{\gamma_s} / \lambda_{\gamma_s - \gamma}$ 求得的含沙量比尺即会小于 1,而大量的研究结果表明,多沙河流模型的 λ_S 往往大于 1。从另一方面讲,由河床变形相似条件看出,如果 $\lambda_S < 1$,将导致时间变态,使得一定的入库水沙过程所对应的库水位及相应库容相差甚多,更谈不上异重流运动的相似性。因此,式(5-48)对多沙河流水库模型设计具有十分重要的意义。

在运用式(5-51)时,尚需引入异重流含沙量分布公式。由于紊动扩散作用及重力作用仍是决定异重流挟沙运动的一对主要矛盾,其浓度沿水深的分布及挟沙能力规律与一般挟沙水流应当类似。因此,作为模型设计,可引用张红武的含沙量沿垂线分布公式计算异重流含沙量沿垂线分布。

1. 几何比尺的确定

从满足试验精度要求出发,根据原型河床条件、模型水深 $h_m > 5$ cm 的要求,以及对模型几何变率问题的前期研究结果,确定水平比尺 $\lambda_L = 300$,垂直比尺 $\lambda_H = 45$,几何变率 $D_t = \lambda_L / \lambda_H = 6.67$。对变率的合理性我们进行了以下论证。

张红武根据原型河宽及水深的关系及模型变率等因素,提出了变态模型相对保证率的概念,即

$$P_* = \frac{B - 4.7HD_t}{B - 4.7H} \tag{5-52}$$

式中 B、H 分别为原型河宽及水深,将小浪底水库初步设计阶段设计出的 $B = 510$ m、$H = 3.2$ m 代入得 $P_* = 0.83$。将三门峡水库下段实测平均河宽及水深资料代入得 $P_* =$

0.85～0.90。由此说明,采用变率为6.67,可保证过水断面上有83%～90%以上区域流速场与原型相似。

窦国仁从控制变态模型边壁阻力与河底阻力的比值以保证模型水流与原型相似的概念出发,提出了限制模型变率的关系式

$$D_t \leqslant 1 + \frac{B}{20H} \tag{5-53}$$

分别将小浪底及三门峡库区 B、H 的数值代入上式,求得 $D_t \leqslant 8.97$ 及 $D_t \leqslant 10$,显然本模型所取变率满足限制条件式(5-53)。

张瑞瑾等学者认为过水断面水力半径 R 对模型变态十分敏感,建议采用如下形式的方程式表达河道水流二度性的模型变态指标 D_R

$$D_R = R_x / R_1 \tag{5-54}$$

式中 R_1 为正态模型的水力半径;R_x 为竖向长度比尺与正态模型长度比尺相等、变率为 D_t 的模型中的水力半径。由式(5-54)可导出如下变率限制式

$$D_R = \frac{2 + \dfrac{B}{H}}{2D_t + \dfrac{B}{H}} \tag{5-55}$$

由式(5-55)及三门峡、小浪底库区有关因子可计算出模型变率指标 D_R 为 0.934～0.95,其值基本上位于模型与原型相似的理想区段(原作者视 $D_R = 0.95 \sim 1$ 为理想区)。

以上计算检验的结果,说明了本模型采用 $D_t = 6.67$ 在各家公式所限制的变率范围之内,几何变态的影响有限,可以满足工程实际需要。

2. 模型沙选择

经比选采用郑州热电厂粉煤灰作为本动床模型的模型沙。

3. 模型比尺计算

1)流速及糙率比尺

由水流重力相似条件求得流速比尺 $\lambda_v = \sqrt{45} = 6.71$,由此求得流量比尺 $\lambda_Q = \lambda_v \lambda_H \lambda_L = 90\,585$;取水力半径比尺约等于水深比尺,即 $\lambda_R \approx \lambda_H$;由阻力相似条件求得糙率比尺 $\lambda_n = 0.73$。对于黄河水库库区的模型,在回水变动区,河床糙率模拟的正确与否会直接影响到回水长度及淤积分布。根据三门峡水库北村断面实测资料,其糙率值一般为 0.013～0.02,由此求得模型糙率应为 $n_m = 0.017\,8 \sim 0.027\,4$。为分析模型糙率是否满足该设计值,利用文献[8]中的如下公式及预备试验结果对模型糙率进行分析,即

$$n = \frac{\kappa h^{1/6}}{2.3\sqrt{g}\lg\left(\dfrac{12.27h\chi}{0.7h_s - 0.05h}\right)} \tag{5-56}$$

式中 κ 为卡门常数,为简便计取 $\kappa = 0.4$;若取原型水深为 5 m,则 $h_m = 5/45 = 0.111(\text{m})$;$\chi$ 为校正参数,对于床面较为粗糙的模型小河,取 $\chi = 1$;h_s 为模型的沙波高度,根据预备试验 $h_s = 0.02 \sim 0.028$ m。由式(5-56)可求得模型糙率值 $n_m = 0.017 \sim 0.019$,与设计值接近;这初步说明所选模型沙在模型上段可以满足河床阻力相似条件。至于库区近坝段,其水面线主要受水库控制运用水位的影响,而受河床糙率的影响相对不大。

2）悬沙沉速及粒径比尺

泥沙悬移相似条件式中的 α_* 值，是随泥沙的悬浮指标 $\omega/(\kappa u_*)$ 的改变而变化的，对于 $\omega/(\kappa u_*) \leqslant 0.15$ 的细沙，其悬移相似条件可表示为

$$\lambda_\omega = \lambda_v \left(\frac{\lambda_H}{\lambda_L}\right)^{0.97} \exp\left[4.4\left(\frac{\omega}{\kappa u_*}\right)_p \left(\frac{\lambda_v}{\lambda_\omega}\sqrt{\frac{\lambda_H}{\lambda_L}} - 1\right)\right] \tag{5-57}$$

由三门峡库区北村站、茅津站及小浪底水文站水力泥沙因子资料，可求得悬浮指标 $\omega/(\kappa u_*) < 0.15$。将有关实测资料及比尺代入式（5-57），得出 λ_ω 的变化幅度为 1.20 ~ 1.44，平均约为 1.34。

由于原型及模型沙都很细，可采用滞流区公式计算沉速，由此可得到悬沙粒径比尺关系式

$$\lambda_d = \left(\frac{\lambda_\omega \lambda_v}{\lambda_{\gamma_s - \gamma}}\right)^{1/2} \tag{5-58}$$

式中 λ_v 为水流运动黏滞系数比尺，该比尺与原型及模型水流温度及含沙量大小等因素有关，若原型及模型两者水温的差异较大，可使 λ_v 有很大的变化幅度，进而使 λ_d 有较大的取值范围。显然，在模型设计时给 λ_d 一定值是不合适的。合理的方法是，在试验过程中根据原型与模型温差等条件适当选择 λ_d。

3）模型床沙粒径

黄河水利科学研究院的研究表明，不同种类的模型沙，由于其容重、颗粒形状等方面存在较大差异，尚不能直接由现有的泥沙起动流速公式计算模型沙的起动流速，而且这些公式用于天然河流（特别是黄河），其计算结果也会偏小不少。正因如此，对于黄河沙质河床的模型设计，不能直接采用泥沙起动流速公式推求模型床沙的粒径比尺，而不得不分别确定原型泥沙的起动流速和模型沙的起动流速，然后判断两者的比值（即 λ_{v_c}）是否满足起动和扬动相似条件。

张红武在开展黄河河道模型设计时，根据罗国芳等收集的资料，点绘与三门峡库区河床组成相近的泥沙不冲流速与床沙质含沙量的关系曲线，并视该曲线含沙量等于零的流速为起动流速，由此曲线得出 $h = 1 \sim 2$ m 时，$v_c \approx 0.90$ m/s。

在水库淤积或冲刷过程中，床沙粒径变幅较大。据实测资料统计，床沙中径变化幅度一般为 0.018 ~ 0.08 mm。由土力学知识，泥沙中径为 0.06 ~ 0.08 mm，可划归为中壤土或轻壤土；中径为 0.025 ~ 0.06 mm，可划归为重壤土或中壤土。由《水力计算手册》查得当水深为 1 m 时，两者起动流速 v_c 分别约为 0.7 m/s 及 0.9 m/s。在水深为 2.2 cm 时的起动流速为 0.10 ~ 0.13 m/s。通过模型沙起动流速试验，发现中值粒径 $D_{50} = 0.018 \sim 0.035$ mm 的郑州热电厂粉煤灰作为模型沙相应的起动流速比尺与流速比尺相等。

当水深增加时，原型沙起动流速将有所增加，由文献[7]可知，一般情况下，不冲流速 $v_B = v_{c_1} h^{1/4}$，式中 v_{c_1} 为 $h = 1$ m 时的不冲流速。根据我们及文献[8]给出的郑州热电厂粉煤灰起动试验资料，可得知在原型水深为 1 ~ 20 m 的范围内，上述初选的模型沙可以满足起动相似条件。例如当原型水深为 12 m 时，由此求得起动流速为 1.30 m/s。由模型沙的起动流速试验得出 $v_{cm} = 17.5$ cm/s，则起动流速比尺 $\lambda_{v_c} = 7.43$，与上述 λ_v 接近。

根据窦国仁及张红武水槽试验结果，与原型情况接近的天然沙的扬动流速一般为起

动流速的 1.6 ~ 1.75 倍。若取原型扬动流速 $v_f = 1.65v_c$，可求得原型水深为 3 ~ 6 m 的床沙扬动流速 $v_{fp} = 1.65 \times (0.92 ~ 1.10) = 1.52 ~ 1.82$ m/s。参阅文献[8]资料，模型相应的床沙扬动流速 v_{fm} 为 0.23 ~ 0.27 m/s，则相应求出 $\lambda_{v_f} = 6.61 ~ 6.74$，与 λ_v 接近，表明模型所选床沙可以近似满足扬动相似条件。

在多沙河流上修建水库后，水库上段及回水段必然出现再造床过程，并通过多因素的综合调整，力求实现新的均衡形态。由三门峡库区河床横断面变化过程可以看出，尽管三门峡建库后的河床平面形态受两岸的制约，但河床的调整变化仍具有冲积河流的特性。因此，对于多沙水库模型，应尽量兼顾河型相似条件。

采用三门峡库区北村及茅津站相当于造床流量下的有关实测资料进行分析计算，求得的北村河段河床综合稳定指标 Z_W 值为 7.7 ~ 10.2，茅津河段 Z_W 值为 10.5 ~ 13.1，表明本河段为处于游荡及弯曲两种河型之间的过渡型河段（据张红武的研究，$Z_W \leqslant 5$ 为游荡型；$Z_W > 15$ 为弯曲型；介于两者之间为过渡型）。将上述所选模型沙中径及其他相应因子代入，所得模型 Z_{Wm} 值与原型值相近，因此本模型可以满足河型相似条件。

4）含沙量比尺

含沙量比尺可通过计算水流挟沙力比尺确定。采用文献[8]提出的同时适用于原型沙及轻质沙的水流挟沙力公式，即

$$S_* = 2.5 \left[\frac{\xi(0.0022 + S_V)v^3}{\kappa \left[\frac{\gamma_s - \gamma_m}{\gamma_m} \right] gh\omega} \ln\left(\frac{h}{6D_{50}}\right) \right]^{0.62} \tag{5-59}$$

式中：κ 为卡门常数；γ_m 为浑水容重；ω_s 为泥沙在浑水中的沉速；v 为流速；h 为水深；D_{50} 为床沙中径；S_V 为以体积百分比表示的含沙量；ξ 为容重影响系数，可表示为

$$\xi = \left[\frac{1.7}{\gamma_s - \gamma} \right]^{2.25} \tag{5-60}$$

对于本次选用的模型沙 γ_s 约为 2.1 t/m³，则 $\xi = 2.5$。对原型沙，$\gamma_s = 2.7$ t/m³，则 $\xi = 1$。

将北村、茅津、小浪底水文站测验资料及相应的比尺值代入，可分别得到原型、模型水流挟沙力 S_{*p} 及 S_{*m}。大量数据表明，两者之比 S_{*p}/S_{*m} 变化幅度为 1.52 ~ 1.94，一般为 1.60 ~ 1.80，取其平均值，λ_S 约为 1.70。

另一方面，为在模型中较好地复演异重流的运动，含沙量比尺应兼顾式(5-48)，将三门峡水库异重流观测资料代入，并把由此得到的 λ_{k_1} 表达式与式(5-48)联解，即可求出异重流含沙量比尺 $\lambda_{S_e} = 1.45 ~ 1.92$。

在模型试验中，为保证异重流沿程淤积分布及异重流排沙特性与原型相似，还应满足异重流挟沙相似条件式(5-49)。与上述挟沙机理同理，可将异重流观测资料代入张红武水流挟沙力公式，计算原型及模型的异重流挟沙力，进而确定 $\lambda_{S_e} = 1.6 ~ 1.9$，与式(5-48)得出的结果基本一致，并且与上述水流挟沙相似条件确定的 λ_S 也较为接近，因此，选用 $\lambda_S = \lambda_{S_e} = 1.7$ 可同时满足明渠水流及异重流挟沙相似条件，又能满足异重流发生相似条件。

5）时间比尺

对于非恒定流的原型，模型中时间变态将不能保证水力要素相似，进而还会影响泥沙

运动的相似性,且河床变形也难以做到严格的相似。特别是对水库模型更是如此。

我们在白沙水库模型中发现,不遵循水流连续相似条件,将导致模型水库蓄水过程严重失真,根本无法开展异重流运动和水库泄水排沙的模拟观测。对于本模型,水流运动时间比尺 $\lambda_{t_1} = \lambda_L/\lambda_v = 44.7$,而河床冲淤变形时间比尺 $\lambda_{t_2} = \dfrac{\lambda_{\gamma_0}}{\lambda_S}\lambda_{t_1}$,还与泥沙干容重比尺 λ_{γ_0} 及含沙量比尺 λ_S 有关。根据郑州热电厂粉煤灰进行的沉积过程试验,测得模型沙初期干容量为 $0.66\ \mathrm{t/m^3}$($d_{50} = 0.016 \sim 0.017\ \mathrm{mm}$)。至于原型淤积物干容重,通过三门峡库区实测资料分析认为,水库下段初始淤积物干容重一般为 $1.0 \sim 1.22\ \mathrm{t/m^3}$,可取 $1.15\ \mathrm{t/m^3}$。由原型及模型沙干容重求得 $\lambda_{\gamma_0} = 1.74$,进而可以根据河床冲淤变形相似条件计算出 $\lambda_{t_2} = 45.8$,与水流运动时间比尺接近,对于所要开展的非恒定库区动床模型试验,可以避免常遇到的两个时间比尺相差甚远所带来的时间变态问题,也不至于对水库蓄水、排沙及异重流运动的模拟带来不利的影响。

6)模型高含沙洪水适应性预估

在小浪底水库的调水调沙运用中,可能出现高含沙洪水输沙状况。因此,水库模型设计应考虑对高含沙洪水模拟的适应性。上述模型设计在确定含沙量比尺的过程中,已经考虑了高含沙洪水泥沙及水力因子的变化。为进一步预估模型中有关比尺在高含沙洪水期是否适应,下面以 $\lambda_S = 1.70$ 为条件开展初步分析。

对于黄河高含沙洪水,尽管随含沙量的增大黏性有所增加,同样水流强度下浑水有效雷诺数 Re_* 有所减小,但根据实测资料分别由费祥俊公式及张红武公式计算动水状态的宾汉剪切力和刚度系数,求得的有效雷诺数 Re_* 远大于 8 000,由张红武对于高含沙洪水流态临界条件的研究,表明水流属于充分紊动状态。据实测资料,三门峡水库回水变动区出现高含沙洪水时浊浪翻滚,显然水流处于充分紊动状态。在小浪底枢纽坝区泥沙模型试验中也可发现,高含沙水流雷诺数 Re_{*m} 一般大于 8 000。因此,在模型设计中可不考虑宾汉剪切力的影响。

为进一步预估本模型在高含沙洪水时泥沙沉降相似状况,采用张红武的群体沉速公式及电厂粉煤灰群体沉速计算式,分别计算含沙量为 $250 \sim 400\ \mathrm{kg/m^3}$ 时原型和模型的泥沙群体沉速,进而得出 $\lambda_\omega = 1.27 \sim 1.37$,与前文按泥沙悬移相似条件设计出的 $\lambda_\omega = 1.34$ 比较接近。表明在高含沙洪水条件下,亦能满足泥沙悬移相似条件。

7)比尺汇总

根据上述设计,主要比尺汇总于表 5-5。

表 5-5　主要比尺汇总

比尺名称	比尺数值	依据	说明
水平比尺 λ_L	300	试验要求及场地条件	
垂直比尺 λ_H	45	满足变率限制条件	
流速比尺 λ_v	6.71	水流重力相似条件	
流量比尺 λ_Q	90 585	$\lambda_Q = \lambda_L\lambda_H\lambda_v$	

比尺名称	比尺数值	依据	说明
糙率比尺 λ_n	0.73	水流阻力相似条件	
沉速比尺 λ_ω	1.34	泥沙悬移相似条件	
容重差比尺 $\lambda_{\gamma_s-\gamma}$	1.5	郑州热电厂粉煤灰	$\gamma_{sm} = 20.58 \ kN/m^3$
起动流速比尺 λ_{v_c}	≈6.17	泥沙起动相似条件	
含沙量比尺 λ_S	1.70	挟沙相似及异重流运动相似条件	尚待验证试验确定
干容重比尺 $\lambda_{\gamma 0}$	1.74	$\lambda_{\gamma 0} = \gamma_{0p}/\gamma_{0m}$	
水流运动时间比尺 λ_{t_1}	44.7	$\lambda_{t_1} = \lambda_L/\lambda_v$	与 λ_{t_e} 相等
河床变形时间比尺 λ_{t_2}	45.8	河床冲淤变形相似条件	尚待验证试验确定

参 考 文 献

[1] 李保如,等.三门峡水库拦沙期下游河道的变化[C]∥中国水利学会.河流泥沙国际学术讨论会论文集.北京:光华出版社,1980.

[2] 谢鉴衡,丁君松,王运辉.河床演变及整治[M].北京:水利水电出版社,1990.

[3] 赵业安,潘贤娣,等.黄河下游河道冲淤情况及基本规律[C]∥黄河水利委员会.黄河水利委员会水利科学研究所科学研究论文集.郑州:河南科学技术出版社,1989.第1集.

[4] 李保如.各种措施对黄河下游河道减淤作用的比较[C]∥《人民黄河》编辑部.黄河的研究与实践.北京:水利水电出版社,1986.

[5] 李保如.我国河流泥沙物理模型的设计方法[J].水动力学研究与进展,1991(A辑第6卷,增刊).

[6] 张红武,江恩惠,等.黄河高含沙洪水模型的相似律[M].郑州:河南科学技术出版社,1994.

[7] 徐正凡,梁在潮,李炜,等.水力计算手册[M].北京:水利出版社,1980.

[8] 张红武,江恩惠,白咏梅,等.黄河高含沙洪水模型的相似律[M].郑州:河南科学技术出版社,1994.

[9] 费祥俊.浆体与粒状物料输送水力学[M].北京:清华大学出版社,1994.

第六章　黄河基本概念及模型制作

在模型制作之前,应对黄河的基本概念有一个基本了解,对黄河有一个统一的认识,以便更好地根据地形图制作实体模型。同时参照前面章节的模型设计,模型比尺已经确定,即可按原体地形图资料缩制模型。模型制造是模型试验的重要工作步骤。模型质量的优劣,制作进度的快慢,规划的好坏,对下一步的试验工作和进度关系极大。因此,对模型制造工作应给予很高的重视,要仔细规划,精心施工,并及时检查模型制造质量及进度。

第一节　黄河基本概念

凹岸　河流弯曲河段岸线内凹的一岸。凹岸通常受主溜冲刷,水深、流速较大。参见"环流"。

凹入型工程　平面外形向背河侧凹入的河道整治工程。方向不同的来溜入湾后,水流流向逐渐调整,控导出湾溜势稳定一致。这种工程布局,控导河势能力强,在黄河下游河道整治工程实践中广泛采用。

避水台　黄河下游滩区的一种临时避洪建筑设施。是根据 1974 年国务院关于黄河滩区废除生产堤,修筑避水台的批示修建的。台顶面积按每人 5 m² 计,高程高出设计防洪水位 2.0 m。在预报洪水漫滩时,先将老、弱、病、残人员及贵重物资转移台上,以免造成人员伤亡和大的经济损失。

边溜　①俟靠主溜的流带。②靠近岸边流速较缓的溜。

边滩　河槽中与河岸相接,一般洪水时淹没,枯水时出露的滩地。边滩也称"岸滩"。

裁弯　在自然力或人力干预的条件下,水流放弃原弯道而循捷径下泄的演变过程。河湾在自然演变过程中,由于凹岸不断淘刷和凸岸不断淤积,同一岸相邻两个弯道之间的距离逐渐缩短,而弯曲幅度增大,水位差也显著加大,一遇大水,漫滩水流循捷径发生强烈冲刷,逐渐发展为新河,这就是自然裁弯。若在两河湾之间的滩地上开挖引河,并在上弯道同时采取挑溜或堵截等措施,强迫水流循捷径下泄,则是人工裁弯。

串沟　水流在滩面上冲蚀形成的沟槽。黄河下游较固定滩地上的串沟多与堤河相连,洪水漫滩,则顺串沟直冲大堤,甚或夺溜而改变大河流路。

冲刷　水流对河床的冲蚀淘刷过程。河床泥沙在水流作用下,向下游搬移而引起河床降低或岸线后退。凡水流的挟沙能力大于上游的来沙量时,河床都发生冲刷。冲刷又分为在河床上较普遍发生的一般冲刷和受工程影响而发生的局部冲刷。黄河下游是一条堆积性的河流,冲刷多发生在含沙量较小的洪水期或上游拦洪工程的清水下泄期;局部冲刷则因工程对水流的影响程度,随时都可能发生。

汊河　河流被沙洲分成两股或多股的水流。汊河有两汊及多汊之分。在河面放宽处,流速变缓,水流挟沙力减弱,泥沙容易淤积形成潜滩,在水位降落潜滩出露时,就成为河心滩,水流也随之分为两股或多股而形成汊河。

汊流 同"汊河"。

侧注 大溜从侧面进入河湾的现象。

错峰 两个以上水源地的洪峰在不同时间到达某一地点。①由于降雨分布和流域产流的条件各异,不同水源地的洪峰错开是很常见的,这叫自然错峰。②通过水库或其他调节水体的措施,使两个以上不同水源地的洪峰相遇的时间错开,也叫错峰。目前,黄河干、支流上修建了不少大型水库,在洪水期间如上游洪水与下游洪水相遇,对黄河下游将造成威胁,这时可利用水库调节洪水,相机下泄,将洪峰错开,减轻下游负担。

大河归故 河流改道后,采取开挖引河、堵口截流等措施,使河流回到原河道。1938年6月国民政府在河南省郑州花园口扒开黄河大堤,以水代兵,企图抵御日寇进攻,造成黄河改道,南流入淮。1945年抗日战争胜利后,又提出堵复花园口口门,挽黄河回归故道。后在中国共产党力争先复堤、迁移河床居民的情况下,1947年3月15日堵口合龙,使黄河回归故道,经山东利津入海。

对头弯 河流连续出现弯曲,弯弯相对,形成"Z"字形河道。

陡弯 水流为边界条件所阻,突然改变方向而形成的弯道。

兜弯 弯道呈半圆形,大溜冲入而出流不顺的弯道。这种弯道对于水流的作用,黄河上俗称"兜溜"。

顶托 支流水流被干流高水位所阻,形成的壅水现象。在黄河下游汇入的支流,如沁河、天然文岩渠、金堤河、大清河等,因干流河床淤高,遇黄河涨水,支流来水就受到顶托。

顶冲 大溜直冲堤岸或埽坝工程的现象。这种河势极易发生险情。

掉沿 滩岸受水流冲蚀而形成滩沿坍塌的现象,俗称掉沿。

刁口河 黄河入海流路之一。1926年7月黄河于利津县八里庄决口改道,经汀河由刁口向东入海。1963年12月因河口段冰凌壅塞,水位猛涨,罗家屋子水位比1958年洪水位高0.3m,河口区受灾严重。乃于1964年1月1日在罗家屋子破堤分水,人工改道使黄河由洼拉沟子至刁口河入海,称为"刁口河"流路。

悬河 河床高出两岸地面的河,又称"地上河"。流域来沙量很大的河流,在河谷开阔,比降平缓的中、下游,泥沙大量堆积,河床不断抬高,水位相应上升。为了防止水害,两岸大堤随之不断加高,年长日久,河床高出两岸地面,成为"悬河"。黄河下游是世界上著名的"悬河",河床滩面高出背河地面一般3~5m,部分堤段达10m。

地下河 河床低于两岸地面的河。地下河具有河槽窄深、河床比较稳定的特点。

地上河 同"悬河"。

戴村坝 戴村坝坐落在山东东平县南城子村北约一华里的大汶河上,建于明永乐九年(1411年),是我国古代著名的水利建筑。明朝永乐年间工部尚书宋礼采用白英老人"南旺导汶"的方法,在此地筑土坝"五里十三步",将大汶河水拦截南趋,使汶水流入南旺湖,充分利用南旺湖这一南北水脊的有利地势,把汶水分成两道,十之六向北流入临清,十之四南流泗水。使南北运河畅通无阻,提高了水运能力。到明万历元年(1573年),侍郎万恭建土坝南头的迎水面砌石坡以防水冲。明万历十七年(1589年),总河潘季驯又将此段拆除,另筑石坝,取名玲珑坝。明万历二十二年(1594年),尚书舒应龙又在此坝南北合筑一坝,取名乱石坝和滚水坝,并铸以铁扣以连接筑坝石料,使其坚固。清朝时期对戴村坝作了数次整修,改名北部叫灰土坝,中部叫太皇堤,南部叫滚水坝。1959 年小汶河筑坝堵截后,已完全失去引汶济运的作用,但仍能拦沙缓洪,有利于大清河堤防安全。1975 年对大坝损坏残缺部位进行了整修加固。今戴村坝石砌坝段全长 433.9 m,渐变段 80.4 m,现坝体基本完整,它对于研究我国古代水利建筑具有较高的价值。

大小孤岛　1947 年黄河回归山东故道后,黄河从宋春荣沟、甜水沟、神仙沟分流入海。由于黄河泥沙淤积,在宋春荣沟与甜水沟之间,形成一个面积较小的沙洲,称为"小孤岛";甜水沟与神仙沟之间形成面积较大的沙洲,称为"大孤岛"。黄河入海流路改走神仙沟独股入海后,大小孤岛连成了一片,故称。

大溜　主流线带,居水流动力轴线主导地位的溜。即河流中流速最大,流动态势凶猛,并常伴有波浪的水流现象。亦称"正溜"或"主溜"。

大流　同"大溜"。

大溜顶冲　大溜垂直或近似垂直冲向河岸、坝头或堤坝的迎水面。

夺溜　因决口或滩面串沟发生急剧冲刷而使主溜位置改变的水流状况。

滩　河床内洪水时被淹没,中、小水时出露的地面。黄河下游河道为复式断面,东坝头以下为两级滩地,即低滩和中滩。东坝头以上 1855 年铜瓦厢决口改道后,由于溯源冲刷形成高滩,因而有三级,即低滩、中滩、高滩(见图 6-1)。

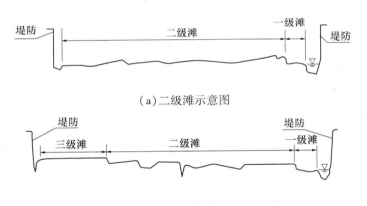

(a)二级滩示意图

(b)三级滩示意图

图 6-1　黄河下游二级滩和三级滩示意图

低滩　洪水时被淹没,枯水期露出水面的滩地。低滩是极不稳定的滩地,无时无刻不在消长变化之中。在游荡性河道中,由于低滩的普遍存在,构成了宽浅乱的河床特色。在土地资源较少的地区,通常种植小麦,多数年份可取得较好的收成。

中滩　在大洪水期形成,有一定稳定性而在中小洪水时不上水的滩地。中滩多是适于种植的耕地,夏作物的收获有一定的风险,而秋作物能保证收获。中滩常在河势急剧的变化中发生坍塌、冲蚀。其位置为低滩所取代。在河道整治工程有较强的控导能力时,中滩始能得以稳定。也称"二滩"。

二级滩地　见"滩"。

高滩　形成历史较久,稳定而不易上水的滩地,也称"老滩"。高滩的稳定性通常取决于滩槽高差。黄河明清故道,滩槽高差较小,滩地上水的机会较多,稳定性比较差;1855年铜瓦厢决口改道,因口门处水位落差大,在东坝头以上河段发生强烈的溯源冲刷,滩槽高差达 3～5 m,以致 100 多年来没有上过水,滩地有较大的稳定性;随着主槽淤积加重,滩槽高差逐渐缩小,"高滩不高",将给防洪带来潜在的威胁。

翻花溜　水流在行进过程中,遇障碍物或坝岸工程,发生强烈的紊动,翻花四散,势如沸汤的现象。

分组弯道式　工程线是一条由几个圆弧组成的不圆滑、连续的曲线。即一处整治工程线分成几个坝组,各组自成一个小弯道。每组长短坝结合,上短下长,不同的来溜由不同坝组承担。其优点是在汛期便于重点防守抢护。但由于每个坝组所组成的弯道短,调整溜向及送溜能力均比较差。在布设大型弯道时,须根据情况有条件地采用。

分溜　河道中受心滩或潜滩所隔,将溜分成多股,除正股之外,其他各股水流均称分溜。

防洪　人们防御洪水危害的对策、措施和方法。主要包括:研究制定防洪规划;进行防洪工程建设、管理、运用;组织防守与抢险,做好洪水预报、递报、警报以及洪水善后处理、救灾等工作。

浮泥区　俗称"烂泥湾"。是黄河挟带泥沙中的细颗粒部分,随海流漂泊于河口沙嘴两侧的凹湾处的半沉积半悬浮的软泥带。浮泥区的大小与沙嘴的潜隐程度和淤泥的补给数量有关。一般为几十平方公里,厚度几米不等。是渔船避风的良好水域。

改道　由于自然或人为的因素导致河流放弃原河道而另觅新路。历史上,黄河下游决口改道十分频繁,据统计自周定王五年(公元前 602 年)至清咸丰五年(1855 年)铜瓦厢决口改道的 2000 多年间,改道共有 26 次。大体上以孟津为顶点,在北抵津沽,南达江淮的广大平原上,都是黄河决口改道迁徙的地方。20 世纪 80 年代初沁河杨庄改道则是一项防洪效益很高的人工局部改道工程。

过渡段　连接两个相对河湾之间的直河段。在自然状况下,过渡段的几何形态是不断变化的,但在河道整治规划设计中,常把过渡段概化为两弯道之间的直线段。过渡段的长短与设计流量和上游工程挑溜力度、效能有关。黄河下游河道整治的过渡段长度通常按整治河宽的 1～3 倍选定。

滚河　河流主槽在演变的过程中,发生大体平行于原主槽的位置迁移,即洪水期主溜在两堤之间突然发生长距离摆动的现象。黄河下游河道在中小水时,主槽发生淤积。在洪水漫滩后,颗粒较大的泥沙首先在滩唇沉积,淤积的速度快且量大,而远离滩唇的部位沉沙逐渐减少,再因培堤在临河滩面上取土,降低了堤根的地面高程,形成槽高、滩低、堤根洼的"二级悬河"。在这样的河床形态下,偶遇大水,则因滩面横比降较主槽纵比降陡,水流直冲堤河,顺堤行洪,使主槽位置发生迁移形成滚河。这种滚河对防洪威胁最大,需采取工程措施加以预防。

故道　由于自然或人为的原因而废弃的河道。历史上,黄河下游决溢改道频繁,遗留下的故道几乎遍及黄、淮、海平原,但多数由于长期人类活动的影响而湮没。当今最著名的黄河故道为兰考、商丘、砀山、徐州、宿迁、淮阴一线的明清故道。最早的有"禹王故道"。

古河道　历史久远的故道。在工程地质、水文地质领域中,研究第四纪沉积状况、地下水运动规律时,通常用古河道取代故道一词。黄河下游屡经决口改道,古河道纵横交错,考证比较困难。平原古河道只有根据现存的断续线状沙堤、沙丘、凹地等遗迹及有关历史文献进行判断,或者用遥感技术推断。

整治工程位置线 一处河道整治工程设定的坝、垛头部的连线。简称"工程线"或"工程位置线"。它是依照治导线轮廓经过调整而确定的复合圆弧线。工程布设往往将中下段与治导线吻合,上段向后偏离治导线,以利接溜入湾,以湾导溜,防止水流抄工程后路。

工程布局 河道整治工程在平面上的整体布置。包括一段河道上下游、左右岸各组工程线的布设情况及相对应关系,一组工程的平面位置线的形式、长度和该组工程内各坝垛平面形式及其相互关系。

高含沙水流 指含沙量达到每立方米数百公斤,以至上千或超过一千公斤的水流。高含沙水流有两种流态,一种是高强度的紊流,发生在比降大流速高的情况下,那里水流汹涌,大尺度和小尺度的脉动都得到比较充分的发展。另一种是发生在比降小流速低的情况下,水流十分平缓,有时水面呈现出几厘米至一二厘米的清水层,清水层下为浓稠的泥浆,水流中保持着强度低而尺度大的旋涡,近似层流。泥沙在高含沙水流中以比单颗粒沉速小得多的群体沉速下沉,因而高含沙水流挟沙力特别大。高含沙水流含沙量在断面上的分布远比一般挟沙水流均匀。也有按含沙水流流变特性转变规律来划分和确定高含沙水流的。黄河中游干、支流,在汛期常出现高含沙水流,黄河下游花园口河段也出现过含沙量 900 kg/m³ 以上的高含沙水流。

淦 在特定条件下,因河床床面沙波运动所引起的水面波动现象(黄河水流的特殊形态)。随着流速增大,沙质河床床面形态不断变化,当形成逆行沙浪时,水面会产生相应的波动,呈现一连串波浪,并徐徐向上游方向传递,经过一段时间后逐渐消失,有时波峰重叠,波浪破碎呈开花状(称"开花浪"),并发出雷鸣巨响。据观察,淦常发生在弯道下游的直河段上。起淦处常形成一组 6~10 节浪峰,浪高一般 1~3 m。波峰波谷数目多为 9 节,又称"九节浪"。对航行有较大危害。

干流 由两条以上大小不等的河流以不同形式汇合,构成一个河道体系。干流是此河道体系中级别最高的河流,它从河口一直向上延伸到河源。黄河干流全长 5 464 km,分为上游、中游及下游三个河段。

干过河 河势变化的一种特殊形式。洪水时,因河湾入袖,发生天然裁弯,或串沟走水,使全河夺溜,河道突然改变,原河道断流的现象。处于新老河道之间的原有滩地和村庄,由左岸变为右岸,或由右岸变成左岸。

过渡型河道 河道外形及其变化特性介于游荡型、弯曲型之间的河道。过渡型河道在不同的河段、不同的时间表现为游荡型或弯曲型,其游荡的强度和幅度一般较游荡型河道小,河势也比游荡型稳定。黄河下游东明县高村至阳谷县陶城铺河段,长 165 km,为过渡型河道。

旱滩 河槽内长时间没有上水的滩。

河势观测 对河床平面形态、水流状态的观测。河势观测通常采取仪器测量和目估相结合的办法,绘制河势图。在图上标出河道水边线、滩岸线、主流线的位置,各股水流的流量比例,工程靠溜情况等。用以分析河势变化规律,开展河势预估,为河道整治和防汛抢险提供依据。

河势散乱 在游荡型河道中,水体宽浅,汊道纵横,沙洲密布,流向多变的河势状况。

河湾半径 弯道整治线上任意一点与相应弯道中心角顶点的距离。持续时间较长的流量级是影响河湾半径的主要因素。黄河下游河道整治设计,河湾半径通常取设计稳定河宽的 2~5 倍。为了适应上游不同的来溜方向,弯道上部迎溜段的河湾半径通常比较大;为了更好地发挥弯道的挑溜作用,弯道下部送溜段的河湾半径通常比较小。

河湾夹角 弯道进口与出口概化半径之间的夹角。由于河湾的上、中、下各段常取用不同的弯曲半径,因而河湾夹角只是一个粗略的数值,并不具有严格的几何定义。

河湾间距 相邻两岸相对河湾顶点的距离。

河湾跨度 河流一岸相邻同向弯道顶点之间的距离。通常持续时间较长的流量级对河湾跨度影响较大。在黄河下游游荡型河段河道整治规划中,有大弯和小弯的争论,大弯的河湾跨度一般为 15~30 km,它能较好地利用现有工程;小弯的河湾跨度一般为 10~15 km,它对河势演变有较强的控导作用,估计可能适应小浪底枢纽生效后下游来水来沙过程改变而引起的河势变化。

河势图 反映河道在某观测时段内水流、岸线和沙滩分布形态的地图。河势图上标注的主要内容有:河道整治工程靠溜情况,主溜线,水边线、心滩、浅滩、串沟、汊河等位置,塌滩情况,局部水流现象和观测时段的流量变幅等。

河心滩 河槽中与两岸不相连接,在中水时出露的沙滩。

河型 在不同的来水来沙及河床边界条件下形成的各种河流形态。水流作用于河床,通过泥沙运动使河床发生变化;河床约束水流,影响水流的水势和结构。它们之间相互作用,塑造出相对平衡的河床形态。黄河下游河道按河流的平面形态,至少分为弯曲型和游荡型以及由游荡向弯曲转化的过渡型三种。

河沿 河流的水面与两岸陆地相交处的陡坎。河沿是由于水流冲刷河岸引起坍塌所形成的。又因河流两旁的陆地称为滩地,故河沿也称"滩沿"。

河源 河流补给水体的发源地,通常是泉水、冰川、融雪、沼泽或湖泊。在河流溯源侵蚀的作用下,河源可不断向上移动而改变位置。确定河源一般要根据流域面积、河道长度、水量大小、源头形势、河道形态以及长期习惯来综合判定。目前,尚无确定河源的统一标准。黄河河源地区水系由玛曲、卡日曲两支组成,长期以来一直以玛曲作为正源,但有些学者提出,从地质成因、河流发育史、河道长度以及水量大小等条件看,应当以卡日曲为正源,对此,目前尚无定论。习惯认定黄河发源于青海省巴颜喀拉山北麓的约古宗列盆地。

源头 同"河源"。

横河 在未整治或整治工程不得力的游荡型河段,主溜以大体垂直于河道的方向顶冲滩岸或直冲大堤的河势。

洪水遭遇 干流与支流或支流与支流的洪峰在相差较短的时间内到达同一河段的水文现象。由于降雨时间、空间的变化和流域汇流状况的影响,洪水形成和传播往往有较大的变化:如果两个以上洪峰不同时到达某一河段,称之为错峰;如果几乎同时到达某一河段,称之为洪水遭遇。洪水遭遇时,洪峰流量、洪水总水量都有不同程度的叠加。在防洪规划设计中,常进行洪水遭遇的几率分析,再根据防护对象的防洪安全要求,选择适当的防洪标准。

护滩工程 为防止塌滩而在滩岸线上做的工程。中国明代已有"守堤不如守滩"、"滩存而堤固"的经验。黄河下游护滩工程主要以控制中水流量,稳定中水河槽,保滩固堤,维护防洪安全为目标。护滩工程顶部高程一般与滩面相平或略高于滩面。洪水期允许漫顶,既不影响滩地行洪,还可使洪水漫滩落淤,清水刷槽,增大滩槽高差。

环流 弯道水流的内部呈螺旋状运动,在横断面上的投影呈环形的水流。又称"横向环流"、"弯道环流"。水流沿弯道作曲线运动时产生离心力,在离心力作用下,凹岸水面升高,凸岸水面降低。同时,由于水面流速大、离心力大,上层的水流指向凹岸;河底的流速小、离心力小,河底的水流则指向凸岸,形成横向环流。然而横向环流并非在横断面上进行,横向环流与纵向水流结合在一起,呈现螺旋式向下游运动的水流。弯道中可能有一个大的环流,也可能有大小不同的几个环流,环流可能占据整个横断面,也可能只占横断面的一部分。横向环流是引起泥沙横向运动的动力,它促使弯道凹岸冲刷而凸岸淤积。

黄河三角洲 滔滔黄河,奔腾东流,挟带着黄土高原的大量泥沙,在山东省垦利县注入渤海。在入海的地方,由于海水顶托,流速缓慢,大量泥沙便在此落淤,填海造陆,形成黄河三角洲。黄河从 1855 年在兰考铜瓦厢决口北徙,由原来注入黄海改注入渤海,经过百年来的沧海变化,才塑造出这个近代三角洲。黄河河口位于渤海湾与莱洲湾之间,是一个陆相弱潮强烈堆积性的河口,其特点是水少沙多,泥沙大部分不能外输。据水文资料记载,黄河河口多年平均径流量 420 亿 m³,多年平均输沙量 12 亿 t,大部分就在河口和滨海区"安家落户"。黄河三角洲一般是指以垦利县宁海为顶点,北起徒骇河河口,南至支脉沟口的扇形地带,面积 5 400 多 km²。20 世纪 50 年代采取工程控制,使三角洲顶点下移至渔洼附近,缩小了三角洲的范围,加快了河道延伸速度,平均每年造陆 31.3 km²,海岸线每年向海内推进 390 m,黄河填海造陆的功绩是很大的,不仅每年可以为我们创造40 000多亩土地,而且还改善了河口石油开采条件,变海上开采为陆地开采。黄河三角洲地域辽阔,自然资源丰富,是一块有待于开发的处女地。新中国成立以后,农林牧渔业有了较大发展,在三角洲上相继建立了一些农场、林场和军马场,特别是从 60 年代开始,陆续开发了胜利、孤岛、河口等油田,成为我国第二大油田。1983 年 10 月,经国务院批准设立了东营市,标志着黄河三角洲的开发建设进入了一个新阶段。

黄沁并溢 当沁河与黄河同时发生洪水时,由于黄河洪水顶托,沁河入黄泄水不畅,水位壅高,木栾店以下河段往往与黄河同时发生决溢。如清嘉庆二十四年(1819 年),黄、沁河同时发生洪水,造成黄河和沁河下游同时漫溢,并在武陟县马营堤决口成灾。

黄汶遭遇 黄河和山东省黄河支流汶河汛期同时发生洪水并相遭遇。由于洪量叠加,对东平湖围坝及艾山以下黄河堤防往往形成大的威胁。如 1957 年汛期,黄、汶河洪水遭遇,造成小汶河分洪,稻屯洼被迫蓄洪 1.85 亿 m³,东平湖老湖水位达 44.06 m(超设计防洪水位(43.5 m)0.56 m)。30 000 人上堤抢加子埝,并准备爆破泄洪。黄河艾山站最大下泄流量也超过 10 000 m³/s。

回溜 水在前进中受阻时,发生回旋的水流现象。水流遇坝受阻后,在坝前坝后发生偏向岸边的回旋流,其局部流向往往与正溜相反,故又称"倒溜"。水流一般一分为三股,一股向前下泄(顺坝流);一股沿坝体逆流向上游(即回流);另一股则垂直坝体下切。见图 6-2。

回溜淘刷　回溜引起的局部冲刷。水流
为丁坝所阻,部分主溜绕过丁坝下泄,上回溜
沿坝体迎水面逆流,下回流进入坝后。因坝
轴线与主流线构成的交角不同,回溜的严重
程度也不一样。靠近回溜区的地方,工程结
构往往为土坝或根基甚浅的护坡,回溜淘刷
容易形成根基下切、坝坡坍塌。

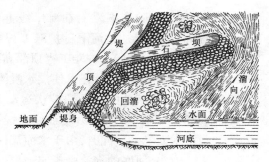

图 6-2　回溜图

　　回流　同"回溜"。

　　黄河气旋　也称"黄河低压"。生成于河
套及黄河下游地区的锋面气旋。全年均可出现,以 6~9 月为最多。其形成过程是:在黄
河中、上游先有倒槽产生,然后有冷锋入槽。与之相对应的高空形势特点是,在北纬
35°~40°间有一近似东西向锋区,其上有低槽东移,不断发展加深,槽前后冷暖平流加强
形成气旋。其路径大体沿黄河东移进入渤海湾或黄海北部,再向东北进入朝鲜和日本海,
或偏北移动进入松辽平原。黄河气旋对华北和东北南部天气影响很大,夏季与南方"副
高"输来的水汽交绥,常出现大雨或暴雨,有时产生强烈大风。

　　缓溜落淤　泥沙的沉降与流速有关,水缓则沙停。黄河下游常在串沟、堤河部分修筑
透水柳坝、活柳坝、挂柳、抛柳树头等工程,以降低流速,促使落淤,均取得良好效果。

　　河势　河道水流的平面形势及其发展趋势。包括:河道水流动力轴线的位置、走向以
及河湾、岸线和沙洲、心滩等分布与变化的态势。观测河势,分析研究河势演变,是治河防
洪的一项重要工作。

　　河漫滩　位于河床主槽一侧或两侧,在洪水时被淹没,中水时出露的滩地。

　　河流　陆地表面宣泄水体的通道。河流是大自然的重要组成部分,它的形成和发展
引起地形、地貌的改变。河流也是自然界物质循环的重要环节,每年地球上有数十万亿立
方米的水、数十亿吨泥沙和化学物质通过河流输入海洋。河流对于人类的生存环境具有
重大的意义。黄河因水浑色黄而得名,它是中国第二条大河,是世界著名的多泥沙河流。
黄河长 5 464 km,名列世界第 5 位;流域面积 75.2 万 km²,名列世界第 27 位;花园口站多
年平均流量 1 820 m³/s,名列世界第 35 位;多年平均输沙量 16 亿 t,名列世界第一。

　　河底　水面以下的河床表面。黄河下游河底是泥沙堆积所形成的,冲淤变化很大。
大水或清水引起冲刷,河底降低;小水或高含沙量洪水引起淤积,河底升高。

　　河道纵断面　沿河流深泓线垂直剖切的河道断面。深泓线是指河流沿程各横断面上
最深点的连线。河道纵断面由水面线和深泓河床线所组成,它是河底和水面高程沿程变
化的曲线,常以纵坡或比降(参见"水面比降")加以概括。一般河流上游比降陡,下游比
降缓,因而流速与水流输沙能力自上而下逐渐减小。黄河上游平均比降约为 1/1 000;中
游为 1/1 400;下游为 1/8 000~1/10 000。

　　河道整治　为稳定河槽,或缩小主槽游荡范围,改善河流边界条件与水流流态采取的
工程措施。黄河下游河道整治以防洪为主,兼顾保滩、引水、航运;以整治中水河槽,控制
中水流路为目标,确定规划治导线,作为工程布设的依据。除加固原有的堤防险工外,在
滩岸上修建了护滩控导工程 170 多处,坝垛 3 000 多道。高村以下 500 多 km 河段水流已

基本得到控制;高村以上河段的河势也在逐步改善。

河道排洪能力　河道能够安全地宣泄洪水的数量。黄河下游是一条强烈堆积性河流,其排洪能力随着河床的淤积而下降。为了争取防洪主动,黄河防汛指挥部门通常每年都要进行河道排洪能力分析。目前,这种分析多以水文测验资料为基础,采用半经验半理论的方法进行。排洪能力分析通常以最不利的情况作为前提,给防汛指挥留有适当的安全余地。

河道横断面　垂直于主流线方向的河槽断面。山区河流在水流侵蚀作用下常呈"V"形或"U"形横断面;平原河流的河道横断面变化较多,而且与河流的特性有关。黄河下游弯曲型河道横断面呈不对称的三角形,游荡型河道横断面则很不规则。

河道观测　定期或不定期地对河道形态和水沙运动状态进行观察和测量。观测的目的是:研究水流泥沙运动、分析河床演变的规律,为治河防洪提供科学依据,并验证已建工程的作用和效益。河道观测包括水文观测、河道地形测量和河势观测、工情观测等。

河道大断面　洪水可能淹没范围内的河道横断面。大断面包括水下和陆上部分。黄河下游河道两岸为堤防或高地,其大断面为堤防之间或堤防与高地之间的河道横断面。为了计算河道冲淤,横跨河道设置许多固定的测量断面,并定期进行测量。

河道断面　沿河流某一方向垂直剖切后的平面图形。河道断面一般分为纵断面和横断面。

河道断面图　见"河道断面"。

河道查勘　对河势进行现场勘察工作。查勘内容主要是观测河势、分析河势演变状况、了解工程险情及管理状况等。其主要目的是为来年河道整治及其他建设项目提供依据。黄河下游河道查勘,每年汛前汛后各进行一次。查勘方法是乘船顺流而下,在河湾、塌岸、控导工程、险工等重点地方,上岸徒步查勘,利用望远镜、激光测距仪,在宽阔的河道里观察河道的汊流、沙洲等分布情况,绘制出 1/50 000 的河势图。汛期水情变化较大或发生重大险情时,随时组织查勘,预估河势发展趋势,为防汛抢险决策提供依据。

河势查勘　见"河道查勘"。

河道变迁　见"改道"。

河道　河流的线路,通常是指能通航的河流。我国的《河道管理条例》规定,河道管理范围,除两堤之间外,还包括护堤地、行洪区、蓄洪区、滞洪区、无堤河段洪水可能淹及的地域等。

河床演变　河床受自然因素或人工建筑物的影响而发生的变化。河床演变是水流与河床相互作用的结果。水流作用于河床使河床发生变化;变化了的河床又反过来作用于水流,影响水流的结构,这种相互作用表现为泥沙的冲刷、搬移和堆积,从而导致河床形态的不断变化。在自然条件下,河床总是处在不停的变化之中,当在河床上修筑水工建筑物以后,河床的变化才受到一定程度的改变或制约。黄河下游河床演变剧烈而复杂,由于来水量及其过程、来沙量及其组成、河床泥沙组成的不同,河床的纵向变形常表现为强烈的冲刷和淤积,横向变形常表现为大幅度的平面摆动。

河道演变　同"河床演变"。

河槽　河流流经的长条状的凹地或由堤防构成的水流通道。也称"河床"或"河身"。通常将枯水所淹没的部分称为枯水河槽或枯水河床;中水淹没的部分称为中水河槽或中水河床;仅在洪水时淹没的部分称为洪水河槽或洪水河床,包括滩地。黄河下游河槽为复式断面,在深槽的一侧或两侧,常有二级甚至三级滩地存在。

河口 一般指河流注入海洋、湖泊的河段(支流入干流处,也称"河口"),分为入海河口、入湖河口等。黄河入海河口位于渤海湾与莱州湾之间,属陆相弱潮强烈堆积性河口,是1855年铜瓦厢决口改道夺大清河入渤海而形成的。百余年来,黄河入海流路,在东经118°10′~119°15′、北纬37°15′~38°10′范围内频繁变迁,黄河河口在自然状态下,处于周期性的淤积延伸、摆动改道的发展过程。

河口延伸 黄河入海口是以径流作用为主的弱潮汐河口,涨潮流速小于落潮流速,河水挟带的泥沙在河口段淤积,并逐渐向前推进,形成沙嘴向海内延伸,填海造陆。河口沙嘴向海推进的速率,一般每年2~3 km。当入海流路改道后,又重复以上淤积、延伸的过程,从而塑造了平坦广阔的河口三角洲。

河口三角洲 河口段的扇状冲积平原。河流入海时,因流速减低,所挟带的大量泥沙,在河口段淤积延伸,填海造陆,洪水时漫流淤积,逐渐形成扇面状的堆积体。黄河河口三角洲,就是许多不同时期形成的冲积扇,经过若干时段,入海河口不断淤积、延伸、改道,使冲积扇面积不断扩大,海岸线不断向前推进,同时在不走河的区域,海岸线又明显蚀退,这种延伸和蚀退交替进行,形成了现今的黄河河口三角洲。1938年前以垦利县宁海为顶点,北起徒骇河河口,南至支脉沟口的扇形地区,面积约6 000 km²,海岸线长180余 km,称"近代黄河三角洲"。1949年后,由于人工控制入海流路,顶点下移至垦利县渔洼附近,北起挑河,南至宋春荣沟,扇形面积约2 600 km²,称"现代黄河三角洲"。黄河河口三角洲地域辽阔、土地肥沃,石油、天然气、盐卤等地下资源丰富,现已建成的胜利油田,是中国第二大油气田。黄河河口三角洲平面图见图6-3。

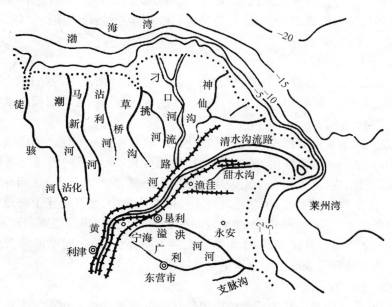

图6-3 黄河河口三角洲平面图

鸡心滩　在河槽中,面积较小而状如鸡心的河心滩(见图6-4)。

　　卷毛淀　也称"卷毛虎"。在浪峰处因水流分离、破碎掺气产生激响的现象。卷毛淀有阵发性,出现时水面翻花(形如马鬃)、发出很大的声音,持续片刻,能量消耗后又恢复原状。

　　九节浪　见"淀"。

　　揭底冲刷　也称"揭河底"。水流将大片沉积物从河床上剧烈地掀起,然后跌落破碎被水流带走的冲刷现象。这样强烈的冲刷可使河床

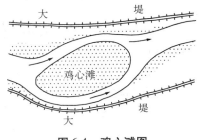

图6-4　鸡心滩图

在很短时间内急剧下切数米至十数米。揭底冲刷常由高含沙水流引起。除黄河中游外,下游汜水口河段,在1977年也曾发生过"揭河底"现象。

　　节点工程　利用原有的天然或人工卡口加以整治,在主槽两侧滩岸上呈现相对出现的整治工程。黄河下游两岸由于边界条件复杂、组成物质不均匀,抗冲性能差别很大,加上一些人工建筑物及天然山嘴的影响,河道呈现宽窄相间的藕节状形态;窄深河段对河势变化具有较大的制约作用,成为河流的节点。在河道整治中,利用自然节点加修坝垛形成节点工程。由于黄河下游河道的基本流路形如麻花,因而有些专家主张因势利导,采用节点工程对河道进行整治。

　　绞边溜　贴近滩岸的螺旋流。也称"扫边溜"。

　　胶泥嘴　土质多含黏土或胶质结核,水流不易冲蚀的滩岸。中、小水时,主溜顶冲到这种滩地上,往往会造成"横河"、"斜河",甚至冲刷堤防、险工而发生严重险情。

　　浆河　水流的含沙量很高时,局部河段泥浆停止流动而造成的河槽暂时堵塞现象。浆河现象多发生在洪峰之后,由于洪水位降落,流速急剧减小,高含沙水流有时不能继续保持流动状态而停滞下来。浆河过程中常出现阵流现象,即水位发生急剧的上升和下降。黄河下游在1977年,京广铁路桥以上发生的水位猛涨陡落现象,有人即解释为浆河。

　　假潮　指黄河山东段在上游无增水的情况下出现的突发性水位猛涨猛落的现象。假潮多在汛期发生,水位、流量表现为来势迅猛的暴涨暴落。根据观测统计,假潮过程中每日一般出现1~2次,最多3次,流量级多在400~800 m^3/s,最大可达1 800 m^3/s。假潮过程水沙基本对应。

　　急溜　湍急的水流。急溜多由于水流受抗冲能力强的边界条件的影响,形成比降较大、流速较快,水面紊动明显,水声较大的现象。

　　决口分流　堤防决口后,口门过流,原河道仍未断流的现象。

　　开花浪　见"淀"。

　　控导工程　为约束主流摆动范围、护滩保堤,引导主流沿设计治导线下泄,在凹岸一侧的滩岸上按设计的工程位置线修建的丁坝、垛、护岸工程。黄河下游仅在治导线的一岸修筑控导工程,另一岸为滩地,以利洪水期排洪。

　　游荡型河道　河槽宽浅、主流位置迁徙不定,河心沙滩较多,水流散乱的河道。游荡型河道具有变化速度快,变动幅度大的特点。游荡型河道形成的主要原因是,两岸土质疏松易于冲刷;水流含沙量大易于淤积;洪水暴涨暴落,流量变幅大。游荡型河道对防洪极为不利,

易于发生险情,危及堤防安全。黄河下游孟津县白鹤镇至东明县高村河段是典型的游荡型河段。这段河道长 299 km,宽度一般在 10 km 左右,最大超过 20 km,而水面宽一般 2~4 km。主流变化无常,有的一昼夜内主流左右摆动竟达 6 km。河道宽浅,溜势散乱,常发生"斜河"、"横河",顶冲堤防、险工,造成重大险情。若抢护不及,就有冲溃堤防的危险。

宽浅乱　对游荡型河道特征最简洁的描述。见"游荡型河道"。

浪　水流在风或其他外力作用下,使水质点作大致如圆周轨迹的运动,表面形成波状峰谷起伏的水流现象。宋代根据波浪的不同位置和形状,曾把浪分为"破头"、"斜敛"、"截河"、"纳漕"、"污心"等名称。当今统称"波浪",其中风生波浪称"风浪"。

龙虎大淴　同"九节浪"。

流域　地面径流分水线所包围的集水区域。流域按河流归宿的不同,分为外流流域和内流流域。直接或间接流入海洋的叫外流流域;排入内陆湖泊或消失于沙漠中的叫内流流域。黄河水直接流入海洋,是外流流域。黄河流域涉及青海、四川、甘肃、宁夏、内蒙古、山西、陕西、河南、山东九省(区),流域面积 75.2 万 km²。黄河流域西高东低,绝大部分为干旱、半干旱大陆性气候,洪水多由暴雨形成,水旱灾害频繁。黄河流域是中华民族古文明的摇篮,中国历史兴衰与黄河有密切的关系,因而历代都很重视黄河的治理与开发。

里卧　河势顶冲塌滩逐渐靠近大堤。也称"内注"。

流路　主流经过的位置。黄河下游游荡性河段河道内,当年和次年的主流线位置虽然经常发生变化,但从长期看水流仍有一定的基本流路,一般基本流路有两条,这两条基本流路往往如麻花的两股。

溜向　主流线带水流的方向。

溜　河水中流速较大的流线带。在某一横断面上可能有一股溜,也可能出现几股溜。由于水流结构、形态和所处位置的不同,又有顺溜、正溜、主溜、边溜、回溜、分溜、翻花溜、绞边溜等区别。

凌汛　黄河下游河道,一般年份冬季结冰封河。春初解冻开河,冰水齐下,冰凌壅塞,水位上涨,形成凌汛洪水,此时期为黄河凌汛期。黄河下游河道因上下河段纬度相差 3° 多,冬季平均气温相差 3~4 ℃。上段河道封冻晚、开河早,结冰较薄;下段河道封河早、开河晚,结冰较厚。一般在 1~2 月间,气温升高,上段低纬度河段封冻首先解冻开河,封冻期间河槽积蓄的水量急剧释放下泄,形成凌汛洪水,洪峰流量沿程递增,水位上涨;但下段高纬度河段因气温仍低,冰凌固封,在水流动力作用下,水鼓冰开,形成武开河。有时大量冰凌在狭窄、弯曲、浅滩处阻塞,形成冰塞、冰坝,致使水位陡涨,甚至漫滩偎堤,即成严重凌汛。如防御不力或措施不当,容易酿成决溢灾害。有的年份,上下河段气温变幅相差不大,河道封冻分段解冻开河或就地解冻,不致形成大的凌汛洪水,开河也比较平稳顺利。

连续弯道式　同一弯道中下段的工程位置线为一条光滑的复合圆弧线,上段接近于直线且与圆弧线相切。水流入湾后,诸坝垛受力比较均匀,可形成以坝护湾,以湾导溜的形势。具有导溜能力强,送溜方向稳定,坝前淘刷较轻,易于修守等优点。多为黄河下游采用。

老崖头　脱河较久或比较耐冲、滩槽高差较大的高滩沿。

龙舌　两条汉河中间的高地。

漫溜　浅水水域内流速缓慢的水流。

漫滩　水位上涨,滩地逐渐被淹的现象。

漫弯　溜势较为平顺的大弯道。

嫩滩　在河槽内,经常上水,时冲时淤,杂草又难以生存的滩地,俗称"嫩滩"。

逆河　发生在大河涨水期间,支河水倒流逆行的现象。也称"倒漾水"。

"Ω"形河湾　某一河湾充分发育后,弯道进出口距离很短,有时仅200余m,远小于弯道河长,在平面上呈"Ω"形,为畸形河湾之一种。

平顺型工程　平面外形平顺或微弯的河道整治工程。这种工程布局,对河势的控导能力较差。

歧河　在河面宽的河段,由于受沙洲的影响,从大河中分出来的流路极不规顺的汉道叫"歧河"。

歧流　同"歧河"。

圈河　在宽河道内河势坐弯,水流顺河岸形成半圆圈形,这种河道形态称圈河。如南圈河、北圈河。

清水沟　黄河现行入海河道。自1976年黄河由刁口河人工改道走清水沟入海后,至1994年已18年。清水沟位于甜水沟与神仙沟之间,过去两沟走河,河道发育较强,滩唇淤高,中间洼地常年积存两沟溢出的清水,故名。

切滩　滩岸受水流冲刷后退的现象。河道主流偏离弯道凹岸,凸岸边滩被水流冲失。

浅滩　淹没水深不大的滩地。

潜滩　河槽中经常淹没在水下的滩。

全河夺溜　水流另辟新道引起原河断流的现象。在多泥沙河流上,河床逐年淤积抬高,形成"悬河",一旦堤防决口,则形成原河道断流,水流另辟新道。

人工裁弯　见"裁弯"。

入袖　水流受工程或其他边界条件影响,大溜在滩地坐弯较深较陡而出流不畅的河势状况。

"S"形河湾　在较短河段内,上下两相邻河湾发育完善,两湾间过渡段较短,在平面上呈"S"形。

搜根溜　见"回溜"。

搜边溜　由上而下,紧贴河岸或埽坝的水流。

宋春荣沟　上端位于垦利县二十一户附近,1934～1947年曾是黄河入海流路之一。相传有一渔翁名叫宋春荣,曾在此处搭棚捕鱼,此沟因而得名。

死弯　同"陡弯"。水流为边界条件所阻,突然改变方向而形成的弯道。

顺溜　流线比较规顺的水流。

顺堤行洪　洪水漫滩或串沟走溜引起堤河通过较大流量的现象。堤河附近的堤防或无防护工程,或虽有防护工程但未经过洪水考验,因而顺堤行洪往往严重威胁防洪安全,应加强防护。

水域　陆地水面占有的面积和水利工程设施用地,通常称为"水域"。

水系　由河流的干流和各级支流,以及流域内的湖泊、沼泽或地下暗河形成的彼此相联的集合体。由于地形、地质构造的不同,常见的有树枝状、扇状、羽状、平行状、格状等,黄河支流多为树枝状或扇状。水系的形状影响着洪水集中的快慢、汇合的先后及流量的大小,因而形成干流各河段及各级支流独特的水文情势。

水流挟沙能力 在一定的河床边界及水流条件下,能够通过河流断面下泄的推移质和悬移质中的床沙质数量。推移质和悬移质在输移过程中,与河床中泥沙不断交换,因此水流挟带床沙质的数量,经过一定距离后即达到饱和,这个饱和含沙量就是水流挟沙能力,常用单位为 kg/m^3。

水边线 水面与河岸的交界线。

刷槽 在水流的作用下主槽所发生的冲刷现象。洪水期的涨水过程中,水流下切河床的能力很强,引起主槽强烈的冲刷,增加河道排洪能力。黄河下游,尤其是宽河段,主槽两侧或一侧有较广阔的滩地,洪水漫滩后,水深小、流速缓,泥沙逐渐在滩面淤积,水流中的泥沙也逐渐减少;当主槽洪水位下降时,滩地上的含沙量小的水流入主槽,也会导致主槽发生冲刷。

神仙沟 曾为黄河入海条件最好的一条流路。1947 年黄河回归山东故道后,有条支流从此入海。1954～1964 年为主要入海流路。海域条件较好,具有潮差小、潮速大,靠近"无潮点"和海域水深等特点。相传过去有一渔船遇风暴迷失航向,在万分危急时发现西南方向有一缕光,即趋光而进,终于脱险。人们认为有神仙指路,因而把灯光所在处的河沟,称为"神仙沟"。

上展 河湾处水流顶冲,回水逆流上壅,称为"上展";顺直河岸水流抵岸下注,称为"下展"(见《宋史·河渠志》)。

上游 河流的上部河段或区域。上游河段通常河谷狭窄,河底坡度较陡,多跌水、急弯和险滩。上游支流河底坡度也很陡,在山洪暴发时,大量沙石冲向支流出口,堆积在干流河道一侧,形成急流险滩。黄河在内蒙古自治区托克托县河口镇以上河段称为上游。该河段长 3 472 km,落差 3 464 m,有龙羊峡、刘家峡、黑山峡和青铜峡等峡谷,水力蕴藏量丰富。上游流域面积 38.6 万 km^2,主要支流有白河、黑河、大夏河、洮河、湟水、祖厉河、清水河及大黑河等。上游水量占全河水量的 53% 左右,沙量只占 9%,水多沙少,河水较清,是黄河水量主要来源区。

上下较大型洪水 龙门、三门峡区间和三门峡、花园口区间共同来水组成的洪水。这类洪水的特点是洪峰较低、历时较长、含沙量较小等。对下游防洪有相当的威胁。

上提 大溜顶冲或靠溜的位置向岸线或工程上游发展(见图 6-5)。

上大型洪水 在黄河中下游防洪中,指以河口镇至龙门区间和龙门至三门峡区间为主形成的大洪水。具有洪峰高、洪量大、含沙量大的特点,对下游防洪安全威胁严重。三门峡水库建成后,此类洪水威胁有所减轻。

扫弯 大溜突遇急弯,由于水流惯性作用而产生的水流刷滩现象。

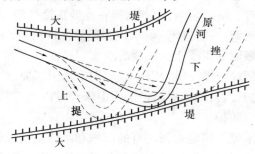

图 6-5 上提下挫示意图

三级滩地　见"滩"。

塑造河湾　一岸修建工程,控导溜向,使下游对岸塌滩坐弯,以便按治导线修建工程,控制河势,达到河道整治的目的。

堤河　靠近堤脚的低洼狭长地带。堤河形成原因有二:一是洪水漫滩时,泥沙首先在滩唇沉积,形成河槽两边滩唇高,滩面向堤根倾斜的地势;二是培修堤防时,在临河取土,降低了地面高程。由于堤河的存在,洪水漫滩后,水流顺堤河而下,形成顺堤行洪,对堤防防守极为不利。

拖溜　位居大溜两边,流势稍缓的流线带。

塌滩　滩岸被水流冲刷而发生的坍塌现象。

滩唇　主槽两侧较高的滩岸边缘地带。洪水漫滩后,流速减小,较粗的泥沙首先在滩地边缘沉积,淤积量比较大;远离主槽的滩面淤积量逐渐减小,沉积物也越远越细,因而在主槽边缘的滩地上逐渐形成高出附近滩面的自然沙埂。

滩嘴　在河槽中,凸出于河岸而面积较小的滩地。

滩地　河道中水流一侧或两侧的陆地。通常将枯水河槽和低滩称为主槽,将中滩和高滩能耕种的地方叫滩地。黄河下游通过河道整治,缩小了游荡范围,使大片的滩地得以稳定,为经济开发创造了条件。

滩区　主槽侧畔的滩地范围。黄河下游滩区面积 3 000 多 km^2,现有耕地 311 万亩,村庄 2 030 个,居住人口 138 万人。当花园口流量在 4 000 ~ 6 000 m^3/s 时,一般开始漫滩。

滩沿　见"河沿"。

凸岸　河流弯曲河段岸线外凸的一岸。凸岸不受主溜冲击,水深较小,流速较缓,常呈淤积状态。参见"环流"。

凸出型工程　平面外形向临河一侧凸出的河道整治工程。这类工程上、中、下三段不同部位着溜时,往往出溜方向不同,甚至差异很大,造成工程以下溜势散乱,控导河势效果差。

脱河　主溜离开工程,在工程与主溜之间出现滩地的现象。

外移　主溜远离工程或岸线的现象。

弯曲幅度　设计治导线各弯道顶点连线之间的距离。它标志着整治线路的水流摆动范围的大小。

弯曲半径　见"河湾半径"。

弯道环流　同"环流"。

弯道　水流方向显著改变的河段。弯道的一岸为凹岸,另一岸为凸岸。黄河下游由工程控制的弯道由复合圆弧线组成,采用上平、下缓、中间陡的形式。上段宜顺,以迎多种方向的来流,避免水流抄工程后路;中段是导流的主要部位,曲率半径宜小一些;下段为送流段,曲率半径宜大于中段。

弯曲型河道　由正反相间的弯河段和介于二者之间的过渡段连接而成的河道。弯曲型河道的外形与河流两岸的土质组成密切相关。在抗冲性较强的河段多形成弯曲半径较大的缓弯;在易冲刷土质的河段弯道可以自由发展成蜿蜒形。弯曲型河道在变形过程中河宽和水深的比例关系变化不太大。整个河道呈向下游蠕动的趋势。黄河下游阳谷县陶城铺至利津县宁海河段,长 322 km,为弯曲型河道。

下挫 也称"下滑"、"下延"。指工程或岸线的靠溜部位向下游发展。

下滩 同"低滩"。

下游 河流的下部河段或区域。暴雨及其产生的洪水,在流动的过程中侵蚀地表,被侵蚀的物质经水流向下游搬运,沿程堆积形成下游冲积覆盖层,河流在覆盖层上变化。黄河桃花峪以下河道为下游。该段河长 786 km,河底坡度比较平缓,落差只有 95 m;河道上宽下窄,最宽处有 20 km,最窄处仅 400 余 m;由于泥沙淤积,河道宽浅,河势多变;河床逐年抬高,依靠堤防束水行洪,形成滩面高于两岸地面 3~5 m、部分堤段达 10 m 的地上河,为世界著称的"悬河"。黄河下游流域面积 2.2 万 km²,主要支流有金堤河和大汶河。

下展 见"上展"。

下坐 同"下挫"。

新滩 形成时间不长的滩地。在游荡性河段内,滩地极不稳定,随着坍塌、串沟夺溜而变成主槽,而其他的水域则淤出新滩。

斜河 大溜以与河道有较大的夹角的方向顶冲堤岸的河势。这种不正常河势,与河道工程设计构思往往有较大的差别,给工程防守带来极大困难。

新岸头 形成时间不长的滩岸陡沿。

信水 河流随季节、气候变化,定时涨落的洪水。宋代《河防通议》把黄河信水按全年 12 个月的水情,各定有专名。发展到明清两代,各月"水汛"专名被集中概括为桃汛、伏汛、秋汛、凌汛四汛,沿用至今。

以湾导溜 见"连续弯道式"。

淤滩刷槽 在复式河槽段,洪水漫滩后泥沙在滩面沉积,水流含沙量减小甚至变清,回归河槽后使河槽发生冲刷的现象。淤滩分为洪水漫滩落淤、引洪放淤和机械提淤等。淤滩刷槽的效果主要取决于进入滩区水流的含沙量、总水量及滩地滞缓水流的能力。为了增加淤滩刷槽的效果,通常采取工程措施和其他种植措施。

淤积 水流挟沙能力小于含沙量时泥沙从水中沉降到河底的过程。河流的不同河段,在一定的水流和泥沙条件下具有一定的输沙能力。如果上游来沙量大于河段的输沙能力,部分泥沙甚至全部来沙沉降到河床上,发生淤积。多年平均进入黄河下游的泥沙为 16 亿 t 左右,除有 12 亿 t 在河口区堆积外,有 1/4 淤积在河床中。

右岸 观测者面向河流下游,在右边的陆地,称为"右岸"。

壅水河段 水流受阻而引起水位升高的河段。

预警系统 在分滞洪区和黄河大面积的滩区内,为提高防洪预见性和主动性而安设的比较现代化的通信装置。一般在县(市)或县(市)以上的防汛指挥机关架设、安装信息接收与发布设施,在各分滞洪区和滩区村镇配备信息接收传感设备。一旦接获洪水情报、预报,通过预警通信系统及时传递信息,下达任务(包括群众迁安救护),保证防洪任务、措施的完成与实施。

"之"字形河湾 又称"Z"形河湾。上下两相邻河湾坐的较死,入湾溜向与出湾溜向夹角很小,两河湾间过渡段较长,在平面上成为"之"字形。这是另一种畸形河湾。

掣溜 同"夺溜"。

展宽工程　为增加河道排洪能力,扩宽河道泄洪断面所采取的防洪工程措施。山东黄河北岸齐河和南岸垦利附近的河道,原来都是卡口河段,凌汛期间易卡塞冰凌,威胁堤防安全。为此,20世纪70年代修建了南、北展宽工程。工程包括扩宽堤、分洪闸、泄洪闸、淤灌排水闸及群众避洪工程等。

障东堤　自鄄城董庄起,经富春、红川、水堡、渡等乡镇,至梁山黄花寺与黄河大堤相接,有一条蜿蜒东北的长堤,斜卧在鄄城、郓城、梁山境内,长85 027 m。堤顶平坦,绿树成荫,既是交通道路,又是绿化林带,这就是人们俗称为"南金堤"的障东堤。清咸丰五年(1855年),河决铜瓦厢,水流折转东北,结束了长期夺淮入海的局面。但由于当时统治阶级内部对于改道行河山东与挽归徐淮故道的问题争论不休,致使黄水漫流20年。"山东境内非恃漕运阻滞,且民田亦多被害。"虽然统治者劝谕各州县自筹经费"顺河筑堰,遇湾切滩,堵截支流",洪水仍时有决溢泛滥。清同治十二年,"河决直隶东明,历伏经秋,全河夺溜南趋,弥漫数百里,山东江南毗连,数十州县民人荡逝,运河两岸胥被冲刷,溃败几不可收拾"。同年十一月,山东巡抚丁宝桢奏请堵复东明石庄户口门,并"再就北面滩地接筑长堤"。清光绪元年(1875)年,筑塞石庄户下十余里之贾庄,水归原河道后,丁宝桢"复躬督官绅员,监筑长堤",先由贾庄龙门口向下修至东平十里堡,后由贾庄向上修至东明谢家庄,"蜿蜒250里,堤高14丈,身厚百尺,顶宽20尺",自此,"庶几民安其居,运道永固,因名之曰'障东'"。因"南堤至北金堤相隔六七十里",滩区群众为防御洪水,自行修筑民堰,使董庄以下及山黄花寺以上之障东堤董庄以上及黄花寺以下之民堰联结在一起,成为主要防洪堤防。

1946年人民治黄以后,障东堤曾为防洪的第二道防线,于新中国成立初期全面进行了修补。1958年以后,随着临黄大堤防洪能力的提高,障东堤只作为绿化林带仍由黄河部门管理。

整治河宽　河道经过整治后与整治流量相应的直河段的河槽宽度,即河道通过整治流量时,理想的水面宽度。由于河道整治工程仅在凹岸布置,凸岸为可冲的滩嘴,当大洪水通过时,主流走中泓,流线趋直,凸岸受冲,主槽扩宽,洪水能顺利通过。因此,整治河宽小于洪水时主槽宽度。同时由于整治工程高程均低于设计防洪水位,因而整治河宽并不是河道行洪宽度。黄河下游高村以上河段,设计整治河宽为1 200 m,洪水时河道实际水面宽度一般为2 500～3 000 m,大洪水的行洪宽度可达5 000 m以上,最宽处超过20 km。

整治流量　整治河道的设计流量。它分为洪水河槽整治流量、中水河槽整治流量和枯水河槽整治流量。黄河下游多年测验成果表明,中水河槽水深大、糙率小,排洪量占全断面的70%～90%,造床作用较强。因此,采用中水河槽的平滩流量作为河道整治的设计流量。由于河床冲淤变化大,平滩流量也在不断地改变,黄河下游一般在4 000～6 000 m³/s之间,经过多方面的分析论证,选取5 000 m³/s作为整治流量。

正河　河道中出现多股水流时,主流所在的一股称为"正河",其他为"汊河",又称"支河"。

支河　指河流滩区内的支流。支河一般有两种:一是有河头,当河水初涨时,水即由河头流入,在滩地内转折回旋,长的几十里,短的十几里或几里,仍归入大河。二是有源无河头,因地势较低,河水出槽后漫流汇归于低洼的地方,聚而成溜,转折回旋于滩区内,或几十里或几里,然后归入大河。黄河下游河段常出现上述情形。

支流 河道体系中,最终汇入干流的河流。支流的分布形式常见的有树枝状、辐射状、平行状、格子状、羽毛状、紊乱状等,这些形状的形成和岩石、地质有关。通常把直接汇入干流的支流称一级支流,汇入一级支流的支流称二级支流……依次类推。例如,沁河是黄河的一级支流,而丹河则为黄河的二级支流。在中外某些专门论著中,支流级别划分也有与此相反的,即两条一级支流汇合成二级支流,两条二级支流汇合成三级支流……

治导线 河道整治设计中,按整治后通过整治流量所设定的平面轮廓线。在进行河道整治规划设计时,权衡防洪、供水、航运等各方面的需要,设计一系列的正反相对应的弯道,弯道间以直线过渡段相连接。治导线的平面形态参数可用河湾间距(D)、弯曲幅度(P)、河湾跨度(T)、整治河宽(B)、直河段长度(L)、弯曲半径(R)及河湾夹角(α)等来表示。治导线是在分析河道基本流路的基础上经多方面权衡确定的。主要的依据有河势演变规律及发展趋势的研究成果、现有工程及天然节点靠河机遇与控导作用的分析成果,以及国民经济各部门对河道整治的要求。见图6-6。

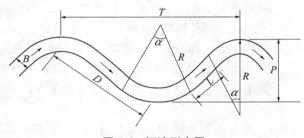

图6-6 河湾形态图

中泓 主流深泓点在河道中部。又称"大河居中"、"河走中泓",意即大溜在河道中央,不会冲击堤坝。

中游 河流的中部河段或区域。中部河段的河谷通常比较开阔,河谷中常有河成阶地或河漫滩分布,河底坡度虽不平缓,但已不如上游陡峻。黄河从河口镇至河南省郑州市桃花峪为中游河段,长1 206 km,落差880 m。河口镇到龙门、潼关至孟津两峡谷段,有许多优良的坝址可供开发,已建成三门峡水利枢纽和天桥电站、小浪底水利枢纽。区间流域面积34.4万 km²,主要支流有窟野河、无定河、汾河、北洛河、渭河、洛河及沁河。河口镇至潼关间,来水量占全河的37%,而来沙量却占89%,是黄河的主要产沙区。

主槽 即中水河槽或中水河床,也称"基本河槽"或"基本河床"。径流汇集到河流中,一方面将挟带的大量泥沙堆积在河槽中,一方面又不断冲蚀,维持一个深槽。由于中水较洪水持续的时间长,中水又较枯水的流速大,所以在中水时能维持一个较明显的深槽。黄河下游高村以上河段,洪水时水面宽度可达数公里乃至10 km以上,但实测资料表明,洪水时主槽宽度多在数百米至1 500 m,主槽通过的流量常常占总流量的80%左右。近期,黄河下游因人类活动和天气形势的影响,中小水持续时间增长,水流挟沙能力较弱,泥沙多在主槽中淤积,有些河段形成"二级悬河",对防洪极为不利。

主溜摆动 主溜急剧改变位置的现象。它是游荡型河道最主要的特点,由于河床松软、宽、浅,主溜迁徙不定。

主溜外移 河势变化时,主溜离开工程或河岸线的现象。

主流 同"主溜"或"大溜"。

左岸 观测者面向河流下游,在左边的陆地,称为"左岸"。

阻水工程 影响河道行洪的构筑物及建筑工程。常见的阻水工程如:在滩地上修筑各种套堤、生产堤,修筑高渠堤、高路基,建筑成片的住宅;在河道中任意修筑丁坝,缩窄过水断面;有碍河道排洪的跨河桥梁、渡槽、管道等工程。

自然裁弯 见"裁弯"。

着河 主溜靠近工程、使工程临水的现象。也称"靠河"。

主流线 河流沿程各横断面中最大垂线平均流速所在点的连线。主流线反映了水流最大动量所在的位置、主流线的位置随流量的变化而异,具有"低水傍岸,高水居中"的特点。

主溜线 同"主流线"。

坐弯 水流冲刷滩岸,顶冲的滩岸坍塌后退而形成弯道。黄河上把这种河床变化称"坐弯"。

第二节 模型制作前的准备

一、试验内容

根据工作的特点与要求论证或解决问题,提出试验项目要求,并根据试验目的、要求确定试验项目。近年来在水工室进行的一些大型水利枢纽的试验项目,一般有以下几方面的内容。

(一)枢纽布置方面(包括闸坝及涵洞)

(1)验证和比较水工泄水建筑物的布置方案。

(2)测定水库下游或上游流量与水位的关系,校核设计所选用的流量系数或泄流能力。

(3)观测进口形式及闸墩对水流的影响,选择最优形式。

(4)观测水工建筑物边界(如坝面)的压力分布,改善其几何形式。

(5)观测管道的闸门段及出口段的水流情况和压力分布。

(6)观测枢纽下游的流速分布与冲刷情况,选定最优消能方案。

(7)测定水面高程和波浪,验证边墙或隔墙的设计高程。

(8)观测闸门开启时的流态及底缘压力与启闭力。

(9)枢纽调度试验。

(10)观测高速水流建筑物的空化空蚀现象,确定消除空化空蚀布置形式,提出防止空蚀的措施和建议。

(二)通航水流方面

(1)观测引航道的纵横向流速、回流范围及波浪等水流条件,确定引航道的断面开挖形状。

(2)验证整治上下游航道,改善水流条件,消除或减弱泡漩和剪刀水。

(3)测量升船机的缆绳拉力及适应的坡度。

（4）船模验证试验。

（5）船闸闸室水力学方面的试验。

（三）施工导流方面

（1）选择坝轴线位置及验证导流方案。

（2）观测导流建筑物的流量与上下游水位关系及水面线、进出口流速、流态、动水压力、局部水位落差和冲刷情况等。

（3）确定围堰的高程及防冲保护措施。

（四）截流方面

比较截流方案中各种抛投块体的上下水位落差、流速、流态等水力学方面的观测，确定抛投方量、块体形状、重量及抛投方式，选定龙口宽度、位置、护底材料，为确定截流方案提供依据。

（五）河流泥沙方面

（1）河道地貌研究。

（2）河道演变与整治。

（3）河口段演变与整治。

（4）河流泥沙运动基本规律及水库淤积问题。

（5）河道护岸工程。

二、模型类别的选择

模型是按照相似定律的不同比例制成的。由于各个水工试验的目的与任务不同，各个水工建筑物的特点不同，解决不同问题所选择的试验模型也不同，有时需要做一个半整体模型或做一个断面模型，甚至需要做数个整体模型与几个断面模型才能全部解决问题。因此，在建造模型之前，应当根据不同模型试验目的与任务以及可能性来确定做哪样模型。一般来说，做断面模型是比较经济的，其所需要的时间、人力、物力都比整体模型少，并且模型比例可以放大而增加试验精度。同时，通过透明的玻璃还可以观察水流情况。但是，有些问题并非断面模型所能解决，必须做整体或半整体模型来解决，如三元水流流态和回流冲刷等。不管用哪种模型，其设计原理是相同的。在水工模型试验中最常用的是整体模型和断面模型，或两者配合进行，半整体模型较少应用，因为水工建筑物很少是对称的。一般在进行枢纽方案比较时，整个下游流态、消能与冲刷，溢洪道、管道、施工导流等试验模型，均需建造整体模型。但在进行流量系数、压力分布以及其他结构物细部尺寸的修改等模型试验时，要求精度很高，因而需大比尺的模型，故一般做成断面模型来解决（过流较大的泄水库或溢流坝工程做断面模型，管道的进口或出口模型则为局部模型）。研究河工泥沙方面的问题，一般做变态模型；研究建筑物方面的问题，一般做正态模型。

三、模型边界条件及比尺的选定

模型边界根据实际的可能性（如材料、场地及设备等）与试验研究的目的、要求来确定。一般来说，对枢纽试验模型，横向边界是沿最高蓄水水边线即最高水位的等高线截取模型范围，枢纽模型上游段长一般为 $3 \sim 4$ 倍枢纽泄洪段长度 L_B，下游段长度为 $4 \sim 5$ 倍

L_B。在施工导流模型上,上游段往往需要做得比枢纽模型更长些。导流模型下游段长度 $= 6($ 河宽 $B -$ 围堰宽 $b)$。如丹江口导流模型下游长 $= 6 \times (600 - 200) = 2\,400(\text{m})$。泥沙模型则根据研究某河段泥沙运动的范围而确定。

选择模型比尺时需要考虑下列三个限制条件:

(1)将原体缩小制成模型,必须使模型与原型的流态相似。原型的水流一般为紊动水流,即水流在阻力平方区范围,不得为层动水流。紊动水流与层动水流界线可以根据雷诺数的估算检查出来。根据许多人试验的结果,认为紊流要求雷诺数 $Re \geqslant 580 \sim 4\,000$,设临界雷诺数 $Re_{kp} = 2\,320$,则在设计模型时就应当使模型水流的雷诺数大于临界值,以此来确定模型的最小允许比例尺。

(2)在模型试验中,一方面需要照顾到水流的相似,另一方面必须注意到不得使模型中流体运动的次要作用力因缩尺而影响主要作用力。例如模型比例过小,表面张力即发生干扰作用,故应估算水深,使模型中水深大于 1.5 cm,模型过堰水深 $H_m > 3$ cm。

(3)如果原型具有表面波浪,而模型中亦希望有波浪显现时,则水流表面流速要求大于 0.23 m/s。一般闸、坝、溢洪道模型比例多为 $L_r = 20 \sim 100$,更常用的为 $L_r = 40 \sim 60$,管道模型常用比例 $L_r = 15 \sim 25$。

四、模型及其设备的布置

模型的比例及边界均确定以后,就可以考虑模型的制造,但在未制造之前,应先制定一个包括其他的试验设备(水流系统、电动阀门、沉沙池、量水设备、静水池、模型前池、控制尾门曲线堰、回水渠以及试验设备等)在内的总体布置图,结合水流场地等具体情况周密考虑,以保证设计制造的完善。

第三节　模型制作

在对黄河的基本概念、专业术语了解以后,结合前面章节的模型设计内容,就可以利用地形图在场地上进行模型制作了。由于河工模型一般规模较大,须用较多的人力和物力,因此对所需工人的工种、数量、工作日数和所需材料的种类、数量等均要有详细的估算,提出计划,以便及时进行各项准备,有步骤、有计划地使模型制造工作按期完成。

河工模型制造主要需用的技术工人是泥瓦工、木工和测工。常用的模型建筑材料有水泥、砖、沙子、玻璃板、三夹板、白铁皮、木料及金属材料等。动床模型沙需特制,不在此例。

关于模型具体工种工时的估计,可参照有关劳动定额,结合模型具体情况,加以估算。材料的估算亦可根据有关资料计算。

施工进度的安排,应注意各项步骤的先后缓急,可平行作业的应尽可能平行施工,不能平行施工的则要衔接及时,以减少模型人力的浪费,缩短模型制造时间。制定计划应该充分调动每个工作人员的积极性,发挥集体智慧,同时也要考虑可能发生的不利因素,做到留有余地。在工作时,既要抓紧时间,又要避免不顾质量,盲目追求等不良倾向,使工作能按计划进行。

一、试验设备及规划准备

在模型设计的过程中，往往要求了解原体沙和模型沙的一些水力泥沙特性，需要进行一些必要的基本试验，测取所要的数据，供模型设计中使用。在模型设计完成以后，就要进行模型的建造与试验。这许多工作都需要有试验场地和设备才能完成。

河工模型占地面积往往比较大，因此需要有跨度较大的永久性实验室。但在某些地区，风雨较少，气候条件适宜，也可考虑修建露天试验场。露天试验场占地面积可以大些，布置模型也比较方便，且不需修建大型永久性的房屋建筑，较为经济。

河工模型实验室的规模大小和试验设备的建置，取决于任务的性质和数量的多寡。规模宏大的实验室往往占地多，可同时进行各种模型试验；而简单的实验室，往往只进行个别模型试验，场地和设施可以因陋就简，因此实验室的设备规模大小差异是很大的。

（一）河工模型实验室的规划

一般的河工模型实验室，以拥有一个室内实验室和一个能进行露天试验的场地为宜。实验室的面积，亦即它的长度和宽度，则视试验研究的对象而定。对于航道整治模型而言，可以用下列三个量来表示需要考虑的河道尺度：洪水河床宽度、航道设计水位或整治水位时的水深、相应的水流速度。这三个量往往限制了模型的几何尺寸。就我国具体情况而言，一般中等平原河流的三个尺度为：$B = 800 \sim 1\,000$ m；$h \approx 2.0$ m；$v \approx 1.0$ m/s。

根据水流和泥沙运动相似条件，可确定深度比尺在 1/50 ~ 1/100、宽度比尺在 1/100 ~ 1/500 范围之内，因此模型水道在宽度上为 2 ~ 10 m，长度为 30 ~ 60 m。在宽度方面除考虑河道的宽度以外，还需要考虑河流中江心洲和弯道存在的影响，致使平面上增大了模型的占地宽度。根据一般情况，占地宽度可较河宽增大 2 ~ 3 倍，为 5 ~ 30 m。根据我们的经验，河工模型实验室的面积，以 60 m × 24 m 左右为宜。在这个面积之内，可以放置一具玻璃水槽和一个或两个航道整治模型进行试验。如果玻璃水槽不放在室内以减少房屋跨度，则宽度可减为 21 m 左右。河工模型露天试验场的面积可以稍大一些，也可以与室内面积相当，视实际情况而定。

上述布置便于一边进行着一两个模型试验，另外有一两个模型放置着以观察河道整治效果或进行新的模型建造。

实验室除试验面积以外，尚需一些附属设施和房屋，例如蓄水池、给排水管路、变电房、水泵房、工作室、摄影暗室、仪器及工具室、模型沙及其他建筑材料仓库等。这些附属设施和房屋布置原则以方便、紧凑、实用为宜。

（二）河工模型实验室的水流系统

水流系统为河工实验室的重要设备。它与取水方式、供水水源有关。就供水方式而言，可分为循环式和自流式两种；就配水方式而言，可分为独立式和综合式两种；就供水水质而言，可分为清水系统和浑水系统两种。

自流式水流系统是利用天然河渠或水库的水源，不需消耗动力来输水，而靠水流自身的重力作用，自流引入模型，经试验后，再泄入退水渠，复流往河渠下游。由于天然水源的水头不能经常保持恒定，且模型所引水量也经常改变，往往需要修建进水闸，分水闸，作为控制模型引水量的设施。当天然河渠含沙量较大时，还应设置沉沙池，以沉淀泥沙改善水质,同时也需要修建冲沙道,以冲刷沉积的泥沙。这种系统设备比较简单,投资较少,运行经济,维护方便,但实验室设置地点受水源的限制较大。

循环式水流系统依靠抽水机做功,将水从蓄水池中直接抽至模型使用,或者将水提升到平水塔后,再靠液体的重力作用供给各个模型使用,经试验后,再由回水渠返至蓄水池。如此往复循环,成循环式的水流系统。此种系统的优点是能保证不间断供水,模型供水靠压力水管输送,调整布置均很方便,更可保证水质的洁净。缺点是基建设备较多,投资大,消耗电能多,经常性维护工作量及费用均较大。

对于自流式和循环式两种水流系统都可以采用独立式或综合式的配水方式。独立式配水方式,模型之间无相互干扰,调整控制比较简便,且可于必要时改为浑水试验系统;而综合式配水方式配水比较集中,设备比较固定,比较经济,但在调整流量时,模型之间互有干扰,一般只能进行清水试验。

清水配水系统既可为独立式,也可为综合式。而浑水系统则比较复杂,又可分为两种情况:一种为水沙分离方式,模型前端设有加沙设备,末端有沉沙池沉淀泥沙,返回蓄水池的水为清水,因而此种方式既可以使用综合式的清水系统,也可以自成独立系统;另一种为浑水统一运行方式,浑水直接输移,当需要调整沙量时,可在水渠或蓄水池内加沙,以增大水中含沙量;也可在回水槽内沉沙或加清水稀释,以减少水中含沙量,以达到增减含沙量的目的。

我们认为,沙水分离的方式用于推移质泥沙或床沙质泥沙的试验比较合适,而独立循环系统则用于包含冲泻质在内的泥沙模型较为简便。综上所述,对于水流系统的运用方式,可总结如下:

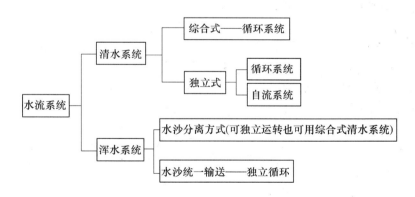

在规划实验室水流系统时,可根据场地水源和今后研究任务等具体情况,选用上述比较合适的水流系统,进行规划设计。

(三)水流系统中的固定设备

自流式水流系统要求实验室附近有条件适合的水源地,因此限制性大,不能为一般实验室普遍采用,故实验室通常均采用综合式循环水流系统。自流式水流系统中,除引水闸和排水渠外,固定设备较少,此处不再介绍。

此处主要介绍综合式循环水流系统中的固定设备,包括蓄水池、动力抽水设备(抽水机、吸水管和出水管)、平水塔、配水管、回水渠等。

蓄水池　根据实际情况,可采用钢筋混凝土结构或砖石结构建造,其容积以可容蓄实验室总水量为度。总水量是包括平水塔、进出水管路、抽水机、模型(包括量水设备)、前池及尾水回水渠和蓄水池最低水位下的水量。蓄水池的具体容积需要详细计算后确定。有时为了减小蓄水池的容积,亦可将一部分回水渠容积兼作蓄水用。蓄水池的底部应留一抽水管坑池,这样既便于抽水,又可以减小水池的非必要库容。

动力抽水设备　在综合式水流循环系统中,水泵可集中装置在水泵房内。水泵将水抽送至平水塔,然后经重力作用使水流经配水管分流到各个模型中去。平水塔需要布置较高,水泵要有一定的扬程,故通常采用离心式水泵。在独立式水流循环系统中,一般均无需平水塔,只需分别按试验设置水泵,或者采用可移动的水泵便于各处运用。因为水泵直接向模型供水,供水水头较低,因而可以采用水头低而效率较高的轴流式或混流式水泵。

水泵的动力功率可按下式计算

$$P = \frac{\gamma H Q}{0.102 e} \tag{6-1}$$

式中:P 为动力功率,kW;γ 为水的容重,t/m^3;H 为总水头,m;e 为电动机和水泵的综合效率,通常取 $e = 70\%$。

根据流量组合情况及计算的动力功率,可进行电动抽水机的选择。原则上以数套动力大小不同的电动抽水泵联合运用,比运用大功率单机组经济方便,一方面可以根据流量情况灵活组合,另一方面又可以轮换使用,便于维护。

平水塔　保持水头平稳,藉以控制水头为恒定的建筑物。它的高度通常为 8 m 左右,容积大小没有确切公式可以计算,一般来说,容积越大,水头越易平稳。目前采用经验方法决定,容积大小按试验总流量的 100 ~ 150 倍估计即可。如总流量为 500 L/s,则平水塔总体积为 50 ~ 75 m^3。平水塔的上端架设溢水槽,起控制水头恒定作用。当进水量大于泄水量时,多余流量可从溢水槽经回水仓返回蓄水池。溢水槽的宽度一般为 15 cm,深度可与宽度相同,长度则根据允许流量的误差范围,通过计算确定。根据实践经验每 100 L/s 的流量需要有 20 m 的溢水边缘长度。为了保证在任何情况下,平水塔的水不致漫溢出水塔以外,回水仓要能够排泄最大水流量。平水塔底部还需要安装进、出水管路。进水管路前端需布设消能设施,以削减动能。平水塔上的进、出水管路布置应力求分布均称,使水头易于平稳。平水塔多采用钢结构或钢筋混凝土结构。

在独立循环水流系统中,可使出水管直接通至量水堰或模型前池,但为了保持流量稳定可在量水堰前端或模型前池中加设平水设施。

供配水管路　供给模型水量的配水管路的数量和布置,取决于实验室的规划和试验要求,原则上以引水方便,并能供应给模型以所需流量为准。在河工模型中,为了避免模型之间调节流量时的干扰,以每一配水管路供一个模型使用较佳。由于河工模型比较大,数量不会太多,这种要求还是可以满足的。在配水管路的适当位置,应预留备用的配水接头,以备供水需要。对于河工模型而言,配水管路通常采用 20 ~ 40 cm 的钢管,亦可采用铸铁管,具体尺寸可根据流量大小由计算确定。为了便于管路拆装检修,可于平水塔下每一总管路前端装置一总闸门。配水管路可铺设于地下,但要砌好管槽,便于日后检修。

回水槽　由模型排出去的水流经加水槽,泄返蓄水池,完成水量循环。回水槽的布置可根据实验室基本水槽和预留的模型位置而定,以退水方便简捷为准。一般常作环状或栅状布置,最简单者可在实验室中间布置一回水槽,两侧可布置支槽或不作布置。回水槽的断面,根据排泄的水量和槽底坡度,通过水力计算确定,一般干渠断面较大,支槽断面较小。当回水槽兼作部分蓄水池用时,则断面和长度应按蓄水池的总水量要求,加以校核。回水槽可采用砖砌水槽,亦可用钢筋混凝土槽。砖砌回水槽需满浆砌制,要求槽内光洁,不漏水。槽顶设置混凝土盖板或木制盖板,或两者兼用。

(四)模型试验的基本设备

模型试验需要精确测定模型流量,河工模型测定流量的方法为矩形量水堰、三角形量水堰,或文杜里水计。量水堰测定水量较之文杜里水计要精确,为河工模型通常所采用。

1. 带平水池的量水堰

在独立循环系统中,水泵直接抽水供应模型,常常因为电压变动而影响抽出水时的稳定,造成模型流量的不稳定。为此,我们曾在水流独立循环系统中设计了一个带有低水头平水设备的量水堰。此种量水堰由于平水池出水口装有一闸门控制,而且溢水槽的溢水量也可以加以控制,因此平水池的容积可以比一般平水塔的要求大大降低。我们采用的带平水池的量水堰,平水池的容积约为40倍最大流量,溢水槽长可减至每100 L/s(流量)为10 m。排水口口门大小以最大开启度时能平衡地顺利排泄最大流量为度。此种量水堰的建筑工作量只比一般量水堰稍大一些,增加费用不大。经使用后,达到了平衡水量的目的。

2. 推移质泥沙模型加沙设备

在只做推移质泥沙的模型试验中,通常是从模型进口用加沙机加入模型沙。加沙机的设计要求是加沙均匀,调整沙量方便。试验以后的湿沙必须加以晒干或烘干,方可供加沙机使用,比较费工费时。

3. 悬移质泥沙加沙设备

在悬移质泥沙的模型试验中,如采用水沙统一输送的(独立循环)系统,模型沙量的调整主要靠加沙、沉沙或加清水到蓄水池中来实现的。当含沙量偏低时,向蓄水池加沙以提高含沙浓度;当含沙量偏高时,可在尾部沉沙池沉沙,或一边向蓄水池增添清水,一边从回水池抽出浑水来降低含沙量。此种浑水系统的加沙和推移质泥沙的加沙是不相同的,浑水系统并不要求随时都不断加沙,只有当沙量改变时,才增、减沙量,因而可用人力、水力或机器集中进行。这种加沙的特点是模型沙循环使用,比较经济方便,但调整沙量难以做到准确、及时、均衡,实测值与要求数值之间误差较大,是其缺点。此种加沙系统的主要设备为清、浑水水池以及沉淀用的水池等。

为了减小实测含沙量的误差,使模型含沙量能准确、及时、均衡地保持稳定,使用了另一种浑水加沙系统。它将水和沙在模型内混合,而在模型外分开处理,其运行情况介绍如下:

清水从蓄水池输送到量水堰,进入模型前池,泥沙则由搅拌池配制成高浓度的沙液,用三角形陡槽输送到沙液平水池,再按需要量,从沙液平水池的孔里加到模型前池。在前池里,清水和高浓度沙液冲击混合成均匀的符合试验要求的含沙水流输入模型进行试验。试验后经尾门流出。尾水再流经沉沙池,将泥沙沉淀后,返入蓄水池,完成一次循环过程。沉沙池可按渠道沉沙池设计。这种方法的优点是试验中含沙量控制准确,调整方便。问

题是每次试验的模型沙在试验进行的过程中不能重复循环使用,需要备制相当多的模型沙。每次试验所需模型沙的数量为

$$W_s = \sum_{i=1}^{n} (Q_m \times P_m \times T) \tag{6-2}$$

式中:W_s 为每次试验所需要的模型沙数量,kg;Q_m 为模型流量,m^3/s;P_m 为模型含沙量,kg/m^3;T 为每级流量的放水时间;n 为流量级的总数。

(五)辅助设施

1. 活动玻璃水槽

在河工模型试验中,活动玻璃水槽的作用是选择动床试验的模型沙,测定它的开动流速和输沙特性,以及各种水流条件下的模型沙糙率,同时可用于确定定床模型加糙的大小及方式,亦可进行一些河道泥沙的基本试验研究和理论研究。

活动玻璃水槽的两侧装置玻璃,槽身由钢架支承,钢架由工字钢、钢板及角铁铆成,一头顶端装在铰架上,另一端架设于蜗轮千斤顶上。在槽身较长时,在两端之间可增设支承蜗轮千斤顶,但调节幅度和距离之间需保持一定比例,以使槽身能在设计要求的范围内可改变坡度。

由于活动玻璃水槽结构比较复杂,需要加工的部件多,要求精度高,制造难度较大,在条件不具备的情况下,可建造固定玻璃水槽替代。

玻璃水槽一般以宽 50 cm、高 50 cm,长 20 m 左右为宜。水槽的量水设备,既可以置于水槽前端,也可以放在尾水之后。可以用简便的文杜里水计,也可用较精确的量水堰,视具体情况而定。

2. 附属工作间

附属工作间系试验工作所必需,它应包括泥少分析室、摄影工作室、仪器工具室,加工工作间以及模型沙和模型材料仓库等,规模大小,则根据实验室规模而定。

3. 模型摄影装置

实验室均应有良好的照明设备,便于试验观测工作。室内可在屋架上架设摄影天桥,露天试验场则架设活动摄影架。摄影架的高度一般应在 3 m 以上,最好尽可能地架高一些,使摄影范围加大,还可添置广角镜头,增加摄影范围。

二、模型制作内业工作

模型制作内业工作是模型制作的一个重要步骤。它的数据精确与否,导线布置是否恰当,以及模型断面选择的优劣,均可以影响模型的精度与进度。内业量读的数字如有错误,将直接影响模型精度。导线布置不合理,则会控制不住全部断面,或造成导线不必要的增多,都可能影响模型制作的进度和精度。模型断面选择的不恰当,既不能很好地反映原体地形特征,又可能使用断面过多,增加施工工作量,两者对模型的进度、精度均有影响。因此,内业工作要认真仔细地进行,务使模型平面控制准确,施工简便,同时又必须逐步检查校核,尽可能地避免发生错误。

(一)地形图的整理与拼接

1. 坐标转换

在地形图拼接过程中,需要注意的一个问题是:不同比例的地形图采用不同的度带,

而不同度带的地形图需要进行坐标转换,转换成同一度带的坐标;同时即使是同一度带的坐标系,所拼接的地形图在不同的投影带时,也需要进行坐标转换,转换成同一投影带的坐标。下面就地球坐标系的建立及度带的划分简单地谈一下坐标转换问题。

大家都清楚,因为地球是一个不规则的球体,为了能够将其表面的内容显示在平面的显示器或纸面上,为了从数学上定义地球,必须建立一个地球表面的几何模型。这个模型由地球的形状决定。它是一个较为接近地球形状的几何模型,即椭球体,由一个椭圆绕着其短轴旋转而成,根据这个球体确定坐标系。

所谓坐标系,包含两方面的内容:一是在把大地水准面上的测量成果化算到椭球体面上的计算工作中,所采用的椭球的大小;二是椭球体与大地水准面的相关位置不同,对同一点的地理坐标所计算的结果将有不同的值。因此,选定了一个一定大小的椭球体,并确定了它与大地水准面的相关位置,就确定了一个坐标系(见图6-7)。坐标系通常有如下两种:

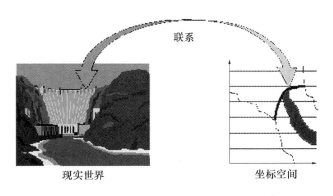

图 6-7 现实世界同坐标之间的联系

地理坐标系:地面上任一点的位置,通常用经度和纬度来决定。经线和纬线是地球表面上两组正交(相交为90°)的曲线,这两组正交的曲线构成的坐标,称为地理坐标系。

平面上的坐标:地理坐标是一种球面坐标。由于地球表面是不可展开的曲面,也就是说曲面上的各点不能直接表示在平面上,因此必须运用地图投影的方法,建立地球表面和平面上点的函数关系,使地球表面上任一点由地理坐标(φ、λ)确定的点,在平面上必有一个与它相对应的点,平面上任一点的位置可以用极坐标或直角坐标表示。

通常我们所用的地形图是用直角坐标表示的平面坐标系,是采用高斯–克吕格投影建立起来的坐标系。

高斯–克吕格投影由德国数学家、物理学家、天文学家高斯于19世纪20年代拟定,后经德国大地测量学家克吕格于1912年对投影公式加以补充,故称为高斯–克吕格投影。

高斯–克吕格投影的中央经线和赤道为互相垂直的直线,其他经线均为凹向并对称于中央经线的曲线,其他纬线均为以赤道为对称轴的向两极弯曲的曲线,经纬线成直角相交。在这个投影上,角度没有变形。中央经线长度比等于1,没有长度变形,其余经线长度比均大于1,长度变形为正,距中央经线愈远变形愈大,最大变形在边缘经线与赤道的交点上;面积变形也是距中央经线愈远,变形愈大。为了保证地图的精度,采用分带投影方法,即将投影范围的东西界加以限制,使其变形不超过一定的限度,这样把许多带结合起来,可成为整个区域的投影(见图 6-8)。高斯－克吕格投影的变形特征是:在同一条经线上,长度变形随纬度的降低而增大,在赤道处为最大;在同一条纬线上,长度变形随经差的增加而增大,且增大速度较快。在 6°带范围内,长度最大变形不超过 0.14% 。

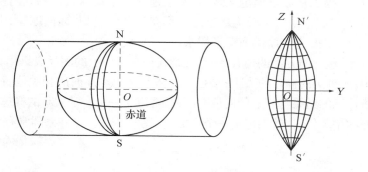

图 6-8　高斯－克吕格投影示意

我国规定 1∶1 万、1∶2.5 万、1∶5 万、1∶10 万、1∶25 万、1∶50 万比例尺地形图,均采用高斯－克吕格投影。1∶2.5 万至 1∶50 万比例尺地形图采用经差 6°分带,1∶1 万比例尺地形图采用经差 3°分带。

6°带是从 0°子午线起,自西向东每隔经差 6°为一投影带,全球分为 60 个带,各带的带号用自然序数 1,2,3,…,60 表示。即以东经 0°～6°为第 1 带,其中央经线为 3°E,东经 6°～12°为第 2 带,其中央经线为 9°E,其余类推。

3°带,是从东经 1°30′的经线开始,每隔 3°为一带,全球划分为 120 个投影带。

图 6-9 表示出 6°带与 3°带的中央经线与带号的关系。

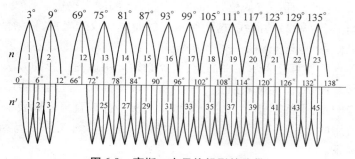

图 6-9　高斯－克吕格投影的分带

在高斯－克吕格投影上,规定以中央经线为 X 轴,赤道为 Y 轴,两轴的交点为坐标原点。

X 坐标值在赤道以北为正,以南为负;Y 坐标值在中央经线以东为正,以西为负。我国在北半球,X 坐标皆为正值。Y 坐标在中央经线以西为负值,运用起来很不方便。为了避免 Y 坐标出现负值,将各带的坐标纵轴西移 500 km,即将所有 Y 值都加 500 km。

由于采用了分带方法,各带的投影完全相同,某一坐标值(X,Y)在每一投影带中均有一个,在全球则有 60 个同样的坐标值,不能确切表示该点的位置。因此,在 Y 值前需冠以带号,这样的坐标称为通用坐标。

高斯－克吕格投影各带是按相同经差划分的,只要计算出一带各点的坐标,其余各带都是适用的。这个投影的坐标值由国家测绘部门根据地形图比例尺系列,事先计算制成坐标表,供作业单位使用。

因此,在使用地形图时,不同度带的地形图需要进行坐标转换,转换成同一度带的坐标;同时即使是同一度带的坐标系,所拼接的地形图在不同的投影带时,也需要进行坐标转换,转换成同一投影带的坐标。

2. 高程转换

在地形图拼接过程中,值得注意的另一个问题是不同高程体系之间的转换问题。

地面点到大地水准面的高程,称为绝对高程。如图 6-10 所示,P_0P_0' 为大地水准面,地面点 A 和 B 到 P_0P_0' 的垂直距离 H_A 和 H_B 为 A、B 两点的绝对高程。地面点到任一水准面的高程,称为相对高程。如图 6-10 中,A、B 两点至任一水准面 P_1P_1' 的垂直距离 H_A' 和 H_B' 为 A、B 两点的相对高程。

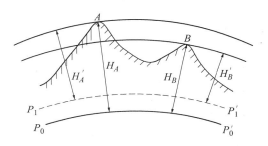

图 6-10　地面点的高程

我国的大地控制网:我国幅员辽阔,在约 960 万 km^2 的土地上进行测图工作,需要分成若干单元测区,而且测量的精度又要符合统一要求。为此,在全国范围内建立统一的大地控制网。控制网分为平面控制网和高程控制网。

大地坐标:在地面上建立一系列相连接的三角形,量取一段精确的距离作为起算边,在这个边的两端点,采用天文观测的方法确定其点位(经度、纬度和方位角),用精密测角仪器测定各三角形的角值,根据起算边的边长和点位,就可以推算出其他各点的坐标。这样推算出的坐标,称为大地坐标。

我国 1954 年在北京设立了大地坐标原点,由此计算出来的各大地控制点的坐标,称为 1954 年北京坐标系。我国 1986 年宣布在陕西省泾阳县设立新的大地坐标原点,并采用 1975 年国际大地测量协会推荐的大地参考椭球体,由此计算出来的各大地控制点坐标,称为 1980 年大地坐标系。

我国高程的起算面是黄海平均海水面。1956 年在青岛设立了水准原点,其他各控制点的绝对高程都是根据青岛水准原点推算的,称此为 1956 年黄海高程系。1987 年国家测绘局公布:中国的高程基准面启用"1985 国家高程基准"取代国务院 1959 年批准启用的"黄海平均海水面"。"1985 国家高程基准"比"黄海平均海水面"上升 29 mm。

除国家规定的高程起算面以外,由于历史原因,我国历史上形成了多个高程系统,不同部门不同时期往往都有所区别。高程系统的换算是令人困扰的一个重要问题。可以查到的资料相当匮乏。收集整理如下：

(1)波罗的海高程。波罗的海高程 +0.374 m = 1956 年黄海高程,中国新疆境内尚有部分水文站一直还在使用"波罗的海高程"。

(2)黄海高程。是以青岛验潮站 1950~1956 年验潮资料算得的平均海面为零的高程系统。原点设在青岛市观象山。该原点以"1956 年黄海高程系"计算的高程为 72.289 m。

(3)1985 国家高程基准。由于计算这个基面所依据的青岛验潮站的资料系列(1950~1956 年)较短等原因,中国测绘主管部门决定重新计算黄海平均海面,以青岛验潮站 1952~1979 年的潮汐观测资料为计算依据,并用精密水准测量接测位于青岛的中华人民共和国水准原点,得出 1985 国家高程基准高程和 1956 年黄海高程的关系为:1985 国家高程基准高程 = 1956 年黄海高程 - 0.029 m。

1985 国家高程基准已于 1987 年 5 月开始启用,1956 年黄海高程系同时废止。

(4)广州高程及珠江高程。

广州高程 = 1985 国家高程基准高程 + 4.26 m;

广州高程 = 1956 年黄海高程 + 4.41 m;

广州高程 = 珠江高程基准高程 + 5.00 m。

(5)大连零点。日本入侵中国东北期间,在大连港码头仓库区内设立验潮站,并以多年验潮资料求得的平均海面为零起算,称为"大连零点"。该高程系的基点设在辽宁省大连市的大连港原一号码头东转角处,该基点在大连零点高程系中的高程为 3.765 m。原点设在吉林省长春市的人民广场内,已被毁坏。该系统于 1959 年以前在中国东北地区曾广泛使用。1959 年中国东北地区精密水准网在山海关与中国东南部水准网连接平差后,改用 1956 年黄海高程系统。大连基点高程在 1956 年黄海高程系的高程为 3.790 m。

(6)废黄河口零点。江淮水利测量局,以民国元年 11 月 11 日下午 5 时废黄河口的潮水位为零,作为起算高程,称"废黄河口零点"。后该局又用多年潮位观测的平均潮水位确定新零点,其大多数高程测量均以新零点起算。"废黄河口零点"高程系的原点,已湮没无存,原点处新旧零点的高差和换用时间尚无资料查考。在"废黄河口零点"系统内,存在"江淮水利局惠济闸留点"和"蒋坝船坞西江淮水利局水准标"两个并列引据水准点。

(7)坎门零点。民国期间,军令部陆地测量局根据浙江玉环县坎门验潮站多年验潮资料,以该站高潮位的平均值为零起算,称"坎门零点"。在坎门验潮站设有基点 252 号,其高程为 6.959 m。该高程系曾接测到浙江杭州市、苏南、皖北等地,在军事测绘方面应用较广。

黄河流域高程系统较为紊乱,目前黄河流域所用的高程基面有大沽、黄海、假定、冻结、1985 国家高程基准、引据点Ⅲ、导渭、坎门中潮值、大连葫芦岛等 9 种之多,黄委会根据新时期治黄工作的需要和国务院 1987 年正式批准在全国执行的"1985 国家高程基准"的要求,确定从 2005 年起在黄河流域正式采用"1985 国家高程基准"。

鉴于高程系统的紊乱,对资料的使用造成严重影响,我们在不同比例尺地形图的拼接、地形及水文资料的使用过程中,应换算为同一高程体系。

3. 地形图的拼接与整理

在模型设计阶段,制模地形图应当已经确定。模型制造的任务就是将地形图转变成与原体相似的模型地形。河工模型需要根据河道地形图进行塑造,因此必须有完整的地形图资料,包括水下地形图和两岸陆上地形图。在航道测量中,陆上地形通常用某一基准面以上的高程计(或设计水位以上高度计),而水下地形则多采用设计水位以下的深度计,两者往往是不统一的。制模前要换算成一个高程系统,便于工作,减少差错。在制模工作中,要统一用某一个基准面。

带有建筑物的河道模型,常用地形图的比尺一般为 1/10 000、1/5 000 和 1/1 000,长河段河道模型所用地形图的比尺可为 1/50 000 ~ 1/5 000。应将按坐标分段的小幅地形图拼接成试验河段完整的地形图,作为塑造模型地形所依据的基本资料。在地形图拼接过程中,注意的是坐标线要对准,相邻坐标线之间有误差时,要两端兼顾,把误差减小到最小范围之内。

在模型制作中,制模地形图如由两种以上比例的地形图组合而成,为了避免差错,需将不同比例尺的地形图先进行缩放,使图形的比例一致,然后再进行拼接。

(二)地形位置的平面控制

将模型设计阶段确定的地形图作为制模地形图,按模型设计中给定的最高的上下游水位,用有色铅笔框定模型范围(其中上下游模拟长度按试验要求定)。沿河道左右两岸选定控制点,注意控制点连成的折线大致与河道平行,然后用折线连成封闭的多边形 L_1、L_2、…、R_1、R_2、…(见图 6-11),这就是最初始的模型边框图。多边形的各个角点,各条折线段就是模型的边框导线,以后的其他导线或点都是以这些边框导线(或其中的某一条导线)为基线而定的。

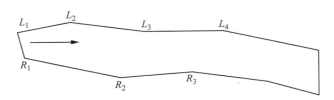

图 6-11　模型边框示意图

在地形图上读出边框各角点即拐点 L_1、L_2、…、R_1、R_2、… 的坐标,输入计算机,用 AUTOCAD 绘出这些点,量出点与点之间的距离,进行多边形闭合计算。一般来讲,从地形图上读出的各点的坐标是很难闭合的,有的时候误差还很大,必须按照测量学中所讲的方法进行闭合调整,修正后绘成导线网图。

(三)模型平面布置方案及控制断面的确定

1. 模型平面布置方案的确定

在试验场地上能否合适地布置河道模型,不仅关系试验场地的合理利用,而且影响试验工作的顺利进行。为了优选模型的布置,需要模型布置方案的比较。可将试验场地的平面图同模型边框的平面示意图,在 AUTOCAD 中按选定的模型比例绘制成相同比例的平面图,进行各种布置方案的比较。

选定布置方案时,应预留模型进口首部、出口控制尾门、试验所需器材运输通道及安装其他仪器设备所需要的场地。同时根据试验场地的大小,在 CAD 图中进行模型拐点及边框的调整,将调整后的拐点及边框返回到地形图上,看是否满足试验要求,周而复始几次,得到最终的模型在试验场地的布置图。在模型平面布置方案确定过程中,应注意以下问题:

(1)据场地条件及模型试验要求,确定模型比尺,确定正态还是变态模型。

(2)如果受场地限制,部分滩地、工程等不能做入模型中,应根据试验要求,结合历史资料及原型现场查勘,看能否舍去,如果不能,寻求改变比尺、调整位置等方法解决。

2. 模型高程的控制

模型的平面位置确定以后,应根据模型中可能出现的最高水位,确定模型边墙的高程。模型的边墙既要能够挡住模型中的填料,又要可以阻止模型中的水外渗,必要时还可以兼作在模型上行走的通道。因此,模型的边墙要有足够的强度,还要能够防渗。

除了模型平面的位置以外,还需要确定模型与现有地面高程之间的关系,进行模型立面布置方案的确定。模型立面高程的选择,应使模型尾门和退水渠的泄水保持自由泄流的状态,使模型的尾门能灵活准确地控制和调节模型的水位,模型泄流不致影响尾门的正常工作。进行模型立面的布置,需要了解模型河底的高程,可根据地形图沿程最低点高程的资料,画出河道最低点的纵剖面图,即可进行模型立面布置方案的设计,确定模型各部位的高程。一般情况下,要使模型最低点的高程不低于试验场地平面的高程,保持试验场地地面的完整。如果局部点的高程过低,则会抬高整个模型的高程。因此,要综合考虑模型立面各点高程之间的关系,既要保持试验场地的完整,又不使模型过高,增大模型制作的工作量以及带来试验操作的不便。确定模型尾门和退水渠的高程,应以试验水文系列中的最低水位来确定。模型边墙的高程应高出模型最高洪水位 10 cm 以上,以防止发生水体的漫溢。

总的来说,模型高程的控制,应在试验场设置模型高程的控制网。在试验场地上选择平面位置及高程都很固定的地方作为水准点,构成封闭的水准点网,由水准点将高程引到模型场的各个部位,进行高程的控制。需要特别注意的是,放置模型的场地不要有不均匀的沉降。

3. 控制断面的确定

制作模型地形的方法有两种:一种是用等高线法制作;另一种是按控制断面法制作。等高线法一般只适用于地形变化比较平缓规则的情况。对于地形变化比较复杂的情况,等高线法放样不易准确,且费工费时,一般都不采用。

河工模型通常采用控制断面法,就是在地形图上选择一些能代表地形特征的断面来反映地形的变化情况,在控制断面之间,则按等高线原理制作地形。因此,正确选择控制断面,关系到制模的质量,应给予足够的重视。在黄河上,不论是库区,还是河道,水文观测部门都规划了一定的大断面,便于地形的观测。因此,我们在制模过程中,水文部门制定的大断面就是我们的控制断面。

但是,黄河上相邻两个大断面之间距离较长,往往不能满足模型制作时对精度的要求,这就要求我们在相邻两个大断面之间增加控制断面,即内插断面。

对于更好地反映原体地形而言,内插断面是密一些好。但内插断面太密,则制模工作量过大,而内插断面过稀,则塑造的模型地形就会与原体地形差别过大,将影响制模精度。

因此,应该参照具体地形情况,来确定内插断面的多寡。在地形变化比较复杂的地方,断面要适当加密;在地形变化比较平缓的地方,断面就适当减稀;在断面的一侧变化较大,另一侧变化比较平缓的地方,则在变化大的地方增添一些半断面就可以了。总之,以尽可能减少工作量,又不影响模型精度为原则。在地形变化较大的河段,控制断面间距一般为20～50 cm,地形变化不大时控制断面间距可以为50～100 cm。河道地形经常表现的形式是宽窄相间、深浅相连,在控制断面布置上,应当特别重视河道的宽窄、深的槽和浅的滩的控制,要能将地形的特征在模型中反映出来。

4. 控制断面的绘制

在制作模型时,控制断面经常采用砖砌、白铁皮、三夹板等制作。在用砖砌控制断面时,先按模型比例,将断面画在玻璃板上(用广告颜料绘制),然后再装在现场,供瓦工砌制断面。在断面线处,制成锐缘刀口,供以后括制模型表面用。在用白铁皮或三夹板制作断面时,可直接画在铁皮或木板上,经过剪裁或锯锉后,供现场使用。绘制断面必须注意准确无误,宜一人读数,一人绘图,同时由读数的人加以校核,可以避免差错。绘制断面工作,可与模型现场安装工作平行进行。

（四）导线网的布设

试验场地的模型布置图及控制断面确定后,进一步的任务是确定模型的平面控制——导线网。导线网应该根据河道的具体形态(如顺直的、弯曲的、分汊的等)确定,以力求控制精确,计算简便,易于放样施工为原则。

借助计算机在 CAD 图中布置控制地形平面位置的导线网,控制方式根据模型的大小和形状而定。导线网既要能全面精确地控制模型的平面位置,又要便于数据计算和施工放样。顺直河段的模型,平面控制宜采用直导线,主导线一般沿河道的中心线布置,必要时两侧可设置平行的辅助导线。弯曲和分汊型的河道模型,宜采用三角线导线网控制,如模型的宽度较大,可沿模型的四周布置成环状封闭的导线网,如有需要还可以在封闭的导线网上增设支导线以控制局部地形的平面位置。

根据控制地形平面位置的导线网,进行模型放线资料的整理,常用的模型放线方法有极坐标法、三角闭合法、极坐标同三角闭合混合法。

极坐标法:确定一控制点,在控制点上一个角度、一个长度确定一个点,特点是精度高,缺点是慢。适用于边墙与边墙之间夹角接近直线的情况。

三角闭合法:确定两点,根据距离施放第3点、第4点……依次类推。特点是快,但精度差些。适用于夹角在60°左右、精度要求不高的小模型。

极坐标同三角闭合混合法:极坐标法同三角闭合法结合起来,取其优点,达到既准确又快的目的。

（五）导线网与控制断面的测读和计算

当导线网、放线方法及控制断面确定以后,就可以测读导线长度、导线网的角度、导线起点至控制断面距离和断面起点距到各等高线的距离及其相应高程。

导线网可绘制成图,备放样时应用。导线起点至各断面的距离,和各断面距离与相应高程读数,一般均列成表格记录,备今后放样和绘制模型断面板之用。

控制断面应量出起点距、高程及两端点位置等资料,以备绘制断面板、确定断面位置之用。内插控制断面时,水上高程部分采用等高线法制作,即在地形图上根据等高线量取;水下部分,借助相邻大断面水下数据、河势、水位,根据面积相同内插即可。

采用上述方法,除测读小心,仔细校核,不出差错外,常因拼图不当,或因图纸伸缩,或因测尺欠准及测尺积累误差而影响精度。例如,一幅1/10 000比例的地形图,如拼接或图纸伸缩只差2 mm,在1/500的模型中,就会造成4 cm的误差。

为了尽可能减小此种误差,传统的方法是导线网的顶点确定在地形图平面控制的网格交点上,网格的交点均为已知数,因此可以通过公式计算导线网的长度和角度,这样就可能不受图纸伸缩和拼接的影响。同理,导线起点至控制断面的距离,也可以通过计算和量读,测读出来,尽可能地减小测尺累积误差。应用上述方法,不但计算准确,而且把导线网重新放置在不同比例或相同比例的图纸上,也是很方便的。

随着科技的发展,计算机的应用越来越普遍,只要在地形图上量取模型边墙拐点、导线网端点、控制断面端点,输入计算机,就可以借助CAD等绘图软件,从计算机上量取角度、长度等数据,确定放线资料,并绘制成图纸。

利用计算机技术进行放线资料整理的优点如下:

(1)计算机对复杂图形的建立、处理轻而易举,包括各种圆弧形、椭圆形、双曲线形、抛物线形、螺旋线等复杂图形。

(2)快速建立合适的计算坐标体系,运用相应的数学公式,对施工放线测设时所需的数据进行计算,将复杂的图形、众多的数字进行计算、整理、简化,最终绘制成放线测设简图和有关数据表格,供实地放线测设时使用。

(3)在计算放线测设所需数据时,能同时计算、检查、校核所需要的相应数据,以便实地放线测设时随时进行检查、校核之用。

(4)实现对庞大数据的自动精确计算,节省时间,保证测设的精度。

(5)解决了复杂图形测量放线及复核的困难,提高工作效率,加快施工进度。

在放线资料及控制断面量取过程中,应做好数据记录工作,同时量取数据、记录、计算、绘图等工作人员应签字并注明日期,以便复核检查。

三、模型放线

模型放线工作是在图纸中对模型边墙、导线网端点、控制断面等进行长度、角度精确计算的基础上进行的。模型放线精度高低,直接影响到模型制作的精度、水平。在放线前应做好以下准备工作:

(1)组织各施工放线人员认真学习设计图纸,领会设计意图,做好图纸会审工作。

(2)准备好施工放线所需要的各种工具,同时做好测量仪器的校验、调试工作。

(3)如果条件允许,尽量选用精度较高的仪器,如全站仪或用较高精度的测距仪配合经纬仪,使人们得以从繁重的钢尺量距中解脱出来。运用这些高精度的仪器时,应预先了解这些仪器的使用方法、注意事项及误差范围。

不管采用哪种放线方法,第一要注意使模型在场地内放置妥当,避免碰到其他障碍物;第二是勿使导线放置颠倒,造成模型左右倒置,影响模型进度。同时在现场放线过程中,都要进行闭合校正,除进行多边形闭合计算外,还可以通过小三角测量的方法复核。

有时这样的放线程序往往反复两三次,尤其在场地小、模型范围大的情况下,模型边框的个别点可能放到试验场地以外,在这种情况下,应首先查找错误,如没有错误,可根据现场情况调整个别点,并反复上述部分内业工作,重新调整导线网,修正后再返回现场重新放线。

在导线网布置以后,导线网的控制点应当特殊标记,必要时予以加固,以利于较长期保留,便于今后查核应用。

四、模型制作

经过上述放线和复核工作之后,模型边框的基本导线就算初步确定了,放线工作到此结束,接下来就是以边框导线作为中心线砌模型边墙、地形制作、进口清浑水设备的安装、尾门退水设备的安装及测量仪器的安装。

(一)砌筑模型边墙及土方回填

1.砌筑模型边墙

1)施工准备

(1)主要材料的相应技术资料符合资料管理规程的要求。

(2)砌筑前一天,将红机砖及结构相接的部位洒水湿润,以保证砌体黏结牢固。

(3)管线及时甩线预留到位,相关专业提供预留孔洞位置,避免二次剔凿。

2)施工工艺

(1)砂浆严格按照配合比过磅配制,计量要准确,采用机械拌制,搅拌时间不得少于1.5 min。

(2)砌体砂浆必须饱满密实,砌体水平灰缝的砂浆饱满度达到100%。

(3)砂浆应随拌随用,水泥砂浆必须在拌成后3～4 h内使用完。

(4)组砌方法应正确,采用满丁满条排砖。

(5)实心黏土砖砌筑采用一顺一丁三一砌砖法(即一铲灰,一块砖,一挤揉),多孔黏土砖采用错缝砌筑,不符合模数的地方用实心黏土砖砌筑。

(6)砖基础砌筑前将混凝土垫层表面清扫干净,洒水湿润,若第一层砖的水平灰缝大于20 mm,应先用豆石混凝土找平,严禁在砌筑砂浆中掺豆石处理或用砂浆找平。

同时如果施工是在冬季,为确保冬季施工的质量,在冬季施工前,编制冬季施工方案,并提前做好冬季施工的各项准备工作。施工时应做到以下几点:

(1)砌筑用的砂浆采用普通硅酸盐水泥拌制并掺防冻剂,用温水拌和,不使用无水泥拌制的砂浆。

(2)砂浆强度等级比常温施工时提高一级。

(3)冬期每日砌筑后,及时在砌筑表面用保温被进行保护性覆盖,砌筑表面不得留有砂浆,继续砌筑时,应扫净砌筑表面。

(4)冬期进行质量控制,在施工日志中除按常规要求外,还记录室外温度,砌筑时砂浆温度及外加剂掺量等。

2.土方回填

砌筑模型边墙以后,为节约模型沙,根据所需模型高程范围需要进行土方回填。

1）作业条件

（1）模型边墙砌筑已完成且达到一定的强度，预留的信号线、电源线、排水管等管线已安装完毕。

（2）回填所用土方的土质条件能满足回填需要，不含树枝、杂草等杂物或其他有机物质。

2）施工注意事项

（1）在回填前，先进行土壤的击实试验，以此确定土壤的最佳含水率范围和土壤的夯实遍数。

（2）回填土方采用蛙式打夯机打夯。打夯时，要一夯压半夯，夯夯相连，行行相连，纵横交错，不多夯，不漏夯。每层土的打夯遍数为 3～4 遍。在边缘部位，要适当增加其夯实遍数。

（3）每层回填土的虚铺厚度不得超过 250 mm。

（4）每层回填土夯实后，要进行环刀取样，以检测其夯实密度，合格后，方可进行下一层土的回填。

3）回填土质量控制

每层回填土夯完后，在每层压实后的下半部，按每 30 m 取样一组，其干密度不得小于最大干密度的 93%。

（二）地形制作

1. 断面板的安装及地形制作

在水工整体模型及河工模型的制作中，水库及河道地形缩制占很大的工作量，因而要选择好模型高程的制高点（即基准点），此点应选在较牢固的地方，对模型纵横两面都能控制高程的水准点，高程的选择一般考虑到模型河床底面离地面 5～20 cm。若作动床（冲刷）时要考虑冲坑，最大冲深不至于冲刷到硬底板（试验场地）。

把已加工好的断面板按编号依次置于模型相应断面位置上，安装时将模型断面上的导线标记对准模型中相应导线位置。根据模型已待定基准点（相应高程），用水准仪依据基准点的高程来确定断面板上相应高程后加以固定，在相应位置上，逐步依序安装固定各断面板。

2. 模型地形制作方法

1）断面板法

根据已安装好的模型断面，在断面板之间可用粗砂、细砂或江沙泥填料，分层排铺、夯实。若用三合土作填料，则待填料高度低于横板底面 2～3 cm 时，薄铺黄砂一层。砂层表面用 1:5～1:6 粗砂水泥砂浆在黄板间先刮一层，厚 1～2 cm，使横板顶下面预留出 1 cm 左右高度，称之刮糙。粉面时必须注意按等高线形状整体刮制，刮板尽可能保持平行移动。如果还是顺着相同宽度的断面板移动刮尺，仿制的地形往往显得呆板，相似性会有影响。最后一道工序是根据模型河道所需粗糙度来选定适宜的水泥砂浆进行地形表面粉刷，并弥补上述两道工序的收缩厚度。冬季施工时，可在水泥砂浆中加入适当的早强剂，促其早凝并提高抗冻能力。

2）桩点法

桩点法是以桩点定位并确定地形高程，其地形仿制原则仍然为控制地形断面上等高线的横剖面,因而内业测读工作与断面板法相同,但不必绘制断面板。根据测读资料依次用木桩定位,用水准仪确定其相应地形高程,桩顶钉子高程即为等高线高程。桩点打入河床已铺垫地面上要牢固,并及时固定。然后将相邻桩点根据地形起伏的趋势连接成硬断面(相当于安好的断面板),其后工序同上。桩点法的优点是可节省制作地形断面板的时间及材料,一般河道较平缓,地形变化再大均可采用。

3) 等高线法

在过去河工模型制作时,一般习惯于用断面板法。但对于山区河流,尤其是水库地形,用断面板法制模,不能更好地模拟地形地貌特征。特别是模型面积较大时,断面板法更难以达到几何相似的要求。

等高线法制模是在模型上分别做出一条一条的地形等高线,然后把表征地形地貌的这些等高线用水泥砂浆连接起来,即以点连线,以线连面,地形点越多等高线越密,模型地形与天然情况越相近。因此,如何在地形图上选取地形点,如何把这些地形点定位在模型上,取多少条等高线,在模型上怎样控制等高线的高程,以及如何连接相邻的等高线做出山区或库区地形等,是准确、快速制模的关键所在。

山区、库区地形一般陡峻,等高线密集,而山谷沟底地形平缓,等高线疏。所以,怎样取等高线制模,要视具体地形特点,以不使模型失真为准。同时,要充分考虑模型比尺的大小,一般山区地形较陡时,每 10 ~ 20 m 高程取一条等高线,当地形平缓时,每 1 ~ 2 m 高程取一条等高线,对局部地表,如果需要则以局部点单独处理。

模型地形点,在平面上都有固定的坐标值和高程值。在等高线上取点时,应使相邻两点间的等高线近似为直线段,这样的点连线时,可减少因点连线的任意性而产生的误差。但是实际上地形等高线是连续曲线,当线上相邻两点非常接近时,可将两点间作为直线处理。如果这样选取地形点就太多了,无疑给放样定点工作带来困难。在实际运用等高线制模时,对相邻两点间线段的曲度有一个规定,即假设地形等高线相邻两点间直线作为 A,地形曲线弧顶到上述直线作为 B。对于允许 B 值的确定,以地形图比尺和模型比尺为依据,当模型比尺确定后,所用地形比尺越大,制模精度越高,一般规定 $B < 1.0$ mm。

模型上地形点的位置根据其与模型导线网中的导线点,由直线交会法确定。记录地形图上各地形点与导线点距离值的表格形式,原则上应使用方便,模型校核简单,表格内容清晰,任何人用此表提供的数据制模,都不会有困难。表格的形式还与模型放样定点的方法有关,地形图上和模型上的相应导线点名称要一致,显示醒目,以免引起混乱。

取点时,沿地形等高线次序一个一个地取,不能漏取。而导线点则根据需要可任意选用,但必须保持其导线方向的一致性。

等高线放样时,由最低的一条开始,依次向最高的一条进行。分别以两导线点为原点,以原点至地形点的距离等长度,用两根钢卷尺进行水平直线交会,交会点即为地形点在模型上的平面位置,然后用水准仪确定设点的高程,做成等高线砖埂。

各等高线砖埂或部分砖埂做好后,就可开始在相邻两条等高线的平台上填筑水泥砂浆,山体地形即告形成。复测检验合格后,制模完成。值得注意的是,在最后一道工序中,要保持砖埂顶面外边棱角线表面裸露。

校对是一道非常重要的工序,按地形图对照放样后的等高线标签连线,检查其走向、扭曲、反弯是否与地形图上的一致。

交会点的精度受到交会角的影响,一般讲,交会角为45°~120°为好。而距离导线较近的地形点,为了满足上述要求,在取点和制模时就得频繁地更换导线辅助点,离导线墙太近的地形就不便于用水平直线交会法,而应采用水平直角交会法。水平直角交会法的做法是:以导线墙为横坐标,以某一导线点为原点,在地形图上取点时,分别量出并记录下其 X、Y 值,即导线距和垂直距。

等高线法制模是一种新的河工模型制作方法,尚需进一步完善和发展。

3. 建筑物及局部地形塑造

水工建筑物包括泄水闸、溢流坝、溢洪道、泄洪洞及消能工的形式等,制模不但工作量大,而且工艺及精度要求较高。

(1)溢流坝。溢洪道及消力池本身结构件的剖面平面比尺1:1的模型图样,经校核后复制在白铁皮上,精制刮板(过去用柏木、杉木、白果木制作,现一般采用水泥砂浆制作),并在其中铺设钢筋以增加水泥砂浆板的强度。制作方法,特制刮车轨道,将已制成的模型(如溢流坝)样板置于刮车上,刮车下面按样板的形式铺置底砂,再排列定量钢筋,铺筑水泥砂浆。砂浆的成分依所需的表面光滑度和强度而定,表层一般为纯水泥浆,用样板分层刮制而成。结构物模型制好后,严格检查质量及精度,认为符合要求后进行安装,用经纬仪控制基线、水平仪控制高程,将水工建筑物放于布置图中预定的位置上。

(2)泄洪洞。坝身中孔及闸门等结构的体型大都采用有机透明玻璃制作,按模型比尺缩制成各种体型的精制内(外)模,工艺很精,一般要由专门熟练木工担任,并严格检查制作质量及精度。有机玻璃透明度高,耐老化性能好,在水工模型中得到了广泛的应用。它可车、铣、锯、钻、磨、抛光和热压,加工时可压制成需要的曲面,还可在机上加工成不同形状的平面,拼接时可用氯仿(仿氧甲烷)、二氧乙烷等溶剂直接黏结,也可以用高频加热或热气流进行熔接,还可用木螺丝固定或用螺栓对接。它能耐一般浓度的酸、碱及地方国营类溶液的腐蚀,电绝缘性能良好。河道模型开始制作时,根据试验要求,对模型平面及高程控制提出精度要求。一般水平距离不超过 1~2 mm、调和不超过 0.5 mm;结构建筑物部分的灰浆,误差一般要求不超过 ±0.05 mm;重要部分不超过 ±0.03 mm;木料部分不超过 0.03 mm。有机玻璃必须先做样板,其精度一般在为 ±0.1~ ±0.2 mm 的范围内。

整体模型建筑物的安装高程应控制在0.2~0.5 mm;局部模型安装误差为±0.1~ ±0.2 mm。

(3)泄水闸。泄洪洞进口局部地形,对水流流态有影响,一般按等高线法(断面板法)制作地形。

(三)测量设备的安装

模型制作结束后,进行测量设备的安装:

(1)测针。量水堰测针,应安置在堰后 3~6 倍最大堰顶水头之处(用角铁固定在量水堰之上,角铁水平校正测针应垂直),用 ø8 mm 紫铜管从量水堰边墙引出,进口处应低于堰顶之下,进口应与边墙垂直,孔口与边墙平,出口用橡皮管连通至测针筒内,以观测水位;泄水建筑物(闸、坝)上、下游测针,应按试验的天然河道水位测点坐标,按比尺换算固定在模型上,也用紫铜管埋于河床之下,与测针筒连通,测针也按要求固定在边墙上,测针尖要考虑到能读高低水位变化的范围。

（2）测压板。测压板的大小要参照模型布置的测点个数，一般考虑高宽均在 1.0 ~ 1.5 m 范围。测压力的玻璃管 ∅1.2 cm 安装在测压板上。测压板安装在模型泄水建筑物（如溢流坝、泄洪洞）附近固定。测压板安装高程，应考虑到能读出最低压力高程即测压板底的相应高度。

（3）流速。根据模型上下游所需要测流速的断面在模型上划出断面标记，将做好的测针架置于断面位置上，施测各点流速。

（4）含沙量。安装测沙仪或比重瓶法测沙系统。

（5）照相。一般在模型上空高 3 ~ 4 m 处搭置照相台，拍照模型水流流态、流向、回流和冲刷坑地形等。

（四）进口清浑水及尾门退水设备的安装

在模型制作的同时，按前面叙述的规划进行进口清浑水系统的安装及尾门退水设备的安装，水库模型需要根据实际情况按一定比例制作泄水建筑物。

（五）模型竣工验收

模型制作精度主要取决于地形图比尺、模型比尺和制模工艺水平。它对于模型试验成果的准确与否起着很重要的作用，因此在模型制作竣工后必须经过严格的检验，由本模型以外的人员组织模型验收工作，并作出评语，然后才能进行正式的模型试验。

模型竣工验收包括供水供沙系统验收、模型地形验收、模型测量验收几个部分。

供水系统验收主要是对模型使用的供水设备及管路系统进行检查，它包括供水设备运转是否正常、模型供水能力是否够、进水管路是否漏气、回水系统是否齐全、闸阀能否开关自如等。如果发现有问题，应立即排除。

模型沙的备制是动床模型试验的一个重要环节，有关备制试验沙样的设备应事先准备好，并贮存足够数量的配制好的模型沙。另外，有关模型沙的贮存、供沙及回收设备，也应事先准备好，并经过周密检查，保证试验时能正常运行。选用的模型沙应事先通过预备试验测定其容重、干容重、糙率、沉速、起动流速、悬移质水流挟沙率和推移质输沙率等有关资料，作为设计模型的依据。

模型地形的校核，主要是指模型做好后，应对模型导线进行验收，检查导线闭合精度及断面板的位置是否正确，一般模型的起点距误差不能超过 ±5 cm。同时，还要校核断面高程，断面上校核点的高程误差一般以不超过 ±2 mm 为宜。否则，模型须返工。

试验之前，进行试验必须的各种仪器及装置，如流速仪、流向仪、光电测沙仪、水位及流量测量装置、泥沙颗粒分析设备等均应添置齐全，并事先做好运转工作。对仪器及装置的性能、精度、操作方法及条件应熟练掌握。模型的测针零点应测定，观测断面的准确平面位置应在模型上标出，各种观测的辅助设施均应准备好，并全面检查是否有遗漏的地方。

第四节　模型制作实例

以小浪底水库模型制作为例，说明模型制作方法。黄河小浪底水利枢纽是一座以防洪（包括防凌）、减淤为主，兼顾供水、灌溉、发电，除害兴利、综合利用的枢纽工程，在黄河治理开发的总体布局中具有重要的战略地位，是黄河治理开发的整体规划中的关键工程。

通过小浪底水库模型试验研究,在拟定的水沙系列、边界条件及水库运用方式下,研究库区水沙运动规律、库区淤积形态变化过程、排沙特性及库容变化等,为选择小浪底水库最优运用方式提供必要的科学依据。此外,库区模型可执行跟踪研究,为水库发挥最大综合效益服务。

小浪底水利枢纽工程位于黄河干流最后一段峡谷的下口,上距三门峡大坝 130 km,下距郑州铁路桥 115 km。小浪底水库最高运用水位 275 m,总库容 126.5 亿 m^3,淤沙库容 75.5 亿 m^3,长期有效库容 51 亿 m^3,防洪库容 40.5 亿 m^3,调水调沙库容 10.5 亿 m^3。

小浪底水库入库站为三门峡水文站,出库站为小浪底水文站,距坝 63.82 km 及 1.51 km 处布设河堤及桐树岭水沙因子站;分别在距坝 111.01 km、93.2 km、77.28 km、44.1 km 及 22.43 km 处布设了尖坪、白浪、五福涧、麻峪及陈家岭水位站;在水库干流布设 56 个观测断面。库区内黄河干流河段上窄下宽,自坝址至水库中部的板涧河河口长 61.59 km,除八里胡同河段外,河谷底宽一般在 500~1 000 m;坝址以上 26~30 km 之间为峡谷宽 200~300 m 的八里胡同库段,该段山势陡峻,河槽窄深,是全库区最狭窄河段。板涧河河口至三门峡水文站河道长度 62 km,河谷底宽 200~300 m,亦属窄深河段。

根据试验要求及模型设计,要求小浪底水库模型模拟水库全库区,模拟范围从三门峡水文站至小浪底坝前,长度约 124 km,高程 150~290 m,其中包括大峪河、畛水、石井河、东洋河、大交河、西阳河、亳清河、沇西河、涧河、板涧河等十几条支流,包括库区 100% 的干流原始库容及近 95% 的支流库容。模型长度约 420 m,平均宽约 15 m,高约 2.4 m。

因此,根据以上所述及试验场地,需要进行以下工作:

(1)拼接地形图。

(2)在拼接好的地形图上把小浪底水库的最高运用水位 275 m 的高程线在地形图上画出;同时用直线勾画出模型边墙,读出坐标,并用 AUTOCAD 绘制成图。

(3)用同一比例在 CAD 图中绘制试验场地即大厅边界线。

(4)将模型边墙的 CAD 图和大厅边墙的 CAD 图套绘在一起,进行旋转、移动、调整,在满足试验要求、工作路线等条件的前提下,确定边墙拐点及大厅的相对位置。

(5)在确定好的相对位置上,确定放线资料,详见图 6-12 及表 6-1。

(6)利用经纬仪或全站仪进行模型放线,在放线过程中应随时进行校核,发现问题及时纠正。

(7)在砌筑模型边墙的过程中,因模型较高,考虑水、土压力,模型边墙考虑加厚等。图 6-13 为模型边墙剖面图。

(8)应对模型量测系统进行布置,管道预留等工作,在砌筑的过程中,预埋管道,图 6-14 为小浪底库区量测系统平面布置图,图 6-15 小浪底水库模型管道位置布置图。

(9)小浪底水库泄水建筑物共有 3 条排沙洞、3 条孔板洞、3 条明流洞及 6 条发电洞,共 15 条孔洞,模拟时应充分考虑。图 6-16 为小浪底水库模型泄水建筑物进水口立视图。

(10)在模型边墙上标出大断面及内插断面位置,利用断面板法和等高线法制作地形。

(11)模型泄水建筑物及进口清浑水分别见图 6-17~图 6-20。

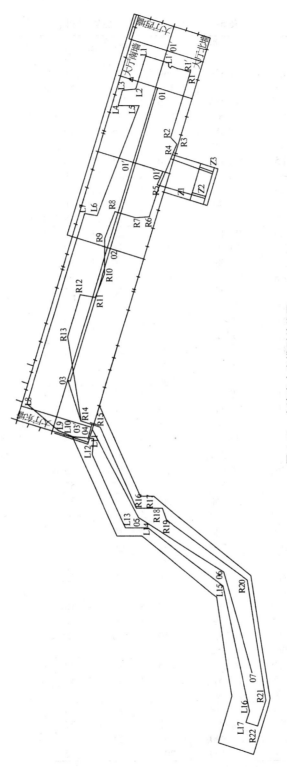

图 6-12　小浪底水库模型放线图

表 6-1　小浪底水库模型放线资料

原点	0°线	端点	距原点距离（m）	顺时针角度			说明
				°	′	″	
01	在南大厅墙上，距西大厅墙30m柱子中线	L1	15.378	54	10	41	01 为大厅东西中线与距西大厅墙 30 m 直线交点
		R1	18.199	138	55	55	
		R2	24.885	236	32	23	
		R3	28.902	232	38	21	
		R4	34.851	240	16	49	
		R5	46.348	251	2	30	
		L5	11.813	296	13	38	
		L4	20.264	317	19	0	
		L3	16.1	337	42	22	
		L2	9.741	337	30	46	
		02	79.2	270	0	0	
02	01	R5	38.438	23	3	44	02 为大厅东西中线与距西大厅墙109.2 m 直线交点
		R6	24.84	37	18	52	
		R7	19.984	28	20	53	
		R8	17.474	355	4	50	
		R9	3.967	321	10	55	
		R10	12.443	170	3	7	
		R11	24.347	177	34	59	
		R12	25.929	194	39	5	
		L6	15.642	324	32	2	
		L7	19.617	308	16	33	
		03	66.043	180	0	0	
03	02	R13	20.82	342	56	4	03 为距大厅东墙中点距离 25.157 m。03、04、05 在一条直线上
		R14	20.495	144	58	10	
		L10	26.704	158	9	34	
		L9	24.73	172	6	50	
		L8	22.337	223	35	10	
		05	58.698	137	57	53	
		04	31.532	137	57	53	
04	03	L11	5.368	241	8	33	
		L12	12.239	251	42	1	
		R15	4.308	161	19	14	
		05	47.960	224	29	23	
05	04	R16	4.557	16	26	34	
		R17	11.957	94	28	22	
		R18	12.719	100	35	37	
		R19	13.860	123	56	18	
		L14	6.339	166	8	3	
		L13	8.085	259	50	9	
		06	48.352	150	26	57	
06	05	R20	11.617	166	15	24	
		L15	6.657	243	42	55	
		07	48.894	221	56	54	
07	06	R21	14.748	170	15	30	
		R22	25.596	190	2	27	
		L17	23.890	203	24	54	
		L16	18.400	200	28	45	

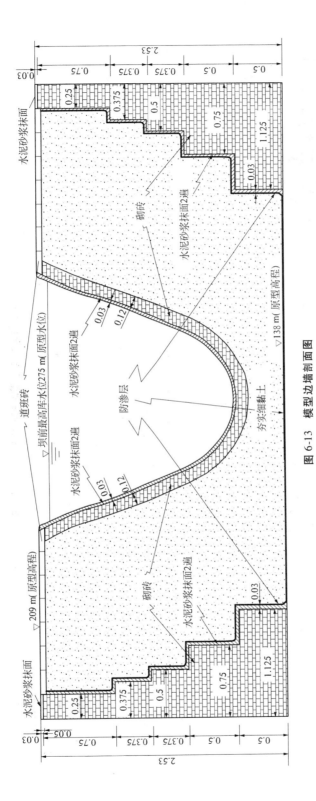

图 6-13 模型边墙剖面图

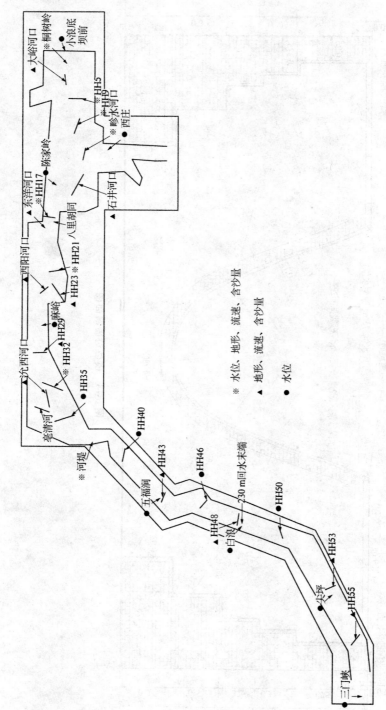

图 6-14 小浪底水库模型量测系统平面布置图

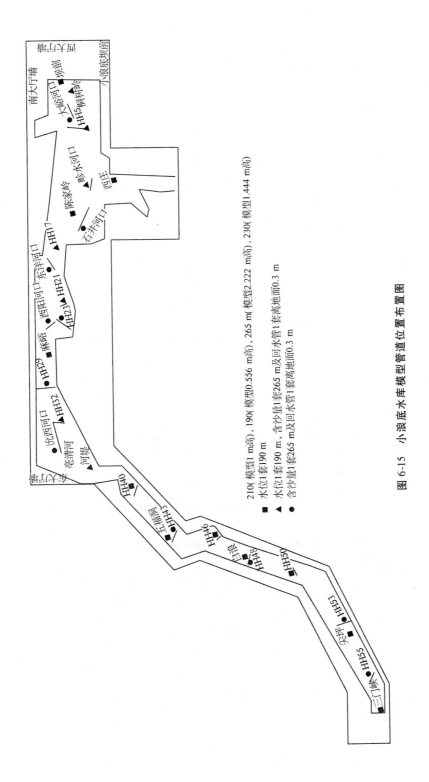

图 6-15　小浪底水库模型管道位置布置图

■　210(模型1 m高)，190(模型0.556 m高)，265 m(模型2.222 m高)，230(模型1.444 m高)
　　水位1套190 m
▲　水位1套190 m，含沙量1套265 m及回水管1套离南地面0.3 m
●　含沙量1套265 m及回水管1套离南地面0.3 m

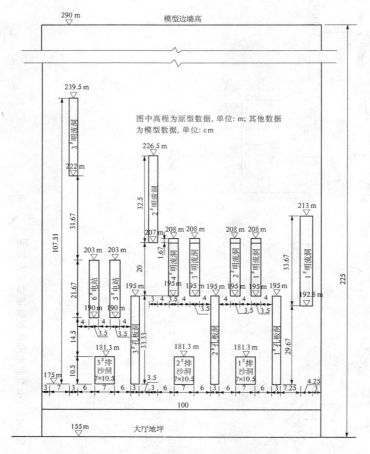

图 6-16　小浪底水库模型泄水建筑物进水口立视图

图 6-17　小浪底水库模型进口清浑水系统

图 6-18　小浪底水库模型

图 6-19　小浪底水库模型泄水建筑（从上游观看）

图 6-20　小浪底水库模型泄水建筑

第五节　小　结

在熟悉黄河基本概念的基础上,进行资料整理、分析,进行模型制作,关键问题是细心,避免错误的发生,并注意校核。同时还应注意以下几点:

(1)在制定模型制作计划时,要贯彻实事求是、精益求精的方针和勤俭办科研的精神。计划中除包括试验工作内容及进度外,同时还要有试验各个阶段的经费及器材购置计划。

(2)在模型制作的人力组织方面,要求认真负责,加强组织纪律性。有时由于任务的性质,还可以组织各有关单位的协作,要搞好团结协作。

(3)在物质条件方面。要充分利用原有实验室的场地设备,有时需要建筑些临时性厂房与增添一些必需的设备,试制一些电测仪器。为了完成这些工作,需要有一定的加工力量(设备与人力)。量测仪器应力求现代化和自动化,以提高量测精度,节约人力。有时还需要解决水质的处理与电力供应的问题。在北方还有一个防寒问题。

(4)在模型制作中要特别注意模型制作和量测的精度。进行试验工作要有充分的准备与严密的组织安排。同时要经常检查任务执行情况,及时总结、交流经验。

参 考 文 献

[1] 水利部黄河水利委员会.黄河河防词典[M].郑州:黄河水利出版社,1995.
[2] 李昌化,金得春.河工模型试验[M].北京:人民交通出版社,1981.
[3] 肖兴斌.水工泥沙试验工[M].郑州:黄河水利出版社,1996.
[4] 惠遇甲,王桂仙.河工模型试验[M].北京:中国水利水电出版社,1999.

第七章　模型试验

第一节　模型试验概述

一、模型试验的意义

模型试验是科学试验中一项重要的研究方法与专门技术,应用甚广。

模型试验是运用河流动力学知识,根据水流和泥沙运动的力学相似原理,模制与原型相似的边界条件和动力学条件,研究河流在天然河流情况下或在有水工建筑物的情况下水流结构、河床演变过程和工程方案效果的一种方法。

由于河床演变过程的复杂性,有许多河床演变问题还不能用分析计算方法完善地加以解决,而可以采用模型试验的方法来研究。

因为模型试验可以在一定的空间与范围内,能够重演天然河流的某些演变过程或预报修建工程后发展趋势,因此一个世纪以来,这种解决工程问题的手段越来越多地被加以利用,模型试验的理论与技术也得到了一定的发展。例如,在进行天然河流和水库上下游河床的冲淤变化问题、河道整治建筑物或桥墩附近的局部冲刷问题、海岸港口或河口整治的泥沙问题、水力枢纽和电站机组的泥沙防护问题、渠系的泥沙问题等方面的研究时,都可借助于模型试验这种物理模型的研究方法。近年来,根据数理方程利用数学模型使用电子计算机进行计算的方法,在河流问题的研究中获得了广泛的应用与发展,具有迅速,准确,能节约大量人力、物力与时间的显著优点。但如果在河槽形态的发展中不能适当地简化以及问题的三维性质占有十分重要的地位时,或在试验范围内水流通过重要的水工建筑物的情况下,难以用数理方程表达时,目前,数学模型仍然不能代替物理模型。在许多情况下,常采用数学模型与物理模型相结合的研究方式,以求得问题的解决。例如,在长江葛洲坝和三峡枢纽工程的泥沙问题的研究中,就大量地采用了这种方法。

模型试验的研究成果,对于制定正确的河流规划和工程设计提供依据方面能起到很重要的影响,因而在国民经济建设中具有一定的作用。从全世界范围来看,自牛顿发表相似理论后,1870 年佛汝德(W·Froude)进行船舶模型试验并提出佛汝德模型相似律,1985 年雷诺(O·Reynolds)进行 Mersey 河模型试验,1898 年恩格斯(H·Engels)在德国建立第一个河流水力学实验室,并于 20 世纪 30 年代接受我国的委托进行了黄河的动床泥沙模型试验。半个多世纪以来,水力模拟迅速得到发展,并成为解决各种水利工程问题的普遍公认的一种有效工具。近几十年来,模型试验的理论与实践已获得了广泛的发展与显著的提高。随着我国水利事业的蓬勃发展,在开发长江、黄河等水利资源的各项工程中进行了许多试验研究工作,对于经济建设起到了重要作用。某些研究成果,在学科上已处于国际先进水平。全国各地已设立了许多水工试验研究机构,模型试验技术已被广泛采用,并已获得许多重要的成果和取得效益。当然,模型试验的理论技术还有不够成熟之处,还不能完全满足生产建设的要求,但随着经济建设的带动和河流动力学的发展,模型试验的理论与实践,一定会迅速地发展与提高。

二、模型试验和种类

模型试验按所研究问题不同分为定床(固定河床)模型试验和动床(活动的可冲刷河床)模型试验两种。河床在水流作用下不发生变形的模型称为定床模型,河床在水流作用下发生变形的模型称为动床模型。采用定床模型的条件是河床变形不显著或虽有变形而对所要研究的问题影响不大,如研究河道分洪、蓄洪问题时可采用之。当河道变形显著时就要采用动床模型,如研究河道建筑物的局部冲刷问题时可采用之。但由于动床模型试验的理论和技术尚未臻完善,实际上在许多情况下,还只能把河底做成可冲的而岸边做成固定的。研究问题时还有很大的局限性。许多与江河的河床演变有关的问题仍多采用定床或定床与动床相结合的模型试验,有时并采用与数学模型相结合的方法。

模型按其几何相似的程度,不论是定床或动床,均可分为正态与变态两种。正态模型是完全遵守几何相似的模型。模型如果能够采用正态当然是最理想。但一般模型由于试验场地面积和水流形态的限制,不得不进行变态才能进行试验。因此,常将垂直方向的比尺加大,以增加模型的水深和流速,这种模型称为变态模型。通常变态模型的水平方向的两个比尺采用一个数值,而垂直方向的比尺则采用另一个数值,水平比尺与垂直比尺的比值称为变态率。当模型需要变态时,须经慎重研究而后确定。

近年来在动床模型试验中还提出了一种自然模型试验的方法。这种试验方法主要是定性地模拟河床的演变过程,可用以研究河流上水文泥沙条件发生较大改变时河床演变的发展趋势。这种方法的实践经验还不够多。

除上述水流的模型试验方法外,近年来还发展了一种气流模型试验方法。模型多做成定床的,设备简易,能较快地得到定性成果,但精度较差,在规划阶段或初步设计阶段有时采用之。

三、模型试验的工作内容

每一项模型的试验研究任务,按进度一般大致分为下述几个阶段。每阶段的工作内容要点略述如下。

(一)试验规划与模型设计阶段

首先要根据工程规划所提出的试验研究任务,进行调查研究、现场查勘,搜集地形图,水道测量图,工程布置图,水文、泥沙和地质资料以及工程设计及附图,本河段的航空或卫星遥感照片,河道的历史变迁,存在的问题及其性质等有关资料,加以详尽地分析研究。

然后按照任务的要求和问题的性质,结合试验场地及供水量的限制、量测设备以及可能利用的模型沙的性能因素,确定采用定床或动床、正态或变态模型,根据模型相似律的要求,进行模型设计,确定模型比尺、总体布置以及工程方案试验等。

在规划试验和模型设计过程中,常需进行模型沙的选择及性能试验,以供模型设计之用。

还要对模型的规划、设计与制造、仪器设备的准备,以及试验操作等方面所需的时间与经费进行估计,作出计划。

(二)模型制造和量测设备准备阶段

当待定模型比尺及范围,准备了很必要的器材后,即可按照几何比尺根据河道断面和地形要求、建筑物的型式和尺寸,准备模型地形断面板,制造和安装模型。模型制造时要防止槽漏水和沉陷。模型制成后要进行地形的校核,必要时须加修改。

在模型制造的同时,应该进行试验设备的准备和安装工作。试验设备主要有:①水沙循环系统,包括蓄水池、水泵、供水管道、配沙和加沙设备、沉沙池、回水渠等;②量水设备,常用的有量水堰、文德里或电磁流量计、孔口箱等。

除上述设备外,还要准备或试制量测仪器,包括测量水位、流速、流向、含沙量、淤积厚度等方面的测验仪器。随着科研的发展,现在更加广泛地采用电测仪器,并力求量测自动化。同时还需要准备量测仪表的率定设备。

(三)试验的进行阶段

首先进行模型的验证试验。先要根据实测水位模型进行水位是否相应的率定,常采用加糙或减糙的办法对模型加以修改校正。还要根据天然实测流速分布、含沙量分布、河床冲淤形态及过程等资料,在模型中对水流运动和泥沙冲淤变化的相似进行验证试验,以判断模型设计的正确程度和模型沙的适应性能。通过验证试验,有时还要调整输沙率比尺或流量持续时间比尺等。

然后再进行正式试验。根据工程规划的各种方案,对于不同水文年系列的河床冲淤变化进行试验,以适应预报河床演变和工程措施效果的需要。

(四)试验资料的分析与总结

试验资料的整理与分析,是模型试验工作的重要内容。试验资料的整理与分析应该是边试验边整理,务必及时进行,以便发现问题,及时研究,指导工作。当然,试验结束后要对全部资料进行全面的整理分析,进行全面总结,得出结论,并编写试验研究报告,绘制附图,务期能对工程的规划设计工作和工程方案措施提供必要和充分的科学论据。

四、试验计划的实施

上节已叙述了每阶段模型试验任务的工作内容。但要使试验计划得以实现,还须注意下面几个工作环节。

在制定试验计划时,要贯彻实事求是、精益求精的方针和勤俭办科研的精神。计划中除包括试验工作内容及进度外,同时还要有试验各个阶段的经费及器材购置计划。

在参加试验的人力组织方面,要求认真负责,加强组织纪律性。有时由于任务的性质,还可以组织各有关单位的协作,要搞好团结协作。

在物质条件方面,要充分利用原有实验室的场地设备,有时需要建筑些临时性厂房与增添一些必需的设备,试制一些电测仪器。为了完成这些工作,需要有一定的加工力量(设备与人力)。量测仪器应力求现代化和自动化,以提高量测精度,节约人力。有时还需要解决水质的处理与电力供应的问题。在北方还有一个防寒问题。

在试验工作中要特别注意模型制造和量测的精度。进行试验工作要有充分的准备与严密的组织安排。

在进行试验研究过程中要经常检查任务执行情况,及时总结,交流经验。

第二节 模型的制作、验证和试验成果的整理

模型设计工作完成以后,模型试验工作就进入了模型制造阶段,必须按模型比尺精确缩制。模型制造的质量对于试验成果的精度关系极大。模型材料除易于购置及便于操作外,应能够达到模型所要求的精确度和光滑度,模型不得发生变形和漏水。模型拟做成动床,其中可能更改的部分,制造时也需预留便于修改的条件,务必拆装方便,同时要妥善安置仪器设备,使能便于控制水流和易于观测水流情况。随着我国水利工程建设和科学研究的迅速发展,模型试验的技术如模型材料、制造安装方法等方面的水平也在不断地提高,现仅就模型规划、制作、验证、操作以及试验成果的整理和分析等内容加以说明。

一、模型的规划与制作

(一)地形图的整理与拼接

模型需要根据河道地形图进行塑造,因此必须有完整的地形图资料,包括水下地形图和两岸陆上地形图。带有建筑物的河道模型,所用地形图的比尺一般为 1/5 000 ～1/2 000,长河段河道模型所用地形图的比尺可为 1/10 000～1/5 000。应将按坐标分段的小幅地形图拼接成试验河段完整的地形图,作为塑造模型地形所依据的基本资料。在模型制作中,如遇不同比例尺的地形图拼接时,需将不同比例尺的地形图先进行缩放,使图形的比例一致,然后再进行拼接。

(二)地形位置的平面控制和模型高程的控制

地形图拼好后,应在图上布置控制地形平面位置的导线网,控制方式根据模型的大小和形状而定。导线网要能全面精确地控制模型的平面位置,又要便于数据计算和施工放样。顺直河段模型,平面控制宜采用直导线,主导线一般沿河道的中心线布置,必要时两侧可设置平行的辅助导线。弯曲和分汊型的河道模型,宜采用三角形导线网控制,如模型的宽度较大,可沿模型的四周布置成环状封闭的导线网,如有需要还可以在封闭的导线网上增设支导线以控制局部地形的平面位置。根据控制网的形状和布设的要求,完成导线长度、导线夹角计算。

模型高程的控制,应在试验场设置模型高程的控制网。在试验场地上选择平面位置及高程都很固定的地方作为水准点,构成封闭的水准点网,由水准点将高程引到模型场的各个部位,进行高程的控制。需要特别注意的是,放置模型的场地不要有不均匀的沉降。

(三)模型平面和立面布置方案的确定

在试验场地上能否合适地布置河道模型,不仅关系试验场地的合理利用,而且影响试验工作的顺利进行。为了优选模型的布置,需要进行模型布置方案的比较。可将试验场的平面图和模型河道的平面图,按选定的模型比例绘制成相同比例的平面图,进行各种比较。选定布置方案时,应预留模型进口首部及出口控制尾门和安装其他仪器设备所需要的面积。

模型的平面位置确定以后,应根据模型中可能出现的最高水位,确定模型边墙的高

程。模型的边墙既要能够挡住模型中的填料,又可以阻止模型中的水外渗,必要时还可以兼作在模型上行走的通道。因此,模型的边墙要有足够的强度,还要能够防渗。在模型的平面布置图上,还应建立模型边墙和导线网之间的关系,以便确定模型边墙的位置。

除了模型平面的位置以外,还需要确定模型与现有地面高程之间的关系,进行模型立面布置方案的选定。模型立面高程的选择,应使模型尾门和退水渠的泄水保持自由泄流的状态,使模型的尾门能灵活准确地控制和调节模型的水位,模型泄流不致影响尾门的正常工作。进行模型立面的布置,需要了解模型河底的高程,可根据地形图沿程最低点高程的资料,画出河道最低点的纵剖面图,即可进行模型立面布置方案的设计,确定模型各部位的高程。一般情况下,要使模型最低点的高程不低于试验场地平面的高程,保持试验场地面的完整。如果局部点的高程过低,则会抬高整个模型的高程。因此,要综合考虑模型立面各点高程之间的关系,既要保持试验场地的完整,又不使模型过高,增大模型的工程量以及带来试验操作的不便。确定模型尾门和退水渠的高程,应以试验水文系列中的最低水位来确定。模型边墙的高程应高出模型最高洪水位 10 cm 以上,以便超蓄水量,防止发生水体的漫溢。

(四)模型断面板的制作与安装

1. 断面位置的确定

制作模型时,用来控制河道的方法很多,常用的方法是断面板法。垂直断面板用来控制河底部分地形的变化,水平断面板则用来控制河岸部分地形的变化。垂直断面应尽量垂直于主流的方向,同时也垂直于平面控制网的导线,以便于控制模型断面的位置。河道地形变化较大的河段,断面的间距一般为 20 ~ 50 cm,地形变化不大时,断面的间距可以为 50 ~ 100 cm。地形变化较大或微地形复杂的河段,可增设加密的辅助断面,以精确地控制塑造河道的微地形。水平断面板一般按地形的等高线制作,断面高程依据模型的垂直比尺的大小来确定,既要能控制河道的地形,又要便于模型的施工。在模型的布置图上,要建立模型的水平断面板的位置和控制网导线的关系,以便施工放线时确定断面板的位置。断面位置确定后,可将断面位置的资料列表如表 7-1 所示。

表 7-1   断面位置计算资料 (单位:mm)

断面编号:104				断面位置:			
左岸				右岸			
水平距离		高程		水平距离		高程	
原型	模型	原型	模型	原型	模型	原型	模型
10.5	28	60	34.3	9	24	55	31.4
13.5	36	65	37.1	13.5	36	55	31.4
16	42.7	70	40	15.5	41.3	60	34.3
18	48	75.8	43.3	17.7	47.2	65	37.1

2. 断面形状的控制

模型控制断面的形状是由断面上各点的位置及高程决定的,测点的位置通常沿控制导线向左或向右测量,测点要有明确的高程,一般选择断面和等高线的交点,如等高线分布较稀或地形比较复杂,可选择高程资料的测点,或内插一些点的高程作为断面的控制点。将图上测得的控制点的位置和高程数据填入断面计算表中,换算成模型的尺寸供绘制断面板使用。断面间距及断面宽度记录,如表7-2所示。

表7-2　断面间距及断面宽度记录　　　　　　　　（单位:m）

导线编号	导线长	断面号	断面间距		左岸水平距离			右岸水平距离		
			原型	模型	原型	模型	原型	模型	原型	模型
d_{25}	78.35	356			125	−640	−1.71	125	384	1.032
d_{25}	78.35	357	375	1.0	125	−396	−1.06	125	522	1.390
d_{25}	78.35	358			125	−454	−1.21	125	542	1.445

注:原型水平距离是指1:10 000地形图图测尺寸。

3. 断面板的绘制和锯裁

模型使用的断面板一般采用凹形模板,将断面的模型数据点绘在断面板上,然后沿断面的河底轮廓锯裁下来。模型的断面板常采用胶合板、白铁皮、纤维板等。现将模型断面板的绘制和锯裁简述如下:

(1)根据断面上各测点调和的变化定出水平基线的高程,此高程一般选择整数高程。

(2)确定导线的位置,根据断面的水平宽度,合理安排断面的左右位置,确定导线的位置,并作出和水平基线相垂直的垂线,作为控制水平距离的起点和施工放样的依据。

(3)根据断面计算表所列的模型尺寸,量出各测点的水平距离和高程,各测点的水平距离自导线点开始沿水平基线量取,然后作出水平基线的垂线并自水平基线的高程量出测点的高程,写出地形的控制点,用直线连接高程控制点,以折线的形式表现出模型断面的形状。在绘制断面的控制点时,要注意等高线的变化,在遇到断面线和同一等高线几处相交时,需参考地形图连接断面的轮廓,以反映出这种地形变化的实际情况。

(4)断面板地形的检查。断面板绘制完成后,要认真地检查控制点位置和高程的数据是否正确、断面板的地形形状和地形图所示的地形是否一致。

(5)锯裁断面板。将断面板埋入模型的部分留下并保留表示断面轮廓的连线,其余部分裁去。保留的断面板的埋装宽度应为5~6 cm,以便于在模型中固定。

4. 施工放样及断面板的安装

进行模型建造时,首先将模型的平面控制网施放在模型的地面上,其次将模型边墙、首部和前池、模型的尾门和退水渠口的位置等在模型场地上确定下来。然后沿导线将模型横断面的位置分好,并在模型的边墙上画出模型的横断面线,即可依此来确定横断面的位置。模型的水平断面板要根据断面板和导线的关系,将其位置确定下来。

安装断面板时,在断面线上将断面板上导线的位置对准控制导线,用填料将断面板固定,再用水准仪测定断面板的高程,即可作为控制地形的依据。水平断面的位置确定以后,用水准仪测定其高程,然后用填料将其固定。

（五）模型的塑造

当模型的断面板安装完毕后,将填料铺在断面板之间,并用水浸湿填压密实。然后,根据断面板的形状和地形图塑造好断面之间的微地形,微地形的精细塑制对于满足河床粗糙的相似至关重要。模型表层用水泥砂浆灌注前,要仔细检查断面板的位置和高程。模型的表层一般抹 3~5 cm 厚的水泥砂浆,表层抹面一般分两层抹制,第一层尽力压实,以达到能够承重和防渗的作用;第二层再按断面板的轮廓将地形塑造好。模型除做定床试验外还要兼做动床试验或做局部动床试验时,需预先留好动床的部位和空间,做成上下两层,下层预留做动床使用,动床的厚度应按可能的最大冲刷厚度来确定。

二、模型的检验与验证

模型建成以后,应严格地检测模型的几何形状和尺寸的准确性,并按原形的数据资料验证模型中水流运动、泥沙运动以及河床演变的相似程度。如有必要,可调整模型设计中的有关比尺,以保证模型中能重演天然河道中的水流和泥沙运动现象以及冲淤变化。验证试验的成功能确保模型在工程方案试验中的水流和泥沙运动的结果能推论到原型中去,为规划设计提供依据。

（一）模型几何尺寸的检验

模型塑造完成后,需进行仔细的检验,检测各特征点的平面位置及其高程,以及模型微地形的状态。模型地形的平面距离的控制精度为 ±10 mm,高程的控制精度为 ±2 mm。模型微地形的形态和轮廓尺寸,应和原型的形态和尺寸保持相似。还可以进行模型地形的测量,绘制模型的地形图并与原型河道的地形图进行比较,检查模型制造的精度。

（二）水流运动相似的验证

模型相似性的验证,无论是定床水流模型,还是动床泥沙模型,都应在几何相似的基础上,进行模型水流运动相似性的验证。水流运动相似性验证的内容,有各级流量下水面线的相似、水流沿垂线及沿河宽流速分布的相似以及局部的水流结构的相似等。

1. 水面线的验证

模型试验中,水面线的相似是河床阻力相似的标志,水面线相似的验证,是根据原型实测若干级流量相应的沿程各站的水位资料,在模型中施放相应原流量,测量沿程各站的水位。如果所测水位与实测水位不一致,可以调整河床的糙率,使沿程各站的水位和原型水位一致。模型的糙率可以用砂浆中添加不同粒径的粗颗粒或在河床表面上粘贴不同粒径的颗粒来改变,也可以用梅花形排列的方式在河床上布置各种粒径的卵石来调整河床的粗糙度。还有的是在河床上插入木棍或橡皮条,或在水流中悬挂绳索或铅丝来调整对水流的阻力。

2. 流态与流速分布的验证

水流的流态和流速分布反映了水流的流场,是模型运动相似的重要标志。水流的流态和流速分布,决定了泥沙的运动,对于研究包含有泥沙运动的模型试验,水流运动的相似是尤为重要的,流速流态的验证,应进行洪、中、枯流量级清水率定(通过调整地形和糙率使流态与流速分布达到和原型相似)和浑水(利用河床冲淤地形和相应的流态与流速测验资料进行对比)流速流态的验证。流速分布形态应与原型相似,最大流速相对误差

不得超过 ±5% ,其他部分流速值相对误差不得超过 ±10% 。流态的形态应与原型相似,流向必须与原型一致,与断面直线的夹角的相对误差不宜大于 15% 。

还要验证模型进出口的水流情况,主要是水流流向及单宽流量分布(或垂线平均流速分布)的情况必须与原型相似。因此,模型必须有足够长的进口段。一般进口段的长度不宜小于 20 ~ 50 倍的水深,还需视具体情况进行调整或采取必要的稳流措施,如安装稳流栅等设备。关于出口段,除了要有足够的长度之外,尾门及量水堰的布置也要注意,以免影响出口段的水流相似。

对于变态模型,断面流速分布是不相似的,但表面和底面的流向相似仍是可以达到的。对于模型内的回流,旋涡等各种副流的范围及速度必须进行检验。在变态模型内这些要素是不会相似的,所以更需要与原型资料进行对比。

(三)悬移质含沙量及推移质输沙率的验证

对于泥沙模型在水流运动相似的基础上,要检验模型和原型在输沙能力方面的相似性。悬移质模型要验证断面平均含沙量、含沙量沿垂线的分布及含沙量沿河宽的分布的相似性。进行悬移质含沙量相似性的验证要依据原型实测含沙量的资料,在模型中依据原型相应条件试验的测验结果进行比较。推移质模型则要验证单宽输沙率的相似,如没有实测资料,也可利用调查资料进行估算,然后了解模型的输沙能力及沿程变化的情况,判断模型的复演能力。

(四)河床冲淤变形的验证

河床冲淤变形的相似是判断动床模型相似性的重要条件,也是试验研究工作成败的关键。因为试验成果的可信性和精度,均要依靠模型对于天然情况下河床冲淤变化复演的程度与精度为依据。河床冲淤相似的验证,是选择在一定时段内对比模型和原型河床冲淤变化的情况,验证时段的选择,应包括原型河床冲淤变形最显著的时期。对平原冲积河道浅滩河段,验证时段还必须包括枯水期在内。在模型河床验证冲淤的地形上,应对试验河段的冲淤总量、淤积分布及冲淤物的组成(即泥沙的颗粒级配)和干容重进行验证。模型和原型各相同部位的数值必须达到定性的相似,定量的误差一般不宜超过 ±25% 。

通过验证试验,如果在模型上能够获得与原型相似的水流结构和复演与原型相对应的地形冲淤变化,就可以认为所待定的各类模型的比尺是可行的,所选用的模型沙能够用来模拟泥沙运动及河床的冲淤变化。否则就需要根据河床变形方程的要求,调整含沙量、输沙率和河床冲淤变形的时间比尺。一般多是增大输沙率比尺时,减小冲淤时间比尺,或者减小输沙率比尺时,增大时间比尺,以满足冲淤量的变化保持不变,即保持待验证的冲淤量为定值。经过反复调整,直至能复演与原型相应时段的河床冲淤变化为止。调整各类比尺以后,必须重新进行验证试验,直到各项观测的结果均能符合验证要求时,才可进行正式试验。

三、模型试验的操作

(一)试验控制条件的确定

按照验证试验确定的比尺,计算得出正式试验的放水要素,包括流量过程线 $Q(t)$ 、控制水位过程线 $Z(t)$ 、悬移质含沙量过程线 $S(t)$ 、推移质输沙率过程线 $G(t)$ 、放水时段 T

以及尾门控制水位等条件。

（二）**流量、含沙量、输沙率过程线的概化**

模型流量、含沙量、输沙率的概化应同步确定，必须包括洪、中、枯水期及正式试验要求的流量级。模型进口条件的概化，要能反映流量和沙量变化过程的特性，并保持概化前后总水量和总沙量的平衡。时段的数量、时段的长短及流量和沙量变化的速率，要便于试验操作。

（三）**模型试验条件的控制**

模型试验前，要根据试验任务和要求编制试验大纲，试验中按照规范的要求进行水流和泥沙运动要素的测量。进行模型试验时，应按照试验大纲的规定，严格控制施放的水沙条件。试验运行时，如果施放的流量、含沙量或输沙率，以及模型沙的粒径级配中的任意一项的控制精度达不到试验要求，并在短时间内不能调整到试验要求的数值时，必须重新进行试验。

（四）**试验程序**

试验是获得研究资料的重要手段。试验工作的顺利进行直接影响到资料的精度和工作成效。安排要周详合理，操作要准确可靠，资料要收集齐全，并尽量做到边试验边整理，以便及时发现问题，及时补救。

模型试验程序，一般分为：①试验前的准备（包括预备试验）及检查；②验证试验；③正式试验。现分述如下。

1.试验前的准备及检查

（1）量测仪器的制备和检查。进行试验必需的各种仪器及装置，如流速仪、流向仪、光电测沙仪、测淤厚仪、水位及流量量测装置、颗粒分析设备、照相机具等均应添置齐全，并事先做好试运转工作。对仪器及装置的性能、精度、操作方法及使用条件应熟练掌握。各种率定曲线应事先绘制好，模型的所有测针零点应测定，观测断面的准确平面位置应在模型上标出，各种观测的辅助设施（如测桥及活动测针架、电源、照明系统、摄影天桥、通讯设备）均应事先制备好，并经过周密检查。

（2）供水系统的制备和检查。模型试验的供水系统，包括抽水房的全套设备、模型的进水管路、回水渠道等均应事先装置和修建齐全，临试验前应进行全面检查。各种故障均应排除。进水管路的漏水现象，在缺乏平水塔设备的条件下应绝对避免。模型漏水情况也应事先检查，并采取措施加以排除。

（3）模型沙及供沙系统的制备和检查。模型沙的制备是动床模型试验的重要环节，有关模型沙的粉碎和分选（水选或风选）装置应事先制备好，并贮存足够数量的配制好的模型沙。有关模型沙的贮存、供沙及回收设备，也应事先制备好，并经过周密检查，保证试验时能正常使用。选用的模型沙，应事先通过预备试验测定密度、干密度、糙率、沉速、起动流速、悬移质水流挟沙力和推移质输沙率等有关资料，作为设计模型的依据。

（4）试验计划的制定。放水试验前，对试验组次、每组试验内容（包括试验历时、流量、含沙量、水位的控制数据等）、测验项目、人员分工等都应规划好，并落实到人。记录表格和小比例水道图纸要印制好。总之,要为试验的顺利进行做好一切准备。

2. 验证试验

模型制作完毕,首先应对模型进行几何相似(包括各特征点的高程和平面位置)的检验。高程的最大误差不得超过 ±2 mm,否则应进行修改。

定床模型的验证试验,一般包括各级流量下的水面流态、水面线及流速分布的相似检验。动床模型除同样需要进行定床模型的有关检验外,还需要进行冲淤变形相似方面的检验,即在模型中复演天然河道上的河床冲淤变化过程,做到二者相似,方可进行正式试验。

3. 正式试验

验证试验完成后,即可进行正式试验。在正式试验中,不同类型的模型,试验内容很不相同,这与所研究的具体工程问题的性质关系很大,不能一概而论。这里简单地谈一下模型试验的控制问题。

对定床模型而言,如研究恒定流,一般是按规定流量放水,同时调节尾门,控制水位达到规定数值,等流量和水位都稳定后即可进行具体观测。全部项目观测完毕再改变流量,进行另一组试验的观测工作,直至全部试验结束。如研究不恒定流,则按流量过程线放水,同时相应控制尾水位。

动床模型试验的内容与定床不同,不同性质的动床模型试验的内容彼此也很不一致。一般是按概化后的流量过程线放水。由于往往须在动床模型上研究较长时期的河床变化,而模型中途停水会破坏地形,因此动床模型试验往往须连续进行较长时间,并在放水过程中不停水观测水流及河床的变化。当然,如果试验历时过长,或受其他条件限制,也可选在河床变形不大的时段内停水,并为避免地形遭受破坏而采取保护措施。对于某些研究局部问题的试验,可能只须施放定流量,历时也不一定很长,问题要简单得多。动床模型试验由于历时长,工作量大,特别是恢复原地形的工作量大,准备模型沙的工作量也很大,试验组次应尽可能做到少而精。与定床模型试验相结合,在定床模型上研究出有效的工程措施之后再在动床模型上予以检验,是解决这个问题的一种途径。为了避免河床地形遭受破坏,动床模型开始放水时,应先抬高尾门,尽可能壅高水位,然后再停水。放水、停水或调整流量均应缓缓进行。在后两种情况下,调整尾门也应缓缓进行。实践表明,采取上述保护措施是可以避免地形遭受大的破坏的。

四、试验资料的整理分析

(一)认真观察和记录试验现象

试验过程中,要按试验大纲的要求注意观察试验现象,认真地进行描述。对于试验的现象和过程应进行照相和录像,记录某一时刻的流场及流动现象的变化过程,并及时测验各种水流和泥沙运动的参数。对于这些资料,要及时加以整理和分析,以便发现问题随时予以改进。

(二)把资料整理和理论分析结合起来

试验资料的整理和分析,包括单项资料和综合资料的整理和分析。单项资料整理是指对某一因素参数的测验结果的整理,这些资料的整理要能反映该因素的特性及变化的过程,如该因素有多点同时测验的结果,要能找出它们之间的关系。如果使用自动观测仪器获得大量信息资料时,可以根据试验的要求编制必要的程序,进行资料的系统的整理和分析。综合资料包括整个试验过程现象的描述和各种因素参数的测验结果。这些资料的整理和分析,要能反映试验研究问题的特性及其发展变化过程,能够说明各参数之间的相互关系。每一项试验成果均应分析,必要时要作数理分析,把试验资料数据的整理和理论分析相结合,力求从资料的分析中找出规律性的认识,回答生产上提出的问题,并进一步提出改进和完善工程措施意见。

（三）成果的表达力求准确、直观、简单

试验资料的表达要力求简单明了,除必要的文字说明外,要充分利用表格、曲线及变量之间的函数关系。图表中要有编号、名称、必要的注释和所用符号的意义与计量单位。

（四）及时编写试验报告

在试验资料整理和分析的基础上,要编写模型试验报告书。试验报告的内容应有试验河道的概况及试验任务,工程方案,模型的设计、制造和验证,试验成果的整理及分析,结论与建议。

（五）资料的整理和分析

资料的整理和分析是模型试验中一项十分重要的工作。在试验观测中测得的大量资料,应通过计算整理绘制成必要的图表,然后把观测的资料与理论分析结合起来,从中找出规律性的东西,回答生产上提出的问题。

资料整理和分析中必须注意:

(1)边试验边整理。试验过程中能够整理计算、绘图的资料最好马上整理绘图,这样便于及时发现问题,指导试验工作,也可减少最后对全部资料进行整理分析的工作量。

(2)对观测资料要去伪存真、去粗取精。资料的取舍要有充分根据,不可主观臆断,更不能任意挑选资料来附和自己的主观愿望而导致错误的结论。

(3)对全用的资料要进行统计归纳,绘成图表曲线,以便找出各因素间的相关关系和变化趋势,或者建立因素间的关系式。

通常需要整理的图表,在水流方面一般包括水面线图、平均流速和单宽流量沿河宽分布图、流速沿垂线分布图、水面流态图等;在泥沙方面一般包括垂线平均含沙量及单宽推移质输沙率沿河宽分布图、含沙量沿垂线分布图、床沙分布图、水道地形图、纵横断面变化比较图等。此外,还应有说明上述问题的有关统计资料比较表。

在整理分析资料过程中,应根据生产上的要求和说明问题的需要,再决定绘制图表的性质和内容。

资料整理分析结束后,编写模型试验报告书,其内容一般包括:①河道概况及试验任务的提出;②试验的目的、任务及工程方案;③模型设计;④模型制造;⑤验证试验;⑥正式试验的成果分析(包括原设计方案和修改方案);⑦结论和建议。

第三节 动床模型进出口控制条件及
有关模拟操作技术问题

一、动床模型试验的控制条件

所谓动床模型试验的控制条件是指模型试验的进口控制条件、尾水控制条件、河床组成的干容重控制条件及河床起始地形控制条件等。经验证明,在动床模型试验中精心设计、严格操作是非常重要的,但是如果忽视模型试验的控制条件的重要性,也会使模型试验结果与原型不相似。

黄河下游河床组成极其复杂,有粗沙、细沙和胶泥嘴,由于河床迁徙无常,河床内有许多历史埽坝工程基础的残骸。当水流顶冲胶泥嘴或历史遗留的工程残骸时,就会引起河势剧变;而模型试验,没有模拟历史工程遗留残骸,也没有模拟胶泥嘴。因此,在模型中不会出现河势的剧变,这就是河床控制条件不妥引起与原型不相似的原因。此外,黄河的胶泥嘴,也不是纯胶泥,而是胶泥与细沙的混合物,其抗冲强度较高,但仍然可冲刷。在模型试验中,单纯地定性模拟胶泥嘴尚能做到,但严格模拟胶泥嘴的抗冲强度,就目前的试验技术水平而言,还是一件难事。因此,在黄河动床模型试验中模拟胶泥嘴时,由于胶泥嘴的抗冲强度与原型不相似,也会引起河势变化与原型不相似。

总之,进行动床模型试验,除了认真考虑满足各项相似准则外,还必须慎重考虑各项控制条件。除选择合适的模型进、出口控制条件外,还应预留足够长度的进口段和出口段,以及各项调整水流流态的设施。

二、利用模型进口控制条件改进模型

水流流态的试验研究早在 20 世纪 50 年代初期,黄河水利委员会泥沙研究所水工组(室),为了研究水流挟沙能力的基本规律,在室内修建了长 24 m、高 0.5 m、宽 0.5 m 的活动玻璃水槽;为了检验该水槽的水流流态是否符合天然明渠水流运动的特性,进行了三种进口水流条件的对比试验。

第一种进水条件,是将水槽的进水管布设在水槽的上方,进水口伸入水槽水面以下,进口段设有消浪栅。试验结果是水槽内的水流流态极其紊乱,流速分布杂乱无章。

第二种进水条件,是将进水管布设在水槽的下方,进水口在水槽的底部,进水管与进水口之间的衔接部位为方形漏斗,水槽进口段亦设有消浪栅。试验结果是水流紊乱程度比第一种进水条件略有减弱,但流速分布的规律性仍然不甚明显。

第三种进水条件,是将水槽进水管仍设在底部,进水管与水槽之间的衔接部位为圆形渐变弯管(即由圆形渐变成方形),水槽的进水段亦设有消浪栅。试验结果是比前两次试验的水流流态稳定,水槽进口段表面流速较大,随水深流速逐渐减小;距进口 15 m 左右,底部流速接近于零,水流垂线流速分布基本上为正常分布。

通过试验获得以下几点粗浅认识:

（1）进行水槽挟沙水流试验时，若进水条件不佳，则水流的流态杂乱无章，不可能研究二元水流挟沙规律问题。

（2）采用第三种进水条件进行试验，不仅可以避免泥沙在水槽进口发生淤积，而且可以获得比较接近二元水流的流速垂线分布图形。但在水槽进口的底部有强烈的旋涡，进口段底部出现负流速。随着水流流程的增加，底部负流流速值逐渐减小，直至为零。底部负流流速沿程衰减的过程与流量大小有关。

（3）采用较好的第三种进水条件（即我们认为较佳的进口条件），在 30 倍水深的长度内（即 $L=30\ h$ 范围内），水槽的水流流态仍受进口条件的影响。因此，我们认为进行水槽试验（包括模型试验），若将供水管直接与试验水槽连接，中间无其他消能整流设备，必须考虑进口条件对试验段水流的影响。换言之，进行模型试验时，将供水管直接进入模型是不恰当的，最佳的进水方式是采用模型底部进水方式。

必须指出，水槽试验的进水口的宽度应与试验段的宽度基本一致，无扩散问题。一般试验的进水口宽度与试验段的宽度相差很大，水流扩散问题相当突出，若不妥善处理，则模型水流及河势变化均很难与原型相似。

在同一模型试验中，进口段采取扩散、整流的措施不同，模型进口水流条件不同，模型试验段的水流及河势亦不同。因此，进行模型试验时，必须重视模型进口的水流条件及模型进口段的选择。根据作者的经验，黄河动床模型试验的进口段的选择，除了考虑能控制来水来沙的条件外，还必须具备控制水流流态及河势流路的条件。经验证明，一般模型进口以选择在稳定的节点处为宜，要尽量避免将进口段选择在主流位置不稳定的河段。黄河水文测验站，一般为河床基本稳定河段，可选为模型进口段。采用水文站为进口，其优点是进口水沙条件可以控制。

在试验场地条件苛刻的情况下，无法选择合适的进水口时，则必须在模型试验段的上游设置前池和模型进口段。在进口段内设导流墙来调整来水方向，使模型试验段的水流流态基本上与原型相似。

三、模型试验尾水位控制问题

模型试验的尾水位是由尾门控制的，常用的尾门有翻板式、插板式、错缝（横拉）式尾门等，其控制尾水位的基本原理都通过尾门的启闭（或升降）来控制尾水位的升降，使模型尾水位达到试验要求值。尾门启闭操作有手动式和自动式两种，目前许多实验室都采用自动式（由微机自动控制），其基本方法是在模型尾水控制断面安置一台水位跟踪测示仪，不断采集尾水控制断面处的尾水位，并送入尾水位自动控制仪，若采集尾水位值低于试验控制值，则尾水位自动控制仪自动调节尾门的开启度，使尾水位逐步上升；若尾水位高于试验控制值，则自动控制仪自动调节尾门的开启度，使尾水位逐渐下降。因此，在模型试验过程中，模型尾水位始终在试验要求的控制尾水位值上、下调动，并不是固定不变的。即在模型试验过程中，模型实测尾水位比要求控制值始终差 ΔZ。这个 ΔZ 我们称它为尾水位控制误差，这种现象我们称之为失控现象。

在模型试验中，采用自控法调节尾水位，发生尾水位失控是正常现象。但必须指出，尾水位出现失控时，必然对模型的沿程水位产生影响，影响范围有多远、影响值有多少，受制于比降、水深及尾水位变幅的大小。

在定床模型试验中,模型做好后,可以先进行尾门失控试验,求出尾门失控对沿程水位的影响。在动床模型试验中,模型做好后,不可能先进行尾门失控试验,因为进行尾门失控试验,必然会使模型遭到破坏,必须重新制作模型才能进行正式试验,既浪费时间又浪费经费及人力,这是不切合实际的。在此情况下,可根据已有的计算水面线的方法,来估算尾门的壅水(或降水)对沿程水位的影响。

四、模型沙选配方法

模型沙的选配方法并不深奥,一般试验人员都能掌握,但选配方法不妥,也会出现很多麻烦。为了使模型试验少走弯路,作者根据实践经验,将一般动床模型的选沙方法归纳总结于下,供有关人员参考。

(一)模型沙选配的基本原则

1.根据模型试验的主要目的选沙

随着动床模型试验技术的日益发展和完善,采用动床模型试验的手段来研究河床演变和河道整治的人员愈来愈多,模型试验的内容也日益增多。例如,利用动床模型试验来研究河道整治方案;研究河道的分水分沙;研究河道的洪水演进、洪水位的变化过程;研究河道高含沙水流的造床作用;研究水库异重流输沙规律;研究长河段的冲淤变化;研究短河段的局部冲刷范围,等等。

动床模型试验的目的要求不同,模型沙选配的相似准则不同,选出的模型沙也不同。例如,研究长河段洪水演进和河床冲淤变化的动床模型试验,选沙时,除了满足泥沙起动相似条件和淤积相似条件外,还必须满足水流运动阻力相似条件,即必须考虑取的模型沙的阻力是否能满足阻力相似;研究短河段局部冲刷动床模型试验,因为河段短,阻力相似条件可以允许偏离,只需按泥沙起动相似条件和水流运动重力相似条件选沙,不必考虑阻力相似条件;研究高含沙水流的动床模型试验,选沙时除了满足泥沙运动相似条件外,还必须满足泥沙流变特性相似条件。

研究异重流输沙规律的泥沙模型试验,选沙时,除了满足悬沙运动相似条件外,还必须满足异重流发生条件的相似条件,即按 $\lambda_{\frac{\gamma_s - \gamma}{\gamma}} = 1$ 的条件选择模型沙,即按 $\lambda_\gamma = 1$ 的条件选沙。研究河床长时段冲淤变化的动床模型试验,选沙时,要考虑模型沙的板结特性,要选择板结轻的材料作模型沙,例如粗颗粒煤屑、煤灰、电木屑等。总之,模型沙的选配,首先要考虑模型试验的目的要求,决不能千篇一律都采用某一种材料作模型沙。例如,我们习惯采用煤灰作模型沙,但必须指出,煤灰决非万能的,有些模型试验,不一定必须采用煤灰作模型沙。同时也必须指出,煤灰有粗有细,细煤灰板结严重,研究河床长时段冲淤问题时,不宜采用;粗煤灰悬浮特性差,流变特性也差($\tau_B = 0$),研究异重流问题和高含沙水流输沙问题时,不宜采用。

2.根据模型几何比尺的大小选择模型沙

有的模型试验由于场地条件所限,只能做大比尺的小模型,$\lambda_L = 1\,000, 2\,000, \cdots$ 即模型几何比尺很大,不可能是正态模型,在此情况下,模型沙的 λ_{v_0}、λ_ω、λ_D 都较大,若选用一般的材料,如天然沙或煤灰作模型沙,很难满足泥沙运动相似条件,这时可以考虑采用轻质沙(如塑料沙、木粉)作模型沙。如果实验室的场地面积很大,模型几何比尺的选择不受任何限制,可以选择较小的几何比尺 $\lambda_L = 50, 40, 20, \cdots$ 即模型可以尽量放大,这时模型沙的各项比尺 λ_{v_0}、λ_ω、λ_D 等均较小,选沙比较容易,则可以考虑选择一般的材料作模型沙(如采用天然沙或煤灰、煤屑作模型沙)。

3. 根据试验经费条件选沙

有的模型试验的经费很紧缺,没有能力购买价格昂贵的材料作模型沙,则可以考虑尽可能地缩小模型几何比尺(即尽可能地将模型放大),采用一般的材料作模型沙,如采用天然沙或煤灰等。若模型经费富裕,有能力购买价格昂贵的材料作模型沙,而且模型试验任务比较少,则可以把模型比尺放大(将模型缩小),选用塑料沙或经过防腐处理的木粉之类的材料作模型沙。

4. 根据模型制配和购买条件选沙

有的模型沙性能较好,价格也便宜,但制作和购买比较麻烦和困难,不宜采用;有的模型沙,其性能虽然较差,但其配制方法比较简单,购买也方便,仍然可以考虑选用。

除上述四点外,尚须考虑以下选沙原则:①模型沙回收条件和重复使用条件;②制模的难易条件,即根据模型沙的可塑性选沙;③就地取材,避免舍近求远;④性能稳定,安全无毒。

(二)模型沙的选配方法和步骤

1. 初选

(1)模型试验项目确定后,首先要收集原型各项资料,特别是原型沙的资料和河床特征资料,根据试验的目的要求以及实验室的条件,确定模型比尺。

(2)分析计算原型沙的各项特征值,包括各河段及各时段原型沙的 D_{50}、d_{50}、ω_{50}、ω_{cp}、v_0、v_s 等值。

(3)根据模型比尺,将原型沙的各项特征值换算成模型沙要求的各项特征值(D_{50}、d_{50}、ω_{50}、ω_{cp}、v_0、v_s 等)。

(4)根据模型沙要求的特征值,寻找符合要求的模型沙或检验已有的模型沙,看哪些已有的模型沙符合模型试验要求。

2. 比选

初选可能获得数种模型沙均可以基本符合模型试验的要求,这时,则需要对初选出的数种模型沙进行比选,求得既能满足试验要求,又物美价廉、配制简便的模型沙。比选的原则和方法与初选的方法基本上是一致的。

3. 复选

对比选获得的一种较好的模型沙,要进行系统的、全面的分析计算,有条件时,还要对比选的模型沙进行模型沙特性试验,检验其是否能满足各级流量下水流运动和泥沙运动的运动相似条件,以及存在的问题。

(三)选择模型沙的有关问题

1. 控制模型沙级配原则

黄河的悬沙和底沙都是由不同粒径的泥沙组成的(即悬沙和底沙是有级配的)。在一般情况下,淤积时,悬沙中的粗颗粒淤积得较快、较多,细颗粒淤积得较慢、较少;冲刷时,床沙中的细沙冲得较快、较多,粗颗粒则冲得较慢、较少。因此,在一般的悬沙动床模型试验中,要使模型的冲淤现象与原型相似,除了要求模型沙的平均沉速、平均起动流速或临界拖曳力与原型相似以外,还要考虑模型沙的级配与原型相似。

必须看到,黄河的悬沙粒径很细,其中小于 0.025 mm 粒径的泥沙所占的百分比相当大,它在沉降过程中会发生絮凝现象,絮凝以后的泥沙,其沉降现象(包括冲淤现象)与絮凝前单颗粒泥沙的沉降现象大不相同。在此情况下,严格要求模型沙的颗粒级配与原型完全相似,就没有多大的实际意义。所以,进行这类悬沙模型试验时,在选沙过程中,可以把原型沙分成大于絮凝粒径(暂定为 0.025 mm)和小于絮凝粒径的两部分:大于絮凝粒径的模型沙,应该控制模型沙的级配基本上与原型沙达到相似;小于絮凝粒径的模型沙,则可以放弃其颗粒级配与原型沙严格相似的要求。

2. 底沙比尺 λ_D 与悬沙比尺 λ_d 的关系

在堆积型河流的演变过程中,悬沙和底沙是不断发生交换的。淤积时,悬沙中较粗的颗粒淤在河底,变成了底沙;冲刷时,河床上部分底沙被水流冲起,又变成了悬沙。因此,从某种意义上讲,黄河的悬沙和底沙基本上都是同一种泥沙。所以,进行黄河动床模型试验,要使模型中的冲淤现象与原型相似,一般认为除了要求模型沙满足底沙和悬沙两个泥沙运动相似条件以外,还须要求模型的底沙比尺 λ_D 与悬沙比尺 λ_d 相等,即 $\lambda_D = \lambda_d$。多年来的试验证明,在黄河动床模型中按照上述条件选沙是不适当的。因此:

(1)在黄河模型试验过程中,其悬沙和底沙经常进行交换,如水流流速增大,全部底沙都有可能变成悬沙。因此,底沙和悬沙应该采用同一种模型沙,即选择一种既符合悬浮运动相似,又符合底沙冲刷相似的材料作模型沙,只要基本上满足底沙运动相似和悬沙运动相似的要求即可。至于 λ_D 与 λ_d 是否相等,那是次要的。

(2)黄河泥沙很细,基本上是粒径小于 0.1 mm 的泥沙。这种泥沙(单颗时)的静水沉降都属于司托克斯公式的沉降规律。在模型中,模型沙粒径相似条件为

$$\lambda_d = \frac{\lambda_\omega}{\lambda_{\gamma_s - \gamma}} \tag{7-1}$$

联解底沙运动相似条件公式和悬沙运动相似条件公式及式(7-1),可以获得黄河模型悬沙比尺和底沙比尺的关系式

$$\frac{\lambda_D}{\lambda_d} = \lambda_d^3 \lambda_{\gamma_s - \gamma} = \lambda_d \lambda_\omega = \lambda_{Re'_*} \tag{7-2}$$

因此,$\lambda_D / \lambda_d = 1$,仅仅是式(7-2)的特殊解,式(7-2)才是一般解。

(3)如果要求按照 $\lambda_D / \lambda_d = 1$ 的条件选沙,则必须 $\lambda_{Re'_*} = \lambda_d \lambda_\omega = 1$,这个要求在黄河模型试验中,我们认为可以不必严格遵守。因为泥沙在静水沉降中,有三种沉降规律。

第一,当 $Re'_* < 0.2$ 时,属于层流沉降规律,其沉速为

$$\omega = \frac{g}{18\mu} \left(\frac{\gamma_s - \gamma}{\gamma} \right) d^2 \tag{7-3}$$

第二,当 $Re'_* > 1\ 000$ 时,属于紊流沉降规律,其沉速为

$$\omega = \sqrt{\frac{4}{3C_\omega} \left(\frac{\gamma_s - \gamma}{\gamma} \right) g d}, \quad C_\omega \approx 0.43 \tag{7-4}$$

第三，当 $Re'_* = 0.2 \sim 1\,000$（式中 $Re'_* = d\omega$ 是沙粒雷诺数）时，为过渡区沉降规律，其沉速为

$$\omega = \sqrt{\frac{4}{3C_N}\left(\frac{\gamma_s - \gamma}{\gamma}\right)gd}, C_N = f(Re'_*) \tag{7-5}$$

如果原型的泥沙沉降规律属于第一类和第三类情况，则只要按 $\lambda_\omega = \lambda_{\gamma_s - \gamma}\lambda_d^2$ 或 $\lambda_\omega = (\lambda_{\gamma_s - \gamma}\lambda_d)^{1/2}$ 分别选沙，就可以满足泥沙沉降相似条件，不需要 $\lambda_{Re'_*} = 1$，但必须要求模型的 $Re'_{*(m)}$ 与原型的 $Re'_{*(p)}$ 属于同一区域。

当 $Re'_* = 0.2 \sim 1\,000$ 时，C_N 不等于常数，才要求按照 $\lambda_{Re'_*} = 1$ 的条件选沙。前面多次谈到，黄河悬沙很细，其沉降规律属于层流沉降区，$Re'_* < 0.2$，所以在黄河动床模型中用不着要求 $\lambda_{Re'_*} = 1$，即用不着 $\lambda_D = \lambda_d$。此外，根据分析研究，在黄河动床模型中，模型垂直比尺、水平比尺与模型变态之间的关系为

$$e = \lambda_H^{1/2} = \lambda_L^{1/3} \tag{7-6}$$

联解以上各公式可以得到 λ_D 与 λ_d 的关系式如下

$$\frac{\lambda_D}{\lambda_d} = \left(\frac{e^{1.5}}{\lambda_{\gamma_s - \gamma}}\right)^{1/2} \tag{7-7}$$

根据式（7-7）可以求得 λ_D/λ_d 与 γ_s 的关系，在变率较大的模型中，按照 $\lambda_D = \lambda_d$ 的条件，必须采用轻质沙才能满足模型设计要求。这样一来，不仅困难多，而且会出现一些新的矛盾。例如，有些试验采用轻质沙作模型沙以后，模型的水流时间比尺与河床冲淤时间比尺相差很大，若按泥沙冲淤过程时间比尺进行试验，则模型的水流运动、水位变化及水库的泄水过程等都与原型不相似；如果按水流的时间比尺进行试验，则模型的冲淤过程与原型又不相似。

总之，在黄河动床模型选沙时，可以不考虑 $\lambda_D = \lambda_d$ 的选沙条件，而应该按 $\lambda_D = \lambda_d^4 \cdot \lambda_{\gamma_s - \gamma}$ 选沙。考虑到黄河的悬沙和底沙相互交换的机会很多，为了使两者互相交换的情况与原型基本相似，势必要求模型的底沙与悬沙的颗粒级配基本接近，要求模型沙的 $D_{50} = d_{50}$，或 D_{50} 稍大于 d_{50}。

据黄河悬沙和底沙资料的分析，D_{50}/d_{50} 的平均值为 4.0 左右。如果按 $D_{50} = d_{50}$ 的条件选沙，求得 $\lambda_D/\lambda_d = 4$。当 $\lambda_D/\lambda_d = 4$，$e = 10$ 时，相应的 $\gamma_s = 2$。说明在黄河长河段变态动床模型中，采用 $\gamma_s = 2$ 的材料作模型沙比较合适。例如电厂煤灰，$\gamma_s = 2.15$，物理化学性能又比较稳定，成本很低，因此在黄河长河段动床模型中，一般采用煤灰作模型沙。这就是多年来我们在进行黄河动床模型试验多采用煤灰作模型沙的主要原因。

五、模型沙的干容重 γ_0 及 λ_{γ_0} 的确定方法

在确定动床模型河床冲淤过程时间比尺 λ_{t_2} 时，试验人员都知道，要确定 λ_{t_2}，必须先确定 λ_{γ_0}；而要确定 λ_{γ_0}，又必须先确定模型沙（包括原型沙）的 γ_0。

因此，对原型沙（包括模型沙）的 γ_0 的研究，就成了从事动床模型试验研究工作者必须进行的工作。本书在介绍模型沙和原型沙的基本特性时，对 γ_0 问题，已经断断续续地进行了初步的介绍。对于煤灰，还详细地介绍了 γ_0 的试验研究方法。可是对于原型沙和

其他模型沙的 γ_0 的研究情况,则叙述太少,也不系统。

为了使读者阅读本书之后,在确定模型沙的 λ_{γ_0} 值时有所借鉴,故在此对原型沙(包括模型沙)的 γ_0 的确定方法再作进一步论述。

(一)模型沙(包括天然沙)γ_0 研究概况

所谓泥沙(包括模型沙)淤积干容重是指悬浮在水中的泥沙(包括模型沙)淤积在河床之后,其单位体积沙样干燥后的沙重,并非暴露在空间,风干后散装体的沙重。例如我们常用的煤灰,风干后散装体的容重仅 0.78 t/m^3,而经过沉积再干燥后的干容重为 $1.0 \sim 1.1$ t/m^3,两者是有很大区别的。泥沙淤积干容重,通常用下式表示

$$\gamma_0 = \gamma_s(1 - \varepsilon) \tag{7-8}$$

式中:γ_0 为泥沙或模型沙的淤积干容重,t/m^3;γ_s 为泥沙或模型沙的容重,t/m^3;ε 为沙样(泥沙或模型沙)的孔隙率,即单位体积沙样内孔隙所占的体积。

若令 $1 - \varepsilon = S_V = \gamma_V$,则 S_V 为单位体积沙样内泥沙(或模型沙)所占的体积,用 $\gamma_V = 1 - \varepsilon$ 代入式(7-8),得

$$\gamma_0 = \gamma_s S_V = S = \gamma_s \gamma_V$$

在泥沙(或模型沙)的沉淀试验中,我们发现,泥沙(包括模型沙)刚刚沉淀至河底时,其起始的淤积干容重较小,随着沉积历时的增加,在大气压力和水压力的共同作用下,淤积体内的含水量逐渐释出或自动释出,淤积体逐渐浓缩固结,其淤积干容重 γ_0 则逐渐增大,经过足够时间的沉积挤压,淤积体的干容重愈来愈大,最终接近某一常值,才基本稳定不变,这个稳定不变的常值我们称为"稳定干容重",以 γ_{0k} 表示。

莱恩和柯尔绍通过研究提出了天然沙的干容重计算公式

$$\gamma'_{0t} = \gamma'_{01} + B\lg t \tag{7-9}$$

式中:γ'_{0t} 为固结 t 年后的淤积干容重,t/m^3;γ'_{01} 为沉积物经 1 年固结的干容重,t/m^3;t 为固结年数;B 为与淤积体浸没情况有关的系数。

泥沙淤积干容重是随着固结历时而变化的,其变化过程不仅与泥沙颗粒粗细有关,而且与淤积物浸泡在水中的情况有关。

此外,根据许多学者的研究,泥沙淤积物的孔隙率 ε 与淤积物的颗粒大小有关。

沙玉清教授指出,泥沙淤积的最小孔隙率随粒径的变化幅度较小,其平均值约为0.4,所以他把 $\varepsilon = 0.4$ 称为泥沙的稳定孔隙率。

因此,我们得泥沙淤积稳定干容重为

$$\gamma_{0k} = (1 - \varepsilon)\gamma_s = (1 - 0.4)\gamma_s = 0.6\gamma_s \tag{7-10}$$

值得提出的是:式(7-10)与作者 1978 年在黄河动床模型相似原理与设计方法的著作中提出的模型沙 γ_{0k} 经验关系式

$$\gamma_{0k} = K_s \gamma_s \tag{7-11}$$

非常近似,$K_s = 0.5$。

20 世纪 70 年代,我们根据上述经验关系 $\gamma_{0k} = K_s \gamma_s$,导出了 $\lambda_{\gamma_{0k}} = \lambda_{\gamma_s}$ 关系式,并以此式作为动床模型确定 $\lambda_{\gamma_{0k}}$ 的依据。20 世纪 80 年代以后,我们发现,有些学者的研究成果指出,泥沙(包括模型沙)的 γ_0 不仅与 γ_s 有关,而且与泥沙的颗粒组成有关。

例如,南京水利科学研究院窦国仁在他的研究论文中指出,泥沙淤积稳定干容重 γ_{0k} 与 γ_s 的关系为

$$\gamma_{0k} = 0.68\gamma_s \left(\frac{d}{d_0}\right)^n \tag{7-12}$$

式中: d_0 为 1.0 mm; d 为泥沙粒径,mm; n 为与细颗粒含沙量有关的指数,通常 $n = 0.1 \sim 0.2$,平均 $n = 0.14$。

根据窦国仁的进一步分析, $n = 0.08 + 0.014\left(\frac{d}{d_{25}}\right)$,式(7-12)与式(7-11)相比,式(7-12)中的 $K_s = 0.68\left(\frac{d}{d_0}\right)^n$。

黄河下游花园口河段,河床质 $d_{50} = 0.12$ mm,若以 $n = 0.14$, $d = 0.12$ mm 代入式(7-12),则可以获得黄河花园口河段河床淤积物稳定干容重 $\gamma_{0k} = 0.68 \times \left(\frac{0.12}{1}\right)^{0.14}\gamma_s = 0.505\gamma_s \approx 0.5\gamma_s$,此关系式与作者的分析结果也基本一致。

窦国仁公式通过成都勘测设计院资料和国外学者资料进行检验,证明是正确的。这进一步说明采用 $\gamma_{0k} = K_s\gamma_s$ 一类的关系式来估算泥沙(包括模型沙)淤积稳定干容重的方法,也基本上是可行的;也说明过去我们提出的采用 $\lambda_{\gamma_{0k}} = \lambda_{\gamma_s}$ 来确定 $\lambda_{\gamma_{0k}}$ 的方法,基本上是正确的。

(二)泥沙淤积干容重计算方法的探讨

在叙述泥沙(包括模型沙)的淤积稳定干容重 γ_{0k} 的研究概况时,已经谈到,截至目前,常用的确定泥沙(包括模型沙)淤积稳定干容重的方法,有实地取样测定法、室内试验法及分析计算法等几种,其中,实地取样测定法和室内试验法都是人们公认的可靠方法,但采用这两种方法确定泥沙淤积稳定干容重,操作过程比较麻烦,且花费时间较长,因此需要探求一种简便易行的确定 γ_{0k} 的方法,我们称它为 γ_V 的计算方法。

1. 均匀沙淤积稳定干容积(γ_V)计算方法

假定模型沙为单一的球形颗粒,自然沉淀达到稳定时,颗粒排列为方阵形排列。上下左右 4 个直径为 D 的均匀圆形颗粒成正方形排列,颗粒与颗粒之间接触处的间距为 2δ,每两个颗粒中心的间距为 $D + 2\delta$,每个单元的实体部分由 4 个 1/4 的球体组成(其体积刚好为一个球体的体积 $\frac{\pi}{6}D^3$),而 4 个颗粒中心构成的每个单元的总体为实体部分的体积与空隙部分的体积的总和,即 $(D + 2\delta)^3$。因此,可以求得均匀单颗粒泥沙沉淀达到稳定时,泥沙所占的体积(体积比)为

$$\gamma_V = \frac{\frac{\pi}{6}D^3}{(D + 2\delta)^3} = \frac{\frac{\pi}{6}D^3}{D^3 + 6D^2\delta + 6D\delta^2 + 8\delta^3} \tag{7-13}$$

略去 δ 的高次方,得

$$\gamma_V = \frac{\frac{\pi}{6}D^3}{D^3 + 6D^2\delta} = \frac{\frac{\pi}{6}}{1 + 6\frac{\delta}{D}} = \frac{0.523}{1 + 6\frac{\delta}{D}} \tag{7-14}$$

2. 混合沙淤积稳定干容积(γ_V)的计算方法

若水体内下沉至河底的泥沙为两种粒径的泥沙混合组成,第一种泥沙的粒径为D_1,第二种泥沙的粒径为D_2,自然沉积达到稳定时,D_2粒径的泥沙刚好填补在D_1粒径泥沙的空隙内。

仿照前面的计算方法,可以求得两种泥沙的混合淤积稳定干容积为

$$\gamma_{V2} = \frac{\frac{\pi}{6}(D_1^3 + D_2^3)}{(D_1 + 2\delta)^3} = \frac{\frac{\pi}{6}[D_1^3 + (0.414D)^3]}{(D_1 + 2\delta)^3} = 1.07 \frac{\pi}{6}\left(\frac{1}{1 + 6\frac{\delta}{D_1}}\right) \tag{7-15}$$

若淤在河床上的泥沙为三种粒径泥沙混合组成,D_2颗粒的泥沙刚好填补在D_1颗粒泥沙的空隙内,D_3颗粒的泥沙又刚好填补在D_1颗粒和D_2颗粒之间的空隙内。仿照上述方法,可以求得$D_3 = 0.171D_1$,每颗D_3粒径泥沙体积为D_1粒径泥沙体积的0.171倍。三种泥沙的混合稳定干容积为

$$\gamma_{V3} = 1.07508 \frac{\pi}{6} \frac{1}{1 + 6\frac{\delta}{D_1}} \tag{7-16}$$

若淤在河床上的泥沙为四种粒径的泥沙混合组成,第四种粒径的泥沙粒径为D_4,又刚好填补在以上三种粒径的空隙内。

仿照上述方法,可以求得$D_4 = 0.071D_1$。

以此类推,可以求得混合沙的淤积稳定干容积为

$$\gamma_{V4} = (1.07508 + 12 \times 0.000358)\frac{0.523}{1 + 6\frac{\delta}{D_1}} = 1.07937 \frac{0.523}{1 + 6\frac{\delta}{D_1}} \tag{7-17}$$

$$D_5 = 0.0294 D_1$$

$$\gamma_{V5} = (1.07937 + 36 \times 0.0000254)\frac{0.523}{1 + 6\frac{\delta}{D_1}} = 1.0803 \frac{0.523}{1 + 6\frac{\delta}{D_1}} \tag{7-18}$$

$$D_6 = 0.01216D_1$$

$$\gamma_{V6} = (1.0803 + 108 \times 0.00000186)\frac{0.523}{1 + 6\frac{\delta}{D_1}} = 1.0805 \frac{0.523}{1 + 6\frac{\delta}{D_1}} \tag{7-19}$$

通过以上分析,我们得知,若淤在河床上的泥沙为$n(n < 10)$种颗粒组成的泥沙,则其淤积稳定干容积可用下式近似计算:

$$\gamma_{V_n} \approx 1.1 \frac{0.523}{1 + 6\frac{\delta}{D_1}} = \frac{0.5753}{1 + 6\frac{\delta}{D_1}} \tag{7-20}$$

必须指出,上述分析是假定D_2粒径泥沙的数量(个数),必须等于D_1粒径泥沙的空隙数,D_3粒径泥沙的数量(个数)必须等于D_1和D_2粒径泥沙之间的空隙数,以此类推,才能获得上述各种计算结果。

实际上,天然泥沙的颗粒组成是极其复杂的,上述情况是难以实现的。因此,按式(7-14)计算结果的γ_V值,只能说明与实际情况比较接近。

实际上,天然情况下,非均匀沙的 γ_V 值比近似公式(7-20)的计算值要小。其原因就在于各种粒径泥沙的数量与空隙的数量不相等。因此,我们认为一般情况下,可以采用式(7-14)来估算天然沙(包括模型沙)的 γ_{0k} 值。

平原河流的床沙质,$D_{50} = 0.001 \sim 1.0$ mm,$\gamma_s = 2.65$ t/m³,假定 $\delta \approx 0.02$ mm,则按照公式(7-14),可以求各种粒径的河床质的 γ_{0k} 值。

黄河下游花园口以上的河段河床组成,$D_{50} \approx 0.1$ mm,由表可以查得相应的 $\gamma_{0k} \approx 1.36$ t/m³。通常,取 $\gamma_{0k} \approx 1.4$ t/m³ 基本上是可行的。

(三)模型沙(煤灰)淤积起始干容重 γ_{01} 的估算方法

通过模型沙(煤灰)基本特性的试验研究,我们发现,悬浮在水中的煤灰刚刚沉淀在河底时,其淤积干容重(即淤积起始干容重)较小,随着淤积历时的增加,其淤积干容重则逐渐增大,即淤积干容重 $\gamma_0 = f(t)$。

根据试验资料的初步分析,煤灰 γ_0 与 t 的关系为

$$\gamma_{0t} = \gamma_{01} \cdot 10^{Bt} \tag{7-21}$$

式中:t 为煤灰沉积历时;γ_{0t} 为煤灰沉积 t 时间的淤积干容重;γ_{01} 为模型沙(煤灰)淤积时,起始干容重(即模型试验时,模型悬沙刚刚淤在模型底时的淤积体干容重,也可以看成是模型水流临底的含沙量);B 为与模型沙(煤灰)基本特性有关的系数。

必须指出,在试验过程中,采用量测方法直接测出模型河底淤积体的 γ_{01} 是非常困难的,因此我们提出下列 γ_{01} 的估算方法。

首先我们认为,在进行动床淤积试验时,刚刚淤积在河床表面的泥沙,可以看成是水流临底的泥沙,其起始干容重可以看成是临底含沙量的近似值。因此,可以通过求临底含沙量的办法,来求悬沙刚刚淤积在河底时的起始淤积干容重的近似值。

根据泥沙运动基本原理,得知在挟沙水流中,悬移质含沙量的垂线分布规律可用下式表示

$$\frac{S_y}{S_a} = \left(\frac{\dfrac{h}{y} - 1}{\dfrac{h}{a} - 1}\right)^z \tag{7-22}$$

式中:h 为水深;y 为距河底的高度;a 为距河底为 a 的高度,a 很小;S_y 为 y 高度处的含沙量;S_a 为 a 高度处的含沙量,因 a 很小,S_a 可以看成是挟沙水流的临底含沙量。

因此,由式(7-22)可以获得挟沙水流临底含沙量的表达式

$$S_a = S_y \left(\frac{h}{a} - 1\right)^z \left(\frac{h}{y} - 1\right)^{-z} \tag{7-23}$$

假定 $y = 0.5h$,$a = 0.01h$,则

$$S_a = S_{0.5}(99)^z \tag{7-24}$$

式中:z 为泥沙的悬浮指标,$z = \dfrac{\omega}{\kappa u_*}$;$\kappa$ 为卡门常数,清水 $\kappa = 0.4$,挟沙水流 $\kappa \approx 0.2$;u_* 为摩阻流速,$u_* = \sqrt{ghJ}$;J 为河流比降;ω 为悬沙的沉降速度。

根据我们分析,黄河悬沙的 z 值较小,一般 $z < 0.25$。

若用 $z = 0.25$ 代入式(7-24),得

$$S_a = (99)^{0.25} S_{0.5} = 3.15 S_{0.5}$$

根据黄河水文测验规范,$y=0.5h$ 处的含沙量可以代表该垂线的平均含沙量,主流处的 $S_{0.5}$ 又可以代替全断面的平均含沙量 $\overline{S}$,因此式(7-24)可以写成

$$S_a = 3.15\overline{S} \tag{7-25}$$

式(7-25)即是临底含沙量 S_a 与断面平均含沙量的近似关系式。

由此得知,只要断面平均含沙量值已知,即可以求得水流临底含沙量 S_a,换言之,只要 $\overline{S}$ 已知,便可以按式(7-25)求出河床淤积物起始淤积干容重 γ_{01} 的近似值。

例如黄河下游某河段,由测验得知,断面平均含沙量 $\overline{S}$ 为 $100 \ \text{kg/m}^3$,由式(7-25)得知临底含沙量的 S_a 近似值为

$$S_a = 3.15\overline{S} = 315 \ \text{kg/m}^3$$

即河床表层淤积物的起始淤积干容重 $\gamma_{01} \approx 0.315 \ \text{t/m}^3$。

(四)动床模型试验确定 λ_{γ_0} 的方法

众所周知,动床模型试验确定模型操作的时间比尺 λ_{t_2} 时,首先必须确定模型的淤积干容重比尺 λ_{γ_0},即首先必须确定 γ_{0p}/γ_{0m}。

前文已经谈到,γ_{0p}/γ_{0m} 是变化的,其变化规律非常复杂,因此如何确定模型的 λ_{γ_0} 值得慎重对待。

首先必须指出,动床模型的 λ_{γ_0} 是模型冲淤过程相似条件中的重要因素之一,因此选择 λ_{γ_0} 时,必须考虑它能反映冲淤过程相似条件。例如,利用动床模型研究洪水期河床淤积情况时,其冲淤过程相似条件中的 λ_{γ_0} 是指洪水期原型和模型淤积干容重之比,并非其他时期的原型和模型的淤积干容重之比;换句话说,是试验时段模型和原型的水流刚刚淤积下来的泥沙淤积干容重之比,并不是试验时段以前的或历史上淤积干容重之比,亦即本书提出的淤积起始干容重之比 $\lambda_{\gamma_{01}}$。这个 $\lambda_{\gamma_{01}}$ 是通过模型试验自然形成的,不是人工可以制造的。因此,这个 $\lambda_{\gamma_{01}}$ 要采用本书提出的用计算方法估算出原型和模型的 γ_{01},然后定 $\lambda_{\gamma_{01}}$。

如果所进行的动床模型试验,是研究水库下泄清水对下游河床冲刷影响的模型试验,试验中心内容是观测水库下泄清水对下游河床的冲刷发展过程,这时下游河床的淤积干容重,是历史上遗留下来的淤积稳定干容重 γ_{0k}。因此,这时模型的 λ_{γ_0} 应采用 $\lambda_{\gamma_{0k}}$,既不能采用 $\lambda_{\gamma_{01}}$,也不宜采用 $\lambda_{\gamma_{0t}}$,要按本书提出的方法,分别计算原型和模型的 γ_{0k},再求 $\lambda_{\gamma_{0k}}$。一般情况下 $\lambda_{\gamma_{0k}} = \lambda_{\gamma_s}$。

试验时,先按选好的模型沙按模型要求的 γ_{0k} 塑造地形,再按模型设计要求放水试验。

如所进行的动床模型试验是研究水库降水冲刷效果的水库模型试验,其中心任务是研究水库降低水位运用能否将多年淤积在库内的泥沙冲刷出库,冲刷效果怎样?这时天然水库淤积下来的泥沙是多年累积淤积的泥沙,其淤积干容重是经过多年挤压密实的淤积干容重 γ_{0t}。若模型试验仅按汛期水沙过程试验,则模型淤积物在水库内的挤压历时比原型短得多,其淤积干容重也比实际情况小得多,这时,要将模型水库停水使淤积体继续固结,提高淤积物的淤积干容重,按本书方法计算出 γ_{0t},再按原型沙和模型沙的 γ_{0t},计算出 $\lambda_{\gamma_{0t}}$ 及 λ_{t_2} 进行试验。

总之,动床模型 λ_{γ_0} 的确定有多种情况,要根据所研究的原型具体淤积干容重和模型

必须模拟的淤积干容重进行确定,不能根据一般的淤积干容重值泛泛地确定。

第四节　动床模型的供水加沙设备和测试仪器

一、供水加沙设备

模型的供水加沙方式有两种:①水沙分开方式;②水沙混合方式。前者的供水方式与清水模型试验的供水方式完全一样,其供水设备一般由动力间、泵房、平水塔、输水管、蓄水池和回水渠组成,这种供水设备的动力间、泵房、平水塔可以几个模型联用。后者的供水设备是水沙混合的供水设备,也称为浑水供水设备,可以有平水塔,也可不用平水塔,由于每个模型的含沙浓度不同,故这种供水设备仅供一个模型专用。

一般进行含沙量变幅较小的悬沙模型试验,采用水沙混合运行方式的供水设备较好;进行推移质模型试验和含沙量变幅较大且变化较快的悬沙模型试验,采用水沙分开的供水设备则比较方便。

二、测流设备

常用的流量测量设备有量水堰、巴歇尔槽、差压式流量计、电磁流量计、涡轮流量计、超声波流量计等。目前黄河模型试验常用的流量测量设备主要是电磁流量计。

电磁流量计由电磁变送器、电磁转换器和显示记录仪表配套组成。

电磁流量计是利用电磁感应原理对导电液体的流量进行测定的。当导电液体在交变磁场中与磁力线成垂直方向运动时,此液体切割磁力线而产生感应电势 E 为

$$E = Bdv \times 10^{-8} \tag{7-26}$$

式中:B 为磁感应强度;d 为导管内径;v 为流速。

以 $Q = A \cdot v$ 代入式(7-26),得:$Q = \dfrac{E \cdot A}{B \cdot d} \times 10^8 = KE$,$K$ 为常数。

变送器的主要技术特征如下:

(1)被测量液体的电阻率应不小于 1×10^{-3} $\Omega \cdot m$;

(2)变送器至转换器的信号线长应小于 30 m;

(3)成套仪表的精度为 ±15%。

变送器可垂直或水平安装,但导管在任何时候均应满流,否则会引起测量误差。在它前后各 1 m 处管道地线应安装在另一地线上,决不可共用电动机或变压器的地线,周围不得有大于 5Oe(奥斯特)的磁场。电磁流量转换的功能是:将来自变送器的 0 ~ 10 mV 交流信号经高阻抗变换、交流电压放大、解调、电压与电流变换及干扰自动补偿后转换为与流量成比例的 0 ~ 10 mA 直流信号输出。其主要技术特性:①输入信号 0 ~ 10 mV(交流);②输出信号 0 ~ 10 mA(直流);③负载电阻 0 ~ 3 kΩ;④恒流特性 ±0.2% kΩ。使用电磁流量计时要注意:①电源电压波动的影响;②停水时,泥沙沉积的影响,解决泥沙沉积的办法是加排沙管或加清水冲洗管;③严格按安装要求安装(电磁流量计前段的直管段的长度大于 5 倍管径)。

三、加沙设备

采用水沙混合运行方式进行模型试验时,一般不需要加沙设备,试验时用水泵将搅拌好的浑水抽入模型前池,即可进行试验。在试验过程中,如需要改变模型进口的含沙量,可向蓄水池内加沙或加水,经检测、调整,使模型进口含沙量符合设计要求。采用水沙分开运行的方式进行模型试验时,则需一套专门的加沙设备,包括搅拌池、电磁流量计、含沙量计和输沙管等。

试验时,先将模型沙放在搅拌池内搅拌成均匀的高浓度砂浆,然后通过含沙量计和电磁流量计的检测,由输沙管或陡槽送入模型前池与清水混合进行试验。模型进口含沙量由下式确定

$$S_\lambda = \frac{Q_1 S_1}{Q_0 + Q_1} \tag{7-27}$$

式中:S_λ 为模型进口含沙量;S_1 为搅拌池内含沙量;Q_0 为由清水泵送入模型前池的清水流量;Q_1 为由孔口箱(或电磁流量计)送入模型前池的浑水流量。

采用这套设备进行试验时,需要配备一个大型沉沙池,模型出口的浑水经沉沙池沉清后,方可由回水渠送入蓄水池,供模型试验循环使用。沉沙池的长度按下式估算

$$L = \frac{q}{\omega_{动}} \tag{7-28}$$

式中:q 为单宽流量,$q = H \cdot u$;$\omega_{动}$ 为模型沙动水沉降速度。

如采用煤灰和黄河泥沙作模型沙时

$$\omega_{动} = \frac{\omega_0}{k} \tag{7-29}$$

$$k = 10^{2.4u'_* + 0.875\omega_0} \tag{7-30}$$

$$u'_* = \frac{v}{H^{1/6}} \tag{7-31}$$

式中:ω_0 为泥沙或煤灰在静水中的沉速,cm/s;v 为平均流速,m/s;H 为水深,mm。

四、测验仪器

泥沙模型试验常用的测验仪器有水位仪、流速仪、流量计、含沙量计、地形仪和颗分仪等。各种仪器都有各自的特性,使用时要全面掌握它们的特性。

(一)水位仪

1. 测针

测针由测针杆、测针尖和测针座三部分组成。测针杆的长度有 60 cm 和 40 cm 两种,正面有刻度,并附有游标,精度为 0.01 cm。

使用时,将测针固定在模型边墙上或测针架上,直接测量模型水位。如果模型水面波动较大,可以用橡皮管和紫铜管将模型水位引入量筒内,用测针测量筒内水位即可获得精确的模型水位。采用测针测水位时,转动手轮,使测杆徐徐下降,逐渐接近水面,以针尖与

其倒影刚好吻合、水面稍有跳动为准,观测测杆读数。同时要注意:①测针针尖不要过于尖锐,尖头大小以半径为 0.25 mm 为准;②测针杆与测针尖的连接是否牢固;③测针杆与测针尖是否与水面垂直;④测针座是否活动,零点是否变动。

2. 电子跟踪式自记水位仪

电子跟踪式自记水位仪是利用水电阻的限值变化使电桥产生不平衡的原理来测量水位的仪器,其传感器由两根不锈钢针组成。一根接地,另一根插入水中 0.5 ~ 1.5 mm(可调)。当水位固定不变时,两测针之间的水电阻不变,两测针连接的电桥保持平衡,不输出信号。当水位变动时,水电阻随之变化,桥路失去平衡,产生信号输出,输出的信号经放大处理,驱动可逆电动机旋转,经机械转换,变成测针的上下位移,驱使测针跟踪相应的水位,以获新的暂时平衡。水位的变化值,可以通过测针的相对位移值确定。将上述水位仪的卷筒机构改换成模数转换装置的编码盘,就可以获得数字信号输出,与水位仪数字显示器配套,可直接显示水位读数,或经专用接口由计算机进行集中数据采集和处理,得到水位变化过程线和沿程水面线图。类似这种水位仪还有模拟量式跟踪水位仪。除了上述两类常用水位仪外,新的超声式水位仪由于采用温度补偿,精度和稳定性提高,近年来已开始在水位测量中使用。另外,电容式自计水位仪、压电晶体式水位仪由于其零漂和增益稳定性不够理想,其精度和稳定性只能满足于波浪的测量,故很少用于水位测量。

(二)流速仪

目前黄河模型试验常用的是光电式旋转流速仪,由感应器(旋转叶轮)、导光纤维、放大器、运算器及显示器组成。旋转叶轮的叶片边缘粘贴反射金箔,当电珠光束(电源)经发射导光纤维照射至反射纸时,由于反射纸的反射作用,反射光经接受导光纤维传输至光电管,使感应信号转换成电的脉冲信号,经放大器、运算器和数字显示器显示出测量数据(N),然后按下列公式可求得流速

$$v = K \frac{N}{T} + C \tag{7-32}$$

式中:v 为测点流速;K 为叶轮系数,由率定确定;N 为叶轮转数;C 为叶轮惯性系数,由率定确定;T 为施测时间。

(三)测沙仪

在模型试验中,常用的测沙方法有称重法(烘干法和比重瓶置换法)、光电测沙法、同位素测沙法、超声波测沙法、振动传感器测沙法。

1. 烘干法

烘干法是将沙样直接放在烘箱内烘干,然后称出沙重,计算含沙量。

2. 比重瓶置换法

比重瓶置换法是将水样装在比重瓶内称重,然后利用下列关系求含沙量

$$W_s = \frac{W' - W_0}{\frac{\gamma_s - \gamma_0}{\gamma_s}} \tag{7-33}$$

$$S = \frac{W' - W_0}{\dfrac{\gamma_s - \gamma_0}{\gamma_s}\overline{V}} \tag{7-34}$$

式中：W_s 为比重瓶内的沙重；S 为含沙量；W' 为比重瓶的瓶加浑水重（测量时水温下）；W_0 为相应水温下，比重瓶加清水重；γ_s 模型沙容重；γ_0 为相应水温下，水的容重；$\overline{V}$ 为比重瓶的体积。

3. 光电测沙法

光电测沙法是利用光电测沙仪测含沙量。其原理是：当光源发出的平行光束射入试样时，试样中的浑浊（含沙量）会使光的强度衰减。光强的衰减程度与试样的浊度（含沙浓度）的关系为

$$I_2 = I_1 \cdot e^{-KSL} \tag{7-35}$$

式中：I_1 为射入试样的光束的光强度；I_2 为透过试样后的光束的光强度；S 为含沙量；L 为试样的厚度；K 为常数（与泥沙粒径有关）。

当光源强度一定（即 I_1 = 常数），泥沙粒径一定时，就可以利用上述关系测量含沙量。国内比较成功的光电测沙仪是南京水科院研制的光电测沙仪。光电测沙仪有多种类型，除了透射含沙量计外，还有散射含沙量计、散射透射含沙量计、表面散射含沙量计等。

4. 光电颗分仪

细泥沙颗粒分析的仪器有粒径计、比重计、移液管、底漏管和光电颗分仪。当前模型试验常用的颗粒分析仪器是 PA – 720 型颗分仪和 GDY – 1 型光电颗分仪。PA – 720 型颗分仪由采样器（包括传感器）、自动分析仪（其功能是接受和处理传感器传送来的数据）、数据打印器、输送装置和绘图仪组成。其主要部件是传感器，当大小不同的颗粒通过传感器中能透光的矩形通道时，由于大小颗粒的遮光强度不同，输出不同高度的脉冲，根据脉冲高度与粒径大小的关系，经处理，便能自动绘出所分析的颗粒级配曲线。GPY – 1 型光电颗分仪由光电探头、直流稳压电源和指示记录仪表组成，是利用消光原理研制而成的仪器。其原理与光电测沙仪基本相同。当进行颗分时，指示仪表可采用直流微安表，也可用数字电压表；当做含沙量定点采样与自动记录时，采用电子电位差计自动记录，并可自动绘制颗粒级配曲线。

五、模型试验控制系统

目前模型试验的操作，逐渐由人工操作变为自控操作。常用的自控系统有以下三种。

（一）模型进口流量控制系统

流量控制系统由微机控制器、流量显示操作器、电磁流量计、电动执行器和隔膜式调节阀组成。微机控制器可用单板机和功能齐全的接口板组成。

（二）模型尾水位控制系统

尾水位控制系统由尾水位显示操作器、跟踪式水位计、电动执行器和尾门组成。

（三）模型加沙控制系统

模型加湿沙控制系统由微机控制器、加湿沙显示操作器、电磁流量计、电动执行器、隔

膜阀和振动式含沙量计组成(用于悬沙模型试验)。

模型加干沙控制系统由微机控制器、加干沙显示操作器、调速控制器、电磁调速异步电动机、测速发电机和漏斗加沙机组成。

20世纪80年代以来,国家经济建设发展很快,动床模型试验技术的发展也很快。例如,在流速测量方面,已研制成功或开始使用热膜流速仪、激光流速仪、超声波多普勒流速仪、脉动流速仪等;在光电测沙方面,采用红外光发射与接受过程中粒子吸收程度原理,现已研制成 $d < 0.05$ mm,含沙量小于 30 kg/m³ 高精度的测沙仪;在地形测量方面,在原电阻、电容法地形仪的基础上也有一定的提高。光电测沙仪、光电颗分仪、光电测速仪以及跟踪式数码水位仪等,已成为我国各大试验研究单位在低含沙量(包括清水)模型上使用的常规仪表。但测速仪在黄河泥沙模型试验中仍然很难使用。此外,随着计算机技术的发展,模型试验的控制技术也有大的发展,20世纪90年代以来,许多模型特别是大型模型的操作和检测,均采用计算机自动控制和自动检测。

第五节　试验资料整理

一、水位资料整理

(一)水位插补

当出现水尺零点高程变动、短时间水位缺测或观测错误时,必须对观测水位进行改正或插补,并应符合下列规定:

当确定水尺零点高程变动的原因和时间后,可根据变动方式进行水位改正。

水位插补可根据不同情况,分别选用以下方法:

(1)直线插补法。当缺测期间水位变化平缓,或虽变化较大,但与缺测前后水位涨落趋势一致时,可用缺测时段两端的观测值按时间比例内插求得。

(2)过程线插补法。当缺测期间水位有起伏变化,如上(或下)游区间径流增减不多、冲淤变化不大、水位过程线又大致相似时,可参照上(或下)游水位的起伏变化,勾绘本站过程线进行插补。洪峰起涨点水位缺测,可根据起涨点前后水位的落、涨趋势勾绘过程线插补。

(3)相关插补法。当缺测期间的水位变化较大,或不具备上述两种插补方法的条件,且本站与相邻站的水位之间有密切关系时,可用此法插补。相关曲线可用同时水位或相应水位点绘。

(二)日平均水位的计算方法应符合的要求

(1)几日观测一次水位者,未观测水位各日的日平均水位不作插补。

(2)一日观测一次以上者,采用面积包围法计算。如一日内水位变化平缓,或变化虽较大,但观测或摘录时距相等时,可采用算术平均法。

(三)各种保证率水位的挑选应符合的规定

(1)对保证率水位有需要时,可由复审汇编单位指定部分站挑选,列入逐日平均水位表中。

（2）对全年各日日平均水位由高到低排序，从中依次挑选第1、第15、第30、第90、第180、第270及最后一个对应的日平均水位，即为各种保证率水位。

进行合理性检查时，可采用逐时或逐日水位过程线分析检查，根据水位变化的一般特性（如水位变化的连续性、涨落率的渐变性、洪水涨陡落缓的特性等）和特殊性（如受洪水顶托、冰塞、冰坝及决堤等影响），检查水位变化的连续性与突涨、突落及峰形变化的合理性。水库及堰闸站，还应检查水位的变化与闸门启闭情况的相应性。

二、流量资料整理

（一）水位—流量关系

对水位—流量关系应按照下列规定进行分析：

（1）以同一水位为纵坐标，自左至右，依次以流量、面积、流速为横坐标点绘于坐标纸上。选定适当比例尺，使水位—流量、水位—面积、水位—流速关系曲线分别与横坐标大致成45°、60°、60°的交角，并使三条曲线互不相交。

①流量变幅较大，测次较多，水位—流量关系点子分布散乱的，可分期点绘关系图，然后再综合绘制一张总图。

②水位—流量关系曲线下部，读数误差超过2.5%的部分，另绘放大图，流量很小时可适当放宽。

③水位—流量关系曲线应绘出上年末与下年初各3~5个测点，以确保年头年尾流量的衔接。

（2）稳定的水位—流量关系应是同一水位只有一个相应流量，其关系呈单一曲线，并应满足曼宁公式（7-36）、式（7-37）。

$$\bar{v} = \frac{1}{n} R^{\frac{2}{3}} s^{\frac{1}{2}} \tag{7-36}$$

$$Q = A\bar{v} \tag{7-37}$$

式中：Q 为流量，m^3/s；A 为断面面积，m^2；$\bar{v}$ 为断面平均流速，m/s；n 为河床糙率；R 为水力半径，m，通常用平均水深 $\bar{d}$ 代替；s 为水面比降。

（3）不稳定的水位—流量关系的影响因素较多，随其受主要影响因素不同，水位—流量关系中测点分布也不相同。

①受冲淤影响的水位—流量关系。由于同水位的面积增大或减小，因而水位—流量关系受到断面冲淤变化的影响。

②受变动回水影响的水位—流量关系。由于受下游回水顶托影响，因而水位抬高，水面比降减小。与不受回水顶托影响比较，同水位下的流量偏小。

③受洪水涨落影响的水位—流量关系。受洪水涨落影响时，由于洪水波产生附加比降的影响，因而洪水过程的流速与同水位下稳定流时的流速相比，涨水时流速增大，流量也增大，落水时则相反。即涨水点偏右，落水点偏左，峰、谷点居中。

④受水生植物影响的水位—流量关系。在水生植物生长期，过水面积减小，糙率增大，水位—流量关系点子逐渐左移；在水生植物衰枯期，水位—流量关系点子则逐渐右移。

⑤受结冰影响的水位—流量关系。水位—流量关系点子的分布,总的趋势是偏在畅流期水位—流量关系曲线的左边。

⑥受混合因素影响的水位—流量关系。在混合因素的影响下,随着起主导作用的某种主要因素的变化,其水位—流量关系点子亦随之变化。

(4)对水位—流量关系点子分布中比较突出反常的测点,应进行认真分析,找出原因。如为水力因素变化所致,应作可靠资料使用;如属于测验或计算方面的错误,则应予以改正。无法改正的,可以舍弃。

（二）单一曲线法定线推流

对于控制良好,各级水位—流量关系都保持稳定的水位观测点,可采用单一曲线法定线推流。

（1）单一曲线法定线应符合下列要求:

①点绘水位—流量、水位—面积、水位—流速关系,通过点群中心,分别绘出相应的三条平滑的关系曲线,控制条件如无特殊变化,水位—流量关系曲线不应有反曲。

②所绘的三种关系曲线,应互相对照,使在曲线上查读的各级水位的流量等于相应的面积与流速的乘积,其偏差应不超过 $\pm 2\% \sim \pm 3\%$。

（2）单一曲线法推流,应结合测站特性,应用插值法或通过选用下列适当的数学模型来拟合曲线,用水位推算流量。

①指数方程

$$Q = CZ_e^n \tag{7-38}$$

或

$$\ln Q = \ln C + n\ln Z_e \tag{7-39}$$

式中: Q 为流量, m^3/s; Z_e 为水位与一常数之差, m; C、n 为常数。

②对数函数方程

$$Y = b_0 + b_1 X + b_2 X^2 + \cdots + b_m X^m \tag{7-40}$$

$$Y = \ln Q \tag{7-41}$$

$$X = \ln Z_e \tag{7-42}$$

式中: b_0、b_1、b_2、$\cdots$、b_m 为系数。

③多项式方程

$$Q = a_0 + a_1 Z_e + a_2 Z_e^2 + \cdots + a_m Z_e^m \tag{7-43}$$

式中: a_0、a_1、a_2、$\cdots$、a_m 为系数。

（三）临时曲线法定线推流

对于控制条件和河床在一定时期内基本稳定,但在局部时段内存在变化或受结冰影响的水位观测点,可采用临时曲线法定线推流。

采用临时曲线法时,要求测次较多、能控制变化过程的转折点。

定线推流方法的采用应符合下列要求:

（1）分析确定相对稳定时段和关系点分组,按定单一曲线的要求,分别定出各稳定时段的水位—流量关系曲线。

（2）两相邻曲线间的过渡线,应根据过渡段的水位变化和关系点的分布情况,可分别采用自然过渡、连时序过渡、内插曲线过渡等方法。

(3)使用时段长的曲线采用插值法或拟合曲线法计算流量;过渡曲线采用插值法或直接查读流量。

（四）改正水位法定线推流

对于受经常性冲淤、受水草生长影响或结冰影响的水位观测点,可采用改正水位法定线推流。

采用改正水位时,要求流量测次足够多、分布均匀,流量精度较高且能控制流量变化转折点。

定线推流方法的采用应符合下列规定:

(1)点绘水位—流量关系,绘制一条稳定的水位—流量关系曲线即标准曲线。

(2)计算水位改正数。各测点与标准曲线的纵差,即水位改正数。测点在标准曲线上方者,水位改正数为负值,反之为正值。

(3)以水位改正数为纵坐标、时间为横坐标,参照水位趋势线或其他图表,点绘水位改正数过程线。

(4)观测水位加相应时间的水位改正数得出改正水位,再以改正后水位采用相应规范规定的方法查算流量。

（五）改正系数法定线推流

对于结冰期无冰塞、冰坝壅水现象或受水草生长影响的水位观测点,可采用改正系数法定线推流。

定线推流方法的采用应符合下列要求:

(1)以畅流期水位—流量关系曲线作为标准曲线,若畅流期水位—流量关系为非单一曲线,根据测站具体情况确定一条标准曲线。

(2)以实测流量除以同水位在标准曲线上查得的流量,计算改正系数。

(3)以改正系数为纵坐标、时间为横坐标,参照水位、气温、冰情等因素的变化趋势,点绘改正系数过程线。

(4)采用相应规范规定的方法查算初步流量,乘以相应时间的改正系数,即为所求流量。

（六）切割水位法定线推流

对于受结冰如冰塞、冰坝及其他因素影响,造成水位突然壅高的水位观测点,可采用切割水位法定线推流。定线推流时可采用以下方法:

(1)以畅流期水位—流量关系曲线作为标准曲线。

(2)参照上游不受影响的邻近站的水位过程线或用其他方法,切割壅高的水位部分,使其恢复为正常水位。

（七）等落差法定线推流

对于受变动回水影响,且断面基本稳定的水位观测点,可采用等落差法定线推流。

采用等落差法时,用上、下水尺断面间的落差计算的比降应能代表基本水尺断面处的水面比降;各级水位、各种落差情况下,测点较多并均匀分布。

定线推流可采用以下方法:

(1)假定同水位不同落差的流量符合下式

$$Q_1/Q_2 = f(\Delta Z_1/\Delta Z_2) = (\Delta Z_1/\Delta Z_2)^\beta \tag{7-44}$$

式中：Q_1/Q_2 为同水位流量比；$\Delta Z_1/\Delta Z_2$ 为同水位落差比；β 为指数。

（2）计算各实测点的落差值，按落差值的大小排队。

（3）根据落差变幅和测点分布，划分等落差点组，每组落差的均值代表该组的等落差，分别定出各组测点的水位—流量关系曲线，并按照次序编号。

（4）根据落差确定推流曲线线号，由水位在相应的曲线上推算流量；当落差值在相邻曲线落差值之间时，在两根曲线间内插推流。

（八）定落差法定线推流

受变动回水影响的水位观测点，可采用定落差法定线推流。

采用定落差法，测验河段应均匀顺直，河底较平坦，稳定流时的水面比降接近河槽底坡。

定线推流应采用以下方法：

（1）假定同水位不同落差的流量符合下式

$$Q_m/Q_c = f(\Delta Z_m/\Delta Z_c) \tag{7-45}$$

式中：Q_m 为实测流量，m^3/s；Q_c 为定落差流量，m^3/s；ΔZ_m 为与实测流量相应的落差，m；ΔZ_c 为定落差，m。

（2）初步绘制水位与定落差流量关系曲线：选取实测落差中的较大者为定落差值。按公式 $Q_m/Q_c = (\Delta Z_m/\Delta Z_c)^{1/2}$ 计算各测次的校正流量 Q_c 的初值，用单一曲线定线方法初步定出 $Z \sim Q_c$ 关系曲线。

（3）绘制 $Q_m/Q_c \sim (\Delta Z_m/\Delta Z_c)$ 关系曲线：以各次测流水位 Z 在 $Z \sim Q_c$ 关系曲线上查得相应的 Q_c，计算流量比 Q_m/Q_c；绘制 $Q_m/Q_c \sim (\Delta Z_m/\Delta Z_c)$ 关系曲线，曲线应通过坐标（1,1）点。

（4）检验 $Z \sim Q_c$ 关系曲线：以各次 $\Delta Z_m/\Delta Z_c$ 值在关系曲线上查得相应的 Q_m/Q_c 值，去除实测流量 Q_m 得相应的校正流量 Q_c，如果 Q_c 与 $Z \sim Q_c$ 关系曲线的偏差符合原定单一曲线的要求，则认为原定 $Z \sim Q_c$ 曲线合格。应根据 Q_c 对原定曲线进行修正。

（5）根据落差参证站的水位与基本水尺水位计算实测落差 ΔZ_m，计算落差比 $\Delta Z_m/\Delta Z_c$，推得流量比，再由水位推得定落差流量，两者乘积即为所求流量。

（九）落差指数法定线推流

受变动回水影响的水位观测点，可采用落差指数法定线推流。

采用落差指数法的水位观测点河段宜顺直，河槽宜基本稳定，且落差应具有代表性。

定线推流应采用以下方法：

（1）假定同水位不同落差的流量符合下式

$$Q_1/(\Delta Z_1^\beta) = Q_2/(\Delta Z_2^\beta) = q \tag{7-46}$$

式中：Q_1、Q_2 为同水位不同落差的流量，m^3/s；ΔZ_1、ΔZ_2 为与 Q_1、Q_2 相应的落差，m；β 为落差指数；q 为流量与落差 β 次方之比（或称校正流量因数）。

（2）优选落差指数 β 值：β 的变化范围为 0.2 ～ 0.8，在此区间内，可采用试错法或优选法，以定出的 $Z \sim q$ 关系曲线，通过适线检验、符号检验、反曲检查且不确定度最小时的 β 为最优 β 值。

（3）确定 $Z \sim q$ 关系曲线：根据优选的 β 值所定的 $Z \sim q$ 曲线，定线精度符合单一曲线的定线要求，即为推求流量采用的曲线。

（4）根据落差参证站的水位过程计算的落差 ΔZ 和优选的 β 值，用本站水位推得 q 值，与相应的 ΔZ^{β} 的乘积即为推求的流量。

（十）校正因数法定线推流

受洪水涨落影响的水位观测点，可采用校正因数法定线推流。

采用校正因数法时，水位—流量关系宜呈单式绳套，对复式绳套应分割后分别进行校正。

定线推流应采用以下方法：

（1）假定同水位不同涨落率的流量符合下式

$$Q_m / Q_c = \sqrt{1 + [1/(us_c)](\Delta z / \Delta t)} \tag{7-47}$$

式中：Q_m 为受洪水涨落影响时的流量，m^3/s；Q_c 为与 Q_m 同水位的稳定流流量，m^3/s；u 为洪水波传播速度，m/s；s_c 为稳定流时的比降；Δz 为 Δt 时间内水位增量，m；$\sqrt{1 + [1/(us_c)](\Delta z / \Delta t)}$ 为校正因数。

（2）初步绘制 $z \sim Q_c$ 关系曲线。通过实测的水位—流量关系点据中心定一条稳定时期的水位—流量关系曲线。

（3）绘制 $z \sim \dfrac{1}{us_c}$ 关系曲线。根据水位过程计算各测点涨落率，由实测点的水位推得 Q_c 值，按公式（7-47）计算各测点的 $\dfrac{1}{us_c}$ 值，绘制 $z \sim \dfrac{1}{us_c}$ 关系曲线。

（4）检验 $z \sim Q_c$ 关系曲线：用各实测点的水位推得 $\dfrac{1}{us_c}$，用公式（7-47）反算出 Q_c 值，如果 Q_c 与 $z \sim Q_c$ 关系线的偏差符合定单一曲线的要求，则认为原定的 $z \sim Q_c$ 曲线合格。否则，应根据 Q_c 对原定曲线修正，即重复上述步骤。

（5）根据水位过程计算涨落率 $\Delta z / \Delta t$，再由水位推得 Q_c 和 $\dfrac{1}{us_c}$ 值，按公式（7-47）计算 Q_m 即为所求流量。

（十一）抵偿河长法进行定线推流

受洪水涨落影响的水位观测点，可采用抵偿河长法进行定线推流。

采用抵偿河长法时，测验河段宜基本稳定，且下游不受变动回水影响。

定线推流应采用以下方法：

（1）上游站水位法。用试错法确定上游适当地点的水位与本站断面流量，采用单一曲线法定线。

（2）本站水位后移法：

①在一个抵偿河长内，中断面的水位和河段槽蓄量及下断面流量之间呈单值关系。

②确定后移时间初值。通过实测的水位—流量关系点据中涨落率为 0 的点初定一条稳定的水位—流量关系曲线，挑选几个具有代表性的涨落率较大的测点，分别求出各测点距初定水位—流量关系线的水位纵差，除以相应测点的涨落率，求其平均时间，作为后移

时段的初始值。

③试错法确定 $z \sim Q$ 关系曲线。给定各种不同的后移时段，以测流平均时间后移一个时段后的水位与实测流量建立关系，以满足单一曲线定线要求且水位—流量关系曲线不确定度最小者为最优。若各级水位的后移时段不是常数，应按水位级分别确定。

④以某瞬时后移一个最优时段后的水位，在 $z \sim Q$ 关系曲线上推算出的流量，即为该瞬时流量。

（十二）连时序法定线推流

受某一因素或多种因素混合影响的水位观测点，可采用连时序法定线推流。

采用连时序法时，流量测次应较多，并应能控制水位—流量关系变化的转折点。

定线推流应采用以下方法：

（1）分析各时段影响因素，点绘水位—流量、水位—面积和水位—流速关系图，依测点时序分析，并参照水位过程线，根据主要影响因素划分定线时段。

（2）根据各时段的主要影响因素，分析水位—面积和水位—流速关系变化趋势，依实测流量测点的顺序连绘水位—流量关系曲线。

连绘的水位—流量关系曲线为绳套形曲线时，其绳套顶部或底部应分别与相应洪水峰顶或谷底水位相切。过渡线与临时曲线或稳定曲线衔接时，亦应相切。在一次洪水的涨落过程中，应通过测点中心定线。

（3）用瞬时水位直接在相应时段的曲线上推算流量。

（十三）连实测流量过程线法定线推流

受断面冲淤、变动回水、水草生长和结冰等多种因素影响使水位—流量关系紊乱的水位观测点，可采用连实测流量过程线法定线推流。

实测流量过程线要求测次较多，能控制流量变化过程。

定线推流应采用以下方法：

（1）在水位过程线图上，选用适当比例尺点绘实测流量点。

（2）比较水位过程线与实测流量点的趋势，分析水位—流量、水位—面积、水位—流速关系曲线，若受结冰影响，则应参照冰情和气温变化过程，插补出缺少测次的峰顶、谷底或起涨点的流量。

（3）根据测站特性，将实测流量点连成光滑的过程线。

（4）以推流时间在过程线上查读流量。

因故未能测得洪峰流量或最枯水流量时，为推求完整流量过程，必须对水位—流量关系曲线高水或低水作适当延长。曲线延长的幅度应符合下列规定：

（1）高水部分延长不应超过当年实测流量所占水位变幅的30%；低水部分延长不应超过10%。如超过此限，至少用两种方法作比较，并在有关成果表中对延长的根据作出说明。

（2）河床比较稳定，水位—面积、水位—流速关系点子比较集中，曲线趋势明显的站，可根据水位—面积、水位—流速关系曲线作高低水延长。延长时可采用以下方法：

①先根据最近实测的大断面资料，绘出水位—面积关系曲线。

②高水的水位—流速曲线，常趋近于与纵轴接近平行的直线；低水水位—流速曲线在

断面无深潭情况下,常是向上凹的曲线。根据这种特性,可顺实测的水位—流速关系曲线趋势向上或向下延长。

③以延长部分的各级水位的流速乘以相应面积得相应流量,据此便可绘出延长部分的水位—流量关系曲线。

(3)对于河道顺直、河床底坡平坦、断面均匀较稳定的测站,视有无糙率和比降资料,可采用曼宁公式分别计算流速或流速因子作高水延长。

①有糙率和比降资料的站,可点绘水位与糙率关系曲线,并延长至高水。选用高水时的糙率 n 值与实测的比降 s,由实测大断面资料算得的平均水深 $\bar{d}$ 和面积 A,代入曼宁公式计算高水时的流速、流量,据以延长水位—流量关系曲线。

高水无实测比降时,可由洪水痕迹推算洪峰时的比降,并可点绘水位与比降关系曲线,延长至高水位,进行验证。

②无糙率和比降资料的站,根据实测流量资料,用式(7-36)曼宁公式计算 $\frac{1}{n}s^{\frac{1}{2}}$(即 $\bar{v}/\bar{d}^{\frac{2}{3}}$)值,并据以点绘 $Z \sim \frac{1}{n}s^{\frac{1}{2}}$ 关系曲线。一般高水部分 $\frac{1}{n}s^{\frac{1}{2}}$ 值接近常数,故可顺趋势沿平行于纵轴的方向延长至高水。

依据实测大断面资料,计算面积 A、平均水深 $\bar{d}$ 和 $A\bar{d}^{\frac{2}{3}}$ 值,点绘 $Z \sim A\bar{d}^{\frac{2}{3}}$ 关系曲线。

高水延长部分,按不同水位在曲线上分别查得相应的 $\frac{1}{n}s^{\frac{1}{2}}$ 和 $A\bar{d}^{\frac{2}{3}}$ 值,以两者乘积求得流量,据以延长水位—流量关系曲线。

③若高水漫滩,则主槽和漫滩部分应分别计算流量进行延长。

(4)对于断面窄深的单式河槽,无显著冲淤,高水糙率和比降变化不大的站,可采用 $Q \sim A\sqrt{\bar{d}}$ 曲线法延长关系曲线。

$Q \sim A\sqrt{\bar{d}}$ 曲线法可采用式

$$Q = CA\sqrt{RS} \tag{7-48}$$

式中: C 为谢才系数。

若 R 以平均水深 $\bar{d}$ 代替,在高水部分, $C\sqrt{S}$ 值近似为常数 K,由此可采用式

$$Q = KA\sqrt{\bar{d}} \tag{7-49}$$

即高水部分 Q 与 $A\sqrt{\bar{d}}$ 近似成直线关系,可据以作高水曲线延长。

延长时应采用以下方法:

①依据实测大断面资料,计算各级水位的 $A\sqrt{\bar{d}}$,并点绘 $Z \sim A\sqrt{\bar{d}}$ 关系曲线。

②根据实测部分的 $Z \sim Q$ 曲线和 $Z \sim A\sqrt{\bar{d}}$ 曲线,查得各级水位的 Q、$A\sqrt{\bar{d}}$ 值,点绘 $Q \sim A\sqrt{\bar{d}}$ 关系曲线,并顺趋势按直线向上延长。

③以不同高水位 Z,在 $Z \sim A\sqrt{\bar{d}}$ 曲线上查得 $A\sqrt{\bar{d}}$ 值,再以 $A\sqrt{\bar{d}}$ 值在 $Q \sim A\sqrt{\bar{d}}$ 曲线上查得相应 Q 值,据以点绘在原水位流量关系曲线上,连绘成平滑的高水延长曲线。

（5）若测站控制基本稳定，河床变化不太剧烈，河底坡降无突出变化，基本水尺位置未迁移（或迁移距离很近，落差很小），其历次水位—流量、水位—面积、水位—流速关系曲线无突出变化时，则各次水位—流量关系高水曲线常接近平行，则可参照愿望水位—流量关系曲线作高水延长。延长时，将历次和本次水位—流量关系曲线合绘在一起，按历次曲线趋势，参照本次断面冲淤、流速和比降变化情况，向上延长。

（6）以断流水位为控制作低水延长时应以断流水位和流量为零的坐标$(Z_0,0)$为控制点，将水位—流量关系曲线向下延长至需要的水位处。断流水位的确定可采用下列方法：

①根据测站纵横断面资料确定法。如测站下游有浅滩或石梁，则以其顶部高程作断流水位；若下游较长距离内河底平坦，则以基本水尺断面最低点高程作断面水位。

②分析法。如断面整齐，在延长部分的水位变幅内，河宽变化不大，且无浅滩、分流等现象时采用此法。

在水位—流量关系曲线中低水弯曲部分，从低向高依次取 a、b、c 三点，使这三点的流量关系满足 $Q_b = \sqrt{Q_a Q_c}$，则断流水位 Z_0 按下式计算

$$Z_0 = \frac{Z_a Z_c - Z_b^2}{Z_a + Z_c - 2Z_b} \tag{7-50}$$

式中：Z_0 为断流水位，m；Z_a、Z_b、Z_c 为水位—流量关系曲线上 a、b、c 三点的水位，m。

③图解法。按 $Q_b = \sqrt{Q_a Q_c}$ 的条件选 a、b、c 三点，在水位—流量关系曲线图上通过 b、c 点作平行于横轴的两水平线，分别与通过 a、b 点所作垂直于横轴的线相交于 b、e，使 de、ab 的延长线相交于 f，过 f 点作平行于横轴的水平线交于纵轴，即为断流水位 Z_0。

（十四）逐日流量推求方法

凡使用时段较长的水位（或其他水力因素）与流量（或流量系数）关系曲线，可编制水位—流量关系表或其他推流检数表。

制表时，所有内插的流量与曲线的偏差，在曲线的上中部应不超过 ±1%，下部不超过 ±3%。表上的流量增值，正常情况下随水位增高而逐级增大。

换用曲线前后的流量应衔接，低水放大曲线接头处的流量必须一致。

日平均流量的推求可采用如下方法：

（1）用日平均水位推求日平均流量。当水位—流量关系曲线较为平直，水位及其他有关水力因素在一日内变化平缓时，可根据日平均水位直接推求日平均流量。

（2）用瞬时流量计算日平均流量可选用面积包围法和算术平均法。

日平均流量计算误差限度：面积包围法求得的日平均值作为标准值，用其他方法求得的日平均值与其相比，其允许相对误差：中高水为 ±2%，低水为 ±5%，流量很小时可适当放宽。

三、悬移质输沙率资料整理

（一）悬移质输沙率和含沙量资料分析的要求

（1）利用单样含沙量过程线，检查单沙测次对变化过程的控制及代表性，以及不合理的测次等。

（2）用关系曲线图检查分析：

①分析单断沙关系点的分布类型、点带密集程度以及影响因素,对于突出偏离的测次,应分析其偏离的原因。

②对于实行间测的测站,若本次有校测资料,应与历次综合单断沙关系曲线进行分析,以检查是否满足用历次综合单断沙关系曲线推沙的条件。

(二)进行推沙时可采用的方法:

(1)对于单断沙关系良好或比较稳定的测站,可采用单断沙关系曲线法,并应符合下列要求:

①各种线型的定线精度应符合相关规范的有关规定。当一条关系曲线上的测点在10个以上者,应进行关系曲线的检验。

②通过坐标原点和点群重心,可定成直线、折线或曲线。根据关系点的分布类型,又可分为单一线法和多线法。

单一线法:单断沙关系点较密集且分布成一带状,关系点无明显系统偏离,即可定为单一线推求断沙。

多线法:当单断沙关系点分布比较分散,且随时间、水位或单沙的测取位置和方法有明显系统偏离,形成两个以上的带组时,可分别用时间、水位或单沙的测取位置和方法作参数,按照单一线的要求,定出多条关系曲线。

③推沙方法:单断沙关系为直线、折线、单一曲线时,用计算公式、关系系数、插值法等,由单沙计算断沙;单断沙关系为多条曲线时,分别按单一线法计算断沙。

(2)对于单断沙关系点散乱,定线精度不符合相关规范有关规定,但输沙率测次较多,且分布比较均匀,能控制单断沙关系变化转折点的测站,可采用比例系数过程线法。推沙方法如下:

①计算比例系数

$$m = \frac{\overline{C_s}}{\overline{C_{s'}}} \tag{7-51}$$

式中:m 为比例系数;$\overline{C_s}$ 为实测断沙,kg/m^3 或 g/m^3;$\overline{C_{s'}}$ 为相应单沙,kg/m^3 或 g/m^3。

②点绘比例系数过程线:以比例系数 m 为纵坐标、时间为横坐标,参照水位、流量过程,点绘比例系数过程线。

③以实测单沙的相应时间,从比例系数过程线上求得比较系数,乘以单沙,即得断沙。

(3)无单沙测验资料或单沙测验资料不完整,而流量(水位)与输沙率之间存在一定关系,且输沙率测次基本能控制各主要水、沙峰涨落变化过程时,可采用流量与输沙率关系曲线法推求断沙。

①以流量(水位)为纵坐标、输沙率为横坐标,点绘在坐标纸上。对突出点应进行分析,作出恰当的处理。绘出流量(水位)与输沙率关系曲线。定线精度应符合相关规定。

②根据水位或由水位推得的瞬时流量,用前述方法推求输沙率,除以流量即得断沙。

(4)当输沙率测次太少或单断沙关系不好,不能用上述几种方法,以及仅测单沙的站或时期时,可采用近似法,即用单沙近似当做断沙。

(三)单断沙关系曲线的延长应符合的规定

(1)单断沙为直线关系,测点总数不少于10个,且实测输沙率相应单沙占实测单沙变幅的 50% 以上时,可作高沙延长。向上延长变幅应小于年最大单沙的 50%。若单断沙关系为曲线,延长幅度不超过 30%。单沙测取位置方法与历次不一致或断面形状有大的变化时,均不宜作高沙延长。

(2)顺原定单断沙关系曲线的趋势,并参考历次关系曲线进行延长。

(四)缺测单沙可采用如下方法进行插补

(1)直线插补法。当缺测期间水沙变化平缓,或变化较大但未跨越峰、谷时,可用未测时段两端的实测单沙,按时间比例内插缺测时段的单沙。

(2)连过程线插补法。在单沙与水位、流量变化过程较相应的测站或时期,当缺测期间的水位流量变化不大,或者是水位起伏变化虽大,但缺测时间不长,可根据水位流量的起伏变化过程,连绘单沙过程线,予以插补。

(3)流量(水位)与含沙量关系插补法。以缺测期之前和以后流量(水位)过程线和单沙过程线上的流量(水位)和单沙,点绘流量(水位)与单沙关系曲线,据以插补缺测的单沙。

(4)上下游单沙过程线插补法。本站与上下游站含沙量关系良好时,可点绘上(或下)游站的单沙与本站单沙的关系曲线,用以插补本站缺测的单沙。

(五)推求日平均输沙率及日平均含沙量应符合的要求

(1)计算日平均值可视情况分别选用下述资料:

①实测点。直接用经过换算的断沙进行日平均值的计算。

②过程线摘点。根据绘定的单沙过程线,在过程线上摘录足够的,能控制流量、含沙量变化的点次,经换算的断沙进行日平均值的计算。

(2)使用单沙推求断沙时,可采用以下方法计算日平均值。

①一般情况日平均值的计算方法为流量加权法。以瞬逐时流量乘以相应时间的断沙,得出瞬时输沙率,再用时间加权求出日平均输沙率,除以日平均流量即得日平均含沙量。

为减小计算误差,当一日内流量、含沙量涨落一致,且水、沙量日变幅(以最小值作分母)均大于 3 倍时,可在流量、含沙量最大涨落时段,直线内插 1~2 个点子,进行计算。

②有逆流、停滞现象时,日平均值的计算方法:

a. 全日为逆流时,其计算方法与顺流相同,但所求日平均输沙率为负值。

b. 一日内兼有顺、逆流时,其计算方法与顺流相同,用其代数和计算,如逆流输沙率大于顺流,则所求数值为负值。日平均含沙量采用面积包围法计算,若所得结果为负值,则用顺、逆流输沙量绝对值总和除以顺、逆流径流量绝对值的总和得之。

c. 全日水流停滞者,日平均输沙率为 0。日平均含沙量用面积包围法计算。

d. 一日内部分时间水流停滞者,其计算方法与顺流相同。

③对于某些因条件限制,而不能采用计算机整理的资料,可视单沙测取次数及水、沙变化情况,选用算术平均法、面积包围法和流量加权法。

a. 算术平均法:适用于流量变化不大、含沙量点次分布均匀的情况。一日测取一次单沙者,则相应的断沙作为日平均含沙量。日平均含沙量乘以日平均流量,即得日平均输沙率。

b. 面积包围法:适用于流量变化不大,但含沙量变化较大且点次分布不均匀的情况。

c. 流量加权法:适用于流量和含沙量变化都较大的情况。

(3)对于使用流量与输沙率关系曲线法,当关系线接近一条直线或曲率甚小时,可用日平均流量推求日平均输沙率。当关系线为曲线时,可用瞬时流量推求瞬时输沙率,然后用流量加权法或面积包围法计算日平均值。

(六)单站合理性检查宜包括的内容

(1)当测取单沙的位置、方法没有大的变动,且推求断沙的方法与以往相同时,应与历次推求断沙的关系曲线、比例系数过程线比较,以检查其合理性。

①历次单断沙关系曲线的对照:利用历次关系曲线图,比较各年曲线的趋势和其间相对的关系。历次关系曲线的趋势应大致相近且变动范围不大,如果趋势的变动范围较大,则应分析其原因。

②以往比例系数过程线对照:从以往系数变化过程与流量变化过程找出规律,再据以检查本次比例系数过程线的变化情况。

③历次流量(水位)与输沙率关系曲线对照:先从历次的变化幅度、曲线形状找出规律,再据以检查本次的资料。

作历次对照时,应考虑到流域自然特性和本站水沙特性的改变可能对上述各种关系产生的影响。

(2)含沙量变化过程的检查:

①将水位、流量、含沙量、输沙率过程线绘在同一张图上进行对照检查。

②含沙量的变化与流量(水位)的变化常有一定的关系,可根据历次水位、流量、含沙量变化的规律,检查本次资料的合理性。如有反常现象,即应检查原因,包括洪水来源、暴雨特性、季节性等因素的影响,及流域下垫面发生改变等。

四、泥沙颗粒级配资料整理

(一)悬移质断颗推求方法

(1)单断颗关系曲线法:

①单一线法。单断颗关系稳定,关系点密集成一带状,且无系统偏离,即可定为单一线推求断颗。

②多线法。单断颗关系点分布分散,随时间形成两个以上的点带组时,可用时间作参数,按单一线的定线要求分别定线。

③推求断颗。

a. 当关系线上端通过横坐标为100%一点时,以单颗各粒径级百分数直接在关系线上查得相应的断颗粒径百分数。

b. 当单颗比断颗系统偏细时,先以单颗为100%粒径级在关系曲线上推求出相应其粒径的断颗的百分数,然后按规定划分的粒径级向上再增加一个粒径级,即为断颗100%的粒径级。

c. 当单颗比断颗系统偏粗时,推求断颗只需利用断颗为100%以下的单颗部分,以上部分不再使用。

（2）当单断颗关系散乱，不能用关系曲线法推求断颗时，或仅测单颗的站或时段，不推求日、月、年平均悬移质颗粒级配，只整理列出实测颗粒级配成果。

（二）日、月、年平均悬移质颗粒级配计算

（1）日平均颗粒级配的计算：

①一日实测一次单颗或断颗者，经过换算或直接作为该日平均颗粒级配。

②一日有两次以上实测颗粒级配资料者，采用输沙量加权法。

③未实测颗粒级配之日，其日平均值不作插补。

（2）月平均颗粒级配的计算：

①整理日平均颗粒级配的站，用日平均值参加计算；否则，用瞬时断颗计算，实测断颗可以直接参加计算。

②一月仅有一日或一次实测颗粒级配资料者，即以该日日平均值或该次作为该月平均颗粒级配。

③一月有两日或两次以上实测颗粒级配资料者，应采用输沙量加权法或算术平均法。

④未实测颗粒级配资料之月，其月平均值不作插补。

（3）年平均颗粒级配的计算：年平均颗粒级配用月输沙量或输沙率加权计算。

（三）日、月、年平均悬移质粒径计算

日、月、年平均粒径，根据相应的级配曲线分组，用沙重百分数加权计算

$$\overline{D} = \sum \Delta p_i D_i / 100 \tag{7-52}$$

$$D_i = \frac{D_{上} + D_{下} + \sqrt{D_{上} D_{下}}}{3} \tag{7-53}$$

式中：$\overline{D}$ 为日、月或年的平均粒径，mm；Δp_i 为日、月或年的平均粒径级配中的某组沙重百分数，%；D_i 为某组平均粒径，mm；$D_{上}$、$D_{下}$ 为某组上限、下限粒径，mm。

（四）单站合理性检查

单站合理性检查应进行悬移质颗粒级配沿时间变化与流量、含沙量过程线对照。

以本次和历次的年平均或同月的颗粒级配曲线进行对照，各相应时期的曲线形状大致相似，且变化范围不大。如发现本次或某月曲线形状特殊，或某个时期前后级配曲线另成一个系统，则应进行分析，查明变化原因。

参 考 文 献

［1］J. F. Friedkin. A Laboratory Study of the Meandering of Alluvial Rivers. U. S Waterwas Experiment Station,1994.

［2］Mants,P. A. . 1983. Review of Laboratory Sediment Transport Using Fine Sediments. 第二次河流泥沙学术讨论会论文集. 532～557

［3］河村三郎. SimiLarity and design methods of river models with movable bed. ASCE NO:80,1962.4

［4］李保如. 自然河工模型试验［C］//水利水电科学研究所. 科学研究论文集. 第 2 集. 北京:中国工业出版社,1963.

［5］南京水利科学研究院、水利水电科学研究院编. 水工模型试验［M］. 2 版. 北京:水利电力出版社,1985.

［6］沙玉清. 泥沙运动学引论［M］. 北京:中国工业出版社,1965.

[7] 钱宁,万兆惠.泥沙运动学[M].北京:科学出版社,1983.

[8] 惠遇甲,王桂仙.河工模型试验[M].北京:中国水利水电出版社,1999.

[9] 屈孟浩.黄河动床模型试验理论和方法[M].郑州:黄河水利出版社,2005.

[10] 钱宁,张仁,周志德.河床演变学[M].北京:科学出版社,1989.

[11] 钱宁,周文浩.黄河下游河床演变[M].北京:科学出版社,1965.

[12] 谢鉴衡.河流模拟[M].北京:水利电力出版社,1990.

[13] 张红武,江恩惠,白咏梅,等.黄河高含沙洪水模型的相似律[M].郑州:河南科学出版社,1994.

[14] 张瑞瑾,谢鉴衡,王明甫,等.河流泥沙动力学[M].北京:水利电力出版社,1989.

[15] 中国水利学会.泥沙手册[M].北京:科学出版社,1992.

[16] 中华人民共和国水利部行业标准 SL101—94.河模型试验规程[S].北京:中国水利水电出版社,1995.

[17] 中华人民共和国水利部行业标准 SL247—1999.水文资料整编规范[S].北京:中国水利水电出版社,2000.

[18] 中华人民共和国水利部行业标准 SL155—95.水工模型(常规)试验规程[S].北京:中国水利水电出版社,1995.

第八章　典型模型试验实例

第一节　小浪底水库动床模型试验研究实例

一、水库概况

（一）水沙条件

小浪底水文站多年平均（1919~1989 年）年径流量 415.7 亿 m³,年平均沙量 14.0 亿 t,年平均含沙量 33.7 kg/m³。1974 年三门峡水库蓄清排浑运用以来,平均悬移质泥沙小于 0.05 mm 约占 77.8%,中径 0.024 mm。库区支流来水来沙很少,年总水量为 9 亿 m³,年悬移质输沙量为 471 万 t,年平均含沙量为 2~12 kg/m³。支流常水流量很小,一般为 0.5~10 m³/s。主要支流每年可发生 3~4 场洪水,洪峰流量一般为 100~1 000 m³/s。洪水陡涨陡落,历时短,洪水期沙卵石推移质运动剧烈。

设计水沙条件以 1919~1975 年实测系列为基础,根据国务院办公厅批准的在南水北调工程生效前黄河可供水量分配方案,并考虑黄河上游龙羊峡、刘家峡水库的调节作用及中游水保作用等因素设计而成。据研究,在设计的水沙系列中选择的 1950~1975 年系列,小浪底水库年平均入库水量为 315 亿 m³,入库沙量为 13.35 亿 t,含沙量为 42.4 kg/m³。

（二）库区形态预估

小浪底坝址上距三门峡大坝 131 km,自然情况下河道平均比降 11‰,为砂卵石河床。库区河谷上窄下宽,三门峡至板涧河口 65 km,谷底宽 200~400 m;板涧河口至小浪底 66 km,谷底宽 500~800 m。其中包括河谷宽仅 350 m 的八里胡同河段。库区较大支流有畛水、大峪河等 15 条,均分布在距坝 70 km 的水库下半段。

修建水库后,水库将形成新的河床纵横剖面。根据初步设计的成果,除尾部约 15 km 范围内河床淤积物表层有沙卵石推移质堆积物外,其余为沙质河床。由于泥沙的分选作用,淤积物沿程变细,从尾部至坝前段河床总比降依次变小,库区平均比降约为 3.5‰。设计出相应于造床流量下的河槽水面宽 510 m,平均水深为 3.2 m 左右。库区上半段 65 km 范围内及下半段中八里胡同 4 km 的库段河谷狭窄,不能形成滩地,其余河段均可形成滩地。受水库运用水位的影响,坝前滩面高程约为 254 m,滩地总比降为 1.7‰左右。

小浪底水库最高蓄水位 275 m 以下总库容 126.5 亿 m³,其中干流库容占 2/3,支流库容占 1/3。有效库容为 51 亿 m³,滩面以下槽库容为 10 亿 m³,用于调水调沙,滩面以上 41 亿 m³ 库容供防洪和兴利运用。

（三）水库淤积过程预估

水库的淤积过程取决于水库拦沙期的运用方式。按小浪底招标阶段分析的逐步抬高水位拦沙运用,水库运用阶段包括蓄水拦沙、逐步抬高水位拦沙、形成滩槽及正常运用4个阶段。根据几个水平年系列计算结果概化出的各阶段运用年序、坝前淤积高程及累加淤积量见表8-1。

表 8-1　小浪底水库逐步抬高方案库区淤积情况

水库运用阶段	坝前淤积面高程(m)		年序(年)	累积淤积量(亿 m³)
	槽	滩		
蓄水拦沙	≤205		1～3	17
逐步抬高水位拦沙	205～245		4～14	76
形成滩槽	245～226.3	245～254	15～30	76～81
正常运用	226.3～248	254	31～50	76～81

二、模型设计及比尺

(一)相似条件

鉴于黄河水沙条件及河床边界条件的复杂性,20 世纪 80 年代末,黄科院在前人研究成果的基础上,对黄河动床模型相似条件进行了深入的探讨和研究,提出一套完整的模型相似律,并在模型试验中广泛采用,使其日臻完善。相似律主要由以下式(8-1)～式(8-7)组成:

水流重力相似条件

$$\lambda_v = \lambda_H^{0.5} \tag{8-1}$$

水流阻力相似条件

$$\lambda_n = \frac{\lambda_R^{2/3}}{\lambda_v} \lambda_J^{0.5} \tag{8-2}$$

泥沙悬移相似条件

$$\lambda_\omega = \lambda_v \frac{\lambda_H}{\lambda_{\alpha*} \lambda_L} \tag{8-3}$$

水流挟沙相似条件

$$\lambda_S = \lambda_{S_*} \tag{8-4}$$

河床冲淤变形相似条件

$$\lambda_{t_2} = \frac{\lambda_{\gamma_0} \lambda_L}{\lambda_S \lambda_v} \tag{8-5}$$

泥沙起动及扬动相似条件

$$\lambda_{v_c} = \lambda_v = \lambda_{v_f} \tag{8-6}$$

河型相似条件

$$\left[\frac{\left(\frac{\gamma_s - \gamma}{\gamma} D_{50} H \right)^{1/3}}{JB^{2/3}} \right]_m \approx \left[\frac{\left(\frac{\gamma_s - \gamma}{\gamma} D_{50} H \right)^{1/3}}{JB^{2/3}} \right]_p \tag{8-7}$$

式中:λ_L 为水平比尺;λ_H 为垂直比尺;λ_v 为流速比尺;λ_n 为糙率比尺;λ_J 为比降比尺;λ_ω 为泥沙沉速比尺;λ_R 为水力半径比尺;λ_{v_c}、λ_{v_f} 为泥沙起动流速、扬动流速比尺;λ_{α_*} 为平衡含沙量分布系数比尺;λ_S、λ_{S_*} 为含沙量及水流挟沙力比尺;λ_{t_2} 为河床变形时间比尺;λ_{γ_0} 为淤积物干容重比尺;B 为造床流量下河宽;H 为造床流量下平均水深;J 为河床比降;γ_s、γ 分别为泥沙、水的容重;D_{50} 为床沙中值粒径。

对于水库而言,在处于蓄水条件下,泥沙输移过程会发生性质上的变化,亦即处于异重流输移状态。因此,除必须保证泥沙悬移相似外,还应考虑异重流运动相似。根据我们的研究认为,为保证异重流运动相似,尚需满足以下相似条件:

异重流发生(或潜入)相似条件

$$\lambda_{S_e} = \left[\frac{\gamma(\lambda_{k_1} - 1)}{\dfrac{\gamma_{sm} - \gamma}{\gamma_{sm}} S_p} + \lambda_{k_1} \frac{\lambda_{\gamma_s - \gamma}}{\lambda_{\gamma_s}} \right]^{-1} \tag{8-8}$$

异重流挟沙相似条件

$$\lambda_{S_e} = \lambda_{S_{e*}} \tag{8-9}$$

水流连续相似条件

$$\lambda_{t_e} = \lambda_L / \lambda_v \tag{8-10}$$

式(8-8)~式(8-10)中下标"m"、"p"、"e"分别代表模型、原型及异重流有关值;$\lambda_{\gamma_s - \gamma}$ 为泥沙与水的容重差比尺。式(8-8)中 λ_{k_1} 为考虑浑水容重沿垂线分布不均匀性而引入的修正系数的比尺,修正系数 k_1 的定义式为

$$k_1 = \frac{\displaystyle\int_0^{h_e} \left(\int_z^{h_e} \gamma_m \, dz \right) dz}{\gamma_m \dfrac{h_e^2}{2}} \tag{8-11}$$

若 $\lambda_{k_1} = 1$ 取,则式(8-8)为 $\lambda_{S_e} = \lambda_{\gamma_s} / \lambda_{\gamma_s - \gamma}$,即为常见的异重流发生相似条件。水库动床模型多采用轻质沙作为模型沙,则由 $\lambda_{S_e} = \lambda_{\gamma_s} / \lambda_{\gamma_s - \gamma}$ 求得的含沙量比尺即会小于1,而大量的研究结果表明,多沙河流模型的 λ_S 往往大于1。从另一方面讲,由河床变形相似条件看出,如果 $\lambda_S < 1$,将导致时间变态,使得一定的入库水沙过程所对应的库水位及相应库容相差甚多,更谈不上异重流运动的相似性。因此式(8-8)对多沙河流水库模型设计具有十分重要的意义。

在运用式(8-11)时,尚需引入异重流含沙量分布公式。由于紊动扩散作用及重力作用仍是决定异重流挟沙运动的一对主要矛盾,其浓度沿水深的分布及挟沙能力规律与一般挟沙水流应当类似。因此,作为模型设计可引用张红武的含沙量沿垂线分布公式计算异重流含沙量沿垂线分布。

(二)几何比尺的确定

从满足试验精度要求出发,根据原型河床条件、模型水深 $h_m > 1.5$ cm 的要求及对模型几何变率问题的前期研究结果,确定水平比尺 $\lambda_L = 300$,垂直比尺 $\lambda_H = 45$,几何变率 $D_t = \lambda_L / \lambda_H = 6.67$。对变率的合理性我们进行了以下论证。

张红武根据原型河宽及水深的关系及模型变率等因素,提出了变态模型相对保证率

的概念,即

$$P_* = \frac{B - 4.7HD_t}{B - 4.7H} \qquad (8\text{-}12)$$

式中,B、H 分别为原型河宽及水深,将小浪底水库初步设计阶段设计出的 $B = 510$ m、$H = 3.2$ m 代入式(8-12)得 $P_* = 0.83$。将三门峡水库下段实测平均河宽及水深资料代入得 $P_* = 0.85 \sim 0.90$。由此说明,采用变率为 6.67,可保证过水断面上有 83% ~ 90% 以上区域流速场与原型相似。

窦国仁从控制变态模型边壁阻力与河底阻力的比值以保证模型水流与原型相似的概念出发,提出了限制模型变率的关系式

$$D_t \leqslant 1 + \frac{B}{20H} \qquad (8\text{-}13)$$

分别将小浪底及三门峡库区 B、H 的数值代入式(8-13),求得 $D_t \leqslant 8.97$ 及 $D_t \leqslant 10$,显然本模型所取变率满足限制条件(8-13)。

张瑞瑾等学者认为过水断面水力半径 R 对模型变态十分敏感,建议采用如下形式的方程式表达河道水流二度性的模型变态指标 D_R

$$D_R = R_x / R_1 \qquad (8\text{-}14)$$

式中:R_1 为正态模型的水力半径;R_x 为竖向长度比尺与正态模型长度比尺相等、变率为 D_t 的模型中的水力半径。由式(8-14)可导出如下变率限制式

$$D_R = \frac{2 + \dfrac{B}{H}}{2D_t + \dfrac{B}{H}} \qquad (8\text{-}15)$$

由式(8-15)及三门峡、小浪底库区有关因子可计算出模型变率指标 D_R 为 0.934 ~ 0.95,其值基本上位于模型与原型相似的理想区段(原作者视 $D_R = 0.95 \sim 1$ 为理想区)。

以上计算检验的结果,说明了本模型采用 $D_t = 6.67$ 在各家公式所限制的变率范围之内,几何变态的影响有限,可以满足工程实际需要。

(三)模型沙选择

郑州热电厂粉煤灰的物理化学性能较为稳定,同时还具备造价低、易选配加工等优点。因此选用郑州热电厂粉煤灰作为本动床模型的模型沙。

(四)模型比尺计算

1. 流速及糙率比尺

由水流重力相似条件求得流速比尺 $\lambda_v = \sqrt{45} = 6.71$,由此求得流量比尺 $\lambda_Q = \lambda_v \lambda_H \lambda_L = 90\,585$;取水力半径比尺约等于水深比尺,即 $\lambda_R \approx \lambda_H$,由阻力相似条件求得糙率比尺 $\lambda_n = 0.73$。对于黄河水库库区的模型,在回水变动区河床糙率模拟的正确与否会直接影响到回水长度及淤积分布。根据三门峡水库北村断面实测资料,其糙率值一般为 0.013 ~ 0.02,由此求得模型糙率应为 $n_m = 0.017\,8 \sim 0.027\,4$。

为分析模型糙率是否满足该设计值,利用文献[5]中的如下公式及预备试验结果对模型糙率进行分析,即

$$n = \frac{\kappa h^{1/6}}{2.3\sqrt{g}\lg\left(\dfrac{12.27h\chi}{0.7h_s - 0.05h}\right)} \qquad (8\text{-}16)$$

式中：κ 为卡门常数，为简便计取 $\kappa=0.4$；若取原型水深为 5 m，则 $h=5\ \text{m}/45=0.111\ \text{m}$；$\chi$ 为校正参数，对于床面较为粗糙的模型小河，取 $\chi=1$；h_s 为模型的沙波高度，根据预备试验 $h_s=0.02\sim0.028\ \text{m}$。由式（8-16）可求得模型糙率值 $n=0.017\sim0.019$，与设计值接近，这初步说明所选模型沙在模型上段可以满足河床阻力相似条件。至于库区近坝段，其水面线主要受水库控制运用水位的影响，而受河床糙率的影响相对不大。

2. 悬沙沉速及粒径比尺

泥沙悬移相似条件式（8-3）中的 λ_{α_*} 值，是随泥沙的悬浮指标 $\omega/\kappa u_*$ 的改变而变化的，对于 $\omega/\kappa u_*\leqslant0.15$ 的细沙，其悬移相似条件可表示为：

$$\lambda_\omega = \lambda_v\left(\frac{\lambda_H}{\lambda_L}\right)^{0.97}\exp\left[4.4\left(\frac{\omega}{\kappa u_*}\right)_p\left(\frac{\lambda_v}{\lambda_\omega}\sqrt{\frac{\lambda_H}{\lambda_L}}-1\right)\right] \qquad (8\text{-}17)$$

由三门峡库区北村站、茅津站及小浪底水文站水力泥沙因子资料，可求得悬浮指标 $\omega/\kappa u_*<0.15$。将有关实测资料及比尺代入式（8-17），得出 λ_ω 的变化幅度为 $1.20\sim1.44$，平均约为 1.34。

由于原型及模型沙都很细，可采用滞流区公式计算沉速，可得到悬沙粒径比尺

$$\lambda_d = \left(\frac{\lambda_\omega\lambda_\nu}{\lambda_{\gamma_s-\gamma}}\right)^{1/2} \qquad (8\text{-}18)$$

式中：λ_ν 为水流运动黏滞系数比尺，该比尺与原型及模型水流温度和含沙量大小等因素有关，若原型及模型两者水温的差异较大，可使 λ_ν 有很大的变化幅度，进而使 λ_d 有较大的取值范围。显然，在模型设计时给 λ_d 一定值是不合适的。合理的方法是，在试验过程中根据原型与模型温差等条件适当选择 λ_d。

3. 模型床沙粒径比尺

黄科院的研究表明，不同种类的模型沙，由于其容重、颗粒形状等方面存在较大差异，尚不能直接由现有的泥沙起动流速公式计算模型沙的起动流速，而且这些公式用于天然河流（特别是黄河），其计算结果也会偏小不少。正因如此，对于黄河沙质河床的模型设计，不能直接采用泥沙起动流速公式推求模型床沙的粒径比尺，而不得不分别确定原型泥沙的起动流速和模型沙的起动流速，然后判断两者的比值（即 λ_{v_c}）是否满足起动和扬动相似条件。

张红武在开展黄河河道模型设计时，根据罗国芳等收集的资料，点绘与三门峡库区河床组成相近的泥沙不冲流速与床沙质含沙量的关系曲线，并视该曲线含沙量等于零的流速为起动流速，由此曲线得出 $h=1\sim2\ \text{m}$ 时，$v_c\approx0.90\ \text{m/s}$。

在水库淤积或冲刷过程中，床沙粒径变幅较大。据实测资料统计，床沙中径变化幅度一般为 $0.018\sim0.08\ \text{mm}$。由土力学知识，泥沙中径为 $0.06\sim0.08\ \text{mm}$，可划归为中壤土或轻壤土；中径为 $0.025\sim0.06\ \text{mm}$，可划归为重壤土或中壤土一类。根据查得当水深为 1 m 时，两者起动流速 v_c 分别约为 0.7 m/s 及 0.9 m/s。在水深为 2.2 cm 时的起动流速为 $0.10\sim0.13\ \text{m/s}$。通过模型沙起动流速试验，发现中值粒径 $D_{50}=0.018\sim0.035\ \text{mm}$ 的

郑州热电厂粉煤灰作为模型沙相应的起动流速比尺与流速比尺相等。

附带指出,由郑州热电厂粉煤灰在水深为 5 cm 时,起动流速 v_c 与中径 D_{50} 的点群关系来看,在 $D_{50} = 0.018 \sim 0.035$ mm 的范围内,即使横坐标变化了近 2 倍,v_c 的变化并没有超出目前水槽起动试验的观测误差。因此,即使模型沙粒径与理论值有一些偏差,也不至于对泥沙起动相似条件有大的影响。

当水深增加时,原型沙起动流速将有所增加,由文献[13]可知,一般情况下,不冲流速 $v_B = v_{c_1} h^{1/4}$,式中 v_{c_1} 为 $h = 1$ m 时的不冲流速。根据我们及文献[5]给出的郑州热电厂粉煤灰起动试验资料,可得知在原型水深为 $1 \sim 20$ m 的范围内,上述初选的模型沙可以满足起动相似条件。例如当原型水深为 12 m 时,由此求得起动流速为 1.30 m/s。由模型沙的起动流速试验得出 $v_{cm} = 17.5$ cm/s。则起动流速比尺 $\lambda_{v_c} = 7.43$,与上述 λ_v 接近。

根据窦国仁及张红武水槽试验结果,与原型情况接近的天然沙的扬动流速一般为起动流速的 $1.54 \sim 1.75$ 倍。若取原型扬动流速 $v_f = 1.65 v_c$,可求得原型水深为 $3 \sim 6$ m 的床沙扬动流速 $v_{fm} = 1.65 \times (0.92 \sim 1.10) = 1.52 \sim 1.82$ m/s。参阅文献资料,模型相应的床沙扬动流速 v_{fm} 为 $0.23 \sim 0.27$ m/s,则相应求出 $\lambda_{v_f} = 6.61 \sim 6.74$,与 λ_v 接近,表明模型所选床沙可以近似满足扬动相似条件。

在多沙河流上修建水库后,水库上段及回水段必然出现再造床过程,并通过多因素的综合调整,力求实现新的均衡形态。由三门峡库区河床横断面变化过程可以看出,尽管三门峡建库后的河床平面形态受两岸的制约,但河床的调整变化仍具有冲积河流的特性。因此,对于多沙水库模型,应尽量兼顾河型相似条件。

采用三门峡库区北村及茅津站相当于造床流量下的有关实测资料进行分析计算,求得的北村河段河床综合稳定指标 Z_W 值为 $7.7 \sim 10.2$,茅津河段 Z_W 值为 $10.5 \sim 13.1$,表明本河段处于游荡及弯曲两种河型之间的过渡型(据张红武的研究,$Z_W \leqslant 5$ 为游荡型;$Z_W > 15$ 为弯曲型;介于两者之间为过渡型)。将上述所选模型沙中径及其他相应因子代入,所得模型 Z_{Wm} 值与原型值相近,因此本模型可以满足河型相似条件。

4. 含沙量比尺

含沙量比尺可通过计算水流挟沙力比尺确定。采用文献[5]提出的同时适用于原型沙及轻质沙的水流挟沙力公式,即

$$S_* = 2.5 \left[\frac{\xi (0.0022 + S_V) v^3}{\kappa \frac{\gamma_s - \gamma_m}{\gamma_m} gh\omega} \ln\left(\frac{h}{6D_{50}}\right) \right]^{0.62} \tag{8-19}$$

式中:κ 为卡门常数;γ_m 为浑水容重;ω 为泥沙在浑水中的沉速;v 为流速;h 为水深;D_{50} 为床沙中径;S_V 为以体积百分比表示的含沙量;ξ 为容重影响系数,可表示为:

$$\xi = \left(\frac{1.7}{\gamma_s - \gamma} \right)^{2.25} \tag{8-20}$$

对于本次选用的模型沙 γ_s 约为 2.1 t/m³,则 $\xi = 2.5$。对原型沙,$\gamma_s = 2.7$ t/m³,则 $\xi = 1$。

将北村、茅津、小浪底水文站测验资料及相应的比尺值代入,可分别得到原型、模型水流挟沙力 S_{*p} 及 S_{*m}。大量数据表明,两者之比 S_{*p}/S_{*m} 变化幅度为 $1.52 \sim 1.94$,一般为

1.60～1.80,取其平均值,λ_S约为1.70。

另一方面,为在模型中较好地复演异重流的运动,含沙量比尺应兼顾式(8-8),将三门峡水库异重流观测资料代入,并把由此得到的λ_{k_1}表达式与式(8-8)联解,即可求出异重流含沙量比尺为1.45～1.92。

在模型试验中,为保证异重流沿程淤积分布及异重流排沙特性与原型相似,还应满足异重流挟沙相似条件式(8-9)。与上述挟沙机理同理,可将异重流观测资料代入张红武水流挟沙力公式,计算原型及模型的异重流挟沙力,进而确定挟沙力比尺为1.6～1.9,与式(8-8)得出的结果基本一致,并且与上述水流挟沙相似条件确定的λ_S也较为接近,因此选用$\lambda_S = \lambda_{S_e} = 1.7$可同时满足明渠水流及异重流挟沙相似条件,又能满足异重流发生相似条件。

5. 时间比尺

对于非恒定流的原型,模型中时间变态将不能保证水力要素相似,进而还会影响泥沙运动的相似性,且河床变形也难以做到严格的相似。特别是对水库模型更是如此。

我们在白沙水库模型中发现,不遵循水流连续相似条件,将导致模型水库蓄水过程严重失真,根本无法开展异重流运动和水库泄水排沙的模拟观测。对于本模型水流运动时间比尺$\lambda_{t_1} = \lambda_L / \lambda_v = 44.7$。而河床冲淤变形时间比尺$\lambda_{t_2} = \dfrac{\lambda_{\gamma_0}}{\lambda_S}\lambda_{t_1}$,还与泥沙干容重比尺及含沙量比尺有关。根据郑州热电厂粉煤灰进行的沉积过程试验,测得模型沙初期干容重为0.66 t/m³($d_{50} = 0.016～0.017$ mm)。至于原型淤积物干容重,通过三门峡库区实测资料分析认为,水库下段初始淤积物干容重一般为1.0～1.22 t/m³,可取·1.15 t/m³。由原型及模型沙干容重求得比尺为1.74,进而可以根据河床冲淤变形相似条件计算出时间比尺为45.8,与水流运动时间比尺接近,对于所要开展的非恒定库区动床模型试验,可以避免常遇到的两个时间比尺相差甚远所带来的时间变态问题,也不至于对水库蓄水、排沙及异重流运动的模拟带来不利的影响。

6. 模型高含沙洪水适应性预估

在小浪底水库的调水调沙运用中,可能出现高含沙洪水输沙状况。因此水库模型设计应考虑对高含沙洪水模拟的适应性。上述模型设计在确定含沙量比尺的过程中,已经考虑了高含沙洪水泥沙及水力因子的变化。为进一步预估模型中有关比尺在高含沙洪水期是否适应,下面以$\lambda_S = 1.70$为条件开展初步分析。

对于黄河高含沙洪水,尽管随含沙量的增大黏性有所增加,同样水流强度下浑水有效雷诺数Re_*有所减小,但根据实测资料分别由费祥俊公式及张红武公式计算动水状态的宾汉剪切研究,表明水流属于充分紊动状态。据实测资料,三门峡水库回水变动区出现高含沙洪水时浊浪翻滚,显然水流处于充分紊动状态。在小浪底枢纽坝区泥沙模型试验中也可发现,高含沙水流雷诺数Re_{*m}一般大于8 000。因此在模型设计中可不考虑宾汉剪切力的影响。

为进一步预估本模型在高含沙洪水时泥沙沉降相似状况,采用张红武的群体沉速公式及电厂粉煤灰群体沉速计算式,分别计算含沙量为250～400 kg/m³时原型和模型的泥沙群体沉速,进而得出$\lambda_\omega = 1.27～1.37$,与前文按泥沙悬移相似条件设计出的$\lambda_\omega = 1.34$

比较接近。表明在高含沙洪水条件下,亦能满足泥沙悬移相似条件。

三、模型验证试验

由于小浪底水库不具备验证试验的条件,为此利用水沙条件和河床边界条件均与其相似的三门峡水库的实测资料,进行验证试验。

(一)边界条件及水沙条件

1. 验证时段选择

小浪底水库拟进行调水调沙的运用方式,即通过水库调节,使出库水沙过程适应黄河下游河道的输沙规律,从而达到减淤的目的。因此在小浪底水库运用初期,其排沙形式就十分复杂。鉴于此,验证时段应包括较为明显的淤积及冲刷时段。此外,在验证时段内,应具有完整的地形观测资料及流速、含沙量、级配等实测资料。同时在保证验证试验要求的前提下,考虑验证试验的可操作性。

基于上述原则,在征得小浪底水库运用方式研究项目组同意后,选择 1962 年 9 月 17 日~10 月 20 日验证水库壅水淤积过程及 1964 年 10 月 13 日~1965 年 4 月 15 日验证水库泄水冲刷过程。此外,又选择了 1977 年及 1962 年一定时段分别对高含沙量洪水及异重流进行了概化试验。

2. 验证范围选择

如前所述,在选择的验证时段内,具有多种排沙方式,包括壅水排沙、敞泄排沙及异重流排沙。河床变形极为复杂,包括沿程淤积、沿程冲刷及溯源冲刷等。如此复杂的排沙方式及河床变形在坝前近 30 km 的库段内(HY18~大坝)得到充分地反映,因此选 HY18~大坝之间为本次验证范围。

3. 验证时段水沙条件设计

在验证时段内,虽然在模型进口断面的上下游分别有北村站(距坝 42.3 km)及茅津站(距坝 15 km)的实测资料,但由于随着水库运用方式的不同,库区水流含沙量沿程调整极大,故两站的流量、含沙量过程均不能作为进口水沙条件,需进行设计。进口断面水沙条件设计是采用实测资料分析与泥沙数学模型计算相结合的方法。其途径是首先根据三门峡水文站的实测沙量资料,结合北村以下库区淤积量,对北村断面沙量资料进行修正,再通过黄科院曲少军研制的三门峡库区泥沙数学模型计算确定。

(二)验证试验的主要结论

(1)采用三门峡水库 1962 年 9~10 月自然滞洪淤积及 1964 年 10 月~1965 年 4 月降水冲刷两个时段,给出的验证结果表明,模型设计得出的比尺值可满足库区沿程水位、出库含沙量及级配、河床冲淤量及其分布、河势变化等方面与原型相似,可同时满足淤积及冲刷相似。且可同时模拟入库洪水运行及水库冲淤变形过程。

(2)通过对异重流进行的概化试验,较好地观测了异重流的潜入、运行及流速、含沙量沿垂线分布,观测资料分析表明异重流的潜入条件符合一般规律。在此基础上对 1962 年验证时段中异重流的观测资料与原型实测资料对比分析,也是相符合,进一步说明模型满足异重流运动相似条件,模型可正确地模拟异重流的运动。

(3)高含沙水流概化试验结果表明,模型中高含沙水流流态、各种排沙条件下的输沙特性等方面均与原型观测结果基本一致。

（4）综合来看，三门峡库区模型能较好地复演原型水流泥沙运动规律及其水库冲淤变化过程，表明模型设计是合理的，其比尺值用于小浪底水库模型，可保证试验结果的可靠性。

四、模型概况及试验条件

（一）模型范围及平面布置

试验范围为小浪底大坝至板涧河附近约 67 km 的库段。该库段包括了库区近 90%的干流原始库容，近 100%的支流原始库容（若该库段的支流能全部模拟）及 85%以上的有效库容。本库段以上库区河道比降较陡，河谷狭窄，水沙调整幅度不大，进口水沙过程容易确定。各方面基本满足试验要求。

库区有 10 余条较大支流集中分布在选定的试验范围内，其中畛水为最大的一条支流，原始库容达 17.5 亿 m³，为此专门修建了长 50 m、宽 18 m 的试验厅容纳该支流，其余支流视场地条件或全部或部分模拟。基本上全部模拟的支流除畛水外，自下而上还有石井河、亳清河、板涧河等。

小浪底坝址断面原始平均河底高程约为 130 m，在工程导截流期间，部分泥沙被拦截在库内，坝前淤积高程达 167 m。因此，模型高程模拟范围选择 165 m 至水库正常蓄水位 275 m。小浪底泄水建筑物最低部位的排沙洞和孔板泄洪洞进口高程为 175 m，模型最低高程定为 165 m 亦可满足排沙洞及孔板洞前淤积面高程调整幅度的需要。

综上所述，模型模拟的原型长度约 70 km，高度为 110 m，按平面比尺 $\lambda_L = 300$，垂直比尺 $\lambda_h = 45$，则模型长约 230 m，高约 2.5 m。

（二）模型制作及观测设备

模型地形按照小浪底水库运用方式研究项目组提供的小浪底库区最新地形图及部分断面资料制作。项目组提供的断面资料干流库段自下而上有 36 个（HH1～HH36），支流有 115 个。为更好地控制地形，提高模型制作精度，在此基础上又内插出 215 个断面，共计有 366 个控制断面。对两断面之间的地形，参照地形图制作。坝前局部地形根据项目组提供的地形资料进行精细制作，在模型不足 1 m² 的范围内采用 100 余个控制点控制地形，以保证坝前地形的相似性。

为保证模型的安全，经反复计算，模型外边墙采用 100 号砖及 425 号水泥砌成，底部厚度为 1 m，向上逐渐减少至 0.75 m、0.5 m、0.38 m 及 0.24 m。边墙内填充物为黄河滩地沙土，层层夯实后塑制地形，其上用砖衬砌再用水泥沙浆粉面。为减少填充沙土对模型边墙的压力，在模型内安装大约 250 个排水孔。

模型制作完成后，又对地形进行反复测量修正使模型地形与原型符合，从而保证了模型几何形态及库容与原型相似。

对于枢纽泄水建筑物制作采用复合变态而实现泄流能力相似的原则。将排沙洞 18 个进口概化成 6 个，出口为 3 条洞；发电洞 18 个进口概化为 6 个，出口仍为 6 条洞；孔板洞及明流洞仍各保持 3 条。并保证各洞进口高程不变。此方案在制作之前，得到项目组及有关专家的认可。

泄水建筑物采用有机玻璃板(管)制作。制作完成后,各高程泄水洞进行率定。率定过程采用电磁流量计控制进口流量,待坝前水位稳定后,将相应的水位泄量关系与原型对比,若不满足精度要求则对泄水洞进行修改。其中对明流洞采取增减其进水口面积,对压力洞采取增减其出水口面积的方式,反复调整直到满足要求为止。

模型进口供水加沙采用清、浑水两套独立的循环系统。清水流量采用电磁流量计控制,通过管道输送至模型进口的前池。加沙过程是首先在搅拌池按级配要求配制成高浓度的浑水,再输送至平水箱,通过开启一定泄量的孔口控制进入模型的浑水流量。清、浑水在模型进口充分混合后进入模型试验段。通过多次流量及含沙量测验结果表明,用上述控制方式可容易地使流量、含沙量及级配满足试验精度的要求。

沿程水位采用测针观测。在每一试验时段内(模型中 32 分钟左右相当于原型一天),进行两次沿程水位观测。水流含沙量取样后主要采用比重瓶及自动电子天平测量。含沙量沿垂线分布的测验,主要采用虹吸管取样。至于出库含沙量,除取混合后水样外,还分别在排沙洞、发电洞、孔板洞出口取样。泥沙级配采用河海大学生产的光电颗分仪测量,对于粒径大于 0.1 mm 的部分采用筛分法加以配合。模型流速采用浑水流速仪测量。模型水下地形采用浑水地形仪测量,水上地形采用水准仪观测,两者配合可较准确地描绘地形变化过程。在模型中沿程布设了 70 余条标有起点距的测线,以便于描绘河势的变化及异重流潜入位置等。同时采用了照相机拍照、摄相机录制等方法进行观测。

(三)试验条件及方案

根据专题要求,对小浪底水库初期运用和 2000 年度不同调水调沙方案进行试验,为制定小浪底初期运用方案和 2000 年度水库运用提供依据。

1. 小浪底水库初期运用方式的试验研究

1)水沙条件

模型进出口水沙条件取决于入库水沙条件及小浪底水库的运用方式。小浪底水库的运用方式全面体现了以防洪(防凌)减淤为主,兼顾供水、灌溉、发电,除害兴利,综合利用的原则。特别是对黄河主汛期(7~9 月)水库的调水调沙,把扭转下游河道尤其是主槽淤积严重的不利局面、有利于山东窄河道的减淤、控制河势变化、控制滩地坍塌的幅度等作为目标制定水库调节方式。

通过比选对小浪底水库运用初期 1~5 年提出了 2 种调节方式进行物理模型试验。方案 1 起始运行水位 210 m,为满足山东河道冲刷效果较好选定调控流量上限为 3 700 m³/s,与此相应所需调控库容为 13 亿 m³。方案 2 起始运行水位 220 m,从满足山东河道在清水冲刷期处于临界冲淤状态的角度考虑,水库运用第 1~2 年调控流量上限为 2 600 m³/s,第 3~5 年为 2 900 m³/s,相应的调控库容为 5 亿 m³。两方案在运用初期的 1~5 年内,水库基本上处于拦沙期,只是方案 2 第 5 年 8 月底在前期淤积的基础上实施了降水冲刷。模型进口的水沙条件是在已知入库水沙条件及水库调节方式的前提下,通过数学模型调节计算得到。两方案模型进口水沙量及过程分别见表 8-2 ~ 表 8-4 及图 8-1。

小浪底水库来沙量主要集中在主汛期(7~9 月),因此水库调水调沙、排沙及河床变形也主要发生在主汛期。10 月至翌年 6 月份的来沙量主要集中在 10 月份,以及三门峡水库汛前泄水期的 6 月份,两者之间的 11 月至翌年 5 月份由于三门峡水库的拦沙作用几乎没有泥沙进入小浪底水库。由于小浪底水库 10 月份提前蓄水,非汛期的来沙几乎全部淤积在小浪底库区。鉴于此,在试验中,仅对每年 7~9 月进行逐日试验,10 月及 6 月在满足加沙量要求的前提下进行概化试验。

表 8-2　小浪底库区模型试验入口水沙量统计

方案	年序	$W_入$(亿 m^3)			$W_{S入}$(亿 t)		
		汛期	非汛期	年	汛期	非汛期	年
1	1	173.53	47.16	220.69	11.27	0.69	11.96
	2	153.17	53.58	206.75	8.00	0.65	8.65
	3	86.87	41.05	127.92	4.18	0.71	4.89
	4	199.29	57.45	256.74	9.40	1.16	10.56
	5	111.03	72.25	183.28	4.17	1.31	5.48
	1~5	723.89	271.49	995.38	37.02	4.52	41.54
2	1	174.17	47.71	221.88	10.67	0.72	11.39
	2	153.38	52.94	206.32	8.01	0.63	8.64
	3	86.95	40.78	127.73	4.19	0.67	4.86
	4	199.29	59.08	258.37	9.43	1.19	10.62
	5(1)	112.81	—	—	16.39	—	—
	5(2)	118.69	—	—	3.86	—	—
	1~5(2)	854.29	200.51	1 045.80	52.55	3.21	55.76

注:表中非汛期仅包括 10 月和 6 月的水沙量,5(1)为第 5 年 7 月 1 日~8 月 27 日,5(2)为第 5 年 8 月 28 日~9 月 30 日。

表 8-3　模型进口汛期各级流量出现天数统计

方案	年序	流量(m^3/s)				
		<600	600~2 600	2 600~3 700	3 700~5 000	>5 000
1	1	2	58	19	12	1
	2	2	72	16	0	2
	3	14	77	0	1	0
	4	10	35	29	14	4
	5	17	63	12	0	0
2	1	2	57	20	12	1
	2	2	72	16	0	2
	3	14	77	0	1	0
	4	10	35	29	14	4
	5(1)	0	45	7	2	4
	5(2)	0	5	2	24	3

注:5(1)为第 5 年 7 月 1 日~8 月 27 日,5(2)为第 5 年 8 月 28 日~9 月 30 日。

表 8-4　模型进口汛期各级含沙量出现天数统计

方案	年序	含沙量（kg/m³）						
		<20	20~50	50~100	100~200	200~300	300~400	>400
1	1	4	40	31	11	6	0	0
	2	19	49	18	3	3	0	0
	3	23	46	19	3	1	0	0
	4	6	54	31	0	1	0	0
	5	44	33	13	2	0	0	0
2	1	4	39	36	11	2	0	0
	2	19	49	18	3	3	0	0
	3	23	44	21	3	1	0	0
	4	6	54	31	0	1	0	0
	5（1）	7	33	8	3	3	2	2
	5（2）	2	28	4	0	0	0	0

注:5(1)为第5年7月1日～8月27日,5(2)为第5年8月28日～9月30日。

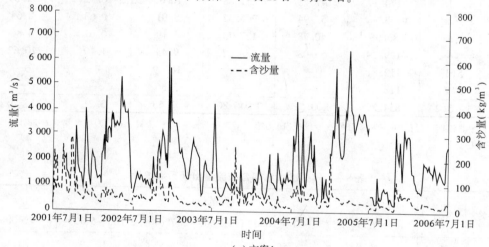

（a）方案1

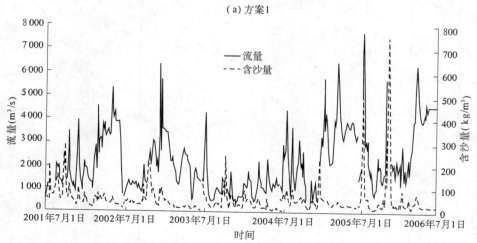

（b）方案2

图 8-1　历年汛期进口流量及含沙量过程线

小浪底水库模型进口悬沙级配由原型悬沙级配与粒径比尺确定。由于试验的主体为7～9月份,该时段原型水温一般为20～27 ℃,可取25 ℃,6月份水温与之相近,10月份略低。方案1试验时间为1998年12月份,模型水温一般为10 ℃左右,则λ_ν可取0.69,由此可得到$\lambda_d = 0.79$。方案2试验时间为1999年4月份,模型水温一般为15 ℃左右,λ_ν为0.784,则$\lambda_d = 0.84$。

小浪底库区支流平时入汇流量很小甚至断流,只是在汛期会发生几场洪水且历时短暂,洪水期有少量砂卵石推移质顺流而下。支流的来水及来沙对干流水沙量而言可略而不计,不会对水库排沙产生影响。因此模型试验中仅对畛水一条支流在入汇流量大于50 m³/s时施放清水。

2) 初始地形

试验初始地形为2001年6月30日地形。该地形是在小浪底库区原始地形基础上,估算出施工期的淤积量,再按一定的设计形态进行铺沙。设计的淤积形态接近三角洲,坝前淤积面高程为166.25 m,HH8断面淤积面高程为168.38 m,两者之间为三角洲的坝前段,淤积面比降为1.87‰;HH23断面淤积高程为201.77 m,HH8～HH23断面之间为三角洲的前坡段,淤积面比降为12.1‰;HH34断面淤积高程为206.77 m,HH23～HH34断面之间为三角洲的顶坡段,淤积面比降为2.5‰。HH35及HH36断面淤积面高程分别为211.36 m及212.92 m(见图8-2)。考虑泥沙的沿程分选,淤积物组成上段粗下段细,可概化为HH24断面以上及以下两段。级配组成见表8-5(初始地形及床沙级配由项目组提供)。

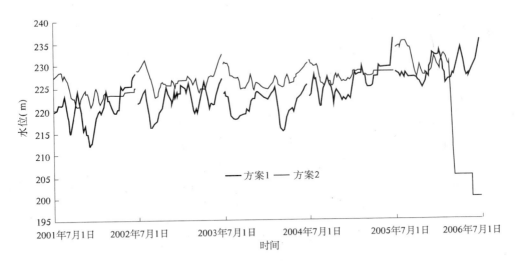

图8-2　历年汛期坝前水位过程线

表8-5　小浪底库区淤积物级配(2001年6月30日前)

库段	小于某粒径(mm)沙重百分数(%)						
	0.005	0.01	0.025	0.05	0.1	0.25	0.5
HH24以下	19.00	26.50	48.90	78.66	96.25	99.87	100
HH24以上	2.06	5.00	21.58	51.58	86.90	99.86	100

3）坝前水位及泄水洞调度原则

坝前水位为模型出口的边界控制条件,由数学模型调节计算得到。两方案历年主汛期坝前水位过程见图8-2。由图可以看出,虽然方案1较方案2起调水位低10 m,但方案1调控库容为13亿m³,较后者的8亿m³大,因此在蓄水过程中两者水位相差不大。只是在水库补水期,方案1降落幅度较方案2大得多。

各泄水洞泄量根据发电、排沙及泄洪的要求实施调度。此外发电流量还应根据机组投产进度和检修计划安排的开启台数确定。根据小浪底水库泄水洞的调度原则,进行分流计算,以此指导模型中各泄水洞的启闭。

2. 2000年运用方式研究

1）水沙条件

试验采用1995年典型水沙过程。经多方案比选推荐方案为,水库起始运用水位205 m,调控库容8亿m³,调控上限流量2 600 m³/s。基于上述水沙条件及运用方案,通过小浪底库区数学模型计算得到模型进口断面水沙过程。小浪底水库来沙主要集中在主汛期(7~9月),水库的调节运用方式也主要是针对主汛期而言,不同的运用方式所引起的排沙过程及河床变形的不同也主要发生在主汛期,因此试验时段仅选择主汛期。试验水沙量及过程见图8-3。

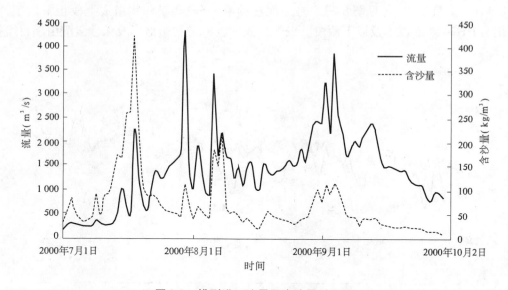

图8-3　模型进口流量及含沙量过程线

据统计,模型进口断面7~9月总水量为112亿m³,总沙量为8.22亿t,其中细沙（$d < 0.025$ mm)、中沙（$d = 0.025 ~ 0.05$ mm)及粗沙（$d > 0.05$ mm)分别为5.17亿t、1.83亿t及1.22亿t。该时段最大日平均含沙量为420 kg/m³,相应流量2 308 m³/s,最大日平均流量为4 324 m³/s,相应含沙量为110 kg/m³。7~9月份,原型水温一般为20~27 ℃,可取25 ℃,试验时模型水温一般为6~8 ℃,λ_ν 可取0.64,由此可得到 $\lambda_d = 0.76$。由 λ_d 值及原型悬沙级配可确定模型进口悬沙级配。

2）边界条件

初始地形为 2000 年 6 月 30 日地形。该地形是在小浪底库区原始地形基础上,估算出 2000 年 6 月 30 日以前库区的总淤积量,再按一定的设计形态进行铺沙而成。

坝前水位为模型出口边界的控制条件,由数学模型调节计算得到,主汛期坝前水位过程见图 8-4。小浪底水库起始运用水位为 205 m,加之非汛期为 7 月上旬提前预蓄 10 亿 m³,2000 年汛前库水位约为 217 m。库水位随水库的蓄放而呈上升及下降的变化过程。7 月中旬,水位下降至接近起始运用水位 205 m,8 月份水位基本上变化于 210～215 m 之间,9 月中旬以后水位呈单一上升趋势,汛末为 7～9 月期间最高水位超过 225 m。

各泄水洞泄量根据发电、排沙及泄洪的要求实施调度。2000 年 7～9 月电站装机 2 台,发电流量基本为 500 m³/s。按小浪底水库泄水洞的调度原则,进行分流计算,以此指导模型中各泄水洞的启闭。

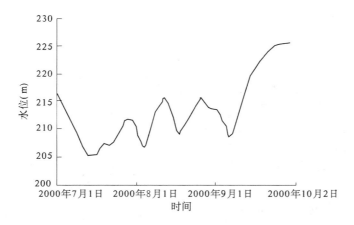

图 8-4　坝前水位过程线

五、试验成果的分析与结论

（一）初期运用时水库不同运用方式的试验成果

1. 泥沙运动规律及排沙特性

小浪底水库运用初期为蓄水拦沙运用。库区排沙形式基本上为异重流排沙。

在水库运行过程中,库区蓄水较清,挟沙水流入库后潜入清水下面沿库底向前运行,形成异重流。异重流的潜入点一般位于淤积三角洲顶点下游的前坡段,随着三角洲顶点向坝前推近,潜入位置不断下移,且随库水位的升降及入库水沙量的大小有所变化。从表 8-6 列出的部分时段异重流潜入位置可以看出潜入点的变化过程。当入库流量较小时,浑水潜入表现较为"平静",入库流量较大时,清浑水掺混十分剧烈,潜入点下游浑水泥团不断上升到水面,即所谓"翻花"现象。在异重流潜入点附近,因横轴环流的存在,库区水面倒流而使下游漂浮物聚集在潜入点处。

表 8-6　小浪底库区模型试验异重流潜入位置变化过程

年序	时间(月-日)	断面号	距坝里程(km)
1	07-15	36	62.11
	08-17	26	44.43
	08-22	25	42.51
	08-24	24	40.87
	08-30	23	38.90
2	08-29	15	25.66
	09-05	14	23.22
	09-19	13	21.41
3	08-29	11	17.33
	09-03	11	17.33
4	08-28	7	9.83
	09-04	6	8.36
5	07-01	4	4.90
	08-16	2	2.54

浑水潜入后向下游运行的过程中,由于形成异重流运动的能量来源是异重流的含沙量,而异重流的泥沙输移总是处于超饱和状态,因此在异重流泥沙淤积的同时含沙量随之降低,且随着沿程清水的析出及向支流的倒灌,使异重流的流量逐渐减小,其运动能量也相应减小。所以,异重流潜入后,若有足够的能量,则可运行至坝前并排泄出库,反之,则会随着能量的减小而消失在库区。

试验过程中,还观测了潜入点断面平均流速、水深及含沙量等资料,基于这些观测资料分析了异重流潜入点的水力条件,点绘了 $U_0 \sim \sqrt{\eta_g g h_0}$ 关系图(图 8-5),可以看出模型试验中异重流潜入条件符合实测资料及水槽试验得出的异重流潜入的一般规律。

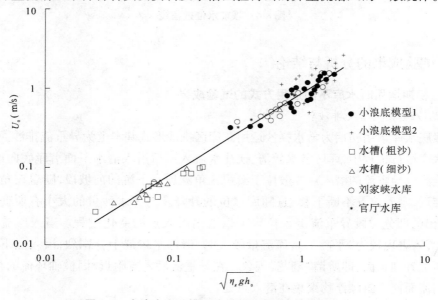

图 8-5　小浪底库区模型试验异重流潜入点水力条件

出库含沙量过程观测资料显示,其大小与入库流量、入库含沙量及异重流潜入点的位置等因素有关。若入库流量大且持续时间长、水流含沙量大且颗粒较细,并且异重流运行距离较短,则出库含沙量高,反之亦然。在水库运用初期,异重流潜入部位靠上,即使有较大的入口流量及含沙量,出库含沙量也不大。此后,在相同的水沙条件下,出库含沙量有逐年增大的趋势。因异重流的流速与含沙量成正比,则异重流的挟沙力亦随含沙量的增加而增加,具有多来多排的输沙规律。图8-6(a)为小浪底水库运用后第2年7月29日至8月8日一场洪水过程水库排沙情况。7月29日至8月2日,入库为一场较高含沙量洪水过程,最大日平均含沙量为208 kg/m³,与此对应,出库也出现了一小沙峰,最大日平均含沙量为90.4 kg/m³。8月4日至7日接踵而来的一场小洪水,虽然流量较前者为大,但由于水流含沙量不高,排沙效果较前者低,由此可反映多来多排的输沙规律。

方案2第5年来水来沙均较大,7月1日至8月27日期间来水量为112.8亿 m³,来沙量达16.39亿 t,虽然排沙比较大,但仍有大量泥沙在库区淤积,使三角洲迅速推进至坝前。7月上旬洪水过后,三角洲顶点接近坝前,坝区形成浑水水库。在泄水建筑物前可观察到浑水上翻的现象,进而改异重流排沙为低壅水排沙。至8月上旬,坝前水位为228 m左右时,壅水范围仅至距坝2.5 km的HH2断面,几乎全库区均为明流排沙,沿程淤滩刷槽,出库含沙量与进口相当(见图8-6(b))。

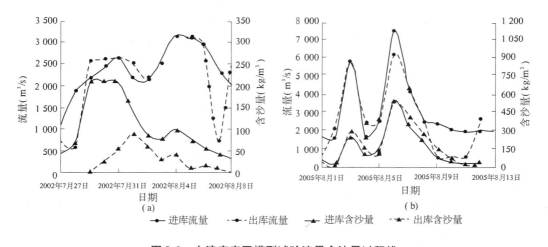

图8-6　小浪底库区模型试验流量含沙量过程线

测验资料表明,悬沙粒径由于沿程分选而逐渐变细。图8-7显示出方案1某时段沿程悬沙级配变化过程,可以看出,在距坝55.22 km的HH32断面,悬沙 d_{50} 为0.022 mm;距坝27.25 km处的HH16断面,悬沙 d_{50} 为0.020 mm;出库泥沙 d_{50} 为0.012 mm。泥沙的分选亦反映悬沙沿垂线存在上细下粗的分布规律(图8-8)。

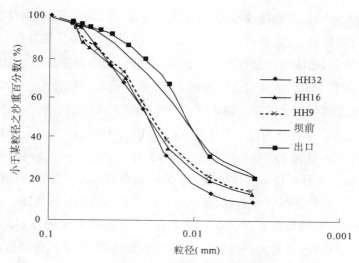

图 8-7　悬移质泥沙级配沿程变化

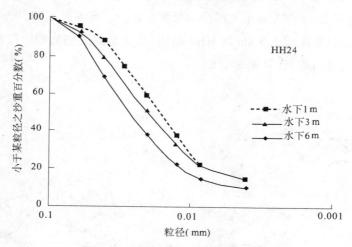

图 8-8　悬移质泥沙级配沿垂线变化

2. 库区淤积形态及过程

小浪底水库运用初期方案 1 及方案 2 起调水位分别为 210 m 及 220 m,模型试验段均处在回水范围之内。挟沙水流进入模型后处于超饱和状态,较粗泥沙很快淤积在模型进口,形成三角洲淤积体。随着三角洲淤积体的增大,淤积体的滩地部分逐渐出露水面,而主流区形成河槽。当入口流量较大时,挟沙水流会漫滩产生淤积。在河谷较宽处,往往滩唇高于两岸滩地,滩面出现横比降,在近岸滩地出现"死水区"。当干流涨水时,水流漫滩,浑水倒灌入"死水区"。当河槽水位下降,"死水区"清水回归至河槽。这样反复进行清浑水交换,可将滩面趋于淤平,使滩槽呈同步抬升的趋势。本试验段除八里胡同库段外,均可形成滩地。

三角洲洲面抬升的另一个主要原因是水库的调节期(10 月至翌年 6 月)的淤积。这一时期由于蓄水位较高,特别是 10 月份提前蓄水,而来沙量相对较多,泥沙基本上淤积在模型上段。图 8-9 为方案 2 第二年汛前模型进口段河势图,可以看出,经过第一年非汛期的淤积,已无明显的滩槽,河势散乱不定。

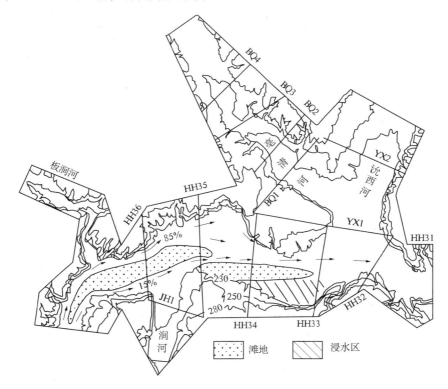

图 8-9　小浪底库区模型进口段第 2 年汛前河势图

位于三角洲顶点以下的前坡段,水深陡增,流速骤减,水流挟沙力急剧下降,水流处于超饱和状态,大量泥沙在此落淤,使三角洲不断向下游推进。图 8-10 ~ 图 8-13 分别为方案 1 及方案 2 库区历年汛末平均滩面及河槽高程纵剖面图,可以看出三角洲的淤积过程。

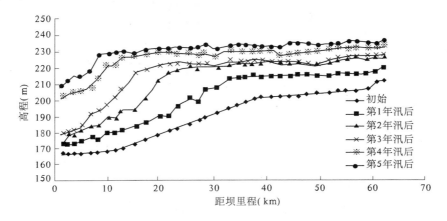

图 8-10　小浪底库区模型试验主槽纵剖面图(方案 1)

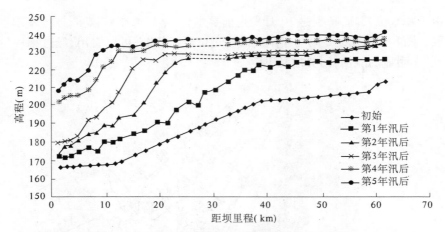

图 8-11 小浪底库区模型试验滩地纵剖面(方案 1)

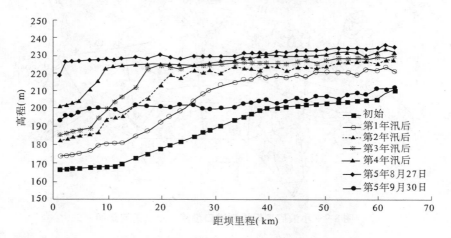

图 8-12 小浪底库区模型试验主槽纵剖面(方案 2)

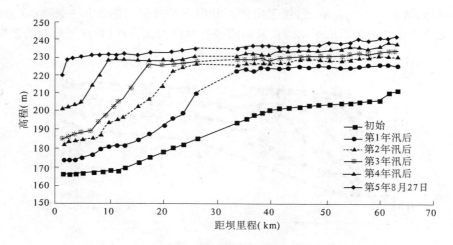

图 8-13 小浪底库区模型试验滩地纵剖面(方案 2)

三角洲顶坡段河床比降同时取决于汛期与非汛期的坝前水位及来水来沙过程。方案 1 第 5 年汛后及方案 2 第 5 年 8 月 27 日河槽及滩地纵剖面比降一般为 1.7‰ ~ 2‰。随三角洲向坝前的推进,受泄水建筑物进口高程的影响,三角洲前坡段比降有逐渐增大的趋势。

河槽淤积物取样分析结果表明,由于泥沙的分选作用,床沙组成存在着上粗下细的分布规律(图 8-14)。在淤积三角洲的顶坡段,形成位置较为稳定的河槽,河槽随流量大小有所展宽或缩窄。图 8-15 为 2005 年 8 月上旬洪水前后横断面变化图,可以看出洪水对河床的作用。8 月上旬入库流量包括 2 个洪峰过程,其中 8 月 3 日日平均流量为 5 751 m³/s,相应含沙量为 255.5 kg/m³;8 月 6 日日平均流量 7 492 m³/s,相应含沙量 548 kg/m³。涨水时水流漫滩,之后水流逐渐归槽,并可维持在河槽中运行,说明河槽过水面积逐步冲刷扩大。对比洪水前(8 月 2 日)及洪水后(8 月 10 日)河道横断面形态可以看出,洪水过后,河槽冲刷下切,滩地淤积抬升,滩槽高差加大。若连续出现较小流量,河槽在河底淤高的同时产生贴边淤积而使过水面积减小。在三角洲前坡段及坝前淤积段,河床基本上为平淤。图 8-16、图 8-17 为方案 1 及方案 2 历年汛后河床横断面套绘图,可以看出河槽变化过程。

支流主要为异重流淤积。若支流位于干流异重流潜入点下游,则干流异重流会沿河底倒灌支流,在支流表面可看到水流表层水向沟口缓慢移动。若支流位于三角洲顶坡段,则可看到暴露于水面以上的拦门沙坝。支流的拦门沙顶部与干流淤积面衔接,向内形成倒坡。拦沙坎高程随干流淤积面的抬高而逐步抬升,见图 8-18、图 8-19。当干流水位下降时,支流蓄水在干、支流存在水位差作用下回归干流,可在支流口拦门沙坎上拉出小槽,其大小与支流内蓄水量有关。如沇西河、畛水等蓄水量大的支流可在口门形成较宽的河槽,而在某些蓄水量小的支流,其沟口则形成众多细小小沟。当干流水位抬升时,浑水会沿支流沟口的河槽倒灌支流,并潜入形成异重流。沟口的河槽又会因干流浑水的倒灌而淤积。

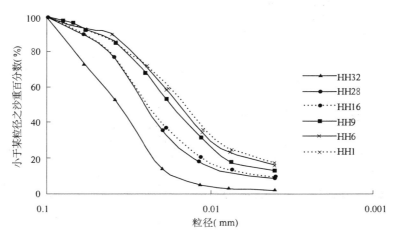

图 8-14　小浪底库区河槽淤积物级配沿程变化

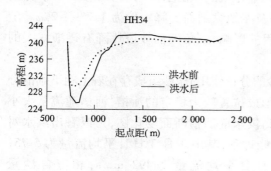

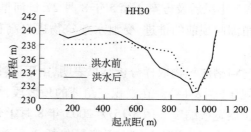

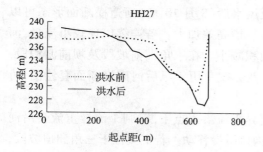

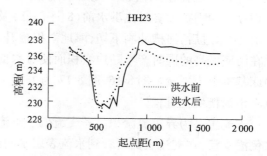

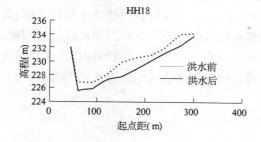

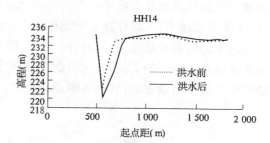

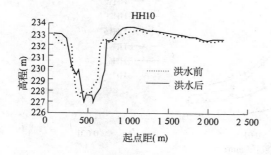

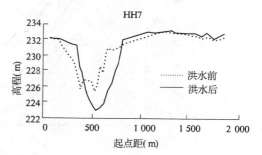

图 8-15　洪水前后横断面套绘图

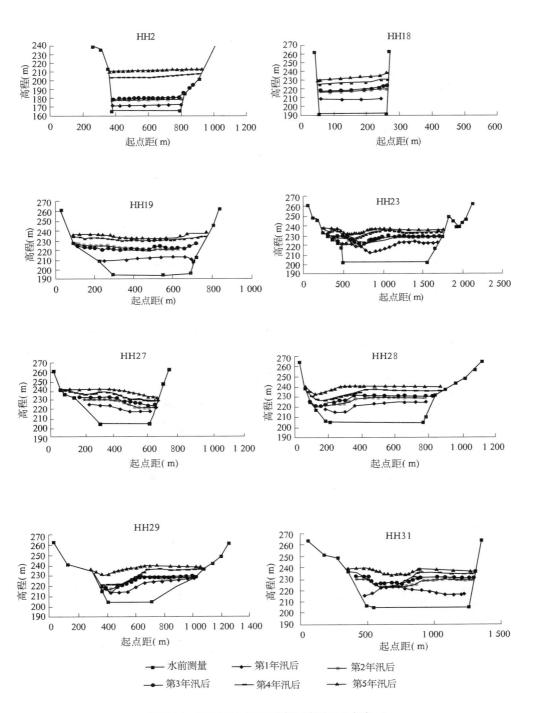

图 8-16　干流历年汛后横断面套绘图(方案 1)

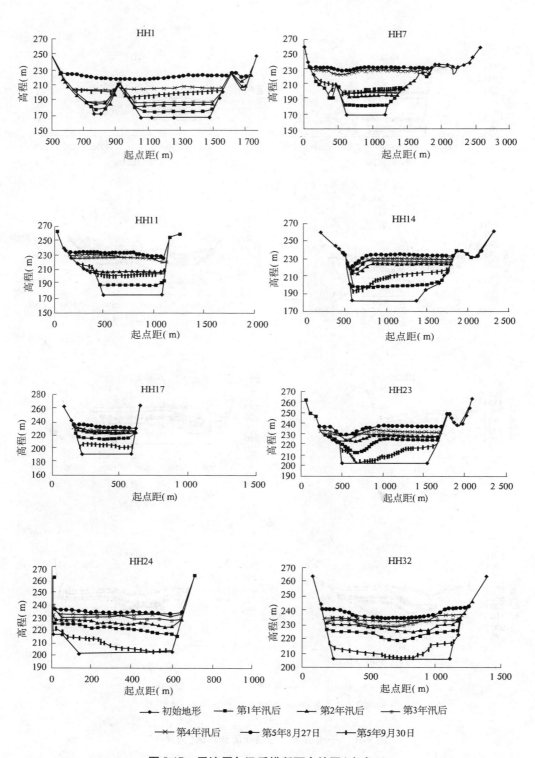

图 8-17　干流历年汛后横断面套绘图（方案 2）

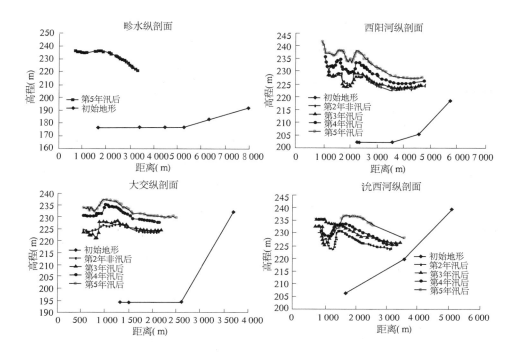

图 8-18 支流年纵剖面图(方案 1)

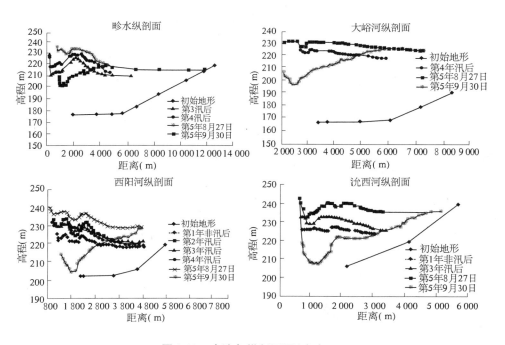

图 8-19 支流年纵剖面图(方案 2)

· 355 ·

根据统计分析结果,方案1及方案2历年干支流淤积量见表8-7。

若取淤积物干容重为1.15 t/m³,则方案1前5年平均排沙比约为18%,方案2第1年至第5年8月27日平均排沙比约为30%。

表8-7　小浪底库区模型试验淤积量测验成果 （单位:亿 m³）

方案	年序	汛期			非汛期			全年		
		干流	支流	干+支	干流	支流	干+支	干流	支流	干+支
1	1	7.16	1.33	8.49	0.61	0	0.61	7.77	1.33	9.10
	2	4.48	1.30	5.78	0.57	0.04	0.61	5.05	1.34	6.39
	3	2.15	1.06	3.21	0.61	0	0.61	2.76	1.06	3.82
	4	4.61	1.41	6.02	0.84	0.20	1.04	5.45	1.61	7.06
	5	1.72	0.22	1.94	0.94	0.19	1.13	2.66	0.41	3.07
	1～5	20.12	5.32	25.44	3.57	0.43	4.00	23.69	5.75	29.44
2	1	7.30	1.43	8.73	0.47	0.14	0.61	7.77	1.57	9.34
	2	4.70	1.57	6.27	0.45	0.07	0.52	5.15	1.64	6.79
	3	2.65	0.86	3.51	0.45	0.16	0.61	3.10	1.02	4.12
	4	3.95	1.44	5.39	0.93	0.11	1.04	4.88	1.55	6.43
	5(1)	4.16	1.47	5.63						
	5(2)	-13.98	-1.58	-15.56						
	1～5	22.76	6.77	29.53	2.30	0.48	2.78	25.06	7.25	32.31

注:5(1)为第5年7月1日～8月27日,5(2)为第5年8月28日～9月30日。

3. 河势变化

随着三角洲不断向下游推进,三角洲顶坡段逐渐形成较为稳定的滩槽,但在形成与发展的过程中,河势变化不定。HH36～HH32之间,因河谷较宽,水库运用初期河势极不稳定,特别是第一年非汛期后。由于非汛期水库蓄水位较高,泥沙大多在该库段落淤,汛初水位下降后,无明显的滩槽,水流流向不定,或居中,或位于左岸,或两股河,或散乱(见图8-20),而一旦形成稳定的滩槽后,基本上不再发生大的变化。图8-21(a)、图8-21(b)分别为小浪底水库运用5年后方案1及方案2河势图。实事上,两者图中显示的流路均

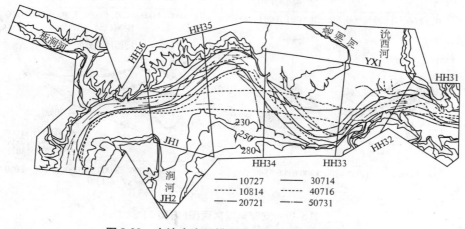

图8-20　小浪底库区模型试验进口段河势套绘图

在第二年汛期已经形成,以后基本上维持该流路。对比两者 HH36～HH31 断面之间的河势可以看出相差较大。初步分析,造成两者差异的原因是,方案 1 起始运行水位 210 m,方案 2 起始运行水位为 220 m,两者运用水位不同,使第一年汛后前者淤积面高程明显低于后者。方案 1 即使经过第一年非汛期的淤积,板涧河口下游山嘴的挑流作用仍十分明显,使水流几乎折 90°后较平顺地流向下游。方案 2 第一年汛后该河段淤积面较高,在此基础上叠加第一年非汛期的淤积物之后,河势十分散乱,虽然在模型进口段(板涧河口以上)河势与方案 1 相同,但较高的淤积面使板涧河口以下的山嘴对水流的作用减弱,水流滑过该山嘴后沿左岸流向下游,在 HH34 断面左岸山体作用下,水流从左岸斜向右岸,而 HH33 断面右岸山体又将水流挑向左岸。在以后的年份里出现大水漫滩时期,漫滩水流试图在 HH36 断面以下切割凸岸滩地而趋直,但最终因主槽过流量较大,滩地分流量有限,且洪水历时相对较短而未能造成河势的改变。两方案在 HH32 断面以下,河势受两岸岸壁的制约均较为稳定且基本一致。

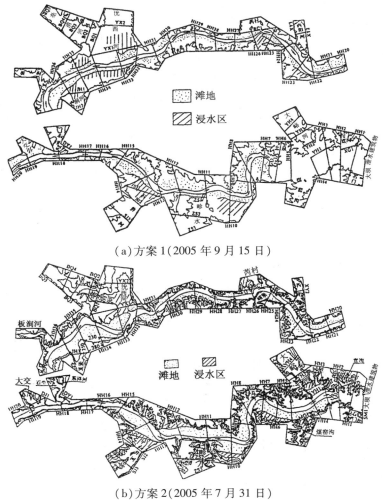

(a)方案 1(2005 年 9 月 15 日)

(b)方案 2(2005 年 7 月 31 日)

图 8-21　小浪底库区模型试验河势图

4. 降水冲刷概化试验

降水冲刷概化试验从第5年8月28日起在坝前水位230 m的基础上日降水位5 m,5日后即9月1日水位下降25 m至205 m。之后除入库流量大于该水位泄量,水库敞泄滞洪外,直至9月20日水位均保持在205 m。进口水沙条件采用设计水平1977年8月28日~8月31日+1981年9月1日~9月20日过程。9月21日水位再下降5 m至200 m,并保持该水位至9月30日,该时段入库流量为小浪底水库200 m高程泄量4 550 m³/s,入口沙量为1981年相应时段含沙量过程。

当水位降至220 m,坝前至距坝约10 km的范围内出现河槽强烈冲刷,滩面滑塌、流动的现象。水位进一步下降至205 m,除坝前段冲刷进一步发展外,并向上游发展。距坝10 km以上至45 km的范围内,沿横断面不同的部位冲刷表现形式各不相同。在河槽内主要表现为溯源冲刷,局部形成跌水,并不断向上游发展,甚至可存在多级跌水。随着主槽下切,两岸处于饱和状态的淤积物失去稳定,在重力及渗透水压力的共同作用下向主槽内滑塌。特别是靠边壁部分的滩地,淤积物较细,沉积时间短,且表面往往存在少量的积水,更加剧了泥流的形成。而处于滩唇处的淤积物则具有抗冲性。由于该河段淤积物较以上河段为细,较以下河段沉积时间长,因此具有一定的抗冲性,自下而上发展较慢。冲刷发展至45 km以上,其表现形式仍为主槽溯源冲刷,滩地滑塌,只是由于河槽淤积物较粗,有黏性的细颗粒含量少,而使冲刷发展相对较快,滩地淤积物因沉积时间略长而使滑塌现象不十分强烈。支流沟口淤积物随着干流淤积面的降低出现滑塌,进而引起支流内蓄水下泄,水沙俱下,加速了支流淤积物下排。

出口含沙量由8月27日的110 kg/m³增加至8月30日的349 kg/m³,至9月10日期间平均含沙量基本上变化至250~430 kg/m³之间,最大及最小日平均含沙量分别为478 kg/m³及238.8 kg/m³。9月12日减小至86 kg/m³,之后至9月20日基本保持40~60 kg/m³的范围内。9月21日水位再下降5 m后,河槽出现了并不强烈的溯源冲刷,基本上无跌水且发展缓慢,滩地不再出现滑塌现象,在个别库段出现较陡的边坡。该时段出库日平均含沙量增加至100 kg/m³左右,最大日平均含沙量为119 kg/m³。降水冲刷期出库含沙量较为均匀且持续时间较长,似与冲刷自下而上发展有关。

降水冲刷后河床纵、横剖面形态发生了很大变化(图8-12、图8-13及图8-17)。支流淤积物冲刷后,拦门沙坎已不存在,河口段纵剖面改淤积时段倒坡为顺坡(图8-18、图8-19)。

值得一提的是,方案1试验完成之后,在淤积地形的基础上,也曾进行了冲刷概化试验。进口流量为1 500~2 000 m³/s的清水,坝前水位基本稳定在210 m左右。在距坝约10 km的库段冲刷现象与方案2冲刷试验类似,只是表现不那么强烈。而在距坝10 km以上河段,主要表现是在河槽内发生并不强烈的溯源冲刷,冲刷强度自下而上减弱。因冲刷发展相对方案2较为缓慢,河槽以下切为主,在HH10~HH15断面之间形成高滩深槽,河槽宽400~500 m,河槽深达20 m左右。两次冲刷概化试验的结果表明,水库冲刷的强弱,主要取决于入库流量、水面比降、淤积物组成(干容重及级配)等。水沙条件及河床边界条件不同,冲刷现象也相差较大。

(二)2000年度水库运用方案的试验成果

1. 水沙运动规律及排沙特性

水库起始运用水位205 m,205 m以下蓄水量约16.1亿m³,加之非汛期预留的用于7

月上旬灌溉补水的 10 亿 m³ 蓄水,6 月 30 日库区蓄水位接近 217 m,回水末端超过模型进口。7 月上旬,入库流量及含沙量均较小,挟沙水流入库后,泥沙大多淤积在模型进口。随着模型进口段不断淤积抬升及坝前水位的逐渐下降,进口段自上而下逐渐呈明流状态。在板涧河口上游,浑水潜入清水下面沿库底向下游运行,形成异重流。之后,库区基本上为异重流排沙。

异重流潜入位置取决于该处水流泥沙条件。图 8-22 点绘了异重流潜入点随时间的变化过程。从总的变化趋势看,潜入点随库区淤积量的增加而下移。从变化过程看,潜入点位移与库水位的升降关系较为密切。例如 7 月 29 日~8 月 4 日,水位由 211.78 m 下降至 206.65 m,异重流潜入位置由距坝约 60 km 处下移至距坝约 50 km 处,之后,至 8 月 12 日,又随水位上升至 215.51 m 而上移至距坝约 55 km 处。根据观测到的异重流潜入点处的水力条件,点绘出的 $v_0 \sim \sqrt{g'h_0}$ 关系(v_0、h_0 分别为异重流潜入处流速及水深)仍符合实测资料以及试验结果给出的一般规律,见图 8-5。图中小浪底水库模型 1、2 分别代表水库初期运用试验及 2000 年运用试验成果。

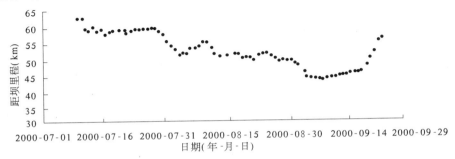

图 8-22 异重流潜入点位置图

设计给出的 2000 年水沙过程大部分时段入库流量较小,在异重流潜入点附近水流相对平静,只是由于横轴环流的存在,异重流潜入点下游库区水面倒流,使下游漂浮物向上游漂移而聚集在潜入点处。浑水潜入后向下游运行的过程中,由于形成异重流运动的能量主要来源是异重流的含沙量和流量,而异重流的泥沙输移总是处于超饱和状态,因此在异重流泥沙淤积的同时含沙量随之降低,且随着沿程清水的析出及向支流的倒灌而使异重流的流量逐渐减小,其运动能量亦相应减小。所以,当入库流量较小时异重流潜入后往往随着能量的减小而消失在库区。根据淤积地形资料分析,虽然部分异重流浑水倒灌支流以及沿程损失,但大多情况下,异重流或多或少可运行至坝前。水库运用初期由于坝前初始库底高程不足 150 m,而排沙洞底坎高程为 175 m,两者高差大于 20 m,即使挟沙水流到达坝前,但排沙比非常小,特别是 7 月份几乎没有泥沙出库。至 7 月底,坝前淤积面高程约为 165 m,异重流到坝前后,仍不能有效地排出库外。例如 7 月 30 日进口流量达 4 324 m³/s,进口含沙量为 110 kg/m³,距坝 1.45 km 的 HH1 断面,异重流含沙量约 50 kg/m³,而出库含沙量不足 5 kg/m³。

8 月底至 9 月初的一场洪水过程,模型入口最大日平均流量为 3 868 m³/s,水库相应泄水,库水位逐渐下降,随之出现一次较大的排沙过程,出库最大日平均含沙量约 30 kg/m³,且出库沙量几乎全部由位于泄水建筑物底部的排沙洞及孔板洞下泄,发电洞出流几乎为清水。

图 8-23 ~ 图 8-34 为 7 月底及 9 月初两次较大流量库区沿程代表断面流速及含沙量沿垂线分布图,由此可以反映库区水沙运动的规律。7 月 30 日,异重流潜入点位于距坝约 58 km 处,在潜入点以下各断面流速分布均呈现上小下大的异重流分布规律,含沙量沿垂线分布图也表明库区为上清下浑的分层流。9 月 2 ~ 7 日一场洪水过程中,在库区淤积发展及坝前水位单一下降的双重作用下,异重流潜入点不断下移。9 月 2 日异重流潜入点位于距坝约 48 km 处,位于潜入点上游的 HH29 断面(距坝 49.63 km)流速及含沙量沿垂线呈明流分布规律,以下各断面为异重流分布。至 9 月 7 日,异重流潜入点下移至距坝 44 km 处,潜入点上游的 HH27 断面(距坝 46.05 km)流速及含沙量分布呈明流分布规律,以下各断面为异重流分布。

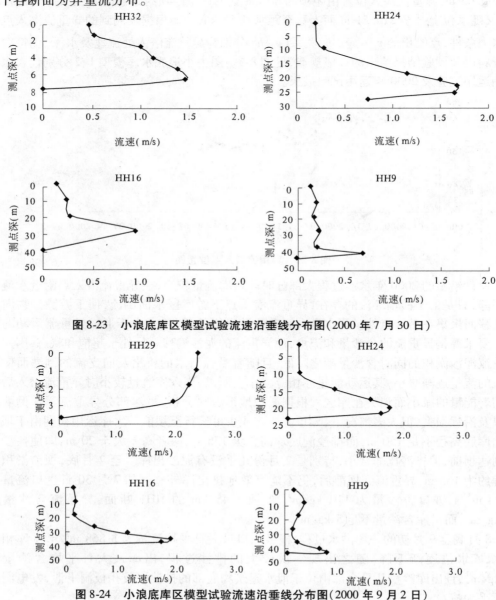

图 8-23　小浪底库区模型试验流速沿垂线分布图(2000 年 7 月 30 日)

图 8-24　小浪底库区模型试验流速沿垂线分布图(2000 年 9 月 2 日)

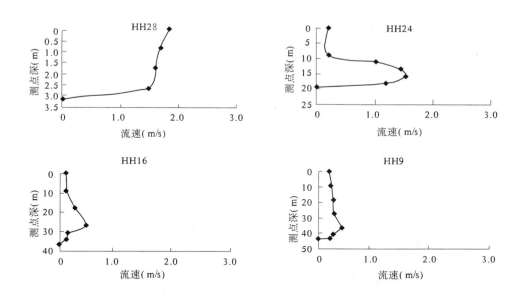

图 8-25　小浪底库区模型试验流速沿垂线分布图（2000 年 9 月 3 日）

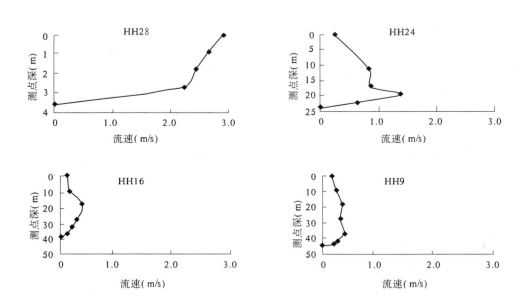

图 8-26　小浪底库区模型试验流速沿垂线分布图（2000 年 9 月 4 日）

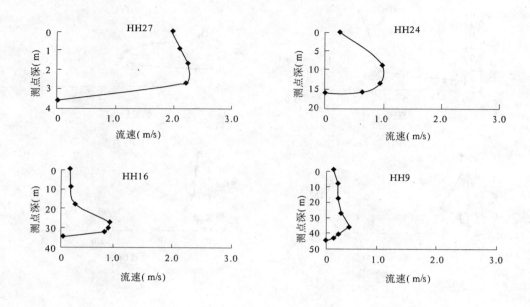

图 8-27　小浪底库区模型试验流速沿垂线分布图(2000 年 9 月 5 日)

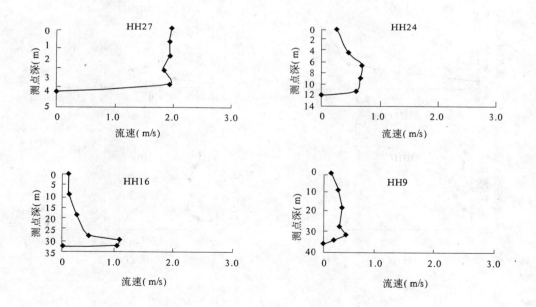

图 8-28　小浪底库区模型试验流速沿垂线分布图(2000 年 9 月 7 日)

・362・

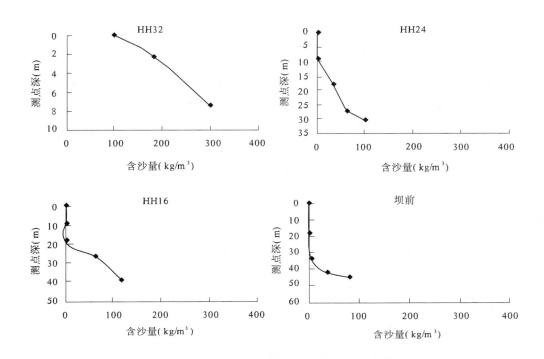

图 8-29　小浪底库区模型试验含沙量沿垂线分布图（2000 年 7 月 30 日）

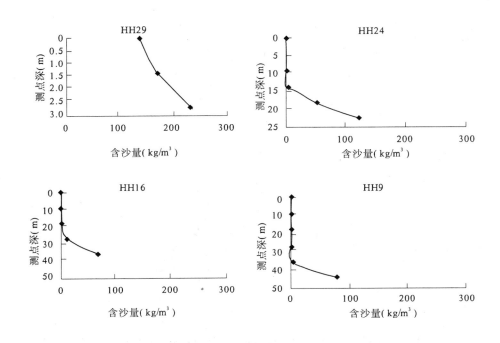

图 8-30　小浪底库区模型试验含沙量沿垂线分布图（2000 年 9 月 2 日）

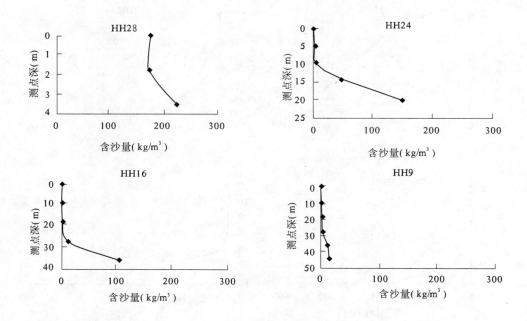

图 8-31　小浪底库区模型试验含沙量沿垂线分布图（2000 年 9 月 3 日）

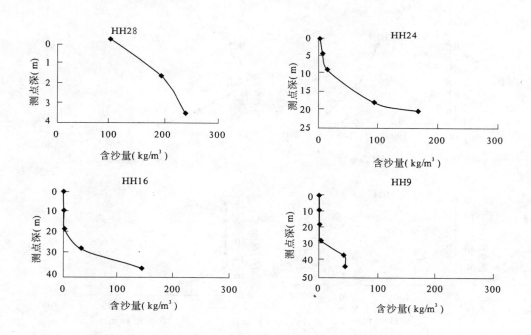

图 8-32　小浪底库区模型试验含沙量沿垂线分布图（2000 年 9 月 4 日）

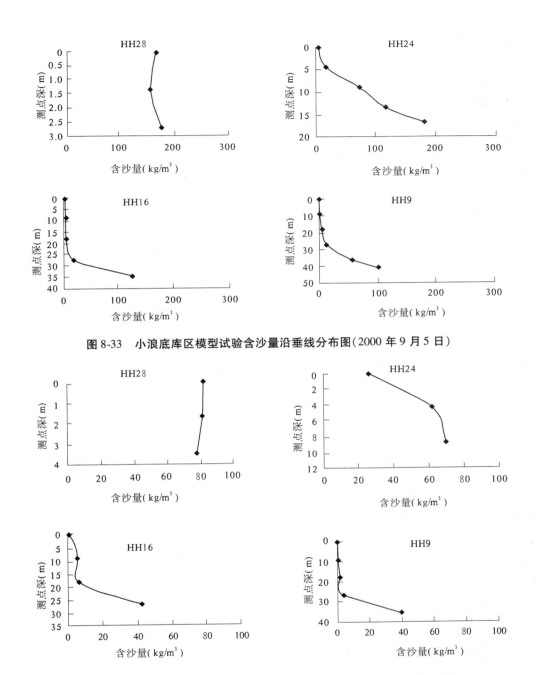

图 8-33　小浪底库区模型试验含沙量沿垂线分布图（2000 年 9 月 5 日）

图 8-34　小浪底库区模型试验含沙量沿垂线分布图（2000 年 9 月 7 日）

2. 淤积形态及过程

1）干流淤积形态及过程

7 月初,由于水库运用水位较高,模型库段均处于回水范围,挟沙水流进入模型后处于超饱和状态,泥沙迅速在模型进口落淤并逐渐出露水面。之后随着异重流的形成使较粗泥沙在潜入点处落淤,较细泥沙随异重流向下游输移的过程中产生沿程淤积。随着坝前水位逐渐下降,异重流潜入点下移,泥沙堆积部位亦向下游发展。从淤积纵剖面图(图8-35)中可以看出,7月份在距坝约40 km以上受水库回水的影响淤积泥沙较多,而以下部位基本上为等厚淤积,只是在坝前段局部范围纵剖面接近水平。这主要是由于坝前初始地形高程与最低的泄水洞之间高差达20 m以上,挟沙水流到达坝前以后不能排泄出库,浑水在坝前聚集而后泥沙沉积所致。8月份运用水位一般在210 ~ 215 m之间,在HH32断面(距坝55.22 km)以上,多数时段呈明流状态,并形成明显的滩槽,水流在河槽内运行,模型进口淤积不多。

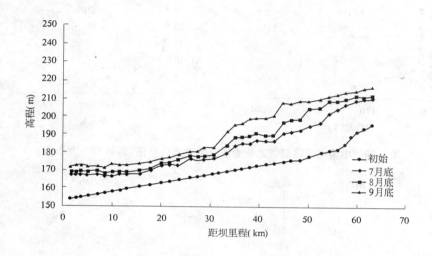

图8-35 小浪底库区干流淤积纵剖面

泥沙大部分淤积在距坝40 ~ 55 km之间,坝前段淤积高程仅略有抬升。9月上旬水库运用水位不高且入库流量较大,浑水在距坝45 ~ 50 km处潜入形成异重流,部分泥沙在潜入点落淤,而后,在异重流的运行过程中泥沙沿程淤积,使大坝上游30 km库段基本上均匀抬升。此后随库水位的上升且入库流量的减小,泥沙大多淤积在距坝30 km以上库段。

至9月底库区淤积形态接近三角洲,距坝约40 km以上的三角洲顶坡段淤积厚度一般接近30 m;距坝10 ~ 30 km的异重流淤积段,淤积纵剖面大致与库底平行,一般淤积厚度约10 m;距坝10 km以内的坝前淤积段纵剖面接近水平,坝前HH1断面淤积面高程约170 m,淤积厚度达15 m。

图8-36为干流横断面套绘图。距坝约50 km以上库段在脱离回水影响的时段可塑造出滩槽高差不甚显著的河槽,水流在河槽中运行。在距坝55 ~ 57 km之间的库段因河势变化,河槽沿横断面出现了较大的位移,存在明显的滩槽高差。河槽亦会随入流量的大小而扩大或缩小。9月份蓄水位逐渐抬升,泥沙大多淤积在河槽中,至9月底大部分库段已无明显的滩槽之分,个别库段仅显示出浅碟状的河槽。在模型下段为异重流淤积,河床基本上为水平抬升。

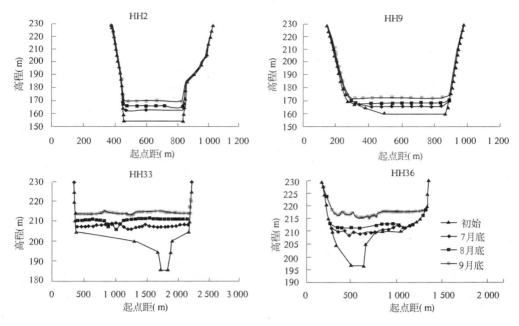

图 8-36 小浪底库区横断面套绘图

2）支流淤积形态及过程

相对于位于距坝约 64 km 处的板涧河河底高程而言,干流水位低几乎无浑水灌入,仅在沟口位于距坝约 55 km 处的沇西河,大多时段为异重流倒灌淤积,只是当库水位较低,且干流出现较大流量时,浑水以明流的形式倒灌支流。位于其下游的各支流均为异重流倒灌淤积,即干流异重流在向下游运行的过程中,在支流沟口,部分浑水仍以异重流的形式倒灌支流并向支流上游运行,这时往往可看到支流表层水缓慢向沟口流动,因而水面漂浮物聚集在沟口附近。

从支流淤积纵剖面图(图 8-37)中可以看出,沟口淤积高程与干流衔接,沟口的淤积厚度取决于干支流交汇处干流的淤积高程。位于三角洲洲面的沇西河口向内略有倒坡,高差约 3 m,而其他支流纵剖面并无明显的倒坡。

基于断面法及输沙率法的统计分析结果,可得出汛期排沙比为 10% 左右,绝大部分泥沙淤积在库区,其中干流淤积约 5.7 亿 m³,支流淤积约 0.7 亿 m³。

3.淤积物组成

库区淤积物组成取决于入库悬沙级配及水库运用方式。9 月底库区表层淤积物级配资料显示沿程泥沙中径 D_{50} 存在较大的差别(见图 8-38)。HH34 断面(距坝 58.91 km)以上,D_{50} 一般为 0.03 mm 左右;HH34 ~ HH24 断面(距坝 40.87 km)之间,自上而下 D_{50} 有减小的趋势,一般为 0.026 ~ 0.021 mm;八里胡同库段 D_{50} 一般为 0.018 mm;距坝 30 km 以下库段沿程分选现象不明显,D_{50} 均在 0.015 mm 以下,坝前段略偏细,D_{50} 约为 0.012 mm。支流淤积物组成一般与交汇处的干流相当。支流畛水 D_{50} 为 0.011 ~ 0.014 mm,支流大峪河 D_{50} 为 0.01 ~ 0.012 mm。干流异重流淤积段,D_{50} 沿垂向变化不大;淤积三角洲库段 D_{50} 沿垂向变化较大,但不存在趋势性的变化。

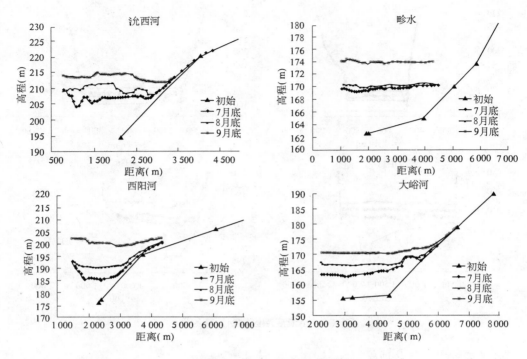

图 8-37 支流泥沙淤积纵剖面图

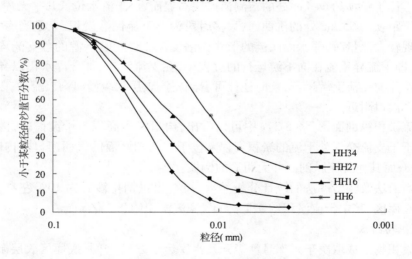

图 8-38 库区淤积物级配曲线

4. 河势变化

由于大部分时间入库流量不大,主流一般沿板涧河下游的山体较为顺直地穿过 HH36 ~ HH34 断面之间。HH34 ~ HH31 断面之间,主槽位移较为频繁,见河势套绘图 8-39。8 月上中旬主流贴 HH34 ~ HH33 之间左岸山体穿过沈西河口,经 HH32 断面左岸流向下游。随着该流路被逐渐淤积抬升,部分水体分流至右岸下泄,至 8 月下旬出现左右两股水流状况。随后,右股水流逐步居主导地位,9 月初的洪水加剧了右股汊道的发展,最终形成了位于右岸的单一河槽。

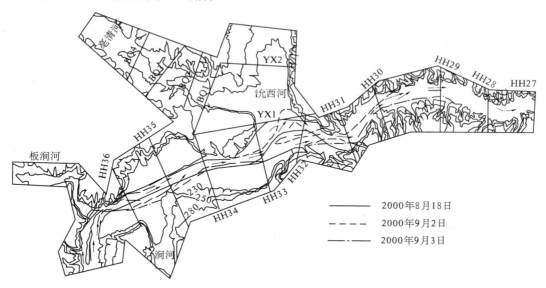

图 8-39 小浪底库区模型进口河段河势套绘图

(三)结论

(1)在分析原型观测资料的基础上,对不同的模型沙特性进行试验比选,确定采用物理化学性能稳定的郑州热电厂粉煤灰作为模型沙;采用黄河泥沙模型相似律及关于对异重流运动相似条件的研究成果,并借助于较为完善的水流挟沙力等基本公式,完成了水库泥沙动床模型的设计。

(2)在小浪底水库不具备验证试验的前提下,利用位于小浪底水库上游,水沙条件及河床边界条件均与其相近的三门峡水库进行验证试验。验证结果表明,采用模型设计给出的比尺取含沙量比尺 $\lambda_S = 1.7$、河床冲淤变形时间比尺 $\lambda_{t_2} = 45$ 可满足沿程水位、出库含沙量、泥沙级配、河床冲淤量及其分布、河势变化等方面与原型相似;异重流的潜入、运行及流速、含沙量沿垂线分布等现象与原型一致;高含沙水流流态及输沙特性等与原型观测结果基本一致。由此说明模型设计是合理的,选用郑州热电厂粉煤灰作为模型沙,并将所有比尺用于小浪底库区模型试验,可保证试验结果的可靠性。

(3)小浪底水库试验结果表明,水库运用初期基本上为异重流排沙,潜入点一般位于三角洲顶点下游的前坡段,且随入库流量的大小或库水位的升降有所变动。异重流潜入条件符合实测资料及水槽试验得出的异重流潜入的一般规律。若异重流潜入后有足够的能量,则可运行至坝前并排泄出库。

(4)小浪底水库干流淤积形态为三角洲,随着水库运用时间的延长,三角洲不断向下游推进。在三角洲洲面形成位置相对稳定的河槽,河槽宽一般 400 ~ 500 m。板涧河口以下库段除八里胡同以外均可形成滩地。库区支流主要为干流倒灌淤积,在支流沟口形成拦门沙。拦门沙顶部高程与干流滩面衔接,向内形成倒坡。随干流水位下降或抬升,支流沟口拦门沙可被冲出小槽或因干流浑水倒灌而淤积。

（5）水库运用初期，在 HH36～HH32 断面之间，由于河谷较宽，加之非汛期淤积的影响，河势不稳定。一旦形成稳定的滩槽后，基本上不发生大的变化。HH32 断面以下，受两岸山体的制约，河势较为稳定。发生较大流量的洪水后，断面形态变化表现为淤滩刷槽。

（6）库区冲刷概化试验的结果表明，对于初期淤积物而言，当入库流量较大且持续时间长，加之坝前水位骤降，在河槽内会出现较为强烈的冲刷下切，滩地随之滑塌的现象。这与野外观测现象一致。表明在水库运用过程中，若有较大流量入库且持续时间较长，大幅度下降水库运用水位，可达到恢复部分库容的目的。但需要说明的是，由于原型沙与模型沙的物理化学特性的完全模拟是极其困难的，加之两者沉积时间的不同，定量结果尚需进一步研究。

（7）通过小浪底水库 2000 年推荐方案的模型试验，以及同时进行的小浪底库区水动力学模型计算，可得出以下结论：

①水库 2000 年主汛期基本上为异重流排沙。异重流潜入点位置随库区淤积过程、库水位及进口水沙条件的变化而发生位移，一般位于距坝 64～43 km 之间。异重流潜入点水力条件符合实测资料及水槽试验得出的一般规律。异重流向下游运行的同时发生沿程淤积并向支流倒灌。由于坝前库底高程与泄水洞高程之间存在较大的高差，异重流到达坝前不能有效地排泄出库，因而排沙效果较差。主汛期平均排沙比约为 10%，试验段总淤积泥沙约 6.4 亿 m³。

②受库水位变动等因素影响，7、8 月份库区淤积纵剖面呈不十分明显的三角洲淤积形态，至 9 月底库区淤积形态基本上为三角洲。三角洲顶坡段一般淤积厚度约 30 m；异重流淤积段，基本上为等厚淤积，一般淤积厚度 10 m 以上；坝前段淤积纵剖面接近水平，HH1 断面淤积厚度达 15 m 以上。

③模型上段若脱离回水影响则可塑造出较为明显的滩槽，河槽会随河势或流量的变化而发生位移或形态的改变。异重流淤积段及坝前段在横断面上的表现基本为水平抬升。

④支流沟口的淤积面高程与干流衔接，沟口的淤积厚度取决于交汇处干流的淤积面高程。至 9 月底支流淤积泥沙约 0.7 亿 m³。位于干流三角洲洲面的支流沇西河沟口有较明显的倒坡，高差约 3 m，而其余支流均无明显的倒坡。

⑤库区三角洲淤积段，淤积物有沿程变细的趋势，沿垂向不存在趋势性的变化；异重流淤积段及坝前段淤积物沿程几乎无分选现象，坝前段略偏细，沿垂向变化不大。支流淤积物组成与交汇处干流相当。

本项研究采用较为完善的黄河泥沙模型相似律，在对模型沙特性进行试验比选的基础上，完成了模型设计。借助于水沙条件及河床边界条件与小浪底水库相近的三门峡水库进行模型验证试验。验证试验结果表明，模型沿程水位、出库含沙量过程、河床冲淤量及其分布、河势变化等方面与原型相似，表明模型设计是合理的，选用相同的模型沙并将所有比尺用于小浪底库区模型试验，可保证试验结果的可靠性。从采用与河工模型相同的水沙条件及边界条件进行的数学模型计算结果看，在库区水沙运动规律、干支流淤积量及淤积形态等方面取得了较为相近的结论，两者达到了相互印证、相互补充的目的。

第二节　小浪底至苏泗庄河段河道动床河工模型试验研究实例

一、小浪底至苏泗庄河段自然概况

（一）小浪底至京广铁桥河段

黄河出小浪底后,穿过不足 10 km 的峡谷河道,而后河道突然放宽。北岸在招贤镇至孟县一带为清风岭,属形态比较破碎的黄土高崖;南岸为邙山平岗地带,属于黄土覆盖的岩石山丘。两岸除右岸白鹤镇至和家庙,左岸除清风岭以下有堤防外,其余全由高崖束约洪水。主要支流右岸有伊洛河,左岸有沁河,它们是黄河下游洪水主要来源之一。

峡谷至过渡段,水流流速骤然降低,大量卵石和粗沙沉积河床。洛阳公路桥以上形成的鸡心滩及床面基本由卵石夹沙组成;洛阳公路桥以下卵石埋深逐渐加大,变为沙质河床。由于左岸温孟滩安置了小浪底水库移民,20 世纪 90 年代在铁谢至伊洛河口河段完善了原有的河道整治工程,对限制游荡范围、控制河势发挥了作用。加上移民安置区防护堤的修建,大大减少了大洪水或高含沙洪水的漫水范围。由河床观测资料统计结果表明,铁谢至京广铁桥河段平均纵比降 2.5‰。主槽床沙中径 $D_{50} = 0.1 \sim 0.25$ mm,悬沙中径 $d_{50} = 0.015 \sim 0.025$ mm。

（二）京广铁桥至东坝头河段

京广铁桥至东坝头河段属著名的游荡性河段,全长 128 km,河床高于大堤外地面,形成天然的地上悬河。历史上决口改道频繁,是历年汛期防守的重点河段。该段南北两岸大堤内宽度 5 ~ 14 km,平滩流量下水面宽 1 ~ 3 km,河槽平均纵比降 2.0‰,主槽床沙中径 $D_{50} = 0.1$ mm,悬沙中径 $d_{50} = 0.01 \sim 0.025$ mm。本河段有广阔的滩地,面积约 975 km^2,除有嫩滩和二级滩地外,由于 1855 年铜瓦厢决口改道后溯源冲刷的影响,增加了一级高滩。高滩上村庄较多,庄稼、树木茂密。

（三）东坝头至苏泗庄河段

黄河自东坝头急转弯后,沿东北方向进入山东。东坝头至高村仍属典型的游荡性河道,两岸堤距上宽下窄,呈喇叭形,上段最宽处达 20 km,下段最窄处仅 4.7 km。河槽宽 2.2 ~ 6.5 km,平均纵比降 1.6‰,主槽床沙中径 $D_{50} = 0.07 \sim 0.08$ mm,悬沙中径 $d_{50} = 0.01 \sim 0.025$ mm。1958 年汛后两岸滩地修筑生产堤后,一般洪水不能漫滩落淤,河槽淤积加重,造成河槽平均高程高于滩面平均高程的不利局面,形成了"二级悬河"。由于滩唇高,堤根洼,滩面横比降达 1/2 000 ~ 1/3 000,大洪水时发生"滚河"的危险性很大,是黄河下游防洪中的一个薄弱河段。高村以下两岸大堤堤距变小,一般为 2 ~ 7 km,河道游荡特性变弱,属游荡性河道与弯曲性河道之间的过渡性河段。

二、模型设计

（一）模型相似条件

黄河小浪底至苏泗庄河段,河床宽浅散乱,泥沙细,含沙量高,水沙变幅大,边界条件复杂,因此本模型试验难度很大。李保如、屈孟浩及彭瑞善等学者对黄河动床模型相似律均进行过研究。以此为基础,20 世纪 80 年代末以来,黄河水利科学研究院又对黄河动床模型相似条件进行了更深入的探讨和研究,目前业已完善。其模型相似律主要由如下几方面组成:

水流重力相似条件

$$\lambda_v = \sqrt{\lambda_H} \tag{8-21}$$

水流阻力相似条件

$$\lambda_n = \frac{1}{\lambda_v} \cdot \lambda_H^{2/3} \left(\frac{\lambda_H}{\lambda_L} \right)^{1/2} \tag{8-22}$$

水流输沙能力相似条件

$$\lambda_{G_s} = \lambda_{G_{s*}} \tag{8-23}$$

对于悬移质泥沙模型,上式变为 $\lambda_{G_s} = \lambda_S \lambda_Q$, $\lambda_{G_{s*}} = \lambda_{S_*} \lambda_Q$,则

$$\lambda_S = \lambda_{S_*} \tag{8-24}$$

悬移质泥沙悬移相似条件

$$\lambda_\omega = \lambda_v \left(\frac{\lambda_H}{\lambda_L} \right)^{0.75} \tag{8-25}$$

河床变形相似条件

$$\lambda_{t_2} = \frac{\lambda_{\gamma_0} \lambda_L^2 \lambda_H}{\lambda_{G_s}} \tag{8-26}$$

对于悬移质泥沙模型,上式则变为:

$$\lambda_{t_2} = \frac{\lambda_{\gamma_0}}{\lambda_S} \cdot \frac{\lambda_L}{\lambda_v} = \frac{\lambda_{\gamma_0}}{\lambda_S} \lambda_{t_1} \tag{8-27}$$

泥沙起动及扬动相似

$$\lambda_{v_c} = \lambda_v = \lambda_{v_f} \tag{8-28}$$

河型相似条件

$$\left\{ \frac{[D_{50} H (\gamma_s - \gamma)/\gamma]^{1/3}}{i B^{2/3}} \right\}_p \approx \left\{ \frac{[D_{50} H (\gamma_s - \gamma)/\gamma]^{1/3}}{i B^{2/3}} \right\}_m \tag{8-29}$$

由于模型及原型悬沙粒径较细,一般满足 G. G. Stokes 定律,因而可导出悬沙粒径比尺表达式:

$$\lambda_d = \left(\frac{\lambda_v \lambda_\omega}{\lambda_{\gamma_s - \gamma}} \right)^{1/2} \tag{8-30}$$

以上各式中:λ_L 为水平比尺;λ_H 为垂直比尺;λ_v 为水流流速比尺;λ_n 为糙率比尺;λ_ω 为悬沙沉速比尺;λ_{G_s} 为水流输沙率比尺;$\lambda_{G_{s*}}$ 为水流输沙能力比尺;λ_S 为水流含沙量比尺;λ_{S_*} 为水流挟沙能力比尺;λ_{t_1} 为水流运动时间比尺;λ_{t_2} 为河床冲淤变形时间比尺;λ_{γ_0} 为淤积物干容重比尺;λ_{v_c} 为泥沙起动流速比尺;λ_ν 为水流运动黏滞性系数比尺;$\lambda_{\gamma_s - \gamma}$ 为泥沙与水的容重差比尺;λ_d 为悬沙粒径比尺;B 为造床流量下河宽;H 为造床流量下平均水深;i 为河床比降;γ_s、γ 分别为泥沙、水流容重;D_{50} 为床沙中值粒径。

此外,为保证模型与原型水流流态相似,还需满足如下两个限制条件:

（1）流态限制条件（充分紊流）

$$Re_{*m} > 8\,000 \tag{8-31}$$

（2）表面张力限制条件（h_m 为模型水深）

$$h_m > 1.5\ \text{cm} \tag{8-32}$$

式（8-31）中，Re_{*m} 为模型中浑水有效雷诺数，含沙量较小时，为一般雷诺数的 4 倍。在用于二维明流时，有效雷诺数 Re_* 由下式表示

$$Re_* = \frac{4\gamma_m v H}{g\eta_s\left(1 + \dfrac{\tau_{BT} H}{2\eta_s v}\right)} \tag{8-33}$$

式中：γ_m 为浑水容重；v 为流速；τ_{BT} 为动水时的宾汉剪切力；η_s 为刚度系数。

按上述模型相似准则设计黄河动床模型，不仅能满足一般的水沙运动相似条件，而且能较好地复演原型宽浅散乱的演变特性。

（二）比尺确定及模型沙选择

1. 几何比尺选择及变率影响论证

根据场地条件及试验要求，经过比选后，取模型水平比尺 $\lambda_L = 600$，垂直比尺 $\lambda_H = 60$，模型几何变率 $D_t = 10$。

对于模型变率的限制条件，国内外不少学者对此都有专门的研究，提出了不同的限制条件。取三门峡水库拦沙期宽深比较小的孤柏嘴断面为代表（河宽 $B = 1\,800$ m，平均水深 $H = 2.80$ m），依据各家公式论证所取变率的合理性。

张瑞瑾等学者认为水力半径 R 对模型变态十分敏感，提出了一个表达河道水流二度性的模型变态指标 D_R，假定过水断面为矩形，视 $D_R = 0.95 \sim 1.0$ 为理想区，并以 $D_R \geqslant 0.95$ 为条件，导出如下变率限制式：

$$D_t \leqslant \left(\frac{1}{38}\frac{B}{H} + \frac{20}{19}\right) \tag{8-34}$$

将 $B = 1\,800$ m、$H = 2.80$ m 代入上式，得 $D_t \leqslant 17.97$，表明本模型 $D_t = 10$，可保证二度流场相似程度在理想区的范围内。

窦国仁从控制变态模型边壁阻力与河底阻力比值，以保证模型水流与原型相似的概念出发，提出了如下模型几何变率限制关系式：

$$D_t \leqslant \left(1 + \frac{1}{20}\frac{B}{H}\right) \tag{8-35}$$

按上述原型资料代入上式，求得 $D_t \leqslant 33.14$，显然，本模型所取变率满足上式。

张红武提出相对保证率的概念，若以不小于 90% 作为模型与原型相似良好的标准，提出如下变率限制式：

$$D_t \leqslant 0.021\,3\,\frac{B}{H} + 0.9 \tag{8-36}$$

将原型宽深比资料代入，得 $D_t \leqslant 14.59$，故所取 $D_t = 10$，亦满足上式。

文献[9]根据冈恰洛夫、坎鲁根及洛西耶夫斯等人的研究成果，综合提出了模型水流的宽深关系应满足下式（下标"m"表示模型量，下同）：

$$\frac{B_m}{H_m} > 5 \sim 10 \tag{8-37}$$

由模型孤柏嘴断面 $B_m = 3.0$ m，$H_m = 0.046\,7$ m，得 $\dfrac{B_m}{H_m} > 64.24$，显然满足上式。

由上述各家公式计算和分析结果表明，本模型所取 $D_t = 10$ 均在各家公式的允许范围内，变态影响较小，可满足工程实际需要。此外，所取垂直比尺 $\lambda_H = 60$，也能使模型最小水深满足限制条件式(8-32)。

将几何比尺代入式(8-21)，求得流速比尺 $\lambda_v = 7.75$，进而求得流量比尺 $\lambda_Q = \lambda_v \lambda_H \lambda_L = 279\,000$。

2. 模型沙选择

根据多年研究，我们认为用郑州热电厂粉煤灰作为动床模型的模型沙，是最为理想的材料。

郑州热电厂煤灰(模型沙)，容重 $\gamma_s = 20.5$ kN/m³，取原型沙床沙容重 $\gamma_s = 2.71 \times 9.8 = 26.56$ kN/m³，由此可求得 $\lambda_{\gamma_s} = 26.56/20.58 = 1.29$，$\lambda_{\gamma_s - \gamma} = 16.76/10.78 = 1.555$。由式(8-25)可算得 $\lambda_\omega = 1.38$。通过对原型及模型水流温差分析后，取 $\lambda_v \approx 0.743$，则由式(8-30)求得 $\lambda_d = 0.812$，则所选模型悬移质泥沙中径 $d_{50m} = (0.015 \sim 0.025)/0.812 = 0.018\,5 \sim 0.030\,8$ mm。试验时，可根据原型情况及模型水温高低，由式(8-30)计算调整，控制模型悬移质泥沙粒径。

模型床沙既要考虑满足相似条件式(8-28)，又要求满足河型相似条件式(8-29)，通过比较和试算，最后选定 $D_{50} = 0.028 \sim 0.069$ mm，其床沙粒径比尺 $\lambda_D \approx 3.6$。

在黄河下游游荡性河道模型设计时，采用天然河床不冲流速与床沙质含沙量的关系曲线确定原型沙的起动流速。认为可视该曲线上含沙量等于零对应的流速为起动流速，由此查得 $v_{cp} = 0.74 \sim 0.84$ m/s($h \approx 1 \sim 12$ m，$D \leqslant 0.15$ mm)。实际上，这与罗国芳等学者确定清水时轻壤土(有的称亚沙土)土质渠槽不冲流速的数值基本相同，文献[7]给出的壤土及黏土不冲流速可表示为

$$v_B = v_{c_1} R^{1/4} \tag{8-38}$$

式中：v_{c_1} 为水力半径 $R = 1$ m 时的不冲流速，对于中壤土或轻壤土(粒径大于 0.05 mm 的沙粒含量约 65%，$0.005 \sim 0.05$ mm 的粉粒含量为 23%，与黄河下游游荡性河段床沙级配接近)，$v_{c_1} = 0.65 \sim 0.8$ m/s，若取 $v_{c_1} \approx 0.725$ m/s，并取 $R \approx h$，则当 $h = 1 \sim 12$ m 时，其不冲流速 $v_B = 0.725 \sim 1.35$ m/s。由于一般认为清水时河床不冲流速就等于起动流速，因此可根据上述分析结果，将原型主要河段床沙起动流速 v_{cp} 定为 $0.725 \sim 1.35$ m/s。另一方面，预备试验得出的模型相应水深时床沙起动流速 $v_{cm} = 9.5 \sim 16$ cm/s，与用李保如起动流速公式计算的结果接近。于是 $\lambda_{v_c} = 7.63 \sim 8.44$，与流速比尺 $\lambda_v = \sqrt{60} = 7.75$ 接近，表明所选模型床沙基本满足起动相似条件，其活动性比原型床沙略大。

由窦国仁及我们的水槽试验结果可知，与原型情况接近的天然沙的扬动流速一般为起动流速的 $1.54 \sim 1.75$ 倍。若取原型扬动流速 $v_f = 1.65 v_c$，则得原型床沙的扬动流速为 $1.20 \sim 2.23$ m/s。参阅文献[11]资料，取模型床沙扬动流速 $v_{fm} = 0.16 \sim 0.27$ m/s，则 $\lambda_{v_f} = 7.50 \sim 8.26$，与 λ_v 接近，模型设计所选床沙也可近似满足扬动相似条件。

对于悬移质泥沙中那部分与床沙有一定交换几率的泥沙,可采用唐存本及文献[22]提出的计算公式计算其起动流速。这两个公式的形式分别为

$$v_c = \left(\frac{h}{d}\right)^{0.14}\left(17.6\frac{\gamma_s - \gamma}{\gamma}d + 0.000\,000\,605\frac{10 + h}{d^{0.72}}\right)^{1/2} \tag{8-39}$$

$$v_c = 3.5\left(\frac{\gamma_s - \gamma}{\gamma}g\right)^{2/9}\frac{v^{5/9}}{\sqrt{d_{50}}}h^{1/6} \tag{8-40}$$

式(8-39)采用 kg·m·s 单位制,式(8-40)适用于 $d_{50} \leq 0.15$ mm 的细沙。$d_{50} = 0.015$ mm 的原型沙,由式(8-39)可求得 $h = 2 \sim 3$ m 时的起动流速 $v_c = 77.46 \sim 85.26$ cm/s。而按式(8-40)相应可求得 $v_c = 88.10 \sim 94.25$ cm/s(取水温为 20 ℃)。另一方面,由土力学对黏性土的分类方法,原型悬沙一般可归划到重壤土或沙质黏土一类,从文献[16]可查得清水时 $v_{c1} \approx 0.85$ m/s,由式(8-38)求得 $h = 2 \sim 3$ m 时的不冲流速 $v_B = 101.1 \sim 111.9$ cm/s。综合来看,原型的起动流速可以取 85 ~ 110 cm/s。对于 $d_{50m} = 0.015/\lambda_d = 0.018\,5$ mm 的模型沙,屈孟浩曾专门进行过起动试验,这种粗度的电厂粉煤灰起动流速 $v_{cm} \approx 12$ cm/s。于是 $\lambda_{v_c} = (90 \sim 110)/12 = 7.5 \sim 9.17$,与流速比尺相差不多,表明即使悬移质泥沙落淤床面后,也能近似满足起动相似条件。

在上游峡谷段直至铁谢附近,不是本模型的重点试验河段,我们根据天然的河床组成状况,选用天然粗沙(包括小砾石)作为模型沙材料,按照泥沙起动相似条件选配模型床沙级配,在铁谢以下过渡段,为弥补郑州热电厂粉煤灰粒径越大起动流速越小的缺陷,采取了以天然沙为主来铺制模型河床的做法,逯村以下基本过渡到以电厂粉煤灰为主来铺制模型河床的状态。另一方面,姚文艺、刘海凌、王卫红等对于河型变化河段模型的设计方法进行了探讨,为本河段的模型床沙铺放打下了良好的基础。

对于动床模型小河,能否满足水流阻力相似条件,是本模型设计成败的关键问题之一。由式(8-22)可求出 $\lambda_n = 0.626$,要求模型大部分河段的糙率 $n_m = (0.008 \sim 0.014\,4)/\lambda_n = 0.012\,8 \sim 0.022\,4$。另一方面,为预估模型小河动床阻力的大小,可采用如下公式进行计算:

$$n = \frac{\kappa h^{1/6}}{2.3\sqrt{g}\lg\left(\dfrac{12.27h\chi}{0.7h_s - 0.05h}\right)} \tag{8-41}$$

式中:κ 为卡门常数,可由式(8-43)求得,当含沙量为 30 kg/m³ 时,$\kappa = 0.34$;h 为水深,由 $\lambda_H = 60$,求得原型水深为 2.5 m 时,$h_m = 0.042$ m;χ 为校正参数,对于床面较为粗糙的模型小河,取 $\chi = 1$;h_s 为模型的沙波高度,根据预备试验,$h_s = 0.01 \sim 0.035$ m。由式(8-41)可得模型小河的糙率值 $n = 0.013\,8 \sim 0.020\,4$,该值与设计值接近,这初步说明所选床沙可以满足河床阻力相似条件。原型资料表明,在清水冲刷状态下,随着河床粗化,糙率明显增加,而模型小河上段尤其是在温孟滩河段,预备试验测得的水位较低,已偏离水面线相似要求。为此在河床插放直径为 3.5 mm 的塑料吸管进行加糙,通过反复预备试验,摸索出规律,保证了试验成果的可靠性。

3. 含沙量及时间比尺的确定

对于挟沙力比尺我们采用计算原型挟沙力并结合模型预备试验结果的途径来确定。

即首先由适合原型的水流挟沙力公式计算原型水流挟沙力,再由模型预备试验得出模型的水流挟沙力,两者之比即为水流挟沙力比尺。

张红武、张清提出了如下形式的水流挟沙力统一公式:

$$S_* = 2.5\left[\frac{(0.0022 + S_V)v^3}{\kappa\dfrac{\gamma_s - \gamma_m}{\gamma_m}gH\omega_s}\ln\left(\frac{H}{6D_{50}}\right)\right]^{0.62} \tag{8-42}$$

式中:γ_m 为浑水容重,$\gamma_m = \gamma + \dfrac{\gamma_s - \gamma}{\gamma}S$;$H$ 为水深;v 为流速,D_{50} 为床沙中径;S_V 为以体积百分数表示的含沙量,$S_V = S/\gamma_s$;κ、ω_s 为浑水卡门常数及泥沙群体沉速,分别由下两式计算:

$$\kappa = 0.4 - 1.68(0.365 - S_V)\sqrt{S_V} \tag{8-43}$$

$$\omega_s = \omega_{cp}(1 - 1.25S_V)\left(1 - \frac{S_V}{2.25\sqrt{d_{50}}}\right)^{3.5} \tag{8-44}$$

式中:ω_{cp} 为泥沙在清水时的平均沉速;d_{50} 为悬移质泥沙中径,mm。

经舒安平、江恩惠、朱太顺、王严平等通过大量实测资料检验,证实式(8-42)是现有公式中最适用于黄河的水流挟沙力公式,目前已得到广泛应用。

根据上述分析,以本河段裴峪、花园口、夹河滩及高村等站资料为代表,用式(8-42)计算原型的水流挟沙力 S_{*p} 列于表8-8。表中同时列出的模型水流挟沙力 S_{*m},除根据本模型预备试验及花园口至东坝头河段模型试验结果外,还参考了由文献[11]给出的模型水流挟沙力公式计算的结果。该模型挟沙力公式相对于式(8-42)多了一个反映模型沙水下容重影响的系数 ξ_1,其表达式为:

$$\xi_1 = [16.17/(\gamma_s - \gamma)]^{2.25} \tag{8-45}$$

而且式中以电厂粉煤灰为模型沙的群体沉速 ω_{sm} 由下式计算:

$$\omega_{sm} = \omega_{cpm}\left[\left(1 + \frac{\gamma_s - \gamma}{\gamma}S_V\right)\left(1 - K_m\frac{S_V}{S_{Vm}}\right)^{2.5}\right]^{1.5}(1 - 2.25S_V) \tag{8-46}$$

式中:S_{Vm} 为极限浓度;K_m 为系数。分别由下面两式计算:

$$S_{Vm} = 0.92 - 0.21\lg\sum(\Delta p_i/d_i) \tag{8-47}$$

$$K_m = 1 + 2(S_V/S_{Vm})^{0.3}(1 - S_V/S_{Vm})^{2.5} \tag{8-48}$$

式(8-47)中:d_i、Δp_i 分别表示某一粒径级的平均直径及相应的重量百分比。由表8-7中原型及模型水流挟沙力值,可求出 $\lambda_{s*} = S_{*p}/S_{*m} = 1.67 \sim 2.25$。

根据文献[11]的试验成果,稳定状态下模型沙干容重 $\gamma_{om} = 0.71 \sim 0.74\ \text{t/m}^3$,作为模型设计,取 $\gamma_{om} = 0.725\ \text{t/m}^3$,原型沙干容重 $\gamma_{op} = 1.40\ \text{t/m}^3$,则 $\lambda_{\gamma_0} = 1.93$,由此可求得河床变形时间比尺:

$$\lambda_{t_2} = \frac{\lambda_{\gamma_0}}{\lambda_S}\cdot\frac{\lambda_L}{\lambda_v} \approx \frac{1.93}{1.67 \sim 2.25}\times\frac{600}{\sqrt{60}} = 66.5 \sim 89.51 \tag{8-49}$$

由此可见,λ_{t_2} 与水流运动时间比尺 λ_{t_1}($\lambda_{t_1} = \lambda_L/\lambda_v = 77.5$)接近,这样,对于非恒定流河道动床模型试验,可以避免常遇到的两个时间比尺相差甚远所带来的时间变态问题。

表 8-8　水流挟沙力比尺分析计算

站名	原型测验时间（年-月-日）	Q	v（m/s）	H（m）	S_p	S_{*p}	S_{*m}	λ_{S_*}
裴峪	1963-09-09	2 070	1.82	1.43	37.30	32.7	18	1.82
	1963-10-03	3 580	2.17	1.59	1.49	24.1	14	1.72
	1963-10-16	3 360	2.07	1.59	3.80	26.8	14.5	1.85
	1963-10-28	2 600	2.30	1.45	12.00	52.9	28	1.89
	1963-11-10	1 450	1.56	1.39	1.91	14.5	8.0	1.81
花园口	1982-07-31	6 123	1.77	1.25	40.20	64.5	30	2.15
	1988-07-19	1 640	1.57	1.52	67.07	63.0	28	2.25
	1988-07-31	2 190	1.67	2.41	59.36	50.23	29	1.73
	1988-08-09	5 545	2.57	2.06	113.00	119.00	67	1.78
	1973-08-31	4 070	1.78	1.22	264.00	163.4	84	1.94
	1973-09-03	5 580	2.31	1.49	369	290.5	134	2.18
	1977-07-09	7 390	2.28	1.49	409	254.0	145	1.75
	1977-07-10	6 360	2.33	3.50	528	274.0	148	1.85
	1977-08-08	8 980	3.56	5.40	428	278.8	147	1.90
夹河滩	1988-08-20	4 420	2.89	2.45	100	89.0	49.2	1.81
	1973-08-30	2 360	2.13	1.45	153	159.7	76.0	2.10
	1973-09-03	4 520	2.64	1.83	327	261.8	126.5	2.07
高村	1960-08-07	4 720	1.89	1.36	145.0	208.2	112.9	1.84
	1963-09-06	2 800	2.03	1.65	42.1	54.6	30.6	1.78
	1964-07-26	4 900	2.20	1.80	39.4	60.3	34.4	1.75
	1967-08-09	5 240	1.90	1.42	62.6	51.4	27.4	1.87
	1967-08-12	3 130	1.60	1.04	99.0	86.9	51.4	1.69
	1975-07-19	1 660	2.11	1.48	15.9	21.3	12.8	1.67
	1977-08-10	4 830	2.17	3.44	201.0	151.7	81.8	1.86
	1981-08-28	4 620	2.59	2.77	51.3	80.4	46.0	1.75

根据张原锋等对黄河龙门和潼关资料统计结果,推移质输沙量仅占相应时段悬移质输沙量的3%左右,至于黄河下游,所占比例更小。因此,本模型设计中不考虑推移质输沙的影响。另一方面,由于判断动床模型河床变形相似与否的标准是相对于地形测验结果而言的,其地形变形实际上已反映出推移质运动的影响。因此,所调整的模型进口加沙量,也在很大程度上补充了河道沙质推移质来沙量。

4. 高含沙水流适应性预估

根据研究要求,本模型还需要施放高含沙水流的试验过程,因此比尺确定时应考虑高含沙水流的相似性。上述模型设计在确定含沙量比尺的过程中,已经考虑了高含沙洪水泥沙及水力因子的变化。为进一步预估模型中有关比尺在高含沙洪水期是否适应,下面以 $\lambda_S = 2$ 为条件开展初步分析。

对于黄河下游高含沙洪水,尽管随含沙量的增大黏性有所增加,同样水流强度下浑水有效雷诺数 Re_* 有所减小,但根据表8-8所列实测资料分别由费祥俊公式及张红武公式计算 τ_{B_1} 和 η_s,求得的有效雷诺数 $Re_* = (1 \sim 8) \times 10^6$,远大于 8 000,表明水流属于充分紊动状态,因此在模型设计中可不考虑 τ_B 的影响。高含沙洪水模型预备试验中,含沙量高达 365 kg/m³ 时,其雷诺数 Re_* 一般为 $2.0 \times 10^4 > 8\,000$,满足式(8-31),表明模型水流处于充分紊动状态。再由该模型小河资料所得糙率 $n_m = 0.012\,6 \sim 0.022$,而原型河段高含沙洪水期糙率 $n = 0.008 \sim 0.013$,故得 $\lambda_n = 0.591 \sim 0.635$,与按式(8-22)计算的 0.626 较为接近。因此,本模型开展高含沙洪水试验,也能满足水流运动的阻力相似条件。

根据群体沉速公式(8-44)及式(8-46),可求出原型和模型泥沙群体沉速(表 8-9),从表中结果看,$\lambda_\omega = 1.13 \sim 1.37$,与按照式(8-25)的计算值 $\lambda_\omega = 1.38$ 比较接近。表明在高含沙洪水条件下,亦能满足泥沙悬移相似条件。

表 8-9　群体沉速及模型比尺计算结果

原型含沙量 S_p(kg/m³)	d_{50p} (mm)	ω_{sp} (cm/s)	d_{50m} (mm)	ω_{sm} (cm/s)	λ_ω
250	0.038	0.14	0.040	0.102	1.37
300		0.112		0.082 6	1.36
350		0.087 8		0.066 7	1.32
400		0.068 4		0.053 7	1.27
500		0.039 4		0.034 8	1.13

注:d_{50p} 由原型资料概化,高含沙试验时 $\lambda_v \approx 1$,$\lambda_d = 0.96$。

5. 比尺汇总

表 8-10 为上述模型设计得到的主要比尺汇总结果,一般情况下相应的模型特征值见表 8-11。

表 8-10　模型主要比尺

比尺名称	比尺数值	依据	备注
水平比尺 λ_L	600	根据试验要求及场地条件	
垂直比尺 λ_H	60	满足表面张力及变率限制	
流速比尺 λ_v	7.75	重力相似条件	
流量比尺 λ_Q	279 000	$\lambda_Q = \lambda_L \lambda_H \lambda_v$	
糙率比尺 λ_n	0.626	阻力相似条件	
沉速比尺 λ_ω	1.38	悬移相似条件	
水下容重比尺 $\lambda_{\gamma_s - \gamma}$	1.555	模型沙为郑州热电厂煤灰	$\gamma_{sm} = 20.58$ kN/m³
悬移质泥沙粒径比尺 λ_d	0.812	式(8-30)	取 $\lambda_v = 0.743$
床沙粒径比尺 λ_D	3.6	满足式(8-29)相似要求	
起动流速比尺 λ_{v_c}	7.63 ~ 8.44	基本满足式(8-28)	
扬动流速比尺 λ_{v_f}	7.50 ~ 8.26	基本满足式(8-28)	
含沙量比尺 λ_S	1.67 ~ 2.25	$\lambda_S = \lambda_{S_*} = S_{*p}/S_{*m}$	尚待验证试验确定
干容重比尺 $\lambda_{\gamma 0}$	1.93	$\lambda_{\gamma 0} = \gamma_{0p}/\gamma_{0m}$	
水流运动时间比尺 λ_{t_1}	77.5	$\lambda_{t_1} = \lambda_L/\lambda_v$	
河床变形时间比尺	66.5 ~ 89.51	式(8-27)	尚待验证试验确定

表 8-11　模型特征值汇总

名称	数值
模型长度	$L_m = 600$ m
主槽平均宽度	$B_m = 2.67$ m
平均水深	$H_m = 3.0 \sim 6.5$ cm
平均流速	$v_m = 0.15 \sim 0.35$ m/s
主槽糙率	$n_m = 0.015 \sim 0.022$
滩地糙率	$n_m' = 0.035 \sim 0.05$
床沙中径	$D_{50m} = 0.028 \sim 0.069$ mm
悬移质泥沙中径	$d_{50m} = 0.018\,5 \sim 0.030\,8$ mm

注:在开展验证试验时,还将根据原型当年实测资料(包括水温),对模型沙粗度进行相应调整。

三、模型验证试验

小浪底至苏泗庄河道模型分两期建成。第一期在 1995 年底建成了小浪底至花园口河段(上段),第二期在 1998 年建成了花园口至苏泗庄河段(下段)。

第一期小浪底至花园口河段建成后,即开展了 1982 年汛期洪水验证试验。验证试验时段选取 1982 年 6 月 22 日至 8 月 22 日,干流小浪底站最大洪峰流量 $Q = 9\,103$ m³/s,最大含沙量 $S = 91.08$ kg/m³;支流伊洛河和沁河最大洪峰流量分别为 $Q = 4\,015$ m³/s 和 $Q = 4\,130$ m³/s,最大含沙量分别为 $S = 42.66$ kg/m³ 和 $S = 34$ kg/m³;花园口站最大洪峰流量 $Q = 15\,300$ m³/s。该次验证试验根据模型设计,首先开展了 1982 年洪水预备试验,预备试验选取含沙量比尺 $\lambda_S = 2.2$,相应河床变形时间比尺 $\lambda_{t_2} = 68.0$,通过预备试验过程中对模型的河床变形、水流摩阻特性及输沙特性进行观测,初步看出,模型设计所取基本比尺是合适的,由模型沙铺制的河床活动性很强,能复演出伊洛河口以下河段宽、浅、散乱的游荡河性,达到了河型相似,而后初始中小水时水面线与原型接近,表明水流阻力达到了相似。但同时发现,并选用含沙量比尺 $\lambda_S = 2.2$ 及 $\lambda_{t_2} = 68.0$ 时,河床冲刷偏多,特别是相应的河床变形时间比尺偏小,洪水历时加大,更加剧了模型河槽的冲刷,致使洪峰期和落水期大部分河段水位偏低。

根据 1982 年洪水预备试验中河床表现出的河床冲淤状况,改变含沙量比尺,选取 $\lambda_S = 2.0$,相应的河床变形比尺 $\lambda_{t_2} = 75$。试验结果显示,洪水过程中漫滩范围及河势与原型都比较接近,中小水水面线与原型比较吻合,但在洪峰期沿程水位偏低,经分析是由于模型河槽冲刷比原型严重所致,表明取 $\lambda_S = 2.0$ 还不能满足模型冲淤变形与原型相似。

进一步调整含沙量比尺,取 $\lambda_S = 1.8$,相应河床变形比尺 $\lambda_{t_2} = 83$,试验结果表明,大中小流量水位误差小于 15%,沿程累积冲淤量误差小于 10%,漫滩范围及主流位置变化,洪峰期及落水期河势与原型接近。表明,取 $\lambda_S = 1.8$、$\lambda_{t_2} = 83$ 时,可满足 1982 年洪水过程模型与原型的相似。

为了更充分验证模型设计的合理性,在小浪底至花园口河段上,又开展了 1963 年

8月17日～11月10日这一时段的验证试验,该时段是在三门峡水库1960～1964年拦沙期中选取的,选择这时段进行验证,对预测小浪底水库建成后下泄清水期下游河道的变化具有特殊意义。

1963年8月17日～11月10日验证时段共计101天,小浪底流量为900～4 000 m³/s,最大流量3 980 m³/s,伊洛河、沁河流量较小,均在1 000 m³/s以下;小浪底含沙量一般在15 kg/m³左右,最大含沙量83.9 kg/m³,伊洛河、沁河含沙量一般在10 kg/m³以下。验证结果表明,在沿程水位、河势、河段冲淤等方面,均与原型达到了较好的相似。

根据上述初期验证试验结果,在小浪底至苏泗庄河段河道动床模型上又进行了2000～2001年系列年验证试验。以验证时段内小浪底、黑石关、武陟三站日平均流量及日平均含沙量作为进口水沙条件,初始地形采用1999年汛后地形。

验证试验主要结论:

(1)小浪底至苏泗庄河段模型的设计,采用了最新的多沙河流模型的相似律,并借助于与实际符合的水流挟沙力、群体沉速公式,专门分析了泥沙存在对水流影响的相似性,保证了比尺设计的可靠性,为成功地模拟一般挟沙水流和高含沙洪水的运动及其河床变形的相似打下了基础。

(2)经过反复比选试验,选择郑州热电厂粉煤灰作为模型沙,该模型沙具有不易板结、可动性强等优点,能较好地达到黄河游荡性模型包括河型相似条件在内的各个相似方面的要求,特别是模型河槽中不需人为加糙即能满足水流运动阻力相似要求,大大方便了试验操作,减少了人工对试验精度的影响。

(3)本模型设计分别确定原型及模型水流挟沙力,将两者之比作为含沙量比尺,这一做法相对于采用常见的比尺关系或计算的方法而言,与实际接近得多。模型设计给出了λ_S及λ_{S*}的取值范围($\lambda_S = \lambda_{S*} = 1.65 \sim 2.25$),通过对花园口以上河段的预备试验及对花园口以上河段进行的"1982年洪水"验证、"1963三门峡水库下泄清水期验证试验",最后确定了含沙量比尺$\lambda_S = 1.8$,河床冲淤变形时间比尺$\lambda_{t_2} = 83$。对于后者,与水流运动时间比尺($\lambda_{t_1} = 77.5$)颇为接近,这对于本模型开展的非恒定洪水河床变形试验,具有特殊和重要的意义,避免了常遇到的两个时间比尺相差过多所引起的一系列问题。

(4)采用含沙量比尺$\lambda_S = 1.8$,河床冲淤变形时间比尺$\lambda_{t_2} = 83$,开展了小浪底至苏泗庄河段1999年10月至2001年10月小浪底下泄清水的水沙系列验证试验。验证试验结果表明,模型在河势、水流以及河段冲淤变化和断面形态冲淤变化均对原型达到了较好的相似。说明本模型不仅满足了水流重力相似、阻力相似、泥沙起动相似、扬动相似、悬移质悬移相似等条件,而且在输沙相似及河床变形方面,与原型也基本相似,同时还兼顾了河型及河势的相似。

(5)本次验证试验的结果表明,对于小浪底至苏泗庄河段模型在小浪底水库清水下泄期长期小流量情况下河道的变化情况,模型能够较好地满足河床冲刷变形相似、河势变化相似和沿程水位相似这三大主要相似条件。至于进一步的验证工作,如中小洪水河势、水位及河床的冲淤变化相似,大洪水的洪水传播、漫滩范围、洪水位的变化等相似问题,将在今后适当时间,选择合适的原型水沙条件进行深入的验证工作。

四、2004 年黄河下游小浪底至苏泗庄河道模型调水调沙试验研究

（一）试验边界条件

1. 初始边界条件

本次试验的初始地形根据 2004 年汛前黄河下游加密大断面实测资料和河势查勘资料进行塑造，整个模型共布置了 300 个断面，其中包括模拟河段内的 166 个实测大断面，以及为提高制模精度专门内插的 134 个小断面。在小断面的内插和制模过程中，还特别关注了沿程各断面滩唇的模拟和制作，其位置和高程均根据实测汛前大断面并结合汛前河势进行内插。滩地、村庄、植被状况按 1999 年航摄及 2000 年调绘的 1∶10 000 黄河下游河道地形图塑制，并结合现场查勘情况给予了修正。河道整治工程按原型现状布设，特别增加了蔡集工程上延的 6 道坝和 2003 年汛末蔡集上首抢险时的一些码头。为了更加准确地模拟原型现状，对一些新修生产堤，按 2004 年汛前河势查勘时了解到的情况进行了布设。

地形制作完成后，根据河工模型操作规程，又采用调水调沙试验初期最新的原型水位资料，在模型上施放 1 000 m³/s 流量对河槽进行了率定与调整，率定结果见表 8-12。

其中小浪底至花园口河段采用原型 6 月 10 日 8 时至 6 月 11 日 8 时、花园口至夹河滩河段采用原型 6 月 11 日 8 时至 6 月 12 日 8 时、夹河滩至高村河段采用原型 6 月 12 日 8 时至 6 月 14 日 8 时、高村至苏泗庄河段采用原型 6 月 14 日 8 时至 6 月 15 日 7 时的 1 000 m³/s 流量实测水位值调整。

2. 水沙过程及控制

此次模型试验以黄河第三次调水调沙试验过程中监测的实际数据资料为依据，为保证试验过程的完整性和精确性，试验不仅模拟了 6 月 19 日至 7 月 13 日 8 时调水调沙的整个过程，还模拟了 6 月 16～18 日小浪底水库的下泄过程。模型包括黄河干流（小浪底水文站）、伊洛河、沁河三个进水口，由于沁河来水较小，试验过程中为便于控制，将沁河的来流加到伊洛河口一并考虑。模型实际施放的水沙过程见表 8-13。

模型尾门水位采用苏泗庄水位站的实测水位过程进行控制，见表 8-14。由于试验开始前河道初始流量为 1 000 m³/s，试验开始后进口流量需 2 天左右才能到达苏泗庄站，故在试验开始的前 2 天，尾门水位按苏泗庄水位站 1 000 m³/s 流量时的水位控制；同时，为了保证上游水流向苏泗庄传播过程不变形，尾门控制时间在进口试验结束后延长 2 天。

另外需要说明的是调水调沙第二阶段异重流排沙时悬移质泥沙的控制问题。异重流排沙主要发生在 7 月 8～10 日，根据小浪底站的实测资料（见图 8-40），悬沙级配中值粒径在 0.005～0.008 3 mm 之间，按照模型悬沙粒径比尺 $\lambda_d = 0.81$ 换算，模型加沙时中值粒径应该为 0.006 2～0.010 2 mm，而黄科院现有模型沙中能满足这种要求的极细沙含量极少，模型进口实际悬移质泥沙中值粒径为 0.012 5 mm（图 8-40 中粗线已按比尺换算为原型），较原型要求偏粗。

表 8-12　1 000 m³/s 流量水位率定结果　　　　　　　　　　　　（单位:m）

水尺位置	原型水位	模型率定后水位	水尺位置	原型水位	模型率定后水位
白坡（控导 3 坝）	120.02	119.97	九堡（控导 138 坝）	85.37	85.37
铁谢（12 坝）	116.05	115.91	黑石	83.78	83.62
逯村（27 坝）	114.05	113.99	徐庄	83.03	83.03
花园镇（20 坝）	112.83	112.77	大张庄（3 垛）	82.34	82.18
开仪（20 坝）	111.62	112.19	黑岗口（30～31 坝）	81.30	81.27
赵沟（7 坝）	110.63	110.54	王庵	77.72	77.83
化工（17 坝）	109.88	109.95	古城（17 垛）	77.38	77.22
裴峪（13 坝）	108.46	108.40	府君寺	76.24	76.13
大玉兰（28 坝）	107.71	107.57	曹岗（25 坝）	75.77	75.75
神堤（17 坝）	106.43	106.42	三义寨	73.02	72.98
英峪	104.39	104.48	东坝头（17 护）	72.19	72.14
汜水口	103.38	103.28	禅房（10 坝）	71.62	71.55
李村	102.73	102.72	王夹堤（17 坝）	69.85	69.83
孤柏嘴	102.41	102.27	大留寺（31 坝）	69.36	69.33
驾部（25 坝）	100.92	101.10	辛店集（7 坝下）	67.85	67.83
枣树沟（15 坝）	99.96	99.64	周营（29 坝）	66.61	66.58
官庄峪	99.25	99.03	老君堂（16～17 坝）	65.80	65.74
东安	97.74	97.60	于林（14 坝）	65.23	65.25
桃花峪（15 坝）	96.18	96.27	霍寨（14～15 坝间）	64.45	64.47
老田庵	94.90	94.99	堡城（13～14 坝间）	64.06	63.81
南裹头	93.63	93.51	河道	63.27	50.29
马庄（24 垛）	93.03	93.02	青庄	62.46	62.46
花园口闸	92.13	92.09	高村	61.68	61.73
东大坝	91.66	91.59	南小堤上	61.25	61.24
双井（18 坝）	90.74	90.64	南小堤下	60.98	60.98
马渡（42 坝）	89.62	89.55	刘庄（28 坝下跨角）	60.37	60.32
武庄	87.98	87.93	连山寺	58.60	58.60
赵口	86.96	86.92	苏泗庄	58.02	57.99

表 8-13   2004 年调水调沙试验水沙过程

原型日期	模型时间	小浪底		伊洛河 + 沁河	
		流量	含沙量	流量	含沙量
（2004 年）	（2004-07-13）	（m³/s）	（kg/m³）	（m³/s）	（kg/m³）
6 月 14 日	9:30	1 240	0	44.7	0
6 月 15 日	9:47	1 310	0	38.0	0
6 月 16 日	10:04	2 140	0	42.5	0
6 月 17 日	10:21	2 140	0	44.6	0
6 月 18 日	10:38	733	0	38.3	0
6 月 19 日	10:55	1 810	0	33.3	0
6 月 20 日	11:12	2 550	0	39.7	0
6 月 21 日	11:29	2 420	0	40.0	0
6 月 22 日	11:46	2 580	0	37.7	0
6 月 23 日	12:03	2 430	0	30.2	0
6 月 24 日	12:20	2 430	0	28.1	0
6 月 25 日	12:37	2 450	0	27.6	0
6 月 26 日	12:54	2 490	0	24.9	0
6 月 27 日	13:11	2 470	0	21.3	0
6 月 28 日	13:28	2 410	0	17.1	0
6 月 29 日	13:45	485	0	16.8	0
6 月 30 日	14:02	478	0	38.3	0
7 月 1 日	14:19	454	0	144.6	0
7 月 2 日	14:36	496	0	107.9	0
7 月 3 日	14:53	599	0	68.9	0
7 月 4 日	15:10	2 610	0	66.1	0
7 月 5 日	15:27	2 610	0	51.0	0
7 月 6 日	15:44	2 630	0	46.9	0
7 月 7 日	16:01	2 650	0	45.0	0
7 月 8 日	16:18	2 630	10.90	46.7	0
7 月 9 日	16:35	2 680	12.49	41.3	0
7 月 10 日	16:52	2 650	2.96	128.1	0
7 月 11 日	17:09	2 680	0.66	112.8	0
7 月 12 日	17:26	2 680	0	100.0	0
7 月 13 日	17:43	800	0	0	0
7 月 14 日	18:00	800	0	0	0
	18:17	结束			

表 8-14　2004 年调水调沙试验期间苏泗庄站水位

原型时间	原型水位（m）	控制水位（m）	原型时间	原型水位（m）	控制水位（m）
6 月 14 日	—	58.02	6 月 30 日	59.26	59.26
6 月 15 日	—	58.02	7 月 1 日	58.37	58.37
6 月 16 日	58.40	58.40	7 月 2 日	58.03	58.03
6 月 17 日	58.43	58.43	7 月 3 日	58.05	58.05
6 月 18 日	58.92	58.92	7 月 4 日	58.06	58.06
6 月 19 日	59.02	59.02	7 月 5 日	58.22	58.22
6 月 20 日	58.43	58.43	7 月 6 日	59.05	59.05
6 月 21 日	58.78	58.78	7 月 7 日	59.29	59.29
6 月 22 日	59.27	59.27	7 月 8 日	59.41	59.41
6 月 23 日	59.43	59.43	7 月 9 日	59.49	59.49
6 月 24 日	59.50	59.50	7 月 10 日	59.49	59.49
6 月 25 日	59.53	59.53	7 月 11 日	59.64	59.64
6 月 26 日	59.50	59.50	7 月 12 日	59.58	59.58
6 月 27 日	59.47	59.47	7 月 13 日	59.57	59.57
6 月 28 日	59.5	59.5	7 月 14 日	59.50	59.50
6 月 29 日	59.42	59.42	7 月 15 日	58.89	58.89

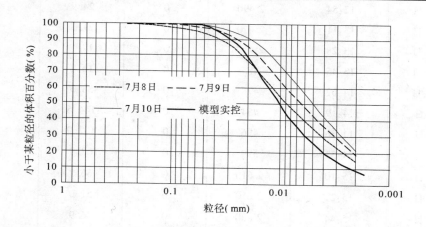

图 8-40　小浪底站原型实测悬沙级配及模型实控对比图

3. 测验内容

试验主要观测、研究以下内容：

（1）沿程水位变化。观测试验过程中水位的沿程变化,分析洪峰传播过程和下游河道河床调整过程。

（2）河势变化及河道工程险情分析。观测试验过程中河势变化过程及河道整治工程靠溜变化情况,重点是易出现不利河势及畸形河湾的河段。

（3）河道冲淤及断面形态变化。根据试验过程中地形、流速、含沙量及试验前后河道地形测验资料,用输沙率法和断面法分析计算不同河段冲淤分布情况;通过对典型断面试验中断面形态调整过程的观测,分析河床纵横向变形特点。

(4)流量、流速观测。对花园口、夹河滩、高村水文站断面的流速及断面形态变化进行详细观测,计算、分析流量沿程变化情况;对出现漫滩部位的断面形态、流速进行临时观测,计算、分析平滩流量变化情况。

(5)沿程含沙量变化。对沿程含沙量变化进行定点观测,分析沙峰传播情况,并与洪峰传播情况对比分析。

(6)不同粒径泥沙冲淤量及分布。使用激光粒度仪对定点含沙量的沙样和试验前后典型断面床沙的沙样进行分析,研究试验过程中悬沙粒径及试验前后床沙粒径的变化情况。结合流量观测资料,对不同河段的分组冲淤量进行计算、分析。

(二)试验成果

1. 河势变化

1)初始河势

模型试验初始河势采用 2004 年汛前最新河势,整个试验河段河势基本规顺,花园口以上河段心滩较多,花园口以下局部河段有"横河"、"斜河"及畸形河湾现象。

主流出白坡后顺势下行,入至铁谢险工填湾 1～5 号坝。由于洛阳公路桥的影响及铁谢下延潜坝的送溜能力较小,主流出铁谢险工后外移坐弯,使其下首右岸滩地坍塌,在逯村工程的靠河位置较为偏下,着溜点在 25 号坝附近。逯村工程没能充分发挥挑流能力,逯村下首河势下败,在铁炉断面附近塌滩坐弯后折转顶冲铁炉与花园镇工程之间滩地,花园镇上首滩地坍塌严重。花园镇工程 21 号坝以下靠溜,主流出花园镇工程后,先左摆后右摆,坐两个微弯后折向开仪工程,开仪工程 9 号坝靠河。主流出开仪工程后,顺直流向赵沟,同时河道向左岸明显展宽,并伴有河心滩出现,顶冲赵沟工程 8～15 号坝段。赵沟下首河势下败,坐一微弯后转向化工工程,顶冲 12～20 号坝段;经化工工程挑托,流向裴峪工程 15～25 号坝段。河出裴峪后水面展宽,在大玉兰工程 1 号坝至 10 号坝前分两股,其中右股较强,约 60%,大玉兰工程 10 号坝以下靠河较好。神堤工程前水面较宽,河分三股,主流居左,约占 80%,神堤工程 15 号坝以下靠河。

主流出神堤工程后右摆坐弯,右岸有坍塌现象,同时河分两股,主流居右,分流比约 95%。张王庄工程仍不靠河,主流在神堤至金沟之间蜿蜒前进,张王庄与沙鱼沟工程之间形成一"Ω"形畸形河湾,该河湾以下至金沟的"横河"较 2003 年汛后下移约 500 m。主流在英峪位置着溜后,基本沿邙山根行至孤柏嘴。河出孤柏嘴后,蜿蜒至驾部工程前,主流靠至 13～25 号坝段,同时伴有河心滩出没。河出驾部工程后主流右摆,引起右岸滩地坍塌,主流挑至枣树沟工程 -2 号垛,枣树沟工程河势呈上提之势。河出枣树沟后主流向东安方向发展,但由于枣树沟送流段较短,送溜不力,此段河势蜿蜒曲折,东安已建工程下首 700 m 靠水。由于东安工程未发挥作用,主流在东安工程以下坐弯后呈"横河"南行,左岸滩地坍塌严重。主流在桃花峪上首山根着流后,滑过桃花峪工程,流向老田庵工程 22～25 号坝。

河出老田庵工程后顺势下滑,左岸坐弯坍塌,主流入至保合寨工程 38～41 号坝。保合寨工程初步发挥挑流作用,马庄 14 号垛以下全部靠河,送溜作用较强,使花园口河势逐步上提至 89 号坝。花园口—双井—马渡工程靠河比较理想。武庄工程以下,主流左摆,左岸滩地坍塌,其中有一小股水流进入赵口河湾,同时在赵口险工处形成一较大的河心滩。由于武庄工程的挑流作用较小,使赵口险工脱溜,赵口控导工程仅 7 号和 8 号坝靠边溜,同时毛庵和九堡下延工程仅尾部靠水而不靠溜。

受上游河势影响,九堡下延至黑岗口河段河势较为散乱,主流蜿蜒曲折前进,局部位置有坍塌现象。三官庙工程基本脱河,黑石、韦滩和徐庄工程均不靠河,大张庄工程仅尾部 3 个垛靠水。黑岗口上延 22 号、23 号坝自 2002 年汛后重新靠河以来,黑岗口险工至黑岗口下延工程靠河状况比较理想。顺河街工程 11 ~ 22 号坝靠水,12 ~ 14 号坝靠溜,有一定的送溜作用,右岸滩地坍塌,但是柳园口工程一时难以靠河。大宫工程 0 ~ -1 号坝靠溜,送溜作用较小,使王庵上首滩地严重坍塌,汛前出现了较大的险情。王庵至古城河段,河势呈明显的"S"形河湾,弯顶位置滩地坍塌,第一弯顶距下游大河仅 1 000 m,大有裁弯取直的趋势。

府君寺工程靠溜位置比较稳定,在 19 ~ 28 号坝段,送溜作用明显,能将主流平顺地送至曹岗险工 25 ~ 28 号坝段。河出曹岗工程后趋向欧坦工程方向,距欧坦工程 32 号坝仅约 300 m,其下滩坎导流河折而向北行,形成"Ω"形河湾,弯顶处塌岸明显。夹河滩工程脱河,水流直接进入东坝头控导工程,由于东坝头控导工程的顶托作用,使东坝头险工靠河情况不理想,并在杨庄工程前向右岸坐弯坍塌,主流北挑使禅房工程靠溜位置较为靠上。

禅房至高村河段总体河势稳定,变化不大,大河基本沿各控导河湾一路下行。但禅房工程依然是两头靠河,上、下首工程着大溜,其中下首 38 号、39 号坝着大溜后,主流被导向右岸。蔡集工程前"Ω"形畸形河湾较 2003 年汛后大为减小,主流过畸形弯道后靠蔡集工程 17 ~ 18 号坝;王夹堤工程基本脱河。河出王夹堤后,主流左摆,大留寺河势上提,大留寺以下河势下败,主流顶冲王高寨 10 号、11 号坝后溜势外移,王高寨工程下首和辛店集工程上首脱溜;辛店集以下河势稳定,老君堂工程靠溜部位有所上提。

2)试验期间河势变化

(1)调水调沙第一阶段——清水下泄时河势变化。

调水调沙第一阶段(6 月 19 日至 6 月 28 日)小浪底下泄流量在 2 500 m³/s 左右,同初始河势相比由于流量增大,主槽形态趋于单一,大部分心滩减小,甚至消失,河槽趋于规顺,小水期散乱的河势向好的方向发展。同时由于流量增大,水流动力作用增强,动力轴线发生外移,局部河段河势出现不同程度的下挫。

温孟滩河段位于沙质河床的最上端,自小浪底下泄清水以来,河床冲刷下切较为明显,滩槽高差增大,河槽对水流的约束作用较强,试验期间最大流量 2 618 m³/s 时,未发生洪水漫滩现象,但受前期地形影响,局部河段仍有心滩出露。具体而言,进入模型的水流经白鹤工程入白坡弯道,在白坡工程的挑流作用下,主流入铁谢工程上首弯道。洪水期间铁谢险工全线靠河,主流基本沿原流路下行;在铁谢险工下首,大河依然向南岸坐弯使得此处滩地继续向南塌失。经此滩弯导流后,水流趋向逯村工程下首,并稍有上提,23 号坝以下靠河。河出逯村工程后,经花园镇、开仪,到达赵沟工程 +11 号坝,在赵沟工程前河分两股,主流北移,北股过流量由原来的 35% 增大到 85%。由于赵沟工程的送溜作用减弱,致使其下化工、裴峪和大玉兰工程均稍有下挫。与调水调沙前河势相比,神堤工程前水面宽明显增加,主流顶冲位置稍下挫,由21号坝下挫至23号坝。

张王庄工程前河势变化较大,主流逐渐向张王庄工程摆动,主流横向最大摆幅在500m左右,其下至英峪山口的"横河"也逐渐演变为"斜河",着溜点下移,山根流速较大且下泄水流刷切河槽,使顶冲点附近水深较大。大河基本沿山弯下行,出孤柏嘴后,随着流量的增加山嘴至驾部之间的蜿蜒型河势逐步趋直,但仍有河心滩存在。驾部工程前主流基本稳定,着溜点在5号坝前后,但水面较宽,有河心滩出没。枣树沟工程靠河稳定,其下至东安工程河段主流右摆南移,东安工程脱河。主流在东安工程下首左岸滩地坐弯,滩地坍塌,其下河势上提,主溜南移,"横河"之势趋于明显。桃花峪工程靠河稳定,但送溜不力。

老田庵工程靠溜坝段较短,其下左岸滩地受主流顶冲坍塌严重,保合寨工程前主流上提至24号坝,马庄工程前由原来的多股行河演变为单股行河,主流顶冲位置稳定,在20号垛附近。花园口险工前主流上提,同时对岸边滩地发生淤积,形成单一河槽,过流稳定。

花园口至武庄工程河段河势稳定,洪水期无漫滩现象。大河出武庄工程后分为南、北两股,洪水期北股分流比约95%,南股汉河趋向赵口险工6~8号坝方向。赵口下延和毛庵工程仅下首三道坝靠边溜,洪水期河道展宽,但主流的摆动幅度不大,最大摆幅约200m。

九堡至大张庄河段河势宽浅散乱,洪水期浅滩、低滩部分有少量漫水,河道整治工程均不靠溜黑岗口至大宫河段河势基本稳定,无漫滩及塌岸现象。大河在大宫工程上首坐弯后折向南岸,并在王庵上首滩地坐弯,滩地坍塌严重,已塌过上延工程连坝延长线,危及滩区村庄的安全,而且存在一定的抄后路险情。

王庵至古城河段的"S"形河湾随着洪水历时的加长进一步演化,上弯顶处有少量水流漫过滩地,在古城工程前进入大河,有裁弯取直趋势。

府君寺至东坝头河段河势变化不大,主流稳定,基本无漫滩现象。但欧坦工程前畸形河湾弯顶位置有坍塌现象,主流右移;贯台工程前右岸冲刷较为严重,滩地坍塌,主流逐步南移。夹河滩工程全部脱河,东坝头控导工程1~5号坝段靠河,东坝头险工基本脱溜。试验期间主溜继续在杨庄险工前塌滩坐弯,部分耕地塌失,将对滩区的农业生产造成一定的影响。

受杨庄险工前河势坐弯影响,禅房工程靠溜部位稍有上提;主流出禅房工程后有所右摆,蔡集上延新修6道坝的下首2道坝逐渐靠溜发挥作用,蔡集工程前,河势逐步趋直,工程前河心滩逐渐减小,主流向工程方向摆动。蔡集以下河段河势稳定,主流摆幅较小,无漫滩现象,仅局部有少量的嫩滩漫水。

(2)调水调沙第二阶段——人工下泄异重流期间河势变化。

小浪底下泄人工异重流期间,从整体上看,其河势变化同下泄清水时的河势基本一致,部分河段滩唇有所淤高,畸形河湾进一步演化。具体来看,赵沟和神堤工程前的河心滩消失,大河归为一股,过流平顺;张王庄至英峪山根河段已呈斜河之势,河势下挫,其下至孤柏嘴河段基本稳定;孤柏嘴至花园口河段河势变化不大,工程前原有的河心滩逐步演变为边滩,主流趋于稳定;赵口险工前河心滩变化不大,主流依然居左,分流比约为98%,毛庵和九堡下延工程的靠河情况依然不理想;九堡至大张庄河段在少量漫水后,滩唇逐步淤高,河归一股,但此河段工程仍然脱河,主流蜿蜒前进;大宫工程前有少量漫水,主流下挫,其下王庵工程上首滩地继续坍塌,险情不断;王庵工程前的"S"形河湾裁弯取直之势日渐明显,上弯顶处漫滩水流的范围进一步扩大,但所占的分流比依然较小,约为 2%;欧坦和贯台工程前的"Ω"形河湾经过洪水的作用,第一弯顶处滩地向下游塌岸速度较快,并有少量漫水,使第一、三弯顶的间距缩短,汛期若遇较大洪水存在裁弯取直的可能;主流在杨庄险工前继续坐弯,呈"横河"之势顶冲禅房工程上首;蔡集工程前河势趋于稳定,边滩基本消失,其下河势稳定,无漫滩现象。

3)与原型河势对比分析

图 8-41 ~ 图 8-47 为调水调沙期间 7 月 5 日小浪底下泄流量为 2 610 m³/s 时卫星遥感河势与模型试验同期河势的对比。

从整体来看,所模拟的河段同原型河势基本一致,但由于模拟技术及模拟手段的限制,个别位置同原型河势存在一定的差别。现具体分析如下。

铁谢至大玉兰工程河段同原型相比一致性较好,仅裴峪工程位置主流稍有下挫。

神堤至张王庄工程河段原型河势散乱,河心滩较多,而模型河势已演变为单股行河;张王庄至英峪山根河段原型仍为"横河",模型已呈"斜河"。这说明模型试验中该段河床演变的速度较原型为快,出现这种情况的主要原因是:河床模拟制作过程中,对小浪底水库运用以来该河段河床质的粗化模拟不够充分,模型床沙偏细,糙率较原型偏小,这一点在以后的模拟过程中有待提高。

孤柏嘴至花园口河段原型同模型的一致性均较好,但马庄工程对岸的边滩原型中还没有形成,分析原因可能是模型试验中此河段的淤积速度较快。花园口至赵口河段模型同原型基本一致,与航片相比略有差异的是洪水期赵口险工前嫩滩面积大于原型,因而左股的分流比模型稍小于原型。分析原因,主要是受原型资料所限,大断面间的地形仅靠经验及查河目测河势内插小断面制作,从而在模型制作过程中对地形的模拟存在一定的偏差。

毛庵至黑岗口河段河势散乱,主流蜿蜒前进,同原型也比较一致。王庵工程上首滩地坐弯及其下首畸形河湾的弯顶处漫水现象与原型一致性较好,这主要是由于该河段断面资料较详细(有樊庄、王庵、司庄、裴楼四个新加大断面),便于模型地形的模拟;同时该河段床沙相似性及密实度与原型也比较相似。

古城至东坝头河段同原型对比基本一致,特别是欧坦至夹河滩河段畸形河湾的演变,除局部的漫水现象有一定出入外,其他基本一致。东坝头险工下首杨庄险工前的滩地坍塌与原型也比较一致,蔡集工程前的"Ω"形河湾的演变也非常相似。蔡集以下河段工程的控制性较好,河道单一,基本无漫滩现象,同原型相比存在较好的一致性。

通过以上对比分析可以看出,本次调水调沙模型试验整体上较好地模拟了原型河势的演变情况,说明模型设计可以达到游荡性河段的河型相似、河势变化过程相似,这一点在 2002 年的调水调沙验证试验中已得到过验证。

另外值得一提的是,只要原始资料掌握的全面,初始地形制作能够与原型达到高度一致,对一些局部畸形河湾及其他典型河势的模拟和演变也基本可以达到与原型一致,如王庵上首的滩地坍塌、王庵至古城间畸形河湾的演变情况、欧坦至夹河滩间畸形河湾的演变情况、杨庄险工前的滩地坍塌、蔡集工程前"Ω"形河湾的演变等。相反,如果模拟不准,则会出现一些偏差。

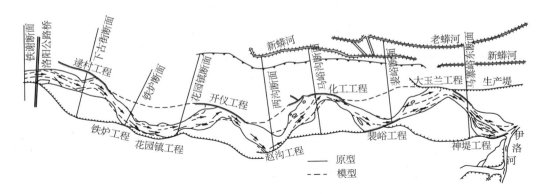

图 8-41　小浪底至伊洛河口河段 7 月 5 日原型与模型河势对比

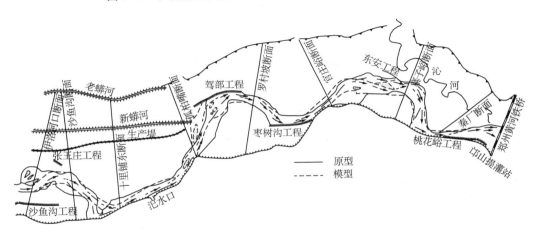

图 8-42　伊洛河口至京广铁桥河段 7 月 5 日原型与模型河势对比

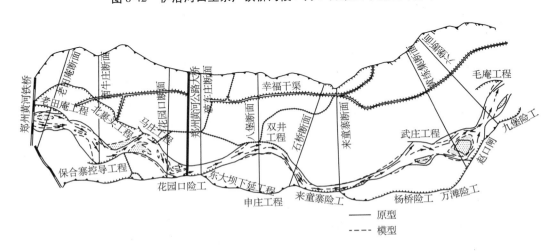

图 8-43　京广铁桥至九堡河段 7 月 5 日原型与模型河势对比

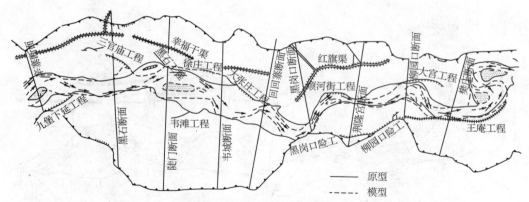

图 8-44 九堡至王庵河段 7 月 5 日原型与模型河势对比

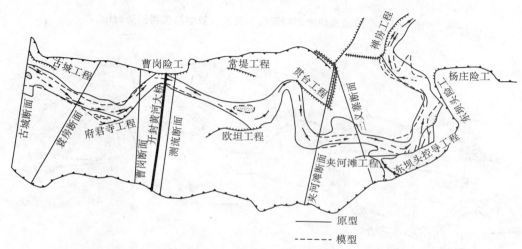

图 8-45 王庵至东坝头河段 7 月 5 日原型与模型河势对比

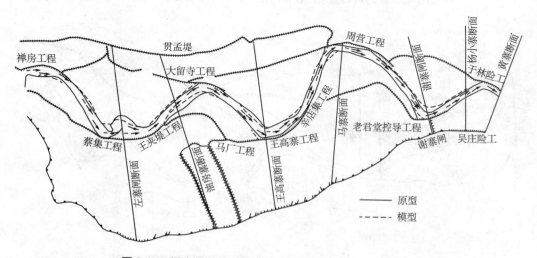

图 8-46 禅房至于林河段 7 月 5 日原型与模型河势对比

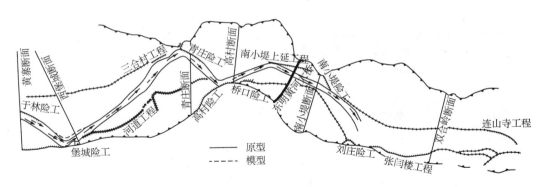

图 8-47　于林至苏泗庄河段 7 月 5 日原型与模型河势对比

2. 洪水演进

1) 洪水位表现

整个试验期间铁谢至苏泗庄河段洪水均在河槽中运行。从模型沿程水位观测结果可以看出,试验河段自上而下发生了沿程冲刷,九堡以上河段河道的冲刷尤为明显,九堡以下冲刷明显减弱。与原型相比,模型上段床沙偏细,因而冲刷较为严重,进而使九堡以下河段冲刷量偏小,水位表现较高。试验期间测得的各站最高水位值见表 8-15。模型实测最高洪水位与原型实测结果均比较接近,一般相差都在 ±0.16 m 以内,平均误差为0.11 m。其中花园口、夹河滩、高村模型实测值为 92.95、76.85、63.00 m,原型实测结果分别为 92.86、76.73、63.02 m。辛店集站最高洪水位 68.96 m 与原型实测值相差最大为0.17 m。

表 8-15　调水调沙试验期间各水尺水位最高值　　　　　　　　　　　　　　（单位:m）

水尺名称	模型实测 最高水位	原型实测 最高水位	水尺名称	模型实测 最高水位	原型实测 最高水位
铁谢	117.28	117.44	九堡	85.91	
逯村	115.68	115.85	黑石	84.38	
花园镇	114.13	114.25	大张庄	83.20	83.03
开仪	112.91	113.06	黑岗口	82.65	82.52
赵沟	111.66	111.82	王庵	80.02	79.93
化工	110.75	110.79	府君寺	77.51	77.37
裴峪	109.63	109.60	夹河滩	76.85	76.73
大玉兰	108.23	108.12	东坝头	73.49	73.50
神堤	107.35	107.33	禅房	72.70	72.79
汜水口	104.04		王夹堤	70.92	70.82
孤柏嘴	102.90		大留寺	70.69	70.55
驾部	101.65	101.57	辛店集	68.96	68.79

水尺名称	模型实测最高水位	原型实测最高水位	水尺名称	模型实测最高水位	原型实测最高水位
枣树沟	100.48	100.39	周营	67.79	67.65
官庄峪	99.92		老君堂	67.18	67.04
桃花峪	96.92	96.77	于林	66.32	66.23
老田庵	95.72	95.60	霍寨	65.54	65.46
南裹头	94.43	94.29	堡城	64.94	
马庄	93.97	93.86	青庄	63.83	63.88
花园口	92.95	92.86	高村	63.00	63.02
双井	92.05	91.92	南小堤上	62.63	62.59
马渡	90.6	90.47	南小堤下	62.00	
赵口	87.83	87.69	刘庄	61.28	

2）洪水传播时间

根据调水调沙试验水沙过程,可将试验分为两个阶段:清水下泄阶段和异重流排沙阶段。表 8-16 列出了根据模型定点水位确定的两个试验阶段洪水的传播时间,作为对比,表中同时列出了原型洪水的传播时间。从表中可以看出,清水下泄阶段洪水传播时间较短,小浪底至高村传播时间约 50 h;异重流排沙时洪水传播时间较长,在 55 h 以上。出现这种情况的原因,主要是清水下泄阶段前期试验河段内流量较大,在 2 000 m³/s 以上,因此水流传播速度较快;而异重流排沙前期,有 5 天时间小浪底流量仅 500 m³/s 左右,水流传播时间相对较慢。

不论是调水调沙的哪个阶段,模型试验成果与原型都非常接近。进一步分析发现,模型试验洪水在小浪底至花园口河段的传播时间要略小于原型,而花园口以下则略大于原型,这可能与花园口以上床沙级配偏细、主槽糙率偏小有关。

表 8-16　调水调沙试验不同阶段洪水传播时间统计　　　　　　（单位:h）

河段	清水下泄阶段		异重流排沙阶段	
	模型	原型	模型	原型
小浪底—花园口	20	24	23	24
花园口—夹河滩	16	14	18	16
夹河滩—高村	14	12	16	15
小浪底—高村	50	50	57	55

3. 冲淤量及断面形态调整

1）断面法冲淤量

本次试验前后进行了详细的地形测量,根据断面法计算结果(表 8-17 及图 8-48),铁谢至高村河段河槽呈现沿程冲刷态势,其中铁谢至伊洛河口冲刷0.086亿t(淤积物干容重按1.4 t/m³考虑),伊洛河至花园口冲刷0.074亿t,花园口至九堡冲刷0.044亿t,九堡至夹河滩冲刷0.039亿t,夹河滩至高村冲刷0.058亿t,铁谢至高村河段共冲刷了0.3亿t。

表8-17　铁谢至高村各河段冲淤量成果　　　　　　(单位:亿t)

河段	模型冲淤量
铁谢—伊洛河口	0.086
伊洛河口—花园口	0.074
花园口—九堡	0.044
九堡—夹河滩	0.039
夹河滩—高村	0.058
铁谢—高村	0.300

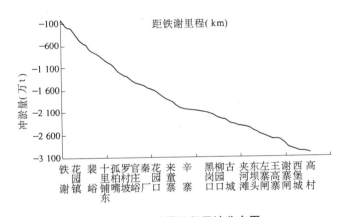

图8-48　冲淤量沿程累计分布图

从沿程分布上看,整个河段河道冲淤分布存在一定的差异,铁谢至花园口河段冲刷量比下段冲刷量多,占试验河段冲刷量的一半以上,花园口以下河段冲刷力较弱。试验前后各断面在下切的同时,也有一定的展宽,平滩流量明显增大,河道断面形态趋于有利,见图8-49。

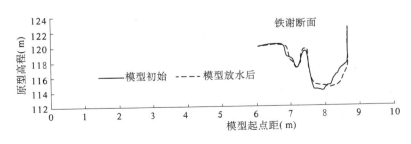

图8-49　试验前后断面套绘结果

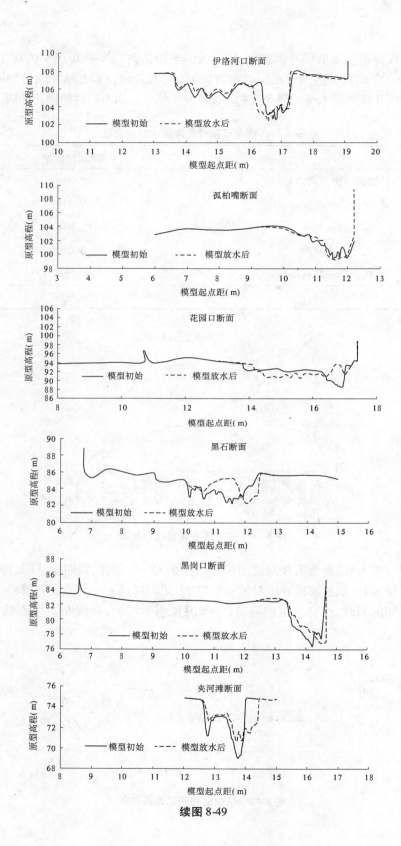

续图 8-49

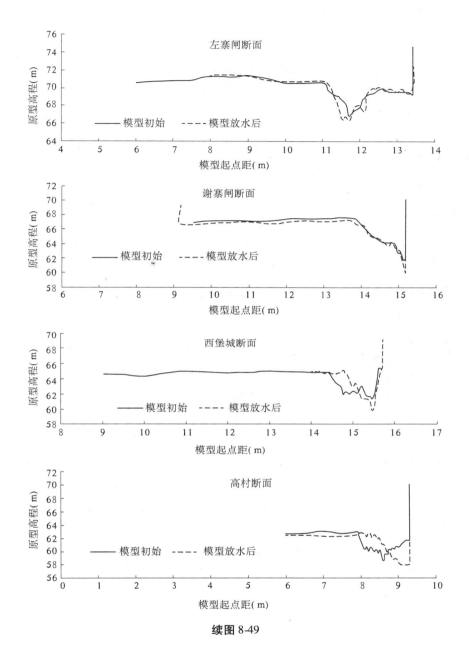

续图 8-49

2）输沙率法冲淤量

根据试验过程中在花园口、夹河滩、高村进行的含沙量和流量测验资料,用输沙率法计算的试验河段的冲淤量见表 8-18,可以看出:试验河段的冲淤性质与断面法一致,且冲淤总量差别不大,但冲淤量在各河段的分布上有一定差别。铁谢—高村河段共冲刷 0.383 6 亿 t,平均冲淤强度 13.93 万 t/km;其中,铁谢—花园口河段冲刷 0.252 6 亿 t,平均冲淤强度 24.83 万 t/km;花园口—夹河滩河段冲刷 0.093 1 亿 t,平均冲淤强度 9.24 万 t/km;夹河滩—高村河段冲刷 0.034 3 亿 t,平均冲淤强度 4.80 万 t/km。冲刷主要发生在花园口以上河段。

表 8-18　模型试验河段输沙率法冲淤量计算结果

河段	河段间距(km)	冲淤量(亿 t)	冲淤强度(万 t/km)
铁谢—花园口	103.17	−0.256 2	−24.83
花园口—夹河滩	100.8	−0.093 1	−9.24
夹河滩—高村	71.5	−0.034 3	−4.80
铁谢—高村	275.47	−0.383 6	−13.93

由各粒径组泥沙冲淤量统计表 8-19 看出,本次下游河道的冲刷以小于 0.025 mm 的细泥沙为主,铁谢—高村河段细泥沙冲刷 0.180 3 亿 t,占河道总冲刷量的 47.0%;0.025 ~ 0.05 mm 的中沙冲刷 0.100 9 亿 t,占河道总冲刷量的 26.3%;大于 0.05 mm 的粗沙冲刷 0.102 4 亿 t,占河道总冲刷量的 26.7%。

具体到不同河段,粗细泥沙的冲刷量和所占比例又有较大差异:花园口以上河段粗、中、细沙冲刷比例接近,粗、中、细沙冲刷量分别占该河段冲刷量的 37.1%、30.1%、32.8%;花园口—夹河滩河段冲刷以细泥沙为主,中粗泥沙表现为微冲,冲刷量仅占该河段总冲刷量的 10.5%;夹河滩—高村河段冲刷以中、细沙为主,粗、中、细沙冲刷量分别占该河段冲刷量的 18.7%、43.7%、37.6%。

表 8-19　模型试验各粒径组泥沙冲淤量

来水量 (亿 m³)	来沙量 (亿 t)	河段	各粒径组泥沙冲淤量(亿 t)			
			> 0.05	0.05 ~ 0.025	< 0.025	全沙
45.26	0.043 7	铁谢—花园口	−0.095 0	−0.077 1	−0.084 0	−0.256 1
		花园口—夹河滩	−0.001 0	−0.008 8	−0.083 4	−0.093 2
		夹河滩—高村	−0.006 4	−0.015 0	−0.012 9	−0.034 3
		铁谢—高村	−0.102 4	−0.100 9	−0.180 3	−0.383 6

3)冲淤量与原型对比分析

(1)全沙冲淤量。为了分析模型试验冲淤的相似性,我们根据调水调沙试验期间原型小浪底、花园口、夹河滩、高村的水沙过程,用沙量平衡法计算了试验河段的冲淤量。表 8-20、图 8-50 为原型与模型各河段冲淤量的对比情况,可以看出:不论是在冲淤总量上,还是在各河段冲淤量的分配上,模型试验结果与原型都比较一致;尤其是模型断面法计算结果,与原型差别最小;输沙率法计算结果与原型稍有差别,主要是铁谢—花园口河段冲刷量明显较原型偏大,这同样是受花园口以上河段床沙偏细影响所致。

表 8-20　铁谢至高村河段原型和模型冲淤量对比

河段	原型（亿 t）	模型（亿 t）	
		沙量平衡法	断面法
铁谢—花园口	− 0.164 2	− 0.256 2	− 0.160
花园口—夹河滩	− 0.097 1	− 0.093 1	− 0.083
夹河滩—高村	− 0.043 2	− 0.034 3	− 0.058
铁谢—高村	− 0.304 5	− 0.383 6	− 0.301

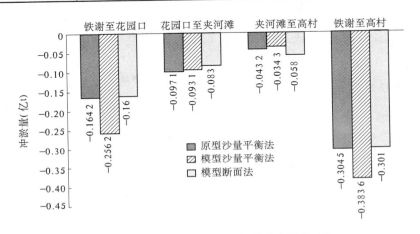

图 8-50　调水调沙试验原型与模型冲淤量对比

应该说明的是，按模型相似律的要求，模型进口加沙中值粒径应为 0.006 2 ~ 0.010 2 mm，受模型沙的限制，模型加沙粒径为 0.012 5 mm，明显偏粗，那么为什么模型长河段的冲淤量与原型还能达到基本相似呢？

天然河流冲泻质与床沙质分界粒径可用张红武公式计算：

$$d_c = 1.276 \frac{v^{5/8}}{\sqrt{g}} \left(\frac{u_*}{\kappa h} \right)^{1/8} \qquad (8\text{-}50)$$

根据黄河下游实测资料计算 d_c 约为 0.025 mm，这与用其他方法计算的 d_c 值差不多。

把式（8-50）应用到模型中可推出模型的冲泻质与床沙质临界粒径公式为

$$d_{cm} = 1.641 \frac{1}{\sqrt{\dfrac{\gamma_{sm} - \gamma}{\gamma}}} \frac{v_m^{5/8} h_m^{1/4} J_m^{3/8}}{g^{1/8} \kappa^{1/8}} \qquad (8\text{-}51)$$

式中：d_{cm} 为模型冲泻质与床沙质分界粒径；γ_{sm} 为模型沙比重；v_m 为模型试验时水温；h_m、J_m 分别为模型水深、比降；κ 为卡门系数。

把模型的数值代入式（8-51），计算出铁谢—花园口河段 $d_{cm} = 0.019$ mm，花园口河段 $d_{cm} = 0.016\ 6$ mm，夹河滩至高村河段 $d_{cm} = 0.016\ 6$ mm。

从上面的计算可以看出，模型加沙虽然偏粗，但多数值属于冲泻质，由于冲泻质不参与主槽的造床作用，因此加沙偏粗对整个河段的冲淤量相似影响可能不大。关于这一点有待以后工作中进一步研究。

（2）分组冲淤量。表 8-21 为原型调水调沙试验期间小浪底—高村河段不同粒径泥沙的冲淤情况，与模型试验的计算成果表 8-19 对比分析，可以发现：在各河段不同粒径泥沙的冲淤量上，模型试验与原型的定性是一致的，但由于冲淤分布的差别以及原型和模型统计时段的差别（模型包含调水调沙前期的预泄过程），二者在具体数值上尚存在一定差别。

表 8-21 原型调水调沙试验期间各粒径组泥沙冲淤量

来水量 （亿 m³）	来沙量 （亿 t）	河段	各粒径组泥沙冲淤量（亿 t）			
			>0.05 mm	0.05~0.025 mm	<0.025 mm	全沙
45.26	0.043 7	铁谢—花园口	−0.078	−0.039	−0.051	−0.169
		花园口—夹河滩	−0.048	−0.004	−0.047	−0.100
		夹河滩—高村	−0.002	−0.015	−0.030	−0.047
		铁谢—高村	−0.128	−0.058	−0.128	−0.316

同样需要指出的是，模型试验中悬沙的颗分取样，由于模型水深较小，无法像原型那样用定比混合法测量悬沙级配，因此分组冲淤量的计算结果与原型差别较大，这在以后的试验中需不断改进、完善。

4. 泥沙沿程变化情况

1）含沙量沿程变化情况

图 8-51 给出了不同历时小浪底至高村含沙量沿程变化情况，图 8-52 为各测站含沙量的变化过程。从图中可以看出，含沙量随时间的推移变化比较明显，总的来说呈现以下几方面的特点：

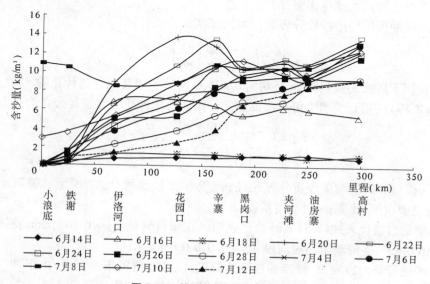

图 8-51 模型含沙量沿程变化图

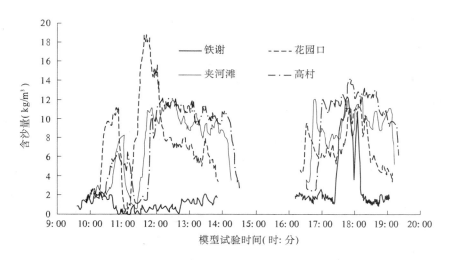

图 8-52　模型各测站含沙量变化过程图

（1）相对较大含沙量的位置随时间推移向下游推进，河槽的冲刷自上而下逐步发展。

具体来说，试验初始（6 月 14 日、6 月 16 日、6 月 18 日），含沙量在伊洛河口断面已相对较大，伊洛河口以下含沙量增幅较小，说明冲刷主要在伊洛河口以上河段；随着时间推移，含沙量在辛寨断面始达到相对较大，说明冲刷已推进到辛寨断面；在试验第一阶段的后期和第二阶段异重流排沙时，含沙量沿程递增，在高村断面达到最大，说明冲刷已发展到全部试验河段。

（2）伊洛河口以上河段含沙量恢复力度较大。

从图中可以看出，在试验第一阶段的大部分时间，伊洛河口以上河段含沙量的恢复力度都较大，小浪底下泄的清水，到伊洛河口断面时，含沙量可达到 8 kg/m³，占整个试验河段含沙量恢复值的 50% 以上。在试验的后期，随着冲刷向下游发展，伊洛河口以上河段泥沙的恢复值才逐渐减小，约占 30% 。

（3）含沙量沿程恢复与流量大小密切相关。

随着流量的减小，水流动力减小，沿程含沙量的恢复也随之减小。图 8-51 中 6 月 14 日、6 月 18 日两条曲线为流量 1 000 m³/s 左右时含沙量的沿程恢复情况，其他曲线流量在 2 600 m³/s 左右，可以看出，二者差别明显。

2）含沙量变化与原型对比

图 8-53、图 8-54、图 8-55 分别列出了花园口、夹河滩、高村原型实测含沙量过程与模型实测过程的对比情况，从图中可以看出，模型测验成果在趋势上与原型基本一致，但数值略有偏大，尤其是花园口站，由于模型中花园口以上河段床沙偏细，冲刷强度较原型偏大，造成花园口站模型实测含沙量在调水调沙第一阶段远远大于原型，继而影响了夹河滩站含沙量过程与原型的一致性。在调水调沙第二阶段，花园口以上偏细的床沙，经过持续冲刷后，与原型已比较接近，因此这一阶段含沙量与原型的一致性相应也较好。

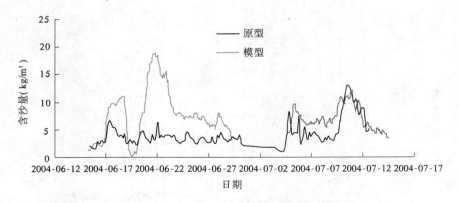

图 8-53　花园口站原型和模型实测含沙量过程对比

图 8-54　夹河滩站原型和模型实测含沙量过程对比

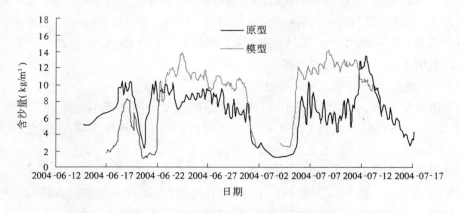

图 8-55　高村站原型和模型实测含沙量过程对比

需要说明的是,受现有测验条件限制,模型试验中对含沙量的测验,只能采用比重瓶称量法,由于比重瓶容积误差、取样人员手工操作误差等因素,这种方法测验时,0.1 g 重量的差别,根据模型相似律,将造成原型含沙量 3.4 kg/m³ 的误差。这对调水调沙试验中的低含沙量过程的模拟影响巨大,这也是模型与原型不一致的原因之一。

3)不同粒径组泥沙含沙量沿程恢复情况

作为对比,图8-56~图8-58点绘了流量在2 600 m³/s左右时原型与模型试验中细、中、粗泥沙沿程的恢复情况。

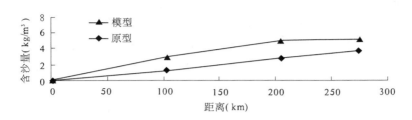

图 8-56 细泥沙(d < 0.025 mm)沿程恢复图

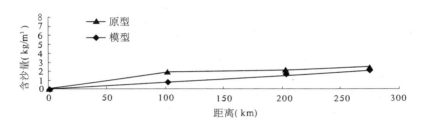

图 8-57 中泥沙(d = 0.025 ~ 0.05 mm)沿程恢复图

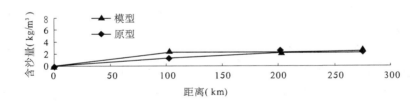

图 8-58 粗泥沙(d > 0.05 mm)沿程恢复图

从图中可以看出,模型试验各粒径含沙量沿程恢复情况与原型基本一致,整个试验河段的冲刷以细泥沙为主。从小浪底至高村河段,模型细泥沙含沙量可以从零恢复到5.43 kg/m³(原型为3.75 kg/m³),而中、粗泥沙仅恢复到2.52 kg/m³、2.53 kg/m³(原型为2.01 kg/m³、2.26 kg/m³)。从各河段看,不同粒径泥沙的恢复值也有不同:花园口以上河段各粒径泥沙恢复力度都较大;花园口以下,细泥沙含沙量仍继续增大,而中、粗泥沙含沙量基本保持不变,其恢复力度已很弱。

从图中还可以看出,模型各粒径组泥沙含沙量恢复值普遍大于原型,尤其是花园口以上河段,这同样与试验中花园口以上床沙偏细有关。

4)悬沙中径变化

为了解试验过程中悬沙粒径的变化情况,对铁谢、花园口、夹河滩、高村的悬沙取样(5 min取一个样),用激光粒度颗分仪做颗分。

图 8-59 为试验过程中悬沙中径变化与原型的对比图。从图中看出,模型与原型的悬沙中径在变化趋势上是一致的,但在量值上有一定差别:进口悬沙极细,原型中值粒径仅有 0.006 mm(模型为 0.011 mm,该数为按悬移质粒径比尺换算为原型的值,下同);由于小浪底至花园口河段冲刷量较大,且粗、中泥沙所占比例相对较大,花园口悬沙中径增大到 0.037 mm(模型为 0.031 mm);花园口—高村河段,冲刷以细沙为主,悬沙中径沿程减小,夹河滩悬沙中径为 0.031 mm(模型为 0.023 mm),高村悬沙中径为 0.027 mm(模型为 0.024 mm)。

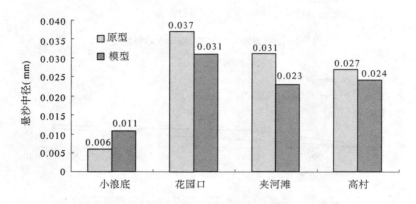

图 8-59　悬沙中径模型试验成果与原型对比

5. 流量流速变化情况

1)流量变化与原型对比

根据原型河道情况,模型共布设了铁谢、花园口、夹河滩、高村四个测流断面,试验过程中进行了多次断面水深、流速测量。图 8-60~图 8-62 分别是根据测验资料计算的花园口、夹河滩、高村站的流量与实测流量过程的对比情况。计算过程中考虑了测点流速与垂线平均流速的关系、断面位置与主流方向夹角变化等因素,并进行了相应修正。

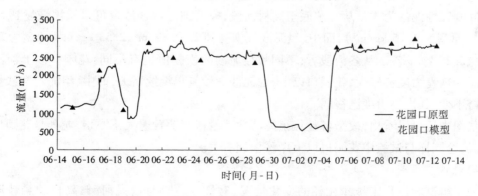

图 8-60　花园口断面模型实测流量与原型对比

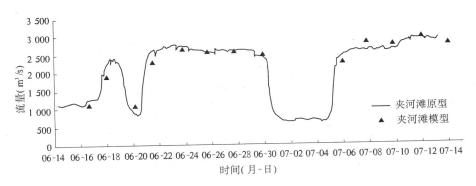

图 8-61 夹河滩断面模型实测流量与原型对比

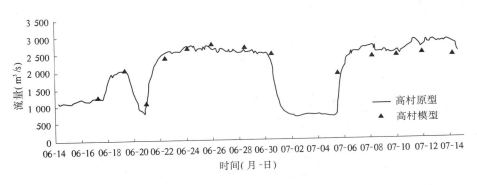

图 8-62 高村断面模型实测流量与原型对比

从图中看出,模型流量测量结果与原型实测流量基本相符。进一步分析后发现,差别主要发生在流量变化时段前后,这与目前的流量测验方法有关。受量测技术限制,模型中测验流量,一般是先用流速仪测验垂线流速,再用浑水地形仪测验地形,测量一次流量,一般需耗时 10 ~ 15 min,这在流量变化不大的本次调水调沙试验期间,对测验精度影响不是很明显,但如果水沙条件变化较大,目前的测验方法势必影响测验精度,急需在下一步工作中研究解决。

2)流速横向变化情况

图 8-63 ~ 图 8-65 分别为花园口、夹河滩、高村站的流速与水深沿横向变化情况。

从图中看出,流速横向变化一般在 1 ~ 3 m/s 范围内。流速的横向分布与水深横向变化相对应,水深大,相应流速也大。流速的大小还与河势的上提下挫、断面形态变化情况有关。

花园口断面初始遵循最大流速与最大水深相对应的规律,在水流持续不断冲刷下,河槽逐步展宽下切,主流在断面以上的顶冲点有所上提,致使断面位置主流左移,由于河槽调整相对滞后,最大流速位置比最大水深偏左。

夹河滩断面初始最大流速与最大水深相对应,后河势有所上提,主流向左偏离,而河槽调整相对滞后,最大水深位置仍靠右岸。

高村断面河势变化很小,河槽宽度比较稳定,因此流速的变化也非常小,流速基本在

2 m/s 左右,且最大流速与最大水深相对应,但随主流的摆动,最大流速与最大水深也有所偏离。

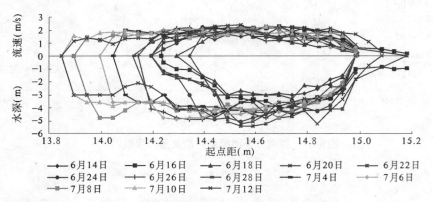

图 8-63　花园口断面流速与水深沿横向变化图

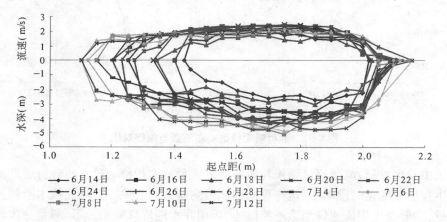

图 8-64　夹河滩断面流速与水深沿横向变化

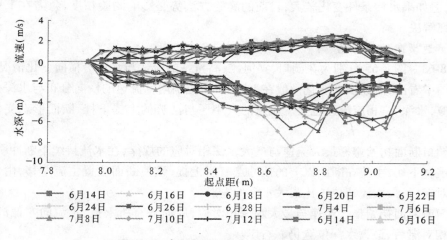

图 8-65　高村断面流速与水深沿横向变化

（三）结论

根据本次调水调沙试验的验证结果，目前"小浪底至苏泗庄河道模型"在以下几个方面模型与原型相似性较好，主要表现在以下几个方面。

1. 黄河下游游荡性河段的河势变化

"小浪底至苏泗庄河道模型"依据黄科院几十年来摸索、总结出来的"动床河工模型相似律"设计，除满足一般水流运动相似、泥沙运动相似条件外，该模型还遵循"河型相似条件"，考虑了不同河床组成及来水来沙条件对河流纵横向稳定特性的影响，这是黄河动床模型必须考虑的主要问题之一，也是黄河动床模型最难解决的问题之一。

从本次验证试验模型与原型河势变化情况对比分析结果看，本次调水调沙模型试验整体上较好地模拟了原型河势的演变情况，说明模型设计满足游荡性河段的河型相似、河势平面变化相似，这一点在2002年的调水调沙验证试验中也已得到验证。

另外值得一提的是，在原始资料掌握全面，初始地形制作与原型达到一致的一些局部畸形河湾及其他典型河势的模拟和演变方面，模型也基本可以达到与原型一致，如王庵上首的滩地坍塌、王庵至古城间畸形河湾的演变情况、欧坦至夹河滩间畸形河湾的演变情况、杨庄险工前的滩地坍塌、蔡集工程前"Ω"形河湾的演变等。相反，如果原型资料缺乏而初始地形模拟不准，则会在河势变化方面出现一些偏差，如张王庄至金沟河段的河势模拟。

2. 洪水演进规律

"小浪底至苏泗庄河道模型"所依据的相似律在研究的过程中对黄河下游花园口、夹河滩、高村等水文站水文资料开展了深入系统的分析，引入 Prandtl 掺长模式推导出挟沙水流流速分布统一公式，给出了水流运动阻力相似条件，使该模型在花园口以下河段主河槽不需加糙、单靠模型河床形态（沙波、沙纹等）阻力即可满足水流摩阻相似（即水面线相似），不破坏底部水流结构及底部输沙规律。同时模型还遵循水流运动的重力相似条件，满足雷诺数及最小水深限制条件，因而模型可以保证在可模拟的水流范围内水流流态的相似和水流运动的相似。

本次试验从沿程洪水位的表现、洪水传播时间、断面流量、流速变化等方面看，试验结果均与原型差别较小，说明模型设计可以满足洪水在主河槽的运行规律（洪水演进速度和洪水位等）、水力因子关系变化（如流速变化、流速与流量关系等）等方面的相似性。

3. 泥沙输移及河床变形

该模型满足悬移质运动相似条件，遵循河床变形的相似条件，选用郑州热电厂粉煤灰作为模型沙，使水流运动时间比尺和河床变形时间比尺基本接近，保证了水沙运动的相似。同时在模型设计过程中采用了可同时适用于模型和原型的水流挟沙力公式确定模型含沙量比尺，并根据初步的验证试验和花园口至东坝头河段河道模型试验经验，采用含沙量比尺 $\lambda_s = 1.8$。

从本次验证试验含沙量恢复规律、河床冲淤变化规律及大断面试验前后套绘结果看，该模型基本可以模拟粗细泥沙沿程输移的一般规律以及泥沙在不同水流条件下的冲淤特性，模型较好反映黄河下游游荡性河段河床纵、横向变形的一般规律。

总之，从沿程洪水演进、洪水位表现、河势变化、河床纵横断面调整、沿程泥沙输移等的对比分析结果看,本次调水调沙验证试验基本达到了预期的目的,检验了模型设计的合理性及对上述各项指标模拟的准确程度;同时,清楚地观测到了洪水漫滩及演进的特点、典型河势及畸形河湾的变化过程等。通过这次验证试验,我们既看到了实体模型的优势,也看到了该模型目前在模拟黄河水沙运移规律和河床冲淤变形等方面的不足。

参 考 文 献

[1] 屈孟浩.黄河动床模型试验相似原理及设计方法[C]∥黄科所科学研究论文集:第二集.郑州:河南科学技术出版社,1990.

[2] 李昌华,金德生.河工模型试验[M].北京:人民交通出版社,1981.

[3] 谢鉴衡.河流模拟[M].北京:水利电力出版社,1990.

[4] 张红武,江恩惠,白咏梅,等.黄河高含沙洪水模型的相似律[M].郑州:河南科学技术出版社,1994.

[5] 张俊华,张红武,李远发,等.水库泥沙模型异重流运动相似条件的研究[J].应用基础与工程科学学报,1997(3).

[6] 张瑞瑾,等.论河道水流比尺模型变态问题[C]∥第二次河流泥沙国际学术讨论会论文集.北京:水利电力出版社,1983.

[7] 徐正凡,梁在潮,李炜,等.水力计算手册[M].北京:水利出版社,1980.

[8] 和瑞莉,李静,张石娃.黄河流域泥沙密度试验研究[J].人民黄河,1999(3).

[9] 费祥俊.浆体与粒状物料输送水力学[M].北京:清华大学出版社,1994.

[10] 张俊华,张红武,王严平,等.多沙水库二维泥沙数学模型[J].水动力学研究与进展,1999(3).

[11] 林秀山.黄河小浪底水利枢纽文集[M].郑州:黄河水利出版社,1997.

[12] 胡一三,张红武,刘贵芝,等.黄河下游游荡性河段河道整治[M].郑州:黄河水利出版社,1998.

[13] 李保如,华正本,樊左英.三门峡水库拦沙期下游河道的变化[C]∥第一次河流泥沙国际学术讨论会论文集:第一卷.北京:光华出版社,1980.

[14] 赵业安,周文浩,费祥俊,等.黄河下游河道演变基本规律[M].郑州:黄河水利出版社,1998.

[15] 徐福龄,等.黄河水利史述要[M].北京:水利出版社,1982.

[16] 李保如.我国河流泥沙物理模型的设计方法[J].水动力学研究与进展,1991(增刊).

[17] 张红武.论动床变态河工模型的相似律[C]∥黄科所科学研究论文集:第二集.郑州:河南科学技术出版社,1990.

[18] 张红武,江恩惠,等.黄河高含沙洪水模型的设计方法[J].人民黄河,1995(4).

[19] 唐存本.泥沙起动规律[J].水利学报,1962(3).

[20] 张红武,吕昕.弯道水力学[M].北京:水利电力出版社,1993.

[21] 姚文艺,刘海凌,王卫红,等.河型变化段河工动床模型设计方法研究[J].泥沙研究,1998(4).

[22] 张红武,张清.黄河水流挟沙力的计算公式[J].人民黄河,1992(11).

[23] 舒安平.水流挟沙力公式的验证与评述[J].人民黄河,1993(1).

[24] 朱太顺,王艳平.黄河水流挟沙力公式评述[C]∥第十一届全国水动力学会议论文集.北京:海洋出版社,1997.

[25] 张红武,刘海凌,江恩惠,等.小浪底水库拦沙期下游河段演变趋势研究[J].人民黄河,1998(11).

附　录

为更好执行和理解《模型黄河建设理论与方法》中所涉及的模型制作、模型试验操作及仪器管理等具体问题,本附录是近年来水利部黄河泥沙重点实验室及其前身所开展的一系列实体模型试验中积累的经验及制定的操作细则,供读者参考。

附录 I　黄河泥沙实验室模型制作细则

1　总则

1.1　为统一本实验室模型制作的标准和方法,提高试验研究的科学性、准确性和可靠性,特制定本细则。

1.2　本规程适用于模型黄河实验室的一般水工模型及动床河道模型、河口模型、水库模型、黄土高原模型等。

1.3　本规程主要引用以下标准:

《水工模型(常规)试验规程》(SL155—95);

《水工(专题)模型试验规程》(SL156～165—95);

《河工模型试验规程》(SL99—95)。

2　一般规定

2.1　模型的制作应能满足 1.3 条相应规程的有关要求。

2.2　模型在制作前,应绘制模型总体布置图、建筑物模型详图、有关测点和仪器设备布置图,并提出模型加工与安装要求。对于大型或重要工程的模型设计,应组织有关专家进行技术咨询、验收,经批准后才能进行模型制作。

2.3　模型制作的材料应根据需要,并从材料的性能、采购方便、价格低廉、加工可行等因素综合考虑后选用。对于模型边墙和模型建筑物,无论采用何种材料,均须进行稳定和强度复核计算。

2.4　模型地形制作一般采用断面板法,也可采用桩点法和等高线法。断面板一般选用三合板和塑料板,禁止使用泡水后会变形的材料。两控制断面的间距可取 0.5～0.8 m,最大不宜超过 1.0 m;对于地形变化较复杂的河段,控制断面应适当加密。

2.5　模型的平面导线用经纬仪控制,允许偏差为 ±0.1°。

2.6　模型的水准基点和高程用水准仪控制,建筑物模型高程允许误差为 ±0.3 mm;地形平面距离控制允许误差为 ±10 mm,高程控制允许误差为 ±1 mm;水准基点和测针零点允许误差为 ±0.3 mm。

2.7　动床模型中河底可活动的部分预留河底深度应大于预计河底可能出现的最大

冲刷深度 10 cm 以上。

2.8　动床部分制模、塑造动床地形前,已铺在河床上的模型沙必须轧实、用水浸透后方可制作地形。

3　特殊规定

3.1　河道模型制作的要求

3.1.1　河道模型的制模地形采用与试验要求日期相近的实测河道大断面地形,参考相应时期的河势、险工水位成果,内插小断面,并参照邻近时期的水上、水下地形图进行塑造。

3.1.2　模型床沙应根据原型河道床沙的粒径变化情况进行铺设。每次试验前,应将上次试验水流影响范围内的床沙全部挖出,重新按要求铺设。

3.1.3　初始地形制作完成后,应根据河槽沿程水位的变化情况,施放一定流量,对河槽形态进行调水率定,同一水位站的水面高程的最大误差不宜超过 ±2 mm。

3.2　河口模型制作要求

3.2.1　多沙潮汐河口物理模型制作必须遵循水流运动、重力与动床阻力相似,满足紊流和表面张力限制条件。悬移质模型还必须服从悬移、起动与河床变形相似条件;推移质模型则满足起动与响应河床变形相似条件;全沙模型悬移质遵循悬移与扬动,推移质遵循起动相似,同时服从与所研究问题更为密切的河床变形相似条件。

3.2.2　多沙潮汐河口悬移质模型由悬移与起动相似条件进行模型沙的选择,推移质模型以起动相似选沙,全沙模型悬移质由悬移与扬动、推移质由起动相似选沙,由于模型加糙容易减糙难,因而必须使模型沙选定后的动床阻力不大于阻力相似要求之值。

3.2.3　多沙潮汐河口物理模型制作时,其水边界潮汐过程线的给定宜选包括大、中、小潮且具周期性的连续潮型,并应以潮差为参数进行代表性分析。

3.2.4　多沙潮汐河口物理模型制作时,上游径流可概化为若干梯级,进行各梯级流量与典型站潮差遭遇频率分析,并适当照顾径流过程,使其与潮流合理组合。

3.2.5　多沙潮汐河口物理模型的生潮系统应视海域的具体潮汐状况而定,宜采用微型泵生潮系统或潮汐箱生潮系统,加沙系统可采用较已成熟的河道模拟及加沙系统。

3.2.6　多沙潮汐河口物理模型制作时,应适当考虑盐度、风浪等模拟相似问题,若需考虑波浪问题,可参照交通部制定的《波浪模型试验规程(试行)》有关内容。

3.2.7　制作多沙潮汐河口物理模型,其他未尽事宜还应参照和满足有关部委制定的行业标准,如《内河航道与港口水流、泥沙模拟技术规范》(JTJ/T232—98)、《海岸与河口潮流泥沙模拟技术规范》(JTJ/T233—98)、《通航水力学模拟技术规范》(JTJ/T235—2003)等技术和指标精度要求。

3.3　黄土高原模型制作要求

3.3.1　模型选用的试验材料为黄土。

3.3.2　模型制模地形据原型流域地形图,确定出流域边界和内部重要地貌点的坐标和高差,按一定比尺缩小后确定为流域模型的坐标和高差值。

3.3.3 模型边界用砖砌到相应高程,边界上部需砌成内高外低的斜面形状。

3.3.4 模型填土过程中应采取分层(5 cm、10 cm)填土方法,边填边夯实,填土深度至少大于 30 cm,填土完成后使模型内的土壤干容重与野外小流域干容重相近,相对误差不得超过 ±5%,填土高度至少高于计划的 10~20 cm,以便于按地形图进行雕刻,使模型地貌与原型地貌相似。

3.3.5 模型任何一点的降雨高度必须大于 8 mm,模型出口处径流池的容量必须大于试验预计最大产流量。

3.4 水库模型制作的要求参考河道等模型的制作要求。

附录Ⅱ 黄河泥沙实验室模型试验细则

1 总则

1.1 为统一模型试验的标准和方法,提高试验研究的科学性、准确性和可靠性,特制定本细则。

1.2 本细则适用于一般水工模型、河工动床模型及土壤侵蚀模型等模型试验工作。

1.3 本细则主要引用以下标准:

《水工模型(常规)试验规程》(SL155—95);

《水工(专题)模型试验规程》(SL156~165—95);

《河工模型试验规程》(SL99—95);

《水土保持试验规范》(SD238—87);

《海岸与河口潮流泥沙模拟技术规范》(JTJ/T233—98)。

2 验证试验

2.1 所有新建模型都必须进行验证试验或率定试验。

2.2 验证(率定)试验资料的收集与选用、初始地形校正、水面线校正、流速流态验证、河床冲淤地形验证及设计比尺的调整,均应满足 1.3 条相应规范、规程的要求。

2.3 河道模型验证还包括河势验证,模型河势及变化趋势应与原型达到基本相似。

2.4 黄土高原模型验证还应包括降雨验证、沟间地与沟谷地面积比验证,以及实测断面的流速、流量等方面的验证,模型应能较好地复演原型在不同降雨条件下的侵蚀产沙和输移过程。

3 正式试验

3.1 正式试验的操作规程应能满足 1.3 条相应规范、规程的要求。

3.2 正式试验前应根据试验要求编制试验大纲,包括试验的组次、各组次进出口水沙条件与控制、试验过程中的观测内容与测验方法等。试验大纲经实验室主任(总工)批准后方能进行试验。试验中应严格按试验大纲执行,若需变更必须通过实验室主任(总工)批准。

3.3 模型水文水力参数的控制及测量应充分利用自动化量测技术。

3.4 概化后的进口流量和含沙量应满足在同一时段内,模型加水、加沙量与概化前的径流、输沙总量相近,其相对误差分别不超过 ±1% 和 ±5%。

3.5 模型含沙量若需人工进行量测,一般可用比重瓶置换法。

3.6 试验过程中地形一般采用浑水地形仪和激光三维扫描仪量测,测点间距主河槽不大于 5 cm,滩地可放宽至 20 cm,必要时根据试验地形变化适当加密测点间距。

3.7 试验过程中需对流场、河势进行观测时,一般应采用表面流场河势自动量测系统和人工勾绘相结合的办法。人工勾绘的河势图应包括水边线和主流线、工程迎溜位置,分汊河道还应标明分流比。

3.8 流速测验应选用适合浑水测验并满足测验精度的流速仪。

3.9 河道模型正式试验之前,应先施放较小流量(一般可按调水时采用的流量),待水达到尾门时,尾门水位按施放流量的对应水位控制 5 min 以后,方可进行正式放水。

3.10 河道模型正式放水后至水流到达尾门前,按设计水位控制,进口放水结束后,为保证河道水流传播的相似性,尾门控制时间应根据进口至尾门的水流传播时间相应延长。

3.11 水库模型正式试验之前,尾门水位调节至设计值,试验过程中,尾门控制水位时间步长一般应小于 1 h(原型时间)。试验结束后,应闭合全部泄水孔洞。

3.12 黄土高原模型试验要求每次试验前必须测量模型表层容重及含水量,使其降雨强度与野外相似,相对误差不超过 ±5%;正式试验前模型上空必须遮盖,待降雨均匀后撤去遮盖开始试验。

3.13 黄土高原模型试验期间,模型周围布设的雨量筒应能反映实际降雨强度及空间分布。

3.14 黄土高原模型试验过程中,须根据侵蚀状况定时收集径流过程样,量测流速、流宽等水力参数。

3.15 河口模型试验时,除满足 1.3 条有关规范、规程外,还应满足《内河航道与港口水流、泥沙模拟技术规范》(JTJ/T232—98)、《通航水力模拟技术规范》(JTJ/T235—2003)等规定的相应技术和指标要求。

3.16 河口模型试验时,上游径流可概化为若干梯级,进行各梯级流量与典型站潮差遭遇频率分析,并适当照顾径流过程,使其与潮流合理组合。

3.17 应安排专人对试验进行全过程跟踪,对试验中出现的各种情况和现象进行翔实记录,和其他原始记录一并归档。

附录Ⅲ 仪器设备的控制与管理程序

1 目的

为使仪器设备始终处于受控条件下的完好状态,保证量测结果的有效性,特编制本程序。

2 适用范围

2.1 所有用于量测、数据处理、监控的仪器、设备(包含软件)、量具的采购、验收;

2.2 使用与维护保养;

2.3 修理、降级与报废;

2.4 标识和档案管理。

3 职责

3.1 测控室主任

3.1.1 提出仪器设备的使用要求;

3.1.2 组织编写仪器设备操作规程;

3.1.3 组织对仪器设备试验维护;

3.1.4 组织编写仪器设备操作规程;

3.1.5 提出降级报废的处理意见。

3.2 仪器设备操作员

3.2.1 按照仪器设备的使用、维护要求熟练地操作仪器设备;

3.2.2 做好仪器设备使用时的各种记录;

3.2.3 负责为模型试验项目组安装、调试试验所用的仪器及设备;

3.2.4 负责协助试验人员进行特殊的或操作复杂的专业量测仪器的操作。

3.3 仪器设备管理员

3.3.1 协助计划财务处实施仪器设备的采购,并参与验收工作;

3.3.2 建立仪器设备档案;

3.3.3 负责仪器设备的溯源或校准;

3.3.4 负责粘贴仪器设备管理标识。

3.4 仪器设备维护员

3.4.1 负责仪器设备的日常维护;

3.4.2 检查仪器设备的使用记录;

3.4.3 参与仪器的验收。

4 工作程序

4.1 仪器设备的配置与采购

4.1.1 测控室主任根据试验技术人员的试验需要或"模型黄河"测控自动化规划要求,负责仪器设备的配置,配置应当满足量测标准和量测能力的要求,配置要求应当考虑以下因素:

(1)量测仪器设备的量测参数范围要求。

(2)量测仪器设备的量测参数准确度要求。

(3)仪器设备的准确度应与被测参数的允许误差相适应:

- 计量仪器的检定误差:$0 < T < (1/3 \sim 1/10)$(T为被检参数允许误差);

- 不能按计量检定规程检定的量测仪器应做复现性试验,试验结果的离散性应满足 $3\sigma < T/3$(T 为被检参数允许误差,σ 为试验结果的标准差)。

(4) 量测仪器设备的量测稳定性要求。

(5) 量测仪器设备的分辨率要求。

(6) 仪器设备的量测范围与分辨率应满足所执行的标准要求。

(7) 量测仪器设备的自动化要求。

(8) 量测仪器的量值溯源性要求。

(9) 量测仪器设备的价格和维护要求。

(10) 对供货厂商的售后服务与培训要求。

4.1.2　仪器设备管理员根据试验要求,制定出详细的采购计划。

4.1.3　采购仪器设备时应考虑法律和法规对产品的要求。

4.1.4　采购的仪器设备由测控室主任组织验收,验收小组由仪器设备管理员和若干名专业人员组成。验收时应根据技术要求及产品说明书进行验收。

4.2　建立仪器设备台账

仪器设备台账应包括所使用的全部仪器设备(包括辅助设备)。

4.3　仪器设备的使用

4.3.1　经验收达到要求后应由仪器设备管理员及时制定检定/校准计划对仪器设备安排检定/校准。

4.3.2　如经验收或检定/校准达不到使用要求,由仪器设备管理员与计划财务处办理包修、包换、包退。

4.3.3　经检定/校准合格后的仪器设备,由测控室主任组织编写仪器设备操作规程和运行文件,操作规程和运行文件应包括:

(1) 使用限制条件(如环境温度和湿度等);

(2) 仪器设备运行期间量测方法和记录;

(3) 仪器设备的验证(如无法溯源时);

(4) 仪器设备的维护、保养方法和记录;

(5) 仪器设备的使用记录。

4.3.4　对初次添/配置的大型贵重且操作技术复杂的仪器设备,应安排操作人员进行培训,熟练掌握操作方法的人员才能使用仪器设备。

4.3.5　仪器设备维护员负责对仪器设备定期进行维护保养,填写"仪器设备维护保养要求和记录",检查仪器设备的使用记录。

4.4　仪器设备的档案和标识

4.4.1　仪器设备管理员对实验室配置的所有仪器设备建立仪器设备的使用档案,每台仪器设备的档案应包括以下全部内容:

(1) 仪器设备和软件名称;

(2) 制造商名称、型号、序号或其他唯一性标识;

(3) 对设备是否符合规范的核查;

(4) 接收日期和启用日期;

（5）目前放置位置；

（6）接收时的状态（如：全新的、用过的、经过改装的）；

（7）制造商使用说明书；

（8）所有检定/校准/验证的日期和结果以及下次检定/校准/验证的预定日期；

（9）设备的维护计划和维护细节；

（10）设备的任何损坏、故障、改装或修理的历史记录。

4.4.2 对无法建立档案的量具，仪器设备管理员应负责建立"量具账目"，量具账目应包括以下内容：

（1）量具的名称；

（2）编号；

（3）目前使用和存放位置；

（4）详细的技术指标；

（5）检定/校准/验证的日期和结果以及下次检定/校准/验证的日期；

4.4.3 仪器设备管理员应对所有量测配置的仪器、设备、量具实施绿、黄、红三色标识管理。绿、黄、红三色标识的使用及定义如下：

（1）绿色（合格证）：

- 计量检定（包括自检）合格者；
- 设备不必检定，经检定其功能正常者；
- 设备无法检定，经对比或鉴定适用者。

（2）黄色（准用证）：

- 多功能量测设备，某些功能已丧失，但量测工作所用功能正常，且经校准合格者；
- 测试设备某一量程精度不合格，但检验工作所用量程合格者；
- 降级使用者。

（3）红色（禁用证）：

- 量测仪器、设备损坏者；
- 量测仪器、设备经计量检定不合格者；
- 量测仪器、设备性能无法确定者；
- 量测仪器、设备超过检定周期者。

4.4.4 仪器设备管理员和测控室主任应经常检查仪器设备的标识，以维护标识的有效使用。

4.5 仪器设备故障的处理

4.5.1 当仪器设备经检定/校准/验证后确认达不到使用要求时，测控室主任有权进行适当处理，如有可能，可作降级限用处置，降级限用处置的仪器设备，应由仪器设备管理员和测控室主任分别张贴黄色标识和编制限制使用"警示"。

4.5.2 当发现仪器设备出现故障时，操作人员应及时向测控室主任及仪器维护人员报告。仪器维护人员应及时核查故障原因，如故障不能及时排除应停止使用该设备并提出修理意见。

附录Ⅳ 试验工管理条例

第一条 为加强试验工管理,保证模型制作的精度和试验工作的规范化,特制定本条例。

第二条 试验工应当自觉遵守宪法、法律,增强法制观念,认真学习实验室制定的各种规章制度并严格遵守。

第三条 试验工应严格遵守计划生育的有关法规和政策。

第四条 提高安全意识,做好防火、防盗工作。

第五条 要有严肃认真的工作态度,认真完成试验技术人员交办的各项任务。

第六条 遵守劳动纪律,不迟到,不早退,有事请假。

第七条 注重个人品德修养,服饰整洁,讲究卫生,诚实可信,不讲粗话。

第八条 养成良好的生活习惯,严格遵守宿舍规章制度,不在寝室内大声喧哗打闹。

第九条 爱护公共财物,过失损坏或丢失公共财物要赔偿。

第十条 注意劳动安全,凡违反操作程序造成严重后果的,本人应负主要责任。

第十一条 注意保持试验厅工作环境整洁。严禁在试验厅内抽烟;严禁乱扔废弃物和在试验厅的墙上及其他地方乱写乱画、乱泼脏水;严禁在试验厅内做饭、洗衣。

第十二条 实行试验工工资月浮动制。对工作中表现积极、有重大贡献者将给予一定奖励。对多次违反劳动纪律、干扰正常工作的试验工,经批评教育仍不悔改者予以辞退。

第十三条 凡参与赌博、偷盗、打架斗殴的试验工,一律予以辞退。